Volker Turau, Christoph Weyer
Algorithmische Graphentheorie
De Gruyter Studium

Volker Turau, Christoph Weyer

Algorithmische Graphentheorie

4., erweiterte und überarbeitete Auflage

DE GRUYTER

Mathematics Subject Classification 2010
Primary: 68R10, 05C85; Secondary: 68W40, 90C35, 94C15, 68W25

Autoren
Prof. Dr. Volker Turau
Technische Universität Hamburg-Harburg
Schwarzenbergstr. 95
21073 Hamburg
turau@tu-harburg.de

Christoph Weyer
Technische Universität Hamburg-Harburg
Schwarzenbergstr. 95
21073 Hamburg
c.weyer@tu-harburg.de

ISBN 978-3-11-041727-2
e-ISBN (PDF) 978-3-11-041732-6
e-ISBN (EPUB) 978-3-11-042000-5

Library of Congress Cataloging-in-Publication Data
A CIP catalog record for this book has been applied for at the Library of Congress.

Bibliografische Information der Deutschen Nationalbibliothek
Die Deutsche Nationalbibliothek verzeichnet diese Publikation in der Deutschen
Nationalbibliografie; detaillierte bibliografische Daten sind im Internet über
http://dnb.dnb.de abrufbar.

© 2015 Walter de Gruyter GmbH, Berlin/Boston
Druck und Bindung: CPI books GmbH, Leck
♾ Gedruckt auf säurefreiem Papier
Printed in Germany

www.degruyter.com

Vorwort

In den 20 Jahren seit dem Erscheinen der ersten Auflage dieses Buches hat das Thema Algorithmische Graphentheorie nicht an Bedeutung verloren. Im Gegenteil, durch
die zunehmende Durchdringung aller Lebensbereiche mit Informations- und Kommu-
nikationstechnologien wird die Algorithmische Graphentheorie zu einem unverzichtbaren Baustein jeder Informatikausbildung. Dem wurde in der vorliegenden vierten
Auflage Rechnung getragen durch das Hinzufügen eines neuen umfangreichen Kapitels über Entwurfsmethoden der Algorithmischen Graphentheorie. Die behandelten
Entwurfsmethoden werden in den einzelnen Kapiteln konkret angewendet. Der Klasse der perfekten Graphen ist jetzt ein eigenes Kapitel gewidmet. Das Kapitel über approximative Algorithmen wurde neu strukturiert und erweitert. Die Neuauflage des
Buches zeichnet sich durch eine wesentlich umfangreichere und detailliertere Bebil-
derung aus, viele Bilder sind erstmals in Farbe. Auch die Darstellung der Algorithmen
durch Pseudocode wurde verbessert.

Wie schon bei den vorangegangenen Auflagen möchten wir den Lesern für ihre
Anregungen danken. Unser besonderer Dank gilt Frau Kristina Ahlborn für ihre Unterstützung beim Korrekturlesen des Textes.

Die Lösungen der 280 Übungsaufgaben sind nicht mehr im Buch enthalten sondern können kostenfrei über die Web-Seite[1] des Verlags bezogen werden.

Hamburg, August 2015

Volker Turau
Christoph Weyer

Vorwort zur 1. Auflage

Graphen sind die in der Informatik am häufigsten verwendete Abstraktion. Jedes System, welches aus diskreten Zuständen oder Objekten und Beziehungen zwischen diesen besteht, kann als Graph modelliert werden. Viele Anwendungen erfordern effiziente Algorithmen zur Verarbeitung von Graphen. Dieses Lehrbuch ist eine Einführung
in die algorithmische Graphentheorie. Die Algorithmen sind in kompakter Form in einer programmiersprachennahen Notation dargestellt. Eine Übertragung in eine konkrete Programmiersprache wie C++ oder Pascal ist ohne Probleme durchzuführen. Die

---

1 http://dx.doi.org/10.1515/9783110417326-suppl

meisten der behandelten Algorithmen sind in der dargestellten Form im Rahmen meiner Lehrveranstaltungen implementiert und getestet worden. Die praktische Relevanz der vorgestellten Algorithmen wird in vielen Anwendungen aus Gebieten wie Compilerbau, Betriebssysteme, künstliche Intelligenz, Computernetzwerke und Operations Research demonstriert.

Dieses Buch ist an allejene gerichtet, die sich mit Problemen der algorithmischen Graphentheorie beschäftigen. Es richtet sich insbesondere an Studenten der Informatik und Mathematik im Grund- als auch im Hauptstudium.

Die neun Kapitel decken die wichtigsten Teilgebiete der algorithmischen Graphentheorie ab, ohne einen Anspruch auf Vollständigkeit zu erheben. Die Auswahl der Algorithmen erfolgte nach den folgenden beiden Gesichtspunkten: Zum einen sind nur solche Algorithmen berücksichtigt, die sich einfach und klar darstellen lassen und ohne großen Aufwand zu implementieren sind. Der zweite Aspekt betrifft die Bedeutung für die algorithmische Graphentheorie an sich. Bevorzugt wurden solche Algorithmen, welche entweder Grundlagen für viele andere Verfahren sind oder zentrale Probleme der Graphentheorie lösen.

Unter den Algorithmen, welche diese Kriterien erfüllten, wurden die effizientesten hinsichtlich Speicherplatz und Laufzeit dargestellt. Letztlich war die Auswahl natürlich oft eine persönliche Entscheidung. Aus den genannten Gründen wurde auf die Darstellung von Algorithmen mit kompliziertem Aufbau oder auf solche, die sich auf komplexe Datenstrukturen stützen, verzichtet. Es werden nur sequentielle Algorithmen behandelt. Eine Berücksichtigung von parallelen oder verteilten Graphalgorithmen würde den Umfang dieses Lehrbuchs sprengen.

Das erste Kapitel gibt anhand von mehreren praktischen Anwendungen eine Motivation für die Notwendigkeit von effizienten Graphalgorithmen. Das zweite Kapitel führt in die Grundbegriffe der Graphentheorie ein. Als Einstieg in die algorithmische Graphentheorie wird der Algorithmus zur Bestimmung des transitiven Abschlusses eines Graphen diskutiert und analysiert. Das zweite Kapitel stellt außerdem Mittel zur Verfügung, um Zeit- und Platzbedarf von Algorithmen abzuschätzen und zu vergleichen.

Kapitel 3 beschreibt Anwendungen von Bäumen und ihre effiziente Darstellung. Dabei werden mehrere auf Bäumen basierende Algorithmen präsentiert. Kapitel 4 behandelt Suchstrategien für Graphen. Ausführlich werden Tiefen- und Breitensuche, sowie verschiedene Realisierungen dieser Techniken diskutiert. Zahlreiche Anwendungen auf gerichtete und ungerichtete Graphen zeigen die Bedeutung dieser beiden Verfahren.

Kapitel 6 diskutiert Algorithmen zur Bestimmung von minimalen Färbungen. Für allgemeine Graphen wird mit dem Backtracking-Algorithmus ein Verfahren vorgestellt, welches sich auch auf viele andere Probleme anwenden lässt. Für planare und transitiv orientierbare Graphen werden effiziente Algorithmen zur Bestimmung von minimalen Färbungen dargestellt.

Die beiden Kapitel 8 und 9 behandeln Flüsse in Netzwerken. Zunächst werden zwei Algorithmen zur Bestimmung von maximalen Flüssen vorgestellt. Der erste basiert auf Erweiterungswegen minimaler Länge, der zweite verwendet die Technik der blockierenden Flüsse. Im Mittelpunkt von Kapitel 9 stehen Anwendungen dieser Verfahren: Bestimmung von maximalen Zuordnungen in bipartiten Graphen, Bestimmung der Kanten- und Eckenzusammenhangszahl eines ungerichteten Graphen und Bestimmung von minimalen Schnitten.

Kapitel 10 betrachtet verschiedene Varianten des Problems der kürzesten Wege in kantenbewerteten Graphen. Es werden auch Algorithmen zur Bestimmung von kürzesten Wegen diskutiert, wie sie in der künstlichen Intelligenz Anwendung finden.

Kapitel 11 gibt eine Einführung in approximative Algorithmen. Unter der Voraussetzung $\mathcal{P} \neq \mathcal{NP}$ wird gezeigt, dass die meisten $\mathcal{NP}$-vollständigen Probleme keine approximativen Algorithmen mit beschränktem absoluten Fehler besitzen und dass sich die Probleme aus $\mathcal{NPC}$ bezüglich der Approximierbarkeit mit beschränktem relativen Fehler sehr unterschiedlich verhalten. Breiten Raum nehmen approximative Algorithmen für das Färbungsproblem und das Traveling-Salesman Problem ein. Schliesslich werden Abschätzungen für den Wirkungsgrad dieser Algorithmen untersucht.

Ein unerfahrener Leser sollte zumindest die ersten vier Kapitel sequentiell lesen. Die restlichen Kapitel sind relativ unabhängig voneinander (mit Ausnahme von Kapitel 9, welches auf Kapitel 8 aufbaut). Das Kapitel über approximative Algorithmen enthält viele neuere Forschungsergebnisse und ist aus diesem Grund das umfangreichste. Damit wird auch der Hauptrichtung der aktuellen Forschung der algorithmischen Graphentheorie Rechnung getragen.

Jedes Kapitel hat am Ende einen Abschnitt mit Übungsaufgaben; insgesamt sind es etwa 250. Der Schwierigkeitsgrad ist dabei sehr unterschiedlich. Einige Aufgaben dienen nur zur Überprüfung des Verständnisses der Verfahren. Mit * bzw. ** gekennzeichnete Aufgaben erfordern eine intensivere Beschäftigung mit der Aufgabenstellung und sind für fortgeschrittene Studenten geeignet.

Mein Dank gilt allen, die mich bei der Erstellung dieses Buches unterstützt haben. Großen Anteil an der Umsetzung des Manuskriptes in LaTeX hatten Thomas Erik Schmidt und Tim Simon. Einen wertvollen Beitrag leisteten auch die Studentinnen und Studenten mit ihren kritischen Anmerkungen zu dem Stoff in meinen Vorlesungen und Seminaren. Ein besonderer Dank gilt meiner Schwester Christa Teusch für die kritische Durchsicht des Manuskriptes. Den beiden Referenten Professor Dr. A. Beutelspacher und Professor Dr. P. Widmayer danke ich für ihre wertvollen Verbesserungsvorschläge zu diesem Buch.

Wiesbaden, im Februar 1996
Volker Turau

Inhalt

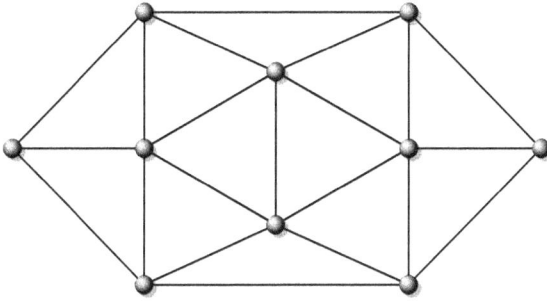

KAPITEL 1

Einleitung

In vielen praktischen und theoretischen Anwendungen treten Situationen auf, die durch ein System von Objekten und Beziehungen zwischen diesen Objekten charakterisiert werden können. Die Graphentheorie stellt zur Beschreibung von solchen Systemen ein Modell zur Verfügung: den Graphen. Die problemunabhängige Beschreibung mittels eines Graphen lässt die Gemeinsamkeit von Problemen aus den verschiedensten Anwendungsgebieten erkennen. Die Graphentheorie ermöglicht somit die Lösung vieler Aufgaben, welche aus dem Blickwinkel der Anwendung keine Gemeinsamkeiten haben. Die algorithmische Graphentheorie stellt zu diesem Zweck Verfahren zur Verfügung, die problemunabhängig formuliert werden können. Ferner erlauben Graphen eine anschauliche Darstellung, welche die Lösung von Problemen häufig erleichtert.

Im Folgenden werden sechs verschiedene Anwendungen diskutiert. Eine genaue Betrachtung der Aufgabenstellungen führt ganz natürlich auf eine graphische Beschreibung und damit auch auf den Begriff des Graphen; eine Definition wird bewusst erst im nächsten Kapitel vorgenommen. Die Beispiele dienen als Motivation für die Definition eines Graphen; sie sollen ferner einen Eindruck von der Vielfalt der zu lösenden Aufgaben geben und die Notwendigkeit von effizienten Algorithmen vor Augen führen.

1.1 Verletzlichkeit von Kommunikationsnetzen

Ein Kommunikationsnetz ist ein durch Datenübertragungswege realisierter Verband mehrerer Rechner. Es unterstützt den Informationsaustausch zwischen Benutzern an verschiedenen Orten. Die *Verletzlichkeit* eines Kommunikationsnetzes ist durch die Anzahl von Leitungen oder Rechnern gekennzeichnet, die ausfallen müssen, damit die Verbindung zwischen zwei beliebigen Benutzern nicht mehr möglich ist. Häufig ist eine Verbindung zwischen zwei Benutzern über mehrere Wege möglich. Somit ist beim Ausfall einer Leitung oder einer Station die Verbindung nicht notwendigerweise unterbrochen. Ein Netzwerk, bei dem schon der Ausfall einer einzigen Leitung oder Station gewisse Verbindungen unmöglich macht ist verletzlicher, als ein solches, wo dies nur beim Ausfall von mehreren Leitungen oder Stationen möglich ist.

Die minimale Anzahl von Leitungen und Stationen, deren Ausfall die Funktion des Netzwerkes beeinträchtigt, hängt sehr stark von der Beschaffenheit des Netzwerkes ab. Netzwerke lassen sich graphisch durch Knoten und Verbindungslinien zwischen den Knoten darstellen: Die Knoten entsprechen den Stationen, die Verbindungslinien den Datenübertragungswegen. In Abbildung 1.1 sind vier Grundformen gebräuchlicher Netzwerke dargestellt.

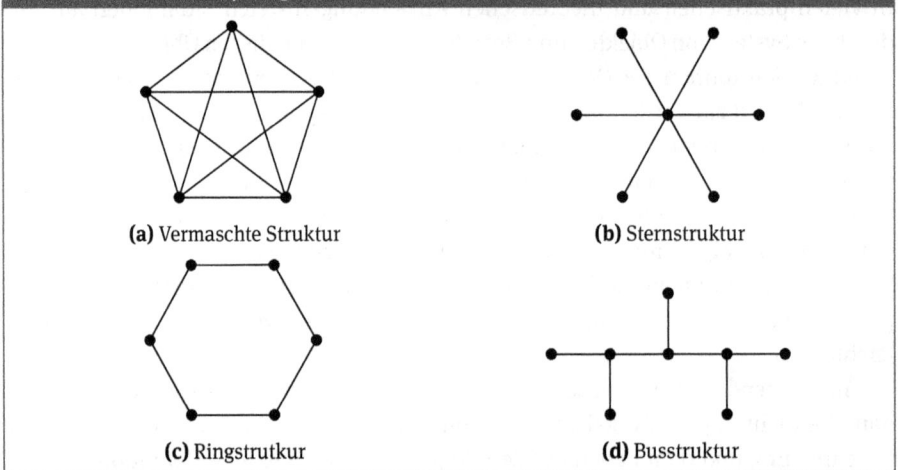

Abb. 1.1: Netzwerktopologien

(a) Vermaschte Struktur

(b) Sternstruktur

(c) Ringstrutkur

(d) Busstruktur

Bei der vermaschten Struktur ist beim Ausfall einer Station die Kommunikation zwischen den restlichen Stationen weiter möglich. Sogar der Ausfall von bis zu sechs Datenübertragungswegen muss noch nicht zur Unterbrechung führen. Um die Kommunikation mit einem Benutzer zu unterbrechen, müssen mindestens vier Datenübertragungswege ausfallen. Bei der Sternstruktur ist nach dem Ausfall der zentralen Station keine Kommunikation mehr möglich. Hingegen führt in diesem Fall der Ausfall einer Leitung nur zur Abkopplung eines Benutzers.

Eine Menge von Datenübertragungswegen in einem Kommunikationsnetzwerk heißt *Schnitt*, falls ihr Ausfall die Kommunikation zwischen irgendwelchen Stationen unterbricht. Ein Schnitt mit der Eigenschaft, dass keine echte Teilmenge ebenfalls ein Schnitt ist, nennt man *minimaler Schnitt*. Die Anzahl der Verbindungslinien in dem minimalen Schnitt mit den wenigsten Verbindungslinien nennt man *Verbindungszusammenhang* oder auch die *Kohäsion* des Netzwerkes. Sie charakterisiert die Verletzlichkeit eines Netzwerkes. Die Kohäsion der Bus- und Sternstruktur ist gleich 1, die der Ringstruktur gleich 2, und die vermaschte Struktur hat die Kohäsion 4.

Analog kann man auch den Begriff *Knotenzusammenhang* eines Netzwerkes definieren. Er gibt die minimale Anzahl von Stationen an, deren Ausfall die Kommunikation der restlichen Stationen untereinander unterbrechen würde. Bei der Bus- und Sternstruktur ist diese Zahl gleich 1 und bei der Ringstruktur gleich 2. Fällt bei der vermaschten Struktur eine Station aus, so bilden die verbleibenden Stationen immer noch eine vermaschte Struktur. Somit ist bei dieser Struktur beim Ausfall von beliebig vielen Stationen die Kommunikation der restlichen Stationen gesichert.

Verfahren zur Bestimmung von Verbindungszusammenhang und Knotenzusammenhang eines Netzwerkes werden in Kapitel 9 behandelt.

1.2 Wegplanung für Roboter

Ein grundlegendes Problem auf dem Gebiet der Robotik ist die Planung von kollisionsfreien Wegen für Roboter in ihrem Einsatzgebiet. Von besonderem Interesse sind dabei die kürzesten Wege, auf denen der Roboter mit keinem Hindernis in Kontakt kommt. Zum Auffinden dieser Wege muss eine Beschreibung der Geometrie des Roboters und des Einsatzgebietes vorliegen. Ohne Einschränkungen der Freiheitsgrade des Roboters und der Komplexität des Einsatzgebietes ist dieses Problem praktisch nicht lösbar.

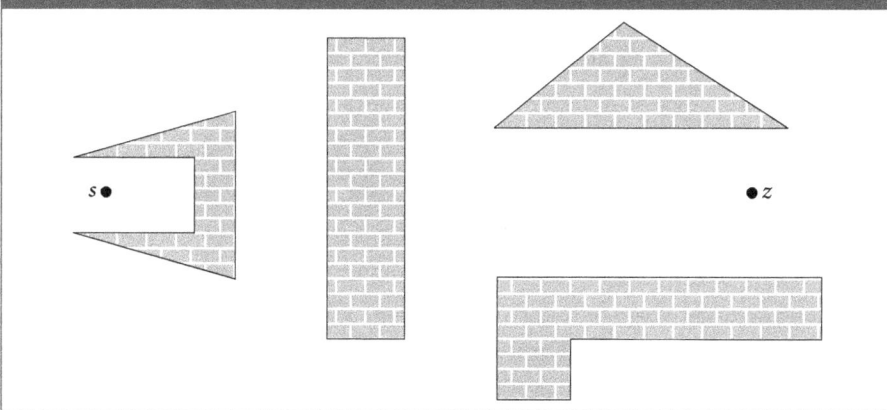

Abb. 1.2: Hindernisse für einen Roboter

Eine stark idealisierte Version dieses komplizierten Problems erhält man, indem man die Bewegung auf eine Ebene beschränkt und den Roboter auf einen Punkt reduziert. Diese Ausgangslage kann auch in vielen Anwendungen durch eine geeignete Transformation geschaffen werden. Das Problem stellt sich nun folgendermaßen dar: Für eine Menge von Polygonen in der Ebene, einen Startpunkt s und einen Zielpunkt z ist der kürzeste Weg von s nach z gesucht, welcher die Polygone nicht schneidet; Abbildung 1.2 zeigt eine solche Situation.

Zunächst wird der kürzeste Weg analysiert, um dann später ein Verfahren zu seiner Bestimmung zu entwickeln. Dazu stellt man sich den kürzesten Weg durch ein straff gespanntes Seil vor. Es ergibt sich sofort, dass der Weg eine Folge von Geradensegmenten der folgenden Art ist:

(1) Geradensegmente von s oder z zu einer konvexen Ecke eines Hindernisses, welche keine anderen Hindernisse schneiden
(2) Kanten von Hindernissen zwischen konvexen Ecken
(3) Geradensegmente zwischen konvexen Ecken von Hindernissen, welche keine anderen Hindernisse schneiden
(4) das Geradensegment von s nach z, sofern kein Hindernis davon geschnitten wird

Für jede Wahl von s und z ist der kürzeste Weg eine Kombination von Geradensegmenten der oben beschriebenen vier Typen. Der letzte Typ kommt nur dann vor, wenn die direkte Verbindung von s und z kein Hindernis schneidet; in diesem Fall ist dies auch der kürzeste Weg. Abbildung 1.3 zeigt alle möglichen Geradensegmente für die Situation aus Abbildung 1.2.

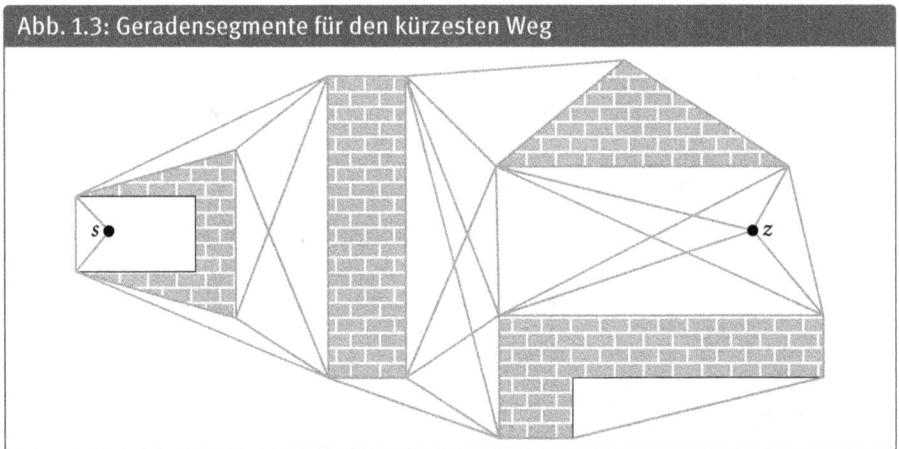

Abb. 1.3: Geradensegmente für den kürzesten Weg

Um einen kürzesten Weg von s nach z zu finden, müssen im Prinzip alle Wege von s nach z, welche nur die angegebenen Segmente verwenden, betrachtet werden. Für jeden Weg ist dann die Länge zu bestimmen, und unter allen Wegen wird der kürzeste ausgewählt. Das Problem lässt sich also auf ein System von Geradensegmenten mit entsprechenden Längen reduzieren. In diesem ist dann ein kürzester Weg von s nach z zu finden. Die Geradensegmente, die zu diesem System gehören, sind in Abbildung 1.3 blau eingezeichnet. Abbildung 1.4 zeigt den kürzesten Weg von s nach z. Verfahren zur Bestimmung von kürzesten Wegen in Graphen werden in Kapitel 10 behandelt.

Abb. 1.4: Der kürzeste Weg von s nach z

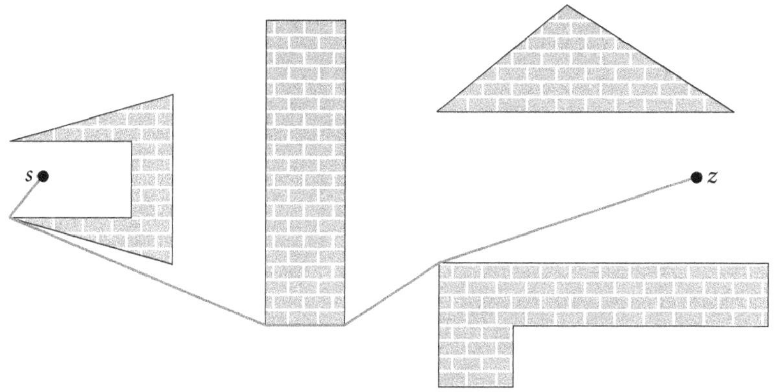

1.3 Optimale Umrüstzeiten für Fertigungszellen

Die Maschinen einer Fertigungszelle in einer Produktionsanlage müssen für verschiedene Produktionsaufträge unterschiedlich ausgerüstet und eingestellt werden. Während dieser Umrüstzeit kann die Fertigungszelle nicht produktiv genutzt werden. Aus diesem Grund wird eine möglichst geringe Umrüstzeit angestrebt. Die Umrüstzeiten sind abhängig von dem Ist- und dem Sollzustand der Fertigungszelle. Liegen mehrere Produktionsaufträge vor, deren Reihenfolge beliebig ist, und sind die entsprechenden Umrüstzeiten bekannt, so kann nach einer Reihenfolge der Aufträge gesucht werden, deren Gesamtumrüstzeit minimal ist. Hierbei werden Aufträge, welche keine Umrüstzeiten erfordern, zu einem Auftrag zusammengefasst. Das Problem lässt sich also folgendermaßen beschreiben: Gegeben sind n Produktionsaufträge $P_1, \ldots, P_n$. Die Umrüstzeit der Fertigungszelle nach Produktionsablauf P_i für den Produktionsablauf P_j wird mit T_{ij} bezeichnet. Im allgemeinen ist $T_{ij} \neq T_{ji}$, d. h., die Umrüstzeiten sind nicht symmetrisch. Eine optimale Reihenfolge hat nun die Eigenschaft, dass unter allen Reihenfolgen $P_{i_1}, \ldots, P_{i_n}$ die Summe

$$\sum_{j=1}^{n-1} T_{i_j i_{j+1}}$$

minimal ist. Diese Summe stellt nämlich die Gesamtumrüstzeit dar.

Das Problem lässt sich auch graphisch interpretieren: Jeder Produktionsablauf wird durch einen Punkt in der Ebene und jeder mögliche Umrüstvorgang durch einen

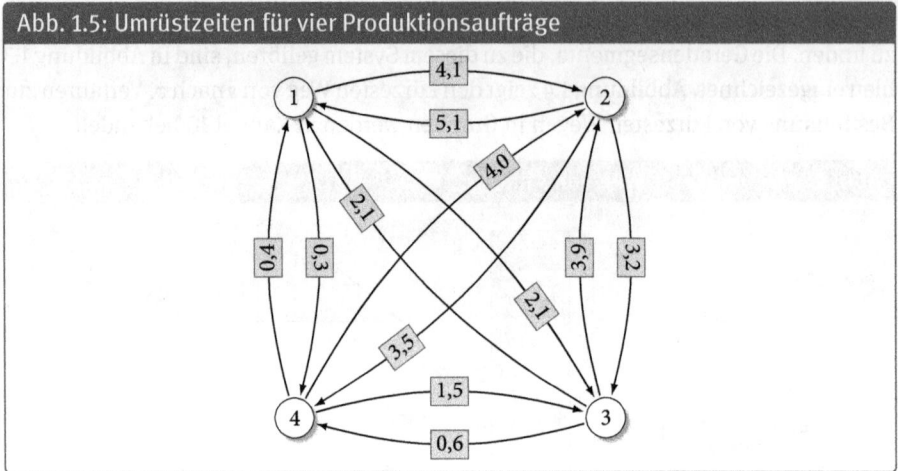

Abb. 1.5: Umrüstzeiten für vier Produktionsaufträge

Pfeil vom Anfangs- zum Zielzustand dargestellt. Die Pfeile werden mit den entsprechenden Umrüstzeiten markiert. Abbildung 1.5 zeigt ein Beispiel für vier Produktionsaufträge.

Eine Reihenfolge der Umrüstvorgänge entspricht einer Folge von Pfeilen in den vorgegebenen Richtungen. Hierbei kommt man an jedem Punkt genau einmal vorbei. Die Gesamtumrüstzeit entspricht der Summe der Markierungen dieser Pfeile; umgekehrt entspricht jeder Weg mit der Eigenschaft, dass er an jedem Punkt genau einmal vorbeikommt, einer möglichen Reihenfolge. Bezieht man noch den Ausgangszustand in diese Darstellung ein und gibt ihm die Nummer 1, so müssen alle Wege bei Punkt 1 beginnen. Für n Produktionsaufträge gibt es somit $n+1$ Punkte. Es gibt dann insgesamt $n!$ verschiedene Wege. Eine Möglichkeit, den optimalen Weg zu finden, besteht darin, die Gesamtumrüstzeiten für alle $n!$ Wege zu berechnen und dann den Weg mit der minimalen Zeit zu bestimmen. Interpretiert man die Darstellung aus Abbildung 1.5 in dieser Art (d. h. drei Produktionsaufträge und der Ausgangszustand), so müssen insgesamt sechs verschiedene Wege betrachtet werden. Man sieht leicht, dass der Weg $1 - 4 - 3 - 2$ mit einer Umrüstzeit von 5,7 am günstigsten ist. Die Anzahl der zu untersuchenden Wege steigt jedoch sehr schnell an. Bei zehn Produktionsaufträgen müssen bereits 3628800 Wege betrachtet werden. Bei größeren n stößt man bald an Zeitgrenzen. Für $n = 15$ müssten mehr als $1,3 \cdot 10^{12}$ Wege betrachtet werden. Bei einer Rechenzeit von einer Sekunde für 1 Million Wege würden mehr als 15 Tage benötigt. Um zu vertretbaren Rechenzeiten zu kommen, müssen andere Verfahren angewendet werden.

In Kapitel 11 werden Verfahren vorgestellt, mit denen man in einer annehmbaren Zeit zu einem Resultat gelangt, welches relativ nahe an die optimale Lösung herankommt.

1.4 Objektorientierte Programmiersprachen

Objektorientierte Programmiersprachen haben seit vielen Jahren prozedurale Sprachen in vielen Bereichen ersetzt. Java, C# und C++ sind Beispiele für solche Sprachen. In prozeduralen Programmiersprachen sind Daten und Prozeduren separate Konzepte. Der Programmierer ist dafür verantwortlich, beim Aufruf einer Prozedur diese mit aktuellen Parametern vom vereinbarten Typ zu versorgen. In objektorientierten Programmiersprachen steht das Konzept der Objekte im Mittelpunkt. Objekte haben einen internen Zustand, welcher nur durch entsprechende Methoden verändert werden kann. Methoden entsprechen Prozeduren in traditionellen Programmiersprachen, und das Konzept einer Klasse ist die Verallgemeinerung des Typkonzeptes. Jedes Objekt ist Instanz einer Klasse; diese definiert die Struktur und die Methoden zum Verändern des Zustandes ihrer Instanzen.

Ein Hauptziel der objektorientierten Programmierung ist es, eine gute Strukturierung und eine hohe Wiederverwendbarkeit von Software zu erzielen. Dazu werden Klassen in Hierarchien angeordnet; man spricht dann von Ober- und Unterklassen. Jede Methode einer Klasse ist auch auf die Instanzen aller Unterklassen anwendbar. Man sagt, eine Klasse vererbt ihre Methoden rekursiv an ihre Unterklassen. Der Programmierer hat aber auch die Möglichkeit, die Implementierung einer geerbten Methode zu überschreiben. Die Methode behält dabei ihren Namen; es wird nur die Implementierung geändert. Enthält ein Programm den Aufruf einer Methode für ein Objekt, so kann in vielen Fällen während der Übersetzungszeit nicht entschieden werden, zu welcher Klasse dieses Objekt gehört. Somit kann auch erst zur Laufzeit des Programms die korrekte Implementierung einer Methode ausgewählt werden (*late binding*). Der Grund hierfür liegt hauptsächlich darin, dass der Wert einer Variablen der Klasse C auch Instanz einer Unterklasse von C sein kann.

Die Auswahl der Implementierung einer Methode zur Laufzeit nennt man *Dispatching*. Konzeptionell geht man dabei wie folgt vor:

(1) Bestimmung der Klasse, zu der das Objekt gehört.
(2) Falls diese Klasse eine Implementierung für diese Methode zur Verfügung stellt, wird diese ausgeführt.
(3) Andernfalls werden in aufsteigender Reihenfolge die Oberklassen durchsucht und wie oben verfahren.
(4) Wird keine Implementierung gefunden, so liegt ein Fehler vor.

Im Folgenden wird nur der Fall betrachtet, dass jede Klasse maximal eine Oberklasse hat (*single inheritance*). Hat eine Klasse mehrere Oberklassen (*multiple inheritance*), so muss die Reihenfolge, in der in Schritt c) die Oberklassen durchsucht werden, festgelegt werden.

Abbildung 1.6 zeigt eine Klassenhierarchie bestehend aus den Klassen $A, B, \ldots, G$. Die Unterklassenrelation ist durch einen Pfeil von einer Klasse zu ihrer Oberklasse ge-

---

Abb. 1.6: Eine Klassenhierarchie

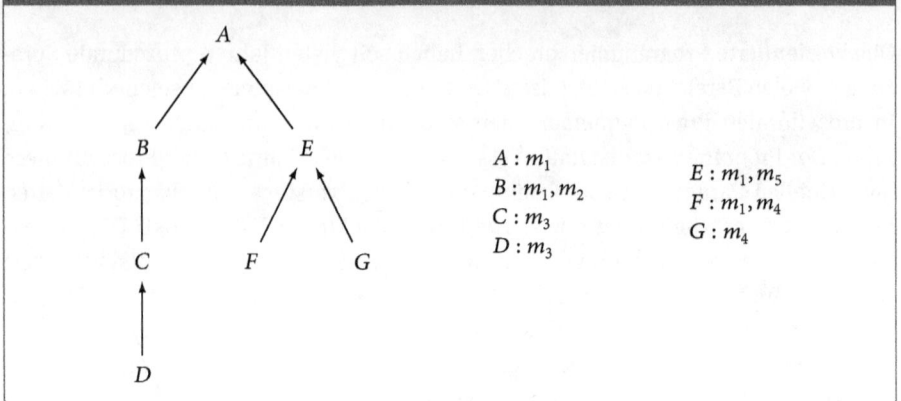

$$
\begin{array}{c}
A \\
\nearrow \quad \nwarrow \\
B \qquad\qquad E \\
\uparrow \qquad \nearrow \quad \nwarrow \\
C \qquad F \qquad G \\
\uparrow \\
D
\end{array}
$$

$A : m_1$

$B : m_1, m_2$

$C : m_3$

$D : m_3$

$E : m_1, m_5$

$F : m_1, m_4$

$G : m_4$

---

kennzeichnet. Ferner ist angegeben, welche Klassen welche Methoden implementieren. Beispielsweise kann die Methode m_1 auf jedes Objekt angewendet werden, aber es gibt vier verschiedene Implementierungen von m_1.

Welche Objekte verwenden welche Implementierung von m_1? Die folgende Tabelle gibt dazu einen Überblick; hierbei wird die Adresse einer Methode m, welche durch die Klasse K implementiert wird, durch $m \mid K$ dargestellt. Wird z. B. die Methode m_1 für eine Instanz der Klasse G aufgerufen, so ergibt sich direkt, dass $m_1 \mid E$ die zugehörige Implementierung ist.

Klasse	A	B	C	D	E	F	G
Implementierung	$m_1 \mid A$	$m_1 \mid B$	$m_1 \mid B$	$m_1 \mid B$	$m_1 \mid E$	$m_1 \mid F$	$m_1 \mid E$

Ein Programm einer objektorientierten Sprache besteht im wesentlichen aus Methodenaufrufen. Untersuchungen haben gezeigt, dass in manchen objektorientierten Sprachen bis zu 20 % der Laufzeit für Dispatching verwendet wird. Aus diesem Grund besteht ein hohes Interesse an schnellen Dispatching-Verfahren. Die effizienteste Möglichkeit, Dispatching durchzuführen, besteht darin, zur Übersetzungszeit eine globale *Dispatching-Tabelle* zu erzeugen. Die Dispatching-Tabelle für das oben angegebene Beispiel sieht wie folgt aus.

	A	B	C	D	E	F	G
m_1	$m_1 \mid A$	$m_1 \mid B$	$m_1 \mid B$	$m_1 \mid B$	$m_1 \mid E$	$m_1 \mid F$	$m_1 \mid E$
m_2		$m_2 \mid B$	$m_2 \mid B$	$m_2 \mid B$			
m_3			$m_3 \mid C$	$m_3 \mid D$			
m_4						$m_4 \mid F$	$m_4 \mid G$
m_5					$m_5 \mid E$	$m_5 \mid E$	$m_5 \mid E$

Diese Tabelle enthält für jede Klasse eine Spalte und für jede Methode eine Zeile. Ist m der Name einer Methode und C eine Klasse, so enthält der entsprechende Eintrag der Dispatching-Tabelle die Adresse der Implementierung der Methode m, welche für Instanzen der Klasse C aufgerufen wird. Ist eine Methode auf die Instanzen einer Klasse nicht anwendbar, so bleibt der entsprechende Eintrag in der Dispatching-Tabelle leer. Diese Organisation garantiert, dass die Implementierung einer Methode in konstanter Zeit gefunden wird; es ist dabei genau ein Zugriff auf die Dispatching-Tabelle notwendig. Der große Nachteil einer solchen Dispatching-Tabelle ist der Platzverbrauch. Aus diesem Grund sind Dispatching-Tabellen in dieser Form praktisch nicht verwendbar.

Um den Speicheraufwand zu senken, macht man sich zunutze, dass die meisten Einträge der Dispatching-Tabelle nicht besetzt sind. Der Speicheraufwand kann reduziert werden, indem man für zwei Methoden, welche sich nicht beeinflussen, eine einzige Zeile verwendet. Zwei Methoden beeinflussen sich nicht, wenn es kein Objekt gibt, auf welches beide Methoden anwendbar sind. Im obigen Beispiel beeinflussen sich die Methoden m_3 und m_5 nicht; somit können beide Methoden in der Dispatching-Tabelle eine gemeinsame Zeile verwenden. Um eine optimale Kompression zu finden, wird zunächst untersucht, welche Methoden sich nicht beeinflussen. Dazu wird ein so genannter *Konfliktgraph* gebildet. In diesem werden Methoden, welche sich beeinflussen, durch eine Kante verbunden. Abbildung 1.7 zeigt den Konfliktgraphen für das obige Beispiel.

Abb. 1.7: Ein Konfliktgraph

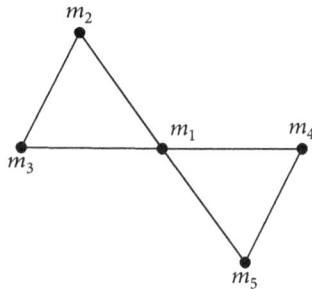

Um die minimale Anzahl von Zeilen zu finden, wird eine Aufteilung der Menge der Methoden in eine minimale Anzahl von Teilmengen vorgenommen, so dass die Methoden in jeder Teilmenge nicht durch Kanten verbunden sind. Jede Teilmenge entspricht dann einer Zeile. Für das obige Beispiel ist $\{m_1\}$, $\{m_2, m_5\}$ und $\{m_3, m_4\}$ eine solche minimale Aufteilung. Die Dispatching-Tabelle wird nun mittels den folgenden beiden Tabellen dargestellt. Die erste Tabelle gibt für jede Methode die entsprechende Zeile in der zweiten Tabelle an.

Methode	m_1	m_2	m_3	m_4	m_5
Zeile	1	2	3	3	2

	A	B	C	D	E	F	G
1	$m_1 \mid A$	$m_1 \mid B$	$m_1 \mid B$	$m_1 \mid B$	$m_1 \mid E$	$m_1 \mid F$	$m_1 \mid E$
2		$m_2 \mid B$	$m_2 \mid B$	$m_2 \mid B$	$m_5 \mid E$	$m_5 \mid E$	$m_5 \mid E$
3			$m_3 \mid C$	$m_3 \mid D$		$m_4 \mid F$	$m_4 \mid G$

Die Auswahl einer entsprechenden Methode erfordert nun zwei Tabellenzugriffe. Die Bestimmung der zugehörigen Zeilen kann dabei schon zur Übersetzungszeit erfolgen; somit ist zur Laufzeit weiterhin nur ein Tabellenzugriff erforderlich. Der Platzbedarf wird durch dieses Verfahren häufig erheblich reduziert.

Das Problem bei dieser Vorgehensweise ist die Bestimmung einer Aufteilung der Methoden in eine minimale Anzahl von Teilmengen von sich nicht beeinflussenden Methoden. Dieses Problem wird ausführlich in den Kapiteln 6 und 11 behandelt.

1.5 Suchmaschinen

Suchmaschinen sind bei der Informationsrecherche im World Wide Web zu einem unverzichtbaren Werkzeug geworden. Diese erstellen und verwalten einen Index, der Stichwörter mit Web-Seiten verbindet. Eine Anfragesprache ermöglicht eine gezielte Suche in diesem Index. Der Index der Suchmaschine wird automatisch durch so genannte Web-Roboter aufgebaut.

Das Konzept der Suchmaschinen basiert auf einer graphentheoretischen Modellierung des Inhaltes des WWW. Die Grundlage für das Auffinden neuer Dokumente bildet die Hypertextstruktur des Web. Diese macht das Web zu einem gerichteten Graphen, wobei die Dokumente die Ecken bilden. Enthält eine Web-Seite einen Verweis (*Link*) auf eine andere Seite, so zeigt eine Kante von der ersten Seite zu der zweiten Seite. Abbildung 1.8 zeigt ein Beispiel mit vier Web-Seiten und fünf Verweisen. Die wahre Größe des WWW ist nicht bekannt, über die Anzahl der verschiedenen Web-Seiten gibt es nur Schätzungen. Die Betreiber von Suchmaschinen veröffentlichen gelegentlich Angaben über die Anzahl der durch sie indizierten Web-Seiten. Der Marktführer Google indexierte bereits 2008 mehr als eine Billion Web-Seiten.

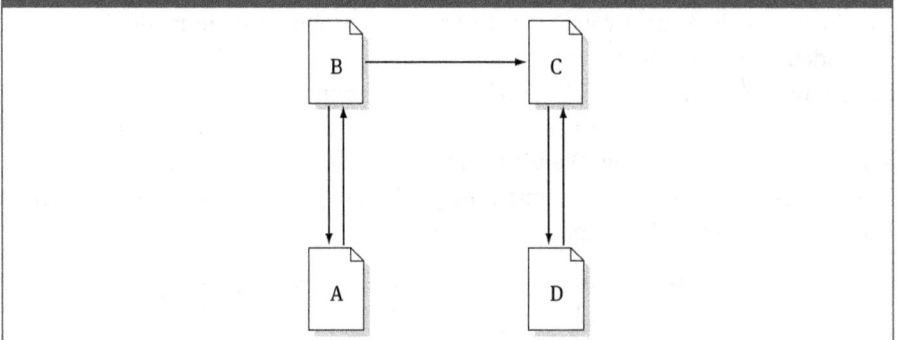

Abb. 1.8: Vier Web-Seiten mit ihren Verweisen

Um möglichst viele Seiten aufzufinden, ohne dabei Seiten mehrfach zu analysieren, müssen Web-Roboter bei der Suche nach neuen Dokumenten systematisch vorgehen. Häufig werden von einer Web-Seite aus startend rekursiv alle Verweise verfolgt. Ausgehend von einer oder mehreren Startadressen durchsuchen Web-Roboter das Web und extrahieren nach verschiedenen Verfahren Wörter und fügen diese in den Index ein. Zur Verwaltung des Index werden spezielle Datenbanksysteme verwendet. Dabei werden sowohl statistische Methoden wie Worthäufigkeiten und inverse Dokumentenhäufigkeiten als auch probabilistische Methoden eingesetzt. Viele Roboter untersuchen die Dokumente vollständig, andere nur Titel und Überschriften. Zur Unterstützung komplexer Anfragen werden im Index auch die Anfänge der Dokumente abgespeichert. Bei der Analyse von Web-Seiten kommen HTML-Parser zum Einsatz, die je nach Aufgabenstellung den Quelltext mehr oder weniger detailliert analysieren.

Im ersten Schritt bestimmt eine Suchmaschine die Web-Seiten, welche dem Suchbegriff über den Index zugeordnet sind. Die Größe des Web bedingt, dass die Anzahl der gefundenen Dokumente sehr groß sein kann. Darüber hinaus haben viele der gefundenen Dokumente oft nur eine geringe oder sogar keine Relevanz für die Anfrage. Im Laufe der Zeit wurden deshalb verschiedene Verfahren zur Bewertung von Webseiten mit dem Ziel der Relevanzbeurteilung durch Suchmaschinen entwickelt. Die gefundenen Seiten werden dann nach ihrer vermeintlichen Relevanz sortiert. Dies erleichtert Anwendern die Sichtung des Suchergebnisses.

Ein aus unmittelbar nachvollziehbaren Gründen auch heute immer noch von praktisch allen Suchmaschinen genutzter Maßstab ist das Vorkommen eines Suchbegriffs im Text einer Webseite. Dieses Vorkommen wird nach verschiedensten Kriterien wie etwa der relativen Häufigkeit und der Position des Vorkommens oder auch der strukturellen Platzierung des Suchbegriffs im Dokument gewichtet.

Im Zuge der wachsenden wirtschaftlichen Bedeutung von Suchmaschinen versuchen Autoren ihre Web-Seiten so zu gestalten, dass sie bei der Relevanzbeurteilung durch Suchmaschinen gut abschneiden. Beispielsweise werden zugkräftige Wörter mehrfach an wichtigen Stellen in den Dokumenten platziert, zum Teil sogar in Kommentaren. Mittlerweile sind die Suchverfahren aber so stark verfeinert worden, dass solche einfache Manipulationsversuche nicht mehr funktionieren.

Eine wichtige Idee besteht darin, die Anzahl der Verweise auf ein Dokument als ein grundsätzliches Kriterium in die Beurteilung der Relevanz einer Seite mit einzubeziehen. Ein Dokument ist dabei umso wichtiger, je mehr Dokumente auf es verweisen. Diese Idee wurde erstmals vom Suchdienst Google praktisch angewendet. Der so genannte *PageRank* basiert auf der Beobachtung, dass ein Dokument zwar bedeutsam ist, wenn andere Dokumente Verweise auf es enthalten, nicht jedes verweisende Dokument ist jedoch gleichwertig. Vielmehr wird einem Dokument unabhängig von seinem Inhalt ein hoher Rang zugewiesen, wenn andere bedeutende Dokumente auf es verweisen. Die Wichtigkeit eines Dokuments bestimmt sich beim PageRank-Konzept aus der Bedeutsamkeit der darauf verweisenden Dokumente, d. h., die Bedeutung eines Dokuments definiert sich rekursiv aus der Bedeutung anderer Dokumente. Somit hat im Prinzip der Rang jedes Dokuments eine Auswirkung auf den Rang aller anderen Dokumente, die Verweisstruktur des gesamten Web wird also in die Relevanzbewertung eines Dokumentes einbezogen.

Der von L. Page und S. Brin entwickelte PageRank-Algorithmus ist sehr einfach nachvollziehbar. Für eine Web-Seite W bezeichnet $LC(W)$ die Anzahl der Verweise, welche von Seite W ausgehen, d. h., Verweise die im Text von W enthalten sind, und $PL(W)$ bezeichnet die Menge der Web-Seiten, welche einen Verweis auf Seite W enthalten. Der PageRank $PR(W)$ einer Seite W berechnet sich wie folgt:

$$PR(W) = (1 - d) + d \sum_{D \in PL(W)} \frac{PR(D)}{LC(D)}.$$

Hierbei ist $d \in [0, 1]$ ein einstellbarer Dämpfungsfaktor. Der PageRank einer Seite W bestimmt sich dabei rekursiv aus dem PageRank derjenigen Seiten, die einen Verweis auf Seite W enthalten. Der PageRank der Seiten $D \in PL(W)$ fließt nicht gleichmäßig in den PageRank von W ein. Der PageRank einer Seite wird stets anhand der Anzahl der von der Seite ausgehenden Links gewichtet. Das bedeutet, dass je mehr ausgehende Links eine Seite D hat, umso weniger PageRank gibt sie an W weiter. Der gewichtete PageRank der Seiten $D \in PL(W)$ wird addiert. Dies hat zur Folge, dass jeder zusätzlich eingehende Link auf W stets den PageRank dieser Seite erhöht. Schließlich wird die Summe der gewichteten PageRanks der Seiten $D \in PL(W)$ mit dem Dämpfungsfaktor d multipliziert. Hierdurch wird das Ausmaß der Weitergabe des PageRanks von einer Seite auf einer andere verringert.

Die Eigenschaften des PageRank werden jetzt anhand des in Abbildung 1.8 dargestellten Beispieles veranschaulicht. Der Dämpfungsfaktor d wird Angaben von Page und Brin zufolge für tatsächliche Berechnungen oft auf 0,85 gesetzt. Der Einfachheit halber wird d an dieser Stelle ein Wert von 0,5 zugewiesen, wobei der Wert von d zwar Auswirkungen auf den PageRank hat, das Prinzip jedoch nicht beeinflusst. Für obiges Beispiel ergeben sich folgende Gleichungen:

$$PR(A) = 0,5 + 0,5\, PR(B)/2$$
$$PR(B) = 0,5 + 0,5\, PR(A)$$
$$PR(C) = 0,5 + 0,5\, (PR(B)/2 + PR(D))$$
$$PR(D) = 0,5 + 0,5\, PR(C)$$

Dieses Gleichungssystem lässt sich sehr einfach lösen. Es ergibt sich folgende Lösung, wobei C den höchsten und A den niedrigsten PageRank erhält:

$$PR(A) = 0,71428 \quad PR(B) = 0,85714 \quad PR(C) = 1,2857 \quad PR(D) = 1,1428$$

Es stellt sich die Frage, wie der PageRank von Web-Seiten berechnet werden kann. Eine ganzheitliche Betrachtung des WWW ist sicherlich ausgeschlossen, deshalb erfolgt in der Praxis eine näherungsweise, iterative Berechnung des PageRank. Dazu wird zunächst jeder Seite ein PageRank mit Wert 1 zugewiesen, und anschließend wird der PageRank aller Seiten in mehreren Iterationen ermittelt. Die nachfolgende Tabelle zeigt das Ergebnis der ersten fünf Iterationen für das betrachtete Beispiel. Bereits nach sehr wenigen Iterationen wird eine sehr gute Näherung an die tatsächlichen Werte erreicht.

Für die Berechnung des PageRanks für das komplette Web werden von Page und Brin etwa 100 Iterationen als hinreichend genannt.

Iteration	$PR(A)$	$PR(B)$	$PR(C)$	$PR(D)$
0	1	1	1	1
1	0,75	0,875	1,21875	1,109375
2	0,71875	0,859375	1,2695312	1,1347656
3	0,71484375	0,8574219	1,2817383	1,1408691
4	0,71435547	0,85717773	1,284729	1,1423645
5	0,71429443	0,8571472	1,285469	1,1427345

Die bei der systematischen Suche nach neuen Web-Seiten von Web-Robotern eingesetzten Verfahren wie Tiefen- und Breitensuche werden in Kapitel 4 ausführlich vorgestellt.

1.6 Analyse sozialer Netze

Der Begriff *Soziales Netzwerk* bezeichnet eine soziale Struktur, die zwischen menschlichen Akteuren mittels ihrer Interaktion entsteht. Der Begriff ist recht weit gefasst. Es ist nicht festgelegt, um welche Art von Interaktion es sich handelt und ob die Akteure Individuen, Gruppen oder Organisationen sind. Soziale Netzwerke lassen sich einfach als Graphen modellieren. Die Akteure bilden die Ecken und Interaktionen zwischen ihnen werden als Kanten dargestellt. Der US-amerikanische Psychologe S. Milgram untersuchte bereits in den 1960er Jahren soziale Netze. Er vertrat die Hypothese, dass jeder Mensch auf der Welt mit jedem anderen über eine überraschend kurze Kette von Bekanntschaftsbeziehungen verbunden ist. Im zugehörigen sozialen Netzwerk sind die Menschen die Ecken und die Bekanntschaft zweier Menschen wird durch eine Kante repräsentiert. Diese Art der Darstellung von sozialen Beziehungen wird auch *Soziogramm* genannt. Da es unmöglich ist diesen Graph explizit anzugeben, beschränkte sich Milgram auf empirische Untersuchungen (*Small world experiment*). Er interpretierte die Ergebnisse in der Art, dass Bürger der USA im Durchschnitt durch eine Kette von 6 Personen verbunden sind. Die Schlussfolgerungen aus seinen Untersuchungen sind wegen der geringen Datenlage allerdings umstritten.

Im Zeitalter des Internet erreichte die Erforschung sozialer Netze eine neue Dimension. Das World Wide Web bietet zahllose Plattformen, mit denen Benutzer ein persönliches Profil verwalten können. Des Weiteren können Beziehungen zu anderen Personen abgebildet werden. Allein in Deutschland nutzten im Jahr 2009 mehr als 10 Millionen Menschen solche Websites. Jede dieser Plattformen definiert ein soziales Netzwerk, wobei die Nutzer die Akteure sind. Die Kommunikationsmuster in Diskussionsforen oder Email-Listen können ebenfalls durch soziale Netzwerke repräsentiert werden. Abbildung 1.9 zeigt ein soziales Netzwerk mit 10 Akteuren, diese sind mit den Buchstaben A bis J gekennzeichnet. Hierbei sind zwei Personen durch eine Kante verbunden, falls sie regelmäßig Emails austauschen. Dieses Beispiel wird wegen seiner Form auch *Kite-Netzwerk* genannt und wurde erstmals von D. Krackhard verwendet.

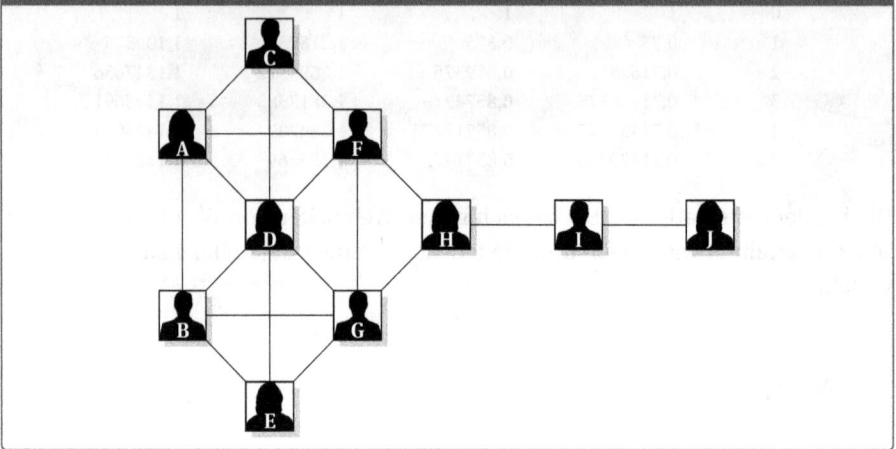

Abb. 1.9: Das Kite-Netzwerk, ein Beispiel für ein soziales Netzwerk

Der Zusammenhang zwischen der Struktur eines sozialen Netzwerkes auf der einen und dem Verhalten der darin eingebetteten Akteure und Gruppen auf der anderen Seite ist seit vielen Jahrzehnten Gegenstand sozialwissenschaftlicher Untersuchungen. Die hierbei verwendeten Methoden werden unter dem Begriff *Analytik sozialer Netzwerke* zusammengefasst. Im Folgenden werden wichtige Konzepte dieser Analytik und ihre graphentheoretische Interpretation vorgestellt.

Ein wichtiges Merkmal eines sozialen Netzwerkes ist seine *Dichte*. Sie bezeichnet das Verhältnis der Anzahl der Kanten in einem Soziogramm zur Zahl der möglichen Kanten. Diese Maßzahl verdeutlicht die Verbundenheit des sozialen Netzwerkes. Die Dichte des in Abbildung 1.9 dargestellten Netzwerks beträgt 18/45 = 0,4. Die Dichte liegt immer im Intervall [0, 1]. Je näher die Dichte an 1 liegt, desto schneller kann sich beispielsweise eine Informationen im Netzwerk ausbreiten. Im Folgenden bezeichne n stets die Anzahl der Akteure und m die Anzahl der Kanten in einem sozialen Netzwerk. Die Dichte ist durch folgenden Ausdruck gegeben:

$$\frac{2m}{n(n-1)}.$$

Ein weiteres Mittel zur Untersuchung von Gesamtnetzwerken ist die *Cliquenanalyse*. Unter einer *Clique* versteht man eine Teilmenge der Ecken, die alle untereinander direkt verbunden sind. Eine Clique kennzeichnet eine Gruppe von Akteuren mit hoher Kohäsion. Die Cliquenanalyse unterteilt ein Gesamtnetzwerk in disjunkte Cliquen. Diese Aufteilung bringt Erkenntnisse über die Struktur und den inneren Zusammenhang eines sozialen Netzwerkes. Das in Abbildung 1.9 dargestellte Netzwerk kann beispielsweise in die disjunkten Cliquen $\{A, C, D, F\}$, $\{B, E, G\}$, $\{H, I\}$ und $\{J\}$ unterteilt werden. Es gibt keine Clique, die mehr als vier Akteure enthält.

Die Untersuchung eines sozialen Netzwerkes kann auch den Fokus auf einzelne Akteure richten. Dabei geht es um die Frage, wie zentral der Akteur ist bzw. welches Prestige er besitzt. Zur Messung von Zentralität (*Centrality*) wurden verschiedene Verfahren entwickelt, einige davon werden im Folgenden vorgestellt. Ein Akteur ist zentral im Sinne der *Degree-Centrality*, wenn er direkte Beziehungen zu möglichst vielen anderen Akteuren hat. Für einen Akteur, der mit $d(e)$ anderen Akteuren durch eine Kante verbunden ist, ist die Degree-Centrality $C_D(e)$ durch $d(e)/(n-1)$ gegeben. Diese Maßzahl kennzeichnet die Eingebundenheit eines Akteurs in einem Netzwerk. Je näher $C_D(e)$ an 1 liegt, desto höher ist das Prestige des Akteurs. In der folgenden Tabelle sind die Degree-Centrality Werte der 10 Akteure aus Abbildung 1.9 zusammengefasst. Akteur D hat mit $2/3 \approx 0{,}67$ den höchsten Wert.

	A	B	C	D	E	F	G	H	I	J
Degree	0,44	0,44	0,33	0,67	0,33	0,56	0,56	0,33	0,22	0,11
Betweenness	0,02	0,02	0	0,10	0	0,23	0,23	0,39	0,22	0
Closeness	1,89	1,89	2	1,67	2	1,56	1,56	1,67	2,33	3,22

Die *Betweenness-Centrality* ist ein Maß für die Bedeutung eines Akteurs für den Informationsaustausch. Ein Akteur hat signifikanten Einfluss auf den Informationsaustausch zwischen zwei anderen Akteuren, wenn er auf einem kürzesten Pfad zwischen diesen beiden Akteuren liegt. Ein Akteur gilt dann als zentral, wenn er auf möglichst vielen kürzesten Pfaden liegt. In Abbildung 1.9 haben die Akteure F, G und H zentrale Positionen. Die Betweenness-Centrality $C_B(e)$ eines Akteurs e kann wie folgt bestimmt werden:

$$C_B(e) = \frac{2}{(n-1)(n-2)} \sum_{s \neq e \neq z, s \neq z} \frac{\sigma_{sz}(e)}{\sigma_{sz}}.$$

Hierbei bezeichnet σ_{sz} die Anzahl der kürzesten Pfade von s nach z und $\sigma_{sz}(e)$ die Anzahl dieser Pfade, die e enthalten. Summiert wird über alle ungeordneten Paare s, z von Akteuren mit $s \neq e \neq z$ und $s \neq z$. Der Faktor $2/(n-1)(n-2)$ dient der Normierung des Wertes auf das Intervall $[0, 1]$. Je näher $C_B(e)$ an 1 ist, desto weitreichender sind die Kontrollmöglichkeiten, die dem Akteur e aufgrund seiner strategischen Position im Netzwerk zufallen. Dieses Maß geht implizit davon aus, dass Kommunikation immer entlang kürzester Wege erfolgt.

Zur Bestimmung von $C_B(H)$ bezüglich des in Abbildung 1.9 dargestellten Netzwerks beachte man, dass $\sigma_{IJ}(H) = 0$ und $\sigma_{sz}(H) = 0$ für $\{s, z\} \subset \{A,B,C,D,E,F,G\}$ gilt. Da H auf allen kürzesten Wegen zwischen Ecken in den Mengen $\{I,J\}$ und $\{A,B,C,D,E,F,G\}$ liegt, gilt $\sigma_{sI}(H) = \sigma_{sI}$ und $\sigma_{sJ}(H) = \sigma_{sJ}$ für $s \in \{A,B,C,D,E,F,G\}$. Somit ergibt sich $C_B(H) = 2/72 \cdot 14 \approx 0{,}39$, für alle anderen Akteure ist C_B kleiner. Die restlichen Werte sind in der obigen Tabelle zusammengefasst.

Bei der *Closeness-Centrality* C_C werden neben den direkten auch die indirekten Beziehungen betrachtet. Der Wert dieser Maßzahl für einen Akteur e entspricht den aufsummierten Längen der kürzesten Pfade, über die der betrachtete Akteur zu allen anderen in Beziehung steht, dividiert durch $n - 1$:

$$C_C(e) = \frac{\sum_{z \neq e} d(e, z)}{n - 1}.$$

Summiert wird über alle Akteure $z \neq e$, welche von e aus erreichbar sind. Hierbei bezeichnet $d(e, z)$ die Anzahl der Kanten auf einem kürzesten Weg von e nach z. $C_C(e)$ ist ein Maß für die Nähe eines Akteurs e zu allen anderen. Je kleiner $C_C(e)$ ist, desto schneller kann der Akteur mit den restlichen Akteuren interagieren. Diese Maßzahl ist vor allem in der Bewertung der Kommunikation zwischen Akteuren von Bedeutung. In Abbildung 1.9 haben F und G mit jeweils 1, 56 die kleinste Closeness-Centrality (siehe vorherige Tabelle). Von diesen Akteuren verbreiten sich Informationen am schnellsten im gesamten Netzwerk aus.

Cliquen werden in den Kapiteln 5 und 6 behandelt. Die Aufgaben 26 in Kapitel 11 und 5 in Kapitel 2 beschreiben Verfahren zur Bestimmung großer Cliquen. Effiziente Algorithmen zur Bestimmung der Betweenness- und der Closeness-Centrality werden in Abschnitt 10.5 und Aufgabe 36 in Kapitel 10 vorgestellt.

1.7 Literatur

Verletzlichkeit von Kommunikationsnetzen ist ein Teilgebiet der *Zuverlässigkeitstheorie*. Eine ausführliche Darstellung der graphentheoretischen Aspekte beschreibt [69]. Eine Übersicht über *Wegeplanungsverfahren* in der Robotik findet man in [77]. Das Problem der optimalen Umrüstzeiten ist eng verwandt mit dem *Traveling-Salesman Problem*. Eine ausführliche Darstellung ist in [78] enthalten. Verfahren zur Optimierung von Methodendispatching in objektorientierten Programmiersprachen sind in [5] beschrieben. Information zu Algorithmen für Suchmaschinen findet man in [76]. Weitere praktische Anwendungen der Graphentheorie sind in [52, 53] beschrieben. Die Grundzüge der Analyse sozialer Netzwerke behandelt [16].

1.8 Aufgaben

1. Bestimmen Sie Verbindungs- und Knotenzusammenhang der folgenden drei Netzwerke.

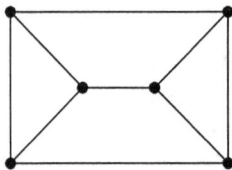

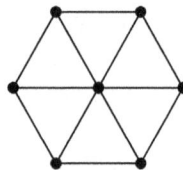

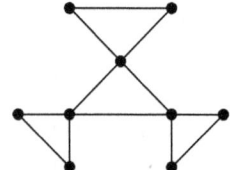

2. Bestimmen Sie für die im Folgenden dargestellte Menge von Hindernissen das System aller Geradensegmente analog zu Abbildung 1.3. Bestimmen Sie den kürzesten Weg von s nach z.

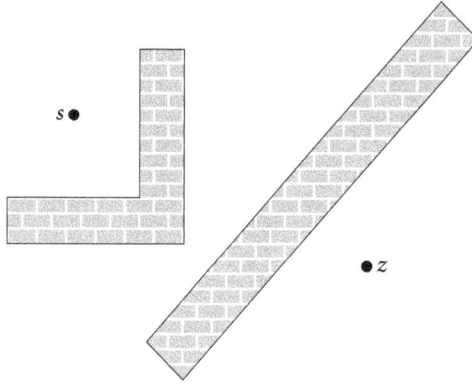

3. Im Folgenden sind die Umrüstzeiten T_{ij} für vier Produktionsaufträge für eine Fertigungszelle in Form einer Matrix gegeben.

$$\begin{pmatrix} 0 & 1{,}2 & 2 & 2{,}9 \\ 0{,}8 & 0 & 1{,}0 & 2{,}3 \\ 2 & 1{,}2 & 0 & 3{,}4 \\ 5{,}1 & 1{,}9 & 2{,}1 & 0 \end{pmatrix}$$

Bestimmen Sie die optimale Reihenfolge der Produktionsaufträge, um die geringste Gesamtumrüstzeit zu erzielen. Die Fertigungszelle befindet sich anfangs im Zustand 1.

4. Bestimmen Sie für die folgende Klassenhierarchie und die angegebenen Methoden den Konfliktgraphen und geben Sie eine optimal komprimierte Dispatchtabelle an.

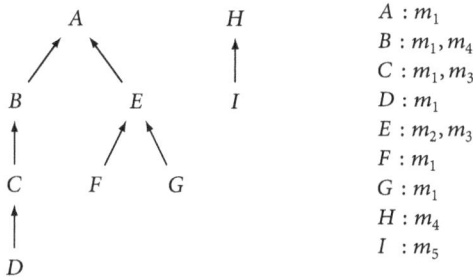

$A : m_1$
$B : m_1, m_4$
$C : m_1, m_3$
$D : m_1$
$E : m_2, m_3$
$F : m_1$
$G : m_1$
$H : m_4$
$I : m_5$

5. Es sei M eine Menge von Web-Seiten mit folgenden beiden Eigenschaften:
   (a) Jede Seite in M enthält mindestens einen Verweis und
   (b) außerhalb von M gibt es keine Seiten, welche auf Seiten in M verweisen.
   Beweisen Sie, daß die Summe der Werte des PageRank aller Seiten aus M gleich der Anzahl der Seiten in M ist.
6. Bestimmen Sie den PageRank aller Seiten der folgenden Hypertextstruktur ($d = 0,5$).

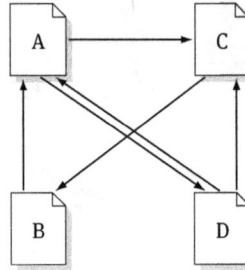

7. Bestimmen Sie die Dichte des folgenden sozialen Netzwerks. Berechnen Sie Degree-Centrality, Betweenness-Centrality und Closeness-Centrality für jeden Akteur.

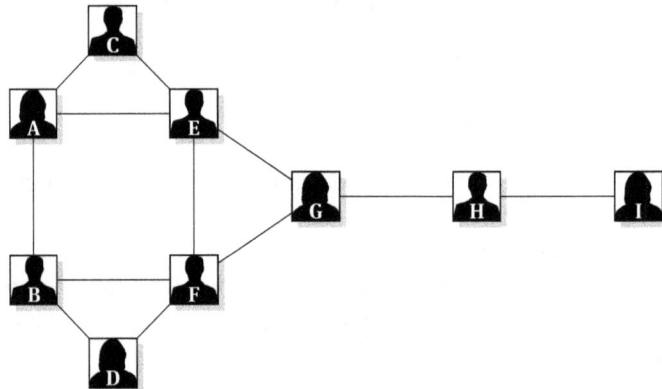

8. Es sei G ein Graph, bei dem jede Ecke mit jeder anderen Ecken verbunden ist. Berechnen Sie für alle Ecken die Zentralitätsmaße: Degree-Centrality, Betweenness-Centrality und Closeness-Centrality.
9. Geben Sie ein Beispiel für ein soziales Netzwerk an, in dem es eine Ecke e mit $C_B(e) = 1$ gibt.

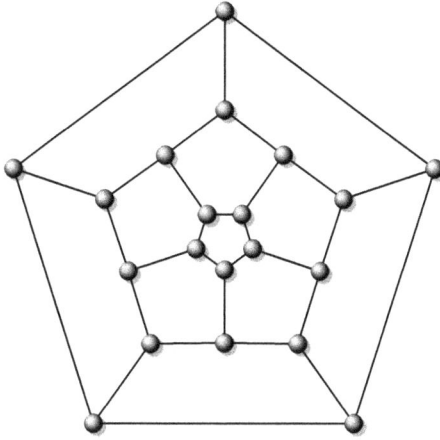

KAPITEL 2

Einführung

Dieses Kapitel führt in die Grundbegriffe der Graphentheorie ein und beschreibt wichtige Klassen von Graphen. Es werden verschiedene Datenstrukturen für Graphen betrachtet und deren Speicherverbrauch bestimmt. Als Einführung in die algorithmische Graphentheorie wird der Algorithmus zur Bestimmung des transitiven Abschlusses eines Graphen diskutiert. Ein weiterer Abschnitt stellt Mittel zur Verfügung, um Zeit- und Platzbedarf von Algorithmen abzuschätzen und zu vergleichen. Die Beschreibung von Graphalgorithmen und deren Implementierung in einer objektorientierten Sprache werden ausführlich diskutiert. Die nachfolgenden Kapitel beschäftigen sich dann ausführlich mit weiterführenden Konzepten.

2.1 Grundlegende Definitionen

Ein *ungerichteter Graph G* besteht aus einer Menge E von *Ecken* und einer Menge K von *Kanten*. Eine Kante ist gegeben durch ein ungeordnetes Paar von Ecken, den Endecken der Kante. Die Ecken werden oft auch Knoten oder Punkte genannt. Ein *gerichteter Graph G* besteht aus einer Menge E von Ecken und einer Menge K von *gerichteten Kanten*, die durch geordnete Paare von Ecken, den Anfangsecken und den Endecken, bestimmt sind. Eine anschauliche Vorstellung von Graphen vermittelt ihre geometrische Darstellung durch Diagramme in der Euklidischen Ebene. Die Ecken werden dabei als Punkte und die Kanten als Verbindungsstrecken der Punkte repräsentiert. Die Richtungen der Kanten in gerichteten Graphen werden durch Pfeile dargestellt.

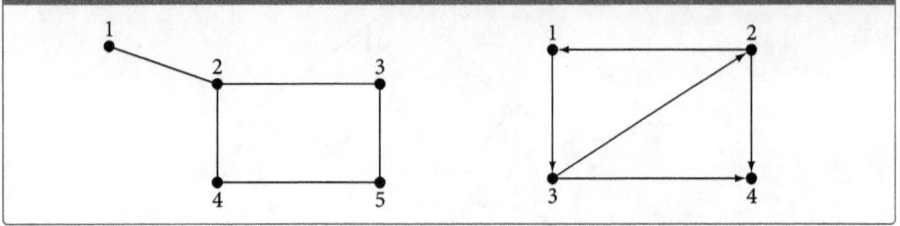

Abb. 2.1: Diagramme von Graphen

Abbildung 2.1 zeigt zwei Diagramme, die einen gerichteten und einen ungerichteten Graphen repräsentieren. Die Ecken- bzw. Kantenmenge des ungerichteten Graphen ist:

$$E = \{e_1, e_2, e_3, e_4, e_5\}$$
$$K = \{(e_1, e_2), (e_2, e_3), (e_3, e_5), (e_5, e_4), (e_2, e_4)\}$$

und die des gerichteten Graphen ist:

$$E = \{e_1, e_2, e_3, e_4\}$$
$$K = \{(e_1, e_3), (e_2, e_1), (e_2, e_4), (e_3, e_2), (e_3, e_4)\}$$

Häufig werden die Ecken mit den Zahlen von 1 bis n durchnummeriert. Diese Nummerierung wird auch in den Abbildungen verwendet. Zur besseren Lesbarkeit werden die Ecken im Text mit e_1 bis e_n bezeichnet. Im Folgenden wird die Anzahl der Ecken immer mit n und die der Kanten immer mit m bezeichnet.

Eine geometrische Darstellung bestimmt eindeutig einen Graphen, aber ein Graph kann auf viele verschiedene Arten durch ein Diagramm dargestellt werden. Die geometrische Lage der Ecken in der Ebene trägt keinerlei Bedeutung. Die beiden Diagramme in Abbildung 2.2 repräsentieren den gleichen Graphen, denn die entsprechenden Mengen E und K sind identisch. Man beachte, dass die bei der geometrischen Darstellung entstehenden Schnittpunkte zweier Kanten nicht unbedingt Ecken entsprechen. Ferner müssen die Kanten auch nicht durch Strecken dargestellt werden, sondern es können beliebige Kurven verwendet werden.

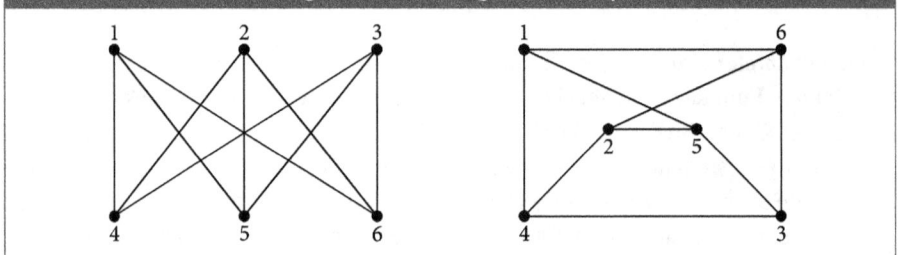

Abb. 2.2: Verschiedene Diagramme für den gleichen Graphen

Die Definition eines Graphen schließt nicht aus, dass es zwischen zwei Ecken mehr als eine Kante gibt und dass es Kanten gibt, deren Anfangs- und Endecke identisch sind.

Graphen, bei denen eine solche Situation nicht vorkommt, nennt man *schlicht*. Bei schlichten Graphen gibt es somit keine Kanten, deren Anfangs- und Endecke gleich sind, und keine Mehrfachkanten zwischen zwei Ecken. Sofern es nicht ausdrücklich vermerkt ist, werden in diesem Buch nur schlichte Graphen behandelt. Dies schließt aber nicht aus, dass es bei gerichteten Graphen zwischen zwei Ecken zwei Kanten mit entgegengesetzten Richtungen geben kann.

Die Struktur eines Graphen ist dadurch bestimmt, welche Ecke mit welcher verbunden ist, die Bezeichnung der Ecken trägt keine Bedeutung. Deshalb kann sie auch bei der geometrischen Repräsentation weggelassen werden. Abbildung 2.3 zeigt alle elf ungerichteten Graphen, die genau vier Ecken haben.

Ein ungerichteter Graph heißt *vollständig*, wenn alle Ecken paarweise benachbart sind. Der vollständige Graph mit n Ecken wird mit K_n bezeichnet. Der letzte Graph in Abbildung 2.3 ist der Graph K_4.

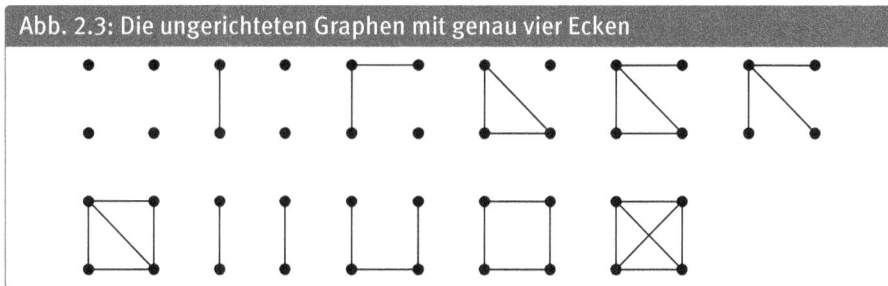

Abb. 2.3: Die ungerichteten Graphen mit genau vier Ecken

Zwei Ecken e und e' eines ungerichteten Graphen heißen *benachbart*, wenn es eine Kante von e nach e' gibt. Die Menge der *Nachbarn* einer Ecke e wird mit $N(e)$ bezeichnet. Für die Menge $N(e) \cup \{e\}$ wird die Bezeichnung $N[e]$ verwendet. Für eine Teilmenge $U \subseteq E$ bezeichnet $N_U(e)$ die Menge $N(e) \cap U$. Eine Ecke e eines ungerichteten Graphen ist *inzident* mit einer Kante k des Graphen, wenn e eine Endecke der Kante k ist.

Der *Grad* $g(e)$ einer Ecke e in einem ungerichteten Graphen G ist die Anzahl der Kanten, die mit e inzident sind, d. h. $g(e) = |N(e)|$. Mit $\Delta(G)$ (oder kurz Δ) wird der maximale und mit $\delta(G)$ (oder kurz δ) der minimale Eckengrad von G bezeichnet. Es gilt $\Delta(K_n) = n - 1$.

In gerichteten Graphen werden die Nachbarn einer Ecke e in zwei Mengen aufgeteilt, die *Nachfolger* und die *Vorgänger* von e. Die Menge $N^+(e)$ bezeichnet alle Nachfolger, d. h. $N^+(e) = \{e' \mid (e, e') \in E\}$. Analog dazu bezeichnet $N^-(e) = \{e' \mid (e', e) \in E\}$ die Menge der Vorgänger von e. Des Weiteren unterscheidet man zwischen *Ausgangsgrad* $g^+(e)$ und dem *Eingangsgrad* $g^-(e)$ einer Ecke e. Es gilt $g^+(e) = |N^+(e)|$ und $g^-(e) = |N^-(e)|$. Abbildung 2.4 illustriert diese Begriffe an zwei Beispielen. Eine Ecke e mit $g^-(e) = g^+(e) = 0$ (bzw. $g(e) = 0$) heißt *isolierte Ecke*. Der erste Graph in Abbildung 2.3 besteht aus vier isolierten Ecken, d. h., seine Kantenmenge ist leer.

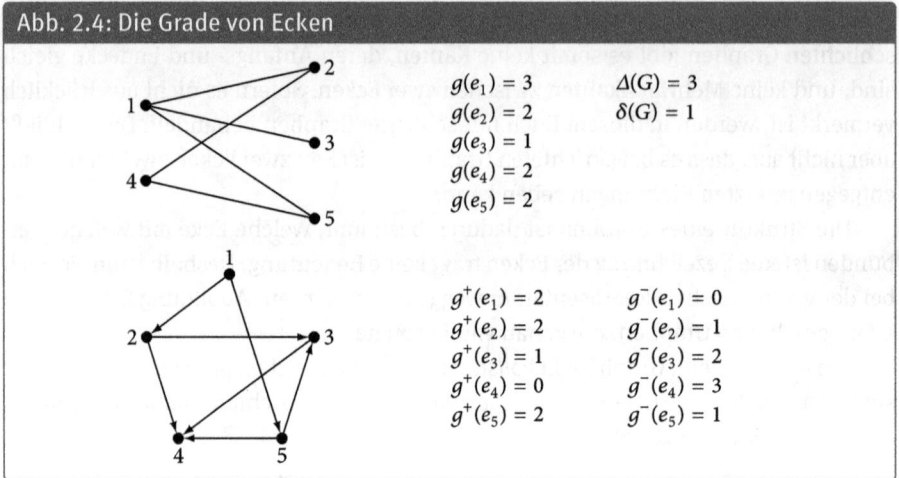

Abb. 2.4: Die Grade von Ecken

In einem ungerichteten Graphen ist die Summe der Grade aller Ecken gleich der zweifachen Anzahl der Kanten:

$$\sum_{e \in E} g(e) = 2m.$$

Dies folgt daraus, dass jede Kante zum Eckengrad von zwei Ecken beiträgt. Aus der letzten Gleichung kann eine einfache Folgerung gezogen werden: Die Anzahl der Ecken mit ungeradem Eckengrad in einem ungerichteten Graphen ist eine gerade Zahl.

Eine Folge von Kanten $k_1, k_2, \ldots, k_z$ eines Graphen heißt *Kantenzug*, falls es eine Folge von Ecken $e_1, \ldots, e_z$ des Graphen gibt, so dass für jedes i zwischen 2 und z die Kante k_i gleich (e_{i-1}, e_i) ist. Zur Beschreibung eines Kantenzuges wird die Notation $<e_1, \ldots, e_z>$ verwendet. Die Anzahl der Kanten eines Kantenzug wird als die *Länge* des Kantenzuges bezeichnet. Ein Kantenzug heißt *Weg*, wenn alle verwendeten Kanten verschieden sind. Der Begriff Weg entspricht dem anschaulichen Wegbegriff in der geometrischen Darstellung des Graphen. Man nennt e_1 die *Anfangsecke* und e_z die *Endecke* des Weges. Eine Ecke e kann man von der Ecke e' *erreichen*, falls es einen Weg von e nach e' gibt. Ist $e_1 = e_z$, so heißt der Weg *geschlossen*, andernfalls heißt er *offen*. Der gerichtete Graph aus Abbildung 2.1 enthält einen Weg von e_1 nach e_4 bestehend aus der Folge der Kanten (e_1, e_3), (e_3, e_2) und (e_2, e_4), aber es gibt keinen Weg von e_4 nach e_1. Man beachte, dass es auch in ungerichteten Graphen Ecken geben kann, zwischen denen kein Weg existiert. Vergleichen Sie dazu die Graphen in Abbildung 2.3.

Ein Weg heißt *einfacher Weg*, falls alle verwendeten Ecken bis auf Anfangs- und Endecke verschieden sind. Der *Umfang* eines ungerichteten Graphen ist definiert als die Länge eines geschlossenen einfachen Weges von geringster Länge. Enthält ein Graph keinen geschlossenen Weg so hat er den Umfang ∞. Der Umfang des ungerichteten Graphen aus Abbildung 2.4 ist 4.

Ein einfacher Weg eines ungerichteten Graphen, der alle Ecken des Graphen enthält, nennt man *Hamiltonschen Kreis*. Ein ungerichteter Graph heißt *Hamiltonscher*

Graph, wenn er einen Hamiltonschen Kreis besitzt. Der in Abbildung 2.5 dargestellte Graph besitzt keinen Hamiltonschen Kreis. Der Graph wird zu einem Hamiltonschen Graph, wenn eine Kante zwischen den Ecken e_1 und e_8 hinzugefügt wird.

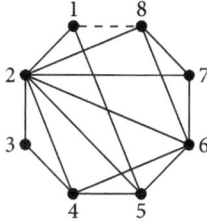

Abb. 2.5: Ein Graph ohne Hamiltonschen Kreis

Der *Abstand* $d(e, e')$ zweier Ecken e, e' eines Graphen ist gleich der minimalen Anzahl von Kanten eines Weges mit Anfangsecke e und Endecke e'. Gibt es keinen solchen Weg, so ist $d(e, e') = \infty$. Es gilt $d(e, e) = 0$ für jede Ecke e eines Graphen. Der *Durchmesser* $D(G)$ eines Graphen G mit Eckenmenge E ist gleich dem größten Abstand zweier Ecken von G, d. h. $D(G) = \max\{d(e, e') \mid e, e' \in E\}$. Der ungerichtete Graph aus Abbildung 2.4 hat Durchmesser 3 und es gilt $d(e_4, e_3) = 3$.

Das *Komplement* eines ungerichteten Graphen G ist ein ungerichteter Graph $\overline{G}$ mit der gleichen Eckenmenge. Zwei Ecken sind in $\overline{G}$ dann und nur dann benachbart, wenn Sie nicht in G benachbart sind. Abbildung 2.6 zeigt einen ungerichteten Graphen und sein Komplement.

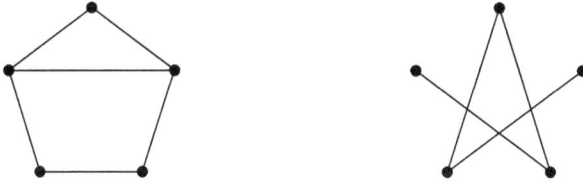

Abb. 2.6: Ein ungerichteter Graph und sein Komplement

Sei G ein Graph mit Eckenmenge E und Kantenmenge K. Jeden Graph, dessen Eckenmenge eine Teilmenge von E und dessen Kantenmenge eine Teilmenge von K ist, nennt man *Untergraph* von G. Häufig werden Untergraphen betrachtet, welche alle Kanten enthalten, die inzident zu einer Ecke aus einer gegebenen Teilmenge U von E sind. Solche Untergraphen werden *induzierte Untergraphen* genannt und mit G_U bezeichnet. Formal ist G_U ein Graph mit Eckenmenge $U \subseteq E$ und der Kantenmenge

$$\{(e, e') \mid e, e' \in U \text{ und } (e, e') \in K\}.$$

Abbildung 2.7 zeigt einen Graphen mit sechs Ecken und den induzierten Untergraphen G_U für die Menge $U = \{e_1, e_2, e_3, e_5, e_6\}$. Man beachte, dass nicht jeder Untergraph ein induzierter Untergraph ist.

Es sei J eine Teilmenge der Kanten, dann nennt man den Graphen mit Kantenmenge J und Eckenmenge $\{e \mid e$ ist Endecke einer Kante aus $J\}$ den von J induzierten Untergraphen.

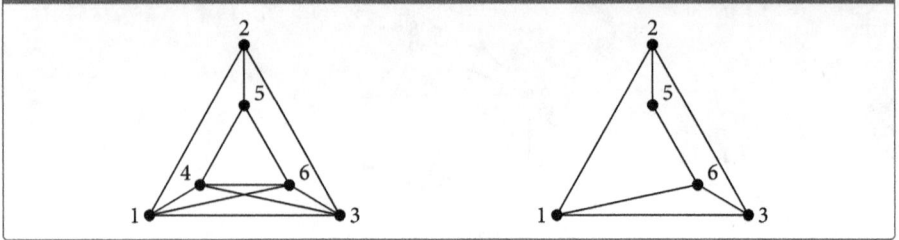

Abb. 2.7: Ein Graph und ein induzierter Untergraph

Ein Untergraph C eines ungerichteten Graphen G heißt *Clique*, falls C ein vollständiger Graph ist. Die Anzahl der Ecken einer maximalen Clique von G wird *Cliquenzahl* $\omega(G)$ von G genannt. Es gilt $\omega(K_n) = n - 1$. Der in Abbildung 2.7 links dargestellte Graph hat Cliquenzahl 4, eine entsprechende Clique wird von den Ecken e_1, e_3, e_4 und e_6 gebildet. Für den rechts dargestellten Graphen gilt $\omega(G) = 3$. Für den in Abbildung 2.8 abgebildeten Graphen gilt $\omega(G) = 2$.

Eine Teilmenge U der Eckenmenge eines ungerichteten Graphen G heißt *unabhängig*, falls kein Paar von Ecken aus U benachbart ist. Solche Eckenmengen werden kurz *unabhängige Mengen* genannt. Die in Abbildung 2.8 rot dargestellten Ecken bilden eine unabhängige Menge des dargestellten Graphen. Die *Unabhängigkeitszahl* $\alpha(G)$ von G ist die maximale Mächtigkeit einer unabhängigen Menge. Für den in Abbildung 2.8 abgebildeten Graphen ist $\alpha(G) = 5$. Es gilt $\alpha(K_n) = 1$. Ist U eine unabhängige Menge von G, dann ist U eine Clique von $\overline{G}$, d. h., es gilt $\alpha(G) = \omega(\overline{G})$.

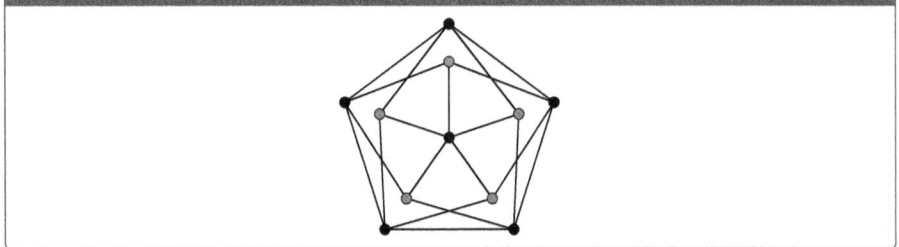

Abb. 2.8: Ein Graph G mit $\alpha(G) = 5$ und $\omega(G) = 2$

2.2 Spezielle Graphen

Ein ungerichteter Graph heißt *zusammenhängend*, falls es für jedes Paar e, e' von Ecken einen Weg von e nach e' gibt. Die Eckenmenge E eines ungerichteten Graphen kann in disjunkte Teilmengen $E_1, \ldots, E_z$ zerlegt werden, so dass die von den Mengen

E_i induzierten Untergraphen zusammenhängend sind. Dazu bilde man folgende Relation: $e, e' \in E$ sind äquivalent, falls es einen Weg von e nach e' gibt. Dies ist eine Äquivalenzrelation. Die von den Äquivalenzklassen dieser Relation induzierten Untergraphen sind zusammenhängend. Man nennt sie die *Zusammenhangskomponenten*. Ein zusammenhängender Graph besteht also nur aus einer Zusammenhangskomponente. Der erste Graph aus Abbildung 2.3 besteht aus vier und der zweite Graph aus drei Zusammenhangskomponenten.

Ein Graph heißt *bipartit*, wenn sich die Menge E der Ecken in zwei disjunkte Teilmengen E_1 und E_2 zerlegen lässt, so dass weder Ecken aus E_1, noch Ecken aus E_2 untereinander benachbart sind. Der obere Graph aus Abbildung 2.4 ist bipartit. Hierbei ist $E_1 = \{e_1, e_4\}$ und $E_2 = \{e_2, e_3, e_5\}$. Ein Graph heißt *vollständig bipartit*, falls er bipartit ist und jede Ecke aus E_1 zu jeder Ecke aus E_2 benachbart ist. Ist $|E_1| = n_1$ und $|E_2| = n_2$, so wird der vollständig bipartite Graph mit K_{n_1, n_2} bezeichnet. Der Graph aus Abbildung 2.2 ist der Graph $K_{3,3}$. Der Graph $K_{1,n}$ wird *Sterngraph* genannt. Für einen bipartiten Graphen G mit mindestens einer Kante gilt $\omega(G) = 2$.

Das Konzept von bipartiten Graphen kann verallgemeinert werden. Ein ungerichteter Graph G heißt *r-partit*, wenn die Eckenmenge E von G in r disjunkte Teilmengen $E_1, \ldots, E_r$ aufgeteilt werden kann, so dass die Endecken aller Kanten von G in verschiedenen Teilmengen E_i liegen. Die 2-partiten Graphen sind genau die bipartiten Graphen. Ein *r*-partiter Graph heißt *vollständig r-partit*, wenn alle Ecken aus verschiedenen Teilmengen E_i benachbart sind. Abbildung 2.9 zeigt einen vollständig 3-partiten Graphen. Die zu den Teilmengen E_i gehörenden Ecken sind jeweils grau hinterlegt.

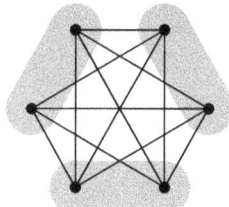

Abb. 2.9: Ein vollständig 3-partiter Graph

Ein Graph heißt *zyklisch*, falls er aus einem einfachen geschlossenen Weg besteht. Der zyklische Graph mit n Ecken wird mit C_n bezeichnet. C_n ist genau dann bipartit, wenn n gerade ist. Der vorletzte Graph in Abbildung 2.3 ist der Graph C_4. Es gilt $\omega(C_3) = 3$ und $\omega(C_n) = 2$ für $n > 3$. Ferner gilt $\alpha(C_{2n+1}) = n$ und $\alpha(C_{2n}) = n$.

Ein Graph, in dem jede Ecke den gleichen Grad hat, heißt *regulär*. Die Graphen C_n, K_n und $K_{n,n}$ sind regulär. Die Ecken des Graphen aus Abbildung 2.10 haben alle den Grad 3. Dieser Graph ist nach dem Graphentheoretiker J. Petersen benannt.

Graphen können auch auf Basis mathematischer Strukturen definiert werden. Dazu werden im Folgenden zwei Beispiele vorgestellt. Es sei P eine endliche Menge von Punkten der zweidimensionalen reellen Ebenen. Die Menge P definiert einen Graphen

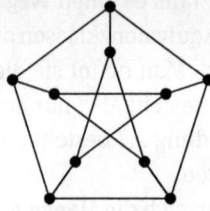

Abb. 2.10: Der Petersen Graph

bei dem die Punkte den Ecken entsprechen. Zwei Ecken sind durch eine Kante verbunden, wenn der euklidische Abstand der zugehörenden Punkte kleiner oder gleich einer Konstanten a ist. Solche Graphen werden *Unit Disk Graphen* genannt. Sie werden zur Modellierung von drahtlosen Funknetzwerken verwendet. Dabei entsprechen die Ecken den Funkgeräten, welche alle die gleiche Sendereichweite S_R haben. Der daraus abgeleitete Unit Disk Graph mit der Konstanten $a = S_R$ zeigt, welche Funkgeräte direkt miteinander kommunizieren können. Abbildung 2.11 zeigt einen Unit Disk Graph. Anhand der Kreise kann leicht überprüft werden, ob zwei Ecken benachbart sind.

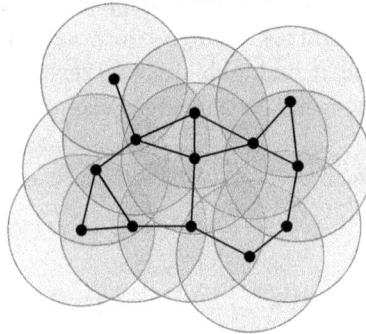

Abb. 2.11: Ein Unit Disk Graph

Im zweiten Beispiel entsprechen die Vektoren eines s-dimensionalen Vektorraums über dem Körper $GF[2]$ den Ecken eines ungerichteten Graphen. Jede der 2^s Ecken wird durch einen Vektor $(a_1, \ldots, a_s)$ mit $a_i \in \{0, 1\}$ repräsentiert. Ein *Hypercube* Q_s der Dimension s ist ein ungerichteter Graph bei dem zwei Ecken e, e' genau dann benachbart sind, wenn sich die zu e und e' gehörenden Vektoren an genau einer Position unterscheiden. Abbildung 2.12 zeigt den Hypercube der Dimension 3. Da die Vektoren benachbarter Ecken sich an genau einer Stelle unterscheiden, hat jede Ecke genau s Nachbarn, somit ist Q_s regulär mit $\Delta(Q_s) = s$.

Ein ungerichteter Graph, der keinen geschlossenen Weg enthält, heißt *Wald*. Die Zusammenhangskomponenten eines Waldes nennt man *Bäume*. In Bäumen gibt es zwischen je zwei Ecken des Graphen genau einen Weg. Abbildung 2.13 zeigt alle möglichen Bäume mit höchstens fünf Ecken.

Abb. 2.12: Der Hypercube Q_3

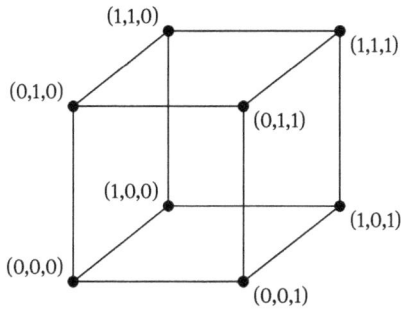

Abb. 2.13: Alle Bäume mit höchstens fünf Ecken

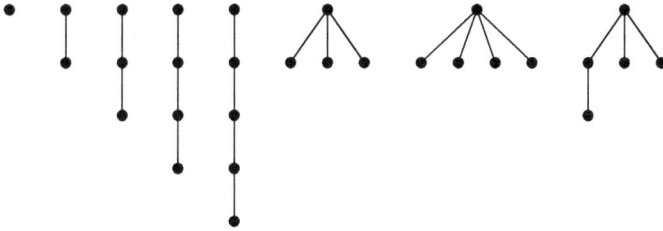

Ein *Wurzelbaum* ist ein Baum, bei dem eine Ecke als Wurzel ausgezeichnet ist. Von der Wurzel verschiedene Ecken mit Grad 1 nennt man Blätter, alle anderen Ecken nennt man *innere Ecken*. Wurzelbäume werden häufig als gerichtete Graphen interpretiert. Dazu werden alle Kanten weg von der Wurzel orientiert. In Darstellungen von Wurzelbäumen wird die Wurzel und die Orientierung der Kanten oft nicht explizit angegeben. Diese Information ist implizit dadurch gegeben, dass die Wurzel am höchsten liegt und die Kanten nach unten gerichtet sind.

Im Folgenden werden Wurzelbäume in diesem Sinn oft als gerichtete Graphen interpretiert. Dann hat jede Ecke außer der Wurzel den Eingrad 1. Abbildung 2.14 zeigt einen gerichteten Baum, bei dem der Ausgrad jeder Ecke höchstens zwei ist. Solche Bäume nennt man *Binärbäume*.

Abb. 2.14: Ein Binärbaum

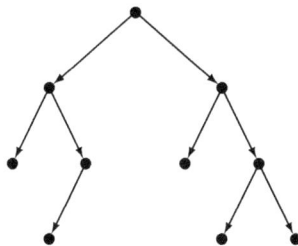

Ein Graph heißt *planar* oder *plättbar*, falls es eine Darstellung in der Ebene gibt, bei der sich die Kanten höchstens in ihren Endpunkten schneiden. Abbildung 2.15 zeigt links einen planaren Graphen und rechts eine kreuzungsfreie Darstellung dieses Graphen. Die Graphen $K_{3,3}$ und K_5 sind Beispiele für nicht planare Graphen. Sie besitzen keine kreuzungsfreien Darstellungen in der Ebene (vergleichen Sie dazu Abbildung 2.2). Sie spielen bei der Charakterisierung von planaren Graphen eine wichtige Rolle, denn sie sind in gewisser Weise die „kleinsten" nicht planaren Graphen. In Abschnitt 6.5 wird bewiesen, dass sie nicht planar sind.

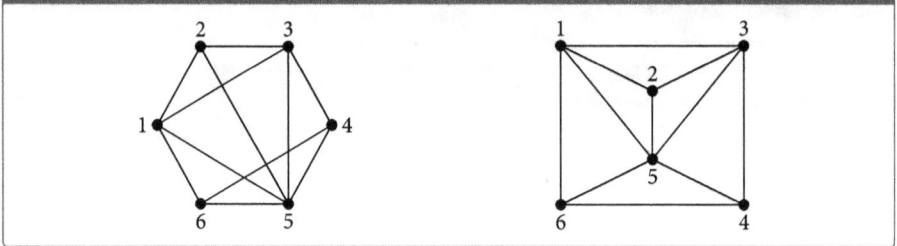

Abb. 2.15: Ein planarer Graph und eine kreuzungsfreie Darstellung

2.3 Graphalgorithmen

Es gibt keine Patentrezepte, um effiziente Algorithmen für Graphen zu entwerfen. Fast jede Problemstellung erfordert eine andere Vorgehensweise. Trotzdem kann man drei verschiedene Aspekte des Entwurfs von Graphalgorithmen unterscheiden. Diese wiederholen sich mehr oder weniger deutlich in jedem Algorithmusentwurf. Der erste Schritt besteht meist in einer mathematischen Analyse des Problems und führt häufig zu einer Charakterisierung der Lösung. Die dabei verwendeten Hilfsmittel aus der diskreten Mathematik sind meist relativ einfach. Nur selten werden tieferliegende mathematische Hilfsmittel herangezogen. Dieser erste Schritt erzeugt meist Algorithmen, die nicht sehr effizient sind. Der zweite Schritt besteht darin, den Algorithmus mittels einiger Standardtechniken zu verbessern. Kapitel 5 enthält eine Einführung in solche Techniken. Diese führen häufig zu erheblichen Verbesserungen der Effizienz der Algorithmen. Der dritte Schritt besteht in dem Entwurf einer Datenstruktur, welche die Basisoperationen, die der Algorithmus verwendet, effizient unterstützt. Dadurch wird oft eine weitere Verbesserung der Laufzeit oder eine Senkung des Speicheraufwandes erreicht. Oft geht dieser Effizienzgewinn mit einem erhöhten Implementierungsaufwand einher.

Nicht immer werden diese drei Schritte in der angegebenen Reihenfolge angewendet. Manchmal werden auch einige Schritte wiederholt. Zum Abschluss wird eine mathematische Analyse der verwendeten Datenstrukturen vorgenommen. In diesem Buch wird versucht, die grundlegenden Techniken von Graphalgorithmen verständlich darzustellen. Es ist nicht das Ziel, den aktuellen Stand der Forschung zu präsentieren, sondern dem Leser einen Zugang zu Graphalgorithmen zu eröffnen, indem die wichtigsten Techniken erklärt werden. Am Ende jedes Kapitels werden Literaturhinweise auf aktuelle Entwicklungen gegeben.

Im Folgenden werden Datenstrukturen für Graphen bereitgestellt und eine Methodik zur Charakterisierung der Effizienz von Algorithmen beschrieben.

2.4 Datenstrukturen für Graphen

Bei der Lösung eines Problems ist es notwendig, eine Abstraktion der Wirklichkeit zu wählen. Danach erfolgt die Wahl der Darstellung dieser Abstraktion. Dieser Schritt muss immer im Bezug auf die mit den Daten durchzuführenden Operationen erfolgen. Diese ergeben sich aus dem Algorithmus für das vorliegende Problem und sind somit problemabhängig. In diesem Zusammenhang wird auch die Bedeutung der Programmiersprache ersichtlich. Die Datentypen, die die Programmiersprache zur Verfügung stellt, beeinflussen die Art der Darstellung wesentlich, so kann man etwa ohne dynamische Datenstrukturen gewisse Darstellungen nur schwer oder überhaupt nicht unterstützen. Die wichtigsten Operationen für Graphen sind die folgenden:

(1) Feststellen, ob ein Paar von Ecken benachbart ist.
(2) Iteration über die Menge der Nachbarn einer Ecke.
(3) Iteration über die Menge der Nachfolger und Vorgänger einer Ecke in einem gerichteten Graphen.

Neben der Effizienz der Operationen ist auch der Verbrauch an Speicherplatz ein wichtiges Kriterium für die Wahl einer Datenstruktur. Häufig besteht eine Wechselwirkung zwischen dem Speicherplatzverbrauch und der Effizienz der Operationen. Eine sehr effiziente Ausführung der Operationen geht oft zu Lasten des Speicherplatzes.

Weiterhin muss beachtet werden, ob es sich um eine statische oder um eine dynamische Anwendung handelt. Bei dynamischen Anwendungen wird der Graph durch den Algorithmus verändert. In diesem Fall sind dann Operationen zum Löschen und Einfügen von Ecken bzw. Kanten notwendig. Häufig sollen auch nur Graphen mit einer gewissen Eigenschaft (z. B. ohne geschlossene Wege) dargestellt werden. In diesen Fällen führt die Ausnutzung der speziellen Struktur oft zu effizienteren Datenstrukturen. Im Folgenden werden wichtige Datenstrukturen für Graphen vorgestellt. Datenstrukturen für spezielle Klassen von Graphen werden in den entsprechenden Kapiteln diskutiert.

2.4.1 Adjazenzmatrix

Die naheliegendste Art für die Darstellung eines schlichten Graphen G ist eine $n \times n$ Matrix $A(G)$. Hierbei ist der Eintrag a_{ij} von $A(G)$ gleich 1, falls es eine Kante von e_i nach e_j gibt, andernfalls gleich 0. Da die Matrix $A(G)$ (im Folgenden nur noch mit A bezeichnet) direkt die Nachbarschaft der Ecken widerspiegelt, nennt man sie *Adjazenzmatrix*. Da ihre Einträge nur die beiden Werte 0 und 1 annehmen, kann $A(G)$ als Boolesche Matrix dargestellt werden. Es lassen sich sowohl gerichtete als auch ungerichtete Graphen darstellen, wobei im letzten Fall die Adjazenzmatrizen symmetrisch sind. Abbildung 2.16 zeigt einen gerichteten Graphen und seine Adjazenzmatrix.

Abb. 2.16: Ein gerichteter Graph und seine Adjazenzmatrix

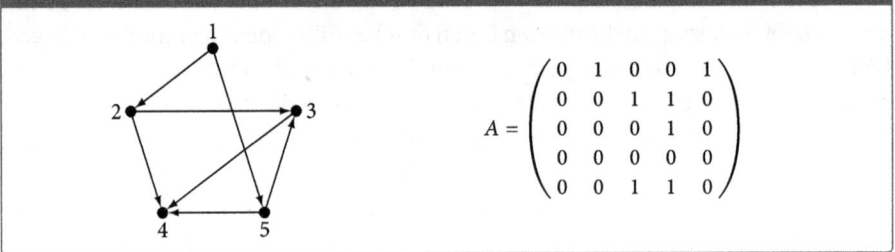

$$A = \begin{pmatrix} 0 & 1 & 0 & 0 & 1 \\ 0 & 0 & 1 & 1 & 0 \\ 0 & 0 & 0 & 1 & 0 \\ 0 & 0 & 0 & 0 & 0 \\ 0 & 0 & 1 & 1 & 0 \end{pmatrix}$$

Ist ein Diagonaleintrag der Adjazenzmatrix gleich 1, so bedeutet dies, dass eine Schlinge vorhanden ist. Um festzustellen, ob es eine Kante von e_i nach e_j gibt, muss lediglich der Eintrag a_{ij} betrachtet werden. Somit kann diese Operation unabhängig von der Größe des Graphen in einem Schritt durchgeführt werden. Um die Nachbarn einer Ecke e_i in einem ungerichteten Graphen festzustellen, müssen alle Einträge der i-ten Zeile oder der i-ten Spalte durchsucht werden. Diese Operation ist somit unabhängig von der Anzahl der Nachbarn. Auch wenn eine Ecke keine Nachbarn hat, sind insgesamt n Überprüfungen notwendig. Für das Auffinden von Vorgängern und Nachfolgern in gerichteten Graphen gilt eine analoge Aussage. Im ersten Fall wird die entsprechende Spalte und im zweiten Fall die entsprechende Zeile durchsucht.

Für die Adjazenzmatrix werden unabhängig von der Anzahl der Kanten immer n^2 Speicherplätze benötigt. Für Graphen mit weniger Kanten sind dabei die meisten Einträge gleich 0. Da die Adjazenzmatrix eines ungerichteten Graphen symmetrisch ist, genügt es in diesem Fall, die Einträge oberhalb der Diagonale zu speichern. Dann benötigt man nur $n(n-1)/2$ Speicherplätze (vergleichen Sie Aufgabe 18).

2.4.2 Adjazenzliste

Eine zweite Art zur Darstellung von Graphen sind Adjazenzlisten. Der Graph wird dabei dadurch dargestellt, dass für jede Ecke die Liste der Nachbarn abgespeichert wird. Der Speicheraufwand ist in diesem Fall direkt abhängig von der Anzahl der Kanten. Es lassen sich gerichtete und ungerichtete Graphen darstellen. Für die Realisierung der Adjazenzliste bieten sich zwei Möglichkeiten an. Bei der ersten Möglichkeit werden die Listen mit Zeigern realisiert. Dabei wird der Graph durch ein Feld A der Länge n dargestellt. Der i-te Eintrag enthält einen Zeiger auf die Liste der Nachbarn von e_i. Die Nachbarn selber werden als verkettete Listen dargestellt. Abbildung 2.17 zeigt links die entsprechende Darstellung des Graphen aus Abbildung 2.16.

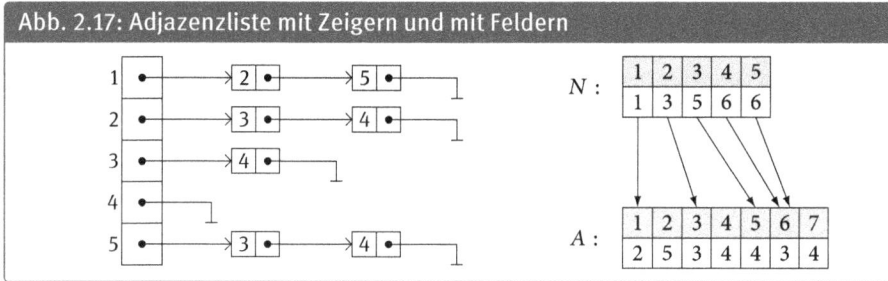

Abb. 2.17: Adjazenzliste mit Zeigern und mit Feldern

Bei der zweiten Möglichkeit verwendet man ein Feld A, um die Nachbarn abzuspeichern. In diesem Feld werden die Nachbarn lückenlos abgelegt: Zuerst die Nachbarn der Ecke e_1, dann die Nachbarn der Ecke e_2 etc. Für gerichtete Graphen hat das Feld A die Länge m und für ungerichtete Graphen die Länge $2m$. Um festzustellen, wo die Nachbarliste für eine bestimmte Ecke beginnt, wird ein zweites Feld N der Länge n verwaltet. Dieses Feld enthält die Indizes der Anfänge der Nachbarlisten; d. h., eine Ecke e_i hat genau dann Nachbarn, falls $N[i + 1] > N[i]$ gilt. Die Nachbarn sind dann in den Komponenten $A[N[i]]$ bis $A[N[i + 1] - 1]$ gespeichert. Eine Ausnahmebehandlung erfordert die n-te Ecke (vergleichen Sie Aufgabe 17). Abbildung 2.17 zeigt rechts die entsprechende Darstellung des Graphen aus Abbildung 2.16.

Um festzustellen, ob es eine Kante von e_i nach e_j gibt, muss die Nachbarschaftsliste von Ecke e_i durchsucht werden. Falls es keine solche Kante gibt, muss die gesamte Liste durchsucht werden. Diese kann bis zu $n - 1$ Einträge haben. Diese Operation ist somit nicht unabhängig von der Größe des Graphen. Einfach ist die Bestimmung der Nachbarn einer Ecke; die Liste liegt direkt vor. Aufwendiger ist die Bestimmung der Vorgänger einer Ecke in einem gerichteten Graphen. Dazu müssen alle Nachbarlisten durchsucht werden. Wird diese Operation häufig durchgeführt, lohnt es sich, zusätzliche redundante Information zu speichern. Mit Hilfe von zwei weiteren Feldern werden die Vorgängerlisten abgespeichert. Mit ihnen können auch die Vorgänger einer Ecke direkt bestimmt werden. Die Adjazenzliste benötigt für einen gerichteten Graphen $n + m$ und für einen ungerichteten Graphen $n + 2m$ Speicherplätze. Für Graphen, deren Kantenzahl m viel kleiner als die maximale Anzahl $n(n - 1)/2$ ist, verbraucht die Adjazenzliste weniger Platz als die Adjazenzmatrix. Bei dynamischen Anwendungen ist eine Adjazenzliste basierend auf Zeigern den anderen Darstellungen vorzuziehen.

2.4.3 Kantenliste

Bei der Kantenliste werden die Kanten explizit in einer Liste gespeichert. Dabei wird eine Kante als Paar von Ecken repräsentiert. Wie bei der Adjazenzliste bieten sich zwei Arten der Realisierung an: Mittels Zeigern oder mittels Feldern. Im Folgenden gehen wir kurz auf die zweite Möglichkeit ein. Die Kantenliste wird mittels eines $2 \times m$ Feldes K realisiert. Hierbei ist $(K[1, i], K[2, i])$ die i-te Kante. Es werden $2m$ Speicherplätze benötigt. Abbildung 2.18 zeigt die Kantenliste des Graphen aus Abbildung 2.16.

Abb. 2.18: Die Kantenliste eines gerichteten Graphen

	1	2	3	4	5	6	7
K :	1	1	2	2	3	5	5
	2	5	3	4	4	3	4

Um bei einem ungerichteten Graphen festzustellen, ob es eine Kante von e_i nach e_j gibt, muss die Kantenliste ganz durchsucht werden. Bei gerichteten Graphen ist es vorteilhaft, die Kanten lexikographisch zu sortieren. In diesem Falle kann man mittels binärer Suche schneller feststellen, ob es eine Kante von e_i nach e_j gibt.

Für ungerichtete Graphen kann die Kantenliste erweitert werden, so dass jede Kante zweimal vertreten ist, einmal in jeder Richtung. Mit diesem erhöhten Speicheraufwand lässt sich die Nachbarschaft zweier Ecken ebenfalls mittels binärer Suche feststellen. Für die Bestimmung aller Nachbarn einer Ecke in einem ungerichteten Graphen bzw. für die Bestimmung von Vorgängern und Nachfolgern in gerichteten Graphen gelten ähnliche Aussagen. Für dynamische Anwendungen ist auch hier eine mittels Zeigern realisierte Kantenliste vorzuziehen.

2.4.4 Bewertete Graphen

In vielen praktischen Anwendungen sind die Ecken oder Kanten eines Graphen mit Werten versehen. Solche Graphen werden *ecken-* bzw. *kantenbewertet* genannt. Die Werte kommen dabei aus einer festen Wertemenge W. In Anwendungen ist W häufig eine Teilmenge von $\mathbb{R}$ oder eine Menge von Wörtern. Abbildung 2.19 zeigt einen kantenbewerteten Graphen mit Wertemenge $W = \mathbb{N}$.

Eine Möglichkeit, bewertete Graphen darzustellen, besteht darin, die Bewertungen in einem zusätzlichen Feld abzuspeichern. Jede der oben angegebenen Darstellungsarten kann so erweitert werden. Bei eckenbewerteten Graphen stehen die Bewertungen in einem Feld der Länge n, dessen Typ sich nach dem Charakter der Wertemenge richtet.

Für kantenbewertete Graphen können einige der oben erwähnten Darstellungsarten direkt erweitert werden. Es kann zum Beispiel die *bewertete Adjazenzmatrix B* ge-

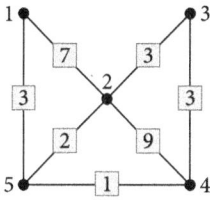

Abb. 2.19: Ein kantenbewerteter Graph mit seiner bewerteten Adjazenzmatrix

bildet werden. Hierbei ist $B[i, j]$ die Bewertung der Kante von e_i nach e_j. Gibt es keine Kante von e_i nach e_j, so wird ein Wert, welcher nicht in W liegt, an der Stelle $B[i, j]$ abgelegt. Für nummerische Wertemengen kann dies z. B. ∞ oder die Zahl 0 sein, sofern $0 \notin W$. Abbildung 2.19 zeigt die bewertete Adjazenzmatrix des dargestellten Graphen. Bei der Darstellung mittels Adjazenzlisten lässt sich die Liste der Nachbarn erweitern, indem man zu jedem Nachbarn noch zusätzlich die Bewertung der entsprechenden Kante abspeichert.

2.4.5 Implizite Darstellung

In manchen Fällen können strukturelle Eigenschaften eines Graphen für eine kompakte Speicherung genutzt werden. Dies gilt zum Beispiel für Intervallgraphen. Ein *Intervallgraph* ist durch eine endliche Menge $\mathcal{J}$ von abgeschlossenen Intervallen über der Menge $\mathbb{R}$ bestimmt. Jedes Intervall aus $\mathcal{J}$ entspricht einer Ecke und die zu den Intervallen $I_1, I_2 \in \mathcal{J}$ gehörenden Ecken sind benachbart, wenn die beiden Intervalle überlappen, d. h. $I_1 \cap I_2 \neq \varnothing$. Abbildung 2.20 zeigt ein Beispiel für einen Intervallgraph. Diese Klasse von Graphen wird in Abschnitt 7.6 näher betrachtet.

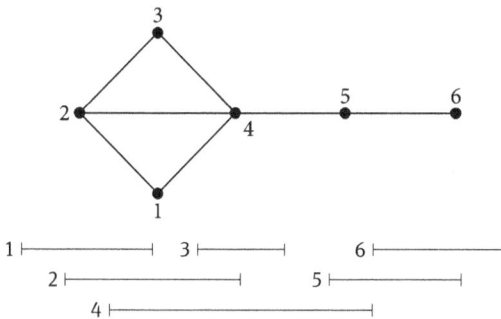

Abb. 2.20: Beispiel eines Intervallgraphen für eine Menge mit 6 Intervallen

Eine mögliche Darstellung von Intervallgraphen besteht darin, die Intervallgrenzen in einer $2 \times n$ Matrix abzuspeichern. Dazu werden lediglich $2n$ Speicherplätze benötigt. Um festzustellen, ob es eine Kante von e_i nach e_j gibt, muss lediglich überprüft werden, ob sich die entsprechenden Intervalle überschneiden. Um die Nachbarn einer Ecke e_i zu bestimmen, muss ein Intervall mit allen anderen verglichen werden. Durch den Einsatz von Baumstrukturen, wie sie in Kapitel 3 dargestellt werden, erreicht man eine sehr kompakte Darstellung von Intervallgraphen, welche auch Nachbarschaftsabfragen effizient unterstützt. Die Bestimmung der Nachbarn einer Ecke erfordert dabei nicht die Betrachtung aller Intervalle.

2.5 Der transitive Abschluss eines Graphen

Dieser Abschnitt beschreibt einen ersten einfachen Graphalgorithmus. Zur Motivation dieses Algorithmus wird folgendes Problem betrachtet. Viele Programmiersprachen bieten die Möglichkeit, große Programme auf mehrere Dateien zu verteilen. Dadurch erreicht man eine bessere Organisation der Programme und kann z. B. Schnittstellen und Implementierungen in verschiedenen Dateien ablegen. Mit Hilfe des *include-Mechanismus* kann der Inhalt einer Datei in eine andere Datei hineinkopiert werden. Dies nimmt der Compiler bei der Übersetzung vor. Am Anfang einer Datei steht dabei eine Liste von Dateinamen, die in die Datei eingefügt werden sollen. Diese Dateien können wiederum auf andere Dateien verweisen; d. h., eine Datei kann indirekt in eine andere Datei eingefügt werden. Bei großen Programmen ist es wichtig zu wissen, welche Datei in eine gegebene Datei direkt oder indirekt eingefügt wird. Diese Situation kann leicht durch einen gerichteten Graphen dargestellt werden. Die Dateien bilden die Ecken, und falls eine Datei direkt in eine andere eingefügt wird, wird dies durch eine gerichtete Kante zwischen den Ecken, die der Datei und der eingefügten Datei entsprechen, dargestellt. Somit erhält man einen gerichteten Graphen. Die Anzahl der Ecken entspricht der Anzahl der Dateien, und die Datei D_j wird direkt oder indirekt in die Datei D_i eingefügt, falls es einen Weg von D_i nach D_j gibt. Alle in diesem Graphen von einer Ecke D_i aus erreichbaren Ecken entsprechen genau den in die Datei D_i eingefügten Dateien.

Das obige Beispiel führt zur Definition des *transitiven Abschlusses* eines gerichteten Graphen. Der transitive Abschluss eines gerichteten Graphen G ist ein gerichteter Graph mit gleicher Eckenmenge wie G, in dem es von der Ecke e eine Kante zur Ecke e' gibt, falls es in G einen Weg von e nach e' gibt, der aus mindestens einer Kante besteht. Abbildung 2.21 zeigt einen gerichteten Graphen und seinen transitiven Abschluss.

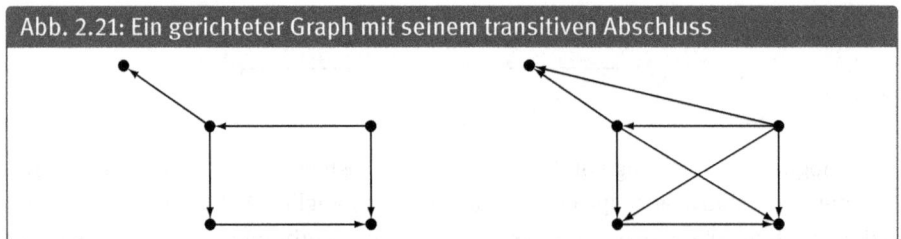
Abb. 2.21: Ein gerichteter Graph mit seinem transitiven Abschluss

Wie bestimmt man den transitiven Abschluss eines gerichteten Graphen? Zur Vorbereitung eines Verfahrens wird folgendes Lemma benötigt.

Lemma. *Es sei G ein gerichteter Graph mit Adjazenzmatrix A. Dann ist der (i, j)-Eintrag von A^s gleich der Anzahl der verschiedenen Kantenzüge mit Anfangsecke e_i und Endecke e_j, welche aus s Kanten bestehen.*

Beweis. Der Beweis erfolgt durch vollständige Induktion nach s. Für $s = 1$ ist die Aussage richtig, denn die Adjazenzmatrix enthält die angegebene Information über Kantenzüge der Länge 1. Die Aussage sei nun für $s > 1$ richtig. Nun sei $\tilde{a}_{il}$ der (i, l)-Eintrag von A^s und a_{lj} der (l, j)-Eintrag von A. Nach Induktionsvoraussetzung ist $\tilde{a}_{il}$ die Anzahl der Kantenzüge mit Anfangsecke e_i und Endecke e_l, welche aus s Kanten bestehen. Dann ist $\tilde{a}_{il}a_{lj}$ die Anzahl der Kantenzüge mit Anfangsecke e_i und Endecke e_j, welche aus $s + 1$ Kanten bestehen und deren vorletzte Ecke die Nummer l trägt. Da der (i, j)-Eintrag von A^{s+1} gleich

$$\sum_{l=1}^{n} \tilde{a}_{il}a_{lj}$$

ist, ist die Behauptung somit bewiesen. ∎

Abbildung 2.22 zeigt einen gerichteten Graphen und die ersten 3 Potenzen der zugehörigen Adjazenzmatrix.

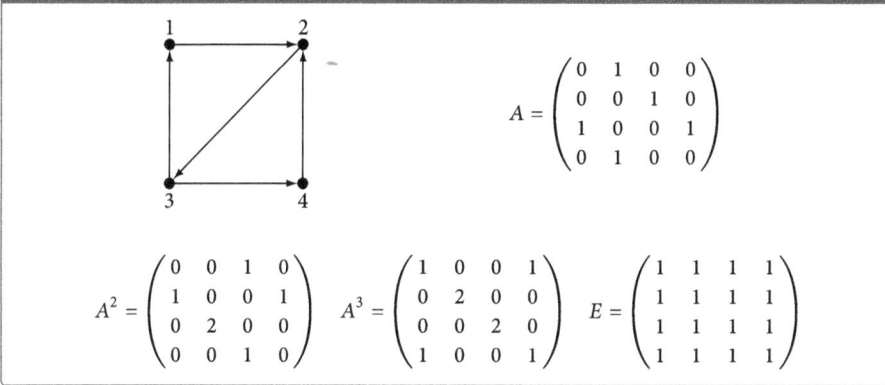

Abb. 2.22: Ein gerichteter Graph und die Potenzen seiner Adjazenzmatrix

$$A = \begin{pmatrix} 0 & 1 & 0 & 0 \\ 0 & 0 & 1 & 0 \\ 1 & 0 & 0 & 1 \\ 0 & 1 & 0 & 0 \end{pmatrix}$$

$$A^2 = \begin{pmatrix} 0 & 0 & 1 & 0 \\ 1 & 0 & 0 & 1 \\ 0 & 2 & 0 & 0 \\ 0 & 0 & 1 & 0 \end{pmatrix} \quad A^3 = \begin{pmatrix} 1 & 0 & 0 & 1 \\ 0 & 2 & 0 & 0 \\ 0 & 0 & 2 & 0 \\ 1 & 0 & 0 & 1 \end{pmatrix} \quad E = \begin{pmatrix} 1 & 1 & 1 & 1 \\ 1 & 1 & 1 & 1 \\ 1 & 1 & 1 & 1 \\ 1 & 1 & 1 & 1 \end{pmatrix}$$

Mit Hilfe der Potenzen der Adjazenzmatrix A lässt sich der transitive Abschluss leicht bestimmen. Gibt es in einem Graphen mit n Ecken einen Weg zwischen zwei Ecken, so gibt es auch zwischen diesen beiden Ecken einen Weg, der aus maximal $n - 1$ Kanten besteht. Ist also Ecke e_j von Ecke e_i erreichbar, so gibt es eine Zahl s mit

$$1 \leq s \leq n - 1,$$

so dass der (i, j)-Eintrag in A^s ungleich 0 ist. Aus der Matrix

$$S = \sum_{s=1}^{n-1} A^s$$

kann nun die Adjazenzmatrix E des transitiven Abschluss gebildet werden:

$$e_{ij} = \begin{cases} 1, & \text{falls } s_{ij} \neq 0; \\ 0, & \text{falls } s_{ij} = 0. \end{cases}$$

Abbildung 2.22 zeigt auch die Matrix E des abgebildeten Graphen. Die Matrix E heißt *Erreichbarkeitsmatrix*. Ist ein Diagonaleintrag von E von 0 verschieden, so bedeutet dies, dass die entsprechende Ecke auf einem geschlossenen Weg liegt; d. h., der transitive Abschluss ist genau dann schlicht, wenn der Graph keinen geschlossenen Weg enthält. Dieses Verfahren ist konzeptionell sehr einfach, aber aufwendig, da die Berechnung der Potenzen von A rechenintensiv ist. Im Folgenden wird deshalb ein zweites Verfahren vorgestellt.

Die Adjazenzmatrix des gerichteten Graphen G wird in n Schritten in die Adjazenzmatrix des transitiven Abschluss überführt. Die zugehörigen Graphen werden mit G_0, $G_1, \ldots, G_n$ bezeichnet, wobei $G_0 = G$ ist. Der Übergang von G_l nach G_{l+1} erfolgt, indem für jedes Paar e_i, e_j von Ecken, für die es in G_l noch keine Kante gibt, eine Kante von e_i nach e_j hinzugefügt wird, falls es in G_l Kanten von e_i nach e_l und von e_l nach e_j gibt; d. h., es müssen in jedem Schritt alle Paare von Ecken überprüft werden.

Wieso produziert dieses Verfahren den transitiven Abschluss? Der Korrektheitsbeweis wird mit Hilfe des folgenden Lemmas erbracht. Um vollständige Induktion anzuwenden, wird eine etwas stärkere Aussage bewiesen.

Lemma. *Für $l = 0, 1, \ldots, n$ gilt: In G_l gibt es genau dann eine Kante von e_i nach e_j, wenn es in G einen Weg von e_i nach e_j gibt, welcher nur Ecken aus $E_l = \{e_1, \ldots, e_l\}$ verwendet.*

Beweis. Der Beweis erfolgt durch vollständige Induktion nach l. Für $l = 0$ ist die Aussage richtig, denn $E_0 = \varnothing$. Die Aussage sei nun für $l > 0$ richtig. Gibt es in G_{l+1} eine Kante von e_i nach e_j, so gibt es nach Konstruktion auch in G einen Weg von e_i nach e_j, der nur Ecken aus E_{l+1} verwendet. Umgekehrt ist noch zu beweisen, dass es in G_{l+1} eine Kante von e_i nach e_j gibt, falls es in G einen Weg W gibt, welcher nur Ecken aus E_{l+1} verwendet. Verwendet W nur Ecken aus E_l, so ist die Aussage nach Induktionsvoraussetzung richtig. Verwendet W die Ecke e_{l+1}, so gibt es auch einen einfachen Weg W mit dieser Eigenschaft. Es sei W_1 der Teilweg von e_i nach e_{l+1} und W_2 der von e_{l+1} nach e_j. Nach Induktionsvoraussetzung gibt es somit in G_l Kanten von e_i nach e_{l+1} und von e_{l+1} nach e_j. Somit gibt es nach Konstruktion in G_{l+1} eine Kante von e_i nach e_j. ∎

Die Korrektheit des Verfahrens folgt nun aus diesem Lemma, angewendet für den Fall $l = n$. Wie kann dieses Verfahren in ein Programm umgesetzt werden? Dazu muss erst eine geeignete Darstellung des Graphen gefunden werden. Die Datenstruktur sollte Abfragen nach dem Vorhandensein von Kanten effizient unterstützen, da diese sehr häufig vorkommen. Da die Graphen G_l, welche in den Zwischenschritten auftreten, nicht weiter benötigt werden, sollte die Datenstruktur diesen Übergang erlauben, ohne allzuviel Speicher zu verbrauchen. Die Adjazenzmatrix erfüllt diese Anforderungen. Abbildung 2.23 zeigt die Prozedur `transAbschluss`, welche die Adjazenzmatrix

A eines ungerichteten Graphen in die des transitiven Abschlusses überführt. Der Algorithmus wurde unabhängig von S. A. Warshall und von B. Roy entwickelt.

Abb. 2.23: Die Prozedur `transAbschluss`

```
var E : Array[1..n, 1..n] von Integer;

procedure transAbschluss(G : G-Graph)
    var l, i, j : Integer;

    Initialisiere E mit A(G);
    for l := 1 to n do
        for i := 1 to n do
            for j := 1 to n do
                if E[i, l] = 1 and E[l, j] = 1 then
                    E[i, j] := 1;
```

Nach der Initialisierung der Matrix E mit der Adjazenzmatrix von G folgen drei Laufschleifen. Die äußere Schleife realisiert die n Schritte, und mit Hilfe der beiden inneren Schleifen werden jeweils alle Einträge dahingehend überprüft, ob eine neue Kante hinzukommt. Abbildung 2.24 zeigt eine Anwendung der Prozedur `transAbschluss` auf den Graphen aus Abbildung 2.22. Die in den entsprechenden Iterationen geänderten Werte sind dabei grau hinterlegt.

Abb. 2.24: Eine Anwendung der Prozedur `transAbschluss`

$$A(G) = \begin{pmatrix} 0 & 1 & 0 & 0 \\ 0 & 0 & 1 & 0 \\ 1 & 0 & 0 & 1 \\ 0 & 1 & 0 & 0 \end{pmatrix} \quad E_1 = \begin{pmatrix} 0 & 1 & 0 & 0 \\ 0 & 0 & 1 & 0 \\ 1 & 1 & 0 & 1 \\ 0 & 1 & 0 & 0 \end{pmatrix}$$

$$E_2 = \begin{pmatrix} 0 & 1 & 1 & 0 \\ 0 & 0 & 1 & 0 \\ 1 & 1 & 1 & 1 \\ 0 & 1 & 1 & 0 \end{pmatrix} \quad E_3 = \begin{pmatrix} 1 & 1 & 1 & 1 \\ 1 & 1 & 1 & 1 \\ 1 & 1 & 1 & 1 \\ 1 & 1 & 1 & 1 \end{pmatrix} \quad E_4 = \begin{pmatrix} 1 & 1 & 1 & 1 \\ 1 & 1 & 1 & 1 \\ 1 & 1 & 1 & 1 \\ 1 & 1 & 1 & 1 \end{pmatrix}$$

Die Adjazenzmatrizen der Graphen $G_1, \ldots, G_4$ sind dabei mit $E_1, \ldots, E_4$ bezeichnet. Von 0 verschiedene Diagonaleinträge zeigen an, dass die entsprechenden Ecken auf geschlossenen Wegen liegen. Somit kann mit diesem Verfahren auch die Existenz geschlossener Wege überprüft werden. In Kapitel 4 werden für dieses Problem einfachere Verfahren vorgestellt. Welches der beiden diskutierten Verfahren ist vorzuziehen? Dazu könnte man beide Verfahren implementieren und beide auf die gleichen Graphen anwenden; dabei müsste man den Verbrauch an Speicherplatz und CPU-Zeit messen und vergleichen. Im nächsten Abschnitt werden Hilfsmittel zur Verfügung gestellt, um Algorithmen bezüglich Speicherplatz- und Zeitverbrauch zu vergleichen, ohne diese zu realisieren.

2.6 Vergleichskriterien für Algorithmen

Zur Lösung eines Problems stehen häufig mehrere Algorithmen zur Verfügung, und es stellt sich die Frage, nach welchen Kriterien die Auswahl erfolgen soll. Ähnlich sieht es bei der Entwicklung eines Algorithmus für ein Problem aus: Welche Aspekte haben die größte Bedeutung?

Vom Gesichtspunkt der Umsetzung des Algorithmus in ein ablauffähiges Programm ist ein leicht zu verstehender Algorithmus, der einfache Datentypen verwendet, vorzuziehen. Dies erleichtert neben der Verifikation des Programms auch die spätere Wartung. Durch die Verwendung existierender Software für Teile des Algorithmus kann die Gesamtkomplexität ebenfalls verringt werden.

Der Anwender eines Algorithmus ist vor allem an der Effizienz interessiert; dies beinhaltet neben dem zeitlichen Aspekt auch den beanspruchten Speicherplatz. Die Entscheidung wird wesentlich davon geprägt, wie oft das zu schreibende Programm ausgeführt werden soll. Falls es sich um ein Programm handelt, welches sehr häufig benutzt wird, lohnt sich der Aufwand, einen komplizierten Algorithmus zu realisieren, wenn dies zu Laufzeitverbesserungen oder Speicherplatzersparnis führt. Andernfalls kann der erzielte Vorteil durch den höheren Entwicklungsaufwand zunichte gemacht werden. Die Entscheidung muss also situationsabhängig erfolgen.

Unter einem Algorithmus verstehen wir hier eine Verarbeitungsvorschrift zur Lösung eines Problems. Diese Verarbeitungsvorschrift kann z. B. durch ein Programm in einer Programmiersprache dargestellt sein. Im Folgenden wird deshalb nicht mehr zwischen einem Algorithmus und dem zugehörigen Programm unterschieden, d. h., der Begriff Algorithmus wird synonym zu Programm verwendet.

Um ein Maß für die Effizienz eines Algorithmus zu bekommen, welches unabhängig von einem speziellen Computer ist, wurde die *Komplexitätstheorie* entwickelt. Sie stellt Modelle zur Verfügung, um a priori Aussagen über Laufzeit und Speicheraufwand eines Algorithmus machen zu können. Man ist damit in der Lage, Algorithmen innerhalb dieses Modells zu vergleichen, ohne diese konkret zu realisieren.

Ein ideales Komplexitätsmaß für einen Algorithmus wäre eine Funktion, die jeder Eingabe die Zeit zuordnet, die der Algorithmus zur Berechnung der Ausgabe benötigt. Damit würde der Vergleich von Algorithmen auf den Vergleich der entsprechenden Funktionen reduziert. Um Aussagen zu machen, die unabhängig von der verwendeten Hardware und dem verwendeten Compiler sind, werden keine konkreten Zeitangaben gemacht, sondern es wird die Anzahl von notwendigen Rechenschritten angegeben. Unter einem Rechenschritt versteht man die üblichen arithmetischen Grundoperationen wie Speicherzugriffe etc., von denen man annimmt, dass sie auf einer gegebenen Rechenanlage die gleiche Zeit brauchen. Dadurch wird der Vergleich zumindest theoretisch unabhängig von der verwendeten Hard- und Software. Man muss natürlich beachten, dass in der Realität die einzelnen Operationen auf einer Rechenanlage unterschiedliche Zeiten benötigen.

Um die Eingabe eines Algorithmus einfacher zu charakterisieren, beschränkt man sich darauf, die Länge der Eingabe anzugeben. Diese ergibt sich häufig aus der Zahl der Zeichen, die die Eingabe umfasst. Wie schon bei der Zeitangabe wird auch hier keine quantitative Aussage über die Länge eines Zeichens gemacht, sie muss lediglich konstant sein. Das heißt sowohl bei der Eingabe als auch bei dem Komplexitätsmaß bezieht man sich auf relative Größen und kommt dadurch zu Aussagen wie: Bei einer Eingabe mit einer Länge proportional zu n ist die Laufzeit des Algorithmus proportional zu n^2. Mit anderen Worten: Wird die Länge der Eingabe verdoppelt, so vervierfacht sich die Laufzeit.

In den folgenden Algorithmen wird die Eingabe immer ein Graph sein; die Länge der Eingabe wird hierbei entweder durch die Anzahl der Ecken bzw. Kanten oder von beiden angegeben. Bei bewerteten Graphen müssen auch die Bewertungen miteinbezogen werden. Die Laufzeit bezieht sich dann auf Graphen mit der angegeben Ecken- bzw. Kantenzahl und ist unabhängig von der Struktur der Graphen. Man unterscheidet deswegen die Komplexität im schlimmsten Fall (im Folgenden *worst case Komplexität* genannt) und im Mittel (im Folgenden *average case Komplexität* genannt). Die worst case Komplexität bezeichnet die maximale Laufzeit bzw. den maximalen Speicherplatz für eine beliebige Eingabe der Länge n. Somit wird dadurch die Laufzeit bzw. der Speicherplatz für die ungünstigste Eingabe der Länge n beschrieben. Falls der Algorithmus nicht für alle Eingaben der Länge n gleich viel Zeit benötigt, ist der Maximalwert ausschlaggebend.

Die average case Komplexität mittelt über alle Eingaben der Länge n. Diese Größe ist häufig aussagekräftiger, da das Maximum meistens für „entartete" Eingaben angenommen wird, die in der Praxis nur selten oder nie vorkommen. Dies sei am Beispiel des internen Sortierverfahrens *Quicksort* dargestellt. Um n Objekte zu sortieren, sind dabei im worst case n^2 Schritte notwendig. Im average case sind dagegen nur $n \log_2 n$ Schritte notwendig. Quicksort gilt aufgrund von vielen Tests als schnellstes internes Sortierverfahren. Leider ist es in der Praxis häufig sehr schwer, die average case Komplexität zu berechnen, da die Analyse in diesem Falle mathematisch oft sehr anspruchsvoll wird. Für viele Algorithmen ist die average case Komplexität gleich der worst case Komplexität. Es gibt aber auch Algorithmen, für die es bis heute nicht gelungen ist, die average case Komplexität zu bestimmen.

Platzbedarf und Laufzeit werden in der Regel als Funktionen $f : \mathbb{N} \to \mathbb{R}^+$ angegeben. Um die Bestimmung der Funktionen zu erleichtern, verzichtet man auf die Angabe des genauen Wertes von $f(n)$ und gibt nur den qualitativen Verlauf, d. h. die Größenordnung von f an. Dies geschieht mit den *Landauschen Symbolen* O und Ω. Sind f und g Funktionen von $\mathbb{N}$ nach $\mathbb{R}^+$, so sagt man, dass f die *Ordnung* von g hat, wenn es eine Konstante $c > 0$ und $n_0 \in \mathbb{N}$ gibt, so dass

$$f(n) \leq cg(n) \text{ für alle } n \geq n_0.$$

In diesem Falle schreibt man auch $f(n) \in O(g(n))$ oder $f(n) = O(g(n))$. Die *O-Notation* wird für obere Abschätzungen der Laufzeit bzw. des Speicherplatzbedarfs eines Algorithmus verwendet. Ist die Laufzeit $f(n)$ eines Algorithmus gleich $O(n^2)$, so bedeutet dies, dass es Zahlen c und n_0 gibt, so dass $f(n) \leq cn^2$ für alle $n \in N$ mit $n \geq n_0$. Ist $f(n) = (n + 2)^2 \log n$, so ist $f(n) \leq 2n^2 \log n$ für $n \geq 5$, und somit ist die Laufzeit $O(n^2 \log n)$. Natürlich ist $f(n)$ in diesem Fall auch von der Ordnung $O(n^3)$, aber dies ist eine schwächere Aussage, und man versucht natürlich immer, die stärkste Aussage zu machen.

Zur Abschätzung der Laufzeit und des Speicherplatzbedarfs eines Algorithmus nach unten wird die Ω-*Notation* eingeführt. Sind f und g Funktionen von $\mathbb{N}$ nach $\mathbb{R}^+$ dann gilt $f(n) \in \Omega(g(n))$ bzw. $f(n) = \Omega(g(n))$, wenn es eine Konstante $c > 0$ und $n_0 \in \mathbb{N}$ gibt, so dass

$$f(n) \geq cg(n) \text{ für alle } n \geq n_0.$$

Damit hat man ein Hilfsmittel zur Hand, mit dem man Algorithmen für ein und dasselbe Problem gut vergleichen kann. So hat z. B. der naive Algorithmus zum Sortieren von n Zahlen, bei dem sukzessive immer die kleinste Zahl ausgewählt wird, eine Laufzeit von $O(n^2)$. In Kapitel 3 werden wir sehen, dass es für dieses Problem auch Algorithmen mit einer worst case Laufzeit von $O(n \log n)$ gibt.

Durch diese qualitative Bewertung sind nur Aussagen folgender Form möglich: Für große Eingaben ist dieser Algorithmus schneller bzw. platzsparender. Es kann sein, dass ein Algorithmus mit Laufzeit $O(n^3)$ für kleine n einem Algorithmus mit Laufzeit $O(n^2)$ überlegen ist. Für ein konkretes Problem muss man diesen Aspekt natürlich berücksichtigen. Mit Hilfe der Laufzeitkomplexität kann man auch abschätzen, für welche Eingaben die Rechenanlage noch in der Lage ist, das Problem in vertretbarer Zeit zu lösen. Für Algorithmen mit exponentieller Laufzeit, d. h. $O(a^n)$ für $a > 1$, wird man sehr schnell an Grenzen kommen. Daran ändert auch ein viel schnellerer Computer nichts. Aus diesem Grund sind Algorithmen mit exponentieller Laufzeit praktisch nicht sinnvoll einsetzbar. In der Praxis sind nur Algorithmen mit polynomialen Aufwand relevant, d. h. $O(p(n))$, wobei $p(n)$ ein Polynom ist; solche Algorithmen werden im Folgenden *effizient* genannt.

Das Konzept der worst case Komplexität wird nun an einem Beispiel erläutert. Für ein gegebenes Problem stehen fünf verschiedene Algorithmen A_1 bis A_5 zur Verfügung. In der folgenden Tabelle sind die Laufzeiten der fünf Algorithmen für eine Eingabe der Länge n angegeben. Ferner sind auch die worst case Komplexitäten angegeben.

	A_1	A_2	A_3	A_4	A_5
benötigte Zeiteinheiten	2^n	$n^3/3$	$31n \log_2 n$	$2n^2 + 2n$	$90n$
worst case Komplexität	$O(2^n)$	$O(n^3)$	$O(n \log n)$	$O(n^2)$	$O(n)$

Abbildung 2.25 zeigt die Laufzeitkurven der fünf Algorithmen. Obwohl die worst case Komplexität des Algorithmus A_5 am geringsten ist, sind für kleine Werte von n andere Algorithmen vorzuziehen.

Abb. 2.25: Die Laufzeit der fünf Algorithmen

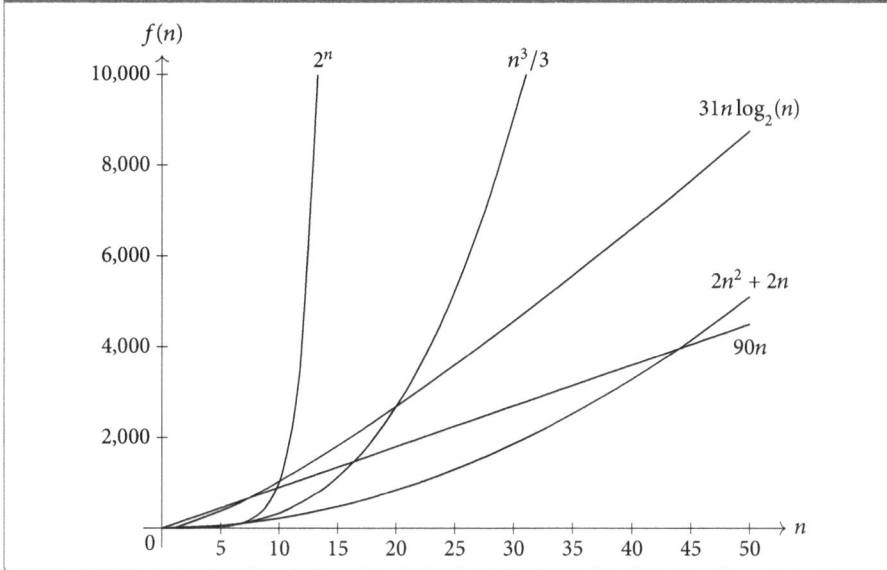

Erst wenn die Länge der Eingabe über 44 liegt, ist Algorithmus A_5 am schnellsten. Die folgende Tabelle zeigt für die fünf Algorithmen die maximale Länge einer Eingabe, welche diese innerhalb eines vorgegebenen Zeitlimits verarbeiten können.

Zeitlimit	A_1	A_2	A_3	A_4	A_5
100	6	6	2	6	1
1.000	9	14	9	22	11
10.000	13	31	55	70	111
100.000	16	66	376	223	1111

Bei einem Limit von 100 Zeiteinheiten ist Algorithmus A_1 überlegen. Er kann in dieser Zeit eine Eingabe der Länge 6 verarbeiten und benötigt dazu 64 Zeiteinheiten. Bei einem Limit von 1.000 Zeiteinheiten verarbeitet Algorithmus A_4 die längste Eingabe. Der Algorithmus A_5 ist ab einem Limit von 3960 Zeiteinheiten den anderen Algorithmen überlegen. Erst bei einem Limit von 100.000 Zeiteinheiten ist Algorithmus A_3 dem Algorithmus A_4 überlegen.

Für Algorithmus A_5 ergibt sich bei einer Verzehnfachung des Zeitlimits (unabhängig vom absoluten Wert des Zeitlimits) immer ein Anstieg der längsten Eingabe von 900 %. Bei Algorithmus A_1 ist dieser Anstieg abhängig vom Zeitlimit. Bei einer Verzehnfachung des Zeitlimits von 10.000 auf 100.000 ergibt sich ein Anstieg der längsten Eingabe von 23 % bei Algorithmus A_1. Mit steigendem Zeitlimit geht dieser Anstieg gegen 0.

Um die Komplexität eines Algorithmus zu bestimmen, ist es notwendig, die Komplexität der verwendeten Grundoperationen zu kennen. Für Graphen ist dabei die gewählte Darstellungsart von großer Bedeutung. In der folgenden Tabelle sind Speicheraufwand und zeitlicher Aufwand für die Grundoperationen der in Abschnitt 2.4 vorgestellten Datenstrukturen zusammengestellt. Mit Hilfe dieser Angaben lässt sich die Komplexität eines Graphalgorithmus bestimmen, indem man zählt, wie oft die einzelnen Operationen durchgeführt werden.

Darstellungsart	Speicherplatz-bedarf	Feststellung ob es eine Kante von e_i nach e_j gibt	Bestimmung der Nachbarn (Nachfolger) von e_i	Bestimmung der Vorgänger von e_i (nur für gerichtete Graphen)
Adjazenzmatrix	$O(n^2)$	$O(1)$	$O(n)$	$O(n)$
Adjazenzliste	$O(n+m)$	$O(g(e_i))$ bzw. $O(g^+(e_i))$	$O(g(e_i))$ bzw. $O(g^+(e_i))$	$O(n+m)$
Adjazenzliste mit invertierter Adjazenzliste (nur gerichtete Graphen)	$O(n+m)$	$O(g^+(e_i))$	$O(g^+(e_i))$	$O(g^-(e_i))$
Kantenliste	$O(m)$	$O(m)$	$O(m)$	$O(m)$
doppelte, lexikographisch sortierte Kantenliste (nur ungerichtete Graphen)	$O(m)$	$O(\log(m))$	$O(\log(m) + g(e_i))$	—
lexikographisch sortierte Kantenliste mit invertierter Darstellung (nur gerichtete Graphen)	$O(m)$	$O(\log(m))$	$O(\log(m) + g^+(e_i))$	$O(\log(m) + g^-(e_i))$

Welche Komplexität haben die im letzten Abschnitt angegebenen Algorithmen zur Berechnung der Erreichbarkeitsmatrix? Der erste Algorithmus bestimmt die Potenzen A^s der Adjazenzmatrix A für $s = 1, \ldots, n-1$ und addiert diese dann. Das normale Verfahren, zwei $n \times n$-Matrizen zu multiplizieren, hat einen Aufwand von $O(n^3)$ (für jeden Eintrag sind n Multiplikationen und $n-1$ Additionen notwendig). Somit ergibt sich ein Gesamtaufwand von $O(n^4)$. Es gibt aber effizientere Verfahren zur Multiplikation von Matrizen. Der Aufwand beträgt dabei $O(n^\alpha)$, wobei $\alpha \approx 2{,}4$ ist. Diese erfordern aber einen hohen Implementierungsaufwand. Mit ihnen ergibt sich ein günstigerer Aufwand für die Bestimmung des transitiven Abschlusses.

Eine zweite Möglichkeit den Aufwand zu senken besteht darin, die Anzahl der notwendigen Matrixmultiplikationen zu senken. Dazu beachte man folgende durch

Ausmultiplizieren zu beweisende Gleichung

$$\tilde{S} = \prod_{i=0}^{\lfloor \log_2 n \rfloor} (I + A^{2^i}) - I = A + A^2 + \ldots + A^x.$$

Hierbei ist I die Einheitsmatrix und $x = 2^{\lfloor \log_2 n \rfloor + 1} - 1$. Aus $\tilde{S}$ wird wieder eine Matrix E gebildet:

$$e_{ij} = \begin{cases} 1, & \text{falls } \tilde{s}_{ij} \neq 0; \\ 0, & \text{falls } \tilde{s}_{ij} = 0. \end{cases}$$

Da x mindestens $n - 1$ ist, folgt mit Hilfe des ersten in diesem Abschnitt bewiesenen Lemmas, dass E wieder die Erreichbarkeitsmatrix von G ist. Zur Bestimmung von $\tilde{S}$ sind $2\lfloor \log_2 n \rfloor$ Matrixmultiplikationen notwendig. Somit kann der beschriebene Algorithmus mit Aufwand $O(n^3 \log n)$ bzw. $O(n^\alpha \log n)$ realisiert werden.

Die Analyse des zweiten Algorithmus lässt sich leicht durchführen: Innerhalb der Prozedur `transAbschluss` sind drei ineinander geschachtelte Laufschleifen der Länge n. Somit ist der Aufwand gleich $O(n^3)$. Hierbei sind für jeden Graphen mit n Ecken mindestens n^3 Schritte notwendig. Für die beiden Algorithmen stimmen worst case und average case Komplexität überein.

Die eigentliche Arbeit erfolgt in der `if`-Anweisung

```
if E[i, l] = 1 and E[l, j] = 1 then E[i, j] := 1
```

Hierbei wird der Eintrag `E[i, j]` geändert, falls `E[i, l]` und `E[l, j]` beide gleich 1 sind. Diese Anweisung wird n^3-mal durchgeführt. Diese Anzahl kann gesenkt werden, wenn man beachtet, dass die erste Bedingung unabhängig von j ist. Das heißt, falls `E[i, l]` gleich 0 ist, wird für keinen Wert von j der Eintrag `E[i, j]` geändert. Aus diesem Grund wird diese Bedingung vor der letzten Laufschleife getestet. Abbildung 2.26 zeigt die so geänderte Prozedur `transAbschluss`.

Abb. 2.26: Eine verbesserte Version der Prozedur `transAbschluss`

```
var E : Array[1..n, 1..n] von Integer;

procedure transAbschluss(G : G-Graph)
    var l, i, j : Integer;

    Initialisiere E mit A(G);
    for l := 1 to n do
        for i := 1 to n do
            if E[i, l] = 1 then
                for j := 1 to n do
                    if E[l, j] = 1 then
                        E[i, j] := 1;
```

Die worst case Komplexität dieser verbesserten Version ist immer noch $O(n^3)$. Dies folgt aus der Anwendung dieser Prozedur auf einen gerichteten Graphen mit $O(n^2)$ Kanten. Die eigentliche Laufzeit wird sich aber in vielen Fällen wesentlich verringern.

Dies zeigt die beschränkte Aussagekraft der worst case Komplexität. Gleichwohl ist die worst case Komplexität ein wichtiges Hilfsmittel zur Analyse von Algorithmen.

Eine für praktische Anwendungen interessante Beschreibung der worst case Komplexität verwendet Parameter, die neben der Länge der Eingabe auch die Länge der Ausgabe des Algorithmus verwenden. Im vorliegenden Beispiel kann man die Ausgabe durch die Anzahl m_{Ab} der Kanten des transitiven Abschlusses beschreiben. Die innerste Laufschleife wird maximal m_{Ab}-mal durchlaufen. Somit ergibt sich eine Gesamtlaufzeit von $O(n^2 + n\,m_{Ab})$. Ist die Größenordnung von m_{Ab} gleich $O(n)$, so ergibt sich eine Laufzeit $O(n^2)$.

2.7 Implementierung von Graphalgorithmen

Algorithmen können auf verschiedene Arten beschrieben werden, wobei die Spanne von streng formalen Beschreibungen (etwa als Programm einer Turingmaschine) bis hin zu informellen Beschreibungen in natürlicher Sprache reicht. Für das grundlegende Verständnis eignet sich am Besten eine mehr oder weniger informelle Beschreibung, welche sich an mathematische Formalismen anlehnt und einfache Konstrukte von Programmiersprachen verwendet. Diese Beschreibungsform wird als *Pseudocode* bezeichnet. Das Ziel dieser Beschreibungsform besteht darin, die verwendeten Datenstrukturen und den Ablauf eines Algorithmus kompakt und gleichzeitig eindeutig zu beschreiben. Der Pseudocode für einen Algorithmus muss so detailliert sein, dass die Korrektheit nachgewiesen und die worst case Komplexität hinsichtlich Speicher- und Zeitbedarf bestimmt werden kann. Diese Beschreibungsform abstrahiert von den Details eines realen Rechners. Der Pseudocode bildet die Grundlage für die Umsetzung eines Algorithmus in ein ablauffähiges Programm mit Hilfe einer Programmiersprache. Man muss also klar zwei verschiedene Domänen unterscheiden: den Entwurf eines Algorithmus einschließlich Bestimmung seiner Komplexität und dessen praktische Realisierung in Form eines ablauffähigen Programms in einem konkreten Umfeld. Die erste Domäne ist Gegenstand des vorliegenden Buches für das Gebiet der algorithmischen Graphentheorie, die zweite Domäne fällt in den Bereich der Softwaretechnik, einem nicht weniger anspruchsvollem Gebiet. Eine ausführliche Behandlung software-technischer Fragestellungen würde den Rahmen dieses Buches sprengen. Das Buch erhebt jedoch den Anspruch, die behandelten Algorithmen so darzustellen, dass eine korrekte Implementierung mit der entsprechenden Laufzeitkomplexität mit vertretbarem Aufwand möglich ist.

Eine vollständige Darstellung der Algorithmen in Form von Programmen in einer konkreten Programmiersprache ist aus didaktischen Gründen nicht sinnvoll. Die Länge der Programme und die sich aus der konkreten Syntax einer Programmiersprache ergebenden Zwänge machen es einem Leser sehr schwer, die Kernidee eines so beschriebenen Algorithmus zu erkennen. Praktische Gründe sprechen ebenfalls gegen diese Art der Darstellung, denn es wäre in vielen Fällen nicht möglich, diese Programme unverändert in existierende Anwendungen zu integrieren. Anwendungen bringen immer spezifische Randbedingungen mit. Oftmals existieren bereits Datenstrukturen für Ecken und Kanten, oder die Inzidenzstruktur des Graphen ist implizit durch die Anwendung gegeben. Die in diesen Datenstrukturen enthaltenen Daten sind zwar für die Anwendung von Bedeutung, aber aus Sicht des Graphalgorithmus haben sie keine Relevanz.

Diese Überlegungen kommen dem nahe liegenden Wunsch eines Anwenders nach einer Hilfe bei der Implementierung der vorgestellten Algorithmen nicht entgegen. Deshalb sollen in diesem Abschnitt einige grundlegende Fragestellungen zur Implementierung von Graphalgorithmen behandelt werden. Die Verifikation einer Implementierung eines durch Pseudocode korrekt beschriebenen Algorithmus unter Beibehaltung der Laufzeit- und Speicherkomplexität ist für sich gesehen eine schwierige Aufgabe. Das Teilgebiet Software-Verifikation der Softwaretechnik stellt hierfür entsprechende Methoden zur Verfügung. Im Folgenden werden nun die beiden Software-Qualitätsmerkmale Erweiterbarkeit und Wiederverwendbarkeit diskutiert.

Beide Merkmale profitieren von der Einführung geeigneter Abstraktionen. An erster Stelle steht hierbei die Trennung von Datenstruktur und Algorithmus. Dazu wird das Konzept eines Graphen in einer Schnittstelle beschrieben, d. h., die Schnittstelle bildet eine Abstraktion eines Graphen. Die Formulierung der Algorithmen erfolgt dann ausschließlich auf der Basis dieser Schnittstelle, Details einer bestimmten Datenstruktur können also nicht verwendet werden. Für die Schnittstelle gibt es mehrere Implementierungen, beispielsweise für jede der in Abschnitt 2.4 vorgestellten Datenstrukturen. Die Beschreibung des Algorithmus hat also keine Kenntnis der verwendeten Datenstruktur. Der Vorteil dieser Trennung ist evident, wird eine neue Datenstruktur entwickelt oder muss eine existierende Datenstruktur übernommen werden, dann genügt es, die allgemeine Schnittstelle zu implementieren. Die Implementierung der Algorithmen muss nicht angepasst werden. Da die Komplexität eines Algorithmus sehr eng an die Datenstruktur gekoppelt ist, sind jedoch die unterschiedlichen Kombinationen aus Komplexitätssicht nicht notwendigerweise gleichwertig.

Welche Funktionen müssen in einer Schnittstelle für Graphen vorhanden sein? Betrachtet man beispielhaft einige Graphalgorithmen, so findet sich schnell eine Reihe oft verwendeter Funktionen. Viele dieser Algorithmen bearbeiteten nacheinander alle Ecken oder die Nachbarn einer gegebenen Ecke. Diese Verarbeitungsart kann abstrakt durch *Iteratoren* beschrieben werden. Dies sind Zeiger, mit denen über die Elemente einer Liste oder einer Menge iteriert werden kann, d. h., sie realisieren den sequentiellen Zugriff auf eine Menge. Über einen Iterator kann man direkt auf die Elemente zugreifen, ohne die Datenstruktur der Menge explizit zu kennen. Für Graphen bieten sich Iteratoren für Ecken und für Kanten an. Dabei kann über alle Ecken (bzw. Kanten) oder über die zu einer gegebenen Ecke benachbarten Ecken (bzw. inzidenten Kanten) iteriert werden. Für eine Menge kann es mehrere Iteratoren geben, welche die Menge in verschiedenen Reihenfolgen durchlaufen, etwa gemäß einer Nummerierung der Ecken oder gemäß eines Strukturmerkmals des Graphen, beispielsweise entlang eines Tiefensuchebaumes.

Viele Graphalgorithmen bauen während ihres Ablaufs temporär neue Graphen auf. Die gesuchte Schnittstelle muss also neben Iteratoren auch Funktionen zur Erzeugung und Modifikation eines Graphen bereitstellen. Hierzu zählen beispielsweise das Hinzufügen und das Entfernen von Ecken oder Kanten und die Bildung von induzierten Untergraphen. Diese Funktionen sind mit einigen Datenstrukturen einfach und mit anderen nur mit großem Aufwand zu implementieren. Bei der Verwendung der Datenstruktur Adjazenzmatrix ist beispielsweise das Entfernen einer Ecke mit konstantem Aufwand nur sehr schwer zu implementieren. Eine Lösung besteht darin, den Graphen unverändert zu lassen und nur eine virtuelle Sicht auf den modifizierten Graphen zuzulassen (etwa unter Zuhilfenahme von Markierungen). Es muss allerdings auch beachtet werden, dass bei einigen Klassen von Graphen das Einfügen beliebiger Kanten nicht sinnvoll ist, da die erweiterten Graphen nicht mehr zu der Klasse gehören. Dies gilt beispielsweise für Intervallgraphen und planare Graphen.

Bei der Beschreibung der Schnittstelle mit der bisher diskutierten Funktionalität kommt man nicht umhin, Datentypen für Ecken und Kanten festzulegen. Um die Erweiterbarkeit an dieser Stelle nicht allzu sehr einzuschränken, bieten sich generische Typen an. Sie erlauben es, Datentypen zu erzeugen, die von den zu Grunde liegenden Typen abstrahieren. Dies geschieht in Form von Typparametern, welche erst bei der Verwendung durch konkrete Typen ersetzt werden. Das Prinzip wird auch parametrische Polymorphie genannt. Dieses Konzept wird in vielen modernen Programmiersprachen wie Java (Generics) und C++ (Templates) angeboten. Die Vorgehensweise erleichtert die Verwendung existierender Klassen als Kanten- oder Eckenklassen in den Graphalgorithmen. Abbildung 2.27 zeigt die Vereinbarung einer Schnittstelle für ungerichtete Graphen mit dem bisher diskutierten Umfang in der Programmiersprache Java. Es wurden noch Funktionen für den Zugriff auf implizit vorhandene Größen wie die Anzahl der Ecken oder Kanten hinzugefügt. Dabei werden die generischen Klassen E und K für Ecken und Kanten verwendet. An diese beiden Klassen können auch Anforderungen gestellt werden, beispielsweise dass sie über einen eindeutigen Schlüssel verfügen müssen. Die Klasse K sollte darüber hinaus Verweise auf die zu einer Kante inzidenten Ecken verwalten. Diese Anforderungen können in Schnittstellen für E und K definiert werden.

Eine Schnittstelle für gerichtete Graphen wird Iteratoren für Vorgänger- und Nachfolgerecken anbieten. Die Richtung der Kanten wird sich in der Kantenklasse niederschlagen. Ob die Verwendung von Vererbung bei der Beschreibung dieser beiden Schnittstellen hilfreich ist, ist nicht leicht zu entscheiden. Zwar kann damit die Gemeinsamkeit der beiden Schnittstellen erfasst werden, diese Kopplung kann bei der Implementierung für die verschiedenen Datenstrukturen zu Schwierigkeiten führen.

Bei einer objektorientierten Vorgehensweise bietet es sich an, die Algorithmen als eigenständige Klassen zu implementieren. Dies hat den Vorteil, dass ein Algorithmus nicht als eine einzige monolithische Methode realisiert werden muss, sondern

---

Abb. 2.27: Schnittstelle für ungerichtete Graphen

```
public interface UngerichteterGraph<E,K> {
    public Iterator<E> eckenIterator();
    public Iterator<K> kantenIterator();
    public Iterator<E> nachbarIterator(E e);
    public Iterator<K> inzidenteKantenIterator(E e);
    public void einfuegenEcke(E e);
    public void entfernenEcke(E e);
    public void einfuegenKante(K k);
    public void entfernenKante(K k);
    public UngerichteterGraph<E,K> induzierterGraph(List<E>);
    public boolean sindInzident(E e1, E e2);
    public int getAnzahlEcken();
    public int getAnzahlKanten();
    public int getEckengrad(E e);
}
```

---

als Sequenz von Methoden. Algorithmen, welche das gleiche Problem lösen, können dann ihre Gemeinsamkeiten über Vererbung zum Ausdruck bringen und so die Wiederverwendbarkeit erhöhen. Die einen Algorithmus implementierende Klasse greift über den Delegations-Mechanismus auf die verwendete Datenstruktur zu.

Beim Entwurf der Klassen für Ecken bzw. Kanten müssen Anforderungen aus Sicht der Graphbeschreibung, des Algorithmus und der Anwendung berücksichtigt werden. Die erste Sicht umfasst im Wesentlichen die Inzidenzstruktur und Bewertungen von Ecken und Kanten. Die Anforderungen aus dem Blickwinkel des Algorithmus sind sehr unterschiedlich. Algorithmen speichern während des Ablaufs häufig Daten zu jeder Ecke oder jeder Kante, beispielsweise einfache Markierungen oder Werte von konstruierten Flüssen. Einige dieser Daten bilden die Ausgabe des Algorithmus und müssen somit nach Ablauf des Algorithmus verfügbar sein. Andere Daten werden nur während des Ablaufs des Algorithmus benötigt und haben danach keine Verwendung. Bei der Bestimmung der Komplexität der Algorithmen wird in der Regel davon ausgegangen, dass der Zugriff auf diese Daten in konstanter Zeit erfolgt. In vielen Lehrbüchern werden bei der Beschreibung von Graphalgorithmen die Ecken eines Graphen mit den natürlichen Zahlen 1 bis n identifiziert. Dies erlaubt die Abspeicherung der angesprochenen Annotationen der Ecken in einem linearen Feld, wodurch der Zugriff auf diese Daten in konstanter Zeit erfolgen kann. Sollen induzierte Untergraphen als eigenständige Graphen betrachtet (etwa in rekursiven Algorithmen) oder aus existierenden Graphen neue Graphen konstruiert werden, so wird diese Eigenschaft leider verletzt und es treten sehr schnell Probleme auf.

Bei der vorgeschlagenen Repräsentation von Ecken durch Objekte einer Klasse ist die Realisierung eines konstanten Zugriffs auf Annotationen nicht so einfach möglich. Werden Hashtabellen verwendet, so ist der konstante Zugriff theoretisch nicht gesichert, bei geeigneter Wahl der Größe der Hashtabelle und der Hashfunktion wird dies praktisch aber fast erreicht. Sind die Ecken mit eindeutigen Schlüsseln ausgestattet, so können diese zur Indizierung geeigneter Datenstrukturen verwendet werden. Ein konstanter Zugriff ist aber auch hier nur dann einfach zu erreichen, wenn die Schlüsselmenge sich leicht auf die Menge der Zahlen von 1 bis n abbilden lässt. Gibt es keine einschränkenden Vorgaben, so können diese Markierungen bereits bei der Implementierung der Klassen für die Ecken bzw. Kanten berücksichtigt werden.

Zu welchen Grad die Anforderungen nach Erweiterbarkeit und Wiederverwendbarkeit in einem Vorhaben berücksichtigt werden müssen, hängt von den konkreten Vorgaben ab. Wird hier ein Höchstmaß angestrebt, so lohnt sich ein Blick auf existierende Graphalgorithmen Frameworks. Von diesen gibt es zahlreiche, sowohl in C++ als auch in Java und Ruby.

Die Generizität dieser Implementierungen kann aber schnell zu einem Ballast werden. So ist die Verwendung von generischen Typen mit etlichen Fallstricken verbunden und einige Programmierer stehen diesem Mittel skeptisch gegenüber. Es ist zu vermuten, dass der Preis für eine erhöhte Wiederverwendbarkeit und eine erhöhte Erweiterbarkeit bei der Einfachheit der Verwendbarkeit zu bezahlen ist. Die angesprochenen Frameworks bringen auf der anderen Seite einige nicht zu unterschätzende Vorteile mit sich. Bei etablierten Frameworks kann davon ausgegangen werden, dass der Entwurfsprozess nach wissenschaftlichen Prinzipien durchgeführt wurde. Eine weite Verbreitung einer Software erhöht die Wahrscheinlichkeit, dass eventuell vorhandene Fehler frühzeitig erkannt und behoben werden. In vielen Fällen wurde neben den Algorithmen auch mit großem Aufwand eine Visualisierungskomponente entwickelt. Diese ist für viele Anwendungen eine wertvolle Bereicherung.

Aus den beschriebenen Gründen werden im Folgenden die Algorithmen mit Pseudocode beschrieben. Eine Übertragung in eine höhere Programmiersprache wie Java oder C# ist ohne großen Aufwand durchzuführen. Um die Beschreibungen der Algorithmen unabhängig von einer speziellen Datenstruktur für Graphen zu halten, werden im Folgenden einige abstrakte Datentypen für Graphen verwendet.

`Graph`	für beliebige Graphen;
`G-Graph`	für gerichtete Graphen;
`K-G-Graph`	für kreisfreie, gerichtete Graphen;
`P-Graph`	für planare Graphen;
`B-Graph`	für kantenbewertete Graphen;
`Netzwerk`	für Netzwerke;
`0-1-Netzwerk`	für Netzwerke, deren Kapazitäten 0 oder 1 sind;
`Baum`	für Bäume.

Für einen Graphen `G` bezeichnet `G.E` die Menge der Ecken und `G.K` die Menge der Kanten von `G`. Die Datentypen für Graphen bieten folgende Iteratoren an:

```
foreach e in G.E do
foreach k in G.K do
foreach e in N(eᵢ) do
```

Bei den ersten beiden Iterationen durchläuft die Variable e bzw. k nacheinander alle Ecken bzw. Kanten des Graphen. Der letzte Iterator steht nur für ungerichtete Graphen zur Verfügung. Hierbei ist e_i eine Ecke des Graphen, und die Variable e durchläuft nacheinander alle Nachbarn von e_i. Für gerichtete Graphen gibt es dafür zwei Iteratoren. Diese iterieren über die Vor- bzw. Nachfolger.

```
foreach e in N⁻(eᵢ) do
foreach e in N⁺(eᵢ) do
```

Die Variablen e bzw. k in den vorgestellten Iteratoren haben den Typ `Ecke` bzw. `Kante`. Der Wertebereich von `Ecke` enthält das Element ⊥, es übernimmt die Funktion eines Nullzeigers. Die Iteratoren lassen sich leicht für jede der im letzten Abschnitt vorgestellten Datenstrukturen realisieren. Mit n wird immer die Anzahl der Ecken und mit m die Anzahl der Kanten bezeichnet.

Im Sinne der modularen Programmierung werden in der Beschreibung der Algorithmen strukturierte Datentypen verwendet. Diese werden mit Hilfe des Schlüsselwortes `type` definiert. Zur Strukturierung der Daten werden Felder (`Array`), Strukturen (`Struktur`) und Zeiger (`Zeiger`) verwendet. Der Wertebereich von Zeigertypen enthält auch den Nullzeiger (`null`). Des Weiteren werden noch bekannte Datenstrukturen wie `Liste`, `Stapel`, `Warteschlange` und `Menge` verwendet. Für eine Beschreibung der für diese Datenstrukturen zur Verfügung stehenden Operationen und entsprechende Implementierungen sei auf die in Abschnitt 2.9 angegebene Literatur verwiesen. Die Bezeichnung der Operationen ist selbsterklärend. Im Folgenden sind beispielhaft vier Stapeloperationen für eine Variable S vom Typ `Stapel von` T angegeben, hierbei ist t ein Variable vom Typ T:

```
S.einfügen(t);
S.enthalten(t);
t := S.entfernen();
t := S.kopf();
S.höhe();
```

Die erste Operation fügt t in S ein. Die zweite Operation überprüft, ob t in S enthalten ist und gibt `true` oder `false` zurück. Die dritte Operation entfernt das oberste Objekt aus dem Stapel und gibt es zurück. Die vorletzte Operation gibt eine Kopie des obersten Objektes zurück, ohne es zu entfernen. Die Operation höhe() gibt die Anzahl der Elemente im Stack zurück.

Bei der Datenstruktur Liste wird zwischen einfügen und anhängen unterschieden. Während bei der ersten Operation das Element am Anfang eingefügt wird, wird es im zweiten Fall am Ende der Liste eingefügt.

Bei vielen Algorithmen müssen während des Ablaufs zu jeder Ecke Informationen gespeichert werden. Die Speicherung erfolgt dabei mittels Feldern der Form

```
type Info = Array[1..n] von T;
```

Hierbei bezeichnet T den Typ der zu speichernden Information. Die Zuordnung einer Ecke e des Graphen zu einem Index im Bereich 1, ..., n erfolgt mittels der Funktion index. Ist t eine Variable vom Typ T, inf eine Variable vom Typ Info und *e* eine Ecke von *G* so ist

```
t := inf[G.index(e)];
```

ein Beispiel für die Verwendung dieser Funktion. Um die Beschreibung der Algorithmen kompakt zu halten, wird die Kurzschreibweise $i = G.index(e_i)$ verwendet.

Für einige Algorithmen werden weitere globale Funktion für *G* eingeführt. Ferner werden noch folgende Anweisungen verwendet:

> *Initialisiere* t *mit* 0;
> *Initialisiere* niveau *mit* -1, δ *mit* 0 *und* σ *mit* 0.0;

Die erste Anweisung wird sowohl zum Initialisieren von einfachen Variablen als auch von Feldern und komplexeren Datenstrukturen verwendet. Wird für eine Variable keine Initialisierung angegeben, so wird eine implizite Initialisierung mit einem Defaultwert angenommen. Beispielsweise enthalten Variablen vom Typ **Stapel**, **Liste** und **Warteschlange** initial keine Elemente.

Zur Strukturierung des Programmcodes werden Funktionen und Prozeduren verwendet. Der einzige Unterschied besteht darin, dass Prozeduren keinen Wert zurückgeben. Das Schlüsselwort **var** wird zweifach verwendet. Zum einen kennzeichnet es Vereinbarungen von lokalen und globalen Variablen. Zum anderen werden mit ihm Parameter von Prozeduren als Referenzparameter (call by reference) ausgezeichnet. Es werden die von C-ähnlichen Programmiersprachen bekannten Anweisungsarten benutzt.

2.8 Testen von Graph-Algorithmen

Auf den Entwurf eines Algorithmus folgt der Beweis der Korrektheit. Dieser Beweis bezieht sich auf die Beschreibung des Algorithmus in Form von Pseudocode. Im Fall von Algorithmen für graphentheoretische Probleme stehen dafür mathematische Hilfsmittel wie vollständige Induktion zur Verfügung. Ebenfalls mit formalen Methoden kann die Analyse der Laufzeit und des Speicherbedarfs erfolgen. Danach wird der Pseudocode in eine Implementierung in einer realen Programmiersprache überführt. Das Ergebnis dieses Schrittes muss verifiziert werden. Unter Verifikation versteht man die Überprüfung, ob die Umsetzung in ein Programm mit der Algorithmenbeschreibung, d. h. der Beschreibung in Pseudocode, übereinstimmt.

Die Verifikation erfolgt in der Praxis in der Regel mittels nicht-formaler Methoden. Das zentrale Hilfsmittel sind Softwaretests. Diese prüfen und bewerten Programme auf Erfüllung der definierten Anforderungen und messen ihre Qualität. Beim Testen wird ein Programm für eine Menge von Testdaten ausgeführt. In den allermeisten Fällen ist es praktisch unmöglich, ein Programm mit allen möglichen Eingabedaten auszuführen. Selbst wenn die Kombination aller Eingabedaten endlich ist verbietet sich ein vollständiger Test aus Zeitgründen. Darüberhinaus ist in den meisten Fällen die

Menge aller Eingabekombination unendlich. Daher kann Testen nur das Vertrauen in die Korrektheit einer Implementierung erhöhen, nicht aber die Korrektheit beweisen.

In der Praxis erweist sich die Auswahl einer angemessenen Testdatenmenge als große Herausforderung. Im Fall von graphentheoretischen Algorithmen ist die Situation etwas einfacher. Die Eingabe für diese Algorithmen sind Graphen in unterschiedlichen Ausprägungen: Gerichtete und ungerichtete Graphen, kanten- und eckenbewertete Graphen usw. Durch die große Bedeutung der algorithmischen Graphentheorie für praktische Anwendungen sind in den letzten Jahren viele frei zugängliche Sammlungen von Testdaten entstanden. Häufig enthalten solche Sammlungen Graphen, die sich für bestimmte Probleme als besonders schwierig erwiesen haben. Zur Verifikation eines Algorithmus gehört natürlich auch, dass man die Ausgabe des Algorithmus für eine gegebene Eingabe kennt. Diese Daten sind in der Regel – sofern sie bekannt sind – ebenfalls in diesen Sammlungen enthalten.

Zur Beschreibung der verschiedenen Ausprägungen von Graphen existieren mehrere Datenformate. Diese erlauben die Beschreibungsdaten von Graphen dauerhaft in Dateien abzulegen. Beispiele für solche Beschreibungssprachen sind *DOT*, *Trivial Graph Format (TGF)* und *GraphML*. Abbildung 2.28 zeigt eine Anwendung der Sprache DOT. Für viele dieser Beschreibungssprachen gibt es Visualisierungsprogramme, d. h., Programme welche für eine Beschreibung eines Graphen eine visuelle Darstellung in Form einer Einbettung in eine zwei-dimensionale Ebene automatisch generieren.

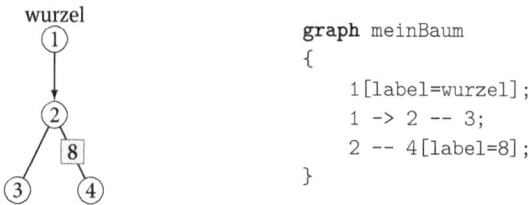

Abb. 2.28: Beispiel für die DOT Beschreibungssprache

```
graph meinBaum
{
    1[label=wurzel];
    1 -> 2 -- 3;
    2 -- 4[label=8];
}
```

Eine andere Möglichkeit besteht darin, beliebige Graphen mit einer vorgegebenen Ecken- oder Kantenzahl mit der Hilfe eines Zufallsgenerators zu erzeugen. Ein Beispiel hierfür ist die Klasse $G_{n,p}$. Diese Klasse enthält ungerichtete Graphen mit n Ecken bei denen zwischen je zwei Ecken eine Kante mit der Wahrscheinlichkeit $p \in [0,1]$ existiert. Der Erwartungswert für die Anzahl der Kanten für einen Graphen aus $G_{n,p}$ ist $n(n-1)p/2$. Auch Unit Disk Graphen lassen sich leicht auf Basis zufällig verteilter Punkte erzeugen.

Die in Abschnitt 2.6 beschriebene Methode zur Bewertung der Laufzeit eines Algorithmus macht nur eine asymptotische Aussage, d. h., es wird das Zeitverhalten des Algorithmus für potenziell unendlich große Eingabemengen auf einem abstrakten Computer charakterisiert. Um den Zeitaufwand eines konkreten Algorithmus für gegebene Graphen auf einem realen Computer zu bestimmen, müssen Laufzeitmessungen durchgeführt werden. Damit ist es auch möglich, verschiedene Algorithmen für eine praktisch relevante Menge von Graphen zu vergleichen. Auch hierzu sind existierende Sammlungen von Graphen von großem Nutzen.

2.9 Literatur

Das aktuelle Standardwerk der theoretischen Graphentheorie ist zweifelsohne das Buch von R. Diestel [25]. Ausgezeichnete Einführungen in Algorithmen und Datenstrukturen enthalten [98, 85, 21, 111]. Für eine theoretische Einführung in die Komplexitätstheorie vergleiche man [99]. Den dargestellten Algorithmus zur Bestimmung des transitiven Abschlusses findet man in [124, 107]. D. E. Knuth hat eine große Sammlung von Graphen und Programmen zur Erzeugung von Graphen zusammengestellt [67]; die zum Teil aus kuriosen Anwendungen entstandenen Graphen sind auch elektronisch verfügbar.

2.10 Aufgaben

1. Ist die Anzahl der Ecken geraden Grades in einem ungerichteten Graphen stets gerade, stets ungerade oder kann man keine solche Aussage machen?
2. Beweisen Sie folgende Aussage: Haben in einem ungerichteten Graphen alle Ecken den Eckengrad 3, so ist die Anzahl der Ecken gerade.
3. Sei G ein ungerichteter bipartiter Graph mit n Ecken und m Kanten. Beweisen Sie, dass $4m \leq n^2$ gilt.
4. Es sei G ein regulärer, bipartiter Graph mit Eckenmenge $E = E_1 \cup E_2$. Beweisen Sie, dass $|E_1| = |E_2|$ gilt.
5. Es sei G ein bipartiter Graph. Beweisen Sie die Ungleichung $\Delta(G) + \delta(G) \leq n$. Gilt die Ungleichung auch für beliebige Graphen?
6. Beweisen Sie folgende Aussage: Ein ungerichteter Graph G mit $\delta(G) \geq 2$ enthält einen geschlossenen Weg.
7. Beweisen Sie, dass jeder Graph G einen bipartiten Untergraph besitzt, welcher mindestens die Hälfte der Kanten von G enthält.
   Hinweis: Es sei $P = (E_1, E_2)$ eine Partition der Eckenmenge E von G, bei der die Kardinalität der Menge $K_P = \{(e_1, e_2) \in E \mid e_1 \in E_1, e_2 \in E_2\}$ maximal ist. Betrachten Sie den Graphen G_P mit Eckenmenge E und Kantenmenge K_P.
8. Es sei G ein ungerichteter Graph mit n Ecken und m Kanten. Es gelte

$$m > (n - 1)(n - 2)/2.$$

Beweisen Sie, dass G zusammenhängend ist. Gibt es nicht zusammenhängende Graphen mit $(n - 1)(n - 2)/2$ Kanten? Falls ja, geben Sie Beispiele an.

9. Wie sehen die Komplemente der Graphen K_{n_1,n_2} aus?

10. Beweisen Sie folgende Aussage: Für jeden Graphen G mit sechs Ecken enthält G oder $\overline{G}$ einen geschlossenen Weg, der aus drei Kanten besteht.

11. Beweisen Sie, dass ein gerichteter Graph, der einen geschlossenen Weg enthält, auch einen einfachen geschlossenen Weg enthält.

12. Beweisen Sie folgende Aussage: Enthält ein Graph G kein Dreieck (d. h. keinen Untergraph vom Typ C_3), dann gilt $m \leq \Delta(G)(n - \Delta(G))$.

*13. Eine Teilmenge H der Eckenmenge E eines gerichteten Graphen G heißt *unabhängig*, falls keine zwei Ecken aus H benachbart sind.

   (*a*) Beweisen Sie, dass es in einem gerichteten Graphen eine unabhängige Eckenmenge H gibt, so dass von jeder Ecke aus $E \backslash H$ über einen aus höchstens zwei Kanten bestehenden Weg, eine Ecke aus H erreicht werden kann. H nennt man ein *Herz* des Graphen.

   (*b*) Entwerfen Sie einen Algorithmus zur Bestimmung eines Herzens eines gerichteten Graphen.

14. Eine Kante eines ungerichteten Graphen heißt *Brücke*, falls durch ihre Entfernung die Anzahl der Zusammenhangskomponenten vergrößert wird. Beweisen Sie, dass es in einem Graphen, in dem jede Ecke geraden Eckengrad hat, keine Brücke geben kann.

15. Geben Sie für den folgenden gerichteten Graphen eine Darstellung mit Hilfe der Adjazenzmatrix, der Adjazenzliste und der Kantenliste an.

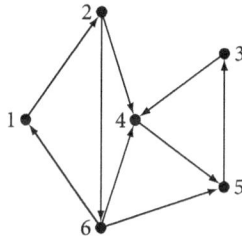

16. Ein ungerichteter Graph ist durch seine Kantenliste gegeben:

$$K : \begin{array}{|c|c|c|c|c|c|c|c|c|} \hline 1 & 2 & 3 & 4 & 5 & 6 & 7 & 8 & 9 \\ \hline 1 & 2 & 3 & 4 & 6 & 5 & 4 & 2 & 1 \\ \hline 2 & 3 & 4 & 1 & 5 & 3 & 6 & 6 & 5 \\ \hline \end{array}$$

   (*a*) Geben Sie eine geometrische Darstellung des Graphen an.

   (*b*) Zeigen Sie, dass der Graph bipartit ist.

17. Eine Darstellungsart für gerichtete Graphen sind Adjazenzlisten, basierend auf Feldern. Entwerfen Sie Funktionen, um festzustellen, ob zwei gegebene Ecken benachbart sind und zur Bestimmung von Ausgangs- und Eingangsgrad einer Ecke. Erweitern Sie das Feld N um eine Komponente und setzen

Sie $N[n + 1] = m + 1$. Wieso führt dies zu einer Vereinfachung der oben genannten Funktionen?

18. Die Adjazenzmatrix eines ungerichteten Graphen ohne Schlingen ist eine symmetrische Matrix, deren Diagonalelemente gleich 0 sind. In diesem Fall genügt es, die $(n^2 - n)/2$ Einträge oberhalb der Diagonalen zu speichern. Dies geschieht am einfachsten mit Hilfe eines Feldes der Länge $(n^2 - n)/2$. Schreiben Sie zwei Prozeduren, die mittels dieser Darstellung feststellen, ob zwei Ecken benachbart sind und die Anzahl der Nachbarn einer Ecke bestimmen.

19. Der Platzbedarf der Adjazenzliste eines ungerichteten Graphen kann dadurch verringert werden, indem zu jeder Ecke e_i nur die Nachbarecken e_j mit $j \geq i$ abgespeichert werden. Schreiben Sie Prozeduren, die mittels dieser Darstellung feststellen, ob zwei gegebene Ecken benachbart sind und die die Anzahl der Nachbarn einer gegebenen Ecke bestimmen. In welchem Fall ändert sich die Zeitkomplexität?

20. In der Adjazenzliste eines gerichteten Graphen sind die Nachbarn in der Reihenfolge aufsteigender Eckennummern abgespeichert. Nutzen Sie diese Tatsache beim Entwurf einer Prozedur, welche testet, ob zwei gegebene Ecken benachbart sind. Gehen Sie dabei von der Darstellung mittels Zeigern aus.

21. Die *Inzidenzmatrix* eines gerichteten Graphen G ist eine $n \times m$-Matrix Z mit:

$$z_{ij} = \begin{cases} +1, & \text{falls } e_i \text{ Anfangsecke der Kante } k_j \text{ ist;} \\ -1, & \text{falls } e_i \text{ Endecke der Kante } k_j \text{ ist;} \\ 0, & \text{sonst.} \end{cases}$$

Dabei sind die Kanten mit $1, \dots, m$ nummeriert. Für ungerichtete Graphen definiert man

$$z_{ij} = \begin{cases} 1, & \text{falls } e_i \text{ auf der Kante } k_j \text{ liegt;} \\ 0, & \text{sonst.} \end{cases}$$

Geben Sie die Inzidenzmatrix für den Graphen aus Aufgabe 15 an. Entwerfen Sie Prozeduren, um festzustellen, ob zwei gegebene Ecken benachbart sind, und um die Anzahl der Nachbarn einer Ecke zu bestimmen. Unterscheiden Sie dabei die Fälle gerichteter und ungerichteter Graphen.

22. Für welche der in Abschnitt 2.4 diskutierten Datenstrukturen für ungerichtete Graphen kann der Grad einer Ecke in konstanter Zeit bestimmt werden?

23. In Abschnitt 2.5 wurde die Verteilung von Quellcode auf verschiedene Dateien mittels gerichteter Graphen dargestellt. Wie kann man feststellen, ob eine Datei sich selbst einschließt?

24. Beweisen Sie die folgenden Komplexitätsaussagen:

    (a) $n^2 + 2n + 3 = O(n^2)$

    (b) $\log n^2 = O(\log n)$

    (c) $\sum_{i=1}^{n} i = O(n^2)$

    (d) $\log n! = O(n \log n)$

⋆25. Eine Ecke e in einem gerichteten Graphen mit n Ecken heißt *Senke*, falls
$$g^+(e) = 0 \text{ und } g^-(e) = n - 1.$$
Entwerfen Sie einen Algorithmus, der feststellt, ob ein gerichteter Graph eine Senke besitzt und diese dann bestimmt. Bestimmen Sie die Laufzeit Ihres Algorithmus. Es gibt einen Algorithmus mit Laufzeit $O(n)$.

26. Es sei G ein gerichteter Graph mit Eckenmenge E und Kantenmenge K. Die *transitive Reduktion* von G ist ein gerichteter Graph R mit der gleichen Eckenmenge E wie G und minimaler Kantenanzahl, so dass die Erreichbarkeitsmatrizen von G und R gleich sind. Ferner muss die Kantenmenge von R eine Teilmenge von K sein. Das folgende Beispiel zeigt einen gerichteten Graphen (links) und eine transitive Reduktion (rechts).

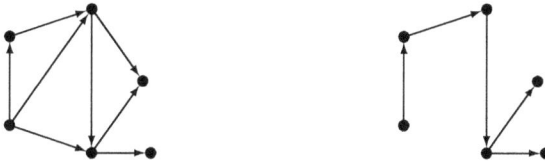

(a) Bestimmen Sie zwei verschiedene transitive Reduktionen des folgenden gerichteten Graphen:

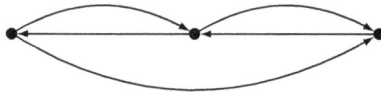

⋆(b) Beweisen Sie, dass die transitive Reduktion eines gerichteten Graphen ohne geschlossene Wege eindeutig bestimmt ist.
Hinweis: Machen Sie einen Widerspruchsbeweis. Nehmen Sie an, es existieren zwei verschiedene transitive Reduktionen R_1 und R_2. Betrachten Sie eine Kante k, die in R_1 enthalten ist, aber nicht in R_2. Sei e_i die Anfangsecke und e_j die Endecke von k. Beweisen Sie, dass es in R_2 einen Weg W von e_i nach e_j gibt, der über eine dritte Ecke e führt. Zeigen Sie, dass es in R_1 einen Weg von e_i nach e und einen Weg von e nach e_j gibt, die beide nicht die Kante k enthalten. Dies ergibt aber einen Widerspruch.

(c) Geben Sie ein Beispiel für einen gerichteten Graphen ohne geschlossene Wege mit n Ecken, dessen transitive Reduktion $\Omega(n^2)$ Kanten enthält.

⋆(d) In einem ungerichteten Graphen ohne geschlossene Wege und Eckenmenge E bezeichnet maxlen(e, e') die maximale Länge eines Weges von Ecke e nach Ecke e'. Es sei
$$K' = \left\{ (e, e') \mid e, e' \in E \text{ und maxlen}(e, e') = 1 \right\}.$$
Beweisen Sie, dass K' die Menge der Kanten der transitiven Reduktion ist.

⋆27. Der folgende Algorithmus testet, ob ein ungerichteter Graph G einen geschlossenen Weg der Länge 4 enthält. Es wird ein Feld `vierKreis` verwaltet, welches für jedes Paar von Ecken einen Eintrag hat. Die $n(n-1)/2$ Einträge von `vierKreis` werden mit 0 initialisiert. Nun werden die Ecken e von G nacheinander betrachtet. Für jedes Paar (e_i, e_j) von zu e benachbarten Ecken e_i, e_j wird der entsprechende Eintrag von `vierKreis` um 1 erhöht. Dieser Vorgang wird abgebrochen, sobald ein Eintrag den Wert 2 bekommt. In diesem Fall liegt ein geschlossener Weg der Länge 4 vor, andernfalls gibt es keinen solchen Weg. Im ersten Fall sei (e_i, e_j) das zuletzt betrachtete Paar von Nachbarn. Dann liegen sich e_i und e_j auf einem geschlossenen Weg der Länge 4 gegenüber. Die anderen beiden Ecken lassen sich dann leicht bestimmen.

(a) Geben Sie eine Implementierung für diesen Algorithmus an und beweisen Sie seine Korrektheit.

(b) Zeigen Sie, dass der Algorithmus eine Laufzeit von $O(n^2)$ hat.

(c) Ein geschlossener Weg der Länge 4 entspricht dem bipartiten Graphen $K_{2,2}$. Wie kann der Algorithmus abgeändert werden, so dass man feststellen kann, ob ein ungerichteter Graph einen Untergraphen vom Typ $K_{s,s}$ enthält? Welche Laufzeit hat dieser Algorithmus?

⋆28. Es sei G ein gerichteter Graph und E die Erreichbarkeitsmatrix von G. Es sei G' der Graph, der entsteht, wenn in G eine zusätzliche Kante eingefügt wird. Erstellen Sie einen Algorithmus, welcher die Erreichbarkeitsmatrix E' von G' unter Verwendung der Matrix E bestimmt. Zeigen Sie, dass der Algorithmus eine Laufzeit von $O(n^2)$ hat. Geben Sie ein Beispiel an, bei dem sich E und E' in $O(n^2)$ Positionen unterscheiden.

29. Es sei G ein gerichteter Graph bei dem zwischen jedem Paar von Ecken e, e' es entweder die Kante (e, e') oder (e', e) gibt. Solche Graphen nennt man *Turniergraphen*. Beweisen Sie, dass ein Turniergraph genau dann einen geschlossenen Weg besitzt, wenn er einen geschlossenen Weg der Länge 3 besitzt.

30. Es sei G ein Unit Disk Graph. Beweisen Sie folgende Aussagen.

(a) G besitzt keinen induzierten Untergraph vom Typ $K_{1,6}$.

(b) G enthält eine Clique mit mindestens $\lceil \Delta(G)/6 \rceil + 1$ Ecken.

31. Beweisen Sie folgende Aussagen für den Hypercube Q_s.

(a) Q_s besitzt 2^s Ecken und $s2^{s-1}$ Kanten.

(b) Der Durchmesser von Q_s ist s.

32. (a) Es sei G ein ungerichteter Graph mit $n \geq 3$ Ecken und e, e' nicht benachbarte Ecken von G mit $g(e) + g(e') \geq n$. Es sei G' der Graph, der aus G durch Einfügen der Kante (e, e') entsteht. Beweisen Sie, dass G genau dann Hamiltonsch ist, wenn G' Hamiltonsch ist.

(b) Es sei G ein ungerichteter Graph mit $n \geq 3$ Ecken. Beweisen Sie, dass G Hamiltonsch ist, falls eine der beiden folgenden Aussagen gilt.

(i) Die Summe der Eckengrade jedes Paares nicht benachbarter Ecken von G ist mindestens n.

(ii) Der Eckengrad jeder Ecke von G ist mindestens $n/2$.

33. Beweisen Sie, dass der Petersen-Graph keinen Hamiltonschen Kreis besitzt.

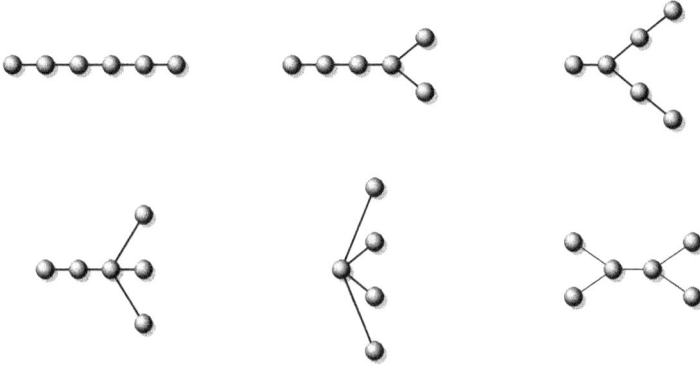

KAPITEL 3

Bäume

Eine für Anwendungen sehr wichtige Klasse von Graphen sind Bäume. In vielen Gebieten wie z. B. beim Compilerbau oder bei Datenbanksystemen werden sie häufig zur Darstellung von hierarchischen Beziehungen verwendet. In diesem Kapitel werden Anwendungen von Bäumen und ihre effiziente Darstellung beschrieben. Es wird ein auf Bäumen basierender Sortieralgorithmus vorgestellt und eine effiziente Realisierung von Vorrang-Warteschlangen diskutiert. Ferner werden zwei Algorithmen zur Bestimmung von minimalen aufspannenden Bäumen und ein Verfahren zur Datenkompression beschrieben.

3.1 Einführung

Die Begriffe *Wald* und *Baum* wurden bereits in Abschnitt 2.2 eingeführt. Für Bäume besteht folgender Zusammenhang zwischen der Anzahl m der Kanten und n der Ecken:

$$m = n - 1.$$

Diese Aussage beweist man mit vollständiger Induktion nach n. Für $n = 1$ ist die Gleichung erfüllt. Ist die Anzahl der Ecken echt größer 1, so gibt es eine Ecke mit Eckengrad 1. Um sie zu finden, verfolgt man, von einer beliebigen Ecke aus startend, die Kanten des Baumes, ohne eine Kante zweimal zu verwenden. Da es keine geschlossenen Wege gibt, erreicht man keine Ecke zweimal, und der Weg endet an einer Ecke mit Eckengrad 1. Entfernt man diese Ecke und die zugehörige Kante aus dem Graphen, so kann man die Induktionsvoraussetzung anwenden und somit gilt

$$m - 1 = n - 2,$$

woraus sich die obige Gleichung ergibt.

Für einen Wald, der aus z Bäumen besteht, gilt:

$$m = n - z.$$

Diese Gleichung ergibt sich unmittelbar durch Addition der entsprechenden Gleichungen der einzelnen Bäume.

Einen Untergraphen eines Graphen G, der dieselbe Eckenmenge wie G hat und ein Baum ist, nennt man einen *aufspannenden Baum* von G. Man sieht leicht, dass jeder zusammenhängende Graph mindestens einen aufspannenden Baum besitzt. Dazu geht man folgendermaßen vor: Solange der Graph noch einen geschlossenen Weg hat, entferne man aus diesem eine Kante. Am Ende liegt ein aufspannender Baum vor. Ein Graph, der selber kein Baum ist, hat mehrere verschiedene aufspannende Bäume. Abbildung 3.1 zeigt zwei verschiedene aufspannende Bäume (dargestellt durch die roten Kanten) eines Graphen.

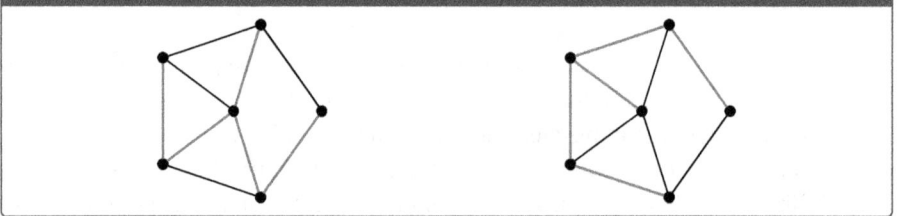

Abb. 3.1: Zwei aufspannende Bäume

Der folgende Satz zeigt, dass Bäume schon durch die Eigenschaft als zusammenhängende Graphen mit $m = n - 1$ charakterisiert sind.

Satz. *Ein ungerichteter Graph G ist genau dann ein Baum, wenn eine der folgenden drei Bedingungen erfüllt ist:*

(a) G ist zusammenhängend und $m = n - 1$;
(b) G enthält keinen geschlossenen Weg und $m = n - 1$;
(c) in G gibt es zwischen jedem Paar von Ecken genau einen Weg.

Beweis. Ein Baum hat sicherlich die angegebenen Eigenschaften. Um die umgekehrte Richtung zu beweisen, werden die drei Bedingungen einzeln betrachtet. Ist (a) erfüllt, so wähle man einen aufspannenden Baum B von G. Da B ein Baum mit n Ecken ist, hat B genau $n - 1$ Kanten. Also ist B gleich G, und G ist somit ein Baum. Ist (b) erfüllt, so ist G ein Wald, und aus der oben bewiesenen Gleichung $m = n - z$ folgt $z = 1$; d. h., G ist zusammenhängend und somit ein Baum.

Aus (c) folgt ebenfalls direkt, dass G ein Baum ist, denn würde es einen geschlossenen Weg geben, so gäbe es ein Paar von Ecken, zwischen denen zwei verschiedene Wege existieren. ∎

Das *Niveau* einer Ecke *e* in einem Wurzelbaum – im Folgenden mit niv(*e*) bezeichnet – ist gleich der Anzahl der Kanten des einzigen Weges von der Wurzel zu *e*. Ist *w* die Wurzel, so gilt niv(*e*) = *d*(*w*, *e*). Die Wurzel hat das Niveau 0. Die *Höhe* eines Wurzelbaumes ist definiert als das maximale Niveau einer Ecke. Der Wurzelbaum aus Abbildung 3.2 hat die Höhe 3. Die von einer Ecke *e* eines Wurzelbaumes erreichbaren Ecken bilden den *Teilbaum* mit Wurzel *e*.

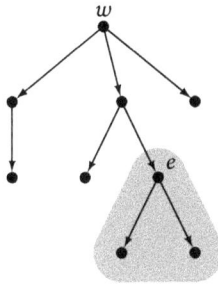

Abb. 3.2: Ein Wurzelbaum

3.2 Anwendungen

Im Folgenden werden vier wichtige Anwendungen von Bäumen diskutiert. Zunächst werden zwei Anwendungen aus den Gebieten Betriebssysteme und Compilerbau vorgestellt. Anschließend werden Suchbäume und ein Verfahren zur Datenkompression ausführlicher dargestellt.

3.2.1 Hierarchische Dateisysteme

Das Betriebssystem eines Computers verwaltet alle Dateien des Systems. Die Dateiverwaltung vieler Betriebssysteme organisiert die Dateien nicht einfach als eine unstrukturierte Menge, sondern die Dateien werden in einer Hierarchie angeordnet, die eine Baumstruktur trägt. Man führt dazu einen speziellen Dateityp ein: *Directories* oder *Verzeichnisse*. Sie enthalten Namen von Dateien und Verweise auf diese Dateien, die ihrerseits wieder Verzeichnisse sein können. Jede Ecke in einem Dateibaum entspricht einer Datei; Dateien die keine Verzeichnisse sind, sind Blätter des Baumes. Die Nachfolger eines Verzeichnisses sind die in ihm enthaltenen Dateien. Abbildung 3.3 zeigt ein Beispiel eines Dateisystems unter dem Betriebssystem UNIX. Ecken, welche Verzeichnisse repräsentieren, sind als Kreise und reine Dateien als Rechtecke dargestellt.

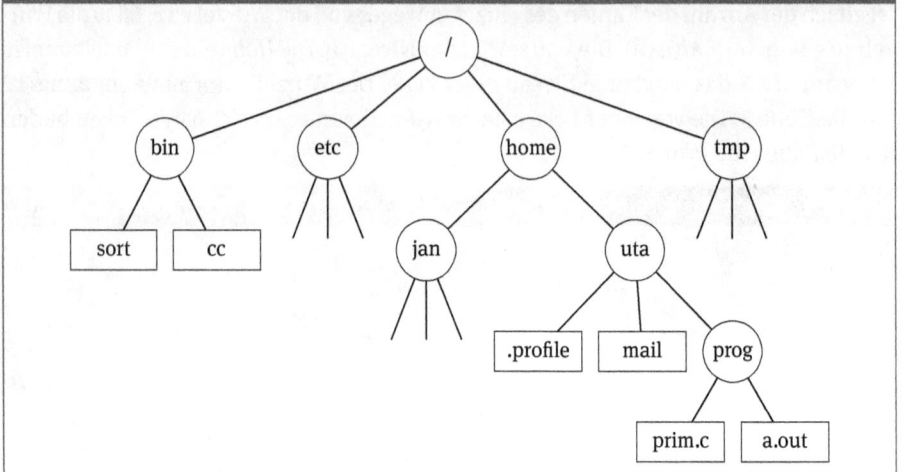

Abb. 3.3: Verzeichnisstruktur eines Dateisystems

3.2.2 Ableitungsbäume

Die Übersetzung von höheren Programmiersprachen in maschinenorientierte Sprachen erfolgt durch einen Compiler. Dabei wird ein Quellprogramm in ein semantisch äquivalentes Zielprogramm übersetzt. Ein wichtiger Bestandteil eines Compilers ist ein Parser, dessen Hauptaufgabe es ist, zu untersuchen, ob das Quellprogramm syntaktisch korrekt ist. Dies ist der Fall, wenn es der zugrundeliegenden Grammatik der Programmiersprache entspricht. Für den Parser besteht das Quellprogramm aus einer Folge von Symbolen anhand derer er die Syntax überprüft. Die Symbole werden zu grammatikalischen Sätzen zusammengefasst, die der Compiler in den weiteren Phasen der Übersetzung weiterverarbeitet. Diese Sätze werden durch so genannte *Ableitungsbäume* dargestellt. Dies sind Wurzelbäume, wobei die Ecken mit den Symbolen markiert sind. Die Kanten reflektieren den syntaktischen Aufbau des Programms.

Man unterscheidet zwischen Nichtterminalsymbolen (das sind Zeichen, die grammatikalische Konstrukte repräsentieren) und Terminalsymbolen, den elementaren Wörtern der Sprache. Im Ableitungsbaum entsprechen die Terminalsymbole gerade den Blättern. Die Wurzel des Ableitungsbaumes ist mit dem so genannten Startsymbol markiert. Abbildung 3.4 zeigt den Ableitungsbaum der Wertzuweisung $y := x + 200 * z$, wie sie in einem Programm vorkommen kann.

Ableitungsbäume sind Beispiele für *geordnete Bäume*. Bei einem geordneten Baum stehen die Nachfolger jeder Ecke in einer festen Reihenfolge. Häufig werden die Nachfolger von links nach rechts gelesen. Bei Ableitungsbäumen ergeben die Markierungen der Blätter von links nach rechts gelesen den Programmtext. In Abbildung 3.4 ergibt sich: $x + 200 * z$. Ableitungsbäume bilden die Grundlage für die semantische Analyse, die z. B. überprüft, ob bei der Wertzuweisung der Typ der Variablen auf der linken Seite mit dem Typ des Ausdruckes auf der rechten Seite übereinstimmt.

Abb. 3.4: Der Ableitungsbaum für $y := x + 200 * z$

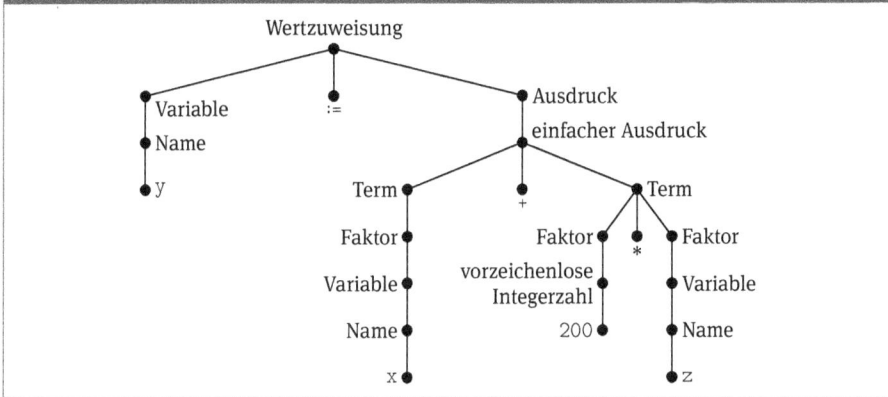

3.2.3 Suchbäume

Während der Analyse eines Quellprogramms muss ein Compiler die verwendeten Bezeichner zusammen mit der zugehörigen Information abspeichern. Zum Beispiel wird für jede Variable der Typ abgespeichert. Diese Information wird in der so genannten *Symboltabelle* verwaltet, die als Suchbaum implementiert werden kann. Im weiteren Verlauf der Analyse wird dann immer wieder auf diese Symboltabelle zugegriffen: Es wird nach Einträgen gesucht und es werden neue Einträge hinzugefügt. Neben Löschen von Einträgen sind dies die Operationen, welche Suchbäume zur Verfügung stellen. Allgemein eignen sich Suchbäume für die Verwaltung von Informationen, die nach einem vorgegebenen Kriterium linear geordnet sind. Bei einer Symboltabelle ist die Ordnung durch die alphabetische Ordnung der Namen (*lexikographische Ordnung*) bestimmt. Zu den einzelnen Objekten werden noch zusätzliche Informationen gespeichert (im obigen Beispiel die Typen der Variablen etc.); deshalb nennt man den Teil der Information, auf dem die Ordnung definiert ist, den *Schlüssel* des Objektes.

Abb. 3.5: Ein binärer Suchbaum

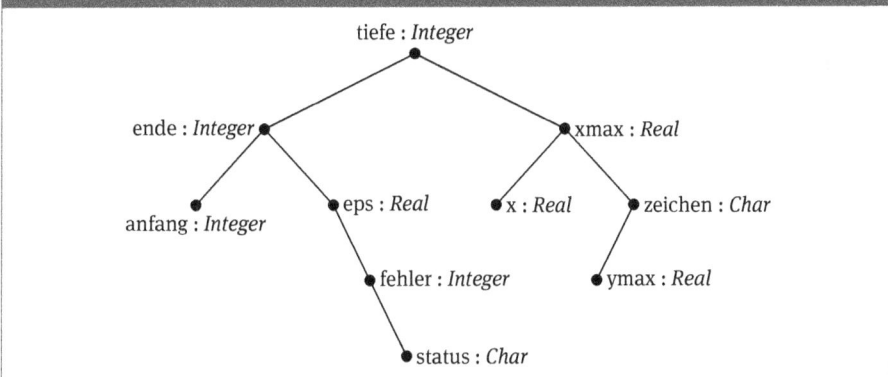

Symboltabellen werden häufig durch eine spezielle Form von geordneten Bäumen realisiert, den so genannten *Binärbäumen*. Ein Binärbaum ist ein geordneter Wurzelbaum, bei dem jede Ecke höchstens zwei Nachfolger hat. Die Ordnung der Nachfolger einer Ecke wird dadurch gekennzeichnet, dass man von einem linken und einem rechten Nachfolger spricht. Ein *binärer Suchbaum* ist ein Binärbaum, bei dem die Ecken mit den Elementen einer geordneten Menge markiert sind und bei dem die folgende *Suchbaumbedingung* erfüllt ist: Für jede Ecke e sind die Schlüssel der Markierungen der Ecken des linken Teilbaumes von e kleiner als der Schlüssel der Markierung von e, und die Schlüssel der Markierungen der Ecken des rechten Teilbaumes von e sind größer als der Schlüssel von e. Diese Bedingung muss für alle Ecken einschließlich der Wurzel des Baumes gelten. Dies setzt voraus, dass die Schlüssel der Markierungen eine lineare Ordnung tragen und dass die Schlüssel aller Objekte verschieden sind.

Abbildung 3.5 zeigt einen binären Suchbaum zur Verwaltung von Typen von Variablen während der Übersetzung eines Programms durch einen Compiler. Die Markierungen bestehen aus den Namen von Variablen und den dazugehörenden Typen. Hierbei bilden die Namen die Schlüssel, und die Ordnung ist wieder die lexikographische Ordnung. Da der Schlüssel der Wurzel *tiefe* ist, sind die Schlüssel der Ecken im linken Teilbaum lexikographisch kleiner und die im rechten Teilbaum größer als *tiefe*.

Wie unterstützen binäre Suchbäume Abfragen nach dem Vorhandensein eines Objekts mit einem bestimmten Schlüssel s? Man vergleicht zuerst s mit dem Schlüssel w der Wurzel. Falls $s = w$, so ist man fertig, und das gesuchte Objekt ist in der Wurzel gespeichert. Andernfalls ist $s < w$ oder $s > w$. Die Suchbaumbedingung besagt nun, dass das Objekt, falls es vorhanden ist, im ersten Fall im linken Teilbaum der Wurzel und im zweiten Fall im rechten Teilbaum gespeichert ist. Die Suche beschränkt sich also auf einen der zwei Teilbäume und wird genauso fortgesetzt. Falls die Suche bei einer Ecke angelangt ist, die keine Nachfolger hat, so ist das Objekt nicht im Suchbaum vorhanden. Die Suche in binären Suchbäumen ist also ein rekursiver Vorgang: Das Ergebnis des Vergleichs der Schlüssel von Wurzel und Objekt entscheidet, welcher Teilbaum weiter untersucht wird. Dort erfolgt wieder der Schlüsselvergleich mit der Wurzel. Die Suche endet, falls das Objekt gefunden wurde oder falls man erfolglos bei einem Blatt angelangt ist.

Bevor auf eine konkrete Realisierung des Suchvorgangs eingegangen wird, soll zuerst eine effiziente Darstellung von binären Suchbäumen vorgestellt werden. Diese Darstellung basiert auf Zeigern:

```
type SuchbaumEcke = Struktur
    schlüssel : SchlüsselTyp;
    daten     : DatenTyp;
    links     : Zeiger SuchbaumEcke;
    rechts    : Zeiger SuchbaumEcke;
```

Der Typ SuchbaumEcke beschreibt die Information, die zu einer Ecke gehört: Schlüssel, Daten und die beiden Nachfolger. Die Typen *SchlüsselTyp* und *DatenTyp* werden in Abhängigkeit der Anwendung vereinbart. Der Typ, der den binären Suchbaum beschreibt, besteht nur noch aus einem Zeiger auf die Wurzel:

```
type Suchbaum = Zeiger SuchbaumEcke;
```

Das Suchverfahren lässt sich nun leicht durch die in Abbildung 3.6 dargestellte rekursive Funktion suchen realisieren. Der Rückgabewert von suchen ist **true**, falls der gesuchte Schlüssel s im Suchbaum vorkommt, und in diesem Fall enthält d die Daten des entsprechenden Objektes.

Abb. 3.6: Die Funktion suchen

```
function suchen(s : SchlüsselTyp, b : Suchbaum, var d : DatenTyp) : Boolean
    if b = null then
        return false;
    else if s = b→schlüssel then
        d := b→daten;
        return true;
    else if s < b→schlüssel then
        return suchen(s, b→links, d);
    else
        return suchen(s, b→rechts, d);
```

Wie aufwendig ist die Suche in Binärbäumen? Im ungünstigsten Fall muss von der Wurzel bis zu einem Blatt gesucht werden. Das heißt, ist h die Höhe des Suchbaums, so sind $O(h)$ Vergleiche durchzuführen. Ein Binärbaum der Höhe h enthält höchstens $2^{h+1} - 1$ Ecken. Somit ist die Höhe eines Binärbaumes mit n Ecken mindestens:

$$\log_2(n + 1) - 1$$

Man beachte aber, dass die Höhe eines Binärbaumes mit n Ecken im ungünstigsten Fall gleich $n - 1$ sein kann. Abbildung 3.7 zeigt einen Binärbaum mit denselben zehn Objekten wie der Binärbaum aus Abbildung 3.5. Im ersten Fall hat der Baum die Höhe 4 und im zweiten Fall 9. In zweiten Fall entartet der Suchbaum zu einer linearen Liste, und beim Suchen sind $O(n)$ Vergleiche notwendig. Der Aufwand der Funktion suchen hängt also wesentlich von der Höhe des Suchbaumes ab.

Wie werden Suchbäume aufgebaut, und wie werden neue Objekte in einen Suchbaum eingefügt? Das Einfügen eines Objektes mit Schlüssel s erfolgt analog zur Funktion suchen. Ist der Suchbaum noch leer, so wird die Wurzel erzeugt, und in diese werden die Daten eingetragen. Andernfalls wird nach einem Objekt mit dem Schlüssel s gesucht. Findet man ein solches Objekt, so kann das neue Objekt nicht eingefügt werden, da alle Objekte im Suchbaum verschiedene Schlüssel haben müssen. Ist die Suche erfolglos, so endet sie bei einer Ecke. Entweder ist diese Ecke ein Blatt oder sie hat nur einen Nachfolger. Entsprechend dem Schlüssel dieser Ecke wird ein linker bzw. rechter Nachfolger erzeugt, und in diesen wird das Objekt eingetragen. Das Löschen von Objekten in Suchbäumen ist in Aufgabe 10 beschrieben.

Abb. 3.7: Ein entarteter binärer Suchbaum

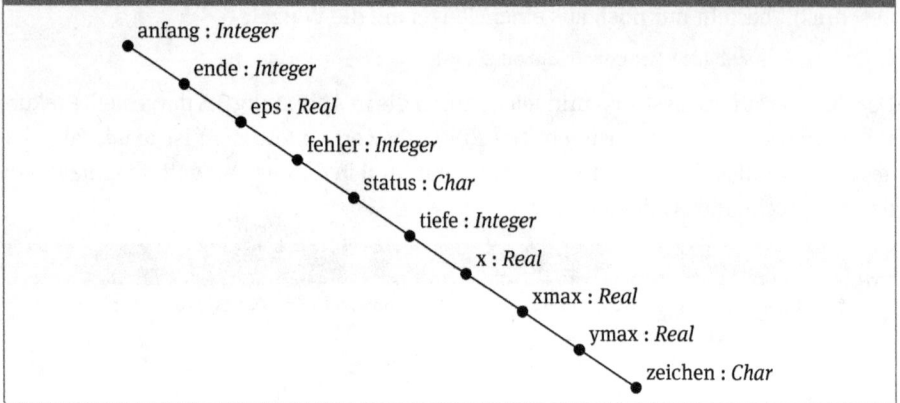

anfang : *Integer*

ende : *Integer*

eps : *Real*

fehler : *Integer*

status : *Char*

tiefe : *Integer*

x : *Real*

xmax : *Real*

ymax : *Real*

zeichen : *Char*

Die Algorithmen für Suchen, Einfügen und Löschen von Objekten benötigen im Mittel $O(\log_2 n)$ Schritte, wobei n die Anzahl der Einträge im Suchbaum ist. Die worst case Komplexität ist $O(h)$, wobei h die Höhe des Suchbaumes ist. Bei entarteten Suchbäumen kann dies $O(n)$ sein. Da dies für praktische Anwendungen nicht akzeptabel ist, sind so genannte *höhenbalancierte Suchbäume* vorzuziehen. Sie garantieren bei gleichem Speicherplatzbedarf eine Such-, Einfüge- und Löschzeit von $O(\log_2 n)$. Zu den am längsten bekannten höhenbalancierten Suchbäume gehören *AVL-Bäume*, benannt nach den sowjetischen Mathematikern G. Adelson-Velsky and E. Landis. In einem AVL-Baum unterscheiden sich die Höhen der Teilbäume beider Nachfolger jeder Ecke um höchstens 1. Wird bei einer Operation diese Beschränkung des Höhenunterschieds verletzt, so werden Rebalancierungsoperationen durchgeführt.

3.2.4 Datenkompression

Ziel der Datenkompression ist eine Reduzierung einer Datenmenge unter Beibehaltung des Informationsinhaltes, um Speicherplatz und Übertragungszeit zu verringern. Die ursprünglichen Daten müssen sich wieder eindeutig aus den komprimierten Daten rekonstruieren lassen. Typische Beispiele für Daten, die komprimiert werden, sind Texte und Binärdateien wie übersetzte Programme oder digitalisierte Bilder. Binärbäume bieten eine einfache Möglichkeit, Datenkompression durchzuführen. Hierbei werden die einzelnen Zeichen der Originaldaten (z. B. Buchstaben in einem Text) nicht durch Codes konstanter Länge dargestellt (wie dies z. B. beim ASCII-Code geschieht), sondern die Längen der Codes hängen von der Häufigkeit der jeweiligen Zeichen ab. Es wird die Tatsache ausgenutzt, dass in vielen Fällen nicht alle Zeichen mit der gleichen Wahrscheinlichkeit vorkommen, sondern manche Zeichen nur selten und manche Zeichen sehr häufig. Häufig vorkommende Zeichen bekommen dabei einen kürzeren Code zugeordnet.

Im Folgenden gehen wir davon aus, dass die komprimierten Daten in binärer Form dargestellt werden, d. h. als Folge der Zeichen 0 und 1. Das Verfahren basiert auf der Annahme, dass die einzelnen Zeichen mit bekannten Häufigkeiten vorkommen. Die naheliegende Vorgehensweise, die Zeichen nach ihrer Häufigkeit zu sortieren und dann dem ersten Zeichen die 0 zuzuordnen, dem zweiten die 1, dem dritten die 00 etc., stößt auf das Problem, dass die ursprünglichen Daten sich nicht eindeutig rekonstruieren lassen. Es lässt sich nicht entscheiden, ob 00 zweimal das Zeichen repräsentiert, welches durch die 0 dargestellt ist, oder nur ein Zeichen, nämlich das mit der dritthöchsten Wahrscheinlichkeit. Dieses Problem wird durch so genannte *Präfix-Codes* gelöst. Bei Präfix-Codes unterscheidet sich die Darstellung von je zwei verschiedenen Zeichen schon im Präfix: Die Darstellung eines Zeichens ist niemals der Anfang der Darstellung eines anderen Zeichens. Die oben beschriebene Situation kann also bei Präfix-Codes nicht vorkommen, da 0 und 00 nicht gleichzeitig als Codewörter verwendet werden; bei Präfix-Codes kann also nicht jede Folge der Zeichen 0 und 1 als Codewort verwendet werden.

Präfix-Codes lassen sich durch Binärbäume darstellen. Hierbei entsprechen die dargestellten Wörter den Blättern des Baumes; die Codierung ergibt sich aus dem eindeutigen Weg von der Wurzel zu dem entsprechenden Blatt. Eine Kante zu einem linken Nachfolger entspricht einer 0 und eine Kante zu einem rechten Nachfolger einer 1. Jeder Code, der auf diese Art aus einem Binärbaum entsteht, ist ein Präfix-Code. Abbildung 3.8 zeigt einen solchen Binärbaum für den Fall, dass die zu komprimierenden Daten aus den fünf Zeichen a, b, c, d und e bestehen.

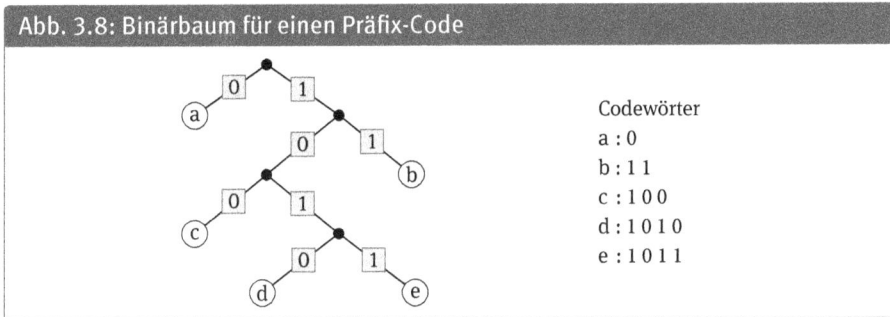

Abb. 3.8: Binärbaum für einen Präfix-Code

Codewörter
a : 0
b : 1 1
c : 1 0 0
d : 1 0 1 0
e : 1 0 1 1

Der Text *bade* wird als 11010101011 dargestellt, und umgekehrt entspricht dem codierten Text 1001011110 der Text *ceba*. Abbildung 3.9 zeigt einen weiteren Präfix-Code für die Zeichen a, b, c, d und e.

Die maximale Länge eines Codewortes ist im ersten Fall 4 und im zweiten Fall 3. Welcher der beiden Codes erzielt eine höhere Kompression? Die maximale Länge eines Codewortes gibt darüber noch keine Auskunft.

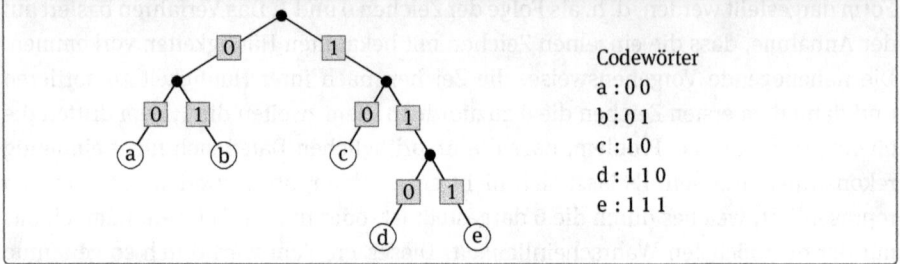

Abb. 3.9: Binärbaum für einen Präfix-Code

Vorgegeben seien die folgenden Häufigkeiten der einzelnen Buchstaben.

Zeichen	Häufigkeit
a	51%
b	20%
c	8%
d	15%
e	6%

Ein Maß für die Güte einer Codierung ist die *mittlere Codewortlänge l* der Codierung. Es gilt:

$$l = \sum_{i=1}^{n} p_i l_i.$$

Hierbei ist l_i die Länge des i-ten Codewortes und p_i die entsprechende Häufigkeit. Für die angegebene Codierung ergibt sich im ersten Fall eine mittlere Codewortlänge von 1,99 und im zweiten Fall von 2,21. Somit ist bei dieser Häufigkeitsverteilung die erste Codierung der zweiten vorzuziehen. Die Frage ist, ob es für diese Häufigkeitsverteilung eine Codierung mit einer noch kleineren mittleren Codewortlänge gibt.

Ein Algorithmus, der zu einer gegebenen Häufigkeitsverteilung einen Präfix-Code mit minimaler mittlerer Codewortlänge konstruiert, stammt von D. A. Huffman. Dieser wird im Folgenden beschrieben: Es wird dabei ein Binärbaum konstruiert, aus dem sich dann der Präfix-Code ergibt. Hierbei wird zuerst ein Wald erzeugt und dieser wird dann sukzessive in einen Binärbaum umgewandelt. Im ersten Schritt erzeugt man für jedes Zeichen einen Wurzelbaum mit nur einer Ecke, die mit dem Zeichen und der entsprechenden Häufigkeit markiert ist. Der so entstandene Wald heißt W. In jedem weiteren Schritt werden nun zwei Bäume aus W zu einem einzigen vereinigt, bis W aus nur einem Baum besteht. Dabei sucht man die beiden Bäume B_i und B_j aus W, deren Wurzeln die kleinsten Markierungen haben. Ist dies auf mehrere Arten möglich, so hat die Auswahl der beiden Bäume keinen Einfluss auf die erzielte mittlere Wortlänge der Codierung. Diese Bäume werden zu einem Baum verschmolzen. Die Wurzel dieses Baumes wird mit der Summe der Markierungen der Wurzeln von B_i und B_j markiert. Die Nachfolger der Wurzel sind die Wurzeln von B_i und B_j. Auf diese Weise entsteht der gesuchte Binärbaum.

Abbildung 3.10 zeigt die Entstehung des Binärbaumes für die im obigen Beispiel angegebenen Häufigkeiten und die erzeugte Codierung. Es ergibt sich eine mittlere Codewortlänge von 1,92, d. h., die erzielte Codierung ist besser als die ersten beiden.

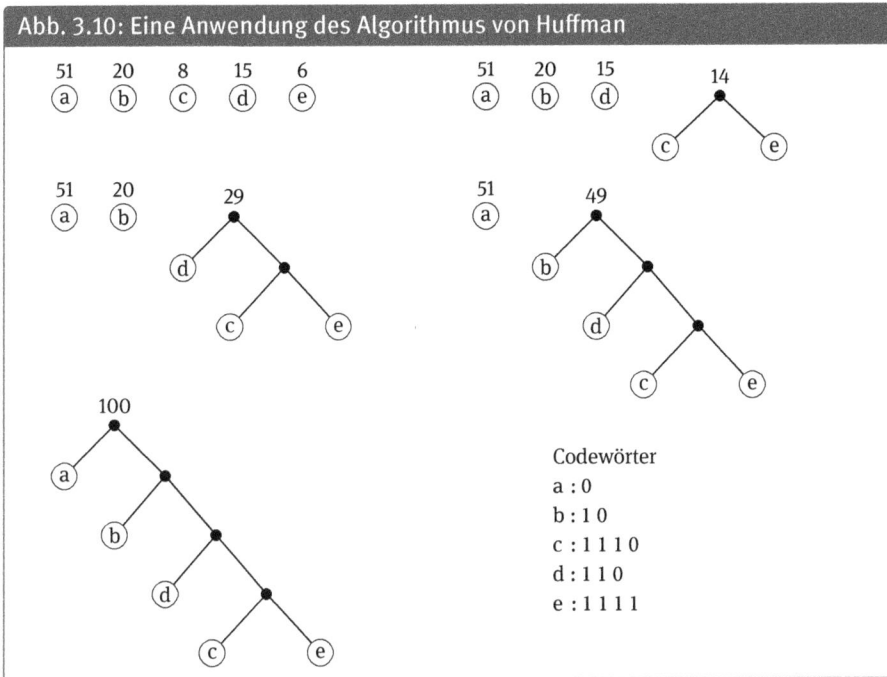

Abb. 3.10: Eine Anwendung des Algorithmus von Huffman

Der durch den Huffman-Algorithmus erzeugte Binärbaum ist nicht eindeutig, denn es kann passieren, dass die Wurzeln von mehreren Bäumen die gleiche Gewichtung haben. In diesem Falle haben die entstehenden Codes die gleiche mittlere Codewortlänge. Diese ist auch unabhängig davon, welcher der zwei Bäume mit minimalem Gewicht zum linken bzw. rechten Teilbaum des neuen Baumes gemacht wird. Im Folgenden wird die Optimalität des Huffman-Algorithmus bewiesen.

Satz. *Der Huffman-Algorithmus bestimmt für gegebene Häufigkeiten von Zeichen einen Präfix-Code mit minimaler Wortlänge.*

Beweis. Es seien $p_1, \ldots, p_n$ die Häufigkeiten der Zeichen in aufsteigender Reihenfolge. Im Folgenden werden die Ecken mit ihren Häufigkeiten identifiziert. Zunächst wird gezeigt, dass es einen Präfix-Code minimaler Wortlänge gibt, in dessen Binärbaum es auf dem vorletzten Niveau eine Ecke gibt, deren Nachfolger p_1 und p_2 sind. Dazu betrachte man eine beliebige Ecke e auf dem vorletzten Niveau. Es seien e_1 und e_2 mit $e_1 \leq e_2$ die Nachfolger von e. Falls $e_1 = p_1$ und $e_2 = p_2$ so ist die Aussage erfüllt. Ist $e_2 > p_2$, so folgt aus der Minimalität des Codes $l_{p_2} \geq l_{e_2}$. Da e_2 auf dem untersten Niveau liegt, gilt $l_{e_2} \geq l_{p_2}$. Somit ist $l_{e_2} = l_{p_2}$ und analog $l_{e_1} = l_{p_1}$. Vertauscht man nun p_2 und e_2 bzw. p_1 und e_1 im Binärbaum, so erhält man den gewünschten Präfix-Code.

Die Aussage des Satzes wird durch vollständige Induktion nach n bewiesen. Für $n = 1, 2$ ist die Optimalität offensichtlich gegeben. Es sei $n > 2$ und B ein optimaler Binärbaum für $p_1, \ldots, p_n$, in dem p_1 und p_2 Brüder sind. Man entferne die zu p_1 und p_2 gehörenden Blätter und markiere das neu entstandene Blatt mit $p_1 + p_2$. Es sei B' der neue Baum. Dies ist ein Binärbaum für die Häufigkeiten $p_1 + p_2, p_3, \ldots, p_n$. Für die mittlere Wortlängen l_B von B und $l_{B'}$ von B' gilt $l_B = l_{B'} + p_1 + p_2$. Sei B_1' ein vom Huffman-Algorithmus erstellter Binärbaum für die Häufigkeiten $p_1 + p_2, p_3, \ldots, p_n$. Dann ist B_1' nach Induktionsvoraussetzung optimal. Es sei B_1 der Baum, welcher aus B_1' hervorgeht, in dem die Ecke $p_1 + p_2$ zwei Nachfolger mit den Häufigkeiten p_1 und p_2 bekommt. B_1 ist gerade der vom Huffman-Algorithmus erstellte Baum für die Häufigkeiten $p_1, \ldots, p_n$. Nun gilt $l_{B_1} = l_{B_1'} + p_1 + p_2$. Nun kann aber l_{B_1} nicht echt größer als l_B sein, denn dies würde $l_{B_1'} > l_{B_1}$ implizieren, was wegen der Optimalität von B_1' nicht gilt. Somit ist $l_{B_1} = l_B$, d. h. B_1 ist optimal. ∎

Der Aufwand des Huffman-Algorithmus bei einer Eingabe von n Zeichen ist $O(n \log n)$. Der erzeugte Baum hat insgesamt n Blätter, also hat der Baum insgesamt $2n - 1$ Ecken (vergleichen Sie Aufgabe 5); somit sind n Schritte notwendig. Das anfängliche Sortieren der n Bäume hat den Aufwand $O(n \log n)$. Durch eine geschickte Verwaltung der Bäume des Waldes W erreicht man, dass der Gesamtaufwand $O(n \log n)$ ist. Eine dafür geeignete Datenstruktur wird im nächsten Abschnitt vorgestellt.

Die Huffman-Kodierung kommt bei dem weitverbreiteten Verfahren mp3 zur verlustbehafteten Kompression digital gespeicherter Audiodaten zur Anwendung. Einen höheren Komprimierungsgrad als der Huffman-Algorithmus erzielen Verfahren, die nicht einzelne Zeichen, sondern Paare, Tripel oder größere Gruppen von Quellzeichen zusammen codieren.

3.3 Datenstrukturen für Bäume

Die in Abschnitt 2.4 vorgestellten Datenstrukturen für Graphen können natürlich auch für Bäume verwendet werden. Die Eigenschaft, dass es keine geschlossenen Wege gibt, führt aber zu effizienteren Datenstrukturen. Eine Datenstruktur für Binärbäume wurde schon im letzten Abschnitt vorgestellt.

3.3.1 Darstellung mit Feldern

In einem Wurzelbaum hat jede Ecke außer der Wurzel genau einen Vorgänger, d. h., durch die Vorgänger ist der Baum eindeutig bestimmt. Das führt zur folgenden einfachen Datenstruktur:

```
type Vorgänger = Array[1..n] von Ecke;
```

Für einen Wurzelbaum, der durch eine Variable vorgänger vom Typ Vorgänger dargestellt ist, bezeichnet vorgänger[i] den Vorgänger der Ecke e_i. Eine Ecke e_i mit vorgänger[i] = ⊥ bildet die Wurzel. Abbildung 3.11 zeigt einen Wurzelbaum und die Darstellung mit Hilfe eines Feldes.

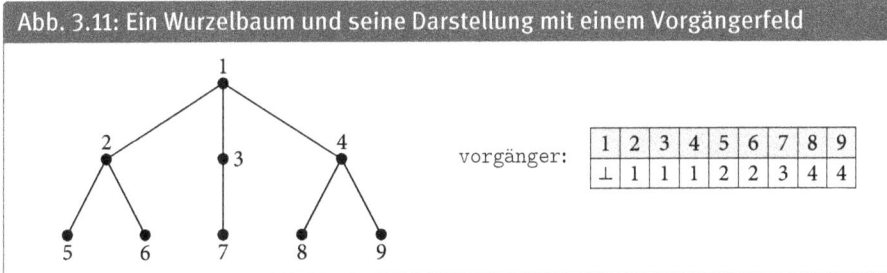

Abb. 3.11: Ein Wurzelbaum und seine Darstellung mit einem Vorgängerfeld

1	2	3	4	5	6	7	8	9
⊥	1	1	1	2	2	3	4	4

Tragen die Ecken des Wurzelbaumes noch Markierungen, so werden diese in einem getrennten Feld abgespeichert. Der größte Vorteil dieser Datenstruktur ist die Unterstützung der Abfrage nach dem Vorgänger einer Ecke. Dadurch findet man auch sehr effizient den Weg von einer Ecke zu der Wurzel des Baumes. Man muss nur die entsprechenden Indizes in dem Array verfolgen, bis man bei ⊥ ankommt; das Auffinden der Nachfolger einer Ecke wird nur schlecht unterstützt. Dazu ist es notwendig, das ganze Feld zu durchsuchen. Ferner kann man mit dieser Datenstruktur keine Ordnungsbäume abspeichern, da die Ordnung der Nachfolger einer Ecke durch das Feld nicht bestimmt ist. Dies kann man nur dadurch erzwingen, dass die Reihenfolge durch die Nummerierung implizit gegeben ist. Für Ordnungsbäume sind Datenstrukturen, die auf der Adjazenzliste aufbauen, günstiger.

3.3.2 Darstellung mit Adjazenzlisten

Die in Kapitel 2 diskutierte Adjazenzliste eignet sich gut für Wurzelbäume. Die Reihenfolge der Nachfolger wird durch die Reihenfolge innerhalb der Nachbarliste berücksichtigt. Somit können auch Ordnungsbäume dargestellt werden. Sollen spezielle Operationen, wie sie z. B. in dem Algorithmus von Huffman vorkommen, unterstützt werden, sind allerdings noch einige Änderungen notwendig. Der Huffman-Algorithmus geht von einem Wald aus, und in jedem Schritt werden zwei Bäume verschmolzen bis nur noch ein Baum übrig bleibt. Die im Folgenden diskutierte Datenstruktur unterstützt diese Operation sehr effizient. Abbildung 3.12 zeigt eine Listenrepräsentation für Bäume.

Jede Ecke wird durch eine Struktur BaumEcke mit vier Komponenten dargestellt: eine Komponente für die Bewertung der Ecke, zwei Komponenten für die Indizes des linken und des rechten Nachfolgers und eine Komponente für den Index des Vorgängers. Existiert eine dieser drei Ecken nicht, so wird dies durch die Zahl 0 gekennzeich-

Abb. 3.12: Listenrepräsentation für Bäume

```
type BaumEcke = Struktur
    bewertung : BewertungsTyp;
    links : Integer;
    rechts : Integer;
    vorgänger : Integer;

type Wald = Struktur
    ecken : Array[1..2n-1] von BaumEcke;
    wurzeln : Array[1..2n-1] von Integer;
    frei : Integer;
```

net. Der Typ Wald ist eine Struktur bestehend aus drei Komponenten: einem Feld vom Typ BaumEcke für die Ecken, einem Feld für die Wurzeln der Bäume des Waldes und einer Komponente für den ersten freien Eintrag in ecken. Abbildung 3.13 zeigt einen Wald, wie er im Huffman-Algorithmus vorkommt. Die Nummerierung der Ecken gibt ihren Index in dem Feld ecken an. In diesem Fall besteht die Bewertung aus dem Codezeichen und der Häufigkeit.

Abb. 3.13: Datenstruktur für den Algorithmus von Huffman

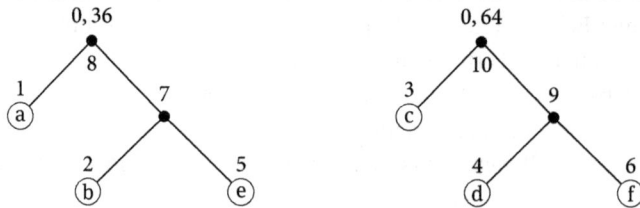

		ecken				wurzeln	frei
		bewertung	links	rechts	vorgänger		
1	a	0,16	0	0	8	8	11
2	b	0,10	0	0	7	10	
3	c	0,22	0	0	10		
4	d	0,21	0	0	9		
5	e	0,10	0	0	7		
6	f	0,21	0	0	9		
7		0,20	2	5	8		
8		0,36	1	7	0		
9		0,42	4	6	10		
10		0,64	3	9	0		
11							

Das Verschmelzen zweier Bäume als Wald kann nun in konstanter Zeit erfolgen. Zuerst muss eine neue Ecke erzeugt werden, die neue Wurzel. Die Komponente `frei` referenziert den nächsten freien Platz in dem Feld `ecken`. An dieser Stelle erfolgt nun die Eintragung der neuen Wurzel. Nachfolger sind die alten Wurzeln; bei diesen muss noch der Vorgängereintrag geändert werden. Zuvor muss noch die Komponente `frei` inkrementiert werden. Die alten Wurzeln werden aus dem Feld `Wurzeln` entfernt, und die neue Wurzel wird eingetragen.

3.4 Sortieren mit Bäumen

Sortieren ist in der Datenverarbeitung eine häufig vorkommende Aufgabe. Es wurde dafür eine große Vielfalt von Algorithmen entwickelt. Je nach dem Grad der Ordnung in der Menge der zu sortierenden Objekte sind unterschiedliche Algorithmen effizienter. Folgende theoretische Aussage gibt eine untere Schranke für den Aufwand des Sortierens an: Um n Objekte zu sortieren, benötigt ein Algorithmus, der seine Information über die Anordnung der Objekte nur aus Vergleichsoperationen bezieht, im allgemeinen Fall mindestens $\Omega(n \log_2 n)$ Vergleiche. Das bekannte Sortierverfahren *Bubblesort* hat sowohl eine worst case als auch eine average case Laufzeit von $O(n^2)$, d. h. weit weg vom Optimum. Ein Sortierverfahren, welches im schlechtesten Fall diese Schranke nicht überschreitet, ist *Heapsort*. Um eine Folge von Objekten zu sortieren, muss eine totale Ordnung auf der Menge der Objekte definiert sein. In den folgenden Beispielen werden natürliche Zahlen sortiert.

Heapsort verwendet eine spezielle Form von Suchbäumen. Ein *Heap* ist ein binärer, geordneter, eckenbewerteter Wurzelbaum mit folgenden Eigenschaften:

(1) Die kleinste Bewertung jedes Teilbaumes befindet sich in dessen Wurzel.
(2) Ist h die Höhe des Heaps, so haben die Ecken der Niveaus 0 bis $h - 2$ alle den Eckengrad 2.
(3) Ist das letzte Niveau nicht voll besetzt, so sind die Ecken von links nach rechts fortschreitend lückenlos angeordnet.

Die erste Eigenschaft impliziert, dass die Wurzel des Baumes die kleinste aller Bewertungen trägt. Heapsort funktioniert so, dass zunächst ein Heap erzeugt wird, dessen Bewertung aus den zu sortierenden Objekten besteht. Nun wird das kleinste Element entfernt; dieses befindet sich in der Wurzel. Die verbleibenden Ecken werden wieder zu einem Heap gemacht, der natürlich eine Ecke weniger hat. Danach steht das zweitkleinste Element in der neuen Wurzel und kann entfernt werden etc. Dadurch werden die Bewertungen der Ecken in aufsteigender Reihenfolge sortiert.

Ein Heap mit n Ecken lässt sich kompakt in einem Feld `H[1..n]` abspeichern. Die Bewertungen der Ecken des i-ten Niveaus stehen in der entsprechenden Reihenfolge in den Komponenten 2^i bis $2^{i+1} - 1$, wobei die Bewertungen des letzten Niveaus h in den

Komponenten 2^h bis n stehen. Aus den Bedingungen (1) bis (3) folgt: $H[i] \leq H[2i]$ und $H[i] \leq H[2i+1]$ für alle i mit der Eigenschaft $2i \leq n$ bzw. $2i+1 \leq n$. Hat man umgekehrt ein Feld $H[1..n]$ mit dieser Eigenschaft gegeben, so entspricht dies genau einem Heap: Die Wurzel steht in $H[1]$ und die Nachfolger von Ecke i stehen in $H[2i]$ bzw. $H[2i+1]$, sofern $2i \leq n$ bzw. $2i+1 \leq n$ gilt. Abbildung 3.14 zeigt einen Heap und die entsprechende Darstellung in einem Feld.

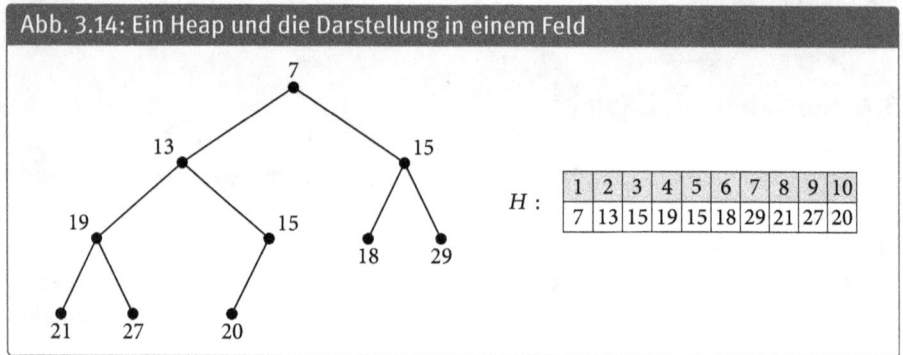

Abb. 3.14: Ein Heap und die Darstellung in einem Feld

$H:$

1	2	3	4	5	6	7	8	9	10
7	13	15	19	15	18	29	21	27	20

Die Realisierung des oben beschriebenen Sortieralgorithmus erfordert zwei Operationen: eine zur Erzeugung eines Heaps und eine zur Korrektur eines Heaps, nachdem das kleinste Element entfernt worden ist. Für die zweite Operation werden die Komponenten $H[1]$ und $H[n]$ vertauscht. Danach steht das kleinste Element in $H[n]$, und der neue Heap entsteht in den ersten $n-1$ Komponenten. Da H vorher die Heapeigenschaften erfüllte, verletzt lediglich $H[1]$ die Bedingung (1). Um die Heapeigenschaften wieder herzustellen, wird nun $H[1]$ mit $H[2]$ und $H[3]$ verglichen und gegebenenfalls mit dem kleineren der beiden vertauscht. Falls eine Vertauschung notwendig war, wird genauso mit dieser Komponente verfahren; d. h., im Allgemeinen wird $H[i]$ mit $H[2i]$ und $H[2i+1]$ verglichen, bis man bei einem Blatt angelangt ist oder keine Vertauschung mehr notwendig ist. Danach ist die Heapeigenschaft wieder hergestellt. Abbildung 3.15 zeigt eine Prozedur absinken, welche diese Korrektur durchführt.

Die Prozedur ist etwas allgemeiner gehalten, da sie auch zur Erzeugung eines Heaps benötigt wird: Es wird vorausgesetzt, dass der Heap im Feld H zwischen den Komponenten anfang und ende abgespeichert ist, d. h., es sind ende − anfang + 1 Elemente im Heap. Wird die Prozedur dazu verwendet, die Heapeigenschaft wiederherzustellen, so ist anfang immer gleich 1, da in diesem Fall immer nur das erste Element die Heapeigenschaft verletzen kann. Für den Heap wird folgende Datenstruktur verwendet:

```
type Heap : Array[1..n] von InhaltsTyp;
```

Der Eintrag, welcher die Heapeigenschaft eventuell verletzt (d. h. H[anfang]), wird in einer Hilfsvariablen inhalt abgespeichert. An den Datentyp *InhaltsTyp* wird nur die Anforderung gestellt, dass die Werte sich vergleichen lassen (z. B. alle nummerischen Datentypen). In der **while**-Schleife wird zuerst festgestellt, ob der Eintrag H[r]

Abb. 3.15: Die Prozedur absinken

```
procedure absinken(var H : Heap, anfang : Integer, ende : Integer)
    var r, s : Integer;
    var inhalt : InhaltsTyp;

    r := anfang;
    inhalt := H[anfang];
    while 2 * r ≤ ende do
        s := 2 * r;
        if s < ende and H[s] > H[s+1] then
            s := s+1;
        if inhalt > H[s] then
            H[r] := H[s];
            r := s;
        else
            break;
    H[r] := inhalt;
```

zwei Nachfolger hat und wenn ja, welcher der kleinere der beiden ist; dieser steht dann in H[s]. Ist nun inhalt größer als H[s], so wird H[s] in H[r] abgespeichert, und H[s] wird betrachtet. Eine explizite Vertauschung der Einträge ist dabei nicht notwendig, da der ursprüngliche Wert von H[anfang] immer beteiligt ist. Am Ende wird inhalt an der korrekten Position abgelegt. Die **while**-Schleife kann an zwei Stellen verlassen werden: zum einen, wenn ein Blatt im Heap erreicht wurde und zum anderen, wenn mitten im Heap die Heapeigenschaft erfüllt ist. Der letzte Fall wird mit Hilfe der **break**-Anweisung durchgeführt.

Bei der Heaperzeugung wird der Heap sukzessive von rechts nach links aufgebaut. Da bei einem Heap keine Bedingungen an die Blätter gestellt werden, erfüllt die zweite Hälfte der Komponenten von H trivialerweise die Heapeigenschaften. In jedem Schritt wird nun eine weitere Komponente hinzugenommen, und dann wird mit der Prozedur absinken die Heapeigenschaft wiederhergestellt; d. h., die Prozedur absinken wird beim Aufbau des Heaps $n/2$-mal aufgerufen. Abbildung 3.16 zeigt die vollständige Prozedur heapsort.

Abb. 3.16: Die Prozedur heapsort

```
procedure heapsort(var H : Heap, n : Integer)
    var i : Integer;

    for i := (n div 2) downto 1 do        (1)
        absinken(H, i, n);
    for i := n downto 2 do                (2)
        vertausche(H[1], H[i]);           (3)
        absinken(H, 1, i-1);              (4)
```

Der Heap wird mit der Laufschleife in Zeile (1) erzeugt. In Zeile (3) wird das kleinste Element mit dem letzten Element des aktuellen Heaps vertauscht, und in Zeile (4) wird die Heapeigenschaft wieder hergestellt.

Abbildung 3.17 zeigt die Veränderungen des Suchbaumes beim Aufruf der Prozedur `heapsort` am Beispiel der Zahlenfolge 17, 9, 3, 81, 25 und 11. Die Veränderungen erfolgen in den Zeilen (1), (3) und (4) und sind entsprechend markiert. Dargestellt sind dabei jeweils nur die noch nicht sortierten Elemente. Abbildung 3.18 zeigt, wie sich diese Veränderungen im Heap H niederschlagen. Die fettgedruckten Zahlen am Ende des Heaps sind dabei schon sortiert.

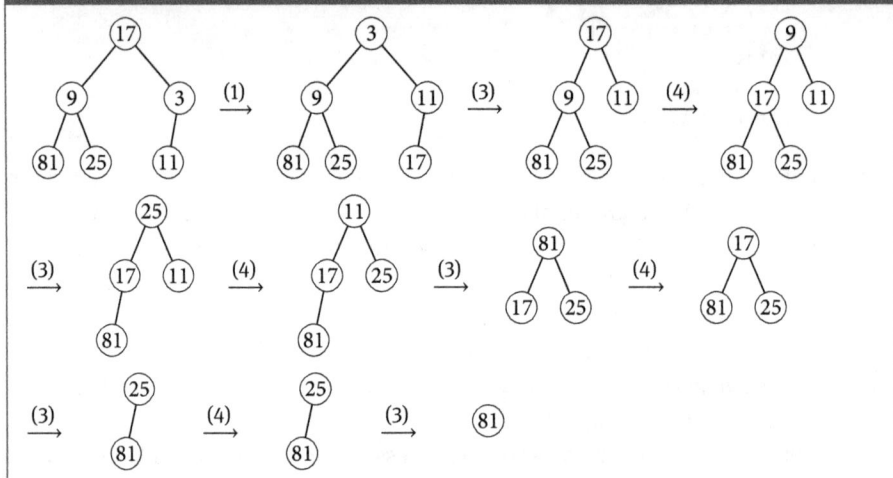

Abb. 3.17: Veränderung des Suchbaumes beim Aufruf von `heapsort`

Wie aufwendig ist `heapsort`? Dazu wird zuerst die Erzeugung des Heaps betrachtet, d. h. die Laufschleife in Zeile (1). Hierzu ist es notwendig, zuerst den Aufwand der Prozedur `absinken` zu bestimmen. Ein Durchlauf der **while**-Schleife hat den konstanten Aufwand $O(1)$. Bezeichne mit $A(i)$ die Anzahl der Durchläufe der **while**-Schleife beim Aufruf von `absinken(H, i, n)`. Dann ist $A(i)$ höchstens gleich der Anzahl der Niveaus, die das Objekt i absinken kann. Es sei h die Höhe des Heaps und s die Anzahl der Objekte in dem letzten Niveau. Die Gesamtzahl der Durchläufe beim Aufbau des Heaps ist höchstens

$$\sum_{i=1}^{n-s} A(i),$$

denn die s Ecken auf dem letzten Niveau sinken nicht ab.

In den Niveaus $0, \ldots, h-1$ sind zusammen $2^h - 1$ Objekte enthalten. Weiterhin gilt $0 \leq s \leq 2^h$. Das Objekt in der Wurzel kann maximal h Niveaus absinken, und die Objekte auf dem ersten Niveau können maximal $h-1$ Niveaus absinken. Allgemein gilt für $l = 0, 1, \ldots, h$, dass die Ecken im l-ten Niveau maximal $h-l$ Niveaus absinken können. Im l-ten Niveau befinden sich die 2^l Objekte $2^l + t$ für $t = 0, 1, \ldots, 2^l - 1$. Somit

Abb. 3.18: Die Änderung des Heaps H

	1	2	3	4	5	6
	17	9	3	81	25	11
(1)	3	9	11	81	25	17
(3)	17	9	11	81	25	**3**
(4)	9	17	11	81	25	**3**
(3)	25	17	11	81	**9**	**3**
(4)	11	17	25	81	**9**	**3**
(3)	81	17	25	**11**	**9**	**3**
(4)	17	81	25	**11**	**9**	**3**
(3)	25	81	**17**	**11**	**9**	**3**
(4)	25	81	**17**	**11**	**9**	**3**
(3)	81	**25**	**17**	**11**	**9**	**3**

ist $A(2^l + t) \le h - l$ für $l = 0, 1, \ldots, h$ und $t = 0, 1, \ldots, 2^l - 1$. Das heißt, alle Objekte auf dem l-ten Niveau zusammen können maximal $2^l(h - l)$ Niveaus absinken.

Daraus ergibt sich

$$\sum_{i=1}^{n-s} A(i) \le \sum_{l=0}^{h-1} 2^l(h - l) = \sum_{l=1}^{h} 2^{h-l} l = 2^h \sum_{l=1}^{h} \frac{l}{2^l} \le 2^h d \le nd.$$

Die Konstante d ist der Grenzwert der konvergenten Reihe

$$\sum_{l=1}^{\infty} \frac{l}{2^l}.$$

Der Aufwand zur Erzeugung des Heaps ist somit $O(n)$. Um den Aufwand von `heapsort` zu bestimmen, muss man noch die Laufschleife (2) betrachten, die $(n - 1)$-mal durchlaufen wird. Dabei erfolgt der Aufruf `absinken(H, 1, i-1)`. Aus dem Obigen ergibt sich, dass das erste Objekt maximal h Niveaus absinken kann. Da $h \le \log_2 n$ ist, hat jeder Durchlauf den Aufwand $O(\log_2 n)$. Insgesamt ergibt sich somit ein Aufwand von $O(n + n \log_2 n) = O(n \log_2 n)$.

Mit `heapsort` hat man einen Sortieralgorithmus, der die theoretische untere Schranke von $O(n \log n)$ Schritten im ungünstigsten Fall nicht überschreitet. Für praktische Zwecke sind unter Umständen Algorithmen vorzuziehen, die im schlechtesten Fall $O(n^2)$ Schritte benötigen, aber eine bessere mittlere Laufzeit haben. Interessant ist `heapsort` für den Fall, dass nur die kleinsten s Elemente sortiert werden sollen. In diesem Fall braucht man die Laufschleife in Zeile (2) nur s-mal zu durchlaufen. Es ergibt sich eine Laufzeit von $O(n + s \log n)$. Falls $s \le n/ \log n$ ist, so ist die Laufzeit des Algorithmus sogar linear.

3.5 Vorrang-Warteschlangen

Bei einer Rechenanlage, die im Mehrprogrammbetrieb arbeitet, wird die Reihenfolge des Zugangs zum Prozessor durch *Prioritäten* festgelegt. Eine hohe Priorität bedeutet hohe Dringlichkeit und eine niedrige Priorität niedrige Dringlichkeit. Aufträge mit hoher Priorität werden bevorzugt ausgeführt. Der *Scheduler* ist ein Teil des Betriebssystems, welcher den Zugang von Aufträgen zum Prozessor regelt. Die Vergabe von Prioritäten kann extern (d. h. vom Benutzer) oder intern (d. h. vom Betriebssystem) vorgenommen werden, dabei können folgende Parameter berücksichtigt werden:

– Größe der Speicheranforderung,
– Anzahl der offenen Files,
– Verhältnis Rechenzeit zu Ein-/Ausgabezeit.

Alle Aufträge befinden sich in einer Warteschlange, die nach Prioritäten geordnet ist. Der Auftrag in der Warteschlange mit der höchsten Priorität wird aus der Warteschlange entfernt und dem Prozessor zur Ausführung zugeführt. Viele Betriebssysteme entziehen nach einer gewissen vorgegebenen Zeitspanne dem Auftrag wieder den Prozessor (*pre-emptive scheduling*). Wurde der Auftrag in dieser Zeit nicht abgeschlossen, so wird eine neue Priorität für ihn bestimmt, und der Auftrag wird wieder in die Warteschlange eingefügt. Die neue Priorität richtet sich nach dem Verhalten des Auftrages während der vergangenen Zeitspanne und der alten Priorität. Um einen hohen Durchsatz von Aufträgen zu erzielen, ist es notwendig, dass der Verwaltungsaufwand gering gehalten wird. Dazu wird eine Datenstruktur für die Warteschlange benötigt, welche die verwendeten Operationen effizient unterstützt. Dies sind Auswählen und Entfernen des Auftrags mit höchster Priorität, Einfügen eines Auftrages mit gegebener Priorität, Ändern der Priorität eines Auftrages und Entfernen eines beliebigen Auftrages. Eine Datenstruktur mit diesen Operationen nennt man *Vorrang-Warteschlange*. Eine Realisierung von Vorrang-Warteschlangen basiert auf dem im letzten Abschnitt vorgestellten Suchbaum, dem Heap. Dazu wird folgende Datenstruktur vereinbart.

```
type VorrangWarteschlange = Struktur
    inhalt : Heap;
    ende : Integer;
```

Der durch den Heap vorgegebene Typ *InhaltsTyp* beschreibt die Daten der Elemente in der Warteschlange. Seine Struktur ist für das Folgende nicht von Bedeutung. Es wird lediglich vorausgesetzt, dass auf seinen Werten eine lineare Ordnung definiert ist. Im obigen Beispiel enthält *InhaltsTyp* neben auftragsspezifischen Informationen auch eine Komponente, nach der der Vorrang geregelt wird. Es ist dabei nicht relevant, ob die Einträge mit aufsteigender oder absteigender Priorität behandelt werden. Um die im letzten Abschnitt angegebenen Prozeduren verwenden zu können, wird im Folgenden von absteigenden Prioritäten ausgegangen. Eine Realisierung der Vorrang-Warteschlange für den Scheduler lässt sich daraus leicht ableiten.

Das Element mit der niedrigsten Priorität steht immer in der ersten Komponente des Heaps. Eine Funktion zum Entfernen des Elements mit der niedrigsten Priorität unter Beibehaltung der Heapeigenschaft ergibt sich direkt aus der im letzten Abschnitt angegebenen Prozedur absinken: Das erste Element wird entfernt, und der letzte Eintrag wird in die erste Komponente gespeichert. Dann wird das Feld ende um eins erniedrigt, und die Prozedur absinken(v.inhalt, 1, ende) wird aufgerufen. Abbildung 3.19 zeigt eine Realisierung der Funktion entfernen.

Abb. 3.19: Die Funktion entfernen

```
function entfernen(var v : VorrangWarteschlange) : InhaltsTyp
   var i : Integer;
   var inhalt : InhaltsTyp;

   if v.ende = 0 then
      return null;
   else
      inhalt := v.inhalt[1];
      v.inhalt[1] := v.inhalt[v.ende];
      v.ende := v.ende - 1;
      absinken(v.inhalt, 1, v.ende);
      return inhalt;
```

Die Funktion einfügen fügt ein neues Element unter Beibehaltung der Heapeigenschaft in die Vorrang-Warteschlange ein. Das neue Element wird, sofern noch Platz vorhanden ist, zunächst am Ende des Feldes inhalt eingefügt. Die Priorität des Elementes wird dann mit der Priorität des Vorgängers im Heap verglichen. Hat der Vorgänger eine höhere Priorität, so werden die beiden Einträge vertauscht, und ein weiterer Vergleich erfolgt. Die Funktion endet damit, dass ein Vorgänger eine niedrigere Priorität besitzt oder das neue Element in der Wurzel steht, d. h., die insgesamt niedrigste Priorität besitzt. Abbildung 3.20 zeigt eine Realisierung der Funktion einfügen.

Abb. 3.20: Die Funktion einfügen

```
function einfügen(var v : VorrangWarteschlange, inhalt : Inhaltstyp) : Boolean
   var i : Integer;

   if v.ende = max then
      return false;
   else
      v.ende := v.ende + 1;
      i := v.ende;
      while i > 1 and inhalt < v.inhalt[i div 2] do
         v.inhalt[i] := v.inhalt[i div 2];
         i := i div 2;
      v.inhalt[i] := inhalt;
      return true;
```

Zur Änderung der Priorität eines Elements in der Vorrang-Warteschlange wird die Position s des Elementes im Heap benötigt. Die Positionen der Elemente im Heap lassen sich mittels eines zusätzlichen Feldes verwalten. Wird die Priorität erhöht, so wird das Element mittels `absinken(v.inhalt, s, ende)` nach unten bewegt. Wird die Priorität erniedrigt, so muss das Element im Heap nach oben bewegt werden. Dies erfolgt ganz analog zu der Prozedur `einfügen`.

Eine Prozedur, welche ein beliebiges Element aus einer Vorrang-Warteschlange löscht, lässt sich ganz ähnlich realisieren. Dazu muss allerdings die Position s des Elementes im Heap bekannt sein. Zunächst wird der letzte Eintrag in die s-te Komponente des Feldes gespeichert, und das Feld `ende` wird um eins erniedrigt. Analog zur letzten Prozedur wird dann die Heapeigenschaft wieder hergestellt.

Aus der im letzten Abschnitt durchgeführten Analyse folgt sofort, dass die worst case Komplexität aller Operationen für eine Vorrang-Warteschlange mit n Elementen $O(\log n)$ ist. Der im Folgenden beschriebene Algorithmus von Prim zeigt eine Anwendung von Vorrang-Warteschlangen.

3.6 Minimal aufspannende Bäume

Es sei G ein kantenbewerteter, zusammenhängender, ungerichteter Graph. Die Summe der Bewertungen der Kanten eines aufspannenden Baumes B nennt man die *Kosten* von B. Ein aufspannender Baum B von G heißt *minimal aufspannender Baum* von G, falls kein anderer aufspannender Baum B' von G existiert, dessen Kosten niedriger sind. Abbildung 3.21 zeigt links einen kantenbewerteten Graphen. Auf der rechten Seite sind die Kanten eines minimal aufspannenden Baum mit Kosten 10 rot hervorgehoben. Ein Graph kann mehrere minimal aufspannende Bäume haben. In Abbildung 3.24 ist ein weiterer minimal aufspannender Baum für den Graphen aus Abbildung 3.21 dargestellt. Analog dazu definiert man einen *maximal aufspannenden Baum*.

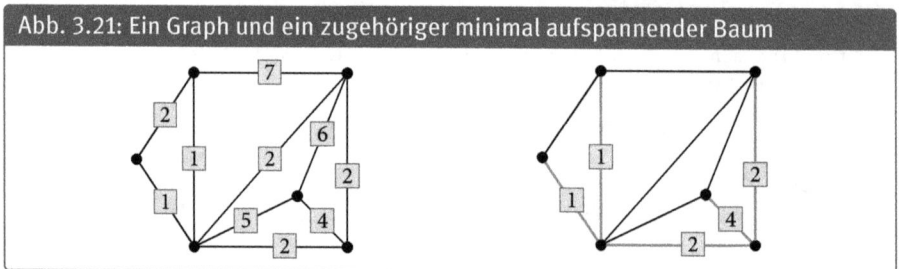

Abb. 3.21: Ein Graph und ein zugehöriger minimal aufspannender Baum

Ziel dieses Abschnittes ist die Darstellung von effizienten Algorithmen zur Bestimmung minimal aufspannender Bäume. Die Korrektheit dieser Algorithmen beruht wesentlich auf folgendem Satz.

Satz. *Es sei G ein kantenbewerteter zusammenhängender Graph mit Eckenmenge E. Ferner sei E_1 eine Teilmenge von E und (e_1, e_2) eine Kante mit minimalen Kosten mit $e_1 \in E_1$ und $e_2 \in E \backslash E_1$. Dann existiert ein minimal aufspannender Baum von G, der die Kante (e_1, e_2) enthält.*

Beweis. Angenommen (e_1, e_2) liegt in keinem minimal aufspannenden Baum von G. Es sei B irgendein minimal aufspannender Baum von G. Fügt man (e_1, e_2) in B ein, so erhält man einen geschlossenen Weg W in B, der (e_1, e_2) enthält. Da W Ecken aus E_1 und $E \backslash E_1$ verwendet, muss es außer (e_1, e_2) noch eine Kante (e_1', e_2') in W geben, so dass $e_1' \in E_1$ und $e_2' \in E \backslash E_1$ ist. Dies folgt aus der Geschlossenheit von W. Entfernt man (e_1', e_2') aus B, so ist B wieder ein aufspannender Baum, der die Kante (e_1, e_2) enthält. Da dies nach Annahme kein minimal aufspannender Baum sein kann, muss die Bewertung von (e_1, e_2) echt größer sein als die von (e_1', e_2'). Dies widerspricht aber der Wahl von (e_1, e_2). ∎

Eine typische Anwendung von minimal aufspannenden Bäumen ist die Planung von Kommunikationsnetzen. Zwischen n Orten ist ein Kommunikationsnetz so zu planen, dass je zwei verschiedene Orte – entweder direkt oder über andere Orte – durch Leitungen miteinander verbunden sind und sich Verzweigungspunkte des Netzes nur in den Orten befinden. Die Baukosten für eine Direktleitung zwischen zwei Orten, falls eine solche Leitung überhaupt möglich ist, seien bekannt. Gesucht ist ein Leitungsnetz, dessen Gesamtkosten minimal sind. Die Ecken des Graphen repräsentieren die Orte, die Kanten die möglichen Verbindungen mit den entsprechenden Kosten. Ein minimal aufspannender Baum repräsentiert ein Netzwerk mit geringsten Kosten.

3.6.1 Der Algorithmus von Kruskal

Der Algorithmus von *J. B. Kruskal* erstellt für einen kantenbewerteten, zusammenhängenden Graphen G sukzessive einen minimal aufspannenden Baum B. Er gehört zu der Gruppe der Greedy-Algorithmen. Am Anfang ist B ein Wald mit der gleichen Eckenmenge wie G, der keine Kanten besitzt; d. h., B besteht nur aus isolierten Ecken. In jedem Schritt wird nun eine Kante in B eingefügt; diese vereinigt zwei Bäume aus B. Somit wird die Anzahl der Zusammenhangskomponenten von B in jedem Schritt um eins verringert. Als erstes werden die Kanten von G den Bewertungen nach sortiert. Diese Liste wird dann in aufsteigender Reihenfolge abgearbeitet. Verbindet eine Kante zwei Ecken aus verschiedenen Zusammenhangskomponenten von B, so wird sie in B eingefügt; ansonsten wird die Kante nicht verwendet. Dadurch wird sichergestellt, dass kein geschlossener Weg entsteht. Der Algorithmus endet, wenn B zusammenhängend ist; dann ist B ein Baum.

Abbildung 3.22 zeigt das Entstehen eines minimal aufspannenden Baumes für den Graphen aus Abbildung 3.21. Zuerst werden die zwei Kanten mit Bewertung 1 eingefügt. Von den Kanten mit Bewertung 2 können nur zwei eingefügt werden, ansonsten würde ein geschlossener Weg entstehen, da Anfangs- und Endecke in der gleichen Zusammenhangskomponente liegen. Danach wird noch die Kante mit Bewertung 4 eingefügt.

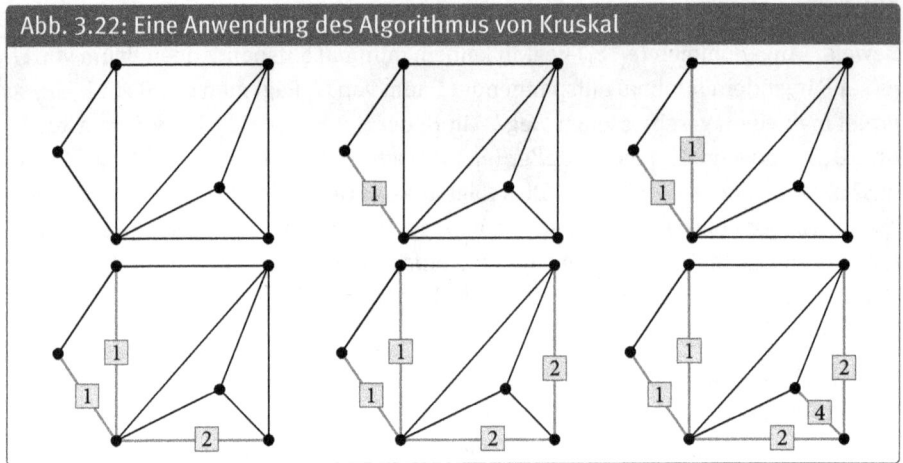

Abb. 3.22: Eine Anwendung des Algorithmus von Kruskal

Es bleibt, die Korrektheit des Algorithmus zu beweisen und eine Analyse der Laufzeit vorzunehmen. Die Korrektheit wird in folgendem Satz bewiesen:

Satz. *Der Algorithmus von Kruskal bestimmt für einen zusammenhängenden kanten-bewerteten Graphen einen minimal aufspannenden Baum.*

Beweis. Der Beweis wird mittels vollständiger Induktion geführt. Der Algorithmus produziert sicherlich einen aufspannenden Baum B. Es wird nun gezeigt, dass B minimal ist. Die eingefügten Kanten seien mit $k_1, k_2, \ldots, k_{n-1}$ bezeichnet. Per Induktion wird nun gezeigt, dass es für jedes $j \in \{1, \ldots, n-1\}$ einen minimal aufspannenden Baum T_j gibt, der die Kanten $k_1, k_2, \ldots, k_j$ enthält. Dann ist $T_{n-1} = B$, und B ist somit minimal. Die Aussage für $j = 1$ folgt direkt aus dem letzten Satz. Sei also $j > 1$ und T_j ein minimal aufspannender Baum, der $k_1, \ldots, k_j$ enthält. Falls k_{j+1} auch in T_j ist, so ist $T_{j+1} = T_j$. Falls k_{j+1} nicht in T_j liegt, so füge man k_{j+1} in T_j ein. Dadurch entsteht in T_j ein geschlossener Weg W. Da B ein Baum ist, sind nicht alle Kanten von W in B enthalten. Sei k eine solche Kante. Sei T_{j+1} der Baum, der aus T_j hervor geht, indem man k entfernt und k_{j+1} einfügt. Für T_{j+1} gilt:

$$\text{kosten}(T_{j+1}) = \text{kosten}(T_j) - \text{bewertung}(k) + \text{bewertung}(k_{j+1}).$$

Wäre die Bewertung von k echt kleiner als die Bewertung von k_{j+1}, so wäre k vor k_{j+1} eingefügt worden. Da dies nicht der Fall ist, gilt

$$\text{bewertung}(k) \geq \text{bewertung}(k_{j+1}).$$

Da die Kosten von T_j minimal sind, folgt aus obiger Gleichung, dass die Kosten von T_{j+1} gleich den Kosten von T_j sind. Somit ist T_{j+1} ein minimal aufspannender Baum, der $k_1, \ldots, k_{j+1}$ enthält. ∎

Welchen Aufwand hat der Algorithmus von Kruskal? Obwohl nur $n-1$ Kanten in B eingefügt werden, kann es sein, dass alle m Kanten von G betrachtet werden müssen. Dies ist der Fall, wenn die Kante mit der höchsten Bewertung zu dem minimal aufspannenden Baum gehört (vergleichen Sie Aufgabe 20).

Die m Kanten können mit Heapsort mit Aufwand $O(m \log m)$ sortieren werden. In jedem Schritt wird getestet, ob die Endpunkte in verschiedenen Zusammenhangskomponenten liegen. Dazu müssen die Zusammenhangskomponenten verwaltet werden. Eine einfache Möglichkeit dafür bildet ein Feld Z der Länge n, wobei n die Anzahl der Ecken von G ist. In diesem Feld wird für jede Ecke die Nummer einer Zusammenhangskomponente abgespeichert. Am Anfang ist $Z[i] = i$ für $i = 1, \ldots, n$, d. h., alle Ecken sind isoliert. Der Test, ob zwei Ecken zur gleichen Zusammenhangskomponente gehören, besteht darin, ihre Werte in Z zu vergleichen; dies geschieht in konstanter Zeit. Wird eine Kante in B eingefügt, so müssen die beiden Zusammenhangskomponenten vereinigt werden. In Z werden dazu die Werte der Ecken der ersten Zusammenhangskomponente auf die Nummer der zweiten gesetzt. Im ungünstigsten Fall muss dazu das ganze Feld durchsucht werden. Das bedeutet pro eingefügter Kante einen Aufwand von $O(n)$. Da $n-1$ Kanten eingefügt werden müssen, ergibt dies einen Aufwand von $O(n^2)$. Insgesamt ergibt sich ein Aufwand von $O(m \log m + n^2)$. Da ein Graph mit n Ecken höchstens $n(n-1)/2$ Kanten hat, ist $O(\log m) = O(\log n)$. Somit ist der Aufwand gleich $O(m \log n + n^2)$.

Im Folgenden wird eine effizientere Implementierung mit Aufwand $O(m \log n)$ vorgestellt. Dazu werden die zeitkritischen Stellen analysiert und geeignete Datenstrukturen verwendet. Die zeitkritischen Stellen sind zum einen das Sortieren der Kanten und zum anderen das Testen auf Kreisfreiheit. Für das Sortieren bieten sich die im Abschnitt 3.4 behandelten Heaps an, denn in vielen Fällen wird es nicht notwendig sein, alle Kanten zu betrachten. In diesen Fällen ist eine vollständige Sortierung nicht notwendig. Die Kanten werden in einem Heap abgelegt, und in jedem Durchlauf wird die Kante mit kleinster Bewertung entfernt und die Heapeigenschaft wieder hergestellt. Das Erzeugen des Heaps hat den Aufwand $O(m)$ und das Wiederherstellen der Heapeigenschaft $O(\log m)$. Werden also l Durchläufe gemacht, so bedeutet dies einen Aufwand von $O(m + l \log m) = O(m + l \log n)$. Ist l von der Größenordnung $O(n)$, so bedeutet dies einen Aufwand von $O(m + n \log n)$, und ist l von der Größenordnung $O(m)$, so ergibt sich ein Aufwand von $O(m \log n)$.

Im Folgenden wird nun eine Darstellung für Zusammenhangskomponenten von B vorgestellt, mit der sich effizient geschlossene Wege auffinden lassen. Zusätzlich zu dem Feld Z werden noch zwei weitere Felder A und L der Länge n angelegt. In dem Feld A wird die momentane Anzahl der Ecken der entsprechenden Zusammenhangskomponente abgespeichert. $A[i]$ ist die Anzahl der Ecken der Zusammenhangskomponente mit der Nummer i, und $A[Z[i]]$ ist die Anzahl der Ecken der Zusammenhangskomponente, die die Ecke e_i enthält. Das zweite Feld L dient dazu, die Ecken einer Zusammenhangskomponente schneller aufzufinden. Dazu wird eine *zyklische Adresskette* gebildet. Der Eintrag $L[i]$ gibt die Nummer einer Ecke an, die in derselben Zusammenhangskomponente wie e_i liegt. Dadurch kann man sich, von e_i startend die Adresskette durchlaufend, alle Ecken der Zusammenhangskomponente von e_i beschaffen. Bilden zum Beispiel die Ecken e_2, e_7, e_9 und e_{14} eine Zusammenhangskomponente, so ist

$$L[2] = 7, \quad L[7] = 9, \quad L[9] = 14, \quad L[14] = 2.$$

Besteht eine Zusammenhangskomponente aus z Ecken, so kann man diese auch in z Schritten auffinden. Wird eine neue Kante eingefügt, so müssen die beiden Adressketten zu einer Adresskette vereinigt werden. Sind e_i und e_j die Endecken der neuen Kante, so müssen die Werte von L[i] und L[j] vertauscht werden. Somit erfordert das Verschmelzen von zwei Zusammenhangskomponenten nur konstante Zeit. Es muss noch das Feld Z geändert werden, um weiterhin die schnelle Abfrage auf geschlossene Wege zu unterstützen. Dazu müssen die Einträge der Ecken einer Zusammenhangskomponente alle geändert werden. Dies ist sehr einfach: Mit Hilfe des Feldes A kann die kleinere der beiden Zusammenhangskomponenten ermittelt werden, und mit Hilfe des Feldes L findet man direkt alle beteiligten Ecken. Hat die kleinere der beiden Zusammenhangskomponenten z Ecken, so ist der Aufwand nur noch $O(z)$ im Vergleich zu $O(n)$ in der einfachen Version.

Wie wirken sich diese neuen Felder auf den Gesamtaufwand aus? Es sei s eine natürliche Zahl mit

$$2^{s-1} \leq n < 2^s.$$

Dann gilt $s \leq \log_2 n + 1$. Beim Einfügen der letzten Kante hat die kleinste Zusammenhangskomponente höchstens $n/2$ Ecken. Dies ist der Fall, wenn die beiden letzten Komponenten gleichviele Ecken haben. Diese beiden Komponenten bestehen im ungünstigsten Fall wiederum aus jeweils zwei gleichgroßen Komponenten; d. h., für deren Entstehen mussten maximal $n/4 + n/4 = n/2$ Einträge geändert werden. Somit werden für die letzte Kante maximal $n/2$ Einträge in Z geändert, für die beiden Kanten davor ebenfalls $n/2$ Änderungen, für die vier Kanten davor ebenfalls $n/2$ Änderungen etc. Wegen

$$n \leq 2^s - 1 = 2^0 + 2^1 + \cdots + 2^{s-1}$$

müssen insgesamt maximal $(n/2)\, s \leq (n/2)\, (log_2 n + 1)$ Einträge in Z geändert werden. Dies ergibt einen Gesamtaufwand von $O(n \log n)$.

Diese Realisierung des Algorithmus von Kruskal hat also im ungünstigsten Fall den Aufwand $O(m \log n + n \log n) = O((m+n) \log n)$. Da die Anzahl m der Kanten in zusammenhängenden Graphen mindestens $n - 1$ ist, ist der Aufwand gleich $O(m \log n)$.

Abbildung 3.23 zeigt die Funktion kruskal, welche den Algorithmus von Kruskal realisiert. Der Funktionsaufruf initBaum(G) erzeugt einen Baum B ohne Kanten, der die gleiche Eckenmenge wie G hat. Mit B.einfügen(e_i, e_j) wird die Kante (e_i, e_j) in B eingefügt. Der Funktionsaufruf erzeugeHeap(G) erzeugt einen Heap, welcher die Kanten von G mit ihren Bewertungen enthält. Mit (e_i, e_j) := H.entfernen() wird die Kante (e_i, e_j) mit der niedrigsten Bewertung aus dem Heap entfernt, und die Heapeigenschaft wird wieder hergestellt.

Abb. 3.23: Der Algorithmus von Kruskal

```
function kruskal(G : Graph) : Baum
    var B : Baum;
    var A, L', Z : Array[1..n] von Integer;
    var H : Heap von Kante;
    var e_i, e_j : Ecke;
    var min, max, x : Integer;

    B := initBaum(G);
    foreach e_i in G.E do
        A[i] := 1; L[i] := i; Z[i] := i
    H := erzeugeHeap(G);
    repeat
        (e_i, e_j) := H.entfernen;
        if Z[i] ≠ Z[j] then
            B.einfügen(e_i, e_j);
            if A[Z[i]] < A[Z[j]] then
                min := i; max := j;
            else
                min := j; max := i;
            A[Z[max]] := A[Z[max]] + A[Z[min]];
            x := min;
            repeat
                Z[x] := Z[max];
                x := L[x]
            until x = min;
            vertausche(L[i], L[j]);
    until |B.K| = |G.E| - 1;
    return B;
```

Es gibt noch effizientere Darstellungen für die Zusammenhangskomponenten, die auf speziellen Bäumen basieren. Die Implementierung solcher Bäume und die Analyse der Laufzeit ist jedoch sehr aufwendig.

3.6.2 Der Algorithmus von Prim

Der Algorithmus von Kruskal baut einen minimal aufspannenden Baum dadurch auf, dass die Zusammenhangskomponenten eines Waldes nacheinander vereinigt werden. Im Algorithmus von *R. Prim* bilden die ausgewählten Kanten zu jedem Zeitpunkt einen Baum B. Man beginnt mit einer beliebigen Ecke des Graphen, und durch Hinzufügen von Kanten entsteht dann der gesuchte Baum. Bei der Auswahl der Kanten verfährt man wie folgt: Sei E_B die Menge der Ecken des Baumes B und E die Menge der Ecken des Graphen. Man wähle unter den Kanten (e_i, e_j), deren Anfangsecke e_i in E_B und deren Endecke e_j in $E \setminus E_B$ liegen, diejenige mit der kleinsten Bewertung aus. Diese wird dann in B eingefügt. Anschließend wird e_j in E_B eingefügt. Dieser Schritt wird solange wiederholt, bis $E_B = E$ ist.

Der Algorithmus von Prim vermeidet das Sortieren der Kanten. Allerdings ist die Auswahl der Kanten komplizierter. Abbildung 3.24 zeigt das Entstehen des minimal aufspannenden Baumes aus Abbildung 3.21.

Abb. 3.24: Eine Anwendung des Algorithmus von Prim

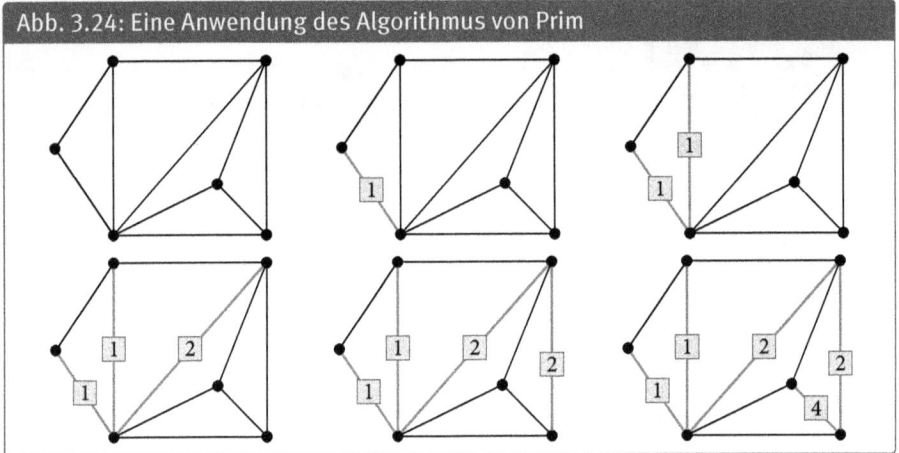

Abbildung 3.25 zeigt die Grobstruktur des Algorithmus von Prim. Die Verwaltung der Menge E_B und die Auswahl der Kanten kann mit Hilfe eines Feldes erfolgen. In diesem Feld speichert man für jede Ecke $e_i \in E \backslash E_B$ die kleinste Bewertung unter den Kanten (e_i, e_j) mit $e_j \in E_B$. Ferner speichert man auch noch die Endecke dieser Kante ab. Die Ecken aus E_B werden in diesem Feld besonders markiert. Die Auswahl der Kanten erfolgt nun leicht mittels dieses Feldes. Nachdem eine Kante (e_i, e_j) ausgewählt wurde, wird die Ecke e_i als zu E_B gehörend markiert. Ferner wird für jeden Nachbarn e' von e_i mit $e' \in E \backslash E_B$ überprüft, ob die Bewertung der Kante (e', e_i) kleiner ist als der im Feld vermerkte Wert für e'. Ist dies der Fall, so wird das Feld entsprechend geändert.

Abb. 3.25: Der Algorithmus von Prim

```
function prim(G : Graph) : Baum
    var B : Baum
    var E_B : Menge von Ecke;
    var e_i, e_j : Ecke;

    B := initBaum(G);
    E_B := {e_1};
    while |E_B| ≠ |G.E| do
        Sei (e_i, e_j) die Kante aus G mit der kleinsten Bewertung,
            so dass e_i ∈ E_B und e_j ∈ E\E_B;
        B.einfügen(e_i, e_j);
        E_B.einfügen(e_j);
    return B;
```

Der Korrektheitsbeweis des Algorithmus von Prim erfolgt analog zum Beweis der Korrektheit des Algorithmus von Kruskal. Die Laufzeit der Prozedur `prim` lässt sich leicht angeben. Es werden insgesamt $n - 1$ Iterationen durchgeführt, denn es wird jeweils eine Ecke in E_B eingefügt. Die Auswahl der Kante und das Aktualisieren des Feldes haben zusammen einen Aufwand von $O(n)$. Somit ergibt sich ein Gesamtaufwand von $O(n^2)$. Die Menge E_B kann auch durch eine Vorrang-Warteschlange dargestellt werden. Dann sind insgesamt $O(m)$ Operationen notwendig. Die Gesamtlaufzeit beträgt dann $O(m \log n)$. Unter Verwendung von speziellen Datenstrukturen, so genannten *Fibonacci-Heaps*, kann der Gesamtaufwand verringert werden. Es ergibt sich dann eine Laufzeit von $O(m + n \log n)$.

Ein Vergleich der beiden vorgestellten Algorithmen ist schwierig, da diese sehr stark von der gewählten Datenstruktur abhängen. Der Algorithmus von Prim, basierend auf Feldern, ist vorzuziehen, falls die Anzahl der Kanten etwa die Größenordnung von n^2 hat, d. h., es liegt ein „dichter" Graph vor.

Der Algorithmus von Fredman und Tarjan zur Bestimmung minimal aufspannender Bäume basiert ebenfalls auf Fibonacci-Heaps. Die erzielte Laufzeit ist fast linear in m. Aber bis heute ist kein Algorithmus mit einer Laufzeit von $O(m)$ bekannt.

3.7 Literatur

Die Verwendung von Bäumen im Compilerbau ist ausführlich in [121] beschrieben. Eine detaillierte Behandlung von Suchbäumen findet man in [21]. Der Algorithmus von Huffman wurde zum ersten Mal 1952 veröffentlicht [62]. Der Heapsort-Algorithmus wurde von Williams entwickelt [126] und von Floyd [35] verbessert. Eine detaillierte Analyse von Vorrang-Warteschlangen findet man in [68]. Die Originalarbeiten zu den beiden Algorithmen zur Bestimmung minimal aufspannender Bäume sind [75] und [101]. Der Algorithmus von Fredman und Tarjan ist in [39] beschrieben. Weitere Algorithmen zur Bestimmung minimal aufspannender Bäume findet man in [1].

3.8 Aufgaben

1. Beweisen Sie folgende Aussagen:
   (a) Ein zusammenhängender Graph ist genau dann ein Baum, wenn $n > m$ gilt.
   (b) Ein zusammenhängender Graph enthält genau dann einen einzigen geschlossenen Weg, wenn $n = m$ gilt.
   (c) Ein ungerichteter Graph ist genau dann ein Wald, wenn jeder induzierte Untergraph eine Ecke e mit $g(e) \leq 1$ besitzt.
   (d) Ein ungerichteter Graph ist genau dann ein Wald, wenn jeder zusammenhängende Untergraph ein induzierter Untergraph ist.

**2. Beweisen Sie, dass jeder ungerichtete Graph G mit der Eigenschaft, dass je zwei Ecken genau einen gemeinsamen Nachbarn haben, ein Windmühlengraph (siehe Abschnitt 11.5.3) ist.

3. Es sei $d_1, d_2, \ldots, d_n$ eine Folge von n positiven natürlichen Zahlen, deren Summe $2n - 2$ ist. Zeigen Sie, dass es einen Baum mit n Ecken gibt, so dass die d_i die Eckengrade sind.

4. Es sei B ein Baum, dessen Komplement $\overline{B}$ nicht zusammenhängend ist. Beweisen Sie folgende Aussagen:
   (a) $\overline{B}$ besteht aus genau zwei Zusammenhangskomponenten.
   (b) Eine der Zusammenhangskomponenten ist ein vollständiger Graph.
   Bestimmen Sie die Struktur der zweiten Zusammenhangskomponente und die von B.

5. Bestimmen Sie die Anzahl der Ecken eines Binärbaumes mit b Blättern, bei dem jede Ecke den Ausgangsgrad 2 oder 0 hat.

6. Es sei G ein Wurzelbaum mit Eckenmenge E und E_B die Menge der Blätter. Beweisen Sie folgende Gleichung:

$$|E_B| = \sum_{e \in E \setminus E_B} (|N^+(e)| - 1) + 1.$$

7. Beweisen Sie die folgende Aussage: Ein Binärbaum der Höhe h hat höchstens 2^h Blätter.

8. Ein gerichteter Graph G heißt *quasi stark zusammenhängend*, wenn es zu je zwei Ecken e_i, e_j von G eine Ecke e gibt, so dass e_i und e_j von e aus erreichbar sind. Beweisen Sie folgende Aussage: Ein gerichteter Graph ist genau dann quasi stark zusammenhängend, wenn er eine Ecke w besitzt, von der aus alle anderen Ecken erreichbar sind.

9. Entwerfen Sie eine Datenstruktur für ein hierarchisches Dateisystem. Schreiben Sie eine Prozedur, welche die Namen aller Dateien im angegebenen Verzeichnis und allen darunterliegenden Unterverzeichnissen ausgibt.

10. Schreiben Sie einen Algorithmus für das Löschen von Einträgen in binären Suchbäumen.

11. Schreiben Sie eine Prozedur, die alle Objekte eines Suchbaumes in aufsteigender Reihenfolge ausgibt.

12. Finden Sie einen Binärbaum mit zehn Ecken, dessen Höhe minimal bzw. maximal ist.

13. Es sei B ein Huffman-Baum. Es seien a und b Symbole, so dass a auf einem höheren Niveau liegt als b. Beweisen Sie, dass die Wahrscheinlichkeit von b kleiner gleich der von a ist.

14. Bestimmen Sie einen Präfix-Code für die sechs Zeichen a, b, c, d, e und f mit den Häufigkeiten 12 %, 32 %, 4 %, 20 %, 16 % und 16 %. Bestimmen Sie die mittlere Codewortlänge.

15. In Abschnitt 3.3 wurde eine Datenstruktur vorgestellt, welche speziell für Binärbäume, wie sie im Huffman-Algorithmus vorkommen, geeignet ist. Entwerfen Sie einen Algorithmus, der auf dieser Datenstruktur basiert und für einen gegebenen Binärbaum den entsprechenden Präfix-Code erzeugt.

16. Finden Sie für den folgenden Graphen zwei verschiedene minimal aufspannende Bäume. Verwenden Sie dazu den Algorithmus von Kruskal. Geben Sie die Kosten eines minimal aufspannenden Baumes an.

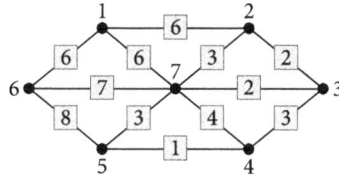

$\star$17. Entwerfen Sie einen Algorithmus für folgendes Problem: Gegeben ist ein kantenbewerteter, zusammenhängender, ungerichteter Graph G und eine Kante k von G. Unter den aufspannenden Bäumen von G, die k enthalten, ist derjenige mit den geringsten Kosten zu bestimmen.

18. Schreiben Sie einen Algorithmus zur Bestimmung eines maximal aufspannenden Baumes eines ungerichteten kantenbewerteten Graphen.

$\star$19. Beweisen Sie, dass folgender Algorithmus einen minimal aufspannenden Baum B für einen zusammenhängenden ungerichteten Graphen mit Kanten $k_1, \ldots, k_m$ bestimmt.

```
Initialisiere B mit {k₁};
for i := 2 to m do
    B.einfügen(kᵢ);
    if B enthält einen geschlossenen Weg W then
        Sei k die Kante auf W mit der höchsten Bewertung;
        B.entfernen(k);
```

20. Konstruieren Sie einen ungerichteten bewerteten Graphen, in dem die Kante mit der höchsten Bewertung in jedem minimal aufspannenden Baum liegt.

21. Es sei G ein zusammenhängender bewerteter Graph, dessen Kantenbewertungen alle verschieden sind. Zeigen Sie, dass G einen eindeutigen minimal aufspannenden Baum besitzt.

22. Es sei G ein dichter Graph, d. h. $m \in O(n^2)$. Ist der Algorithmus von Prim oder der von Kruskal für die Bestimmung eines minimal aufspannenden Baumes von G vorzuziehen?

23. Betrachten Sie die Klasse der ungerichteten bewerteten Graphen, deren Kantenbewertungen ganze Zahlen aus der Menge $\{1, 2, \ldots, c\}$ sind. Geben Sie einen effizienten Algorithmus zur Bestimmung von minimal aufspannenden Bäumen für diese Graphen an. Bestimmen Sie die Laufzeit Ihres Algorithmus.

*24. Es sei G ein ungerichteter bewerteter Graph und B ein minimal aufspannender Baum von G mit Kosten c. Beweisen Sie folgende Aussage: Addiert man eine beliebige reelle Zahl b zu der Bewertung jeder Kante von G, so ist B immer noch ein minimal aufspannender Baum, und die Kosten sind $c + (n-1)b$. Diese Tatsache führt zu einem Algorithmus zur Bestimmung eines minimal aufspannenden Baumes. Man wählt eine Kante $k = (e_i, e_j)$ mit der kleinsten Bewertung b und subtrahiert b von jeder Kantenbewertung. Danach hat die Kante k die Bewertung 0 und gehört zu dem minimal aufspannenden Baum. Die Ecken e_i und e_j werden zu einer Ecke verschmolzen. Die Nachbarn dieser neuen Ecken sind die Nachbarn der Ecken e_i und e_j. Entstehen dabei Doppelkanten, so wählt man die mit der geringsten Bewertung. Danach wird wieder eine Kante mit der kleinsten Bewertung ausgewählt etc. Beweisen Sie, dass auf diese Art ein minimal aufspannender Baum entsteht. (Hinweis: Vergleichen Sie diesen Algorithmus mit dem von Kruskal.)

*25. Es sei G ein ungerichteter bewerteter Graph und B ein minimal aufspannender Baum von G. In G wird eine neue Ecke und zu dieser inzidente Kanten eingefügt. Geben Sie einen effizienten Algorithmus an, welcher einen minimal aufspannenden Baum für den neuen Graphen bestimmt.

*26. Es sei G ein ungerichteter kantenbewerteter zusammenhängender Graph und e eine Ecke von G. Entwerfen Sie einen effizienten Algorithmus, welcher unter allen minimal aufspannenden Bäumen von G einen Baum bestimmt, in dem der Eckengrad von e minimal ist.

27. Es sei G ein kantenbewerteter zusammenhängender Graph und W ein geschlossener Weg von G. Ferner sei k eine Kante von W mit der höchsten Bewertung. Beweisen Sie, dass es einen minimal aufspannenden Baum von G gibt, der die Kante k nicht enthält.

28. In der euklidischen Ebene befinden sich n Stationen mit je einer Empfangs- und einer Sendeanlage. Die Sendeanlagen haben die Reichweite R, d. h., eine Station s_i kann mit einer Station s_j kommunizieren, falls der Abstand der Stationen maximal R beträgt. Was ist der minimale Wert für R, so dass jede Station mit jeder anderen kommunizieren kann (unter Zuhilfenahme von anderen Stationen). Die beschriebene Anwendung kann als ungerichteter Graph G_R in Abhängigkeit von R modelliert werden: Die n Stationen bilden die Ecken und zwei Ecken sind durch eine Kante verbunden, falls der Abstand der Ecken maximal R ist. Der kleinste Wert R_{crit} für den G_R zusammenhängend ist, wird als kritischer Radius bezeichnet. Beweisen Sie, dass R_{crit} gleich der Länge der längsten Kante in einem minimal aufspannenden Baum des vollständigen Graphen G der n Ecken in der euklidischen Ebene ist.

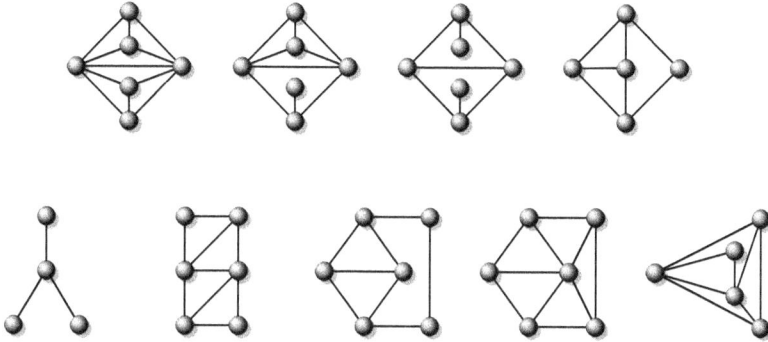

KAPITEL 4

Suchverfahren in Graphen

In diesem Kapitel werden Suchstrategien für Graphen behandelt. Sie bilden die Grundlage für viele graphentheoretische Algorithmen, in denen die Ecken oder Kanten systematisch durchlaufen werden müssen. In Kapitel 3 wurde dies bereits für Suchbäume abgehandelt. Die vorgestellten Suchstrategien Tiefensuche und Breitensuche verallgemeinern diese Techniken, so dass sie auf beliebige Graphen anwendbar sind. Es wird zunächst das Grundprinzip der Tiefensuche vorgestellt. Danach werden Anwendungen der Tiefensuche auf gerichtete Graphen diskutiert: Topologische Sortierungen, Bestimmung der starken Zusammenhangskomponenten und Bestimmung des transitiven Abschluss und der transitiven Reduktion. Daran schließen sich Anwendungen auf ungerichtete Graphen an: Bestimmung der Zusammenhangskomponenten und der Blöcke. Im Folgenden wird die Breitensuche eingeführt. Im vorletzten Abschnitt wird eine Variante der Tiefensuche behandelt, welche nur wenig Speicherplatz verbraucht und auf implizite Graphen anwendbar ist. Das Kapitel endet mit einem Abschnitt über Eulersche Graphen.

4.1 Einleitung

Bei vielen graphentheoretischen Problemen ist es notwendig, alle Ecken oder Kanten eines Graphen zu durchsuchen. Beispiele hierfür sind die Fragen, ob ein ungerichteter Graph zusammenhängend ist oder ob ein gerichteter Graph einen geschlossenen Weg enthält. Für eine systematische Vorgehensweise gibt es mehrere Alternativen. Die in diesem Kapitel vorgestellten Verfahren durchsuchen einen Graphen, ausgehend von einer Startecke, und besuchen alle von dieser Startecke aus erreichbaren Ecken. Der Verlauf der Suche spiegelt sich im so genannten *Erreichbarkeitsbaum* wider. Dies ist ein Wurzelbaum, dessen Wurzel die Startecke ist. Der Erreichbarkeitsbaum besteht aus den von der Startecke aus erreichbaren Ecken zusammen mit den Kanten, welche zu diesen Ecken führten (bei ungerichteten Graphen werden die Kanten hin zur neu besuchten Ecke gerichtet). Ein Graph kann für eine gegebene Startecke verschiedene Erreichbarkeitsbäume besitzen. Alle haben die gleiche Eckenmenge, sie unterscheiden sich jedoch in der Kantenmenge.

Die Grundlage aller Suchverfahren bildet der im Folgenden beschriebene *Markierungsalgorithmus*. Die Suche startet bei der Startecke und bewegt sich über die Kanten in den Graphen. Bei gerichteten Graphen müssen dabei die durch die Kanten vorgegebenen Richtungen eingehalten werden. Alle besuchten Ecken werden markiert. Damit die Suche nicht in Schleifen gerät, werden nur unmarkierte Ecken besucht. Die Grundstruktur des Markierungsalgorithmus sieht wie folgt aus:

(1) Markiere die Startecke.
(2) Solange es noch Kanten von markierten zu unmarkierten Ecken gibt, wähle eine solche Kante und markiere die Endecke dieser Kante.

Die verwendeten Kanten (mit entsprechender Richtung) bilden den Erreichbarkeitsbaum. Da in jedem Schritt eine Ecke markiert wird, terminiert der Algorithmus für endliche Graphen nach endlich vielen Schritten. Es folgt direkt, dass am Ende die Menge der markierten Ecken mit der Menge der erreichbaren Ecken übereinstimmt. Bei entsprechender Realisierung des Auswahlschrittes ergibt sich eine Laufzeit von $O(n + m)$.

Die aus dieser Grundstruktur abgeleiteten Suchverfahren unterscheiden sich in der Art und Weise, wie im zweiten Schritt die Kanten ausgewählt werden. Hierfür gibt es im wesentlichen zwei Varianten. Diese führen zur Tiefen- bzw. zur Breitensuche. Beide Verfahren lassen sich sowohl auf gerichtete als auch auf ungerichtete Graphen anwenden.

4.2 Tiefensuche

Die Tiefensuche (*depth-first-search*) versucht, die am weitesten von der Startecke entfernten Ecken so früh wie möglich zu besuchen. Das Verfahren heißt Tiefensuche, da man jeweils so tief wie möglich in den Graphen hineingeht. Dazu wählt man im zweiten Schritt eine Kante aus, deren Anfangsecke die zuletzt markierte Ecke ist. Führen die Kanten der zuletzt markierten Ecke alle zu schon markierten Ecken, so betrachtet man die zuletzt markierten Ecken in umgekehrter Reihenfolge, bis eine entsprechende

Kante gefunden wird. Dieses Auswahlprinzip der Kanten lässt sich auf zwei verschiedene Arten realisieren.

Da die gerade besuchte Ecke wieder Startpunkt für die weitere Suche ist, bietet sich eine Realisierung mit Hilfe einer rekursiven Prozedur an. Die Reihenfolge, in der die markierten Ecken nach verwendbaren Kanten durchsucht werden, entspricht der Reihenfolge, in der die Ecken markiert werden; d. h., die zuletzt markierte Ecke wird immer als erstes verwendet. Diese Reihenfolge kann auch mittels eines Stapels realisiert werden: Die oberste Ecke wird jeweils nach verwendbaren Kanten untersucht, die noch unmarkierten Nachbarn dieser Ecke werden markiert und oben auf den Stapel abgelegt.

Zunächst wird die rekursive Realisierung vorgestellt. Für die Markierung einer Ecke reicht eine Boolesche Variable aus. Für viele Anwendungen ist die Reihenfolge, in der die Ecken besucht werden, wichtig. Aus diesem Grund werden im Folgenden die besuchten Ecken mit aufsteigenden Nummern (*Tiefensuchenummern*) markiert. Die Nummer 0 bedeutet, dass die Ecke noch nicht besucht worden ist. Die Nummern werden in einem Feld abgespeichert und spiegeln die Reihenfolge wider, in der die Ecken besucht werden.

Die Startecke bekommt die Tiefensuchenummer 1, die nächste besuchte Ecke die 2 usw. Von der Startecke geht man zu einer benachbarten unmarkierten Ecke und markiert diese. Von dort aus wird das gleiche Verfahren fortgesetzt, bis man zu einer Ecke kommt, deren Nachbarn alle schon markiert sind. In diesem Fall geht man auf dem Weg, der zu dieser Ecke führte, zurück, bis man zu einer Ecke gelangt, die noch einen unmarkierten Nachbarn hat, und startet von neuem. Das Verfahren endet damit, dass alle von der Startecke aus erreichbaren Ecken markiert sind. Dies müssen natürlich nicht alle Ecken des Graphen sein.

Sollen alle Ecken eines Graphen besucht werden, so sind weitere Tiefensuchedurchgänge notwendig. Dabei wird eine noch unmarkierte Ecke zur neuen Startecke. In der oben beschriebenen Form nummeriert das Verfahren lediglich die Ecken des Graphen. Die Nummerierung hängt dabei von der Reihenfolge ab, in der die Nachbarn besucht werden. Ferner ergeben auch verschiedene Startecken verschiedene Nummerierungen. Im Folgenden wird immer die Ecke e_1 als Startecke verwendet.

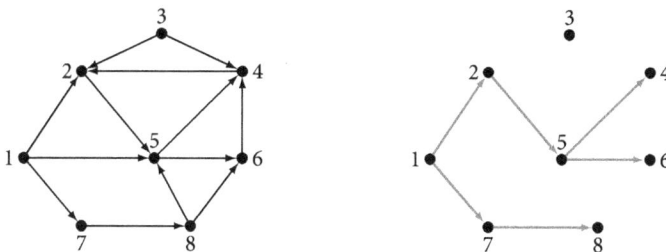

Abb. 4.1: Ein gerichteter Graph mit einem Erreichbarkeitsbaum

Die Ecken des Graphen aus Abbildung 4.1 werden bei der Tiefensuche mit Start-ecke e_1 in der Reihenfolge $e_1, e_2, e_5, e_4, e_6, e_7, e_8$ besucht. Hierbei werden die Nachbarn einer Ecke in aufsteigender Reihenfolge ihrer Eckennummern besucht. Diese Reihen-folge wird auch bei den weiteren Beispielen in diesem und den folgenden Kapiteln angewendet. Die Ecke e_3 ist von Ecke e_1 aus nicht erreichbar.

Die im Folgenden vorgestellte Grundversion der Tiefensuche bewirkt die oben be-schriebene Nummerierung der Ecken. Die Nummern werden in einem Feld tsNummer abgespeichert. In der Prozedur tiefensucheGraph erfolgt zunächst die Initialisie-rung dieses Feldes, dann der Aufruf der Prozedur tiefensuche für die Startecke und danach ein weiterer Aufruf von tiefensuche für jede noch nicht besuchte Ecke. Die Eintragung einer Tiefensuchenummer durch die Prozedur tiefensuche in das glo-bale Feld tsNummer dient gleichzeitig als Markierung einer Ecke. Eine Ecke ist genau dann noch unbesucht, wenn der entsprechende Eintrag in tsNummer gleich 0 ist. Ab-bildung 4.2 zeigt die Prozeduren tiefensucheGraph und tiefensuche. Die Vergabe der Nummern erfolgt über eine globale Variable zähler, die mit 0 initialisiert wird.

Abb. 4.2: Die Prozedur tiefensuche

```
var tsNummer : Array[1..n] von Integer;
var zähler : Integer;

procedure tiefensucheGraph(G : Graph)
    var eᵢ : Ecke;

    Initialisiere tsNummer und zähler mit 0;
    foreach eᵢ in G.E do
        if tsNummer[i] = 0 then
            tiefensuche(eᵢ);

procedure tiefensuche(eᵢ : Ecke);
    var eⱼ : Ecke;

    zähler := zähler + 1;
    tsNummer[i] := zähler;
    foreach eⱼ in N(eᵢ) do
        if tsNummer[j] = 0 then
            tiefensuche(eⱼ);
```

Für den Graphen aus Abbildung 4.1 ergibt sich folgende Aufrufhierarchie:

```
tiefensucheGraph(G)
    tiefensuche(e₁)
        tiefensuche(e₂)
            tiefensuche(e₅)
                tiefensuche(e₄)
                tiefensuche(e₆)
        tiefensuche(e₇)
            tiefensuche(e₈)
    tiefensuche(e₃)
```

Nach dem Aufruf von `tiefensucheGraph` für den Graphen aus Abbildung 4.1 sieht das Feld `tsNummer` wie folgt aus:

tsNummer :

1	2	3	4	5	6	7	8
1	2	8	4	3	5	6	7

Die Komplexitätsanalyse der Tiefensuche hängt stark von der gewählten Speicherungsart ab. Man beachte, dass die Prozedur `tiefensuche` genau einmal für jede Ecke aufgerufen wird, denn jeder Aufruf von `tiefensuche(e_i)` verändert als erstes `tsNummer[i]`, und ein Aufruf erfolgt nie für eine Ecke e_j, für die `tsNummer[j]` schon verändert wurde. Bei jedem Aufruf von `tiefensuche` werden alle erreichbaren Ecken untersucht. Bei einem gerichteten Graphen wird dadurch jede Kante maximal einmal und bei einem ungerichteten Graphen maximal zweimal bearbeitet. Somit ist die Komplexität dieses Teils $O(m)$. Da alle n Einträge des Feldes `tsNummer` geändert werden, ergibt sich insgesamt die Komplexität $O(n + m)$. Diese Analyse setzt voraus, dass man auf die Nachbarn $N(e_i)$ einer Ecke e_i in der Zeit $O(g(e_i))$ zugreifen kann. Dies ist zum Beispiel bei der Adjazenzliste der Fall. Verwendet man hingegen die Adjazenzmatrix, muss man jeweils alle Einträge einer Zeile untersuchen, um alle Nachbarn zu bestimmen. In diesem Falle ergibt sich die Komplexität $O(n^2)$.

Abb. 4.3: Die nichtrekursive Prozedur `tiefensuche`

```
var tsNummer : Array[1..n] von Integer;
var besucht  : Array[1..n] von Boolean;

procedure tiefensuche(G : Graph, e_s : Ecke)
    var e_i, e_j : Ecke;
    var zähler : Integer;
    var S : Stapel von Ecke;

    Initialisiere besucht mit false und zähler mit 0;
    besucht[s] := true;
    S.einfügen(e_s)
    while S ≠ ∅ do
        e_i := S.entfernen();
        zähler := zähler + 1;
        tsNummer[i] := zähler;
        foreach e_j in N(e_i) do
            if not besucht[j] then
                besucht[j] := true;
                S.einfügen(e_j);
```

Eine nichtrekursive Realisierung der Tiefensuche basiert auf einem Stapel. Abbildung 4.3 zeigt eine solche Realisierung. Bei einem Stapel werden neue Einträge oben eingefügt und auch von dort wieder entfernt. Jede neu markierte Ecke wird oben auf dem Stapel abgelegt. Am Anfang enthält der Stapel nur die Startecke. In jedem Durchgang der **while**-Schleife wird die oberste Ecke vom Stapel entfernt, und die unbesuchten Nachbarn dieser Ecke werden oben auf dem Stapel abgelegt. Die Tiefensuchenummern können nicht als Markierungen verwendet werden, da diese erst beim Entfernen der Ecken vom Stapel vergeben werden. In der dargestellten Variante werden die Markierungen in einem Booleschen Feld verwaltet.

Man beachte, dass die Ecken in den beiden Realisierungen nicht in der gleichen Reihenfolge besucht werden. Besucht man in der nichtrekursiven Variante die Nachbarn nicht in der Reihenfolge, wie sie in der Adjazenzliste stehen, sondern genau in umgekehrter Reihenfolge, so ergibt sich die gleiche Nummerierung der besuchten Ecken.

Die dargestellte nichtrekursive Version der Tiefensuche besucht nur die von der Startecke aus erreichbaren Ecken. Sollen alle Ecken betrachtet werden, so muss sie mit der Prozedur `tiefensucheGraph` aus Abbildung 4.2 kombiniert werden. Im letzten Abschnitt dieses Kapitels werden zwei weitere Varianten der Tiefensuche vorgestellt.

4.3 Anwendung der Tiefensuche auf gerichtete Graphen

Die Kanten des gerichteten Graphen, die bei der Tiefensuche zu noch nicht besuchten Ecken führen, nennt man *Baumkanten*. Die Baumkanten bilden eine Menge von Erreichbarkeitsbäumen, den so genannten *Tiefensuchewald* T_W. Diejenigen Ecken, für die die Prozedur `tiefensuche` direkt von der Prozedur `tiefensucheGraph` aufgerufen wird, bilden die Wurzeln. Es ist leicht ersichtlich, dass die Baumkanten keinen geschlossenen Weg bilden können, denn sonst würde eine Baumkante zu einer schon besuchten Ecke führen.

Die Tiefensuche unterteilt die Kanten eines gerichteten Graphen in zwei Mengen: Baumkanten und Kanten, die zu schon besuchten Ecken führen. Die letzteren werden nochmal in drei Gruppen aufgeteilt. Eine Kante, die von einer Ecke e_i zu einer schon markierten Ecke e_j führt, heißt:

Rückwärtskante, falls in T_W Ecke e_j ein Vorgänger von e_i ist;
Vorwärtskante, falls in T_W Ecke e_j ein Nachfolger von e_i ist und
Querkante, falls in T_W Ecke e_j weder Nachfolger noch Vorgänger von e_i ist.

Abbildung 4.4 zeigt den Tiefensuchewald des Graphen aus Abbildung 4.1 und jeweils eine Rückwärtskante (e_4, e_2), eine Vorwärtskante (e_1, e_5) und eine Querkante (e_3, e_4). Die letzten drei Kanten sind gestrichelt und die Baumkanten rot dargestellt.

Die Tiefensuchenummern geben Aufschluss über die Art einer Kante. Es sei (e_i, e_j) eine Kante eines gerichteten Graphen. Ist `tsNummer[i] < tsNummer[j]`, so bedeutet dies, dass e_i vor e_j besucht wurde. In der Zeit zwischen dem Aufruf von `tiefensuche(i)` und dem Ende von diesem Aufruf werden alle von e_i aus erreichbaren unmarkierten Ecken besucht. Diese werden Nachfolger von e_i im Tiefensuchebaum. Also ist auch e_j ein Nachfolger von e_i. Somit ist (e_i, e_j) eine Baumkante, falls

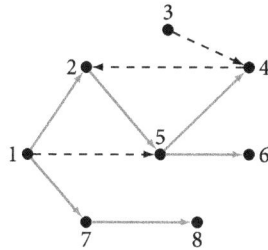

Abb. 4.4: Rückwärts-, Vorwärts- und Querkante eines gerichteten Graphen

der erste Besuch von e_j über die Kante (e_i, e_j) erfolgte, und andernfalls eine Vorwärtskante. Ist `tsNummer[i]` > `tsNummer[j]`, so wurde e_j vor e_i besucht. In diesem Fall ist (e_i, e_j) eine Rückwärts- oder Querkante, je nachdem, ob e_j ein Vorgänger von e_i im Tiefensuchewald ist oder nicht. Somit gilt folgendes Lemma.

Lemma. *Es sei G ein gerichteter Graph, auf den die Tiefensuche angewendet wurde. Für eine Kante $k = (e_i, e_j)$ von G gilt:*

(a) `tsNummer[i]` < `tsNummer[j]` *genau dann, wenn k eine Baum- oder eine Vorwärtskante ist.*

(b) `tsNummer[i]` > `tsNummer[j]` *genau dann, wenn k eine Rückwärts- oder eine Querkante ist.*

Die Prozedur `tiefensuche` kann leicht abgeändert werden, so dass auch zwischen Rückwärts- und Querkanten unterschieden wird (vergleichen Sie Aufgabe 1).

Bei der Tiefensuche werden alle von der Startecke aus erreichbaren Ecken besucht. Somit kann mittels wiederholter Tiefensuche der transitive Abschluss eines gerichteten Graphen wie folgt bestimmt werden. Die Tiefensuche wird für jede Ecke e aufgerufen und für jede von e erreichbare Ecke e' wird eine Kante (e, e') in den transitiven Abschluss eingefügt. Somit wird die Tiefensuche n-mal durchgeführt. Bei der Verwendung der Adjazenzliste ergibt sich ein Gesamtaufwand von $O(n(n + m))$.

Der in Kapitel 2 vorgestellte Algorithmus hatte einen Aufwand von $O(n^3)$. Für Graphen mit wenigen Kanten (d. h. $m \ll n^2$) ist somit der auf der Tiefensuche basierende Algorithmus bei Verwendung der Adjazenzliste effizienter. Im Folgenden werden Anwendungen der Tiefensuche zur Lösung graphentheoretischer Probleme vorgestellt.

4.4 Kreisfreie Graphen und topologische Sortierung

Ein gerichteter Graph heißt *kreisfrei* (*azyklisch*), falls er keinen geschlossenen Weg enthält. Einen solchen Graphen nennt man auch *DAG* (*directed acyclic graph*). Jeder gerichtete Baum ist kreisfrei, aber die Umkehrung gilt nicht. Abbildung 4.5 zeigt links einen kreisfreien Graphen, welcher kein gerichteter Baum ist, und rechts einen gerichteten Graphen, der nicht kreisfrei ist.

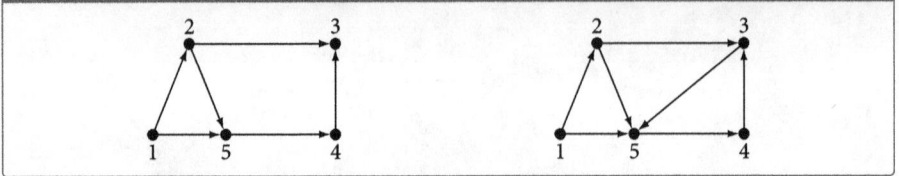

Abb. 4.5: Ein kreisfreier und ein nicht kreisfreier Graph

Mit Hilfe der Tiefensuche kann man leicht feststellen, ob ein gerichteter Graph kreisfrei ist. Wird eine Rückwärtskante gefunden, so liegt ein geschlossener Weg vor. Auch die Umkehrung gilt: Gibt es einen geschlossenen Weg, so existiert auch eine Rückwärtskante. Dazu betrachte man einen gerichteten Graphen mit einem geschlossenen Weg. Es sei e_1 die Ecke auf diesem geschlossenen Weg, auf die die Tiefensuche zuerst trifft. Von e_1 aus werden nun alle erreichbaren Ecken besucht; somit auch die Vorgängerecke e von e_1 auf dem geschlossenen Weg. Die Kante (e, e_1) ist also eine Rückwärtskante.

Wie stellt man fest, ob eine Rückwärtskante existiert? Nach dem obigen Lemma gilt `tsNummer[i] > tsNummer[j]` für jede Rückwärtskante (e_i, e_j). Neben dieser Bedingung muss noch sichergestellt sein, dass e_j im Tiefensuchewald ein Vorgänger von e_i ist. Dies bedeutet, dass e_j während des Aufrufs `tiefensuche(e_i)` besucht wurde und nicht später. Im letzten Fall ist (e_i, e_j) eine Querkante. Dazu wird ein Boolesches Feld `verlassen` der Länge n verwendet, welches mit **false** initialisiert wird. Ist die Tiefensuche für eine Ecke e_i beendet, so wird `verlassen[i]` auf **true** gesetzt. In der Prozedur `tiefensuche` in Abbildung 4.2 muss dazu lediglich am Ende die Zeile

```
verlassen[i] := true;
```

eingefügt werden. Stößt man während des Aufrufs `tiefensuche(e_i)` auf einen schon besuchten Nachbarn e_j, und hat `verlassen[j]` noch den Wert **false**, so ist (e_i, e_j) eine Rückwärtskante. Da die Tiefensuchenummern in diesem Fall nicht mehr explizit benötigt werden, wird das Feld `tsNummer` durch das Boolesche Feld `besucht` ersetzt. In diesem wird nur noch vermerkt, ob eine Ecke schon besucht wurde. Im Hauptprogramm werden die Felder `besucht` und `verlassen` mit **false** initialisiert. Die Funktion `kreisfreiGraph` entspricht ansonsten der Prozedur `tiefensucheGraph` aus dem letzten Abschnitt. Die Prozedur `tiefensuche` wurde durch die Funktion `kreisfrei` ersetzt. Die beiden Prozeduren sind in Abbildung 4.6 dargestellt.

Wendet man das Verfahren auf den rechten Graphen aus Abbildung 4.5 an, so stellt man fest, dass die Kante (e_4, e_3) eine Rückwärtskante ist. Die Funktion `kreisfreiGraph` hat die gleiche Komplexität wie die allgemeine Tiefensuche. Im Folgenden wird eine Anwendung von kreisfreien Graphen im Compilerbau beschrieben.

Abb. 4.6: Die Prozeduren `kreisfreiGraph` **und** `kreisfrei`

```
var besucht, verlassen : Array[1..n] von Boolean;

function kreisfreiGraph(G : G-Graph) : Boolean
   var eᵢ : Ecke;

   Initialisiere besucht und verlassen mit false;
   foreach eᵢ in G.E do
      if not besucht[i] then
         if not kreisfrei(eᵢ) then
            return false;
   return true;

function kreisfrei(eᵢ : Ecke) : Boolean
   var eⱼ : Ecke;

   besucht[i] := true;
   foreach eⱼ in N⁺(eᵢ) do
      if not besucht[j] then
         if not kreisfrei(eⱼ) then
            return false;
      else
         if not verlassen[j] then
            return false;
   verlassen[i] := true;
   return true;
```

4.4.1 Rekursion in Programmiersprachen

Rekursion ist ein wichtiges Konzept in Programmiersprachen. Aber nicht alle Programmiersprachen unterstützen rekursive Definitionen. In Fortran 77 und Cobol sind z. B. rekursive Prozeduren nicht möglich. Auch rekursive Datenstrukturen werden nicht von allen Programmiersprachen unterstützt. In diesen Fällen muss der Compiler überprüfen, ob die Definitionen rekursionsfrei sind. Bei Prozeduren unterscheidet man zwischen *direkter Rekursion* (eine Prozedur ruft sich selbst auf) und *indirekter Rekursion* (eine Prozedur P_1 ruft die Prozedur P_2 auf, P_2 ruft P_3 auf etc. und P_n ruft P_1 auf). Um indirekte Rekursion festzustellen, wird ein gerichteter Graph vom Compiler gebildet. Die Ecken dieses Graphen sind die Prozeduren, und eine Kante von P_i nach P_j bedeutet, dass P_j direkt von P_i aufgerufen wird. Die Kreisfreiheit dieses Graphen ist gleichbedeutend mit der Abwesenheit von indirekter Rekursion. Eine Schlinge in diesem Graphen zeigt eine direkte Rekursion an.

4.4.2 Topologische Sortierung

Mit kreisfreien Graphen lassen sich hierarchische Strukturen darstellen. Als Beispiel sei die Planung der Fertigung eines komplexen Werkstückes beschrieben. Die gesamte Fertigung besteht aus n Teilarbeiten T_i. Für den Beginn jeder Teilarbeit ist der Abschluss einiger anderer Teilarbeiten Voraussetzung. Diese Situation kann mit einem gerichteten Graphen G_F modelliert werden. Die Teilarbeiten T_i repräsentieren die Ecken von G_F, und eine Kante von T_i nach T_j bedeutet, dass T_i vor Beginn von T_j beendet sein muss. G_F ist kreisfrei, ansonsten kann das Werkstück nicht gefertigt werden. Gesucht ist nun eine Reihenfolge der n Teilarbeiten unter Beachtung der Nebenbedingungen. Eine solche Reihenfolge nennt man eine *topologische Sortierung*.

Eine topologische Sortierung eines kreisfreien gerichteten Graphen ist eine Nummerierung der Ecken mit Nummern von 1 bis n, so dass für alle Kanten die Nummer der Anfangsecke kleiner ist als die der Endecke. Die folgende Tabelle zeigt die Nummerierung einer topologischen Sortierung des in Abbildung 4.5 links dargestellten Graphen:

Ecke	e_1	e_2	e_3	e_4	e_5
Sortierungsnummer	1	2	5	4	3

Es kann für einen kreisfreien gerichteten Graphen verschiedene topologische Sortierungen geben. Der im Folgenden beschriebene Algorithmus beweist, dass jeder kreisfreie gerichtete Graph eine topologische Sortierung besitzt. Der Algorithmus basiert auf der Tiefensuche. Die Sortierungsnummern werden dabei in absteigender Form vergeben, d. h. in der Reihenfolge n, $n-1$, ..., 1. Die Vorgehensweise ist die, dass eine Ecke eine Sortierungsnummer bekommt, falls alle ihre Nachfolger schon eine haben. Dadurch wird die Eigenschaft, dass Kanten immer in Richtung höherer Nummern zeigen, gewahrt. Nach dem Aufruf der Tiefensuche für eine Ecke e_i werden alle von e_i aus erreichbaren Ecken besucht, d. h., am Ende des Aufrufs kann e_i eine Sortierungsnummer bekommen. Die Sortierungsnummern werden in einem Feld `toSoNummer` der Länge n abgespeichert. Dieses Feld wird zuvor mit 0 initialisiert. Abbildung 4.7 zeigt eine Realisierung der topologischen Suche. Die Variable `nummer` enthält immer die als nächstes zu vergebende Sortierungsnummer. Die Prozedur `topoSort` wird in der Prozedur `topoSortGraph` für noch unbesuchte Ecken aufgerufen.

Die Prozedur `topoSortGraph` erzeugt eine topologische Sortierung, falls sie auf kreisfreie gerichtete Graphen angewendet wird. Der Grund hierfür liegt darin, dass es in kreisfreien Graphen keine Rückwärtskanten gibt. Trifft man innerhalb von `topoSort(e_i)` auf eine schon besuchte Ecke e_j, so ist die entsprechende Kante eine Vorwärts- oder Querkante. In jedem Fall ist der Aufruf von `topoSort(e_j)` aber schon abgeschlossen. Somit hat e_j schon eine topologische Sortierungsnummer, und diese ist höher als die, die e_i bekommen wird. Wendet man die Prozedur `topoSortGraph` auf den in Abbildung 4.5 links dargestellten Graphen an, so ergibt sich folgende Aufrufhierarchie für die Prozedur `topoSort`:

```
topoSortGraph(G)
    topoSort(e₁)
        topoSort(e₂)
            topoSort(e₃)
            topoSort(e₅)
                topoSort(e₄)
```

Abb. 4.7: Die Prozedur `topoSort`

```
var toSoNummer : Array[1..n] von Integer;
var besucht : Array[1..n] von Boolean;
var nummer : Integer;

procedure topoSortGraph(G : G-Graph)
    var eᵢ : Ecke;

    Initialisiere besucht mit false und toSoNummer mit 0;
    nummer := n;
    foreach eᵢ in G.E do
        if not besucht[i] then
            topoSort(eᵢ);

procedure topoSort(eᵢ : Ecke)
    var eⱼ : Ecke;

    besucht[i] := true;
    foreach eⱼ in N⁺(eᵢ) do
        if not besucht[j] then
            topoSort(eⱼ);
    toSoNummer[i] := nummer;
    nummer := nummer - 1;
```

Was passiert, wenn die Prozedur `topoSortGraph` auf Graphen angewendet wird, welche nicht kreisfrei sind? Es wird ebenfalls eine Nummerierung produziert, welche aber nicht einer topologischen Sortierung entspricht. Die Prozedur `topoSort` lässt sich leicht dahingehend erweitern, dass geschlossene Wege erkannt werden. Dies ist der Fall, wenn man auf eine Rückwärtskante trifft. Diese führt zu einer Ecke e_j, welche schon besucht wurde (d. h. `besucht[j]` = **true**) und die noch keine topologische Sortierungsnummer hat (d. h. `toSoNummer[j]` = 0).

Mit dieser Änderung kann die Prozedur `topoSortGraph` auf beliebige gerichtete Graphen angewendet werden. Enthält der Graph einen geschlossenen Weg, so wird dieser erkannt und eine entsprechende Ausgabe erzeugt. Andernfalls wird eine topologische Sortierung erzeugt. Unter Verwendung von Adjazenzlisten für den gerichteten Graphen ist die Komplexität von `topoSortGraph` gleich $O(n + m)$.

4.5 Starke Zusammenhangskomponenten

Ein gerichteter Graph heißt *stark zusammenhängend*, falls es für jedes Paar e_i, e_j von Ecken sowohl einen Weg von e_i nach e_j als auch von e_j nach e_i gibt. Die Eckenmenge E eines gerichteten Graphen kann in disjunkte Teilmengen zerlegt werden, so dass die von den einzelnen Teilmengen induzierten Untergraphen stark zusammenhängend sind. Dazu bilde man folgende Relation: e_i, e_j ∈ E sind äquivalent, falls es einen Weg von e_i nach e_j und einen Weg von e_j nach e_i gibt. Diese Relation ist symmetrisch und transitiv. Die von den Äquivalenzklassen dieser Relation induzierten Untergraphen sind stark zusammenhängend. Man nennt sie die *starken Zusammenhangskomponenten*. Ein stark zusammenhängender Graph besteht also nur aus einer starken Zusammenhangskomponente. Abbildung 4.8 zeigt links einen gerichteten Graphen und rechts die drei starken Zusammenhangskomponenten dieses Graphen.

Abb. 4.8: Ein gerichteter Graph und seine starken Zusammenhangskomponenten

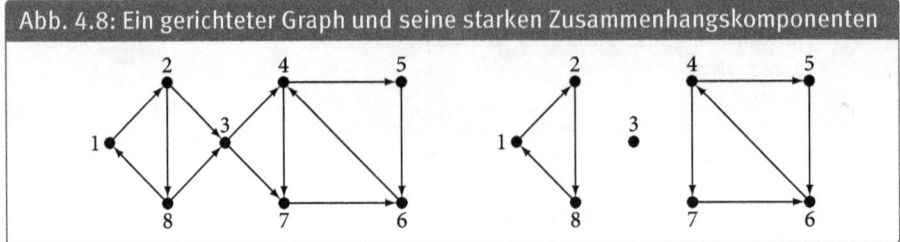

Jede Ecke eines gerichteten Graphen gehört somit zu genau einer starken Zusammenhangskomponente. Es kann aber Kanten geben, die zu keiner Komponente gehören. Diese verbinden Ecken in verschiedenen Zusammenhangskomponenten. Das Auffinden der starken Zusammenhangskomponenten kann mit Hilfe der Tiefensuche vorgenommen werden. Die Ecken werden dabei in der Reihenfolge der Tiefensuche besucht und auf einem Stapel abgelegt. Die Ablage auf dem Stapel erfolgt sofort, wenn eine Ecke zum ersten Mal besucht wird. Nachdem die Tiefensuche eine Ecke e verlässt, sind die Ecken, die oberhalb von e auf dem Stapel liegen, gerade die Ecken, die von e aus neu besucht wurden. Diejenige Ecke einer starken Zusammenhangskomponente, welche während der Tiefensuche zuerst besucht wurde, nennt man die *Wurzel* der starken Zusammenhangskomponente. Im Beispiel aus Abbildung 4.8 sind dies die Ecken e_1, e_3 und e_4, falls man die Tiefensuche bei Ecke e_1 startet.

Von der Wurzel einer starken Zusammenhangskomponente sind alle Ecken der Zusammenhangskomponente erreichbar. Somit liegen nach dem Verlassen einer Wurzel e alle Ecken der gleichen Zusammenhangskomponente oberhalb von e auf dem Stapel. Oberhalb von e können aber auch noch andere Ecken liegen, nämlich die Ecken der starken Zusammenhangskomponenten, die von e aus erreichbar sind. In dem Graphen aus Abbildung 4.8 sind z. B. alle Ecken von der Ecke e_1 aus erreichbar, d. h., beim Verlassen der Ecke e_1 liegen die Ecken aller drei starken Zusammenhangskomponenten auf dem Stapel. Die Tiefensuche ist allerdings in diesem Fall schon für die Wurzeln von zwei der drei starken Zusammenhangskomponenten beendet. Man geht deshalb folgendermaßen vor: Jedesmal beim Verlassen der Wurzel e werden alle Ecken oberhalb von e und einschließlich e von dem Stapel entfernt. Dadurch erreicht man, dass beim Verlassen der Wurzel einer starken Zusammenhangskomponente die zugehörigen Ecken oben auf dem Stapel liegen.

Dazu betrachte man den *Strukturgraph* $\hat{G}$ von G. Die Eckenmenge $\hat{E}$ von $\hat{G}$ ist die Menge aller starken Zusammenhangskomponenten von G. Sind E_i, $E_j \in \hat{E}$, so gibt es eine Kante von E_i nach E_j, falls es Ecken $e_i \in E_i$ und $e_j \in E_j$ gibt, so dass in G eine Kante

> **Abb. 4.9: Der Strukturgraph des Graphen aus Abbildung 4.8**
>

von e_i nach e_j existiert. Der Graph $\hat{G}$ ist kreisfrei, denn die starken Zusammenhangskomponenten, die auf einem geschlossenen Weg lägen, würden eine einzige starke Zusammenhangskomponente bilden. Abbildung 4.9 zeigt den Strukturgraph des Graphen aus Abbildung 4.8. Dabei sind die Ecken mit den Nummern der entsprechenden Wurzeln markiert.

Da der Strukturgraph kreisfrei ist, besitzt er eine topologische Sortierung. Die starken Zusammenhangskomponenten erscheinen in umgekehrter Reihenfolge ihrer topologischen Sortierungsnummern vollständig oben auf dem Stapel und können dann entfernt werden. Von einer starken Zusammenhangskomponente kann es nur Kanten zu starken Zusammenhangskomponenten mit höheren topologischen Sortierungsnummern geben. Dies nutzt man aus, um beim Verlassen einer Ecke zu erkennen, ob es sich um die Wurzel einer starken Zusammenhangskomponente handelt. Im Folgenden wird gezeigt, dass eine Ecke e genau dann die Wurzel einer starken Zusammenhangskomponente ist, wenn weder e noch eine Ecke oberhalb von e eine Quer- oder Rückwärtskante zu einer Ecke e' besitzt, die unter e auf dem Stapel liegt. Abbildung 4.10 zeigt die Grobstruktur einer entsprechenden rekursiven Prozedur.

> **Abb. 4.10: Bestimmung der starken Zusammenhangskomponenten**
>
> ```
> procedure szhk(e : Ecke)
>     Lege e auf dem Stapel ab;
>     foreach e' in alle unbesuchten Nachbarn von e do
>         szhk(e');
>     if weder Ecke e noch eine Ecke oberhalb von e besitzt eine Rückwärts -
>             oder Querkante zu einer Ecke unterhalb von e in dem Stapel then
>         Entferne e und oberhalb von e liegenden Ecken aus Stapel;
> ```

Lemma. *Die Prozedur* szhk *bestimmt alle von e aus erreichbaren starken Zusammenhangskomponenten.*

Beweis. Der Beweis erfolgt durch vollständige Induktion nach l, der Anzahl der Ecken in dem zugehörigen Strukturgraphen. Zunächst wird der Fall $l = 1$ betrachtet. Dann ist G stark zusammenhängend, und zwischen je zwei Ecken existiert ein Weg. Es sei e_1 die erste Ecke, welche die in der Prozedur angegebene Bedingung der if-Anweisung erfüllt; d. h., weder e_1 noch eine Ecke oberhalb von e_1 besitzt eine Quer- oder Rückwärtskante zu einer Ecke, die unter e_1 auf dem Stapel liegt. Angenommen $e_1 \neq e$. Da G stark zusammenhängend ist, gibt es einen Weg W von e_1 nach e. Da die Prozedur szhk den Graphen gemäß der Tiefensuche durchsucht, sind in diesem Moment alle von e_1 aus erreichbaren Ecken im Stapel. Insbesondere sind also alle Ecken von W im Stapel. Sei nun e_2 die erste Ecke auf W, welche nicht oberhalb von e_1 im Stapel liegt (eventuell ist $e_2 = e$), und e_3 der Vorgänger von e_2 auf diesem Weg. Somit wurde e_2 vor e_3 besucht. Nach dem im Abschnitt 4.3 bewiesenen Lemma ist (e_3, e_2) eine Rückwärts- oder eine Querkante. Da die Bedingung der if-Anweisung für e erfüllt ist, ergibt dies einen Widerspruch. Somit ist $e_1 = e$, und es werden alle Ecken ausgegeben, d. h., das Lemma ist für $l = 1$ bewiesen.

Sei nun $l > 1$ und e' die erste Ecke innerhalb eines Blattes des Strukturgraphen, welche die Prozedur szhk erreicht. Da der Strukturgraph kreisfrei ist, wird immer ein Blatt erreicht. Es sei e_1 wieder die erste Ecke, welche die in der Prozedur angegebene Bedingung der if-Anweisung erfüllt. Wieder sind in diesem Moment alle von e_1 aus erreichbaren Ecken im Stapel. Da von jeder Ecke des Graphen die Ecken von mindestens einem Blatt im Strukturgraphen erreichbar sind, liegt auch e' im Stapel. Angenommen $e_1 \neq e'$. Oberhalb von e' liegen alle Ecken der starken Zusammenhangskomponente, welche e' enthält. Von dieser kann keine andere Zusammenhangskomponente erreicht werden.

Analog zum ersten Teil beweist man, dass e_1 nicht oberhalb von e' im Stapel liegen kann. Somit liegt e_1 unterhalb von e' und die Prozedur szhk hat schon e' verlassen. Also gibt es eine Rückwärts- oder eine Querkante k von einer Ecke e_3 oberhalb von e' zu einer Ecke e_2 unterhalb von e'. Wäre dies eine Rückwärtskante, so würden e_2 und e_3 zur gleichen starken Zusammenhangskomponente gehören. Dies widerspricht der Wahl von e'. Somit ist k eine Querkante, d. h., die Prozedur szhk hat e_2 schon verlassen. Da e_2 noch auf dem Stapel liegt, gibt es eine Quer- oder Rückwärtskante von e_2 oder einer Ecke oberhalb von e_2 im Stapel zu einer Ecke e_4 unterhalb von e_2 und oberhalb von e_1 im Stapel. Da von dort die Ecke e_3 erreichbar ist, kann dies wiederum keine Rückwärtskante sein. Somit ist auch die Tiefensuche für e_4 schon abgeschlossen, und die gleiche Argumentation lässt sich wiederholen. Da nur endlich viele Ecken oberhalb von e_1 auf dem Stapel liegen, muss sich dabei irgendwann eine Rückwärtskante ergeben. Dies führt wieder zu einem Widerspruch. Somit ist $e_1 = e'$, und die Ecken, welche zu dem entsprechenden Blatt gehören, werden ausgegeben. Von nun an verhält sich die Prozedur so als wären diese Ecken nie vorhanden gewesen, d. h., die Behauptung folgt nun aus der Induktionsvoraussetzung. Damit ist der Beweis vollständig. ∎

Wie kann die in der Prozedur angegebene Eigenschaft geprüft werden? Hierbei nützt man die durch die Tiefensuche erzeugte Nummerierung der Ecken aus. Für jede Ecke wird die niedrigste Tiefensuchenummer unter den Ecken gespeichert, die über eine Quer- oder Rückwärtskante von einem Nachfolger aus erreichbar sind. Hierbei werden nur Ecken berücksichtigt, die noch im Stapel sind. Dieser Vorgang erfolgt während der Tiefensuche. Vor dem Ende der Tiefensuche für eine Ecke kann man mit diesem Wert entscheiden, ob die Wurzel einer starken Zusammenhangskomponente vorliegt. Dies ist genau dann der Fall, wenn der Wert nicht kleiner als die Tiefensuchenummer der Ecke ist.

Es werden zwei Felder verwaltet: tsNummer und minNummer. Beim Besuch einer Ecke e_i wird zuerst tsNummer[i] belegt, und minNummer[i] bekommt den gleichen

Abb. 4.11: Bestimmung der starken Zusammenhangskomponenten

```
var minNummer, tsNummer : Array[1..n] von Integer;
var S : Stapel von Ecke;
var zähler : Integer;

procedure szhkGraph(G : G-Graph)
    var e_i : Ecke;

    Initialisiere tsNummer und zähler mit 0;
    foreach e_i in G.E do
        if tsNummer[i] = 0 then
            szhk(e_i);

procedure szhk(e_i : Ecke)
    var e_j : Ecke;

    zähler := zähler + 1;
    tsNummer[i] := minNummer[i] := zähler;
    S.einfügen(e_i);
    foreach e_j in N⁺(e_i) do
        if tsNummer[j] = 0 then
            szhk(e_j);
            minNummer[i] := min(minNummer[i], minNummer[j]);
        else
            if S.enthalten(e_j) and tsNummer[i] > tsNummer[j] then
                minNummer[i] := min(minNummer[i], tsNummer[j]);
    if tsNummer[i] = minNummer[i] then
        while S.enthalten(e_i) do
            e_j := S.entfernen();
            minNummer[j] := minNummer[i];
```

Wert. Danach wird jeder Nachfolger e_j von e_i bearbeitet und anschließend der Wert von `minNummer[i]` folgendermaßen geändert. Ist $e_i \to e_j$ eine Baumkante:

$$\text{minNummer[i]} := \text{min(minNummer[i], minNummer[j])};$$

und ist $e_i \to e_j$ eine Quer- oder Rückwärtskante und ist e_j noch im Stapel:

$$\text{minNummer[i]} := \text{min(minNummer[i], tsNummer[j])};$$

Am Ende bilden jeweils die Ecken, deren Wert im Feld `minNummer` gleich ist, eine starke Zusammenhangskomponente. Die Nummer ist dabei die Tiefensuchenummer der Wurzel der Zusammenhangskomponente. Abbildung 4.11 zeigt eine Realisierung dieser Anwendung der Tiefensuche. Die Korrektheit der Prozedur `szhkGraph` ergibt sich aus dem obigen Lemma.

Abbildung 4.12 zeigt eine Anwendung des Algorithmus zur Bestimmung der starken Zusammenhangskomponenten. Abbildung 4.12 (a) zeigt den Ausgangsgraphen und Abbildung 4.12 (c) die Aufrufhierarchie von `szhk`. Die Belegung des Feldes `minNummer` am Ende des Algorithmus wird in Abbildung 4.12 (b) dargestellt. Es werden die folgenden starken Zusammenhangskomponenten gefunden: $\{e_1, e_2, e_8\}$, $\{e_3\}$ und $\{e_4, e_5, e_6, e_7\}$.

Unter Verwendung der Adjazenzliste ist der zeitliche Aufwand für die Bestimmung der starken Zusammenhangskomponenten $O(n + m)$, da die einzelnen Stapeloperationen in konstanter Zeit realisiert werden können. In der gleichen Zeit kann auch der Strukturgraph bestimmt werden.

Abb. 4.12: Bestimmung der starken Zusammenhangskomponenten

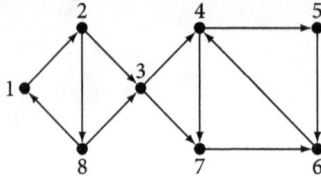

minNummer :

1	2	3	4	5	6	7	8
1	1	3	4	4	4	4	1

(a) Der gerichtete Graph aus Abbildung 4.8   **(b)** Belegung des Feldes `minNummer`

```
szhkGraph(G)
    szhk(e₁)
        szhk(e₂)
            szhk(e₃)
                szhk(e₄)
                    szhk(e₅)
                        szhk(e₆)
                    szhk(e₇)
                szhk(e₈)
```

(c) Aufrufhierarchie von `szhk`

4.6 Transitiver Abschluss und transitive Reduktion

In vielen Anwendungen, in denen gerichtete Graphen verwendet werden, ist man vorrangig daran interessiert, ob es zwischen zwei gegebenen Ecken einen Weg gibt. Anfragen dieser Art können mittels aus dem Ausgangsgraphen abgeleiteter Graphen beantwortet werden: dem transitiven Abschluss und der *transitiven Reduktion*. Der transitive Abschluss eines gerichteten Graphen G ist ein gerichteter Graph mit gleicher Eckenmenge wie G, in dem es von der Ecke e eine Kante zur Ecke e' gibt, falls es in G einen Weg von e nach e' gibt, der aus mindestens einer Kante besteht. Liegt die Adjazenzmatrix des transitiven Abschlusses vor, so kann eine Abfrage auf die Existenz eines Weges in konstanter Zeit beantwortet werden. Dies erfordert natürlich einen Speicherplatz von $O(n^2)$.

Die transitive Reduktion eines gerichteten Graphen G ist ein gerichteter Graph mit gleicher Eckenmenge wie G und einer minimalen Anzahl von Kanten des Graphen G, so dass beide Graphen den gleichen transitiven Abschluss haben. Die transitive Reduktion hat minimalen Speicheraufwand, beantwortet eine Abfrage aber auch nicht in konstanter Zeit. Man beachte, dass die transitive Reduktion nur für kreisfreie gerichtete Graphen eindeutig ist (vergleichen Sie dazu Übungsaufgabe 26 (*d*) aus Kapitel 2). In vielen Fällen wird der Speicheraufwand für die transitive Reduktion wesentlich geringer sein als für den Ausgangsgraphen.

Algorithmen für den transitiven Abschluss wurden bereits in den Abschnitten 2.5 und 4.3 angegeben. Der in diesem Abschnitt präsentierte Algorithmus hat in vielen Fällen eine geringere Laufzeit. Weiterhin wird ein Algorithmus zur Bestimmung der transitiven Reduktion eines kreisfreien gerichteten Graphen vorgestellt.

Zunächst wird gezeigt, dass man sich bei der Bestimmung des transitiven Abschlusses auf kreisfreie gerichtete Graphen beschränken kann. Der entscheidende Punkt hierbei ist, dass von jeder Ecke einer starken Zusammenhangskomponente die gleichen Ecken erreicht werden können. Somit genügt es, für je eine Ecke jeder starken Zusammenhangskomponente die Menge der erreichbaren Ecken zu bestimmen. Dazu wird zu einem gegebenen Graphen G der zugehörige Strukturgraph $\hat{G}$ betrachtet. Wie im letzten Abschnitt gezeigt wurde, ist $\hat{G}$ kreisfrei. Kennt man den transitiven Abschluss des Strukturgraphen $\hat{G}$, so kann daraus in linearer Zeit $O(n+m)$ der transitive Abschluss des Ursprungsgraphen bestimmt werden.

Es sei E die Eckenmenge von G, und für $e \in E$ sei E_e die starke Zusammenhangskomponente von G, welche e enthält. Dann bildet folgende Menge

$$\left\{ (e, e') \mid e, e' \in E, e \neq e' \text{ so dass } E_{e'} = E_e \text{ oder } E_{e'} \text{ ist in } \hat{G} \text{ von } E_e \text{ erreichbar} \right\}$$

die Kantenmenge des transitiven Abschlusses von G. Man beachte, dass der Strukturgraph $\hat{G}$ ebenfalls in linearer Zeit $O(n+m)$ bestimmt werden kann.

Im Folgenden werden nun kreisfreie gerichtete Graphen betrachtet. In Übungsaufgabe 26 (*d*) aus Kapitel 2 wurde bereits gezeigt, dass für kreisfreie Graphen G die transitive Reduktion eindeutig ist. Ferner wurde bewiesen, dass eine Kante (e_i, e_j) von G genau dann zur transitiven Reduktion gehört, wenn es keinen Weg von e_i nach e_j gibt, welcher aus mehr als einer Kante besteht. Im folgenden Lemma wird ein Zusammenhang zwischen transitiver Reduktion und transitivem Abschluss bewiesen. Dazu wird angenommen, dass eine topologische Sortierung des Graphen vorliegt.

Lemma. *Es sei G ein kreisfreier gerichteter Graph mit Eckenmenge E. Die Nachbarn einer Ecke $e \in E$ seien in aufsteigender Reihenfolge einer topologischen Sortierung nummeriert: $e_1, \ldots, e_s$. Dann ist (e, e_i) genau dann eine Kante der transitiven Reduktion von G, wenn e_i von keiner der Ecken $e_1, \ldots, e_{i-1}$ aus erreichbar ist.*

Beweis. a) Es sei (e, e_i) eine Kante der transitiven Reduktion von G. Angenommen, es gibt eine Ecke e_j mit $j < i$, von der aus e_i erreichbar ist. Dann gibt es einen Weg von e über e_j nach e_i. Dies widerspricht aber dem Resultat aus der oben angegebenen Übungsaufgabe.

b) Es sei e_i eine Ecke, von der aus keine der Ecken $e_1, \ldots, e_{i-1}$ erreichbar ist. Angenommen, (e, e_i) ist keine Kante der transitiven Reduktion von G. Dann gibt es einen Weg von e nach e_i, welcher aus mehr als einer Kante besteht. Es sei e' der Nachfolger von e auf diesem Weg. Da die Nachfolger von e bezüglich einer topologischen Sortierung geordnet sind, ist $e' \in \{e_1, \ldots, e_{i-1}\}$. Dieser Widerspruch beweist das Lemma. ∎

Aus dem letzten Lemma ergibt sich ein Algorithmus, welcher simultan den transitiven Abschluss und die transitive Reduktion eines kreisfreien gerichteten Graphen bestimmt, d. h., beide Probleme werden mit gleicher Laufzeit gelöst. Abbildung 4.13 zeigt eine entsprechende Prozedur `transAbschluss`. Hierbei wird vorausgesetzt, dass die Ecken in aufsteigender Reihenfolge einer topologischen Sortierung nummeriert sind. Der Graph wird mit Hilfe der Adjazenzliste dargestellt, wobei die Nachbarn jeder Ecke in aufsteigender Reihenfolge gemäß der topologischen Sortierung geordnet sind. Der transitive Abschluss als auch die transitive Reduktion werden durch ihre Adjazenzmatrizen E_{Ab} bzw. E_{Red} dargestellt. Die Prozedur `transAbschluss` lässt sich auch so realisieren, dass die Darstellung mittels Adjazenzlisten erfolgt.

Abb. 4.13: Die Prozedur `transAbschluss`

```
var E_Ab, E_Red : Array[1..n, 1..n] von Integer;

procedure transAbschluss(G : K-G-Graph);
    var e_i, e_j : Ecke;
    var l : Integer;

    Initialisiere E_Ab und E_Red mit 0;
    foreach e_i in G.E in absteigender Reihenfolge do
        E_Ab[i, i] := 1;
        foreach e_j in N⁺(e_i) in aufsteigender Reihenfolge do
            if E_Ab[i, j] = 0 then
                for l := j to n do
                    if E_Ab[i, l] = 0 then
                        E_Ab[i, l] := E_Ab[j, l];
                E_Red[i, j] := 1;
```

Die Korrektheit der Prozedur `transAbschluss` folgt direkt aus dem letzten Lemma und folgender Beobachtung: Zu jedem Zeitpunkt gilt für alle e_i: Ist ein Nachfolger e_j von e_i schon in E_{Ab} eingetragen, so sind alle von e_j aus erreichbaren Ecken ebenfalls schon in E_{Ab} eingetragen.

Die äußere `if`-Anweisung wird m-mal durchgeführt, jedoch nur in m_{Red} Fällen müssen die entsprechenden Anweisungen durchgeführt werden. Hierbei bezeichnet m_{Red} die Anzahl der Kanten in der transitiven Reduktion. Der Gesamtaufwand aller `if`-Anweisungen zusammen ist somit $O(m + n\,m_{Red})$. Da auch die restlichen Anweisungen nicht mehr Zeit benötigen, ist dies auch schon der Gesamtaufwand von `transAbschluss`.

Es sei noch bemerkt, dass die Prozedur den so genannten reflexiven transitiven Abschluss bestimmt, d. h., jede Ecke ist immer von sich aus erreichbar. Da der Ausgangsgraph kreisfrei ist, lässt sich dieser Nachteil beheben, indem in der Adjazenzmatrix E_{Ab} die Diagonaleinträge auf 0 gesetzt werden.

Aus den Ausführungen zu Beginn dieses Abschnittes folgt die Gültigkeit des folgenden Satzes.

Satz. *Der transitive Abschluss eines gerichteten Graphen G kann mit dem Aufwand $O(m + n\,m_{\text{Red}})$ bestimmt werden. Hierbei bezeichnet m_{Red} die Anzahl der Kanten der transitiven Reduktion des Strukturgraphen von G.*

4.7 Anwendung der Tiefensuche auf ungerichtete Graphen

Die Tiefensuche kann auch auf ungerichtete Graphen angewendet werden. Kanten, die zu unbesuchten Ecken führen, werden auch in diesem Fall *Baumkanten* genannt. Baumkanten sind gerichtete Kanten und zeigen auf die neu besuchten Ecken.

4.7.1 Bestimmung der Zusammenhangskomponenten

Bei der Tiefensuche wird immer eine vollständige Zusammenhangskomponente durchlaufen. Somit ist die Anzahl der Tiefensuchebäume im Tiefensuchewald gleich der Anzahl der Zusammenhangskomponenten des Graphen. Daraus folgt auch, dass es in ungerichteten Graphen keine Querkanten geben kann. Da jede Kante in jeder Richtung durchlaufen wird, entfällt auch die Unterscheidung in Rückwärts- und Vorwärtskanten. Man unterteilt die Kanten eines ungerichteten Graphen in zwei Teilmengen. Eine Kante (e, e') heißt

Baumkante, falls der Aufruf `tiefensuche(e)` direkt `tiefensuche(e')` aufruft oder umgekehrt, und

Rückwärtskante, falls weder `tiefensuche(e)` direkt `tiefensuche(e')` aufruft noch umgekehrt, sondern einer der beiden Aufrufe indirekt durch den anderen erfolgt.

Es gilt folgendes Lemma.

Lemma. *Ist (e, e') eine Rückwärtskante eines ungerichteten Graphen, so ist entweder e ein Vorgänger oder ein Nachfolger von e' im Tiefensuchewald.*

Beweis. Es wird nur der Fall betrachtet, bei dem die Tiefensuchenummer von e kleiner ist als die von e'. Der andere Fall kann analog behandelt werden. Der Aufruf von `tiefensuche(e)` erfolgt also vor dem von `tiefensuche(e')`. Der Aufruf von `tiefensuche(e)` bewirkt, dass die Tiefensuche für alle Ecken, die von e aus erreichbar sind, durchgeführt wird. Da (e, e') eine Kante des Graphen ist, ist e' von e aus erreichbar. Somit erfolgt der Aufruf von `tiefensuche(e')` direkt oder indirekt von `tiefensuche(e)`. Somit ist e' ein Nachfolger von e im Tiefensuchebaum. ∎

Im Folgenden wird die Tiefensuche so abgeändert, dass die Zusammenhangskomponenten eines ungerichteten Graphen bestimmt werden. Die Tiefensuche durchläuft immer alle Ecken, welche von der Startecke erreichbar sind, d. h. eine komplette Zusammenhangskomponente. Der in Abbildung 4.14 dargestellte Algorithmus vergibt für jede Zusammenhangskomponente eine Nummer. Die Ecken werden mit dieser Nummer markiert. Am Ende bilden dann die Ecken mit gleicher Markierung eine vollständige Zusammenhangskomponente. Die Markierungen werden in dem Feld zhkNummer abgespeichert. Dieses Feld wird mit 0 initialisiert. Es wird auch dazu verwendet die besuchten Ecken zu verwalten; es ersetzt somit auch das Feld tsNummer. Der Unterschied zur Tiefensuche ist der, dass die Variable zähler nicht mehr innerhalb der rekursiven Prozedur, sondern in der Prozedur zhkGraph steht.

Abb. 4.14: Die Prozedur zhk

```
var zhkNummer : Array[1..n] von Integer;
var zähler : Integer;

procedure zhkGraph(G : Graph)
    var e_i : Ecke;

    Initialisiere zhkNummer und zähler mit 0;
    foreach e_i in G.E do
        if zhkNummer[i] = 0 then
            zähler := zähler + 1;
            zhk(e_i);

procedure zhk(e_i : Ecke);
    var e_j : Ecke;

    zhkNummer[i] := zähler;
    foreach e_j in N(e_i) do
        if zhkNummer[j] = 0 then
            zhk(e_j);
```

Die Komplexität der Prozedur zhkGraph ist die gleiche wie die der Tiefensuche, bei Verwendung der Adjazenzliste $O(n + m)$ und bei Verwendung der Adjazenzmatrix $O(n^2)$.

4.7.2 Durchsatz und Querschnitt

Es sei G ein ungerichteter kantenbewerteter Graph und $k_1, \ldots, k_s$ ein Weg W in G. Ist k_i die Kante von W mit der kleinsten Bewertung, so nennt man die Bewertung von k_i den *Querschnitt* von W. Für ein Paar e, e' von Ecken von G ist der *Durchsatz* gleich dem größten Querschnitt der Wege zwischen e und e'. Das heißt, ist D der Durchsatz der Ecken e und e', so gibt es einen Weg W zwischen e und e' mit folgender Eigenschaft: Die Bewertung jeder Kante von W ist mindestens gleich D. Im Folgenden wird ein Algorithmus zur Bestimmung des Durchsatzes aller Paare von Ecken eines ungerichteten kantenbewerteten Graphen vorgestellt.

Lemma. *Es sei G ein ungerichteter Graph und B ein maximal aufspannender Baum von G. Für jedes Paar e, e' von Ecken ist der Durchsatz von e und e' in G gleich dem Durchsatz von e und e' in B.*

Beweis. Es sei W ein Weg von e nach e' in G mit maximalem Querschnitt und $\overline{W}$ der Weg in B von e nach e'. Im Folgenden wird gezeigt, dass die Querschnitte von W und $\overline{W}$ übereinstimmen. Es sei $k = (e_i, e_j)$ eine Kante von W, welche nicht in B liegt. Fügt man k in B ein, so entsteht ein geschlossener Weg W'. Da B ein maximal aufspannender Baum ist, gilt bewertung$(k') \geq$ bewertung(k) für alle Kanten k' von W'. Somit ist der Querschnitt des Weges von e_1 nach e_2 in B mindestens so groß wie die Bewertung von k. Hieraus ergibt sich, dass der Querschnitt von $\overline{W}$ mindestens so groß ist wie der von W. Da der Querschnitt von W maximal ist, stimmen beide überein. Hieraus folgt die Behauptung. ∎

Aus diesem Lemma ergibt sich sofort ein Algorithmus zur Bestimmung des Durchsatzes aller Paare von Ecken. Im ersten Schritt wird ein maximal aufspannender Baum B mit Hilfe des Algorithmus von Kruskal bestimmt. Hierzu muss nur das Vorzeichen aller Kantenbewertungen umgedreht werden. Von jeder Ecke e von G wird eine Tiefensuche in B gestartet und dabei der Durchsatz für alle $n - 1$ Paare e, e' bestimmt. Dabei wird mit Hilfe eines Stapels die minimale Bewertung auf dem aktuellen Weg wie folgt verwaltet. Der oberste Wert des Stapels entspricht jederzeit der kleinsten Bewertung auf dem Weg zur aktuellen Ecke. Initial liegt auf dem Stapel der Wert ∞. Beim erstmaligen Besuch einer Ecke wird ein neuer Wert auf dem Stapel abgelegt. Dieser Wert ist gleich dem Minimum der Bewertung der Kante, welcher zur aktuellen Ecke führte und dem Wert des obersten Eintrages auf dem Stapel. Verlässt die Tiefensuche eine Ecke, so wird der oberste Wert vom Stapel entfernt. Dieser Wert entspricht dem Durchsatz zwischen der Startecke und der gerade verlassenen Ecke.

Der Aufwand für einen solchen Durchgang ist $O(n)$. Zusätzlich zur Bestimmung eines maximal aufspannenden Baums erfordert das Verfahren somit einen Aufwand von $O(n^2)$.

4.7.3 Anwendung in der Bildverarbeitung

Bildverarbeitung bzw. Bildverstehen sind wichtige Teilgebiete der künstlichen Intelligenz. Um den Inhalt eines Bildes zu verstehen, müssen die einzelnen Bildpunkte zu Gebilden zusammengefasst und als Objekte erkannt werden. Ausgangspunkt ist das digitalisierte Bild, welches aus Grauwerten besteht. Dieses wird in ein binäres, d. h. schwarz-weißes, Bild überführt. Dazu wird ein Schwellwert ausgewählt und alle darunterliegenden Bildpunkte auf 0 und die übrigen auf 1 abgebildet. Die Bildpunkte mit

Wert 1 werden nun als Objekte interpretiert, während solche mit Wert 0 als Hintergrund angesehen werden.

Um Objekte zu erkennen, wird der Begriff des 8-*Zusammenhangs* von Bildpunkten definiert. Dazu wird ein *Nachbarschaftsgraph* aus dem binären Bild konstruiert: Die Bildpunkte mit Wert 1 bilden die Ecken, und zwischen zwei Ecken gibt es eine Kante, falls die entsprechenden Bildpunkte benachbart sind, d. h., die Bildpunkte berühren sich. Die Zusammenhangskomponenten des Nachbarschaftsgraphen bilden die 8-zusammenhängenden Komponenten. Abbildung 4.15 zeigt ein binäres Bild zusammen mit dem entsprechenden Nachbarschaftsgraphen. Die 8-zusammenhängenden Komponenten werden in einer der ersten Phasen des Bildverstehens bestimmt und bilden dann die Grundlage weiterer Untersuchungen.

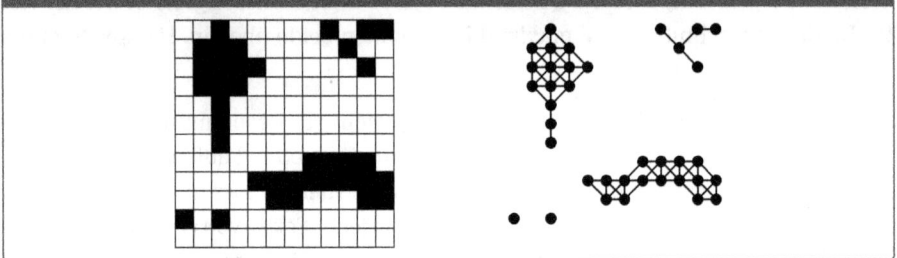

Abb. 4.15: Ein binäres Bild und der zugehörige Nachbarschaftsgraph

Der im letzten Abschnitt diskutierte Algorithmus zur Bestimmung der Zusammenhangskomponenten kann natürlich für die Ermittlung der 8-zusammenhängenden Komponenten verwendet werden. Dazu ist es aber notwendig, den Nachbarschaftsgraphen aufzubauen. Die Tiefensuche lässt sich aber auch direkt auf die Matrix B des binären Bildes anwenden. Dadurch erspart man sich den Aufbau des Graphen.

Abbildung 4.16 zeigt eine auf die spezielle Situation abgestimmte Version der Tiefensuche. Hierbei ist B eine $n \times n$ Matrix und B[i, j] = true, falls der entsprechende Bildpunkt den Wert 1 hat. Ein Eintrag (i, j) hat dabei maximal acht Nachbarn. Die Anzahl reduziert sich auf drei bzw. fünf, falls der Bildpunkt in der Ecke bzw. am Rande liegt. In der Matrix 8zhkNummer haben zwei Bildpunkte genau dann den gleichen Eintrag, wenn sie zur gleichen 8-Zusammenhangskomponente gehören. Ist der Eintrag gleich 0, so hatte der Bildpunkt den Wert 0 und gehört somit zum Hintergrund.

4.7.4 Blöcke eines ungerichteten Graphen

Eine Ecke eines ungerichteten Graphen heißt *trennende Ecke*, wenn deren Wegfall die Anzahl der Zusammenhangskomponenten erhöht. In Abbildung 4.17 sind e_1 und e_2 die einzigen trennenden Ecken des Graphen G. Ein Graph ohne trennende Ecken heißt *zweifach zusammenhängend*. Diese Graphen kann man leicht charakterisieren.

Abb. 4.16: Die Bestimmung der 8-zusammenhängenden Komponenten

```
var 8zhkNummer : Array[1..n, 1..n] von Integer;
var zähler : Integer;

procedure 8zhkBild(B : Array[1..n, 1..n] von Boolean)
    var i, j : Integer;

    Initialisiere 8zhkNummer und zähler mit 0;
    for i := 1 to n do
        for j := 1 to n do
            if B[i, j] and 8zhkNummer[i, j] = 0 then
                zähler := zähler + 1;
                8zhk(i, j);

procedure 8zhk(i : Integer, j : Integer)
    var k, l : Integer;

    8zhkNummer[i, j] := zähler;
    for jeden Nachbar (k, l) von (i, j) do
        if B[k, l] and 8zhkNummer[k, l] = 0 then
            8zhk(k, l);
```

Abb. 4.17: Ein Graph G mit seinen trennenden Ecken

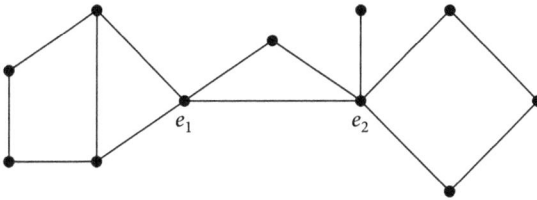

Lemma. *Ein zusammenhängender ungerichteter Graph mit mindestens drei Ecken ist genau dann zweifach zusammenhängend, wenn je zwei Ecken gemeinsam auf einem einfachen geschlossenen Weg liegen.*

Beweis. Es sei zunächst G ein Graph mit der angegebenen Eigenschaft. Angenommen, G ist nicht zweifach zusammenhängend. Dann besitzt G eine trennende Ecke e. Somit gibt es Ecken e_1 und e_2, die in G durch einen Weg verbunden sind und nach dem Entfernen von e in verschiedenen Zusammenhangskomponenten liegen. Somit können e_1 und e_2 nicht auf einem einfachen geschlossenen Weg liegen. Dieser Widerspruch zeigt, dass G zweifach zusammenhängend ist.

Es seien e_1 und e_2 zwei beliebige Ecken eines zweifach zusammenhängenden Graphen G. Es muss nun gezeigt werden, dass e_1 und e_2 auf einem gemeinsamen einfachen geschlossenen Weg liegen. Dies geschieht durch vollständige Induktion nach dem Abstand $d(e_1, e_2)$. Ist $d(e_1, e_2) = 1$, so existiert eine Kante zwischen e_1 und e_2. Da e_1 keine trennende Ecke ist, gibt es in G einen Weg von e_1 nach e_2, der nicht diese Kante verwendet. Somit liegen e_1 und e_2 in diesem Fall auf einem einfachen geschlossenen Weg. Sei nun $d(e_1, e_2) > 1$.

Da G zusammenhängend ist, gibt es einen einfachen Weg von e_1 nach e_2. Es sei W ein solcher Weg mit $d(e_1, e_2)$ Kanten. Sei e_3 der Vorgänger von e_2 auf diesem Weg. Da $d(e_1, e_3) < d(e_1, e_2)$ ist, liegen e_1 und e_3 nach Induktionsannahme auf einem einfachen geschlossenen Weg W_1. Abbildung 4.18 zeigt diese Situation. Da G zweifach zusammenhängend ist, gibt es einen einfachen Weg W_2 von e_1 nach e_2, der e_3 nicht enthält. Unter den Ecken, die W_1 und W_2 gemeinsam haben, sei e_4 die Ecke auf W_2, die am nächsten zu e_2 liegt. Eine solche Ecke muss es geben, da z. B. e_1 auf W_1 und W_2 liegt. Nun kann man leicht einen einfachen geschlossenen Weg angeben, auf dem e_1 und e_2 liegen: Von e_1 startend folge man W_1 bis zu e_4 auf dem Teil, der nicht über e_3 führt, von e_4 auf W_2 zu e_2, von e_2 zu e_3, und dann auf dem Teil von W_1, der nicht über e_4 führt, zurück nach e_1. In Abbildung 4.18 ist dieser einfache geschlossene Weg rot gezeichnet. ∎

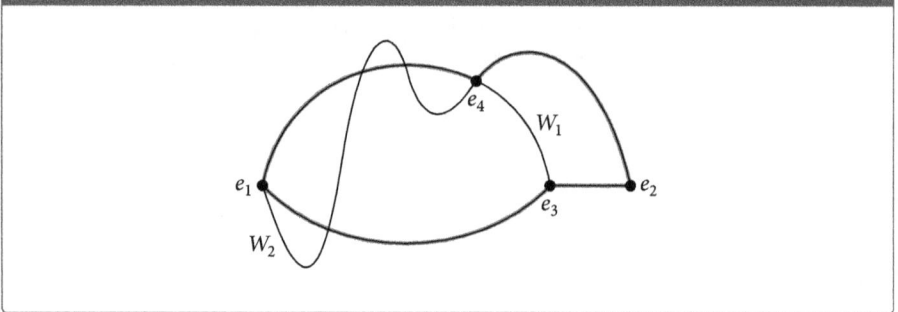

Abb. 4.18: Ein einfacher geschlossener Weg in einem zweifach zusammenhängenden Graphen

Die Kantenmenge K eines ungerichteten Graphen kann in disjunkte Teilmengen $K_1, \ldots, K_s$ zerlegt werden, so dass die von den K_i gebildeten Untergraphen zweifach zusammenhängend sind. Dazu bilde man folgende symmetrische Relation über der Menge K der Kanten: $k_1, k_2 \in K$ sind äquivalent, falls es einen einfachen geschlossenen Weg gibt, der sowohl k_1 als auch k_2 enthält.

Als erstes wird die Transitivität der Relation nachgewiesen. Es seien $k_1 = (e_1, e_1')$, $k_2 = (e_2, e_2')$ und $k_3 = (e_3, e_3')$ Kanten und W_1 bzw. W_2 einfache geschlossene Wege, welche die Kanten k_1, k_2 bzw. k_2, k_3 enthalten. Die Bezeichnung der Ecken sei so gewählt, dass e_1, e_2, e_2', e_1' in dieser Reihenfolge auf W_1 erscheinen. Es sei e die erste Ecke auf dem Teilweg W_1 von e_1 nach e_2, welche auch auf W_2 liegt. Da e_2 auf W_2 liegt, muss es eine solche Ecke geben. Ferner sei e' die erste Ecke auf dem Teilweg von W_1 von e_1' nach e_2', welche auch auf W_2 liegt. Da e_2' auf W_2 liegt, muss es auch eine solche Ecke geben. Da W_1 ein einfacher Weg ist, gilt $e \neq e'$. Es sei W der Teilweg von W_1 von e nach e', welcher die Kante k_1 enthält, und W' sei der Teilweg von W_2 von e nach e', welcher die Kante k_3 enthält. Diese beiden Wege bilden zusammen einen einfachen geschlossenen Weg, der die Kanten k_1, k_3 enthält. Somit hat man gezeigt, dass die angegebene Relation transitiv ist.

Die von den Äquivalenzklassen dieser Relation gebildeten Untergraphen sind entweder zweifach zusammenhängend oder bestehen aus genau einer Kante. Dies folgt aus dem obigen Lemma. Die so gebildeten Untergraphen nennt man die *Blöcke* des Graphen. Abbildung 4.17 zeigt die Blöcke des Graphen aus Abbildung 4.19.

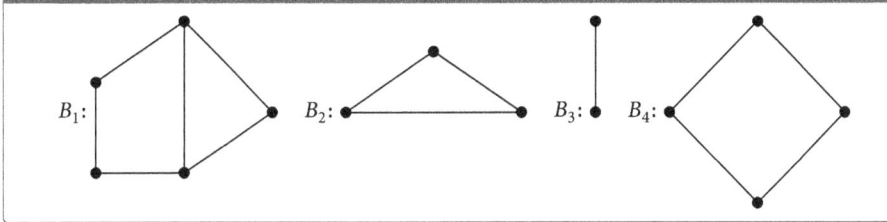

Abb. 4.19: Die Blöcke des Graphen aus Abbildung 4.17

Zwei Blöcke haben maximal eine gemeinsame Ecke; dies ist dann eine trennende Ecke. Jede trennende Ecke gehört zu mindestens zwei verschiedenen Blöcken (in Abbildung 4.17 gehört e_2 zu den Blöcken B_2, B_3 und B_4). Eine Ecke, die weder isoliert, noch eine trennende Ecke ist, gehört genau zu einem Block. Jede Kante gehört zu genau einem Block.

Für jeden Graphen G kann man den so genannten *Blockbaum* G_B bilden. Die Ecken von G_B sind die Blöcke und die trennenden Ecken von G. Ein Block B und eine trennende Ecke e sind genau dann durch eine Kante verbunden, falls e in B liegt. Ist G zweifach zusammenhängend, so besteht G_B genau aus einer Ecke. Für einen zusammenhängenden Graphen G ist G_B nach dem letzten Lemma ein Baum. Abbildung 4.20 zeigt den Blockbaum G_B für den Graphen aus Abbildung 4.19.

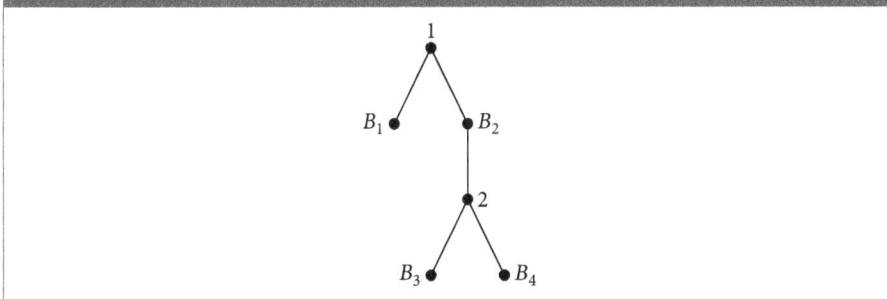

Abb. 4.20: Der Blockbaum G_B zu dem Graphen G aus Abbildung 4.17

Die Blöcke eines ungerichteten Graphen können mit der Tiefensuche bestimmt werden. Das Verfahren ist ähnlich dem der Bestimmung der starken Zusammenhangskomponente eines gerichteten Graphen. Das folgende Lemma ergibt sich sofort aus den Eigenschaften des Tiefensuchebaumes für ungerichtete Graphen.

Lemma. *Es sei B der Tiefensuchebaum eines ungerichteten zusammenhängenden Graphen. Genau dann ist die Wurzel e von B eine trennende Ecke, falls e mehrere Nachfolger in B hat. Eine andere Ecke e ist genau dann eine trennende Ecke, falls es einen Nachfolger w von e gibt, so dass kein Nachfolger v von w durch eine Rückwärtskante mit einem Vorgänger von e verbunden ist.*

Um die trennenden Ecken während der Tiefensuche zu erkennen, werden wieder zwei Felder verwaltet: `tsNummer` und `minNummer`. Das erste Feld hat die gleiche Bedeutung wie bei der Tiefensuche, und das zweite Feld enthält für jede Ecke e_i den Wert

$$\min\{\text{tsNummer}[j] \mid e_j \text{ ist Nachfolger von } e_i \text{ im Tiefensuchewald und}$$
$$(e_j, e_i) \text{ ist eine Rückwärtskante}\}.$$

Somit ist `minNummer[i]` die Tiefensuchenummer des ersten Nachfolgers e_j von e_i im Tiefensuchewald T, der durch einen Weg in T, gefolgt von einer einzigen Rückwärtskante (e_j, e_i) erreicht werden kann.

Beim Besuch einer Ecke e_i wird zuerst `tsNummer[i]` belegt, und `minNummer[i]` bekommt den gleichen Wert. Danach wird jeder Nachbar e_j von e_i bearbeitet und anschließend der Wert von `minNummer[i]` folgendermaßen geändert. Wurde e_j bisher noch nicht besucht:

```
minNummer[i] := min(minNummer[i], minNummer[j]);
```

Wurde e_j schon besucht und ist e_j nicht der Vorgänger von e_i im Tiefensuchebaum:

```
minNummer[i] := min(minNummer[i], tsNummer[j]);
```

Im letzten Fall ist (e_i, e_j) eine Rückwärtskante. Falls eine Ecke e_i eine trennende Ecke ist, so hat e_i einen Nachbarn e_j, so dass `minNummer[j]` $\geq$ `tsNummer[i]`, oder e_i ist die Startecke der Tiefensuche. Somit lassen sich die trennenden Ecken während der Tiefensuche erkennen. Die notwendigen Prozeduren sind in Abbildung 4.21 dargestellt.

Die Prozedur `blöckeGraph` bestimmt die Blöcke des Graphen und legt diese in der globalen Variablen `blockListe` ab. Die Prozedur `blöcke` verwendet einen Stapel, auf dem die Kanten abgelegt werden. Sobald ein Block gefunden wurde, werden die entsprechenden Kanten wieder entfernt. Für Nachbarn e_j der Startecke e_1 gilt:

$$\text{minNummer}[j] \geq \text{tsNummer}[1] = 1.$$

Führt eine Baumkante von e_1 nach e_j, so wird nach dem Aufruf von `blöcke(`e_j`)` der Block, welcher Kante (e_1, e_j) enthält, ausgegeben. Somit wird der Fall, dass die Startecke eine trennende Ecke ist, korrekt behandelt. Gibt es eine Baumkante von e_i nach e_j und ist `minNummer[j]` $\geq$ `tsNummer[i]`, so muss noch gezeigt werden, dass die Kanten oberhalb von (e_i, e_j) einschließlich (e_i, e_j) in S einen Block bilden. Der Beweis erfolgt durch vollständige Induktion nach der Anzahl b der Blöcke. Ist $b = 1$, so ist der Graph zweifach zusammenhängend. Dann hat Ecke e_1 nur einen Nachfolger e_j im Tiefensuchebaum, und die Korrektheit des Algorithmus folgt sofort. Es sei nun $b > 1$ und e_j die erste Ecke, für die `minNummer[j]` $\geq$ `tsNummer[i]` gilt. Bis zu diesem Zeitpunkt wurden noch keine Kanten von S entfernt, und alle Kanten oberhalb von (e_i, e_j)

Abb. 4.21: Prozeduren zur Bestimmung der Blöcke

```
type Block = Liste von Kante;
var tsNummer, minNummer : Array[1..n] von Integer;
var vorgänger : Array[1..n] von Ecke;
var zähler : Integer;
var S : Stapel von Kante;
var blockListe : Liste von Block;

procedure blöckeGraph(G : Graph)
    var e_i : Ecke;

    Initialisiere tsNummer und zähler mit 0;
    foreach e_i in G.E do
        if tsNummer[i] = 0 then
            blöcke(e_i);

procedure blöcke(e_i : Ecke)
    var e_j : Ecke;
    var k : Kante;
    var block : Block;

    zähler := zähler + 1;
    tsNummer[i] := minNummer[i] := zähler;
    foreach e_j in N(e_i) do
        Falls (e_i, e_j) noch nicht in S war, S.einfügen((e_i, e_j));
        if tsNummer[j] = 0 then
            vorgänger[j] := e_i;
            blöcke(e_j);
            if minNummer[j] ≥ tsNummer[i] then
                block := new Block;
                repeat
                    k := S.entfernen();
                    block.anhängen(k);
                until k = (e_i, e_j);
                blockListe.anhängen(block);
            minNummer[i] := min(minNummer[i], minNummer[j]);
        else
            if e_j ≠ vorgänger[i] then
                minNummer[i] := min(minNummer[i], tsNummer[j]);
```

sind inzident zu einem Nachfolger von e_j im Tiefensuchebaum. Da e_j trennende Ecke ist, bilden die Kanten oberhalb von (e_i, e_j) auf S genau den Block, welcher Kante (e_i, e_j) enthält. Es sei G' der Graph, der entsteht, wenn man aus G genau diese Kanten und die entsprechenden Ecken (außer Ecke e_j) entfernt. G' besteht aus $b-1$ Blöcken. Nach Induktionsannahme arbeitet der Algorithmus für G' korrekt. Somit arbeitet er aber auch für G korrekt.

Abbildung 4.22 zeigt eine Anwendung des Algorithmus zur Bestimmung der Blöcke. Der Ausgangsgraph ist in Abbildung 4.22 (a) dargestellt. Die Aufrufhierarchie der Prozedur `blöcke` ist in Abbildung 4.22 (c) zu sehen. Abbildung 4.22 (b) zeigt die Belegung der Felder `tsNummer` und `minNummer` am Ende des Algorithmus. Es werden folgende drei Blöcke bestimmt: $\{(e_4, e_3)\}$, $\{(e_6, e_4), (e_7, e_6), (e_5, e_7), (e_4, e_5)\}$ und $\{(e_4, e_1), (e_2, e_4), (e_1, e_2)\}$.

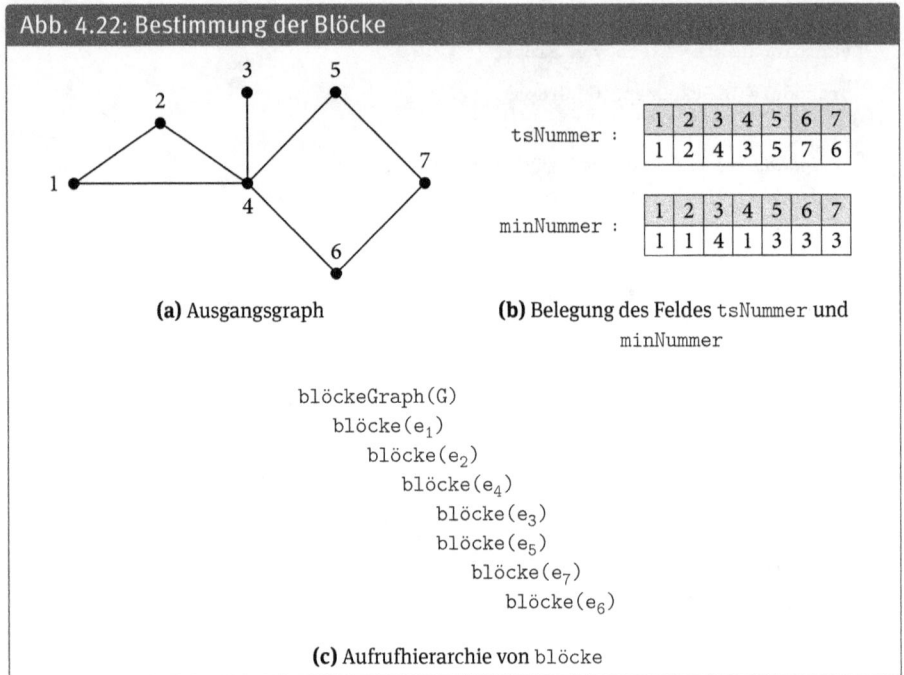

Abb. 4.22: Bestimmung der Blöcke

	1	2	3	4	5	6	7
tsNummer :	1	2	4	3	5	7	6

	1	2	3	4	5	6	7
minNummer :	1	1	4	1	3	3	3

(a) Ausgangsgraph

(b) Belegung des Feldes `tsNummer` und `minNummer`

```
blöckeGraph(G)
   blöcke(e₁)
      blöcke(e₂)
         blöcke(e₄)
            blöcke(e₃)
            blöcke(e₅)
               blöcke(e₇)
                  blöcke(e₆)
```

(c) Aufrufhierarchie von `blöcke`

Der zeitliche Aufwand zur Bestimmung der Blöcke ist $O(n + m)$. Gegenüber der Tiefensuche sind zusätzlich nur die Stapeloperationen zu berücksichtigen. Das einzige Problem besteht darin, zu vermeiden, dass eine Kante zweimal auf den Stapel kommt. Dies lässt sich aber leicht feststellen. Eine Kante (e_i, e_j) ist schon auf dem Stapel gewesen, falls (e_j, e_i) eine Baumkante im Tiefensuchebaum ist, oder falls (e_i, e_j) keine Baumkante ist und `tsNummer[j] > tsNummer[i]` gilt. Baumkanten können dabei mittels des Feldes `vorgänger` ermittelt werden. Somit ist der Gesamtaufwand für die Stapeloperationen $O(m)$.

4.8 Breitensuche

Eine Alternative zur Tiefensuche bildet die *Breitensuche* (*breadth-first-search*), welche ebenfalls auf dem im Abschnitt 4.1 diskutierten Markierungsalgorithmus beruht. Im Unterschied zur Tiefensuche wird bei der Breitensuche die Suche so breit wie möglich angelegt; für jede besuchte Ecke werden zunächst alle Nachbarn besucht. Dazu wählt man im zweiten Schritt des Markierungsalgorithmus jeweils eine Kante, deren Anfangsecke die am längsten markierte Ecke ist. Bei der Breitensuche werden die Ecken beim Besuch nummeriert (*Breitensuchenummern*). Im Gegensatz zur Tiefensuche bekommt nicht jede Ecke eine andere Nummer. Ecken mit gleicher Breitensuchenummer bilden ein *Niveau*. Die Startecke e bekommt die Nummer $niv(e) = 0$ und wird als besucht markiert; sie bildet das Niveau 0. Die Ecken des Niveaus $i + 1$ sind die noch unbesuchten Nachbarn der Ecken aus Niveau i. Die Breitensuche endet damit, dass alle von der Startecke aus erreichbaren Ecken markiert sind. Die Kanten, die zu unbesuchten Ecken führen, nennt man Baumkanten. Die Baumkanten bilden den *Breitensuchebaum*.

Die Breitensuche kann sowohl auf gerichtete als auch auf ungerichtete Graphen angewendet werden. Abbildung 4.23 zeigt einen gerichteten Graphen mit seinem Breitensuchebaum für die Startecke e_1. Man vergleiche dazu den Tiefensuchebaum dieses Graphen, der in Abbildung 4.1 dargestellt ist. Es gibt drei Niveaus: Ecke e_1 auf Niveau 0, die Ecken e_2, e_5 und e_7 auf Niveau 1 und die Ecken e_4, e_6, e_8 auf Niveau 2. Die Ecke e_3 ist nicht von der Startecke aus erreichbar.

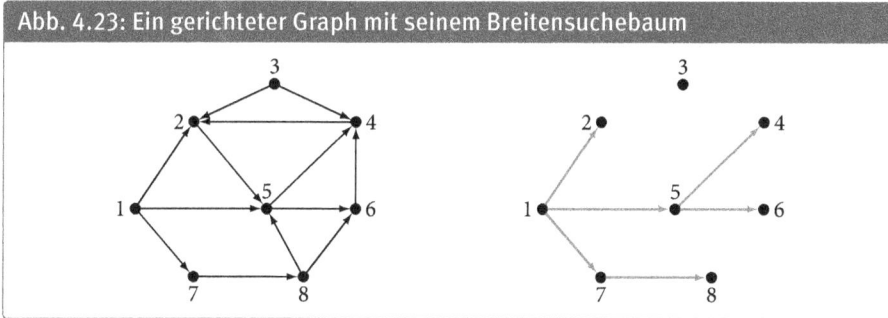

Abb. 4.23: Ein gerichteter Graph mit seinem Breitensuchebaum

Abbildung 4.24 zeigt eine Realisierung der Breitensuche. Dabei werden alle von der Startecke aus erreichbaren Ecken besucht und in Niveaus aufgeteilt. Sind nicht alle Ecken des Graphen von der Startecke aus erreichbar, so sind mehrere Breitensuchen notwendig, um alle Ecken zu besuchen. In dem Feld `niveau` wird für jede Ecke die Niveaunummer abgespeichert. In dem Feld `niveauListe` werden die Ecken in der Reihenfolge, in der sie besucht werden, abgelegt. In der ersten Komponente steht die Startecke. Die Indizes, bei denen ein neues Niveau beginnt, stehen in dem Feld `niveauBeginn`; d. h., die Ecken auf dem Niveau s findet man in den Komponenten

`niveauListe[niveauBeginn[s]],..., niveauListe[niveauBeginn[s+1]-1]`.

Die Variablen `start` und `ende` kennzeichnen immer den Bereich des letzten Niveaus, und die Variable `nächstes` gibt den Index des nächsten freien Platzes in `niveauListe` an. Die **repeat**-Schleife wird für jedes Niveau einmal durchgeführt. Jede Kante wird bei gerichteten Graphen einmal und bei ungerichteten Graphen zweimal durchlaufen. Daraus folgt, dass die Breitensuche die gleiche Komplexität wie die Tiefensuche hat. Bei der Verwendung der Adjazenzliste zur Darstellung des Graphen ergibt sich die Komplexität $O(n + m)$.

Abb. 4.24: Die Prozedur breitensuche

```
var niveau : Array[1..n] von Integer;
var niveauListe : Array[1..n] von Ecke;
var niveauBeginn : Array[0..n] von Integer;

procedure breitensuche(G : Graph, e_s : Ecke)
    var start, ende, nächstes, i : Integer;
    var e_j : Ecke;
    var niveauNummer, niveauAnzahl : Integer;

    Initialisiere niveau mit -1 und niveauNummer mit 0;
    niveau[s] := niveauNummer;
    niveauBeginn[0] := 1;
    niveauListe[1] := e_s;
    start := ende := 1;
    nächstes := 2;
    repeat
        niveauNummer := niveauNummer + 1;
        niveauBeginn[niveauNummer] := nächstes;
        niveauAnzahl := 0;
        for i := start to ende do
            foreach e_j in N(niveauListe[i]) do
                if niveau[j] = -1 then
                    niveau[j] := niveauNummer;
                    niveauListe[nächstes] := e_j;
                    nächstes := nächstes + 1;
                    niveauAnzahl := niveauAnzahl + 1;
            start := ende + 1;
        ende := ende + niveauAnzahl;
    until niveauAnzahl = 0;
```

Folgendes Lemma fasst die Eigenschaften der Breitensuche zusammen.

Lemma. *Es sei G ein gerichteter oder ein ungerichteter Graph.*

(a) *Für jede Ecke gibt* niv(e) *die Anzahl der Kanten eines kürzesten Weges von der Start-ecke zur Ecke e an.*

(b) *Ist G ein zusammenhängender ungerichteter Graph, so ist der Breitensuchebaum ein aufspannender Baum.*

(c) *Ist (e_1, e_2) eine Baumkante, so gilt $|\text{niv}(e_1) - \text{niv}(e_2)| = 1$. Ist der Graph gerichtet, so ist $\text{niv}(e_2) = \text{niv}(e_1) + 1$.*

(d) *Ist der Graph ungerichtet, so gilt $|\text{niv}(e_1) - \text{niv}(e_2)| \leq 1$ für jede Kante (e_1, e_2). Ist der Graph gerichtet, so ist $\text{niv}(e_2) \leq \text{niv}(e_1) + 1$.*

Beweis. Zu (a): Der Beweis erfolgt durch vollständige Induktion nach dem Niveau i. Die Ecken auf Niveau 1 sind direkt mit der Startecke verbunden. Sei nun e eine Ecke mit $\text{niv}(e) = i + 1$. Sei e' eine Ecke aus Niveau i, welche zu e benachbart ist. Nach Induktion gibt es einen Weg, bestehend aus i Kanten von der Startecke zur Ecke e'. Somit gibt es auch einen Weg von der Startecke zur Ecke e, der aus $i + 1$ Kanten besteht. Gäbe es nun umgekehrt einen Weg von der Startecke zur Ecke e mit weniger als $i + 1$ Kanten, so würde daraus folgen, dass e in einem Niveau j mit $j < i+1$ wäre. Dieser Widerspruch zeigt die Behauptung.

Zu (b): Da Baumkanten immer zu unbesuchten Kanten führen, kann kein geschlossener Weg auftreten. Da G zusammenhängend ist, wird auch jede Ecke erreicht.

Zu (c): Eine Baumkante verbindet immer Ecken aus zwei aufeinanderfolgenden Niveaus. Bei gerichteten Graphen führen Baumkanten immer zu Ecken im nächst höheren Niveau.

Zu (d): Für Baumkanten folgt die Aussage aus (c). Es sei zunächst G ein ungerichteter Graph. Sei nun (e, e') keine Baumkante. Dann ist e' entweder im gleichen Niveau wie e, ein Niveau höher oder ein Niveau tiefer. Auf jeden Fall gilt $|\text{niv}(e) - \text{niv}(e')| \leq 1$. Sei nun G ein gerichteter Graph und (e, e') keine Baumkante. Dann wurde e' vorher schon besucht, d. h., das Niveau von e' ist maximal $\text{niv}(e) + 1$. ∎

Die vorgestellte Realisierung der Breitensuche lässt die Gemeinsamkeit mit der Tiefensuche nicht gut erkennen. Eine Realisierung mittels einer Warteschlange offenbart aber die Ähnlichkeit dieser Verfahren. Ersetzt man in der nichtrekursiven Realisierung der Tiefensuche den Stapel durch eine Warteschlange, so bewirkt dies, dass die Reihenfolge der besuchten Ecken der der Breitensuche entspricht. In die Warteschlange kommen die Ecken, deren Nachbarn noch besucht werden müssen. Die Breitensuche entfernt nun immer eine Ecke vom Anfang der Warteschlange und fügt die noch nicht besuchten Nachbarn dieser Ecke am Ende in die Warteschlange ein. Die Breitensuche ist beendet, wenn die Warteschlange leer ist. Abbildung 4.25 zeigt diese Realisierung der Breitensuche.

Abb. 4.25: Die Prozedur `breitensuche` **auf Basis einer Warteschlange**

```
var niveau : Array[1..n] von Integer;

procedure breitensuche(G : Graph, e_s : Ecke)
    var e_i, e_j : Ecke;
    var W : Warteschlange von Ecke;

    Initialisiere niveau mit -1;
    niveau[s] := 0;
    W.einfügen(e_s);
    while W ≠ ∅ do
        e_i := W.entfernen();
        foreach e_j in N(e_i) do
            if niveau[j] = -1 then
                niveau[j] := niveau[i] + 1;
                W.einfügen(e_j);
```

Mit Hilfe der Breitensuche kann man leicht feststellen, ob ein ungerichteter Graph bipartit ist. Wendet man die Breitensuche auf einen bipartiten Graphen mit der Eckenmenge $E_1 \cup E_2$ an, so liegen die Niveaus abwechselnd in E_1 und E_2. Liegt die Startecke in E_1, so gilt $\mathrm{niv}(e) \equiv 0(2)$ für jede Ecke e aus E_1 und $\mathrm{niv}(e) \equiv 1(2)$ für jede Ecke e aus E_2. Daraus folgt, dass für jede Kante (e, e') eines bipartiten Graphen $\mathrm{niv}(e) + \mathrm{niv}(e') \equiv 1(2)$ ist. Die Umkehrung dieser Aussage gilt ebenfalls.

Lemma. *Es sei G ein ungerichteter Graph auf den die Breitensuche angewendet wird. Genau dann ist G bipartit, wenn für jede Kante (e, e') von G gilt:*

$$\mathrm{niv}(e) + \mathrm{niv}(e') \equiv 1(2).$$

Eine weitere Anwendungen der Breitensuche findet man in Kapitel 8 und in Abschnitt 10.5.

4.9 Lexikographische Breitensuche

Die Breitensuche besucht die Ecken eines Graphen in der Reihenfolge aufsteigender Entfernungen von der Startecke. Für Ecken innerhalb eines Niveaus wird keine bestimmte Reihenfolge verfolgt. Die *lexikographische Breitensuche* definiert zusätzlich auch für den Besuch dieser Ecken eine Reihenfolge. Die Ecken in Niveau i werden weiterhin vor den Ecken in Niveau $i + 1$ besucht. Während der Ausführung der lexikographische Breitensuche wird die Reihenfolge, in der die Ecken innerhalb eines Niveaus besucht werden, dynamisch durch die Vergabe von Prioritäten festgelegt. Nach dem Besuch einer Ecke e wird die Priorität der noch unbesuchten Nachbarn von e angehoben, damit diese vor nicht zu e benachbarten unbesuchten Ecken mit bisher gleicher Priorität besucht werden.

Die neue Reihenfolge kann durch die Ersetzung der Warteschlage durch eine Vorrang-Warteschlange umgesetzt werden. Die Prioritäten werden mittels Zeichenketten festgelegt. Dazu wird folgende lexikographische Ordnung auf der Menge der Zeichenketten verwendet. Es seien $s = s_1 \ldots s_l$ und $t = t_1 \ldots t_{l'}$ zwei Zeichenketten. Dann ist s lexikographisch kleiner als t falls

- es einen Index $i \leq \min\{l, l'\}$ gibt, so dass $s_j = t_j$ für $j = 1, \ldots, i - 1$ und $s_i < t_i$ gilt oder
- falls $l < l'$ und $s_i = t_i$ für $i = 1, \ldots, l$ gilt.

Die verwendeten Zeichenketten bestehen aus Zahlen aus der Menge $\{1, \ldots, n\}$, die Ordnung der einzelnen Zeichen entspricht der natürlichen Ordnung der Zahlen. Initial wird jeder Ecke die leere Zeichenkette "" zugeordnet. Bei Besuch einer Ecke e wird dieser eine Nummer zugeordnet, die Nummern werden absteigend beginnend bei n vergeben. Die zugeordnete Nummer wird anschließend an die Zeichenkette aller unbesuchten Nachbarn von e angehängt. Danach wird die Ecke mit der lexikographisch größten Zeichenkette besucht.

Abb. 4.26: Die Prozedur `lexBreitensuche`

```
var lexOrdnung : Array[1..n] von Integer;

procedure lexBreitensuche(G : Graph);
    var i, j, p : Integer;
    var priorität : Array[1..n] von String;

    Initialisiere lexOrdnung mit -1 und priorität mit "";
    for p := n to 1 do
        Wähle eᵢ mit lexOrdnung[i] = -1 so dass priorität[i] maximal ist;
        lexOrdnung[i] := p;
        foreach eⱼ in N(eᵢ) do
            if lexOrdnung[j] = -1 then
                priorität[j] := priorität[j] + "p";
```

Abbildung 4.26 zeigt eine Umsetzung der lexikographischen Breitensuche durch die Prozedur `lexBreitensuche`. Der binäre Operator + wird hier im Sinne einer Konkatenation von Zeichenketten verwendet. Bevor die Details der Implementierung vorgestellt werden, soll zunächst die Funktionsweise an dem in Abbildung 4.27 dargestellten Graph exemplarisch gezeigt werden.

Abb. 4.27: Eine Anwendung der lexikographischen Breitensuche

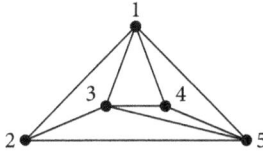

Zu Beginn wird allen Ecken die leere Zeichenkette zugewiesen. Deshalb kann im ersten Durchgang eine beliebige Ecke ausgewählt werden. Im Beispiel wird Ecke e_1 ausgewählt und sie bekommt die Nummer 5. Dann werden die Zeichenketten der zu e_1 benachbarten Ecken auf "5" gesetzt (sie sind alle noch unbesucht). Da sich die Zeichenketten der verbleibenden Ecken immer noch nicht unterscheiden, kann wieder eine beliebige Ecke ausgewählt werden. Im Beispiel wird Ecke e_2 ausgewählt werden, sie bekommt die Nummer 4. An die Zeichenketten der noch nicht nummerierten Nachbarn e_3 und e_5 wird die Zahl "4" angehängt. Danach wird Ecke e_3 ausgewählt. Diese Ecke hat mit e_5 nur einen noch nicht besuchten Nachbarn. Die Zeichenkette von e_5 lautet nun "543". Da die e_5 zugeordnete Zeichenkette größer ist als die von e_4 wird e_5 als nächstes besucht. Als letzte Ecke wird schließlich e_4 ausgewählt.

Man beachte, dass unabhängig von der getroffenen Wahl bei Gleichstand die Suche in diesem Beispiel immer bei Ecke e_2 oder e_4 endet. Die Gründe hierfür werden erst in Abschnitt 7.5 erläutert. Die lexikographische Breitensuche wird dort zur Färbung von chordalen Graphen verwendet. Dazu werden die im folgenden Lemma bewiesenen Eigenschaften dieses Verfahrens benötigt. Bezeichne mit $Z_r(e)$ die Zeichenkette von Ecke e zu Beginn des Durchgangs in dem die Nummer r vergeben wird, d. h., es gilt $Z_n(e_i) = $ "" für alle $i = 1, \ldots, n$.

Ecke	lexOrdnung	Prioritäten				
		e_1	e_2	e_3	e_4	e_5
		""	""	""	""	""
e_1	5	–	"5"	"5"	"5"	"5"
e_2	4	–	–	"54"	"5"	"54"
e_3	3	–	–	–	"53"	"543"
e_5	2	–	–	–	"532"	–
e_4	1	–	–	–	–	–

Lemma. *Für einen Durchlauf der lexikographische Breitensuche gilt:*
(a) *Für jede Ecke e gilt $Z_r(e) \leq Z_s(e)$ für alle $1 \leq s \leq r \leq n$.*
(b) *Gilt $Z_r(e_i) < Z_r(e_j)$ für die Ecken e_i, e_j dann ist $Z_s(e_i) < Z_s(e_j)$ für alle $1 \leq s \leq r \leq n$.*
(c) *Es seien e_i, e_j und e_i' Ecken mit $e_i' \in N(e_i) \backslash N(e_j)$, so dass e_i' vor e_j und e_j vor e_i besucht wurde. Dann existiert eine Ecke $e_j' \in N(e_j) \backslash N(e_i)$ welche vor e_i' besucht wurde.*

Beweis. Zu (a): Für jede Ecke e ist $Z_r(e)$ ein Präfix von $Z_s(e)$ für $s \leq r$.

Zu (b): Ist zu einem Zeitpunkt $Z_r(e_i)$ echt kleiner als $Z_r(e_j)$, so bleibt diese Eigenschaft für immer erhalten. Für den Beweis müssen zwei Fälle unterschieden werden. Ist $Z_r(e_i)$ ein echtes Präfix von $Z_r(e_j)$, so bleibt die Relation $Z_s(e_i) < Z_s(e_j)$ für alle $s < r$ erhalten, da die angehängten Zahlen immer kleiner werden. Im anderen Fall bleibt die Ordnungsrelation ebenfalls erhalten, da nur Zahlen an die Zeichenketten angehängt und nicht entfernt werden.

Zu (c): Es sei $r = lexOrdnung(e_i')$. Aus $e_i' \in N(e_i) \backslash N(e_j)$ folgt $Z_{r+1}(e_i) = Z_r(e_i) + $"$r$" und $Z_{r+1}(e_j) = Z_r(e_j)$. Da nachdem e_i' besucht wurde zuerst e_j und danach e_i besucht wurde, muss wegen Eigenschaft (b) $Z_{r+1}(e_j) \geq Z_{r+1}(e_i)$ gelten. Nun muss wegen der ersten Überlegung $Z_r(e_j) > Z_r(e_i)$ gelten. Dies bedeutet, dass zuvor eine Zahl an die Zeichenkette von e_j angehängt wurde, welche nicht an e_i angehängt wurde. Somit wurde vor e_i' eine Ecke e_j' besucht, welche zu e_j aber nicht zu e_i benachbart ist. ∎

Die lexikographische Breitensuche kann mit Hilfe der in Abschnitt 3.5 vorgestellten Vorrang-Warteschlange implementiert werden. Bei der vorliegenden Anwendung wird allerdings nicht die volle Funktionalität einer Vorrang-Warteschlange gefordert. Dazu beachte man folgende Beobachtung, welche sich aus dem letzten Lemma ergibt: Ist zu einem Zeitpunkt die Priorität einer Ecke e_i höher als die einer Ecke e_j, so bleibt diese Relation bis zum Ende des Verfahrens erhalten. Aus diesem Grund werden Ecken mit gleicher Priorität in jeweils einer Menge zusammengefasst. Diese Mengen werden in einer doppelt verketteten Liste mit absteigenden Prioritäten verwaltet. Die in diesen Mengen enthaltenen Ecken sind genau die noch unbesuchten Ecken. In jedem Durchgang wird immer eine Ecke e aus der ersten Menge dieser Liste entfernt und besucht. Wird eine dieser Mengen dadurch leer, so wird sie aus der Liste entfernt. Danach müssen die Prioritäten der noch unbesuchten Nachbarn von e angepasst werden. Enthält eine Menge M einen Nachbarn von e, so wird diese Menge in zwei Teilmengen aufgespalten. In der ersten Teilmenge sind die in M enthaltenen Nachbarn von e und in der zweiten Teilmenge die restlichen Ecken aus M. Durch diese Trennung wird die Sortierung der Mengen gemäß ihrer Priorität gewahrt. Initial sind alle Ecken in einer Menge. Für das Beispiel aus Abbildung 4.27 ergibt sich folgende Abfolge für die Liste:

$$\{e_1, e_2, e_3, e_4, e_5\}$$
$$\{e_2, e_3, e_4, e_5\}$$
$$\{e_3, e_5\}\{e_4\}$$
$$\{e_5\}\{e_4\}$$
$$\{e_4\}$$
$$\{\}$$

Bei der vorgestellten Implementierung der lexikographische Breitensuche entfällt die Speicherung der Zeichenketten komplett. Bei geeigneter Wahl der Datenstruktur für die Verwaltung der angesprochenen Liste kann die lexikographische Breitensuche mit Aufwand $O(n + m)$ realisiert werden. Auf eine detaillierte Diskussion der Implementierung wird an dieser Stelle verzichtet.

4.10 Beschränkte Tiefensuche

Viele Techniken der künstlichen Intelligenz stützen sich auf Suchverfahren auf Graphen. Das besondere dabei ist, dass die Graphen sehr groß sind und dass sie meistens nur implizit vorliegen. Dies sei am Beispiel des 8-Puzzles erläutert: Ein quadratisches Brett ist in neun Quadrate aufgeteilt. Eines dieser Quadrate ist leer, auf den anderen befinden sich acht Plättchen mit den Nummern von 1 bis 8. Ziel ist es, durch Verschieben der Plättchen die Zielstellung zu erreichen. Abbildung 4.28 zeigt eine Start- und eine Zielstellung für dieses Puzzle.

Abb. 4.28: Start- und Zielstellung eines 8-Puzzles

Startstellung:	7	3	1		Zielstellung:	1	2	3
	2	8				4	5	6
	4	6	5			7	8	

Das Problem lässt sich leicht durch einen gerichteten Graphen darstellen: Jedem Brettzustand wird eine Ecke zugeordnet, und zwei Ecken sind durch eine Kante verbunden, wenn die zugehörigen Zustände durch eine Verschiebung des Plättchens ineinander überführt werden können. Gesucht ist ein Weg von der Start- zur Zielecke. Man sieht sofort, dass der Graph sehr groß ist. Es gibt 9! Ecken. Der Eckengrad jeder Ecke ist gleich 2, 3 oder 4, je nach der Position des freien Quadrats. Das Erzeugen des Graphen ist sehr zeit- und speicherintensiv.

Die zu untersuchenden Graphen liegen meistens in impliziter Form vor, d. h., es gibt eine Funktion, welche zu einer gegebenen Ecke die Nachfolger erzeugt. Für das oben angegebene Beispiel des 8-Puzzles lässt sich eine solche Funktion leicht angeben. Im Prinzip können sowohl Tiefen- als auch Breitensuche zur Lösung dieses Problems angewendet werden. Die Breitensuche liefert sogar den Weg mit den wenigsten Kanten.

Die Größe des Graphen erschwert allerdings die Verwendung der in diesem Kapitel dargestellten Realisierungen dieser Suchverfahren. Die Verwaltung aller Ecken in einem Feld erfordert sehr viel Speicherplatz. Die nächst größere Variante dieses Problems, das 15-Puzzle, liegt jenseits aller möglichen Hauptspeichergrößen. Aus diesem Grund muss auf eine Verwaltung der schon besuchten Ecken verzichtet werden.

Die Tiefensuche lässt sich so erweitern, dass diese Information nicht benötigt wird. Der Preis dafür ist, dass Ecken eventuell mehrmals besucht werden. Damit die Suche sich trotzdem nicht in geschlossenen Wegen *verfängt*, muss zumindest der Weg von der Startecke zur aktuellen Ecke verwaltet werden. Bevor eine Ecke besucht wird, wird überprüft, ob sie nicht schon auf dem aktuellen Weg vorkommt. Auf diese Weise erreicht man, dass die Suche den Graphen vollständig durchsucht. Dabei wird jeder Weg von der Startecke zu einer beliebigen Ecke durchlaufen, d. h., eine Ecke kann mehrmals besucht werden.

Die in Abbildung 4.3 dargestellte Version der Tiefensuche eignet sich für diese Vorgehensweise, denn zu jedem Zeitpunkt befinden sich die Ecken des Weges von der Startecke zur aktuellen Ecke im Stapel. Allerdings befinden sich dort noch mehr Ecken, welche eventuell nie gebraucht werden. Der Grund hierfür ist, dass immer alle Nachfolger der aktuellen Ecke auf dem Stapel abgelegt werden. Eine alternative Vorgehensweise besteht darin, immer nur einen Nachfolger zu erzeugen und diesen auf dem Stapel abzulegen. Statt die Ecke bei der nächsten Gelegenheit zu entfernen, wird zunächst ein weiterer Nachfolger erzeugt und auf dem Stapel abgelegt. Dazu wird die Funktion `nächsterNachbar` verwendet. Sie liefert bei jedem Aufruf einen weiteren Nachbarn zurück. Ausgenommen ist der Vorgänger der Ecke auf dem aktuellen Weg, dieser liegt bereits auf dem Stapel. Erst wenn alle Nachbarn erzeugt wurden, wird die Ecke wieder aus dem Stapel entfernt. Der Vorteil ist eine weitere Platzersparnis, und die Ecken im Stapel beschreiben genau den Weg von der Startecke zur Zielecke. Der maximale Speicheraufwand ist in diesem Fall proportional zu der maximalen Länge eines Weges.

Auf diese Weise hat man zwar das Speicherplatzproblem beseitigt, aber das Verhalten der Tiefensuche ist im Vergleich zu der Breitensuche immer noch nicht zufriedenstellend. Es kann passieren, dass die Tiefensuche sehr tief in den Graphen vordringt ohne die Lösung zu finden, obwohl es Lösungen gibt welche nur aus wenigen Kanten bestehen. Noch gravierender ist das Problem bei unendlichen Graphen. Dort kann es geschehen, dass die Suche keine Lösung findet, da sie in der *falschen Richtung* sucht. Die Breitensuche findet immer den Weg mit den wenigsten Kanten zuerst.

Dabei kann es allerdings passieren, dass die Länge der verwendeten Warteschlange exponentiell wächst, was wiederum zu Speicherplatzproblemen führt.

```
Abb. 4.29: Eine Realisierung der beschränkten Tiefensuche

function beschränkteTS(G : G-Graph, start : Ecke, T : Integer) : Liste von Ecke
    var gefunden : Boolean;
    var e, e_j : Ecke;
    var S : Stapel von Ecke;
    var W : Liste von Ecke;

    S.einfügen(start);
    gefunden := zielEcke(start);
    while not gefunden and S ≠ ∅ do
        e := S.kopf();
        if e hat weiteren Nachbarn then
            e_j := nächsterNachbar(e);
            gefunden := zielEcke(e_j);
            if gefunden then
                W.einfügen(e_j);
                while S ≠ ∅ do
                    W.einfügen(S.entfernen());
            else if not S.enthalten(e_j) and S.höhe() < T then
                S.einfügen(e_j);
        else
            S.entfernen();
    return W;
```

Um das Problem zu lösen, muss die Tiefensuche dahingehend erweitert werden, dass die Suchtiefe beschränkt wird; d. h., hat der Stapel eine gewisse Höhe T erreicht, so werden keine neuen Ecken mehr aufgelegt. Diese Art der Tiefensuche durchläuft somit alle Ecken, welche maximal den Abstand T von der Startecke haben. Diese Variante der Tiefensuche nennt man *beschränkte Tiefensuche*. Kann man eine obere Grenze T für die Länge des gesuchten Weges angeben, so findet die beschränkte Tiefensuche (mit Tiefenschranke $T > 0$) immer einen Weg zur Zielecke, sofern es einen gibt. Abbildung 4.29 zeigt eine Realisierung der beschränkten Tiefensuche. Dabei wird die Funktion zielEcke(e) verwendet, welche **true** zurückliefert, falls die Ecke e eine Zielecke ist. Dadurch ist es möglich, einen Weg zu einer Ecke aus einer Menge von Zielecken zu suchen.

Die beschränkte Tiefensuche findet nicht immer den kürzesten Weg von der Start- zur Zielecke. Um das zu erreichen, müsste man die Länge des kürzesten Weges zu einer Zielecke im voraus kennen. In diesem Fall würde die beschränkte Tiefensuche mit dem entsprechenden Parameter den kürzesten Weg finden. Um in jedem Fall den kürzesten Weg zu finden, kann man die beschränkte Tiefensuche wiederholt mit aufsteigenden Tiefenschranken aufrufen. Diese Form der Tiefensuche wird auch *iterative Tiefensuche* genannt. Abbildung 4.30 zeigt eine Realisierung der iterativen Tiefensuche.

Abb. 4.30: Eine Realisierung der iterativen Tiefensuche

```
function iterativeTS(G : G-Graph, start : Ecke, T : Integer) : Liste von Ecke
    var t : Integer;
    var W : Liste von Ecke;

    Initialisiere t mit 0;
    repeat
        t := t + 1;
        W := beschränkteTS(G, start, t);
    until W ≠ ø or t ≥ T;
    return W;
```

Die iterative Tiefensuche hat natürlich den Nachteil, dass in jedem neuen Durchgang die im vorhergehenden Durchgang besuchten Ecken wieder besucht werden. Dies ist der Preis dafür, dass zum einen der kürzeste Weg gefunden wird, und zum anderen, dass die Suche mit einem Speicher der Größe $O(T)$ auskommt, wobei T die Länge des kürzesten Weges von der Start- zu einer Zielecke ist.

Im Folgenden wird die Laufzeit der iterativen Tiefensuche für einen wichtigen Spezialfall untersucht. Der zu untersuchende Graph sei ein Wurzelbaum, bei dem der Ausgrad jeder Ecke gleich der Konstanten b ist. Die Wurzel sei die Startecke, und die Zielecke liege im T-ten Niveau. Die Ecken in dem Niveau $T-1$ werden zweimal erzeugt: im letzten und im vorletzten Durchgang; die Ecken in dem Niveau $T-2$ werden dreimal erzeugt etc. Die Gesamtanzahl der erzeugten Ecken ist somit

$$b^T + 2b^{T-1} + 3b^{T-2} + \ldots + Tb.$$

Mit Hilfe einer einfachen Reihenentwicklung zeigt man, dass für $b > 1$ die Gesamtanzahl aller erzeugten Ecken durch

$$b^T \left(\frac{b}{b-1} \right)^2$$

beschränkt ist. Da b eine Konstante ist, die unabhängig von T ist, ist die Gesamtanzahl gleich $O(b^T)$. Da die Anzahl der Ecken auf dem T-ten Niveau gleich b^T ist, ist die iterative Tiefensuche für diese Graphen optimal.

4.11 Eulersche Graphen

Eine der Wurzeln der mathematischen Graphentheorie ist eine 1736 erschienene Arbeit von L. Euler über das Königsberger Brückenproblem. Das Problem bestand darin, einen Weg zu finden, bei dem man alle sieben Brücken über den Fluss Pregel genau einmal überquert und wieder zum Ausgangspunkt gelangt. Diese Arbeit führte dazu, dass man ungerichtete Graphen, welche einen geschlossenen Kantenzug besitzen, auf dem jede Kante genau einmal vorkommt, *Eulersche Graphen* nennt. Abbildung 4.31 zeigt links einen Eulerschen und rechts einen Nichteulerschen Graphen.

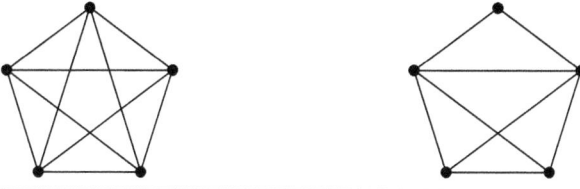

Abb. 4.31: Ein Eulerscher und ein nicht Eulerscher Graph

Erstaunlicherweise existiert folgende sehr einfache Charakterisierung Eulerscher Graphen.

Satz. *Es sei G ein zusammenhängender ungerichteter Graph. Genau dann ist G ein Eulerscher Graph, wenn der Eckengrad jeder Ecke eine gerade Zahl ist.*

Beweis. Es sei zunächst W ein geschlossener Kantenzug von G, welcher jede Kante genau einmal enthält. Es sei e eine beliebige Ecke von G. Jedes Vorkommen von e auf W trägt 2 zum Eckengrad von e bei. Da alle Kanten genau einmal auf W vorkommen, muss $g(e)$ eine gerade Zahl sein.

Es sei nun G ein zusammenhängender ungerichteter Graph bei dem der Eckengrad jeder Ecke gerade ist. Nun starte man einen Kantenzug an einer beliebigen Ecke des Graphen und durchlaufe den Graphen und entferne dabei jede verwendete Kante. Bei jedem Durchlaufen einer Ecke sinkt der Eckengrad um 2. Da alle Ecken einen geraden Eckengrad haben, muss der Kantenzug bei der Startecke enden. Wurden alle Kanten schon verwendet, so handelt es sich um einen Eulerschen Graphen. Andernfalls gibt es eine Ecke auf dem Kantenzug, welche noch zu unbenutzten Kanten inzident ist. Von dieser Ecke wird erneut ein Kantenzug auf die gleiche Art erzeugt. Dieser Kantenzug muss ebenfalls an seiner Startecke enden. Die beiden Kantenzüge werden nun zu einem Kantenzug verschmolzen. Man beachte, dass die Ecken in dem Restgraphen alle geraden Eckengrad haben. Auf diese Art wird ein geschlossener Kantenzug erzeugt. Dieser enthält jede Kante genau einmal. Somit ist G ein Eulerscher Graph. ∎

Man beachte, dass der Satz auch für nicht schlichte Graphen gilt. Der zweite Teil des Beweises lässt sich leicht in einen Algorithmus umsetzen, welcher mit Aufwand $O(m)$ feststellt, ob es sich um einen Eulerschen Graphen handelt und gegebenenfalls einen entsprechenden Kantenzug bestimmt. Die zweite Aufgabe übernimmt die in Abbildung 4.32 dargestellte rekursive Prozedur `eulersch`. Sie setzt vorraus, dass der Graph zusammenhängend ist und alle Eckengrade gerade sind.

Die Ecken des gesuchten Kantenzuges werden in einer Liste S gesammelt. Diese wird zu Beginn mit der leeren Liste initialisiert. Die Prozedur arbeitet ähnlich wie die Tiefensuche. Im Unterschied zur Tiefensuche kann allerdings eine Ecke mehrmals besucht werden. Eine Ecke wird verlassen, falls alle inzidenten Kanten schon verwendet wurden (unabhängig von der Richtung). In diesem Moment wird die Ecke in die Liste

S eingefügt. Da der Graph zusammenhängend ist, verwendet die Prozedur auf jeden Fall alle Kanten. Der Aufruf der Prozedur erfolgt mit einer beliebigen Startecke.

Abb. 4.32: Die Prozedur `eulersch`

```
var S : Liste von Ecke;
var G : Graph;

procedure eulersch(e_i : Ecke)
    var e_j : Ecke;

    foreach e_j in N(e_i) do
        if Kante (e_i, e_j) noch nicht verwendet then
            markiere die Kante (e_i, e_j);
            eulersch(e_j);
    S.anhängen(e_i);
```

Im Beweis werden sukzessive geschlossene Kantenzüge bestimmt und miteinander verschmolzen. Die rekursive Prozedur `euler` verschränkt die Suchen nach geschlossenen Kantenzügen. Ausgehend von einer Startecke wird ein geschlossener Kantenzug bestimmt und die Kanten werden als verwendet markiert. Die Eckengrade des verbleibenden Graphen sind weiterhin gerade. Die Suche wird bei der zuletzt besuchten Ecke fortgesetzt, die zu noch nicht verwendeten Kanten inzident ist. Dies wird durch die Rekursion umgesetzt. Da die Ecken am Ende der Prozedur in S eingefügt werden, wird auch das korrekte Verschmelzen der Kantenzüge garantiert. Zwei nacheinander eingefügte Ecken sind benachbart. Diese Vorgehensweise wird mit Hilfe des in Abbildung 4.33 dargestellten Graphen erläutert.

Abb. 4.33: Ein Eulerscher Graph

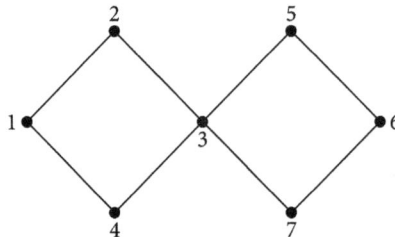

Für den dargestellten Graph können sich in Abhängigkeit der Reihenfolge der betrachteten Kanten unterschiedliche Aufrufhierarchien ergeben. Im Folgenden sind zwei davon aufgelistet:

```
eulersch(e₁)                              eulersch(e₁)
    eulersch(e₂)                              eulersch(e₂)
        eulersch(e₃)                              eulersch(e₃)
            eulersch(e₅)                              eulersch(e₄)
                eulersch(e₆)                              eulersch(e₁)
                    eulersch(e₇)                          eulersch(e₅)
                        eulersch(e₃)                          eulersch(e₆)
                            eulersch(e₄)                          eulersch(e₇)
                                eulersch(e₁)                          eulersch(e₃)
```

In beiden Fällen enthält S folgende Liste: $\{e_1, e_4, e_3, e_7, e_6, e_5, e_3, e_2, e_1\}$. Im ersten Fall bewirkt jeder Aufruf von `eulersch` genau einen weiteren Aufruf von `eulersch`. Im zweiten Fall bewirkt der Aufruf `eulersch(e₃)` zwei weitere Aufrufe von `eulersch`. Diese beiden Fälle werden auch im folgenden Korrektheitsbeweis unterschieden. Der Beweis erfolgt mit Induktion nach der Tiefe der Aufrufhierarchie.

Fall 1: Bis auf den letzten Aufruf bewirkt jeder Aufruf von `euler` genau einen weiteren Aufruf der Prozedur. Die Aufrufhierarchie sei `eulersch(e₁)` bis `eulersch(eₛ)`, wobei `eulersch(eᵢ)` nur `eulersch(eᵢ₊₁)` aufruft. Dann ist $e_1 = e_s$, $s = n+1$ und die Ausgabe lautet: e_1, e_n, e_{n-1}, …, e_1. Dies ist notwendigerweise ein Eulerscher Kreis.

Fall 2: Am Ende der Aufrufhierarchie gibt es eine Aufruffolge `eulersch(e₁)` bis `eulersch(eₛ)`, so dass `eulersch(eᵢ)` für $i = 2$, …, $s-1$ nur `eulersch(eᵢ₊₁)` aufruft, `eulersch(eₛ)` keinen weiteren Aufruf macht und `eulersch(e₂)` ist der letzte, aber nicht der erste Aufruf von `eulersch(e₁)`. Dann ist $e_1 = e_s$ und es wird e_s, e_{s-1}, …, e_2, e_s ausgegeben. Dies ist ein geschlossener Kantenzug. Lässt man die Kanten dieses Kreises aus G weg, so ist die Eckengradbedingung immer noch erfüllt.

Per Induktion produziert die Prozedur `eulersch` für diesen Graphen einen Eulerschen Kreis, hierbei werden die Kanten in der gleichen Reihenfolge wie im Originalgraph besucht. Die Zusammenfassung der beiden Kantenzüge ergibt einen Eulerschen Kreis für den Ausgangsgraphen, dieser ist auch identisch mit dem Ergebnis des Gesamtverfahrens.

Der entscheidende Punkt bei der Bestimmung des Aufwandes der Prozedur `eulersch` ist die Verwaltung der verwendeten Kanten und die Überprüfung, ob eine Kante schon verwendet wurde. Mit der im Folgenden vorgestellten Datenstruktur hat die Prozedur `eulersch` eine Laufzeit von $O(m)$. Die Verwaltung der Kanten erfolgt mit der Variable `verwendet` vom Typ `EulerKanten`.

```
type EulerKanten = Array[1..m] von Boolean;
```

Die Variable `verwendet` wird mit **false** initialisiert. Der Algorithmus verwendet eine Erweiterung der Adjazenzlistendarstellung vom Typ `EulerGraph`. Dabei wird jede Ecke in den Nachbarschaftslisten durch den Typ `EulerEcke` repräsentiert. Dieser Typ erweitert den Typ **Ecke** um den Index der entsprechenden Kante im Feld `EulerKanten`.

```
type EulerEcke = Struktur
    ecke : Ecke;
    kantenIndex : Integer;

type Nachbarn : Liste von EulerEcke;
type EulerGraph = Array[1..n] von Nachbarn;
```

Die Initialisierung von EulerGraph erfolgt mit Hilfe der normalen Adjazenzliste mit Aufwand $O(m)$:

```
var eulerGraph : EulerGraph;
var kantenIndex : Integer;
var eᵢ , eⱼ : Ecke;
var verwendet : EulerKanten;

Initialisiere kantenIndex mit 1;
foreach eᵢ in G.E do
    foreach eⱼ in N(eᵢ) do
        if i < j then
            eulerGraph[i].anhängen(EulerEcke(eⱼ, kantenIndex));
            eulerGraph[j].anhängen(EulerEcke(eᵢ, kantenIndex));
            kantenIndex := kantenIndex + 1;
```

Die Umsetzung der for-Schleife der Prozedur eulersch ist nun sehr einfach.

```
foreach eulerEcke in eulerGraph[i] do
    if not verwendet[eulerEcke.kantenIndex] then
        verwendet[eulerEcke.kantenIndex] := true;
        eulersch(eulerEcke.ecke);
```

4.12 Literatur

Breiten- und Tiefensuche sind als Suchverfahren in Graphen bereits im letzten Jahrhundert bekannt gewesen. Die hier verwendete Darstellungsform der Tiefensuche geht auf R. E. Tarjan [117] zurück. Dort sind auch die Algorithmen zur Bestimmung der starken Zusammenhangskomponenten eines gerichteten Graphen und der Blöcke eines ungerichteten Graphen beschrieben. Verbesserte Versionen dieser Algorithmen findet man in [95]. Ein effizientes Verfahren zur Bestimmung des transitiven Abschlusses basierend auf den starken Zusammenhangskomponenten, ist in [92] beschrieben. Es gibt noch weitere effiziente Algorithmen, die auf der Tiefensuche basieren. Zum Beispiel entwickelten J. E. Hopcroft und R. E. Tarjan einen Algorithmus mit Laufzeit $O(n)$, welcher testet, ob ein Graph planar ist [60]. Eine Beschreibung der Breitensuche findet man in [90]. Eine Übersicht zu Suchverfahren der künstlichen Intelligenz findet man in [72].

4.13 Aufgaben

1. Ändern Sie die Realisierung der Tiefensuche wie folgt ab: Jede Ecke wird mit
    zwei Zeitstempeln versehen; einen zu Beginn und einen am Ende des entspre-
    chenden Tiefensucheaufrufs. Dazu wird das Feld tsNummer durch die Felder
    TSB und TSE ersetzt, welche beide mit 0 initialisiert werden. Die Prozedur
    tiefensuche wird wie folgt geändert:

    ```
    procedure tiefensuche(eᵢ : Ecke)
        var eⱼ : Ecke;

        zähler := zähler + 1;
        TSB[i] := zähler;
        foreach eⱼ in N(eᵢ) do
            if tsNummer[j] = 0 then
                tiefensuche(eⱼ);
        zähler := zähler + 1;
        TSE[i] := zähler;
    ```

    Beweisen Sie folgende Aussagen für diese Variante der Tiefensuche:
    (a) Sind e_i, e_j Ecken eines ungerichteten Graphen, so gilt genau eine der fol-
        genden Bedingungen:
        (i) Die Intervalle [TSB[i],TSE[i]] und [TSB[j],TSE[j]] sind disjunkt.
        (ii) Das Intervall [TSB[i],TSE[i]] ist vollständig in dem Intervall
             [TSB[j],TSE[j]] enthalten.
        (iii) Das Intervall [TSB[j],TSE[j]] ist vollständig in dem Intervall
             [TSB[i],TSE[i]] enthalten.
    (b) Ist $k = (e_i, e_j)$ eine Kante eines gerichteten Graphen, so gilt
        (i) k ist genau dann eine Baum- oder eine Vorwärtskante, wenn TSB[i]
            < TSB[j] < TSE[j] < TSE[i] gilt;
        (ii) k ist genau dann eine Rückwärtskante, wenn TSB[j] < TSB[i] <
             TSE[i] < TSE[j] gilt;
        (iii) k ist genau dann eine Querkante, wenn TSB[j] < TSE[j] < TSB[i]
             < TSE[i] gilt.

2. Es seien e_i, e_j Ecken eines gerichteten Graphen G, so dass e_j von e_i aus er-
    reichbar ist. Beweisen oder widerlegen Sie die folgende Behauptung: Ist
    tsNummer[i] < tsNummer[j], so ist e_j im Tiefensuchewald von G von e_i
    aus erreichbar.

3. Die Ecken eines gerichteten kreisfreien Graphen G seien so nummeriert, dass
    die Nummerierung eine topologische Sortierung bildet. Welche Eigenschaft
    hat die Adjazenzmatrix von G?

4. Die von der Prozedur topoSort aus Abbildung 4.7 auf Seite 99 erzeugte to-
    pologische Sortierung hängt davon ab, in welcher Reihenfolge die Nachbarn
    der Ecken besucht werden. Gibt es für jede topologische Sortierung eines ge-

richteten Graphen eine Reihenfolge der Nachbarn jeder Ecke, so dass Prozedur topoSort diese topologische Sortierung erzeugt?

5. Entwerfen Sie einen Algorithmus, basierend auf der Tiefensuche, zur Bestimmung der Höhe eines Wurzelbaumes.

6. Bestimmen Sie die starken Zusammenhangskomponenten des Graphen aus Abbildung 4.1.

7. Beweisen Sie, dass der folgende Algorithmus die starken Zusammenhangskomponenten eines gerichteten Graphen G in linearer Zeit $O(n+m)$ bestimmt.

    (a) Wenden Sie die Variante der Tiefensuche aus Aufgabe 1 auf G an.

    (b) Bestimmen Sie den *invertierten Graphen* G' von G, indem Sie die Richtungen aller Kanten umdrehen.

    (c) Wenden Sie die Tiefensuche auf den Graphen G' an, wobei die Ecken in der Reihenfolge mit absteigenden Werten im Feld TSE (aus dem ersten Schritt) betrachtet werden.

    (d) Die beim letzten Schritt entstehenden Tiefensuchebäume entsprechen den starken Zusammenhangskomponenten von G.

8. Beweisen Sie folgende Aussage: In einem DAG gibt es eine Ecke, deren Ausgangsgrad gleich 0 ist, und eine Ecke, deren Eingangsgrad gleich 0 ist.
    Entwerfen Sie einen Algorithmus zur Bestimmung einer topologischen Sortierung in einem DAG, welcher auf dieser Aussage basiert. Bestimmen Sie die Komplexität dieses Algorithmus und vergleichen Sie diese mit der des Algorithmus, welcher auf der Tiefensuche beruht.

9. Es sei E die Erreichbarkeitsmatrix eines gerichteten Graphen und d_i der i-te Diagonaleintrag der Matrix E^2. Beweisen Sie: Ist $d_i = 0$, so bildet die Ecke e_i eine starke Zusammenhangskomponente und ist $d_i \neq 0$, so ist d_i gleich der Anzahl der Ecken der starken Zusammenhangskomponente, welche e_i enthält.

10. Entwerfen Sie einen Algorithmus mit Laufzeit $O(n)$, welcher testet, ob ein ungerichteter Graph einen geschlossenen Weg enthält. Die Laufzeit soll unabhängig von der Anzahl der Kanten sein.

11. Es sei G ein gerichteter Graph und e_i und e_j Ecken von G. Entwerfen Sie einen Algorithmus, welcher in linearer Zeit alle Ecken e und die zu ihnen inzidenten Kanten aus G entfernt, die die folgende Eigenschaft haben: Die Ecke e_j ist nicht von e aus erreichbar, oder die Ecke e ist nicht von e_i aus erreichbar.

$\star$ 12. Ändern Sie den Algorithmus zur Bestimmung der Blöcke eines ungerichteten Graphen ab, so dass die trennenden Ecken bestimmt werden.

13. Bestimmen Sie den Blockbaum des folgenden Graphen:

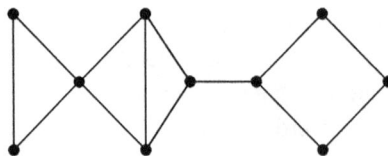

14. Es sei G ein zusammenhängender ungerichteter Graph mit mehr als einer Kante: Beweisen Sie: Eine Kante (e_i, e_j) ist genau dann eine Brücke, wenn e_i und e_j trennende Ecken sind oder wenn eine dieser beiden Ecken eine trennende Ecke ist und die andere Ecke den Grad 1 hat.

15. Es sei G ein ungerichteter Graph. Die Anzahl der Blöcke von G sei b und die der trennenden Ecken sei t. Beweisen Sie, dass folgende Ungleichung gilt: $b \geq t+1$.

16. Beweisen Sie, dass jeder zusammenhängende ungerichtete Graph mindestens zwei Ecken besitzt, welche keine trennenden Ecken sind, sofern er insgesamt mindestens zwei Ecken besitzt.

17. Es sei G ein gerichteter Graph. Entwerfen Sie ein Verfahren, welches in linearer Zeit alle Kanten von G bestimmt, welche nicht auf einem geschlossenen Weg von G liegen.

18. Entwerfen Sie einen Algorithmus zur Bestimmung des transitiven Abschlusses eines gerichteten Graphen auf der Basis der Breitensuche. Bestimmen Sie die Zeitkomplexität des Algorithmus.

★19. Entwerfen Sie einen Algorithmus zur Bestimmung der Länge des kürzesten geschlossenen Weges in einem ungerichteten Graphen auf der Basis der Breitensuche. Bestimmen Sie die Zeitkomplexität des Algorithmus.

20. Entwerfen Sie einen effizienten Algorithmus zur Bestimmung des transitiven Abschlusses eines gerichteten kreisfreien Graphen.

21. Geben Sie Beispiele für ungerichtete Graphen mit n Ecken, deren Tiefensuchebäume die Höhe $n - 1$ bzw. 1 haben. Wie sehen die Breitensuchebäume dieser Graphen aus?

22. Entwerfen Sie einen Algorithmus, basierend auf der Breitensuche, zur Bestimmung der Zusammenhangskomponenten eines ungerichteten Graphen.

23. Die Wege in einem Breitensuchebaum für einen gerichteten Graphen von der Startecke zu den anderen Ecken sind kürzeste Wege, d. h., sie haben die minimale Anzahl von Kanten. Der Breitensuchebaum enthält für jede Ecke aber nur einen solchen Weg. Es kann aber zu einer Ecke von der Startecke aus mehrere verschiedene Wege mit der minimalen Anzahl von Kanten geben. Verändern Sie die Prozedur `breitensuche`, so dass ein Graph entsteht, der gerade aus allen kürzesten Wegen von der Startecke zu allen anderen Ecken besteht. Dieser Graph ist die „Vereinigung" aller möglichen Breitensuchebäume mit der gleichen Startecke. Welche Laufzeit hat die neue Prozedur?

★24. Es sei G ein zusammenhängender ungerichteter Graph und B ein aufspannender Baum von G. Ferner sei e eine beliebige Ecke von G. Alle Kanten von B seien so gerichtet, dass e eine Wurzel von B ist. Beweisen Sie folgende Aussagen:

    (a) B ist ein Tiefensuchebaum mit Startecke e, falls für jede Kante (e_i, e_j) von G entweder e_i Nachfolger von e_j oder e_j Nachfolger von e_i in B ist.

    (b) B ist ein Breitensuchebaum mit Startecke e, falls für jede Kante (e_i, e_j) von G die Abstände $d(e, e_i)$ und $d(e, e_j)$ in B sich maximal um 1 unterscheiden.

⋆25. Betrachten Sie einen Wurzelbaum B, bei dem der Ausgrad jeder Ecke gleich der Konstanten b ist. Die Höhe von B sei gleich H. Gesucht ist der kürzeste Weg von der Wurzel w zu einer vorgegebenen Ecke e. Vergleichen Sie den Speicheraufwand und die Laufzeit von Breitensuche, Tiefensuche und iterativer Tiefensuche für dieses Problem.

26. Es sei T ein Tiefensuchebaum eines ungerichteten Graphen. Beweisen Sie, dass die Menge der Blätter von T eine unabhängige Menge ist.

27. Ein boolescher Schaltkreis kann als ein gerichteter, azyklischer Graph modelliert werden, bei dem der Eingrad jeder Ecke maximal 2 ist. Es gibt mehrere Arten von Ecken:

Eckenart	Eingrad	Ausgrad	Anzahl	Wert
Eingabeecke	0	≥ 1	≥ 1	Wert der Variablen
Ausgabeecke	1	0	1	Eingehender Wert
Verarbeitungsecke	1 oder 2	≥ 1	≥ 1	Logische Verknüpfung der eingehenden Werte

Es gibt drei Arten von Verarbeitungsecken: Konjunktion, Disjunktion und Negation. Die Eingabeecken sind mit Variablen $x_1, \ldots, x_k$ markiert. Für jede Belegung $(w_1, \ldots, w_k) \in \{0, 1\}^k$ der Variablen kann jeder Ecke ein Wert zugewiesen werden, dieser berechnet sich wie oben dargestellt aus den Werten der Vorgängerecken. Der Wert des Schaltkreises ist gleich dem Wert der Ausgabeecke. Entwerfen Sie einen Algorithmus, der in linearer Zeit den Wert eines Schaltkreises für eine gegebene Belegung der Variablen bestimmt.

⋆28. Ein gerichteter Graph G heißt *halbzusammenhängend*, wenn es für jedes Paar e, e' von Ecken von G einen Weg von e nach e' oder von e' nach e gibt.

(a) Beweisen Sie, dass ein gerichteter Graph G genau dann halbzusammenhängend ist, wenn der zugehörige Strukturgraph $\hat{G}$ halbzusammenhängend ist.

(b) Entwerfen Sie einen effizienten Algorithmus mit linearer Laufzeit, der bestimmt, ob ein gegebener gerichteter Graph halbzusammenhängend ist.

29. (a) Beweisen Sie, dass es in einem gerichteten Graphen G ohne geschlossene Wege eine unabhängige Eckenmenge H gibt, so dass man von jeder Ecke aus $E \backslash H$ mit einer Kante eine Ecke in H erreichen kann.

(b) Zeigen Sie anhand eines Beispiels, dass die Aussage in gerichteten Graphen mit geschlossenen Wegen nicht gilt.

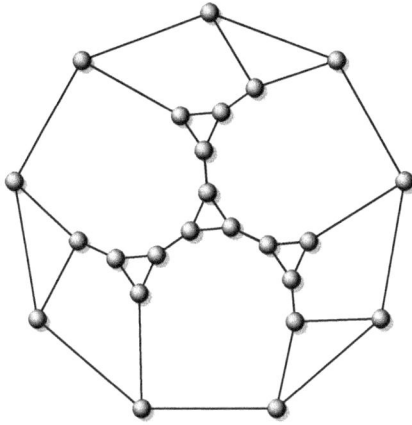

KAPITEL 5

Entwurfsmethoden für die algorithmische Graphentheorie

Die Forschung auf dem Gebiet der Informatik hat eine Reihe von allgemeinen Entwurfsmethoden für Algorithmen hervorgebracht. Viele dieser Methoden lassen sich auch beim Entwurf von Algorithmen für graphentheoretische Probleme einsetzen. Beim Entwurf neuer Algorithmen sollte zunächst die Anwendbarkeit dieser Methoden geprüft werden. In vielen Fällen wird dies schon zu Algorithmen führen, deren Laufzeit und Speicheraufwand akzeptabel sind. Zu diesen Methoden gehören die im letzten Kapitel vorgestellten Verfahren Breiten- und Tiefensuche. Dieses Kapitel stellt die Grundideen von weiteren sechs häufig angewendeten Entwurfsmethoden vor.

5.1 Problemarten

Die algorithmische Graphentheorie stellt Algorithmen zur Lösung von Problemen bereit, welche mittels Graphen modelliert werden können. In den meisten Fällen handelt es sich dabei um *Such-* oder *Optimierungsprobleme*. Solche Probleme sind durch eine endliche Menge $\mathcal{L}$ und eine Zielfunktion $f : \mathcal{L} \longrightarrow \mathbb{R}$ beschrieben. Die Lösung des Suchproblems besteht darin, ein Element $e \in \mathcal{L}$ zu finden, für das $f(e)$ je nach Aufgabenstellung maximal oder minimal ist. Bei einem Optimierungsproblem wird nicht die Lösung e selbst, sondern nur der ihr zugeordnete Zahlenwert $f(e)$ gesucht. Aus der Lösung des Suchproblems ergibt sich die Lösung des Optimierungsproblems, die

Umkehrung dieser Aussage gilt im Allgemeinen nicht. Die Menge $\mathcal{L}$ nennt man den *Lösungsraum* des Problems und die Elemente von $\mathcal{L}$ *Lösungen*. Ein Element $e \in \mathcal{L}$, welches das Optimierungsproblem löst, nennt man *optimale Lösung*.

In Abschnitt 3.6 wurde das Problem der minimal aufspannenden Bäume eines Graphen G behandelt. Die Menge $\mathcal{L}$ besteht in diesem Fall aus der Menge aller aufspannenden Bäume von G und die Funktion f ordnet jedem aufspannenden Baum die Kosten, d. h., die Summe der Bewertungen der Kanten des Baums, zu. Es handelt sich dabei um ein Minimierungsproblem. Die Lösung des Optimierungsproblems besteht in diesem Fall aus der kleinsten Bewertung, d. h., der zugehörende Baum ist nicht gefragt. Die Algorithmen von Prim und Kruskal lösen das Suchproblem.

Eine weiteres Suchproblem der Graphentheorie ist das Problem der maximalen unabhängigen Menge eines Graphen G. Hierbei besteht $\mathcal{L}$ aus der Menge der unabhängigen Mengen von G und f ordnet jeder unabhängigen Menge die Anzahl ihrer Elemente zu. Das zugehörende Optimierungsproblem ist ein Maximierungsproblem und bestimmt $\alpha(G)$.

Eine weitere Klasse von Problemen sind *Entscheidungsprobleme*; sie haben eine der beiden Lösungen ja oder nein. Jedem Optimierungsproblem kann ein Entscheidungsproblem zugeordnet werden. Dazu wird ein Grenzwert $g \in \mathbb{R}$ vorgegeben. Das Entscheidungsproblem sucht die Antwort der Frage: Gibt es ein $e \in \mathcal{L}$ mit $f(e) \leq g$ (bzw. $f(e) \geq g$ bei einem Maximierungsproblem). Das Entscheidungsproblem der aufspannenden Bäume lautet: Besitzt G einen aufspannenden Baum, dessen Kosten kleiner oder gleich g sind?

Optimierungsprobleme können noch weiter unterteilt werden. In diesem Kapitel werden unter anderem noch Partitions- und Permutationsprobleme behandelt.

In vielen Fällen setzt sich eine Lösung aus mehreren Komponenten zusammen. Beispielsweise besteht ein aufspannender Baum aus Kanten und eine unabhängige Menge aus Ecken. Viele Lösungsverfahren bauen eine Lösung startend von einer *leeren Lösung* sukzessive auf, d. h., in jedem Schritt wird eine weitere Komponente ausgewählt. Solche Zwischenergebnisse werden im Folgenden *Teillösungen* genannt. Streng genommen handelt es sich jedoch nicht um Lösungen, sie liegen nicht in $\mathcal{L}$. Die im Folgenden vorgestellten Entwurfsmethoden unterscheiden sich in der Art, wie die Teillösungen ausgewählt werden. Um die Unterscheidung zwischen Teillösungen und Lösungen hervorzuheben, werden Lösungen im Folgenden gelegentlich auch als *Gesamtlösungen* bezeichnet.

5.2 Greedy-Technik

Eine einfache Technik zum Entwurf von Algorithmen zur Lösung von Suchproblemen ist die *Greedy-Technik*. Dabei wird versucht, eine optimale Lösung zu finden, indem iterativ lokal optimale Teillösungen hin zu einer Gesamtlösung erweitert werden. Die Greedy-Technik ist immer dann anwendbar, wenn sich die Lösungen eines Problems durch eine endliche Folge von unabhängigen Einzelentscheidungen zur Auswahl der Teillösungen bestimmen lässt. Beispielsweise entspricht bei der Suche nach einem kürzesten Weg in einem Graphen eine Einzelentscheidung der Wahl der nächsten Kante auf dem Weg.

Greedy-Algorithmen wählen immer gierig – daher auch der Name *greedy* – als nächste Teillösung diejenige aus, welche den Nutzen bezüglich der Zielfunktion am meisten erhöht. Bei der Erweiterung einer Teillösung durch die nächste Einzelentscheidung wird nur die aktuelle Situation betrachtet, d. h., es erfolgt keine vertiefte Analyse der globalen Situation und keine Vorausplanung. Ferner wird eine durchgeführte Erweiterung einer Teillösung nicht wieder revidiert.

Der große Vorteil von Greedy-Algorithmen ist der, dass sie einfach zu entwerfen und effizient zu implementieren sind. Zu den bekanntesten Beispielen zählen die in Kapitel 3 vorgestellten Algorithmen zur Bestimmung minimal aufspannender Bäume von Kruskal und Prim. Der große Nachteil besteht darin, dass die gefundene Lösung – im Gegensatz zu den beiden genannten Beispielen – die Zielfunktion nicht immer optimiert. In einigen Fällen ist es jedoch möglich, eine obere Schranke für die größtmögliche Abweichung anzugeben. Wie in Kapitel 11 gezeigt werden wird, ist dies aber in einigen Fällen das Beste, was man in annehmbarer Ausführungszeit erwarten kann.

Beim Entwurf eines Algorithmus für ein Optimierungsproblem wird man zunächst den Einsatz eines Greedy-Algorithmus prüfen. Jeder Greedy-Algorithmus erweitert nach folgendem einfachen Muster iterativ Teillösungen zu einer Gesamtlösung:

– Starte mit der leeren Lösung als aktuelle Teillösung.
– Wiederhole folgende Schritte bis die aktuelle Teillösung nicht mehr erweitert werden kann:
    – Bestimme alle Erweiterungsmöglichkeiten der aktuellen Teillösung und bewerte diese.
    – Wähle die beste Erweiterung als neue Teillösung.

Der Entwurf und die Implementierung eines Greedy-Algorithmus wird im Folgenden am Beispiel der in Kapitel 2 eingeführten *Cliquen* erläutert. Beim Suchproblem der maximalen Clique wird eine Clique C mit der höchsten Anzahl von Ecken gesucht, d. h. $|C| = \omega(G)$. Hierbei bezeichnet $\omega(G)$ die Cliquenzahl von G, d. h., das Optimierungsproblem sucht $\omega(G)$. Abbildung 5.1 zeigt einen ungerichteten Graphen G mit $\omega(G) = 5$. Die Ecken e_6, e_7, e_8, e_9 und e_{10} bilden eine maximale Clique.

Zur Lösung dieses Problems werden die Ecken des Graphen in einer festen Reihenfolge betrachtet. Für jede Ecke wird entschieden, ob mit ihr die bestehende Clique erweitern werden kann. Eine Teillösung besteht also aus einer Menge von Ecken, welche schon eine Clique bilden. Eine Bewertung, wie im obigen Muster angegeben, findet hier nicht statt.

Der Algorithmus startet mit der leeren Menge als initiale Teillösung. Danach wird über die Menge der Ecken des Graphen iteriert. Ist eine Ecke zu allen bereits in der

Abb. 5.1: Ein ungerichteter Graph mit einer maximalen Clique der Größe 5

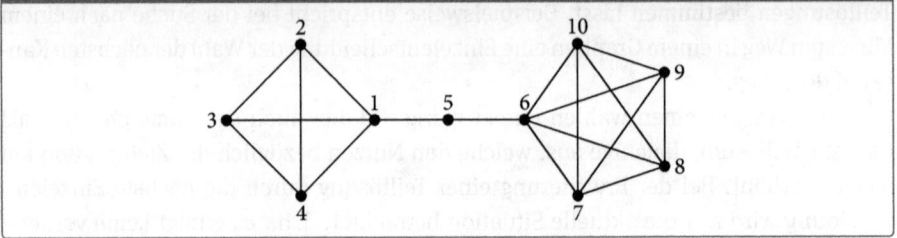

Menge befindlichen Ecken benachbart, so wird sie zur Menge hinzugefügt und die nächste Teillösung ist gefunden, andernfalls wird die Ecke ignoriert. Am Ende dieser Iteration liegt eine Clique vor, welche durch keine weitere Ecke erweitert werden kann. Solche Cliquen werden als *nicht-erweiterbar* bezeichnet. Somit ist die gefundene Lösung nur *lokal optimal*, d. h., es kann Cliquen mit mehr Ecken geben. Man beachte, dass eine einmal eingefügte Ecke nicht wieder aus der Menge entfernt wird und jede Ecke nur einmal betrachtet wird. Abbildung 5.2 zeigt eine einfache Umsetzung dieses Verfahrens.

Abb. 5.2: Greedy-Algorithmus zur Bestimmung einer nicht-erweiterbaren Clique

```
function greedyClique(G : Graph) : Liste von Ecke
    var clique : Liste von Ecke;
    var e : Ecke;

    foreach e in G.E do
        if alle Ecken aus clique sind zu e benachbart then
            clique.anhängen(e);
    return clique;
```

Greedy-Algorithmen lassen sich oft mit linearer Laufzeit implementieren. Im betrachteten Beispiel wird jedes Paar von Ecken höchstens einmal auf Nachbarschaft getestet. Ist dieser Test in konstanter Zeit durchführbar, so ist der Aufwand $O(n + m)$. Wie aus der Tabelle in Abschnitt 2.6 auf Seite 42 ersichtlich, ist dies nur bei der Darstellungsart Adjazenzmatrix gegeben, diese hat aber einen Speicherbedarf von $O(n^2)$.

Obwohl der erwähnte Test bei der Verwendung von Adjazenzlisten nicht in konstanter Zeit durchgeführt werden kann, ist trotzdem in diesem Fall eine Realisierung mit linearem Aufwand möglich. Dazu müssen die Nachbarschaftslisten nach aufsteigenden Eckennummern sortiert sein. Der Algorithmus durchläuft die Ecken nach aufsteigenden Eckennummern. Für die Auswertung der `if`-Anweisung muss getestet werden, ob die sortierte Liste `clique` in der sortierten Nachbarschaftsliste von e enthalten ist. Dies kann leicht mit Aufwand $O(g(e))$ implementiert werden. Über alle Ecken summiert ergibt sich ebenfalls der Aufwand $O(n + m)$.

Der Greedy-Algorithmus löst nicht in allen Fällen das Suchproblem. Betrachten wir dazu die Anwendung dieses Algorithmus auf den in Abbildung 5.1 dargestellten Graphen. Werden die Ecken in der angegebenen Reihenfolge bearbeitet, so wird die

Clique $\{e_1, e_2, e_3, e_4\}$ der Größe 4 gefunden. Hingegen erhält man die optimale Lösung, wenn die Ecken in absteigender Reihenfolge betrachtet werden. Das schlechteste Ergebnis wird erzielt, wenn mit Ecke e_5 begonnen wird.

Dieses Beispiel zeigt, dass das Ergebnis des Greedy-Algorithmus stark von der Wahl der Erweiterung der Teillösung abhängt. Im betrachteten Beispiel ist die Reihenfolge der Ecken ausschlaggebend. Bei Greedy-Algorithmen existiert in der Regel mindestens eine Reihenfolge der lokalen Schritte, welche zu einer optimalen Lösung führt. Im vorliegenden Beispiel betrachte man zuerst die Ecken, die zu einer maximalen Clique gehören. Da die Bestimmung dieser Cliquen das Ziel des Algorithmus ist, führt diese Erkenntnis allerdings nicht zu einem besseren Verfahren.

In manchen Fällen ergibt sich aus der Problemstellung eine vermeintlich günstige Reihenfolge für die Erweiterung der Teillösungen. Bei der Bestimmung nichterweiterbarer Cliquen führt folgende Beobachtung zu einer solchen Reihenfolge. Der Eckengrad der zuerst betrachteten Ecke begrenzt die Größe der gefundenen Clique. Daher bietet es sich an, die Ecken in der Reihenfolge absteigender Eckengrade im Restgraph zu betrachten. Man überzeugt sich jedoch schnell, dass auch dies keine Garantie für das Auffinden einer optimalen Lösung ist (vergleichen Sie hierzu Aufgabe 2 in Kapitel 11). Auch ohne an dieser Stelle einen formalen Beweis zu erbringen, wird man von der zweiten Variante in vielen Fällen bessere Ergebnisse erwarten.

Der Algorithmus kann nun folgendermaßen formuliert werden:

```
while es gibt noch eine Ecke in G do
    Füge die Ecke e mit maximalem Eckengrad in G in clique ein;
    Entferne e und alle nicht zu e benachbarten Ecken aus G;
```

Man beachte, dass der Eckengrad jeweils im Restgraph bestimmt wird. Eine naive Implementierung kann leicht zu einen Aufwand von $O(n^2)$ führen (beispielsweise bei einer unvorsichtigen Bestimmung der Ecke mit dem jeweils maximalen Eckengrad). Um diese Variante noch mit linearen Aufwand realisieren zu können, müssen einige spezielle Datenstrukturen verwendet werden:

- EckengradListe
  Eine doppelt verkettete Liste mit Zeigern auf den Kopf von Listen vom Typ EckenListe, absteigend sortiert nach Eckengraden
- EckenListe
  Eine doppelt verkettete Liste mit Elementen vom Typ Ecke, die Ecken in einer EckenListe haben alle den gleichen Eckengrad
- Ecken
  Ein Feld mit Zeigern auf Elemente innerhalb von EckenListen, jeweils auf die zugehörige Ecke

Weiterhin gibt es noch eine Variable maxEckengrad, sie zeigt jeweils auf den Kopf der ersten Liste in EckengradListe. Die zur Clique gehörenden Ecken können beispielsweise in einem einfachen Feld verwaltet werden.

In einem ersten Schritt werden diese Datenstrukturen initialisiert. Ausgehend von der Adjazenzliste wird der Eckengrad jeder Ecke bestimmt und in einem linearen Feld der Länge n wird festgehalten, welcher Eckengrad existiert. Dann wird das Feld EckengradListe angelegt, für jeden auftretenden Eckengrad wird eine leere Liste vom Typ EckenListe erzeugt. Diese Listen werden in absteigender Reihenfolge gespeichert und die Variable maxEckengrad zeigt auf die erste Liste. In einem weiteren Feld werden Zeiger auf diese Listen gespeichert, d. h., die i-te Komponente enthält einen Zeiger auf die Eckenliste für den Eckengrad i (sofern dieser vorkommt). Nun wird jede Ecke gemäß ihrem Eckengrad an die entsprechende Liste in EckengradListe angehängt. Ein Zeiger auf diese Struktur wird in das Feld Ecken eingefügt. Mit den zur Verfügung stehenden Strukturen erfordert dies pro Ecke konstanten Aufwand. Die Initialisierung erfordert insgesamt den Aufwand $O(n + m)$, bei zusammenhängenden Graphen $O(m)$.

Eine Ecke mit maximalem Eckengrad kann mittels der Variablen maxEckengrad in konstanter Zeit bestimmt werden. Mit welchem Aufwand kann eine Ecke e_i aus dem Graphen entfernt werden? Über das Feld Ecken erhält man einen Zeiger in die zugehörende Liste EckenListe. Da es sich um eine doppelt verkettete Liste handelt, kann die Ecke mit konstantem Aufwand entfernt werden. Wird die entsprechende EckenListe leer, so kann diese Liste ebenfalls in konstanter Zeit aus EckengradListe entfernt werden. Eventuell muss auch die Variable maxEckengrad aktualisiert werden. Damit die Datenstruktur in einem konsistenten Zustand bleibt, müssen noch die Eckengrade der Nachbarn der entfernten Ecke um eins erniedrigt werden. Pro Nachbar erfordern die Veränderungen in den doppelt verketteten Listen einen konstanten Aufwand. Dazu beachte man, dass jede benachbarte Ecke in konstanter Zeit aufgefunden, aus der Eckenliste entfernt und in die nächst niedrige Liste wieder eingefügt werden kann. Gegebenenfalls muss diese Liste erst erzeugt werden, auch die Variable maxEckengrad muss eventuell aktualisiert werden. Das Entfernen der Ecke e kann insgesamt mit Aufwand $O(g(e))$ durchgeführt werden.

Bei der Entfernung der nicht benachbarten Ecken wird ebenso vorgegangen. Da jede Ecke einmal entfernt wird, ist der Gesamtaufwand $O(n + m)$. Man beachte, dass dies die Bestimmung der nicht benachbarten Ecken einschließt. Hierzu bezeichne man die ausgewählten Ecken mit maximalem Eckengrad mit $e_1, \ldots, e_c$. Zur Bestimmung der nicht benachbarten Ecken von e_i mit $i > 1$ werden die Nachbarn von e_{i-1} durchlaufen und diejenigen, die nicht zu e_i benachbart sind, werden entfernt. Für $i = 2, \ldots, c$ ergibt sich jeweils ein Aufwand von $O(g(e_{i-1}))$. Da die nicht zu e_1 benachbarten Ecken mit Aufwand $O(n)$ bestimmt werden können, ist der Gesamtaufwand $O(n + m)$. Diese Aussagen gelten bei der Verwendung von Adjazenzlisten, bei denen die Ecken in den Nachbarschaftslisten nach aufsteigenden Eckennummern sortiert sind. Durch den Einsatz von doppelt verketteten Listen kann auch diese Variante des Algorithmus in linearer Zeit durchgeführt werden.

Die Reihenfolge, in der Teillösungen erweitert werden, kann auch dynamisch zur Laufzeit bestimmt werden. Dies wird beispielsweise beim Algorithmus von Dijkstra in Kapitel 10 zur Bestimmung kürzester Wege durchgeführt. In diesem Fall wird eine optimale Lösung gefunden. Doch im Allgemeinen sind solche Fälle eher selten. Häufig werden Greedy Algorithmen eingesetzt, wenn das Auffinden einer optimalen Lösung nur mit sehr hohen Aufwand betrieben werden kann, etwa wenn alle bekannten Algorithmen eine exponentielle Laufzeit aufweisen. Dies gilt beispielsweise für das Problem der minimalen Eckenüberdeckung (siehe Abschnitt 11.5.2). Es gibt Hinweise, dass in diesem Fall der Greedy Algorithmus von allen Algorithmen mit polynomialen Aufwand das beste Ergebnis liefert. Weitere Anwendungen werden in den Kapiteln 11 und 6 behandelt.

Es gibt eine Klasse von Problemen, für die Greedy-Algorithmen stets eine optimale Lösung bestimmen. Diese Probleme kann man mit Hilfe von Matroiden beschreiben. Dieser Zusammenhang wird allerdings im Weiteren nicht betrachtet.

5.3 Backtracking

Charakteristisch für Greedy-Algorithmen ist, dass sie eine einmal getroffene Entscheidung nicht mehr zurücknehmen. Dadurch finden sie in der Regel nicht die optimale Lösung. Die Herausforderung besteht darin, lokal zu entscheiden, ob eine Teillösung zu einer optimalen Lösung erweitert werden kann. Teillösungen, welche diese Eigenschaft haben, werden im Folgenden als *korrekte Teillösungen* bezeichnet. Falls die Korrektheit einer Teillösung nicht lokal entscheidbar ist, so muss prinzipiell der gesamte Lösungsraum durchsucht werden. Die im letzten Abschnitt beschriebene Suche nach einer maximalen Clique zeigt, dass der Lösungsraum sehr groß sein kann. In dem Beispiel besteht der Lösungsraum aus allen 2^n Teilmengen der n Ecken. Ein vollständiges Durchsuchen erfordert eine Strategie, damit nicht Teile des Lösungsraums übergangen oder andere mehrfach betrachtet werden.

Backtracking ist ein Verfahren, welches diese beiden Anforderungen erfüllt. Dabei werden wie bei Greedy-Algorithmen Teillösungen nach einer festen Vorschrift schrittweise zu einer Gesamtlösung ausgebaut. Der so genannte *Suchbaum* reflektiert dabei die Beziehungen zwischen den Teillösungen und die Reihenfolge, in der diese betrachtet werden. Der Suchbaum ist ein Wurzelbaum, wobei die Ecken den Teillösungen entsprechen. Die leere Teillösung ist die Wurzel des Baumes. Die Nachfolger einer Ecke entsprechen den Erweiterungen der zugehörenden Teillösung. Somit ist die Anzahl der Nachfolger einer Ecke gleich der Anzahl der Teillösungen, die durch Erweiterung aus dieser Teillösung hervorgehen können. Da die Teillösungen durch Erweiterungen immer „länger" werden, kann es in diesem gerichteten Graphen keine geschlossenen Wege geben. Blätter im Suchbaum entsprechen entweder Gesamtlösungen oder nicht korrekten Teillösungen, d. h. Teillösungen, die sich nachweislich nicht zu einer Gesamtlösung erweitern lassen.

Backtracking definiert eine Strategie, mit der der Suchbaum systematisch durchlaufen werden kann, ohne ihn explizit aufzubauen. Dies würde in der Regel auch an der Größe dieses Baumes scheitern. Stattdessen wird nur die Folge der Teillösungen, welche von der Wurzel zur aktuellen Teillösung führen, gespeichert.

Der Suchbaum wird gemäß der Tiefensuche durchlaufen. Die Suche beginnt an der Wurzel des Suchbaumes, d. h., die leere Lösung ist die initiale aktuelle Teillösung. Die erste Erweiterungsmöglichkeit der aktuellen Teillösung wird immer zur neuen aktuellen Teillösung. Ist eine Teillösung nachweislich nicht korrekt, d. h., sie kann nicht zu einer optimalen Lösung erweitert werden, so wird der letzte Erweiterungsschritt zurückgenommen (*backtracking*) und die nächste Erweiterung des Vorgängers der aktuellen Teillösung wird zur neuen aktuellen Teillösung. Ein Erweiterungsschritt wird auch dann zurückgenommen, wenn die Teillösung eine Gesamtlösung ist. Dies stellt sicher, dass der Algorithmus nicht nach der ersten gefundenen Gesamtlösung abbricht. Das Verfahren endet, wenn der Suchraum komplett durchlaufen wurde. Backtracking-Algorithmen finden somit immer alle Lösungen. Somit erkennen sie auch, wenn keine Lösung existiert.

Bei Optimierungsproblemen – wie dem Problem der maximalen Clique – muss in der Regel der gesamte Suchbaum durchlaufen werden. Bei Entscheidungsproblemen kann die Suche nach der ersten gefundenen Lösung beendet werden. Die Frage nach der Existenz einer Clique mit einer vorgegebenen Anzahl von Ecken in einem Graphen ist ein Beispiel für ein Entscheidungsproblem.

Mehrere Voraussetzungen müssen für die Anwendung von Backtracking vorliegen. Das Problem muss eine schrittweise Entwicklung von Lösungen erlauben und der Nachweis, dass sich Teillösungen nicht zu einer Gesamtlösung ausbauen lassen, muss effizient durchführbar sein. Wichtig ist, dass bei diesem Schritt keine Teillösung ausgeschlossen wird, welche zu einer Gesamtlösung führen kann. Hingegen ist der umgekehrte Fall nicht problematisch, er führt allerdings zu einer längeren Suchzeit. Je früher erkannt wird, dass eine Teillösung nicht korrekt ist, desto größer ist der Vorteil von Backtracking gegenüber dem naiven Auswerten aller Lösungen. Neben diesen beiden Voraussetzungen muss noch eine Systematik zur Erweiterung von Teillösungen existieren.

Backtracking lässt sich unter anderem gut bei so genannten *Partitionsproblemen* anwenden. Bei diesen Problemen ist eine Aufteilung einer endlichen Grundmenge M in disjunkte Teilmengen $M_0, \ldots, M_t$ gesucht, so dass eine vorgegebene Eigenschaft erfüllt ist. Partitionsprobleme treten in der algorithmischen Graphentheorie häufig auf. Zur Illustration greifen wir wieder auf das Konzept der Clique zurück. Es sei G ein ungerichteter Graph mit Eckenmenge E. Eine Aufteilung $E_0, \ldots, E_t$ von E heißt *Cliquenüberdeckung* von G, falls die von den E_i induzierten Untergraphen Cliquen sind. Das Auffinden einer Cliquenüberdeckung ist ein Partitionsproblem. Die *Cliquenpartitionszahl* $\theta(G)$ eines Graphen G ist die kleinste Anzahl von Cliquen einer Cliquenüberdeckung von G.

Die Menge aller Aufteilungen der Grundmenge M in Teilmengen bildet den Lösungsraum. Die Anzahl B_n der Aufteilungen einer n-elementigen Menge – auch *Bellsche Zahl* genannt – wächst exponentiell mit n, somit steigt auch die Größe des Lösungsraums exponentiell an. Eine Teillösung $T_s = M_0, \ldots, M_l$ ist dabei durch eine Aufteilung der Menge der ersten s Elemente ($l < s$) gegeben, welche die vorgegebene Eigenschaft erfüllt. Dies setzt voraus, dass sich die Eigenschaft auch für Teillösungen überprüfen lässt. Beim Problem der Cliquenüberdeckung bedeutet dies, dass die von den M_i induzierten Untergraphen Cliquen bilden.

Die Systematik zur Erweiterung von Teillösungen besteht darin, die Elemente der Grundmenge in einer festen Reihenfolge zu betrachten und mit den ersten s Elementen eine Teillösung zu bilden. Eine solche Teillösung mit s Elementen kann auf zwei Arten in eine Teillösung mit $s + 1$ Elementen überführt werden.

(1) Durch das Einfügen des $(s + 1)$-ten Elementes x_s in eine der existierenden Teilmengen M_i mit $i = 0, \ldots, l$.
(2) Durch das Hinzufügen einer neuen Teilmenge $M_{l+1} = \{x_s\}$ zu der aktuellen Aufteilung.

Im ersten Fall bleibt die Anzahl der Teilmengen unverändert und im zweiten Fall erhöht sie sich um eins.

Das Backtracking-Verfahren kann sehr generisch beschrieben werden. Lediglich der Test, ob eine Erweiterung der aktuellen Teillösung zu einer Gesamtlösung ausgeschlossen ist, erfolgt in Abhängigkeit des betrachteten Problems. Bei der Suche nach einer Cliquenüberdeckung werden Teillösungen dann ausgeschlossen, wenn es in einer der Teilmengen der Aufteilung zwei nicht benachbarte Ecken gibt.

Eine Implementierung des Backtracking-Verfahrens verwaltet die Folge der Teillösungen, welche zur aktuellen Teillösung führen. Weiterhin wird für jede dieser Teillösungen eine Information zur Erzeugung der nächsten noch nicht betrachteten Teillösung gespeichert. Die Folge der Teillösungen einschließlich der Zusatzinformation kann entweder explizit mittels eines Stapels oder implizit mittels einer rekursiven Funktion gespeichert werden.

Im Folgenden wird die zweite Variante näher betrachtet. Die verwendete rekursive Funktion hat als Parameter die aktuelle Teillösung. Als erstes wird überprüft, ob es sich um eine korrekte Teillösung handelt. Ist dies nicht der Fall, so erfolgt ein Backtracking zur vorhergehenden Teillösung, d. h., dieser Aufruf der Funktion wird beendet. Andernfalls wird geprüft, ob mit der aktuellen Teillösung eine Gesamtlösung vorliegt. In diesem Fall kann das Verfahren beendet oder es kann nach weiteren Lösungen gesucht werden. Liegt keine Gesamtlösung vor, so wird die aktuelle Teillösung erweitert und die Funktion wird mit der neuen Teillösung aufgerufen.

Für Partitionsprobleme bedeutet dies, dass die oben genannten beiden Erweiterungsmöglichkeiten betrachtet werden. Mit anderen Worten: Das aktuelle Element wird wie oben beschrieben nacheinander in die Teilmengen der Aufteilung eingefügt oder es wird eine neue Teilmenge bestehend aus diesem Element angehängt. Gibt es keine weitere Teillösung auf dieser Ebene so kommt es zum Backtracking. Der initiale Aufruf verwendet die leere Lösung als Parameter.

Diese allgemeine Vorgehensweise wird nun für den Fall von Partitionsproblemen näher ausgeführt. Realisierungen für andere Problemstellungen lassen sich daraus leicht ableiten. Ohne Einschränkung der Allgemeinheit nehmen wir an, dass die Grundmenge aus den Zahlen 0, 1, …, $n-1$ besteht. Um die Belastung des Systemstacks zu reduzieren wird die Information zur aktuellen Teillösung nicht vollständig als Parameter an die rekursive Funktion überreicht. Übergeben wird lediglich die Anzahl der Elemente (bezogen auf eine feste Reihenfolge), welche in der aktuellen Teillösung berücksichtigt werden.

Die zu den Teillösungen gehörenden Aufteilungen in Teilmengen werden in kompakter Form gespeichert. Dabei wird nicht für jede Teilmenge einer Aufteilung die Liste der zugehörenden Elemente gespeichert, sondern die Teilmengen einer Aufteilung werden nummeriert und für jedes Element aus der Grundmenge wird die Nummer der Teilmenge gespeichert, welche das Element enthält. Es wird also eine invertierte Liste verwendet. Diese wird in dem globalen Feld `aufteilung` der Länge n verwaltet. Gehört das l-te Element zu der j-ten Teilmenge, so ist `aufteilung[l] = j`. Entspricht die aktuelle Teillösung einer Aufteilung der ersten i Elemente, so ist die dazugehörende Aufteilung durch die Werte von `aufteilung[0]` bis `aufteilung[i-1]` implizit gegeben. Auf diese Art können auch die Aufteilungen der Teillösungen, welche zur aktuellen Teillösung führen bestimmt werden und stehen damit für das Backtracking zur Verfügung. Die j-te Teillösung ist dabei durch die Werte von `aufteilung[0]` bis `aufteilung[j-1]` gegeben. Somit genügt es, der rekursiven Funktion als Parameter nur die aktuelle Anzahl der betrachteten Elemente zu übergeben.

Mit Hilfe dieser Informationen lassen sich auch die Erweiterungen einer Teillösung herleiten. Entspricht eine Teillösung einer Aufteilung der ersten i Elemente und ist $max = \max\{\texttt{aufteilung}[j] \mid j = 0, \dots, i-1\}$ so besteht die Teillösung aus $max + 1$ Teilmengen. Das bedeutet, dass diese Teillösung auf genau $max + 2$ Arten erweitert werden kann. Dazu werden der Variablen `aufteilung[i+1]` nacheinander die Werte 0, 1, …, $max + 1$ zugewiesen. Um den Wert der Variablen max nicht immer neu bestimmen zu müssen, wird ein globales Feld `maximum` mit n Komponenten angelegt. Für jede Teillösung auf dem Weg zur aktuellen Teillösung, wird darin die Anzahl der Teilmengen der Aufteilung verwaltet. Besteht die aktuelle Teillösung aus i Elementen, so gilt

$$\texttt{maximum[j]} = \max\{\texttt{aufteilung[0]}, \dots, \texttt{aufteilung[j-1]}\}$$

für $j = 1, \dots, i-1$. Somit gilt

$$\texttt{maximum[j+1]} = \texttt{maximum[j]} \text{ oder } \texttt{maximum[j+1]} = \texttt{maximum[j]} + 1.$$

Abbildung 5.3 zeigt eine Implementierung der beschriebenen Vorgehensweise durch die Prozedur `partition`. Der Aufruf `partition(i)` überprüft, ob die Aufteilung der Elemente 0, 1, …, i in der aktuellen Teillösung korrekt ist. Dabei wird vorausgesetzt, dass die Aufteilung der Elemente 0, 1, …, $i-1$ korrekt ist. Da die Nummerierung der Teilmengen keine Bedeutung hat, werden nur Gesamtlösungen gefunden, bei denen Element 0 in der ersten Teilmenge liegt. Deshalb wird dieses Element dauerhaft der ersten Teilmenge zugewiesen, d. h. aufteilung[0] = 0. Der initiale Aufruf lautet partition(0), d. h., die erste betrachtete Teillösung besteht aus der Menge {0}. Eine weitere Initialisierung des Feldes aufteilung ist nicht notwendig. Desweiteren wird maximum[0] mit 0 initialisiert. In der dargestellten Implementierung wird der gesamte Suchbaum durchlaufen, d. h., es werden alle möglichen Lösungen gefunden. Später wird eine Variante vorgestellt, welche eine optimale Lösung findet.

Abb. 5.3: Implementierung der Prozedur partition

```
var aufteilung, maximum : Array[0..n] von Integer
maximum[0] := aufteilung[0] := 0;

procedure partition(i : Integer)
    if erweitereTeillösung(i) then
        repeat
            if korrekteTeillösung(i+1) then
                maximum[i+1] := max(aufteilung[i+1], maximum[i]);
                if i+1 = n-1 then
                    Eine Lösung gefunden;
                else
                    partition(i+1);
        until not variiereTeillösung(i+1);
```

Die Implementierung ist unabhängig von einem speziellen Partitionsproblem und verwendet die im Folgenden beschriebenen drei Funktionen. Sie beziehen sich alle auf die aktuelle Teillösung mit den Elementen $0, 1, \ldots, i$.

```
korrekteTeillösung(i : Integer) : Boolean
erweitereTeillösung(i : Integer) : Boolean
variiereTeillösung(i : Integer) : Boolean
```

Die Funktion korrekteTeillösung überprüft, ob die aktuelle Teillösung korrekt ist. Sie wird immer in Abhängigkeit des Problems implementiert. Die beiden anderen Funktionen können unabhängig vom gegebenen Partitionsproblem implementiert werden, der Code ist in Abbildung 5.4 wiedergegeben. Sie stellen die Funktionalität zur Erweiterung einer Teillösung bereit. Die Funktion erweitereTeillösung bezieht ein neues Element in die Teillösung ein, dazu wird das Element mit der Nummer $i + 1$ in die Teilmenge mit Index 0 eingefügt. Wurden bereits alle Elemente eingefügt, so gibt diese Funktion **false** zurück. Die Funktion variiereTeillösung verschiebt das zuletzt eingefügte Element in die nächste Teilmenge der aktuellen Aufteilung. Ist dieses Element in der letzten Teilmenge der Aufteilung, so wird es entfernt und die Aufteilung wird um eine neue Teilmenge mit diesem Element ergänzt. Der nächste Aufruf von variiereTeillösung gibt **false** zurück.

Die Implementierung der Funktion korrekteTeillösung wird beispielhaft für die Aufgabe der Bestimmung aller Cliquenüberdeckungen angegeben. Hierzu beachte man, dass die der aktuellen Teillösung vorangehende Teillösung bereits aus Cliquen besteht. Somit muss nur für die neu hinzugefügte Ecke überprüft werden, ob Ecken,

---

Abb. 5.4: Funktionen zur Implementierung der Prozedur `partition`

```
function erweitereTeillösung(i : Integer) : Boolean
    if i = n-1 then
        return false;
    else
        aufteilung[i+1] := 0;
        return true;

function variiereTeillösung(i : Integer) : Boolean
    if aufteilung[i] ≥ maximum[i-1]+1 then
        return false;
    else
        aufteilung[i] := aufteilung[i]+1;
        return true;
```

---

welche zur gleichen Teilmenge gehören, benachbart sind. Abbildung 5.5 zeigt eine entsprechende Implementierung. Hierbei wird über alle Ecken, welche zur vorhergehenden Teillösung gehören, iteriert.

Abb. 5.5: Die Funktionen `korrekteTeillösung`

```
function korrekteTeillösung(i : Integer) : Boolean
    var j : Integer

    for j := 0 to i-1 do
        if aufteilung[j] = aufteilung[i] and e_j ∉ N(e_i) then
            return false;
    return true;
```

Bei vielen Partitionsproblemen ist eine Aufteilung mit einer vorgegebenen Höchstanzahl `grenze` von Teilmengen gesucht. Die Suche nach einer solchen Aufteilung kann beschleunigt werden, indem ein Backtracking bei Teillösungen erzwungen wird, bei denen diese Höchstzahl überschritten wird. Dies erfordert nur eine kleine Änderung der Funktion `variiereTeillösung`. Diese Erweiterung ist auch bei der Suche nach einer Aufteilung mit den wenigsten Teilmengen hilfreich, z. B. für die Bestimmung der Cliquenpartitionszahl. In diesem Fall wird die Höchstanzahl `grenze` während der Ausführung angepasst. Da Aufteilungen aus maximal n Teilmengen bestehen können, wird `grenze` mit n initialisiert. Wird eine Gesamtlösung gefunden, so wird `grenze` aktualisiert:

$$\text{grenze} := \text{maximum}[i+1];$$

Ab diesem Zeitpunkt wird nur noch nach Aufteilungen mit weniger als `grenze` Teilmengen gesucht. Damit kann zu der letzten Teillösung zurückgesprungen werden, welche aus `grenze` − 1 Teilmengen bestand. Abbildung 5.6 zeigt die vollständige Implementierung der Prozedur `partition` für diese Variante. Darüber hinaus muss lediglich die **if**-Anweisung der Funktion `variiereTeillösung` wie folgt angepasst werden.

```
if maximum[i-1] ≥ grenze
    or aufteilung[i] ≥ min(maximum[i-1]+1, grenze-1) then
  return false;
```

In der beschriebenen Umsetzung des Backtrackings wurde kein Einfluss auf die Reihenfolge vorgenommen, in der die Erweiterungen einer Teillösung untersucht werden. In manchen Anwendungen lassen sich die Erweiterungen einer Teillösung hinsichtlich der Wahrscheinlichkeit, dass sie zu einer optimalen Lösung führen, bewerten. Dieses Wissen kann genutzt werden, um schneller zu einer optimalen Lösungen zu kommen.

Abb. 5.6: Die Prozedur partition **zur Suche einer optimalen Lösung**

```
var aufteilung, maximum : Array[0..n] von Integer;
var grenze : Integer;
maximum[0] := aufteilung[0] := 0;
grenze := n;

procedure partition(i : Integer)
  if erweitereTeillösung(i) then
    repeat
      if korrekteTeillösung(i+1) then
        maximum[i+1] := max(aufteilung[i+1], maximum[i]);
        if i+1 = n-1 then
          grenze := maximum[i+1];
        else
          partition(i+1);
    until not variiereTeillösung(i+1);
```

Die Laufzeit eines Algorithmus auf Basis des Backtrackings hängt im Wesentlichen von zwei Größen ab: der Größe des Suchbaumes und dem Aufwand für den Nachweis, dass eine Teillösung korrekt ist. Für die Bestimmung der Größe des Suchraumes sind bis heute keine allgemein anwendbaren Techniken bekannt. In der Regel lässt sich nur eine sehr grobe Abschätzung abgeben. Hat eine Teillösung maximal d Nachfolger im Suchbaum, so enthält ein Suchraum der Tiefe l maximal

$$\sum_{i=0}^{l} d^i = \frac{d^{l+1}-1}{d-1} \in O(d^l)$$

Teillösungen. Bei einem Aufwand von $O(l)$ für die Überprüfung der Korrektheit ergibt sich der Gesamtaufwand $O(ld^l)$. In manchen Fällen steigt die Anzahl der Erweiterungen einer Teillösungen mit steigender Länge der Suchtiefe an. Bei dem oben diskutierten Problem der Cliquenüberdeckung, gibt es auf Stufe l maximal B_l Teillösungen.

5.4 Branch & Bound

Branch & Bound ist eine Weiterentwicklung des Backtracking, welche bei der Lösung von Optimierungsproblemen eingesetzt wird. Die Grundidee dieser Technik besteht in der Verwendung von Heuristiken, die ein zielgerichtetes Suchen im Lösungsraum ermöglichen. Dazu bestimmt man für jede Teillösung eine möglichst gute untere oder obere Schranke für die beste noch erzielbare Lösung. Ist diese Schranke schlechter als eine bereits bekannte Lösung, so muss diese Teillösung nicht weiter betrachtet werden und ein Backtracking kann erfolgen.

Diese Technik wurde ansatzweise schon im letzten Abschnitt für das Problem der Cliquenüberdeckung mit den wenigsten Cliquen verwendet. Eine Teillösung wurde nicht erweitert, falls diese bereits aus der gleichen Anzahl von Teillösungen bestand, wie die bisher beste Gesamtlösung. Bei Branch & Bound wird zusätzlich noch abgeschätzt, *wie gut* eine Teillösung im günstigsten Fall werden kann. Ist erkennbar, dass eine Teillösung nicht zu einer Verbesserung führen kann, so wird dieser Teil des Suchbaumes *abgeschnitten*. Für solche Abschätzungen werden Heuristiken verwendet. Je besser diese Heuristiken sind, desto kleiner ist der zu durchsuchende Teil des Lösungsraums. Allerdings muss die Suchzeit zur Auswertung dieser Heuristiken in die Laufzeit einberechnet werden.

Das Prinzip Branch & Bound wird im Folgenden an dem bereits in Abschnitt 5.2 betrachteten Problem der größten Clique veranschaulicht. Während mit dem Greedy-Verfahren nur eine nicht-erweiterbare Clique gefunden wird, soll hier eine maximale Clique – d. h. eine mit der höchsten Anzahl von Ecken – gefunden werden. Ein entsprechender auf Backtracking basierender Algorithmus lässt sich leicht formulieren. Eine Teillösung besteht dabei aus einer Menge C von Ecken des Graphen, welche eine Clique bilden. Die Systematik zur Erweiterung von Teillösungen besteht wiederum darin, die Ecken des Graphen in einer festen Reihenfolge $e_1, e_2, \ldots$ zu betrachten. Zu einer bereits gefundenen Clique wird die nächste Ecke e_j hinzugefügt, welche zu allen Ecken in C benachbart ist. Gibt es keine solche Ecke, dann kommt es zum Backtracking und die zuletzt in C eingefügt Ecke wird wieder entfernt, d. h., es wird zur Teillösung zurückgegangen, welche zu C führte und die nächste Erweiterung davon wird geprüft.

Folgende einfache Heuristik führt zu einer Einschränkung des Suchraums. Eine Teillösung C muss nicht weiter verfolgt werden, falls die bisher beste Gesamtlösung mindestens so viele Ecken enthält, wie C zusammen mit den noch zu untersuchenden Ecken. Die Umsetzung erfolgt mit der in Abbildung 5.7 gezeigten rekursiven Funktion `maxClique`, welche zwei Parameter hat. Der erste enthält die Menge U der noch zu untersuchenden Ecken und der zweite die zur aktuellen Teillösung gehörende Clique C. Der initiale Aufruf der Funktion lautet `maxClique(G.E, ∅)`. Die globale Variable C_M enthält immer die Ecken der bisher größten gefundenen Clique. Die Ecken des Graphen werden wieder in einer festen Reihenfolge betrachtet. Der Aufruf min(U) gibt die *kleinste* Ecke aus der Menge U bezüglich der festen Reihenfolge zurück.

Abb. 5.7: Die Funktion `maxClique` zur Suche einer maximalen Clique

```
var C_M : Menge von Ecke;

function maxClique(U : Menge von Ecke, C : Menge von Ecke) : Integer
   var e : Ecke;
   if U = ∅ and |C| > |C_M| then
       C_M := C;
   else
       while |U| + |C| > |C_M| do
           e := min(U);
           U := U\{e};
           maxClique(N_U(e), C∪{e});
   return |C_M|;
```

Der Beweis der Korrektheit dieses Algorithmus basiert darauf, dass bei jedem Aufruf `maxClique(U, C)` folgende drei Eigenschaften erfüllt sind:

(1) Die Ecken in C bilden eine Clique.
(2) $U \cap C = \varnothing$.
(3) $N_E(C) = U$, d. h., U ist genau die Menge der Ecken des Graphen, welche zu allen Ecken in C benachbart sind.

Die Gültigkeit dieser drei Eigenschaften wird im Folgenden bewiesen. Für den initialen Aufruf `maxClique(G.E, ∅)` sind diese Eigenschaften trivialerweise erfüllt. Im Folgenden wird ein Aufruf `maxClique(U, C)` betrachtet, bei dem U und C diese Eigenschaften erfüllen. Es gilt zu beweisen, dass dies auch für den folgenden rekursiven Aufruf gilt. Bei der Rekursion wird aus U die kleinste Ecke e entfernt und `maxClique(N_U(e), C∪{e})` wird aufgerufen. Aus der dritten Eigenschaft für U und C folgt, dass $C \cup \{e\}$ eine Clique ist, d. h., Eigenschaft (1) gilt. Wegen $e \notin C$ gilt $N_{U \setminus \{e\}}(e) \cap (C \cup \{e\}) \subseteq U \cap C = \varnothing$, d. h., Eigenschaft (2) ist auch erfüllt. Dies gilt auch für Eigenschaft (3):

$$N_E(C \cup \{e\}) = N_E(C) \cap N_E(e) = U \cap N_E(e) = N_U(e).$$

Ist $U = \varnothing$ so folgt aus diesen Eigenschaften, dass C eine nicht erweiterbare Clique des Graphen ist. Nun muss noch bewiesen werden, dass die Suche auch die größte Clique findet. Da beim reinen Backtracking der Lösungsraum komplett durchsucht wird, wird in diesem Fall jede Clique gefunden. Somit wird auch die größte Clique gefunden. Es fehlt nur noch der Nachweis, dass durch das Abschneiden von Teilbereichen des Lösungsraums die größte Clique nicht übergangen wird. Es kommt nur dann zum vorzeitigen Backtracking, wenn $|U| + |C| \leq |C_M|$ gilt. D. h., selbst falls $U \cup C$ eine Clique bildet, wird diese nicht mehr Ecken enthalten als die bisher größte gefundene Clique.

Damit wurde der Beweis vollbracht, dass der Branch & Bound Algorithmus die größte Clique des Graphen findet.

Eine kleine Verbesserung der Laufzeit kann durch eine Reduktion der Rekursionstiefe erreicht werden. Dazu werden Graphen mit wenigen Ecken explizit behandelt. Bei der einfachsten Verbesserung wird der Fall $U = \emptyset$ ersetzt durch

```
if |U| ≤ 1 and |C| + |U| > |C_M| then
    C_M := C ∪ U;
```

Auch die Fälle $|U| = 2$ oder $|U| = 3$ lassen sich so noch leicht bearbeiten.

Die im letzten Algorithmus verwendete obere Abschätzung für die Cliquenzahl ist sehr einfach. Sie berücksichtigt nur die Anzahl der noch nicht untersuchten Ecken, d. h. $|U|$. Nicht einbezogen wird die Struktur des von U induzierten Graphen. Wesentlich umfangreichere Verkürzungen der Laufzeit werden durch bessere Abschätzungen erreicht. Viele Heuristiken für obere Abschätzungen der Cliquenzahl basieren auf den in Abschnitt 6.4 behandelten Heuristiken zur Bestimmung von Färbungen von Graphen. Bei der Anwendung solcher Heuristiken ist immer eine Abwägung zwischen der Einschränkung des Suchraums und der erhöhten Laufzeit durch die Auswertung der Heuristiken vorzunehmen.

Im Folgenden wird der zuletzt vorgestellte Algorithmus zur Bestimmung einer maximalen Clique durch eine alternative obere Abschätzung für die Cliquenzahl verbessert. Der beschriebene Algorithmus betrachtet die Ecken in einer festen Reihenfolge $e_1, e_2, \ldots, e_n$. Für $i \geq 1$ sei S_i die Menge aller Ecken e_j mit $j \geq i$. Bei der Ausführung des Algorithmus wird für eine Ecke e_i eine maximale Clique in $N_U(e_i)$ für verschiedene Teilmengen U von S_i bestimmt. Es sei c_i die Größe der größten Clique in $N_{S_i}(e_i)$, d. h. $c_i = \omega(N_{S_i}(e_i))$. Dann hat jede Clique von $N_U(e_i)$ mit $U \subseteq S_i$ maximal c_i Elemente. Hieraus ergibt sich folgende Heuristik, welche beim Aufruf maxClique(U, C) verwendet werden kann. Es sei $e_i = \min\{U\}$. Ist $c_i + |C| \leq |C_M|$, so führt die Suche in diesem Teil des Lösungsraums zu keiner Clique mit mehr als $|C_M|$ Ecken. Die Anwendung dieser Heuristik setzt voraus, dass zu diesem Zeitpunkt der Wert von c_i bekannt ist. Um dies sicherzustellen, müssen die Werte von c_i in absteigender Reihenfolge der Ecken bestimmt werden. Für die letzte Ecke e_n gilt $c_n = 0$, denn $N_{S_n}(e_n) = \emptyset$. Abbildung 5.8 zeigt das Hauptprogramm für diese Variante des Branch & Bound Algorithmus. Die Werte c_i werden in dem Feld cliqueGröße gespeichert.

Abb. 5.8: Hauptprogramm zur Bestimmung einer maximalen Clique

```
var i : Integer;
var gefunden : Boolean;
var cliqueGröße : Array[1..n] von Integer;
var S, C_M : Menge von Ecke;

for i := n downto 1 do
    S := S ∪ {e_i};
    gefunden := false;
    cliqueGröße[i] := maxClique(N_S(e_i), {e_i});
```

Die Bestimmung der einzelnen maximalen Cliquen wird durch die Funktion `maxClique` durchgeführt. Der in Abbildung 5.9 dargestellte Code verwendet gegenüber der ursprünglichen Variante zusätzlich die oben vorgestellte Heuristik. Der Code enthält eine weitere Optimierung, welche sich auf folgende einfache Beobachtung stützt. Für $i < n$ gilt $c_i = c_{i+1}$ oder $c_i = c_{i+1} + 1$. Genau dann gilt die zweite Gleichung, wenn es in S_i eine Clique der Größe $c_{i+1} + 1$ gibt, welche e_i enthält. Deshalb kann ein Aufruf der Funktion `maxClique` sofort beendet werden, wenn eine größere Clique gefunden wurde. Diese Information wird mit Hilfe der Variablen `gefunden` an nachfolgende Aufrufe von `maxClique` innerhalb der gleichen Iterationsstufe weitergegeben. Nach Ablauf des Algorithmus gilt `cliqueGröße[1]` $= \omega(G)$.

> **Abb. 5.9: Die erweiterte Funktion `maxClique`**
>
> ```
> function maxClique(U : Menge von Ecke, C : Menge von Ecke) : Integer
>     var e : Ecke;
>
>     if U = ∅ and |C| > |C_M| then
>         C_M := C;
>         gefunden := true;
>     else
>         while |U| + |C| > |C_M| and not gefunden do
>             e := min(U);
>             if cliqueGröße[e] + |C| ≤ |C_M| then
>                 return |C_M|;
>             U := U\{e};
>             maxClique(N_U(e), C ∪ {e});
>     return |C_M|;
> ```

Die Laufzeitverbesserung dieser Variante hängt stark von Verhältnis von $\omega(G)$ zu n ab. Beispielsweise wird für den vollständigen Graph keine Verbesserung erzielt. Im Gegenteil, die Laufzeit steigt wesentlich an.

Einen großen Einfluss auf die Laufzeit von Branch & Bound Algorithmen hat die Reihenfolge, in der Teillösungen untersucht werden. Im betrachteten Beispiel wird diese Reihenfolge durch die Sortierung der Ecken bestimmt. Eine schon beim Greedy-Algorithmus erwähnte Sortierung ist die nach dem Grad der Ecken. Dadurch erhöht sich zwar die Laufzeit jedes Iterationsschrittes, aber der zu durchsuchende Teil des Lösungsraums wird sich in vielen Fällen verkleinern. Wie schon beim allgemeinen Backtracking ist auch hier eine genauere Abschätzung der Laufzeit eines Algorithmus nur in wenigen Fällen möglich.

5.5 Teile & Herrsche

Charakteristisch für die bisher betrachteten Methoden ist, dass Teillösungen stetig erweitert werden, d. h., die Teilprobleme hängen voneinander ab. Eine andere Strategie zur Lösung eines komplexen Problems ist die Zerlegung des Problems in unabhängige Teilprobleme, so dass deren Lösungen zu einer Lösung des Ausgangsproblems zusammengesetzt werden können. Ist die Art der Teilprobleme mit der des ursprünglichen Problems identisch, so kann diese Strategie rekursiv angewendet werden. Die Rekursion endet, wenn die Teilprobleme so klein sind, dass sie direkt gelöst werden können. Diese Strategie wird *Teile & Herrsche* bzw. *divide & conquer* genannt. Das Grundprinzip besteht in jeder Rekursionsstufe aus folgenden drei Schritten:

- Teile: Das Problem wird in unabhängige Teilprobleme zerlegt.
- Herrsche: Falls die Teilprobleme eine direkte Lösung erlauben, dann werden diese bestimmt. Andernfalls werden die Teilprobleme rekursiv nach dem gleichen Muster behandelt.
- Kombiniere: Die Lösungen der Teilprobleme werden zu einer Gesamtlösung des ursprünglichen Problems zusammengesetzt.

Voraussetzung für Anwendung von Teile & Herrsche ist, dass sich das Problem so zerlegen lässt, dass die Teilprobleme eine geringere Komplexität als das Ausgangsprobleme besitzen. In der Regel wird dies dadurch erreicht, dass die Länge der Eingabe – beispielsweise die Anzahl der Ecken eines Graphen – reduziert wird. Weiterhin müssen sich die Lösungen der Teilprobleme zu einer Lösung des ursprünglichen Problems zusammensetzen lassen. Eine Umsetzung dieser Strategie erfolgt meistens durch eine rekursive Programmierung, bei der die Teilprobleme nacheinander oder auch gleichzeitig behandelt werden. Die zweite Option ist für moderne multi-core Architekturen sehr interessant. Nicht-rekursive Implementierungen – etwa auf Basis eines Stacks – sind ebenfalls möglich.

Die Suche nach einer Clique maximaler Größe kann auch mit Teile & Herrsche elegant gelöst werden. Die Grundidee lässt sich an diesem Beispiel sehr einfach darstellen. Es sei e eine beliebige Ecke des Graphen G. Die Menge $\mathcal{C}$ aller Cliquen von G mit $\omega(G)$ Ecken kann in zwei disjunkte Teilmengen $\mathcal{C}_1$ und $\mathcal{C}_2$ aufgeteilt werden: $\mathcal{C}_1$ enthält alle Cliquen aus $\mathcal{C}$ welche e enthalten und $\mathcal{C}_2$ die, welche e nicht enthalten. Ist $C \in \mathcal{C}_1$, so gilt $C \subseteq N[e]$. Somit ist $C \backslash \{e\}$ eine maximal Clique des induzierten Graphen $G_{N(e)}$. Ist $C \in \mathcal{C}_2$, dann ist C eine maximal Clique von $G_{E \backslash \{e\}}$. Hieraus folgt

$$\omega(G) = \max\left\{1 + \omega(G_{N(e)}), \omega(G_{E \backslash \{e\}})\right\}.$$

Damit hat man das ursprüngliche Problem in zwei unabhängige Teilprobleme zerlegt, so dass sich aus den Lösungen der Teilprobleme die Gesamtlösung ergibt. Wichtig ist, dass sich die Teilprobleme jeweils auf Graphen mit weniger Ecken und Kanten beziehen. Im vorliegenden Fall kann das Ausgangsproblem auch in mehr als zwei unabhängige Teilprobleme zerlegt werden. Dazu betrachte man nochmals den Fall $C \in \mathcal{C}_2$. Dann ist $C \not\subseteq N(e)$ und somit existiert eine Ecke $e' \in C \backslash N(e)$ so dass $C \subseteq N[e']$ gilt. Hieraus folgt:

$$\omega(G) = 1 + \max\left\{\omega(G_{N(e')}) \mid e' \in E \backslash N(e)\right\}.$$

Dies bedeutet, dass die Bestimmung von $\omega(G)$ auf die Bestimmung dieser Größe für $n - |N(e)|$ kleinere Graphen zurückgeführt werden kann. Die Teillösungen zu einer Gesamtlösung zusammenzusetzen ist trivial. Die Rekursion endet wenn die resultierenden Graphen keine Ecken mehr enthalten, dann ist $\omega = 0$. Es ist auch möglich, die Rekursion schon früher abzubrechen. Beispielsweise, wenn $\Delta(G) \leq 2$ ist. In diesem Fall besteht der Graph aus Graphen vom Typ C_k und P_k, d. h., ω ist maximal 2 oder 1. Die Bestimmung von ω kann nun leicht durchgeführt werden.

Abbildung 5.10 zeigt eine Anwendung dieser Gleichung. Für die rot dargestellte Ecke e_4 ist $E \backslash N(e_4) = \{e_2, e_4\}$. Im unteren Bereich sind die von den Mengen $G_{N(e_2)}$ und $G_{N(e_4)}$ induzierten Untergraphen dargestellt. Es gilt $\omega(G_{N(e_2)}) = 1$ und $\omega(G_{N(e_4)}) = 2$. Hieraus folgt $\omega(G) = 3$.

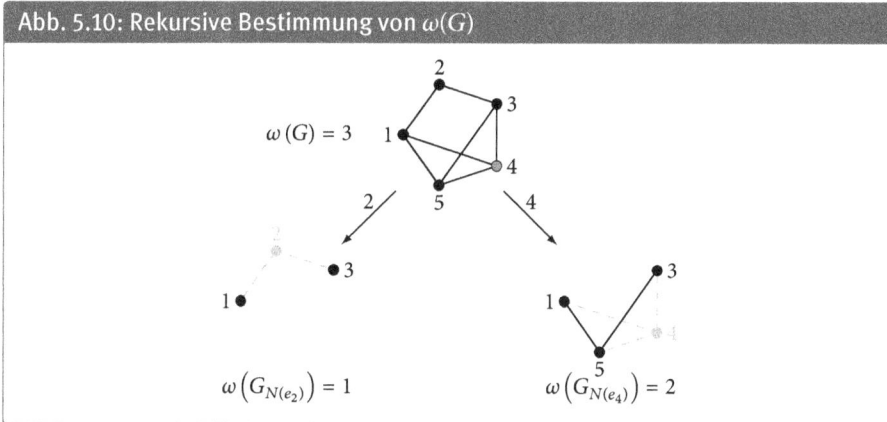

Abb. 5.10: Rekursive Bestimmung von $\omega(G)$

Um die Tiefe der Rekursion möglichst gering zu halten, wählt man in jedem Schritt e so, dass der Grad von e maximal ist. Diese Vorgehensweise führt zu der in Abbildung 5.11 dargestellten Funktion maxClique. Die konkrete Bestimmung der Ecken einer maximalen Clique kann durch eine geringe Erweiterung des Verfahrens erreicht werden.

Abb. 5.11: Bestimmung von $\omega(G)$ mittels Teile & Herrsche

```
function maxClique(G : Graph) : Integer
    if |G.E| ≤ 1 then
        return |G.E| + 1;
    Es sei e eine Ecke mit dem größten Eckengrad in G;
    return 1 + max{maxClique(G_{N(e')}) | e' ∈ G.E\N(e)};
```

Die Laufzeitanalyse von Teile & Herrsche Algorithmen erfordert in der Regel die Lösung von Rekurrenzen oder Differenzengleichungen. Hierzu wird der Ablauf eines solchen Algorithmus mit Hilfe eines Suchbaumes dargestellt. Jede Ecke des Baumes entspricht einem Teilproblem. Erlaubt ein Teilproblem eine direkte Lösung, so hat diese Ecke keine Nachfolger, ansonsten entsprechen die Teilprobleme den Nachfolgern eines Problems. Kann das Aufteilen eines Problems in Teilprobleme und das Zusammensetzen der Teillösungen zu einer Gesamtlösung in konstanter Zeit erfolgen, so ist die Anzahl der Ecken des Suchbaums ein gutes Maß für die Laufzeit. Da die Anzahl der Ecken solcher Suchbäume in der Regel exponentiell wächst, gilt dies prinzipiell auch für den Fall, dass der Aufwand für diese beiden Schritte nicht in konstanter sondern in polynomialer Zeit durchgeführt werden kann. Dies hat lediglich Auswirkungen auf die Basis der Exponentialfunktion.

Diese Vorgehensweise wird im Folgenden am Beispiel des oben dargestellten Algorithmus zur Bestimmung von $\omega(G)$ erläutert. Es seien $e_1, \ldots, e_{g(e)}$ die Nachbarn von e. Bezeichne mit $T(n)$ die Anzahl der Ecken in einem Suchbaum für einen Graphen mit n Ecken. Es gilt $T(0) = 1$. T ist eine monotone Funktion, d. h. $T(n_1) \leq T(n_2)$ für $n_1 \leq n_2$. Da der Grad von e in G maximal ist, lässt sich aus der Rekursion direkt folgende Ungleichung ableiten:

$$T(n) \leq 1 + \sum_{e' \in E \setminus N(v)} T(g(e')) \leq 1 + (n - g(e))T(g(e)).$$

Setzt man $s = n - g(e)$, dann ergibt sich folgende Differenzengleichung:

$$T(n) \leq 1 + sT(n - s).$$

Zur Lösung von Differenzengleichungen gibt es mehrere Verfahren, beispielsweise die Substitutions- und die Iterationsmethode. Im vorliegenden Fall führt eine einfache Anwendung der Substitutionsmethode zu einer Abschätzung von $T(n)$.

$$T(n) \leq 1 + sT(n - s) \leq 1 + s(1 + sT(n - 2s)) \leq \ldots \leq 1 + s + s^2 + \ldots + s^{n/s}$$

Dies führt zu

$$T(n) \leq \frac{1 - s^{n/(s+1)}}{1 - s} \leq s^{n/s} = \left(s^{1/s}\right)^n.$$

Für positive ganzzahlige Werte von s hat die Funktion $f(s) = s^{1/s}$ einen Maximalwert und dieser wird bei $s = 3$ angenommen. Hieraus ergibt sich $T(n) \leq 3^{n/3}$. Damit ist folgender Satz bewiesen.

Satz. *Für einen ungerichteten Graphen G kann $\omega(G)$ in der Zeit $O(3^{n/3})$ bestimmt werden.*

Durch die Berücksichtigung anderer einfacher Möglichkeiten zur direkten Lösung von Spezialfällen – wie oben schon angesprochen – kann die Laufzeit noch reduziert werden. Beispielsweise beschreiben F. Fomin und D. Kratsch einen Algorithmus mit Laufzeit $O(1{,}2786^n)$. Die Lösung der entsprechenden Differenzengleichungen ist dabei aufwendiger.

Das Prinzip von Teile & Herrsche ist vielfältig anwendbar, etwa für Algorithmen zur Matrixmultiplikation oder für Sortierverfahren. Generell lässt es sich bei so genannten *Teilmengenproblemen* gut anwenden. Bei diesen Problemen bildet die Menge aller Teilmengen einer Grundmenge den Lösungsraum. Gesucht ist die Teilmenge, welche ein vorgegebenes Kriterium optimiert. Hierzu zählt beispielsweise das oben diskutierte Problem der maximalen Cliquen, weitere Beispiele werden im Verlauf des Buches noch behandelt. Besteht die Grundmenge aus n Elementen, so hat ein naives Durchsuchen aller Teilmengen den Aufwand $\Omega(2^n)$. Mit Teile & Herrsche werden oft wesentliche Verbesserungen erreicht.

5.6 Dynamische Programmierung

Die letzten beiden Abschnitte haben gezeigt, dass sich viele Algorithmen sehr elegant durch rekursive Programme beschreiben lassen. Daraus sollte man aber nicht ableiten, dass in jedem Fall auch eine Implementierung mittels einer rekursiven Funktion zu einem effizienten Programm führt. Dies soll im Folgenden am Beispiel der bekannten *Fibonacci-Folge* gezeigt werden. Es handelt sich dabei um eine Folge von Zahlen (den Fibonacci-Zahlen), bei der die Summe zweier aufeinanderfolgender Zahlen die unmittelbar nachfolgende Zahl ergibt: 1, 1, 2, 3, 5, 8, 13, 21, ... Es liegt also eine rekursive Definition vor, welche direkt zu der in Abbildung 5.12 dargestellten Implementierung führt.

Abb. 5.12: Die Funktion `fibonacci`

```
function fibonacci(i : Integer) : Integer
    if i ≤ 1 then
        return 1;
    else
        return fibonacci(i-1)+fibonacci(i-2);
```

Diese naive Implementierung führt dazu, dass für den Aufruf `fibonacci(i)` mehrere Aufrufe von `fibonacci(j)` für jedes $j < i$ erfolgen. Eine einfache Analyse der Funktion `fibonacci` zeigt, dass ein Aufruf zur Bestimmung der n-ten Fibonacci-Zahl F_n genau F_n Aufrufe der Funktion `fibonacci` nach sich zieht. Die Fibonacci-Zahlen wachsen bekanntermaßen exponentiell an, es gilt $F_n \approx \Phi^n$ wobei $\Phi \approx 1{,}618$ der Goldene Schnitt ist. Dies bedeutet, dass diese Implementierung extrem ineffizient ist. Größere Fibonacci-Zahlen lassen sich damit nicht berechnen. Die Rekursion in der angegebenen Implementierung lässt sich sehr leicht durch eine Iteration ersetzen. Dazu merkt man sich lediglich die schon berechneten Fibonacci-Zahlen. Offensichtlich hat die in Abbildung 5.13 dargestellte Variante eine lineare Laufzeit.

Der hier angewandte Trick der Speicherung – im Gegensatz zu einer Neuberechnung – von Funktionswerten wird auch *Memoisation* genannt und ist einer der Kernpunkte der in diesem Abschnitt vorgestellten *dynamischen Programmierung*.

Charakteristisch für die im letzten Abschnitt vorgestellte Entwurfsmethode Teile & Herrsche ist, dass ein Top-Down Ansatz verfolgt wird. Das Gesamtproblem wird sukzessive in unabhängige, disjunkte Teilprobleme zerlegt. Aus der Lösung der Teilprobleme lässt sich eine Lösung des Gesamtproblems konstruieren. Im Gegensatz da-

Abb. 5.13: Eine iterative Implementierung der Funktion `fibonacci`

```
function fibonacci(i : Integer) : Integer
    var F : Array[0..i] von Integer;

    if i ≤ 1 then
        return 1;
    else
        F[0] := F[1] := 1;
        for j := 2 to i do
            F[j] := F[j-1] + F[j-2];
        return F[i];
```

zu liegt der dynamischen Programmierung eine Bottom-Up Strategie zugrunde. Hier werden kleinere, im Allgemeinen nicht disjunkte Teilprobleme zu einer Lösung für ein größeres Teilproblem zusammengesetzt, bis eine Lösung des Ausgangsproblems vorliegt. Dabei werden Lösungen für Teilprobleme in der Regel mehrfach verwendet. Deshalb werden solche Lösungen in tabellarischer Form gespeichert, um konstante Zugriffszeiten zu ermöglichen. Diese Technik ist vor allem bei Problemen sinnvoll, bei denen zwar bekannt ist, dass sich die Lösung durch Kombination der Lösungen von gewissen Teilproblemen ergibt, für die jedoch a priori unbekannt ist, welche Teilprobleme dies letztendlich sind.

Die dynamische Programmierung eignet sich sehr gut für Optimierungsprobleme. Voraussetzung für die Anwendbarkeit ist das Vorliegen des *Optimalitätsprinzips*. Hierunter versteht man die Eigenschaft, dass sich eine optimale Lösung des Problems durch eine geeignete Kombination der optimalen Lösungen bestimmter Teilprobleme ergibt. Zur Verdeutlichung der Vorgehensweise betrachten wir ein abstraktes Problem, bei dem sich eine optimale Lösungen für die Eingabe $e_1, \ldots, e_n$ aus den optimalen Lösungen der Teilprobleme mit den Teileingaben $e_1, \ldots, e_{n-1}$ und $e_2, \ldots, e_n$ ergibt. Eine naheliegende Umsetzung dieses Zusammenhangs durch eine rekursive Funktion führt, wie man sich leicht klar macht, zu einer exponentiellen Laufzeit. Verantwortlich dafür ist wieder der Umstand, dass wie bei der Berechnung der Fibonacci-Zahlen fast alle Rekursionsaufrufe mehrfach durchgeführt werden. Ordnet man die rekursiven Aufrufe in Form eines binären Baumes an, so erfolgen auf Ebene i genau 2^i Aufrufe mit Teileingaben der Länge $n - i$. Da es genau $i + 1$ verschiedene solche Teileingaben gibt, erfolgt jeder dieser Aufrufe im Schnitt $2^i/(i + 1)$ mal.

Eine dramatische Verbesserung der Laufzeit wird einfach dadurch erreicht, dass die optimalen Lösungen für die Teilprobleme abgespeichert werden. Dies lässt sich leicht durch ein iteratives Programm umsetzen. Dieses arbeitet Bottom-Up, d. h., die optimalen Teillösungen werden für alle Teileingaben mit aufsteigender Länge berechnet. Da es in dem betrachteten abstrakten Beispiel nur $n(n + 1)/2$ verschiedene Eingaben gibt, ist eine polynomiale Laufzeit zu erwarten. Jedoch führt die dynamische Programmierung im Allgemeinen nicht zwangsläufig zu polynomialen Laufzeiten.

Das Konzept der dynamischen Programmierung wurde bereits in Kapitel 2 implizit angewendet. Der in Abschnitt 2.5 vorgestellte Algorithmus von Warshall zur Berechnung des transitiven Abschlusses eines Graphen verwendet bereits diese Methode. Die Mächtigkeit der dynamischen Programmierung zeigt sich in Kapitel 10. Dort bildet sie die Grundlage für effiziente Algorithmen zur Bestimmung kürzester Wege.

Sowohl die Platz- als auch die Zeitkomplexität von Anwendungen der dynamischen Programmierung hängt unmittelbar von der Anzahl der zu betrachtenden Teilprobleme ab. Das dies auch zu Algorithmen mit exponentieller Komplexität führen kann soll im Folgenden am allgemein bekannten *Problem des Handlungsreisenden* (*Traveling-Salesman Problem*) verdeutlicht werden. Ein Handlungsreisender soll n Städte nacheinander, aber jede Stadt nur einmal besuchen. Die Fahrstrecke soll dabei möglichst gering sein. Am Ende der Reise soll er wieder in die Ausgangsstadt zurückkehren. Dieses Problem lässt sich leicht graphentheoretisch modellieren. Die Städte entsprechen den Ecken und die Verbindungen zwischen den Städten den Kanten eines ungerichteten Graphen G. Jede Kante (e_i, e_j) trägt als Bewertung die Länge $d(e_i, e_j)$ der Straße zwischen den beiden Städten e_i und e_j. Das Handlungsreisendenproblem entspricht dann folgendem Suchproblem: Unter allen geschlossenen einfachen Wegen, auf denen alle Ecken des Graphen liegen, ist ein solcher mit minimaler Länge gesucht. Somit ist ein Hamiltonscher Kreis mit minimaler Länge gesucht. Im Folgenden wird die vereinfachende Annahme gemacht, dass zwischen jedem Paar von Städten eine Straße existiert. Des Weiteren wird nur die Länge einer optimalen Rundreise und nicht der dazugehörende geschlossene Weg bestimmt. Ein ausführlichere Betrachtung des Problems des Handlungsreisenden erfolgt in Abschnitt 11.6 in Kapitel 11.

Die Herausforderung bei der Anwendung der dynamischen Programmierung besteht darin, eine geeignete Teilproblemdefinition zu finden. Eine Definition ist dabei als geeignet anzusehen, wenn das Optimalitätsprinzip erfüllt ist und der Aufwand zur Bestimmung einer Gesamtlösung aus gegebenen Teillösungen möglichst nur linear mit der Anzahl der Teillösungen wächst. Weiterhin wird natürlich gefordert, dass alle Teilprobleme die gleiche Struktur haben, so dass sich die Teillösungen rekursiv bestimmen lassen.

Eine Lösung des Problems des Handlungsreisenden ist ein geschlossener Weg. Ein geschlossener Weg lässt sich nicht aus zwei *kleineren* geschlossenen Wegen zusammensetzen. Deshalb muss in diesem Fall die Definition eines Teilproblems von der Definition des Gesamtproblems abweichen. Anstatt geschlossene Wege werden offene Wege betrachtet. Es sei $\{e_1, \ldots, e_n\}$ die Menge der Ecken des Graphen. Ein Teilproblem besteht darin, einen kürzesten Weg W zu finden, welcher bei Ecke e_1 startet, eine Menge S von Ecken verwendet und bei einer vorgegebenen Ecke $e \in S$ endet. Die rekursive Struktur der Teilprobleme lässt sich nun leicht erkennen. Ist e' die vorletzte Ecke von W, dann ist W ohne die Ecke e ein kürzester Weg W', welcher bei Ecke e_1 startet, die Menge $S \backslash \{e\}$ von Ecken verwendet und bei Ecke e' endet. Ferner ist die Länge von W gleich der Summe der Länge von W' und dem Abstand zwischen e' und e. Aus der Kenntnis der Längen der kürzesten Wege für Teilmengen von S kann also die Länge des gesuchten kürzesten Weges bestimmt werden. Dies ist genau die Bedingung des Optimalitätsprinzips. Aus den Teillösungen für die $n-1$ Teilprobleme mit der Menge $S = \{e_2, \dots, e_n\}$ und beliebiger Ecke $e \in S$ und den Längen $d(e, e_1)$ kann leicht eine Lösung des Gesamtproblems bestimmt werden.

Diese informelle Beschreibung eines Teilproblems wird im Folgenden präzisiert. Für eine beliebige nichtleere Teilmenge S von $\{e_2, \dots, e_n\}$ und $e_i \in S$ wird die Länge des kürzesten einfachen Weges von e_1 nach e_i gesucht, welcher alle Ecken von S verwendet. Diese Länge wird im Folgenden mit $L(S, e_i)$ bezeichnet. Ein Teilproblem ist also durch ein Paar (S, e_i) mit $S \subseteq \{e_2, \dots, e_n\}$ und $e_i \in S$ beschrieben, gesucht ist der Wert für $L(S, e_i)$. Teillösungen sind also nicht die Längen geschlossener Wege, sondern die von offenen Wegen, welche in e_1 starten. Es sei $<e_1, \dots, e_j, e_i>$ ein Weg, welcher das Teilproblem (S, e_i) löst. Dann ist $<e_1, \dots, e_j>$ ein Weg, welcher das Teilproblem $(S\backslash\{e_i\}, e_j)$ löst. Es ergibt sich also sofort, dass mit dieser Definition eines Teilproblems das Optimalitätsprinzip erfüllt ist:

$$L(S, e_i) = \min\left\{L(S\backslash\{e_i\}, e_j) + d(e_j, e_i) \,\middle|\, e_j \in S\backslash\{e_i\}\right\}.$$

Es gilt $L(\{e_i\}, e_i) = d(e_1, e_i)$ für $i = 2, \dots, n$. Der Aufwand, aus den Lösungen der $|S| - 1$ Teilprobleme von (S, e_i) eine Teillösung für (S, e_i) zu bestimmen, wächst linear mit $|S|$. Die Lösung $L(G)$ des Gesamtproblems ergibt sich dann wie folgt:

$$L(G) = \min\left\{L(\{e_2, \dots, e_n\}, e_i) + d(e_i, e_1) \,\middle|\, i = 2, \dots, n\right\}.$$

Abbildung 5.14 zeigt die Implementierung dieser Vorgehensweise.

Abb. 5.14: Lösung des Problems des Handlungsreisenden

```
function optimaleRundReise(G : Graph) : Integer;
    var i, l : Integer;

    for i := 2 to n do
        L[{e_i}, e_i] := d(e_1, e_i);
    for l := 2 to n-1 do
        for jede 1-elementige Teilmenge S von {e_2, e_3, …, e_n} do
            foreach e_i in S do
                L[S, e_i] := min{L[S\{e_i}, e_j] + d(e_j, e_i) | e_j ∈ S\{e_i}};
    return min{L[{e_2, …, e_n}, e_i] + d(e_i, e_1) | i = 2, 3, …, n};
```

Das Problem des Handlungsreisenden gehört zur Kategorie der *Permutationsprobleme*. Diese sind dadurch gekennzeichnet, dass aus der Menge aller Permutationen einer Grundmenge eine Permutation gesucht wird, welche eine Bewertungsfunktion optimiert. Im vorliegenden Fall besteht die Grundmenge aus den n Städten und die Bewertung entspricht der Länge der Rundreise, welche durch eine Permutation beschrieben ist. Ausgehend von einer Stadt gibt es genau $(n-1)!$ verschiedene Permutationen für die restlichen $n-1$ Städte. Somit hat ein naives Durchprobieren aller Permutationen den Aufwand $O((n-1)!)$.

Welcher Vorteil ergibt sich aus der Anwendung des dynamischen Programmierens gegenüber der naiven Lösung? Die Bestimmung der Werte von $L(S, e_i)$ gemäß obiger

Gleichung erfolgt für alle Teilmengen S von $\{2, \ldots, n\}$ mit mindestens zwei Elementen und für alle Ecken $e_i \in S$. Dies sind insgesamt

$$\sum_{l=2}^{n-1} \binom{n-1}{l} l$$

verschiedene Berechnungen, hierbei ist $l = |S|$. Für eine Menge mit l Elementen sind dabei $l - 1$ Additionen und Vergleiche notwendig. Um $L(G)$ zu bestimmen, sind noch einmal $n - 1$ Operationen erforderlich. Dies ergibt folgenden Gesamtaufwand:

$$n - 1 + \sum_{l=2}^{n-1} \binom{n-1}{l} l(l-1) =$$

$$n - 1 + (n-1)(n-2) \sum_{l=2}^{n-1} \binom{n-3}{l-2} =$$

$$n - 1 + (n-1)(n-2) \sum_{l=0}^{n-3} \binom{n-3}{l} =$$

$$n - 1 + (n-1)(n-2) 2^{n-3} \in O(n^2 2^n).$$

Die Laufzeit dieses Algorithmus zeigt zwar immer noch ein exponentielles Wachstum, aber im Vergleich zu $O(n!)$ ist der Vorteil signifikant. Bei dem vorgestellten Algorithmus müssen zwar nicht die Lösungen aller Teilprobleme bis zum Ende aufbewahrt werden, trotzdem wächst der Speicherbedarf exponentiell an. Auch die effiziente Indizierung und Speicherung der Teillösungen ist eine Herausforderung. Aus diesen Gründen ist der Algorithmus nur von eingeschränkter praktischer Bedeutung.

Das letzte Beispiel zeigt, dass Memoisation keine Garantie für einen polynomialen Algorithmus ist. Der Schlüssel für eine erfolgreiche Anwendung des dynamischen Programmierens liegt in einer intelligenten rekursiven Formulierung der Lösung des Problems, so dass die Anzahl der unabhängigen Teilprobleme nur polynomial wächst.

5.7 Lineare Programmierung

Die *lineare Programmierung* – auch lineare Optimierung genannt – ist ein sehr allgemeines Verfahren des Operations Research zur Lösung einer bestimmten Klasse von Optimierungsproblemen. Genauer gesagt geht es um die Minimierung oder Maximierung einer Zielfunktion unter Beachtung mehrerer Nebenbedingungen. Hierbei bedeutet *linear*, dass die Nebenbedingungen durch lineare Ungleichungen mit n Variablen beschrieben sind und dass die Zielfunktion ebenfalls eine lineare Funktion dieser Variablen ist. Optimierungsprobleme, welche sich auf diese Art beschreiben lassen, werden *LP-Probleme* genannt. Da viele Probleme der Graphentheorie kombinatorische Optimierungsprobleme sind, kann diese Technik auch auf diesem Gebiet eingesetzt werden.

Zur Lösung von LP-Problemen wurden zahlreiche Algorithmen entwickelt. Hierzu zählen unter anderem der *Simplex-Algorithmus* und die *Ellipsoidmethode*. Ein großer Vorteil der linearen Programmierung ist die breite Verfügbarkeit von Software, in der diese Algorithmen implementiert sind. Sobald ein gegebenes Optimierungsproblem mittels einer linearen Zielfunktion und entsprechender Nebenbedingungen formuliert ist, kann diese Software eingesetzt werden. D. h., es muss kein Algorithmus entwickelt und implementiert werden. In der Regel wird dabei der Simplex-Algorithmus eingesetzt. Obwohl dieser Algorithmus nachweislich im schlechtesten Fall exponentielle Laufzeit benötigt, ist er in der Praxis anderen Verfahren überlegen. Die Ellipsoidmethode ist der erste polynomiale Algorithmus zur linearen Programmierung.

Eine Aufgabenstellung der linearen Programmierung wird durch eine $m \times n$ Matrix $A = (a_{i,j}) \in \mathbb{R}^{m,n}$ und zwei Vektoren $b \in \mathbb{R}^m$ und $c \in \mathbb{R}^n$ beschrieben. Hierbei ist n die Anzahl der Variablen und m die Anzahl der Nebenbedingungen. Die Nebenbedingungen werden mittels $A = (a_{i,j})$ und $b = (b_i)$ beschrieben, die Zielfunktion mit Hilfe von $c = (c_i)$. Eine *zulässige Lösung* ist ein Vektor $x = (x_i) \in \mathbb{R}^n$ mit nichtnegativen Einträgen, der die linearen Bedingungen

$$a_{1,1}x_1 + \ldots + a_{1,n}x_n \leq b_1$$
$$a_{2,1}x_1 + \ldots + a_{2,n}x_n \leq b_2$$
$$\vdots \qquad\qquad \vdots \quad\ \ \vdots$$
$$a_{m,1}x_1 + \ldots + a_{m,n}x_n \leq b_n$$

erfüllt. Unter allen zulässigen Lösungen wird die gesucht, für die die Zielfunktion

$$f(x) = c_1 x_1 + \ldots + c_n x_n$$

maximal ist. In der Literatur wird häufig folgende kompaktere Beschreibungsform unter Verwendung der Matrixmultiplikation und des Skalarproduktes benutzt: Maximiere $c^T x$ unter den Nebenbedingungen $Ax \leq b$ und $x \geq 0$. Hierbei sind die Operatoren „$\leq$" und „$\geq$" komponentenweise anzuwenden.

Zur Verdeutlichung dieser Konzepte greifen wir das in Abschnitt 5.5 betrachtete Problem der Bestimmung einer Clique maximaler Größe in einem Graphen G wieder auf. Für jede Ecke e_i des Graphen wird eine Variable x_i eingeführt, welche nur die beiden Werte 0 und 1 annehmen kann. Die Werte der Variablen zeigen an, ob eine Ecke e_i zur maximalen Clique gehört ($x_i = 1$) oder nicht ($x_i = 0$). Die zu maximierende Zielfunktion lautet demzufolge

$$f(x) = \sum_{i=1}^{n} x_i.$$

Die Nebenbedingungen müssen sicherstellen, dass alle ausgewählten Ecken in G benachbart sind. Dazu wird für jedes Paar nicht benachbarter Ecken e_i, e_j folgende Ungleichung aufgestellt:

$$x_i + x_j \leq 1.$$

Es gibt also $n(n + 1)/2 - m$ Nebenbedingungen. Es sei C eine zulässige Lösung dieses LP-Problems, d. h. $C = \{e_i \mid x_i = 1\}$. Es seien e_i, e_j beliebige Ecken aus C, d. h., es gilt $x_i + x_j = 2$ und somit $x_i + x_j > 1$. Da es sich um eine zulässige Lösung handelt, müssen e_i und e_j benachbart sein, ansonsten wäre eine der Nebenbedingungen verletzt. Somit ist C eine Clique. Die Maximierung der Zielfunktion garantiert, dass auch eine Clique maximaler Größe bestimmt wird.

Leider entspricht die vorgenommene Modellierung an einer Stelle nicht den Anforderungen an ein LP-Problem. Die Einschränkung der Werte der Variablen auf die Menge $\{0, 1\}$ ist nicht zulässig, bei LP-Problemen ist der Wertebereich der Variablen grundsätzlich die Menge $\mathbb{R}_0^+$ der nichtnegativen reellen Zahlen. Ersetzt man die Einschränkung auf die Menge $\{0, 1\}$ durch die Nebenbedingung $x_i \leq 1$ so liegt ein LP-Problem vor, welches auch in polynomialer Zeit gelöst werden kann. Allerdings führt die Lösung nicht notwendigerweise zu einer maximalen Clique. Der Vektor $(1/2, \ldots, 1/2)$ ist unabhängig von G eine zulässige Lösung des LP-Problems. D. h., die Zielfunktion der maximalen Lösung nimmt auf jeden Fall einen Wert von mindestens $n/2$ an. Für einen Graphen G mit $\omega(G) < n/2$ kann das LP-Problem also keine optimale Lösung für das Problem der maximalen Cliquen bestimmen.

Die vorgenommene Einschränkung führt zur *ganzzahligen linearen Programmierung*. Der Unterschied liegt darin, dass hier einige oder alle Variablen nur ganzzahlige Werte annehmen dürfen und nicht beliebige reelle Werte wie in der linearen Programmierung. Die entsprechenden Probleme werden *ILP-Probleme* genannt (*integer linear programming*). Alle bisher für ILP-Probleme bekannten Algorithmen haben leider eine exponentielle Laufzeit. Trotzdem sind Lösungen von LP-Problemen für die algorithmische Graphentheorie von großem Interesse. Zum einen gibt es auf diesem Gebiet auch Probleme, bei denen die Lösungen reell sind (siehe Kapitel 8) und zum anderen liefern reelle Lösungen zumindest eine obere bzw. untere Abschätzung für die optimale ganzzahlige Lösung.

In der Praxis wird das Problem zunächst als ILP-Problem gemäß der Aufgabenbeschreibung modelliert. Die Einschränkungen auf ganzzahlige Werte werden dann weggelassen und gegebenenfalls durch entsprechende Nebenbedingungen ersetzt. Dieser Vorgang wird *Relaxation* genannt. Das resultierende LP-Problem kann nun mit Standardsoftware gelöst werden. Es sei x' eine optimale Lösung des LP-Problems. Sind die Werte des Lösungsvektors x' ganzzahlig bzw. entsprechen den Einschränkungen des ILP-Problems, so ist x' auch eine optimale Lösung des ILP-Problems. Eine optimale Lösung x^* des ILP-Problems ist auch eine zulässige Lösung des LP-Problems. Ist das betrachtete ILP ein Maximierungsproblem so gilt immer $f(x^*) \leq f(x')$.

Für manche Probleme haben die Lösungen der Relaxation spezielle Eigenschaften. Für das oben betrachtete Beispiel der maximalen Cliquen konnte folgendes nachgewiesen werden. Haben eine oder mehrere Komponenten der optimalen Lösung x' des LP-Problems den Wert 1, so gibt es mindestens eine optimale Lösung des ILP-Problems bei der diese Variablen auch den Wert 1 haben. Diese Kenntnis kann zur

Einschränkung des Suchraums bei der Anwendung der Branch & Bound Technik genutzt werden.

Eine Möglichkeit zur Umwandlung einer Lösung des LP-Problems in eine Lösung des ILP-Problems, die gelegentlich zum Erfolg führt, ist die Rundung der Werte der Variablen. Dazu muss angegeben werden, ab wann eine reelle Zahl nach unten bzw. nach oben abgerundet wird. In einigen Fällen ist der so konstruierte Vektor auch eine zulässige Lösung und kann unmittelbar als Abschätzung für den Wert der optimalen Lösung des ILP-Problems genutzt werden. Diese Technik wird in Abschnitt 11.5.2 auf das Problem der minimalen Eckenüberdeckung angewendet und führt dort zu einer guten Approximation der optimalen Lösung. In vielen Fällen wird aber keine zulässige Lösung entstehen oder der Wert der Zielfunktion des gerundeten Vektors ist sehr weit von dem optimalen Wert entfernt.

Der schwierigste Schritt bei der Anwendung der linearen Programmierung ist oft die Festlegung der Variablen und die Formulierung der Nebenbedingungen. Im Folgenden soll dies exemplarisch für das in Abschnitt 5.6 betrachtete Problem des Handlungsreisenden durchgeführt werden. In diesem Fall werden $n^2 + m$ binäre Variablen $x_{i,j}$ ($i, j = 1, \ldots, n$) und $y_{i,j}$ (falls es eine Kante zwischen Ecke e_i und e_j gibt) eingeführt. Die Variable $x_{i,j}$ zeigt an, ob Ecke e_i ausgehend von Ecke e_1 die k-te Ecke auf der Rundreise ist. Die Variable $y_{i,j}$ zeigt an, ob die Kante zwischen e_i und e_j für die Rundreise verwendet wird. Die zu minimierende Zielfunktion lautet

$$\sum_{(e_i, e_j) \in E} d(e_i, e_j) y_{i,j}.$$

Die erste Gruppe von Nebenbedingungen zeigt an, dass

- Ecke e_1 die erste Ecke ist,
- jede Ecke e_i genau einmal vorkommt,
- an jeder Position k der Rundreise genau eine Ecke vorkommt und dass
- genau n Kanten verwendet werden.

Daraus ergeben sich folgende vier Gleichungen:

$$x_{11} = 1$$

$$\sum_{k=1}^{n} x_{i,k} = 1 \text{ für alle } i = 1, \ldots, n$$

$$\sum_{i=1}^{n} x_{i,k} = 1 \text{ für alle } k = 1, \ldots, n$$

$$\sum_{(e_i, e_j) \in E} y_{ik} = n$$

Die zweite Gruppe von Nebenbedingungen regelt die korrekte Zuordnung zwischen Ecken und Kanten.

$$x_{i,k-1} + x_{j,k} - y_{i,j} \leq 1 \text{ für alle } k = 2, \ldots, n$$

$$x_{i,n} + x_{1,1} - y_{i,1} \leq 1$$

Man überzeugt sich leicht davon, dass jede zulässige Lösung einer korrekten Rundreise und umgekehrt entspricht. Für die Relaxation dieses ILP-Problems zu einem LP-Problem wird noch folgende Nebenbedingung hinzugefügt:

$$0 \leq x_{ik} \leq 1 \text{ und } 0 \leq y_{ij} \leq 1 \text{ für alle } i, k = 1, \ldots, n \text{ und } (e_i, e_j) \in E.$$

Das angegebene System von Nebenbedingungen hat nicht exakt die oben vorgegebene Form. Anstatt Ungleichungen werden einige Gleichungen verwendet. Dies macht in der Praxis keine Probleme und verfügbare Implementierungen für das lineare Programmieren akzeptieren auch diese Form. Es gibt eine so genannte Standardform der linearen Programmierung bei der nur Gleichungen verwendet werden, alle Variablen nichtnegativ sind und die Zielfunktion minimiert wird. Mit Hilfe einiger einfacher Transformationsregeln lässt sich die eingangs eingeführte Form in diese Standardform umwandeln. Ungleichungen werden mit Hilfe zusätzlicher Variablen – so genannter *Slack Variablen* – in äquivalente Gleichung überführt. Mit Hilfe der Slack Variablen s_k kann die Ungleichung

$$x_{i,k-1} + x_{j,k} - y_{i,j} \leq 1 \text{ für alle } k = 2, \ldots, n$$

in folgende äquivalente Gleichungen transformiert werden:

$$x_{i,k-1} + x_{j,k} - y_{i,j} + s_k = 1 \text{ für alle } k = 2, \ldots, n.$$

Für die zusätzlichen Variablen muss gelten $s_k \geq 0$. Aus einem Maximierungsproblem wird durch Multiplikation der Zielfunktion mit -1 ein Minimierungsproblem. Auch Variablen, welche sowohl positive als auch negative Werte annehmen, können berücksichtigt werden. Eine solche Variable x wird durch zwei neue Variablen x^+ und x^-, welche nur nichtnegative Werte annehmen können, ersetzt. Dazu muss die Variable x an jeder Stelle, an der sie in der Zielfunktion oder in den Nebenbedingungen vorkommt, durch den Ausdruck $x^+ - x^-$ ersetzt werden.

5.8 Literatur

Über die Jahre haben sich verschiedene Herangehensweisen für den Entwurf von Algorithmen bewährt. Eine gute Kenntnis dieser Methoden bildet die Grundlage für die Entwicklung leistungsfähiger Programme. Der Entwurf und die Analyse von Algorithmen bildet einen Kernbereich der Informatik, dementsprechend umfangreich ist die Liste von Lehrbüchern zu diesem Thema. Ohne eine Wertung der einzelnen Bücher vorzunehmen, decken folgende Werke die Grundlagen sehr gut ab [21, 112, 111, 94]. Das

Thema randomisierte bzw. probabilistische Algorithmen wird in diesem Buch nicht behandelt, hierfür sei auf den Übersichtsartikel [91] verwiesen. Der zweite Algorithmus zur Bestimmung einer maximalen Clique in Abschnitt 5.4 wurde aus [97] entnommen.

5.9 Aufgaben

1. Eine optimale Rundreise für das Problem des Handlungsreisenden geht durch jede Ecke, d. h., für jede Ecke e gibt es genau zwei Kanten einer solchen Rundreise, welche zu e inzident sind. Zeigen Sie, dass eine Lösung des folgenden ILP-Problems nicht notwendigerweise eine optimale Lösung des Problems des Handlungsreisenden ist. Für jede Kante (e_i, e_j) wird eine binäre Variable x_{ij} eingeführt. Die Nebenbedingung lautet

$$\sum_{e_i \in N(e_j)} x_{ij} = 2 \text{ für jede Ecke } e_j.$$

   Die zu minimierende Zielfunktion lautet

$$\sum_{(i,j) \in K} x_{ij} d(e_i, e_j).$$

2. Entwerfen Sie einen Algorithmus zur Bestimmung einer maximalen unabhängigen Menge mit Hilfe von Teile & Herrsche. Gehen Sie dabei in Schritten vor.
   (a) Es sei G ein ungerichteter Graph. Beweisen Sie folgende Aussage: Es sei $e \in E$, I_1 eine maximale unabhängige Menge des induzierten Untergraphen $G_{E \setminus \{e\}}$ und I_2 eine maximale unabhängige Menge von $G_{E \setminus N[e]}$. Dann ist die größere der beiden Mengen I_1 und $I_2 \cup \{e\}$ eine maximale unabhängige Menge von G.
   (b) Geben Sie einen linearen Algorithmus an, der in einem Graph G mit $\Delta(G) \le 2$ eine maximale unabhängige Menge bestimmt.
   (c) Beweisen Sie, dass die folgende Funktion unabhängig eine maximale unabhängige Menge von G bestimmt.

```
function unabhängig(G : Graph) : Menge von Ecke
    if Δ(G) ≤2 then
        return unabhängige Menge von G;
    else
        Wähle Ecke e von G mit maximalem Eckengrad;
        I₁ := unabhängig(G_{E\{e}});
        I₂ := unabhängig(G_{E\N[e]});
        if I₁ > I₂ then
            return I₁;
        else
            return I₂ ∪ {e};
```

   *(d) Bestimmen Sie die Laufzeit der Funktion unabhängig.

3. Das Problem des Handlungsreisenden kann auch mit Teile & Herrsche gelöst werden.

   (a) Wie kann das Problem in unabhängige Teilprobleme zerlegt werden?

   (b) Die Anwendung von Teile & Herrsche kann auch mit der Technik des Abschneidens von Teilen des Suchbaumes kombiniert werden. Wie bei Branch & Bound können dann Teile des Suchbaumes übersprungen werden. Hierzu werden wieder Heuristiken herangezogen. Zeigen Sie, dass für das Problem des Handlungsreisenden folgender Ausdruck eine untere Abschätzung für die Länge der kürzesten Rundreise ist:

$$\frac{1}{2} \sum_{e \in E} d(e, e_1) + d(e, e_2).$$

   Hierbei sind e_1, e_2 die beiden Nachbarn mit den geringsten Entfernungen von Stadt e. Wie kann diese Heuristik genutzt werden?

4. Es sei G ein zusammenhängender, ungerichteter Graph und kosten eine Funktion, welche jeder Kante Kosten in Form einer positiven reellen Zahl zuordnet. Ferner sei S eine Teilmenge der Ecken von G. Einen Untergraph von G, dessen Eckenmenge S enthält und ein Baum ist, nennt man *Steiner Baum* für S. Ein kostenminimalen Steiner Baum für S wird *minimaler Steiner Baum* genannt (vergleichen Sie hierzu auch Abschnitt 10.10). Beweisen Sie, dass die Lösung des folgenden ILP-Problems einen minimalen Steiner Baum beschreibt.

   Für jede Kante $k \in K$ von G wird eine Variable x_k eingeführt. Für eine Teilmenge U von E sei

$$\beta(U) = \sum_{\substack{k=(e_1,e_2) \in K \\ e_1 \in U, e_2 \notin U}} x_k.$$

   Die zu minimierende Zielfunktion lautet

$$\sum_{k \in K} \text{kosten}(k)x_k.$$

   Die Nebenbedingungen sind

$$\beta(U) \geq 1 \text{ für alle } U \subset E \text{ mit } U \cap S \neq \emptyset \text{ und } S \not\subseteq U$$

$$x_k \in \{0, 1\} \text{ für alle } k \in K.$$

5. Geben Sie für folgenden Algorithmus zur Bestimmung einer maximalen Clique in einem ungerichteten Graphen G eine Implementierung mit Aufwand $O(n+m)$ an.

   > *Initialisiere* C *mit* G.E;
   > while C *keine Clique* do
   >   *Sei* e *eine Ecke mit minimalem Eckengrad in* C;
   >   *Entferne* e *aus* C;

6. Der *Bron-Kerbosch* Algorithmus ist ein Algorithmus zur Bestimmung aller nichterweiterbaren Cliquen. Es handelt sich dabei um eine Anwendung der Backtracking Methode. Die rekursive Prozedur bronKerbosch ist wie folgt implementiert.

```
procedure bronKerbosch(P : Menge von Ecke, R : Menge von Ecke,
                       X : Menge von Ecke)
    if P∪X = ø then
        neue Clique R gefunden;
    foreach e in P do
        bronKerbosch(P∩N(e), R∪{e}, X∩N(e));
        P := P\{e};
        X := X∪{e};
```

Der initiale Aufruf lautet bronKerbosch(G.E, ø, ø). Beweisen Sie, dass der Algorithmus alle nicht-erweiterbaren Cliquen bestimmt.

7. Der folgende Greedy-Algorithmus bestimmt eine maximale unabhängige Menge I eines ungerichteten Graphen G. Geben Sie ein Beispiel für die Auswahl der Ecken, so dass I keine unabhängige Menge mit der maximalen Mächtigkeit ist.

```
Initialisiere U mit G.E und I mit ø;
while U ≠ ø
    Es sei e eine Ecke mit kleinstem Eckengrad in G_U;
    I := I∪{e};
    U := U\N[e];
```

8. Es sei B ein Wurzelbaum. Jeder Ecke e von B sei eine positive reelle Zahl $w(e)$ zugeordnet. Für jede unabhängige Menge I von B bezeichnet $w(I) = \sum_{e \in I} w(e)$ das Gewicht von I. Für eine Ecke e bezeichne mit B_e den Teilbaum von B mit Wurzel e. Ferner sei OPT(e) das Gewicht einer unabhängigen Menge von B_e mit maximalem Gewicht. Beweisen Sie folgende Gleichung:

$$\mathrm{OPT}(e) = \max\left\{\sum_{e' \in N^+(e)} \mathrm{OPT}(e'),\ w(e) + \sum_{e' \in N^{++}(e)} \mathrm{OPT}(e')\right\}.$$

Hierbei ist

$$N^{++}(e) = \bigcup_{e' \in N^+(e)} N^+(e').$$

Entwerfen Sie auf Basis dieser Gleichung einen Algorithmus zur Bestimmung einer unabhängigen Menge mit maximalem Gewicht für einen bewerteten Baum auf Basis der dynamischen Programmierung. Der Algorithmus soll eine lineare Laufzeit aufweisen.

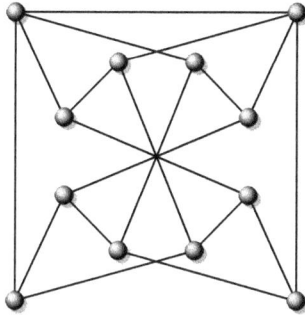

KAPITEL 6

Färbung von Graphen

Am Anfang der Graphentheorie standen spezifische Probleme, die leicht, d. h. ohne großen Formalismus, zu beschreiben waren. Beispiele hierfür sind das *Königsberger Brückenproblem* und das *Vier-Farben-Problem*. Während das erste Problem sich leicht lösen ließ, wurde das zweite Problem erst 1976 nach etlichen vergeblichen Anläufen gelöst. In diesem Kapitel werden Algorithmen zur Bestimmung von minimalen Eckenfärbungen vorgestellt. Da bisher kein Algorithmus mit polynomialer Laufzeit für dieses Problem bekannt ist, werden auch Heuristiken vorgestellt. Für einige spezielle Klassen von Graphen existieren effiziente Algorithmen. In diesem Kapitel werden solche Algorithmen für bipartite und planare Graphen diskutiert. Im nächsten Kapitel werden Färbungen von perfekten Graphen ausführlich behandelt. Zum Abschluss dieses Kapitels werden Färbungen von Kanten vorgestellt.

6.1 Einführung

Eine *Färbung* eines Graphen ist eine Zuordnung von Farben zu Ecken oder zu Kanten, so dass je zwei benachbarte Ecken bzw. Kanten verschiedene Farben erhalten. Im Folgenden wird der Begriff Färbung ausschließlich für *Eckenfärbungen* verwendet. Eine *c-Färbung* ist eine Färbung, die c verschiedene Farben verwendet, d. h., es ist eine Abbildung f von der Menge der Ecken des Graphen in die Menge $1, 2, \ldots, c$, so dass benachbarten Ecken verschiedene Zahlen zugeordnet werden (d. h., Farben werden durch Zahlen repräsentiert). Für einen Graphen gibt es im Allgemeinen verschiedene

Färbungen mit unterschiedlichen Anzahlen von Farben. Die *chromatische Zahl* $X(G)$ eines Graphen G ist die kleinste Zahl c, für welche der Graph eine c-Färbung besitzt. Trivialerweise gilt $X(G) \leq n$ für jeden Graphen. Abbildung 6.1 zeigt einen Graphen, der die chromatische Zahl 4 hat und eine entsprechende Färbung. Die Markierungen an den Ecken repräsentieren die Farben. Man überzeugt sich leicht, dass der Graph keine 3-Färbung besitzt. Eine Färbung, die genau $X(G)$ Farben verwendet, nennt man eine *minimale Färbung*.

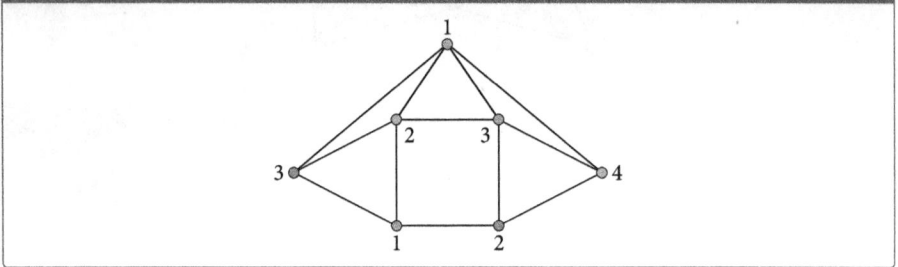

Abb. 6.1: Ein Graph mit chromatischer Zahl 4

Für einen Graphen G mit $X(G) = c$ gibt es verschiedene c-Färbungen. Viele dieser c-Färbungen, aber nicht alle, lassen sich durch Vertauschung der Farben ineinander überführen. Es gilt $X(K_n) = n$, $X(C_{2n}) = 2$ und $X(C_{2n+1}) = 3$. Die Graphen mit $X(G) = 2$ sind gerade die bipartiten Graphen. Ein Algorithmus, der Graphen mit chromatischer Zahl 2 erkennt, wurde schon im Kapitel 4 vorgestellt. Er basiert auf der Breitensuche. Es ergibt sich folgende Charakterisierung von Graphen mit chromatischer Zahl 2:

Lemma. *Ein ungerichteter Graph G besitzt genau dann eine 2-Färbung, wenn er keinen geschlossenen Weg mit einer ungeraden Kantenzahl enthält.*

Beweis. Nach dem im Abschnitt 4.8 bewiesenen Lemma ist G genau dann bipartit, wenn für jede Kante (e_i, e_j) von G gilt: $niv(e_i) + niv(e_j) \equiv 1(2)$. Somit kann es in einem bipartiten Graphen auch keine geschlossenen Wege mit einer ungeraden Kantenzahl geben. Es sei nun G ein Graph, der keinen geschlossenen Weg mit einer ungeraden Kantenzahl enthält. Es sei B ein Breitensuchebaum von G. Es sei (e_i, e_j) eine Kante von G. Ist (e_i, e_j) in B enthalten, so liegen e_i und e_j in benachbarten Niveaus. Andernfalls wird durch (e_i, e_j) in dem Breitensuchebaum ein geschlossener Weg gebildet; dieser hat eine gerade Anzahl von Kanten. Somit liegen auch in diesem Fall e_i und e_j in benachbarten Niveaus. Daraus folgt $niv(e_i) + niv(e_j) \equiv 1(2)$. Somit ist G bipartit und $X(G) = 2$. ∎

Das Erkennen von Graphen mit chromatischer Zahl 3 ist dagegen viel schwieriger. Bisher gibt es weder eine einfache Charakterisierung dieser Graphen, noch ist ein effizienter Algorithmus zum Erkennen dieser Graphen bekannt. In Kapitel 11 wird gezeigt, dass es sogar viele Anzeichen dafür gibt, dass es keinen effizienten Algorithmus für dieses Problem geben kann.

Im Folgenden werden zunächst obere und untere Schranken für die chromatische Zahl eines Graphen angegeben. Die triviale obere Schranke $X(G) \leq n$ kann leicht verbessert werden. Ist Δ der maximale Grad einer Ecke von G, so gilt

$$X(G) \leq 1 + \Delta.$$

Diese Ungleichung kann mit einem Greedy-Verfahren bewiesen werden: Die Ecken werden in einer beliebigen Reihenfolge betrachtet. Jeder Ecke wird die kleinste Farbe zugeordnet, die verschieden zu den Farben der schon gefärbten Nachbarn ist. Auf diese Art entsteht eine Färbung, welche maximal $\Delta + 1$ Farben verwendet, denn für jede Ecke können maximal Δ Farben verboten sein. Eine effiziente Implementierung dieses Algorithmus wird in Abschnitt 6.4 beschrieben.

Für zusammenhängende Graphen ist $X(G) = 1 + \Delta$ nur dann, wenn G vollständig oder $G = C_{2n+1}$ ist. Im letzten Fall ist $\Delta = 2$. Dies wird in dem folgenden Satz bewiesen.

Satz (BROOKS). *Es sei G ein ungerichteter Graph mit n Ecken. Ist $\Delta(G) \geq 3$ und enthält G nicht den vollständigen Graphen $K_{\Delta+1}$, so ist $X(G) \leq \Delta$.*

Beweis. Der Beweis erfolgt durch vollständige Induktion nach n. Wegen $\Delta \geq 3$ muss $n \geq 4$ sein. Für $n = 4$ erfüllen nur die in Abbildung 6.2 dargestellten drei Graphen die Voraussetzungen des Satzes. Die chromatischen Zahlen dieser Graphen sind 2, 3 und 3. Somit gilt der Satz für $n = 4$.

Es sei nun G ein Graph mit $n > 4$ Ecken, der die Voraussetzungen des Satzes erfüllt. Es kann angenommen werden, dass G zusammenhängend ist. Gibt es in G eine Ecke e, deren Eckengrad kleiner als Δ ist, so ist $X(G\backslash\{e\}) \leq \Delta$ nach Induktionsannahme. Daraus folgt, dass auch $X(G) \leq \Delta$ ist. Somit kann weiter angenommen werden, dass der Eckengrad jeder Ecke gleich Δ ist. Da G nicht vollständig ist, gilt $\Delta < n - 1$.

Angenommen es gibt in G eine Ecke e, so dass $G\backslash\{e\}$ in zwei Graphen G_1 und G_2 zerfällt, d. h., es gibt keine Kante von G_1 nach G_2. Nach Induktionsvoraussetzung ist $X(G_1 \cup \{e\}) \leq \Delta$ und $X(G_2 \cup \{e\}) \leq \Delta$. Daraus folgt, dass auch $X(G) \leq \Delta$ ist (man muss eventuell einige Farben vertauschen). Somit kann es keine solche Ecke in G geben.

Abb. 6.2: Die Graphen mit vier Ecken und maximalem Eckengrad 3

Im Folgenden wird nun der Fall betrachtet, dass es eine Ecke e mit folgender Eigenschaft gibt: Unter den Nachbarn von e gibt es zwei nichtbenachbarte Ecken e_a und e_b, so dass $G\backslash\{e_a, e_b\}$ zusammenhängend ist. In diesem Fall wendet man die Tiefensuche mit Startecke e auf den Graphen $G\backslash\{e_a, e_b\}$ an. Die Ecken von $G\backslash\{e_a, e_b\}$ werden mit ihren Tiefensuchenummern nummeriert. Die Ecken von $G\backslash\{e_a, e_b\}$ haben folgende Bezeichnung $e_1, \ldots, e_{n-2}$, wobei $e_1 = e$. Es lässt sich eine Δ-Färbung von G angeben, indem die Ecken in umgekehrter Reihenfolge gefärbt werden. Zuvor bekommen die Ecken e_a und e_b die Farbe 1. Jede Ecke $e_i \neq e_1$ ist mindestens zu einer Ecke e_j mit $j < i$ benachbart. Wegen $g(e_i) \leq \Delta$ haben höchstens $\Delta - 1$ der Nachbarn von e_i schon eine Farbe. Somit verbleibt eine Farbe zur Färbung von e_i. Die Ecke e_1 ist zu e_a und e_b benachbart. Da beide die Farbe 1 haben, verwenden die Nachbarn von e_1 maximal $\Delta - 1$ Farben. Somit kann auch e_1 gefärbt werden, und es folgt $X(G) \leq \Delta$.

Es bleibt noch, die Existenz von e, e_a und e_b zu zeigen. Da G nicht der vollständige Graph ist, gibt es Ecken e_x, e_c und e_d, so dass e_c zu e_x und e_d benachbart ist, und e_d und e_x untereinander nicht benachbart sind. Ist $G \backslash \{e_x\}$ zweifach zusammenhängend, so ist $G \backslash \{e_x, e_d\}$ zusammenhängend. Nun wähle man $e_a = e_x$, $e_b = e_d$ und $e = e_c$. Es bleibt noch der Fall, dass $G \backslash \{e_x\}$ nicht zweifach zusammenhängend ist. Dazu betrachte man in dem Blockbaum von $G \backslash \{e_x\}$ zwei Blätter (siehe Abschnitt 4.7.4). Es seien A und B die zugehörigen Blöcke von $G \backslash \{e_x\}$. Da G zweifach zusammenhängend ist, gibt es nichtbenachbarte Ecken $e_a \in A$ und $e_b \in B$, die zu e_x benachbart sind. Wegen $g(e_x) = \Delta \geq 3$ ist $G \backslash \{e_a, e_b\}$ zusammenhängend. Mit $e = e_x$ sind die gewünschten Ecken gefunden. Damit ist der Beweis vollständig. ∎

Der maximale Eckengrad eines ungerichteten Graphen beschränkt zwar die chromatische Zahl, aber darüber hinaus besteht kein Zusammenhang. Es gibt zu jedem Paar von Zahlen a, b mit $a \geq b \geq 2$ einen Graphen G mit $X(G) = a$ und $\Delta(G) = b$. Dazu geht man von dem vollständigen Graphen K_a und einem sternförmigen Graphen S mit b Ecken aus. Mit einer zusätzlichen Kante zwischen einer beliebigen Ecke von K_a und dem Zentrum von S entsteht ein Graph mit der gewünschten Eigenschaft. Abbildung 6.3 zeigt diese Konstruktion.

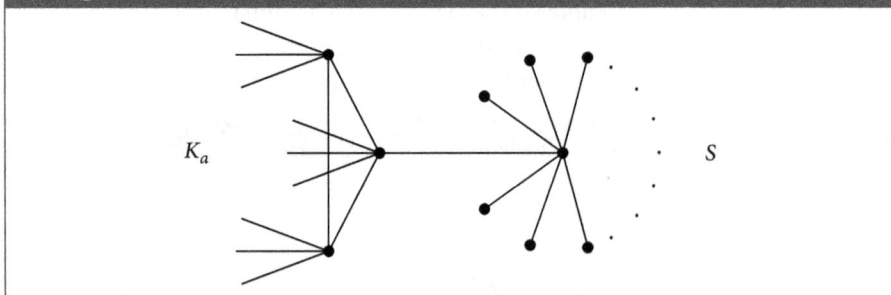

Abb. 6.3: Ein Graph mit chromatischer Zahl a und beliebig hohem maximalem Eckengrad

Das folgende Ergebnis gibt eine weitere obere Schranke für $X(G)$ an.

Satz. *Für einen ungerichteten Graphen G gilt*

$$X(G) \leq 1 + \max \{\delta(U) \mid U \text{ ist induzierter Untergraph von } G\}.$$

Hierbei bezeichnet $\delta(U)$ den kleinsten Eckengrad von U.

Beweis. Sei U' ein induzierter Untergraph von G mit $\delta(U') \geq \delta(U)$ für alle induzierten Untergraphen U von G. Zum Beweis wird eine Reihenfolge der Ecken bestimmt, für die der Greedy-Algorithmus maximal $\delta(U') + 1$ Farben vergibt. Es sei e_n eine Ecke von minimalem Eckengrad in G. Sind $e_n, \ldots, e_{i+1}$ schon bestimmt, so wähle man aus $G\backslash\{e_n, \ldots, e_{i+1}\}$ eine Ecke e_i mit minimalem Eckengrad. Für $i = 1, \ldots, n$ sei G_i der von $\{e_1, \ldots, e_i\}$ induzierte Untergraph. Dann gilt $\delta(G_i) = g_{G_i}(e_i)$. Wird der Greedy-Algorithmus auf G angewandt, wobei die Ecken in der Reihenfolge $e_1, e_2, \ldots$ betrachtet werden, so hat die jeweils aktuelle Ecke e_i schon $g_{G_i}(e_i)$ gefärbte Nachbarn. Insgesamt vergibt der Greedy-Algorithmus höchstens $1 + \max\{g_{G_i}(e_i) \mid i = 1, \ldots, n\}$ Farben. Sei j minimal, so dass $U' \subseteq G_j$ gilt. Da $U' \nsubseteq G_{j-1}$ ist, liegt e_j in U'. Die Aussage ergibt sich nun wie folgt:

$$\delta(U') \leq g_{U'}(e_j)$$
$$\leq g_{G_j}(e_j)$$
$$\leq \max\{g_{G_i}(e_i) \mid i = 1, \ldots, n\}$$
$$\leq \max\{\delta(G_i) \mid i = 1, \ldots, n\}$$
$$\leq \delta(U').$$

∎

Es stellt sich die Frage, welche Eigenschaften eines Graphen die chromatische Zahl beeinflussen. Hat ein Graph einen großen Umfang, so gibt es keine geschlossenen einfachen Wege geringer Länge. Dies bedeutet, dass ein solcher Graph lokal Eigenschaften eines Baumes besitzt. Dies könnte zu der Vermutung führen, dass Graphen mit großem Umfang eine kleine chromatische Zahl haben. Diese Vermutung ist jedoch falsch. P. Erdös hat bereits 1959 für jedes k einen Graph G mit $X(G) > k$ konstruiert, dessen Umfang größer k ist.

Eine Ursache für eine hohe chromatische Zahl ist die Existenz eines großen Untergraphen, welcher eine Clique ist. Da die Ecken einer Clique bei einer Färbung des Graphen alle verschiedene Farben haben, gilt

$$X(G) \geq \omega(G).$$

Ein Graph mit $X(G) = c$ muss keine Clique mit c Ecken enthalten. Der Graph in Abbildung 6.1 hat die chromatische Zahl 4, er enthält aber nicht den Graphen K_4. Über die angegebene Ungleichung hinaus besteht kein weiterer Zusammenhang zwischen der Cliquenzahl und der chromatischen Zahl eines Graphen. J. Mycielski hat für jedes $c \in \mathbb{N}$ einen Graphen G_c konstruiert, so dass $\omega(G_c) = 2$ und $X(G_c) = c$ ist (vergleichen Sie Aufgabe 16). Abbildung 6.4 zeigt den Graphen G_4.

Über den Zusammenhang der Größen X, ω und Δ gibt es mehrere Vermutungen. Die bekannteste stammt von B. Reed und ist bis heute nur für Spezialfälle bewiesen worden. Sie lautet:

$$X(G) \leq \left\lceil \frac{\omega(G) + \Delta(G) + 1}{2} \right\rceil.$$

Abb. 6.4: Der Graph G_4 nach der Konstruktion von Mycielski mit $\omega(G_4) = 2$ und $X(G_4) = 4$. Der Graph wird auch *Grötzsch Graph* genannt

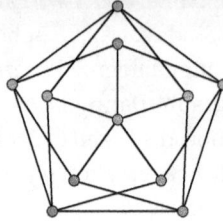

Der in Abbildung 6.5 dargestellte *Chvátal-Graph* zeigt, dass die Aufrundung in dieser Abschätzung nicht weggelassen werden kann.

Abb. 6.5: Für den Chvátal-Graph gilt $\omega = 2, \Delta = 4$ und $X = 4$

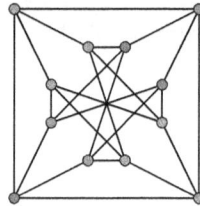

Eine weitere Abschätzung der chromatischen Zahl eines Graphen G erhält man mit Hilfe der in Kapitel 2 eingeführten Unabhängigkeitszahl $\alpha(G)$.

Lemma. *Für einen ungerichteten Graphen G gilt*

$$\frac{n}{\alpha(G)} \leq X(G) \leq n - \alpha(G) + 1.$$

Beweis. Es sei f eine Färbung von G, die $X(G)$ Farben verwendet. Für $i = 1, \ldots, X(G)$ sei E_i die Menge der Ecken von G mit Farbe i. Die E_i sind unabhängige Mengen und $|E_i| \leq \alpha(G)$. Hieraus folgt:

$$n = \sum_{i=1}^{X(G)} |E_i| \leq X(G)\alpha(G).$$

Somit ist die untere Abschätzung bewiesen.

Sei nun U eine unabhängige Menge von G mit $|U| = \alpha(G)$. Sei G' der von den nicht in U liegenden Ecken induzierte Untergraph. Sicherlich ist $X(G') \geq X(G) - 1$ und $X(G') \leq |G'| = n - \alpha(G)$. Daraus folgt $X(G) \leq X(G') + 1 \leq n - \alpha(G) + 1$. ∎

Die folgenden beiden Beispiele zeigen, dass die bewiesenen Ungleichungen beliebig schlecht werden können. Verbindet man jede Ecke des vollständigen Graphen K_s mit einer weiteren Ecke, so ergibt sich ein Graph G mit $2s$ Ecken und $\alpha(G) = s$. Somit ist $n/\alpha(G) = 2$, während $X(G) = s$ ist. Für den vollständig bipartiten Graphen $K_{s,s}$ gilt $n - \alpha(K_{s,s}) + 1 = s + 1$ und $X(K_{s,s}) = 2$.

Algorithmen zur Bestimmung der chromatischen Zahl eines Graphen und einer minimalen Färbung werden in Abschnitt 6.3 vorgestellt. Alle bisher bekannten Algorithmen besitzen eine Laufzeit, die exponentiell von der Anzahl der Ecken des Graphen abhängt. Somit sind diese Algorithmen für praktische Probleme nur begrenzt brauchbar. Alle bekannten Algorithmen zur Feststellung, ob ein Graph eine c-Färbung besitzt, probieren im Prinzip alle verschiedenen Zuordnungen von Farben zu Ecken durch, bis eine c-Färbung gefunden wurde. Es wird vermutet, dass es keinen Algorithmus gibt, der substantiell schneller ist. Diese Problematik wird in Kapitel 11 vertieft. Von praktischer Bedeutung sind deshalb Algorithmen, die Färbungen produzieren, die nicht unbedingt minimal sind; diese benötigen dann mehr als $X(G)$ Farben. Allgemein werden Algorithmen, die nicht notwendigerweise eine optimale Lösung produzieren, *Heuristiken* oder *approximative Algorithmen* genannt. Heuristiken zur Bestimmung von Färbungen von Graphen werden in Abschnitt 6.4 vorgestellt und in Kapitel 11 analysiert. Zuvor wird die praktische Bedeutung des Färbungsproblems anhand von Beispielen demonstriert.

6.2 Anwendungen von Färbungen

Im Folgenden werden aus verschiedenen Bereichen Anwendungen dargestellt, die auf ein Färbungsproblem zurückgeführt werden können. In Kapitel 1 wurde bereits eine Anwendung aus dem Bereich von objektorientierten Programmiersprachen diskutiert.

6.2.1 Maschinenbelegungen

Zur Durchführung einer Menge von Aufgaben $A_1, \ldots, A_n$ werden verschiedene Maschinen eingesetzt. Die Durchführung der Aufgaben A_i erfordert jeweils die gleiche Zeit T. Die einzelnen Aufgaben können gleichzeitig durchgeführt werden, sofern nicht die selben Maschinen benötigt werden. Ziel der Maschinenbelegung ist es, eine Reihenfolge der Abarbeitung der Aufgaben zu finden, die diese Einschränkung beachtet und zeitoptimal ist; d. h., es wird ein hoher Grad an Parallelität angestrebt.

Die Ausschlussbedingungen zwischen den Aufgaben lassen sich als Graph, dem so genannten *Konfliktgraphen*, interpretieren: Jede Ecke entspricht einer Aufgabe, und zwei Ecken sind benachbart, falls die Aufgaben nicht gleichzeitig durchgeführt werden können. Eine zulässige Reihenfolge der Aufgaben impliziert eine Färbung des Konfliktgraphen, indem Ecken, deren Aufgaben gleichzeitig durchgeführt werden, die gleiche Farbe zugeordnet bekommen. Umgekehrt impliziert jede Färbung des Konfliktgraphen eine zulässige Reihenfolge der Aufgaben, indem man eine beliebige Reihenfolge der Farben wählt und Aufgaben mit gleicher Farbe gleichzeitig durchführt. Eine optimale Lösung wird somit erreicht, wenn eine Färbung mit minimaler Farbenzahl gefunden wird. Die minimale Durchführungszeit für alle Aufgaben ist somit gleich dem Produkt von T und der chromatischen Zahl des Konfliktgraphen. Abbildung 6.6 zeigt einen Konfliktgraphen mit einer optimalen Färbung, hieraus ergibt sich eine zulässige Reihenfolge für die Arbeiten.

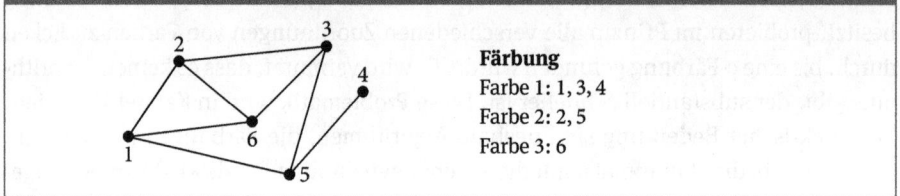

Abb. 6.6: Ein Konfliktgraph mit einer Färbung

Färbung

Farbe 1: 1, 3, 4
Farbe 2: 2, 5
Farbe 3: 6

6.2.2 Registerzuordnung in Compilern

Die Phase der Registervergabe eines Compilers ist zwischen der Optimierungsphase und der eigentlichen Codeerzeugungsphase angesiedelt. Das Quellprogramm wurde in eine so genannte Zwischensprache transformiert, die auf der Annahme basiert, dass eine unendliche Anzahl von symbolischen Registern zur Verfügung steht. Während der Registervergabe werden den symbolischen Registern physikalische Register zugewiesen. Dazu wird ein *Registerinterferenzgraph* erzeugt. In diesem stellen die Ecken symbolische Register dar, und eine Kante verbindet zwei Ecken, falls das eine Register an dem Punkt aktiv ist, an dem das andere benötigt wird. Ist c die Anzahl der zur Verfügung stehenden Register, so wird versucht, den Registerinterferenzgraph mit c Farben zu färben. Jede Farbe stellt ein Register dar, und die Färbung gewährleistet, dass kein Paar von symbolischen Registern, die aufeinandertreffen können, dem gleichen physikalischen Register zugewiesen werden. In vielen Fällen wird es aber keine c-Färbung geben. Da Algorithmen, die entscheiden, ob ein Graph eine c-Färbung besitzt, zu zeitaufwendig für den Einsatz in Compilern sind, werden Heuristiken verwendet, um zu Lösungen zu gelangen. Eine solche Heuristik liefert die folgende rekursive Vorgehensweise.

Man wähle eine Ecke e aus dem Registerinterferenzgraphen G mit $g(e) < c$, entferne e und alle zu e inzidenten Kanten aus G und färbe den so entstandenen Graphen. Danach wähle man eine Farbe, die nicht unter den Nachbarn von e vorkommt (eine solche Farbe existiert, da $g(e) < c$) und färbe damit die Ecke e. Gilt zu einem Zeitpunkt, dass alle Ecken mindestens den Eckengrad c haben, so muss der Registerinterferenzgraph verändert werden. Dies geschieht dadurch, dass ein Register ausgewählt wird und zusätzlicher Code eingefügt wird, der den Inhalt aus diesem Register in den Speicher transportiert und an den entsprechenden Stellen wieder lädt. Danach wird der Registerinterferenzgraph diesem neuen Code angepasst, und die entsprechende Ecke wird mit ihren Kanten entfernt. Dies hat zur Folge, dass die Eckengrade der Nachbarn der entfernten Ecke sich um 1 erniedrigen. Zur Auswahl der Ecken werden wiederum

Heuristiken verwendet, die die zusätzliche Ausführungszeit abschätzen und versuchen, diese zu minimieren. Dieser Prozess wird so lange wiederholt, bis eine Ecke e mit $g(e) < c$ existiert. Danach wird der Färbungsprozess wieder aufgenommen.

6.2.3 Public-Key Kryptosysteme

Wird über ein Computernetzwerk Geschäftsverkehr abgewickelt, so muss sich jeder Benutzer eindeutig identifizieren können, und jeder muss vor Fälschung seiner Unterschrift sicher sein. Diese Forderungen können mit so genannten Public-Key Kryptosystemen erfüllt werden. Diese Systeme beruhen auf so genannten *Einwegfunktionen*, deren Funktionswerte leicht zu bestimmen sind, deren Umkehroperationen aber einen solchen Aufwand benötigen, dass sie praktisch nicht durchführbar sind. Das bekannteste Public-Key Kryptosystem ist das RSA-System. Dies beruht auf der Tatsache, dass es zur Zeit praktisch nahezu unmöglich ist, sehr große natürliche Zahlen in ihre Primfaktoren zu zerlegen. An dieser Stelle wird sich zunutze gemacht, dass alle bekannten Algorithmen zur Färbung von Graphen einen exponentiellen Aufwand haben, und damit für große Graphen sehr aufwendig sind. Im Folgenden wird ein theoretisches Kryptosystem, basierend auf Graphfärbungen, beschrieben.

Zur Identifikation von Benutzern in einem Computersystem wählt jeder Benutzer einen Graphen mit chromatischer Zahl 3. Der Graph wird in eine Liste zusammen mit dem Namen des Benutzers eingetragen. Diese Liste braucht nicht geheim zu bleiben, lediglich die explizite Färbung muss der Benutzer geheim halten. Zur Identifikation eines Benutzers gibt dieser seinen Namen bekannt und beweist seine Identität, indem er zeigt, dass er eine 3-Färbung des entsprechenden Graphen kennt. Da es auch für Graphen mit chromatischer Zahl 3 praktisch sehr aufwendig ist, eine 3-Färbung zu finden, ist diese Methode so gut wie fälschungssicher. Auf der anderen Seite ist es sehr einfach, Graphen zu konstruieren, die eine 3-Färbung besitzen und diese Färbung auch anzugeben. Dabei geht man induktiv vor. Ist ein Graph mit einer 3-Färbung gegeben, so erzeugt man eine neue Ecke und gibt dieser eine beliebige der drei Farben. Anschließend verbindet man die neue Ecke mit beliebig vielen existierenden Ecken, die eine der anderen Farben haben. Diesen Prozess wiederholt man so lange, bis der Graph genügend Ecken hat.

Es bleibt zu zeigen, wie man beweisen kann, dass man eine 3-Färbung eines Graphen kennt, ohne dabei diese explizit bekannt zu geben. Explizites Bekanntmachen der 3-Färbung würde nämlich eine Schwachstelle darstellen, und man wäre gezwungen, jedesmal einen neuen Graphen zu verwenden. Um dies zu vermeiden, verwendet man die folgende Prozedur, mit der man mit beliebig hoher Wahrscheinlichkeit beweisen kann, dass man eine 3-Färbung kennt, ohne aber diese bekannt zu geben. Man übergibt dem System eine 3-Färbung der Ecken. Dem System ist es aber nur erlaubt, sich die Farben von zwei benachbarten Ecken anzuschauen und zu überprüfen, ob die beiden Farben verschieden sind. Dieser Schritt wird nun mehrmals wiederholt. Damit die Färbung nicht sukzessive anhand dieser Tests von dem System herausgefunden werden kann, übergibt man in jedem Schritt eine andere 3-Färbung des Graphen. Solche erhält man, indem man die drei Farben auf eine der sechs möglichen Arten permutiert. Dies macht es dem System fast unmöglich, aus den einzelnen Informationen auf eine 3-Färbung zu schließen.

Mit der Anzahl der erfolgreichen Testabfragen bei einer Überprüfung steigt die Wahrscheinlichkeit sehr schnell, dass der Benutzer wirklich eine 3-Färbung kennt. Hat der Benutzer eine Zuordnung von Farben zu Ecken, die keine 3-Färbung ist und bei der die Endecken von k der m Kanten die gleiche Farbe haben, so ist die Wahrscheinlichkeit, dass das System diesen Fehler findet, gleich k/m. Nach l erfolgreichen Tests ist die Wahrscheinlichkeit, dass dieser Benutzer nicht entdeckt wird, gleich $(1-k/m)^l$, und dieser Ausdruck strebt für wachsendes l schnell gegen Null. Das Erstaunliche bei diesem Verfahren ist, dass kein Wissen über die 3-Färbung bekannt gegeben wurde.

Das vorgestellte Verfahren zur Verwaltung von Geheimwissen gehört zur Klasse der *zero-knowledge Protokolle*. Bei einem solchen Protokoll kommunizieren zwei Parteien miteinander (der Beweiser und der Verifizierer). Der Beweiser überzeugt dabei den Verifizierer mit einer gewissen Wahrscheinlichkeit davon, dass er im Besitz eines Geheimnisses ist, ohne dabei Informationen über das Geheimnis selbst bekannt zu geben. Ein praktischer Nachteil dieser Protokolle besteht darin, dass sie in der Regel für ein ausreichendes Sicherheitsniveau ein hohes Maß an Interaktion, d. h. den Austausch vieler Nachrichten, erfordern.

6.2.4 Sudoku

Sudoku ist der Name eines weltweit sehr populären Zahlenrätsels. Sudokus erscheinen heute in sehr vielen Tageszeitungen und erfreuen sich einer großen Anhängerschaft. Es geht dabei darum, die Zellen eines 9×9 Gitters mit den Ziffern 1 bis 9 so zu füllen, dass jede dieser Ziffern in jeder Spalte, in jeder Zeile und zusätzlich in jedem der neun 3×3 Unterblöcke des Gitters genau einmal vorkommt. Ausgangspunkt ist ein Gitter, in dem bereits mehrere Ziffern gemäß dieser Regeln vorgegeben sind. Abbildung 6.7 zeigt links ein Beispiel für ein Sudoku.

Die Einschränkung, dass Zahlen innerhalb eines Bereiches nicht mehrfach vorkommen dürfen, erinnert unmittelbar an die Einschränkungen, welche bei Färbungen von Graphen vorliegen. Ein Sudoku lässt sich leicht in ein Färbungsproblem umwandeln. Dazu wird der so genannte *Sudokugraph* G_S definiert. Dieser Graph enthält für jede der 81 Zellen des Sudokus eine Ecke. Eine Ecke wird durch ein Paar (i, j) von ganzen Zahlen $i, j \in \{1, \ldots, 9\}$ repräsentiert; i gibt die Zeile und j die Spalte an. Die Einschränkungen hinsichtlich der Ziffern in den Zellen werden durch Kanten umgesetzt. Zwei Ecken (i, j) und (i', j') sind genau dann durch eine Kante verbunden, wenn eine der folgenden drei Bedingungen erfüllt ist:

(1) $i = i'$,
(2) $j = j'$,
(3) $\lceil i/3 \rceil = \lceil i'/3 \rceil$ und $\lceil j/3 \rceil = \lceil j'/3 \rceil$.

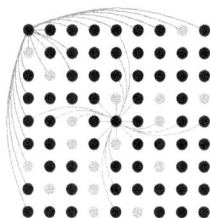

Abb. 6.7: Ein Sudoku und der zugehörige Sudokugraph G_S mit den Kanten für die Ecken $(1, 1)$ und $(5, 5)$. Die zu vorbelegten Zellen gehörenden Ecken sind markiert

Abbildung 6.7 zeigt rechts einen Teil der Kanten des Sudokugraph G_S. Es ist ein regulärer Graph mit $\Delta = 20$, $m = 810$ und $\mathcal{X}(G_S) = 9$. Die durch die Aufgabenstellung vorgegebenen Ziffern werden als partielle Färbung von G_S interpretiert. Eine Lösung eines Sudokus entspricht einer Erweiterung dieser partiellen Färbung zu einer vollständigen 9-Färbung von G_S.

Aus Sicht des Rätsellösers sind Sudokus nur interessant, wenn sie eine eindeutige Lösung besitzen. Andernfalls lässt sich eine Lösung nicht immer durch einfache logische Schlussfolgerungen lösen. Die Eindeutigkeit der Lösung hängt von der eingangs gegebenen partiellen Färbung ab. Man sieht direkt, dass diese mindestens $\mathcal{X}(G_S) - 1 = 8$ Farben vorgeben muss, um die Lösung eindeutig zu machen. Seit einigen Jahren ist bekannt, dass in der Aufgabenstellung die Werte von mindestens 17 Zellen vorgegeben sein müssen um Eindeutigkeit zu erreichen.

Ein Sudoku Rätsel kann leicht mit einem Algorithmus zur Bestimmung einer minimalen Färbung eines Graphen gefunden werden. Am besten eignet sich dafür das im nächsten Abschnitt vorgestellte Backtracking-Verfahren, es sind nur wenige Anpassungen notwendig (vergleichen Sie Aufgabe 24). Damit können Sudokus mit 9×9 Gittern in Bruchteilen einer Sekunde gelöst werden.

6.3 Exakte Bestimmung der chromatischen Zahl

Alle bisher bekannten Verfahren zur exakten Bestimmung der chromatischen Zahl haben exponentielle Laufzeit. In diesem Abschnitt werden vier verschiedene Ansätze zur Lösung dieses Optimierungsproblems vorgestellt.

6.3.1 Backtracking-Verfahren

Die Bestimmung einer Färbung eines Graphen ist ein Partitionsproblem. Die Ecken-menge eines Graphen wird in disjunkte Teilmengen aufgeteilt, so dass Ecken in der gleichen Teilmenge nicht benachbart sind. In Abschnitt 5.3 wurde gezeigt, wie solche Probleme mittels Backtracking gelöst werden können. Insbesondere wurde mit die-ser Technik dort das Problem der Cliquenüberdeckung gelöst. Dieses Problem ist in einem gewissen Sinn dual zu dem Färbungsproblem: Die Farbklassen einer Färbung eines Graphen bilden eine Cliquenüberdeckung des Komplements des Graphen. Der Code in Abschnitt 5.3 muss nur an einer einzigen Stelle geändert werden, damit ei-ne minimale Färbung bestimmt werden kann. In der Funktion `korrekteTeillösung` in Abbildung 5.5 muss lediglich die Bedingung $e_j \notin N(e_i)$ durch $e_j \in N(e_i)$ ersetzt werden. Die Laufzeit dieses Algorithmus wächst exponentiell mit n. Eine genaue Ab-schätzung ist nur in wenigen Fällen möglich.

6.3.2 Teile & Herrsche

Eine Anwendung der in Abschnitt 5.5 vorgestellten Methode Teile & Herrsche erfordert die Zerlegung des Problems in unabhängige Teilprobleme, so dass deren Lösungen zu einer Lösung des Ausgangsproblems zusammengesetzt werden können. Für das vorliegende Problem kann dabei wie folgt vorgegangen werden. Es seien e_i, e_j nicht benachbarte Ecken von G. Es sei G^+ der Graph, welcher aus G entsteht, indem die beiden Ecken e_i und e_j zu einer Ecke verschmolzen werden. Ferner sei G^- der Graph, welcher aus G entsteht, indem eine Kante zwischen e_i und e_j eingefügt wird.

Lemma. *Es seien e_i, e_j nicht benachbarte Ecken eines ungerichteten Graphen G. Dann gilt $\mathcal{X}(G) = \min\left(\mathcal{X}(G^+), \mathcal{X}(G^-)\right)$.*

Beweis. Jede Färbung der Graphen G^+ und G^- induziert eine Färbung auf G, welche die gleiche Anzahl von Farben verwendet. Somit ist $\mathcal{X}(G^+) \geq \mathcal{X}(G)$ und $\mathcal{X}(G^-) \geq \mathcal{X}(G)$. Hieraus folgt $\mathcal{X}(G) \leq \min\left(\mathcal{X}(G^+), \mathcal{X}(G^-)\right)$ Es sei f eine minimale Färbung von G. Ist $f(e_i) = f(e_j)$, so induziert f eine Färbung auf G^+. Somit gilt $\mathcal{X}(G) \geq \mathcal{X}(G^+)$. Ist hinge-gen $f(e_i) \neq f(e_j)$, so induziert f eine Färbung auf G^-. In diesem Fall gilt $\mathcal{X}(G) \geq \mathcal{X}(G^-)$. Hieraus folgt $\mathcal{X}(G) = \min\left(\mathcal{X}(G^+), \mathcal{X}(G^-)\right)$. ∎

Dieses Lemma bildet die Basis zur Anwendung der Methode Teile & Herrsche. Ist G der vollständige Graph, so kann eine minimale Färbung direkt angegeben werden. Andernfalls werden zwei nicht benachbarte Ecken ausgewählt und rekursiv minimale Färbungen für G^+ und G^- bestimmt. Die Blätter des Suchbaumes sind vollständige Graphen. Nach dem letzten Lemma gilt $\mathcal{X}(G) = \min\{\mathcal{X}(H) \mid H$ ist Blatt im Suchbaum$\}$. Die Färbung, welche die wenigsten Farben verwendet, wird am Ende zu einer Färbung auf G erweitert. Der durch dieses Verfahren aufgebaute binäre Lösungsbaum heißt *Zykov Baum*. Abbildung 6.8 zeigt ein Beispiel eines Zykov Baums. Die in jedem Schritt verwendeten nicht benachbarten Ecken sind fett und die neu entstandenen Kanten sind rot dargestellt. Der Graph hat die chromatische Zahl 3.

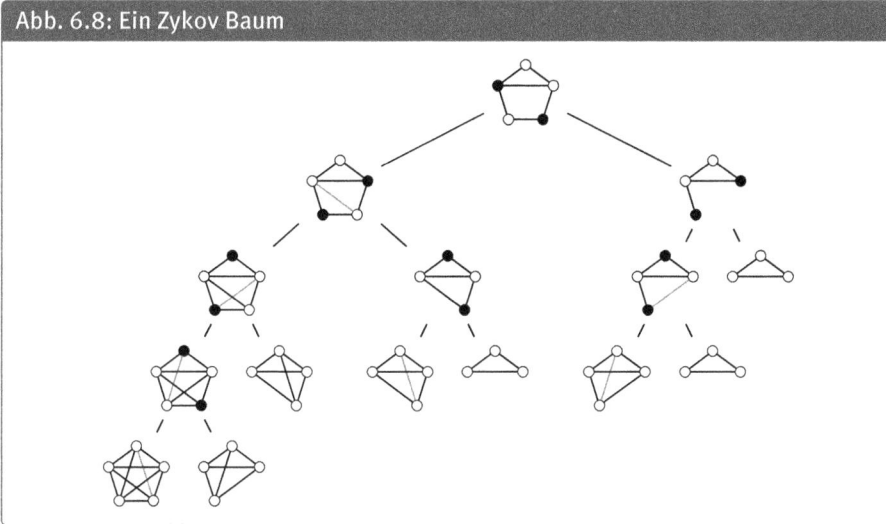

Abb. 6.8: Ein Zykov Baum

Die Laufzeit des Algorithmus wird stark durch die Wahl der Ecken e_i und e_j beeinflusst. Eine Variante besteht darin, unter allen Paaren nicht benachbarter Ecken e_i, e_j das Paar auszusuchen, bei dem $|N(e_i) \cap N(e_j)|$ maximal ist. Dadurch wird versucht möglichst schnell zu einem Blatt zu kommen, um mit der damit gewonnenen oberen Abschätzung für $X(G)$ Teile des Suchbaumes abzuschneiden. Im Beispiel aus Abbildung 6.8 erreicht man mit diesem Ansatz bereits auf der zweiten Ebene ein Blatt.

6.3.3 Dynamische Programmierung

Die Herausforderung bei der Anwendung der in Abschnitt 5.6 vorgestellten dynamischen Programmierung besteht darin, eine Definition für Teilprobleme zu finden, so dass das Optimalitätsprinzip gilt. Für das Färbungsproblem bedeutet dies, einen Zusammenhang zwischen Färbungen von geeigneten Untergraphen und dem Graph zu finden. Dazu wird folgende Definition benötigt. Für eine Teilmenge S der Eckenmenge E sei $\mathcal{U}(S)$ die Menge aller nicht-erweiterbaren unabhängigen Mengen von G_S. Es gilt folgendes Lemma.

Lemma. *Für jede Teilmenge S der Eckenmenge E eines ungerichteten Graphen G gilt:*
$$X(G_S) = 1 + \min\{X(G_{S\setminus T}) \mid T \in \mathcal{U}(S)\}.$$

Beweis. Es sei f eine minimale Färbung von G_S und T_f die Menge der Ecken, welche bezüglich f die kleinste Farbe haben. Da T_f eine unabhängige Menge bildet, gibt es

$T \in \mathcal{U}(S)$ mit $T_f \subseteq T$. Dann induziert f eine Färbung auf $G_{S\backslash T}$ welche höchstens $X(G_S) - 1$ Farben verwendet. Somit gilt $X(G_S) \geq 1 + \min\{X(G_{S\backslash T}) \mid T \in \mathcal{U}(S)\}$.

Es sei $T \in \mathcal{U}(S)$ und f' eine minimale Färbung von $G_{S\backslash T}$. Dann kann f' zu einer Färbung von G_S mit $X(G_{S\backslash T}) + 1$ Farben erweitert werden. Dazu wird jede Ecke aus T mit einer Farbe gefärbt, welche noch nicht von f' verwendet wird. Daraus ergibt sich $X(G_S) \leq 1 + \min\{X(G_{S\backslash T}) \mid T \in \mathcal{U}(S)\}$. ∎

Dieses Lemma zeigt, dass das Optimalitätsprinzip erfüllt ist und somit die Voraussetzung für die dynamische Programmierung vorliegen. Es gilt folgender Satz.

Satz. *Die chromatische Zahl eines Graphen kann mit der dynamischen Programmierung mit Aufwand $O((1 + \sqrt[3]{3})^n) = O(2{,}4423^n)$ (bis auf einen polynomialen Faktor) bestimmt werden.*

Beweis. Aus dem letzten Lemma folgt $X(G) = 1 + \min\{X(G_{E\backslash T}) \mid T \in \mathcal{U}(E)\}$. Im schlimmsten Fall muss der Algorithmus über alle 2^n Teilmengen S von E iterieren. Für jedes S wird über alle nicht erweiterbaren unabhängigen Teilmengen von S iteriert, dies sind höchstens $2^{|S|}$ Teilmengen. Bis auf den Aufwand, das jeweilige Minimum zu bestimmen, ergeben sich daraus maximal

$$\sum_{i=1}^{n} \binom{n}{i} 2^i = 3^n$$

Schritte. Dabei wurde noch nicht berücksichtigt, dass nur über die nicht erweiterbaren unabhängigen Teilmengen von S iteriert werden muss. Es ist bekannt, dass ein Graph mit i Ecken maximal $3^{i/3}$ nicht erweiterbare unabhängige Teilmengen besitzt und diese mit Aufwand $O(3^{i/3})$ bestimmt werden können. Aus diesem hier nicht bewiesenen Ergebnis leitet sich folgender Ausdruck für den Gesamtaufwand ab:

$$\sum_{i=1}^{n} \binom{n}{i} 3^{\frac{i}{3}} = \left(1 + \sqrt[3]{3}\right)^n.$$

∎

6.3.4 Lineare Programmierung

Die erste Herausforderung bei der Anwendung der linearen Programmierung ist die Festlegung der Variablen und die Formulierung der Nebenbedingungen. Für das Problem der minimalen Färbung empfiehlt sich eine ähnliche Vorgehensweise wie für das Problem des Handlungsreisenden (siehe Abschnitt 5.7). In diesem Fall werden $n^2 + n$ binäre Variablen $x_{i,k}$ ($i, k = 1, \ldots, n$) und y_k ($k = 1, \ldots, n$) eingeführt. Wie immer bezeichnet n die Anzahl der Ecken. Variable $x_{i,k}$ zeigt an, ob Ecke e_i mit Farbe k gefärbt wird und y_k zeigt an, ob Farbe k verwendet wird. Die zu minimierende Zielfunktion lautet

$$\sum_{i=1}^{n} y_i.$$

Die Nebenbedingungen lauten

$$\sum_{k=1}^{n} x_{i,k} = 1 \text{ für alle } i = 1, \ldots, n$$

$$x_{i,k} - y_k \le 1 \text{ für alle } i, k = 1, \ldots, n$$

$$x_{i,k} + x_{j,k} \le 1 \text{ für alle } (e_i, e_j) \in E \text{ und } k = 1, \ldots, n$$

$$0 \le x_{i,k}, y_k \le 1 \text{ für alle } i, k = 1, \ldots, n$$

$$x_{i,k}, y_k \in \mathbb{N}_0$$

Die erste Nebenbedingung besagt, dass jede Ecke genau eine Farbe zugeordnet bekommt. Die nächste Bedingung verknüpft die beiden Arten von Variablen, eine Ecke kann nur dann mit Farbe k gefärbt werden, falls $y_k = 1$ gilt. Die dritte Bedingung stellt sicher, dass benachbarte Ecken verschiedene Farben bekommen. Zum Schluss wird sichergestellt, dass die Variablen nur die Werte 0 und 1 annehmen können.

Man zeigt leicht, dass jede zulässige Lösung dieses ILP-Problems einer korrekten Färbung und umgekehrt entspricht. Für die Relaxation dieses ILP-Problems zu einem LP-Problem wird die letzte Nebenbedingung weggelassen. Man überzeugt sich schnell davon, dass $x_{i,k} = y_k = 1/n$ eine optimale Lösung dieses LP-Problems ist. Die sich daraus ergebende unterere Schranke von einer Farbe schränkt den Lösungsraum nicht ein. Somit führt nur eine Lösung des ILP-Problems zu einer minimalen Färbung.

Ein Nachteil dieses Modells besteht darin, dass Symmetrien nicht ausgenutzt werden. Zu einer Lösung mit s Farben gibt es $\binom{n}{s}$ verschiedene Farbkombinationen, welche alle auch noch permutiert werden können. Für ein festes s gibt es somit $\binom{n}{s}s!$ verschiedene Lösungen. Durch diese große Zahl an Freiheitsgraden ist dieses Modell nicht von praktischer Bedeutung.

6.4 Heuristiken zur Bestimmung von Färbungen

Zunächst greifen wir das in Abschnitt 6.1 angesprochene Greedy-Verfahren zur Bestimmung einer Färbung mit maximal $\Delta + 1$ Farben auf. Die Realisierung dieses Algorithmus ist einfach. Die Ecken werden in irgendeiner Reihenfolge durchlaufen, für jede Ecke wird die Menge der schon gefärbten Nachbarn betrachtet und die kleinste nicht vorkommende Farbnummer bestimmt. Diese ist dann die Farbnummer der aktuellen Ecke. Bei unvorsichtiger Realisierung kann sich eine Laufzeit von $O(n^2)$ ergeben. Der entscheidende Punkt, um eine lineare Laufzeit $O(n + m)$ zu erzielen, ist die Bestimmung der kleinsten unbenutzten Farbnummer unter den schon gefärbten Nachbarn einer Ecke e_i.

Im Folgenden wird gezeigt, dass dieser Schritt mit Aufwand $O(g(e_i))$ realisiert werden kann. Die Grundidee ist die Verwaltung eines Feldes `vergeben` der Länge $\Delta + 1$. In diesem Feld werden in jedem Durchgang die schon an die Nachbarn einer Ecke vergebenen Farben eingetragen. Der entscheidende Punkt ist der, dass dieses

Feld nicht in jedem Durchgang pauschal auf `false` gesetzt wird. Dies würde nämlich zu einem Aufwand von $O(\Delta n)$ führen. In jedem Durchgang werden zunächst die vergebenen Farben markiert und später wird diese Markierung wieder rückgängig gemacht. Somit kann dieser Schritt mit Aufwand $O(g(e_i))$ realisiert werden. Die Bestimmung der kleinsten nicht vergebenen Farbnummer (d.h die Suche nach der ersten `false` im Feld `vergeben`) kann mit dem gleichen Aufwand realisiert werden, denn spätestens der Eintrag mit der Nummer $g(e_i) + 1$ ist `false`. Insgesamt ergibt dies den Aufwand $O(n + m)$. Abbildung 6.9 zeigt eine Realisierung dieses Algorithmus.

Abb. 6.9: Die Funktion greedyFärbung

```
var farbe : Array[1..max] von Integer;

function greedyFärbung(G : Graph) : Integer
    var X, i : Integer;
    var vergeben : Array[1..Δ+1] von Boolean;
    var eᵢ, eⱼ : Ecke;

    Initialisiere farbe und X mit 0;
    Initialisiere vergeben mit false;
    farbe[1] := 1;
    for i := 2 to n do
        foreach eⱼ in N(eᵢ) do
            if farbe[j] > 0 then
                vergeben[farbe[j]] := true;
        Wähle kleinstes k mit vergeben[k] = false;
        farbe[i] := k;
        if k > X then
            X := k;
        foreach eⱼ in N(eᵢ) do
            if farbe[j] > 0 then
                vergeben[farbe[j]] := false;
    return X;
```

Die Funktion greedyFärbung bestimmt eine Färbung eines Graphen. Wie bei allen Greedy-Algorithmen wird eine einmal getroffene Entscheidung über die Farbe einer Ecke nicht mehr revidiert. Die zyklischen Graphen C_n mit ungeradem n werden durch den Greedy-Algorithmus unabhängig von der Reihenfolge der Ecken immer optimal gefärbt (man beachte $X(C_n) = 3$ und $\Delta(C_n) = 2$ für ungerades n).

Als extremes Beispiel für das Verhalten der Greedy-Färbung werden die *Kronen-Graphen* betrachtet. Ein Kronen-Graph ist ein bipartiter Graph bestehend aus n Ecken, wobei n gerade ist. Jede Ecke e_i mit ungeradem i ist zu allen Ecken e_j mit geradem $j \neq i + 1$ benachbart. Abbildung 6.10 zeigt den Kronen-Graph mit 8 Ecken. Wendet man die Funktion greedyFärbung auf einen Kronen-Graph an, so wird eine Färbung mit $n/2$ Farben erzeugt, d. h., das optimale Ergebnis wird um einen Faktor $n/4$ verfehlt.

Das Ergebnis der Ausführung von greedyFärbung ist stark geprägt von der Reihenfolge, in der die Ecken durchsucht werden. Betrachtet man zunächst die Ecken

Abb. 6.10: Der Kronen-Graph mit $n = 8$

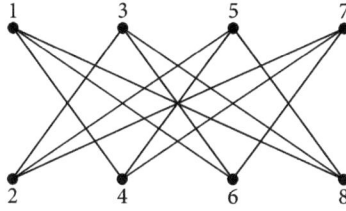

mit ungeraden Nummern und dann die mit geraden Nummern, so liefert der Greedy-Algorithmus auch für den Kronen-Graph die optimale Lösung. Für jeden Graphen gibt es jedoch eine Reihenfolge, für die der Greedy-Algorithmus eine minimale Färbung erzeugt. Es gilt der folgende Satz.

Satz. *Für jeden Graphen G mit $X(G) = c$ gibt es eine Nummerierung der Ecken, so dass der Greedy-Algorithmus eine c-Färbung liefert.*

Beweis. Man betrachte eine c-Färbung von G. Die Ecken von G werden nun aufsteigend nummeriert; zuerst die Ecken mit Farbe 1, dann die mit Farbe 2 etc. Die Reihenfolge für Ecken gleicher Farbe ist beliebig. Für diese Reihenfolge liefert der Greedy-Algorithmus eine c-Färbung. ∎

Für die Anzahl der Farben, die der Greedy-Algorithmus vergibt, kann noch eine zweite obere Abschätzung angegeben werden. Diese hängt nicht von Δ, sondern von m ab.

Satz. *Der Greedy-Algorithmus verwendet höchstens $\lceil \sqrt{2m} \rceil$ Farben, wobei m die Anzahl der Kanten des Graphen ist.*

Beweis. Der Beweis wird mittels vollständiger Induktion nach m geführt. Für $m = 1$ braucht der Greedy-Algorithmus genau zwei Farben, und es gilt $\lceil \sqrt{2} \rceil = 2$. Sei nun $m > 1$. Es sei M die Menge der Ecken, die mit der ersten Farbe gefärbt werden. Es sei G' der von den restlichen Ecken induzierte Untergraph von G. Ferner sei

$$A = \sum_{e \in M} g(e)$$

die Summe der Eckengrade der Ecken aus M. Dann hat G' genau $m - A$ Kanten, und nach Induktionsannahme benötigt der Greedy-Algorithmus maximal $\lceil \sqrt{2(m - A)} \rceil$ Farben für G'. Das heißt, für G benötigt er

$$\lceil \sqrt{2(m - A)} \rceil + 1 = \lceil \sqrt{2(m - A)} + 1 \rceil$$

Farben. Es genügt also, zu zeigen, dass $\sqrt{2m} \geq \sqrt{2(m - A)} + 1$ ist. Dazu beachte man, dass G' maximal A Ecken hat, denn jede Ecke von G' ist zu einer Ecke aus M inzident. Somit gilt:

$$\frac{A(A - 1)}{2} \geq m - A.$$

Hieraus folgt, dass $A^2 + A \geq 2m$ bzw. $(2A + 1)^2 \geq 8m$ ist. Somit ist $2A + 1 \geq 2\sqrt{2m}$, und es ergibt sich leicht $\sqrt{2m} + 1 \geq \sqrt{2(m - A)} + 2$. ∎

Als nächstes wird ein Algorithmus von D. S. Johnson vorgestellt, der einen besseren Wirkungsgrad als der Greedy-Algorithmus hat. Es ist eine Verfeinerung des Greedy-Algorithmus, bei der die Ecken nicht mehr in einer beliebigen Reihenfolge betrachtet werden. Zuerst wird die Ecke mit minimalem Eckengrad mit Farbe 1 gefärbt. Danach wird diese Ecke samt ihrer Nachbarn und den mit diesen Ecken inzidenten Kanten entfernt. In dem verbleibenden Graphen wird wieder die Ecke mit minimalem Eckengrad mit Farbe 1 gefärbt, und der obige Prozess wird wiederholt, bis keine Ecke mehr übrig ist. Danach wird der Graph, bestehend aus den noch nicht gefärbten Ecken und den zugehörigen Kanten, betrachtet. Auf diesen Graphen wird wieder das obige Verfahren mit Farbe 2 angewendet etc.

Abbildung 6.11 zeigt eine Realisierung des Algorithmus von Johnson. Die Funktion johnsonFärbung kann so implementiert werden, dass ihre Laufzeit $O(n^2)$ ist. Der Algorithmus von Johnson erzeugt für den in Abbildung 6.10 dargestellten Kronen-Graph eine 2-Färbung.

Abb. 6.11: Die Funktion johnsonFärbung

```
var farbe : Array[1..n] von Integer;

function johnsonFärbung(G : Graph) : Integer
    var U, W : Menge von Ecke;
    var X : Integer;
    var e_u : Ecke;

    Initialisiere farbe und X mit 0 und W mit G.E;
    repeat
        U := W;
        X := X + 1;
        while U ≠ ∅ do
            Sei e_u eine Ecke mit minimalem Eckengrad in dem
                von U induzierten Untergraph;
            farbe[u] := X;
            U := U \ N_U[e_u];
            W := W \ {e_u};
    until W = ∅;
    return X;
```

Im folgenden Satz wird eine obere Abschätzung für die Anzahl der vom Algorithmus von Johnson vergebenen Farben bewiesen.

Satz. *Für einen ungerichteten Graphen G erzeugt der Algorithmus von Johnson eine Färbung, die maximal $\lceil 4n \log(X(G))/ \log n \rceil$ Farben verwendet.*

Beweis. Es sei $X(G) = c$. Es wird ein Durchlauf der äußeren Schleife betrachtet. Der von U induzierte Untergraph G_U habe n_u Ecken. In Abschnitt 6.1 wurde bewiesen, dass

G_U eine unabhängige Menge M mit mindestens $\lceil n_u/c \rceil$ Ecken besitzt. Es sei $e \in M$. Dann ist e zu keiner anderen Ecke aus M benachbart. Somit gilt für den Eckengrad einer Ecke e_u mit dem kleinsten Eckengrad in G_U:

$$g(e_u) \le g(e) \le n_u - \lceil n_u/c \rceil.$$

Das heißt nach dem ersten Durchlauf der inneren Schleife sind in U noch mindestens $\lceil n_u/c - 1 \rceil$ Ecken. Analog zeigt man, dass nach dem zweiten Durchlauf der inneren Schleife in U noch mindestens $\lceil n_u/c^2 - 1/c - 1 \rceil$ Ecken sind. Nach dem l-ten Durchgang sind somit noch

$$\left\lceil \frac{n_u}{c^l} - \sum_{i=0}^{l-1} \frac{1}{c^i} \right\rceil$$

Ecken in U. Für das folgende beachte man, dass $c \ge 2$ und folgende Ungleichung gilt

$$\sum_{i=0}^{l-1} \frac{1}{c^i} = \frac{c}{c-1} \left(1 - \frac{1}{c^l} \right) < 2.$$

Zunächst wird gezeigt, dass die innere Schleife mindestens $\lfloor \log_c n_u \rfloor$ mal durchgeführt wird. Dazu sei $l \le \log_c n_u$. Dann gilt $n_u \ge c^l$ bzw.

$$0 \le \frac{n_u}{c^{l-1}} - 2 < \frac{n_u}{c^{l-1}} - \sum_{i=0}^{l-2} \frac{1}{c^i}.$$

Somit ist U nach dem $(l-1)$-ten Durchgang noch nicht leer. Hieraus folgt die Behauptung. Ferner folgt auch, dass in jedem Durchgang der äußeren Schleife mindestens $\lfloor \log_c |W| \rfloor$ Ecken mit der gleichen Farbe gefärbt werden. Für $|W| \ge 2n/\log_c n$ gilt:

$$\log_c |W| \ge \log_c \left(\frac{2n}{\log_c n} \right) > \log_c (\sqrt{n}) = \frac{1}{2} \log_c n,$$

da $2\sqrt{n} > \log_c n$ für $c \ge 2$ und alle n gilt. Somit folgt

$$\lfloor \log_c |W| \rfloor > \frac{1}{2} \log_c n - 1.$$

Es sei a die Anzahl der Durchgänge, bei denen zu Beginn

$$|W| \ge \frac{2n}{\log_c n}$$

gilt. Zu Beginn des a-ten Durchgangs ist folgende Ungleichung erfüllt:

$$\frac{2n}{\log_c n} \le |W| < n - (a-1) \left(\frac{\log_c n}{2} - 1 \right).$$

Hieraus folgt $a < 2n/\log_c n + 1$ bzw. $a \le \lceil 2n/\log_c n \rceil$. Nach dem a-ten Durchgang gilt $|W| < 2n/\log_c n$, d. h., für die restlichen Ecken werden noch höchstens $\lfloor 2n/\log_c n \rfloor$ weitere Farben benötigt. Da $\log_c n = \log n/ \log \mathcal{X}(G)$, ist der Beweis vollständig. ∎

In Abschnitt 11.5.1 wird die Qualität des Algorithmus von Johnson genauer betrachtet.

Zum Schluss dieses Abschnittes wird noch eine Heuristik zur Bestimmung einer Färbung eines Graphen G mit $X(G) \leq 3$ vorgestellt, welche maximal $3\sqrt{n}$ Farben verwendet. Da bipartite Graphen in linearer Zeit mit zwei Farben gefärbt werden können, genügt es den Fall $X(G) = 3$ zu betrachten. Es sei e eine Ecke mit $g(e) \geq \sqrt{n}$. Der von den Nachbarn von e induzierte Untergraph ist bipartit. Somit kann $G_{N[e]}$ in polynomialer Zeit mit 3 Farben gefärbt werden. Nun werden aus G alle Ecken entfernt, die in U sind. Dieser Schritt wird wiederholt, bis die Grade aller verbleibenden Ecken echt kleiner $\sqrt{n}$ sind. Da für die ausgewählte Ecke immer die gleiche Farbe verwendet werden kann, werden bis zu diesem Zeitpunkt maximal

$$2 \left\lfloor \frac{n}{\sqrt{n} + 1} \right\rfloor + 1 < 2\sqrt{n} + 1$$

Farben vergeben. Für den Restgraphen benötigt der Greedy Algorithmus höchstens $\sqrt{n}$ Farben, wobei eine Farbe wiederverwendet werden kann. Insgesamt werden somit maximal $3\sqrt{n}$ Farben verwendet. Abbildung 6.12 zeigt eine Umsetzung dieses Algorithmus.

Abb. 6.12: Algorithmus zur Färbung von Graphen mit $X \leq 3$

Initialisiere W *mit* G.E *und* H *mit* G_W;
while Δ(H) $\geq$ sqrt(n) **do**
    Färbe eine Ecke e *mit* g_H(e) $\geq$ sqrt(n) *mit Farbe* 1;
    Färbe den Graph $G_{N_H(e)}$ *mit* 2 *noch nicht verwendeten Farben*;
    W := W\N_H[e];
    H := G_W;
Färbe H *mit dem Greedy Algorithmus*;

6.5 Das Vier-Farben-Problem

Eines der ältesten graphentheoretischen Probleme ist das bekannte Vier-Farben-Problem. Es handelt sich dabei um die Vermutung, dass sich die Länder auf einer beliebigen Landkarte mit höchstens vier Farben so färben lassen, dass Länder, die eine gemeinsame Grenze haben, verschiedene Farben bekommen. In die Terminologie der Graphentheorie übersetzt lautet die Frage: Ist die chromatische Zahl jedes planaren Graphen kleiner gleich 4? In dem zugehörigen Graphen bilden die Länder die Ecken, und jede Kante entspricht einer gemeinsamen Grenze. Die Vermutung tauchte zum ersten Mal im Jahre 1850 auf, als ein Student von De Morgan diese Frage aufwarf. Das Problem blieb über 125 Jahre ungelöst, obwohl es immer wieder Leute gab, welche behaupteten, einen Beweis gefunden zu haben (unter anderem A. Kempe und P. G. Tait). Diese Beweise konnten aber einer genaueren Überprüfung nie standhalten. Das Problem wurde erst 1976 von K. Appel und W. Haken gelöst. Sie verwendeten dabei Techniken, die auf den Mathematiker H. Heesch zurückgehen. Der Beweis brachte keine größere Einsicht in die Problemstellung, und wesentliche Teile wurden mit der Unterstützung von Computern durchgeführt.

In dem Beweis zeigte man, dass es genügt, 4-Färbungen für eine Menge von etwa 1950 Arten von Graphen zu finden. Jeder planare Graph kann auf einen dieser Fälle zurückgeführt werden. Ein Computerprogramm zeigte die Existenz der 4-Färbungen dieser Graphen. Der Beweis von Appel und Haken leidet in der Ansicht vieler Wissenschaftler unter zwei Makel. Zum einen kann der durch das Computerprogramm erbrachte Beweisteil nicht per Hand nachvollzogen werden und zum anderen ist der restliche Beweisteil sehr kompliziert und bisher nur von sehr wenigen Leuten verifiziert worden.

N. Robertson, D. Sanders, P. Seymour und R. Thomas haben später einige Vereinfachungen an dem Beweis vorgenommen. Dadurch reduzierte sich die Anzahl der zu überprüfenden Fälle auf 633. Ferner wurde auch die Struktur des Beweises vereinfacht, ohne jedoch einen grundsätzlich neuen Weg zu beschreiben. Das verwendete Computerprogramm ist heute frei verfügbar, so dass jeder das Verfahren verifizieren kann und die Berechnungen sich nachvollziehen lassen. Die Laufzeit des Programmes lag im Jahr 1997 bei Verwendung handelsüblicher Hardware unter vier Stunden. Bis heute gibt es keinen Beweis, der ohne die Hilfe eines Computers auskommt.

Einfacher hingegen ist es, zu beweisen, dass jeder planare Graph eine 5-Färbung hat. Der Beweis beruht auf der im Folgenden bewiesenen Eigenschaft, dass jeder planare Graph eine Ecke besitzt, deren Grad kleiner oder gleich 5 ist. Dies ist eine Folgerung aus der so genannten *Eulerschen Polyederformel*. Sie gibt einen Zusammenhang zwischen der Anzahl der Flächen, Kanten und Ecken eines Polyeders an. Die Kanten und Ecken eines Polyeders bilden einen planaren Graphen. Dies sieht man leicht, wenn man eine entsprechende Projektion der Kanten des Polyeders in die Ebene vornimmt.

Die Einbettung eines planaren Graphen in eine Ebene bewirkt eine Unterteilung der Ebene in Gebiete. Hierbei ist auch das Außengebiet zu berücksichtigen. Es gilt dabei folgender Zusammenhang zwischen dem Graphen und der Anzahl der entstehenden Gebiete:

Satz (EULERSCHE POLYEDERFORMEL). *Es sei G ein zusammenhängender planarer Graph mit n Ecken und m Kanten. Die Einbettung von G in die Ebene unterteile die Ebene in g Gebiete. Dann gilt: $n - m + g = 2$.*

Beweis. Der Beweis erfolgt durch vollständige Induktion nach der Anzahl m der Kanten. Ist $m = 0$, so besteht G nur aus einer Ecke, und g ist gleich 1. Also stimmt die Polyederformel für $m = 0$.

Die Aussage sei für $m > 0$ bewiesen. Es sei G ein zusammenhängender planarer Graph mit $m + 1$ Kanten. Enthält G keinen geschlossenen Weg, so ist G ein Baum. Dann ist $g = 1$ und $m = n - 1$. Also stimmt die Polyederformel auch in diesem Fall. Bleibt noch der Fall, dass G einen geschlossenen Weg enthält. Entfernt man aus diesem Weg eine Kante, so verschmelzen zwei Gebiete zu einem. Das heißt, dieser Graph hat n

Ecken und m Kanten, und er unterteilt die Ebene in $g - 1$ Gebiete. Da für diesen Graphen nach Induktionsvoraussetzung die Aussage wahr ist, ergibt sich $n - m + g - 1 = 2$. Also gilt $n - (m + 1) + g = 2$, und der Beweis ist vollständig. ∎

Aus der Eulerschen Polyederformel ergibt sich der folgende nützliche Satz.

Satz. *Für einen planaren Graphen G mit n Ecken und m > 1 Kanten gilt m ≤ 3n − 6. Ist G planar und bipartit, so gilt sogar m ≤ 2n − 4.*

Beweis. Es genügt, den Satz für zusammenhängende planare Graphen zu beweisen. Der allgemeine Fall ergibt sich dann durch Summation der einzelnen Gleichungen. Es sei g die Anzahl der Gebiete einer Einbettung des Graphen in die Ebene. Jede Kante trägt zur Begrenzung von genau zwei Gebieten bei. Ferner besteht die Begrenzung von jedem Gebiet aus mindestens drei Kanten. Somit gilt:

$$3g \leq 2m.$$

Nach Eulerscher Polyederformel gilt $g = 2 + m - n$. Somit gilt:

$$6 + 3m - 3n \leq 2m.$$

Daraus ergibt sich sofort das gewünschte Resultat. Ist G bipartit, so kann es kein Gebiet geben, welches von genau drei Kanten begrenzt ist (C_3 ist nicht bipartit). Somit gilt in diesem Fall sogar

$$4g \leq 2m.$$

Hieraus folgt mit Hilfe der Eulerschen Polyederformel die zweite Behauptung. ∎

Die Graphen K_3 und $K_{2,2}$ zeigen, dass die angegebenen oberen Grenzen für die Kantenzahl nicht verschärft werden können. Aus dem letzten Satz folgt sofort, dass der vollständige Graph K_5 nicht planar ist, denn für ihn gilt $n = 5$ und $m = 10$. Ferner ist auch der vollständig bipartite Graph $K_{3,3}$ nicht planar, denn für ihn gilt $n = 6$ und $m = 9$. Das folgende Ergebnis ergibt sich direkt aus dem letzten Satz.

Satz. *In einem planaren Graphen gibt es eine Ecke, deren Eckengrad kleiner gleich 5 ist.*

Beweis. Gibt es nur eine Kante, so ist die Aussage klar. Angenommen, alle Ecken hätten mindestens den Grad 6. Daraus folgt, dass $6n \leq 2m$ ist. Dies steht aber im Widerspruch zu dem obigen Satz. ∎

Die Aussage des letzten Lemmas kann nicht verschärft werden. Ein planarer Graph enthält nicht immer eine Ecke mit Eckengrad kleiner gleich 4. Abbildung 6.13 zeigt den *Ikosaeder-Graph*, ein planarer 5-regulärer Graph.

Im Jahre 1879 veröffentlichte A. Kempe einen „Beweis" für das Vier-Farben-Problem. Erst elf Jahre später entdeckte P. Heawood einen Fehler in dieser Arbeit. Er bemerkte dabei, dass der Fehler für den Fall von fünf Farben nicht auftritt. Dieser Beweis ist im Folgenden dargestellt. Er stützt sich auf die folgende einfache Beobachtung, die von A. Kempe stammt. Es sei G ein ungerichteter Graph mit Eckenmenge E

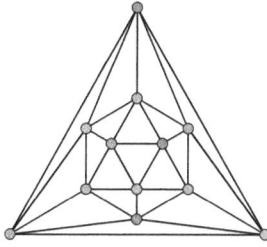

Abb. 6.13: Der Ikosaeder-Graph

und f eine Färbung von G. Für zwei Farben i, j sei G_{ij} der von

$$\{e \in E \mid f(e) = i \text{ oder } f(e) = j\}$$

induzierte Untergraph von G und Z eine Zusammenhangskomponente von G_{ij}. Ändert man f für alle Ecken e von Z derart, dass $f(e) = i$ gilt, falls vorher $f(e) = j$ war und umgekehrt, so ist f weiterhin eine Färbung von G, welche genauso viele Farben verwendet.

Satz. *Die chromatische Zahl jedes planaren Graphen ist kleiner oder gleich fünf.*

Beweis. Der Beweis erfolgt durch Induktion nach n. Ist $n = 1$, so ist der Satz wahr. Sei G ein planarer Graph mit $n + 1$ Ecken, und e sei eine Ecke, deren Grad kleiner oder gleich 5 ist. Sei G' der Graph, der aus G entsteht, wenn man die Ecke e samt den mit ihr inzidenten Kanten entfernt. Nach Induktionsvoraussetzung besitzt G' eine 5-Färbung. Verwenden in dieser Färbung die Nachbarn von e nicht alle 5 Farben, so erhält man daraus sofort eine 5-Färbung für G. Im anderen Fall lässt sich dies durch eine Änderung der Farben erreichen. Die Ecke e hat dann den Grad 5. Die Nachbarn von e seien so nummeriert, dass es eine kreuzungsfreie Darstellung gibt, in der die Ecken in der Reihenfolge e_1, e_2, ..., e_5 um e angeordnet sind. Man betrachte die Graphen G_{ij} mit $1 \leq i, j \leq 5$, die von den Ecken mit den Farben i und j induziert sind. Hierbei tragen die Ecken e_i jeweils die Farbe i.

Es werden nun zwei Fälle unterschieden, je nachdem, ob es in G_{13} einen Weg von e_1 nach e_3 gibt oder nicht. Im zweiten Fall liegt e_1 in einer Zusammenhangskomponente Z von G_{13}, welche e_3 nicht enthält. Vertauscht man nun die Farben der Ecken in Z, so erhält man wieder eine 5-Färbung von G'. In dieser haben e_1 und e_3 die gleiche Farbe, und es ergibt sich sofort eine 5-Färbung für G. Bleibt noch der Fall, dass es einen Weg von e_1 nach e_3 in G_{13} gibt. Zusammen mit e ergibt sich daraus ein geschlossener Weg W in G. Bedingt durch die Lage der e_i folgt, dass e_2 im Inneren dieses Weges und e_4 im Außengebiet liegt. Somit muss jeder Weg in G' von e_2 nach e_4 eine Ecke, die auf W liegt, benutzen. Da diese Ecken aber die Farben 1 und 3 haben, liegen e_2 und e_4 in verschiedenen Zusammenhangskomponenten von G_{24}. Wie oben ergibt sich auch hier eine 5-Färbung von G. ∎

Der Beweis des letzten Satzes führt direkt zu einem Algorithmus zur Erzeugung von 5-Färbungen für planare Graphen. Abbildung 6.14 zeigt eine entsprechende Prozedur 5Färbung. Der Induktionsbeweis wird dabei in eine rekursive Prozedur umgesetzt.

Abb. 6.14: Die Prozedur 5Färbung

```
var farbe : Array[1..n] von Integer;

procedure 5Färbung(G : P-Graph)
    var F : Menge von Integer;
    var Z : Menge von Ecke;
    var G_ab : P-Graph;
    var e_i, e_j, e_a, e_b : Ecke;

    if Eckengrad aller Ecken von G maximal 4 then
        greedyFärbung(G)
    else
        Sei e_i eine Ecke von G mit g(e_i) ≤ 5;
        5Färbung(G\{e_i});
        F := {farbe[j] | e_j ∈ N(e_i)};
        if |F| = 5 then
            Unter den Teilmengen {e_a, e_b} von N(e_i) bestimme diejenige, für die die
                Ecke e_a in dem von {e_j | farbe[j] = farbe[a] oder farbe[j] = farbe[b]}
                induzierten Untergraph G_ab nicht von e_b aus erreichbar ist;
            Sei Z die Zusammenhangskomponente von G_ab, welche e_a enthält;
            Vertausche die Farben aller Ecken aus Z;
            F := {farbe[j] | e_j ∈ N(e_i)};
        farbe[i] := min{k ≥ 1 | k ∉ F};
```

Für die Bestimmung der Laufzeit beachte man, dass für zusammenhängende planare Graphen $O(m) = O(n)$ gilt. Der Aufruf der Prozedur greedyFärbung hat somit einen Aufwand von $O(n)$. Man beachte, dass maximal zehn Teilmengen der Form $\{e_a, e_b\}$ von $N(e_i)$ zu untersuchen sind. Die Bestimmung der Zusammenhangskomponenten erfolgt mit der Tiefensuche. Somit hat dieser Teil einen Aufwand von $O(n')$, wobei n' die Anzahl der Ecken des Graphen ist, für den die Zusammenhangskomponenten bestimmt werden. Im ungünstigsten Fall ist n' gleich $n-1, n-2, n-3, \ldots$ Daraus folgt, dass der Gesamtaufwand $O(n^2)$ ist.

6.6 Kantenfärbungen

Ein mit der Färbung von Ecken eng verbundenes Konzept ist das der Kantenfärbung. Eine *Kantenfärbung* eines Graphen ist eine Belegung der Kanten mit Farben, so dass je zwei inzidente Kanten verschiedene Farben erhalten. Die *kantenchromatische Zahl* $\chi'(G)$ eines Graphen G ist die kleinste Zahl c, für welche der Graph eine *c-Kantenfärbung* besitzt. Für den Petersen-Graph gilt $\chi'(G) = 4$, Abbildung 6.15 zeigt eine entsprechende Färbung.

Abb. 6.15: Eine Kantenfärbung des Petersen-Graph

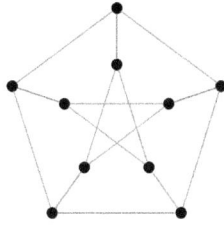

Da alle zu einer Ecke inzidenten Kanten verschiedene Farben haben müssen gilt $\Delta(G) \leq \chi'(G)$. Man sieht leicht, dass $\chi'(C_{2n+2}) = 2$ und $\chi'(C_{2n+1}) = 3$ für $n \geq 1$ und $\chi'(K_{2n-1}) = \chi'(K_{2n}) = 2n - 1$ für $n \geq 2$ gilt. Zur Bestimmung einer Obergrenze für $\chi'(G)$ wird der so genannte *Kantengraph $K(G)$* gebildet: Jede Kante von G entspricht einer Ecke von $K(G)$ und zwei Ecken sind genau dann in $K(G)$ benachbart, wenn die zugehörenden Kanten in G inzident sind. Es gilt $\Delta(K(G)) \leq 2\Delta(G) - 2$. Jede Färbung von $K(G)$ entspricht einer Kantenfärbung von G, d. h. $\chi(K(G)) = \chi'(G)$. Somit ergibt sich aus den Ergebnissen aus Abschnitt 6.1 folgende Obergrenze für $\chi'(G)$:

$$\chi'(G) = \chi(K(G)) \leq 1 + \Delta(K(G)) \leq 2\Delta(G) - 1.$$

Aus dieser Äquivalenz von Kanten- und Eckenfärbungen folgt auch, dass alle in diesem Kapitel vorgestellten Algorithmen zur Bestimmung von Eckenfärbungen auch zur Bestimmung von Kantenfärbungen eingesetzt werden können.

Mit etwas mehr Aufwand kann eine wesentlich bessere obere Schranke für $\chi'(G)$ bewiesen werden. Dieses Ergebnis ist als Satz von Vizing bekannt. Auf einen Beweis wird an dieser Stelle verzichtet.

Satz (VIZING). *Für einen ungerichteten Graphen G gilt $\Delta(G) \leq \chi'(G) \leq \Delta(G) + 1$.*

Obwohl es für $\chi'(G)$ nur zwei mögliche Werte gibt, ist bis heute kein effizienter Algorithmus zur Bestimmung von $\chi'(G)$ bekannt. Für die Klasse der bipartiten Graphen kann die kantenchromatische Zahl genau angegeben werden.

Satz. *Für einen bipartiten ungerichteten Graphen G gilt $\Delta(G) = \chi'(G)$.*

Beweis. Die Aussage wird durch vollständige Induktion nach m bewiesen. Für $m = 1$ ist die Aussage wahr. Sei nun $m > 1$ und $k = (e_i, e_j)$ eine beliebige Kante von G. Nach Induktionsvoraussetzung können die Kanten des Graphen $G' = G \backslash \{k\}$ mit $\Delta(G')$ Farben gefärbt werden. Ist $\Delta(G') < \Delta$ oder gibt es eine Farbe, mit der keiner der zu e_i und e_j inzidenten Kanten gefärbt ist, so ist die Aussage bewiesen.

Betrachte nun den Fall, dass keine dieser Bedingungen erfüllt ist. Es wird gezeigt werden, dass durch die Vertauschung von Farben auch die Kante k mit einer schon verwendeten Farbe gefärbt werden kann. Zu jeder verwendeten Farbe f gibt es eine mit f gefärbte Kante, welche zu e_i oder e_j inzident ist. Da jedoch e_i und e_j maximal zu jeweils $\Delta - 1$ Kanten inzident sind, muss es Farben f_1 und f_2 geben, so dass eine Kante der Farbe f_1 zu e_i, aber keine Kante dieser Farbe zu e_j inzident ist. Ferner muss eine Kante der Farbe f_2 zu e_j, aber keine Kante dieser Farbe zu e_i inzident sein. Es sei G_{ij} der von den mit f_1 und f_2 gefärbten Kanten gebildete Untergraph von G. Da die Färbung zulässig ist, haben die Ecken in G_{ij} den Grad 1 oder 2, wobei e_i und e_j den Grad 1 haben. Die Zusammenhangskomponenten von G_{ij} sind offene oder geschlossene Wege, deren Kanten abwechselnd mit f_1 und f_2 gefärbt sind. Es sei W ein Pfad, welcher mit Ecke e_i anfängt. Da G bipartit ist, haben alle geschlossenen Wege gerade Länge. Somit hat W ungerade Länge (zusammen mit k entsteht ein geschlossener Weg). Also hat die letzte Kante von W die Farbe f_1, d. h., e_j liegt nicht auf W. Vertauscht man die Farben f_1 und f_2 der Kanten in W, so entsteht wieder eine zulässige Färbung. Nun kann aber die Kante k mit Farbe f_1 gefärbt werden. ∎

6.7 Literatur

Die Färbbarkeit von Graphen wurde schon im 19. Jahrhundert untersucht, und die Bemühungen, das Vier-Farben-Problem zu lösen, gaben der Graphentheorie viele Impulse. Einen historischen Überblick über die verschiedenen Methoden, die zum Beweis der Vier-Farben-Vermutung entwickelt wurden, findet man in [108]. Dort ist auch die letztlich erfolgreiche Methode von Appel und Haken dargestellt. Die Originalarbeiten sind [6] und [7, 8]. Die wichtige Arbeit von Heesch ist in [54] zusammengefasst. Einen Überblick über die neueren Arbeiten von Robertson, Sanders, Seymour und Thomas gibt [104]. Eine kurze Zusammenfassung der Arbeiten zum Vier-Farben-Problem bis 1998 enthält der Aufsatz von Robin Thomas [118]. Einen Einblick in die Verwendung des Beweissystems Coq für den Beweis des Vier-Farben-Satzes findet man in [46].

Eine aktuelle Übersicht über Färbungsalgorithmen findet man in [82]. In dieser Arbeit sind auch zahlreiche Verweise auf Sammlungen von Graphen und Graphgeneratoren enthalten, welche zum Test von Implementierungen von Färbungsalgorithmen herangezogen werden können (beispielsweise der DIMACS Benchmark).

Der angegebene Beweis des Satzes von Brooks [17] stammt von Lovasz [108]. Das Buch von Jensen und Toft befasst sich ausschließlich mit Färbungsproblemen für Graphen und enthält eine umfangreiche Sammlung offener Probleme [63]. Der Färbung von Graphen als Technik zur Registervergabe folgt Chaitin [19]. Die Anwendung von Färbungen für Public-Key-Kryptosysteme ist detailliert in [44] beschrieben. Graphentheoretische Aspekte von Sudokus werden in [55] diskutiert. Ein Algorithmus mit quadratischer Laufzeit zur Erzeugung einer 4-Färbung für einen planaren Graphen ist in [105] beschrieben. Diese Arbeit enthält auch einen linearen Algorithmus zur 5-Färbung von planaren Graphen. Die Konstruktion aus Aufgabe 16 stammt von Mycielski [93]. Ein Algorithmus mit Laufzeit $O(m \log m)$ zur Bestimmung einer minimalen Kantenfärbung von bipartiten Graphen findet man in [3]. Den aktuellen Stand der Forschung wird in folgenden Veröffentlichungen beschrieben [66, 61]. Einen $\Delta + 1$ Kantenfärbungsalgorithmus mit Laufzeit $O(nm)$ findet man in [88].

6.8 Aufgaben

1. Bestimmen Sie die chromatische Zahl der dargestellten regulären Graphen.

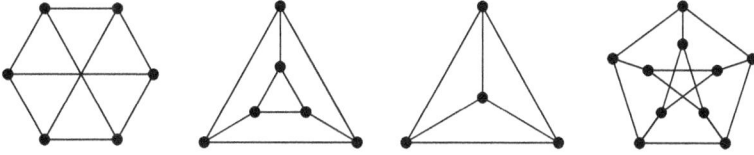

2. Für $n \geq 6$ sei G_n der Graph, welcher aus dem vollständigen Graphen K_n hervorgeht, in dem 5 Kanten, welche einen einfachen geschlossenen Weg bilden, entfernt werden. Bestimmen Sie $\Delta(G_n)$, $X(G_n)$ und $\omega(G_n)$.

3. Gilt in einem Graphen G für jedes Paar $\{e, e'\}$ von Ecken $X(G\backslash\{e, e'\}) = X(G) - 2$, dann ist G vollständig.

4. Für jedes Paar $z, s \in \mathbb{N}$ wird der Gittergraph $L_{z,s}$ wie folgt definiert. Die $n = zs$ Ecken werden in z Zeilen und s Spalten angeordnet und untereinander bzw. nebeneinander liegende Ecken werden durch Kanten verbunden (es gibt also $2sz - (s + z)$ Kanten). Bestimmen Sie $X(L_{z,s})$ und $\omega(L_{z,s})$.

5. Bestimmen Sie für den in Aufgabe 31 in Kapitel 2 eingeführten Hypercube die Werte von $X(Q_s)$ und $\omega(Q_s)$.

6. Es sei m die Länge des längsten Weges in einem ungerichteten Graphen G, dann ist $X(G) \leq m + 1$ (Hinweis: Tiefensuche).

7. Beweisen Sie folgende Gleichung für die Blöcke $B_1, \ldots, B_s$ eines ungerichteten Graphen:

$$X(G) = \max\{X(B_i) \mid i = 1, \ldots, s\}.$$

Wie kann man mit dieser Eigenschaft Algorithmen zur Bestimmung der chromatischen Zahl verbessern?

8. Beweisen Sie dass jeder Graph G mindestens $X(G)$ Ecken enthält, deren Eckengrad mindestens $X(G) - 1$ ist.

9. Beweisen Sie folgende Aussage: Enthält ein Graph G kein Dreieck (d. h. keinen Untergraph vom Typ C_3), dann ist $\alpha(G) > \sqrt{n} - 1$.

10. Beweisen Sie, dass für einen ungerichteten zusammenhängenden Graphen G mit n Ecken und m Kanten folgende Ungleichung gilt: $\alpha(G) \leq \lfloor \sqrt{n^2 - 2m} \rfloor$. Wann gilt $\alpha(G) = \sqrt{n^2 - 2m}$?

11. Ein Graph G heißt *kritisch*, wenn $X(G\backslash\{e\}) < X(G)$ für alle Ecken e von G gilt. Ist $X(G) = c$, dann heißt G in diesem Fall c-*kritisch*.

    (a) Zeigen Sie: Ist G kritisch, so gilt $X(G - \{e\}) = X(G) - 1$ für jede Ecken e.

    (b) Welche der Graphen C_n sind kritisch?

    (c) Geben Sie alle 2- und 3-kritischen Graphen an.

    (d) Beweisen Sie, dass ein kritischer Graph zweifach zusammenhängend ist.

(e) Beweisen Sie, dass in einem c-kritischen Graphen jede Ecke mindestens den Grad $c - 1$ hat.

(f) Für welche Werte von c ist der folgende Graph c-kritisch?

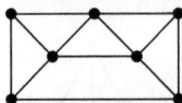

12. Ein Graph heißt *kantenkritisch*, wenn $X(G\backslash\{k\}) < X(G)$ für jede Kante k von G gilt. Ist $X(G) = c$, dann heißt G in diesem Fall *c-kantenkritisch*. Beweisen Sie: Für einen c-kantenkritischen Graphen G gilt $\delta(G) \geq c - 1$.

*13. Beweisen Sie folgende Ungleichungen für einen ungerichteten Graphen G:

$$X(G) \leq \lfloor 1/2 + \sqrt{2m + 1/4} \rfloor \text{ und } 2\sqrt{n} \leq X(G) + X(\overline{G}) \leq n + 1.$$

Hierbei ist $\overline{G}$ das Komplement zu G. Geben Sie Beispiele an, in denen Gleichheit bzw. Ungleichheit gilt.

14. Für $n \in \mathbb{N}$ mit $n \geq 3$ sei R_n der Graph, der aus dem Graph C_n entsteht, wenn eine zusätzliche Ecke hinzugefügt wird, welche zu jeder Ecke von C_n inzident ist. Folgende Abbildung zeigt die Graphen R_5 und R_6. Bestimmen Sie $X(R_n)$.

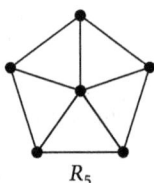

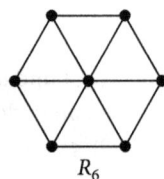

R_5 R_6

15. Für $n \in \mathbb{N}$ mit $n \geq 5$ sei I_n der Graph, der aus dem Graph C_n entsteht, wenn alle Paare von Ecken mit Abstand 2 durch Kanten verbunden werden. Folgende Abbildung zeigt die Graphen I_5 und I_6. Bestimmen Sie $X(I_n)$.

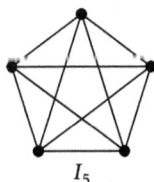

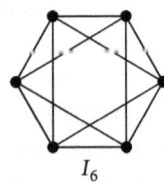

I_5 I_6

*16. Für jede natürliche Zahl $s \geq 3$ wird der Graph G_s wie folgt definiert: Es sei $G_3 = C_5$. Für $s \geq 3$ sei G_s schon konstruiert, G_{s+1} entsteht aus G_s, indem neue Ecken und Kanten hinzugefügt werden. Zu jeder Ecke e von G_s wird eine Ecke e' in G_{s+1} eingefügt. Diese ist zu den Nachbarn von e benachbart. Ferner wird noch eine Ecke e'' in G_{s+1} hinzugefügt, und diese ist zu allen vorher eingefügten Ecken e' inzident. Bezeichnet man die Anzahl der Ecken von G_s mit n_s und die der Kanten mit m_s, so gilt $n_{s+1} = 2n_s + 1$ und $m_{s+1} = 3m_s + n_s$. Abbildung 6.4 zeigt den Graphen G_4. Beweisen Sie, dass $X(G_s) = s$ und $\omega(G_s) = 2$ ist.

17. Gegeben sei ein Baum B mit n Ecken. Von den n Ecken sind bereits s paarweise nicht benachbarte Ecken mit der Farbe 1 gefärbt. Wie viele Farben werden maximal benötigt, um daraus eine Färbung für B zu erzeugen? Geben Sie einen effizienten Algorithmus für dieses Problem an.

18. In einem Land soll eine begrenzte Anzahl von Sendefrequenzen an lokale Radiostationen vergeben werden. Dabei müssen zwei Radiostationen verschiedene Sendefrequenzen zugeordnet bekommen, wenn ihre geographische Entfernung einen gewissen Wert unterschreitet. Geben Sie eine graphentheoretische Beschreibung dieses Problems an.

19. Die Korrektheit der Prozedur 5Färbung stützt sich wesentlich darauf, dass es in einem planaren Graphen eine Ecke e mit $g(e) \leq 5$ gibt. Es sei nun G ein gerichteter Graph mit Eckenmenge $\{e_1, \ldots, e_n\}$, und für alle $j = 1, \ldots, n$ sei G_j der von $\{e_1, \ldots, e_j\}$ induzierte Untergraph von G. Für jedes j habe e_j in G_j höchstens den Eckengrad 5. Liefert die Prozedur 5Färbung auf jeden Fall eine Färbung für G, welche maximal fünf Farben verwendet? Falls nein, so geben Sie ein Gegenbeispiel mit $\mathcal{X}(G) > 5$ an.

20. Es sei G ein ungerichteter Graph mit mehr als zehn Ecken. Beweisen Sie, dass G oder $\bar{G}$ nicht planar ist.

21. Eine Färbung eines ungerichteten Graphen heißt *nicht trivial*, wenn es zu je zwei Farben eine Kante gibt, deren Endecken mit diesen Farben gefärbt sind; d. h., kein Paar von Farbklassen kann zusammengefasst werden. Es sei $\mathcal{X}_n(G)$ die maximale Anzahl von Farben in einer nicht trivialen Färbung von G. Beweisen Sie folgende Ungleichung:

$$\frac{n - \mathcal{X}(G)}{n - \mathcal{X}_n(G)} \leq 2.$$

Mit welchem Algorithmus kann eine nicht triviale Färbung bestimmt werden?

22. Es sei G ein ungerichteter Graph und G_T der gerichtete Graph, welcher aus G entsteht, indem jede Kante in Richtung der höheren Eckennummer orientiert wird. Es sei h die maximale Höhe einer Ecke in G_T. Beweisen Sie, dass der Greedy-Algorithmus für G maximal $h + 1$ Farben vergibt.

23. B. Reed hat bewiesen, dass es ein $\epsilon \in (0, 1)$ gibt, so dass für jeden ungerichteten Graphen G folgende Ungleichung gilt:

$$\mathcal{X}(G) \leq \epsilon \omega(G) + (1 - \epsilon)(\Delta(G) + 1)$$

Zeigen Sie, dass $\epsilon < 2/3$ gelten muss. Hinweis: Betrachten Sie das Komplement der Graphen bestehend aus k Kopien von C_5.

24. Entwerfen Sie einen Algorithmus zur Lösung von 9×9 Sudokus auf Basis des Backtacking-Verfahrens.

25. Bestimmen Sie die kantenchromatischen Zahlen der Graphen aus den Aufgaben 1, 14 und 15.

★26. An einem Sportwettbewerb nehmen n Mannschaften teil und jede Mannschaft soll dabei gegen jede spielen. Jede Mannschaft darf an einem Tag nur einmal spielen. Formulieren Sie dies als ein Färbungsproblem. Wieviele Tage dauert der Wettbewerb bei n Mannschaften?

$\star$27. Zeigen Sie, dass der Greedy-Algorithmus mit der Wahrscheinlichkeit $(2n - 5)/(2n-2)$ eine 2-Färbung für einen Kronen-Graph erzeugt. Mit welcher Wahrscheinlichkeit erzeugt der Greedy-Algorithmus eine Färbung mit $n/2$ Farben? Wie ändert sich die Wahrscheinlichkeit für wachsendes n?

28. Wenden Sie den Algorithmus von Johnson und den Greedy-Algorithmus auf den folgenden Graphen an. Bestimmen Sie X.

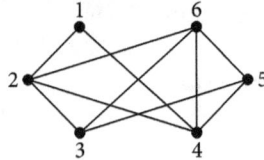

$\star$29. Es sei f eine Färbung eines ungerichteten Graphen G, die c Farben verwendet. Ferner sei $F_i = \{e \in E \mid f(e) = i\}$ und π eine Permutation der Menge $\{1, \ldots, c\}$. Die Ecken von G werden neu nummeriert: zunächst die Ecken aus $F_{\pi(1)}$, danach die aus $F_{\pi(2)}$ und so weiter. Beweisen Sie, dass der Greedy-Algorithmus bezüglich dieser Nummerierung eine Färbung mit maximal c Farben erzeugt. Geben Sie ein Beispiel an, bei dem die Anzahl der verwendeten Farben sinkt. Gibt es unter der Voraussetzung $c > X(G)$ in jedem Fall eine Permutation π, so dass die neue Färbung bezüglich π weniger als c Farben verwendet?

30. (a) Beweisen Sie, dass die Anzahl der Farben, die der Greedy-Algorithmus vergibt, durch $\max\{\min\{i, \ g(e_i) + 1\} \mid i = 1, \ldots, n\}$ beschränkt ist.

   (b) Beweisen Sie, dass $\max\{\min\{i, \ g(e_i)+1\} \mid i = 1, \ldots, n\}$ minimal wird, wenn die Ecken in der Reihenfolge absteigender Eckengrade betrachtet werden.

   (c) Betrachten Sie die bipartiten Graphen H_i mit $2(i + 1)$ Ecken für $i \in \mathbb{N}$. H_1 und H_3 sind unten dargestellt. H_i geht aus H_{i-1} hervor, indem zwei Ecken $2i + 1$ und $2i + 2$ hinzugefügt werden. Die erste Ecke wird mit allen Ecken aus H_{i-1} mit geraden Nummern durch eine Kante verbunden und die zweite Ecke mit den restlichen Ecken. Bestimmen Sie die Anzahl der Farben, welche der Greedy-Algorithmus für H_i in der Variante, in der die Ecken in der Reihenfolge absteigender Eckengrade betrachtet werden, vergibt.

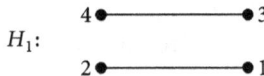

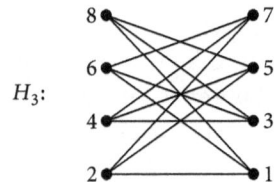

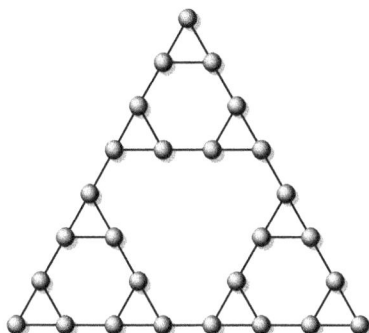

KAPITEL 7

Perfekte Graphen

Das letzte Kapitel hat gezeigt, dass die Bestimmung minimaler Färbungen für beliebige Graphen eine schwere Aufgabe ist. In Kapitel 11 werden hierfür noch weitere Belege angegeben. Es stellt sich daher die Frage, ob es neben bipartiten und planaren Graphen noch weitere Klassen von Graphen gibt, für die effizient eine minimale Färbung bestimmt werden kann. Dieses Kapitel gibt eine Einführung in die Klasse der perfekten Graphen. Für Graphen dieser Klasse lassen sich in linearer Zeit nicht nur minimale Färbungen bestimmen, sondern auch die Unabhängigkeitszahl und die Cliquenzahl. Es werden Algorithmen für vier Unterklassen der perfekten Graphen näher vorgestellt.

7.1 Einführung

Es stellt sich die Frage, welche Eigenschaften eines Graphen die Bestimmung einer minimalen Färbung erleichtern. Ausgehend von der Ungleichung $X(G) \geq \omega(G)$ bietet sich die Untersuchung von Graphen mit der Eigenschaft $X(G) = \omega(G)$ an. Leider ist diese Klasse von Graphen zu groß, um eine allgemeine Aussage zu treffen. Hierzu beachte man, dass aus jedem Graph G durch Hinzufügen einer hinreichend großen Clique C ein Graph $H = G \cup C$ entsteht, so dass $X(H) = \omega(H)$ gilt. Jede minimale Färbung für H impliziert eine minimale Färbung für G. Um zu interessanten Ergebnissen zu kommen muss die Klasse von Graphen noch stärker eingeschränkt werden. Dazu fordert man, dass die Gleichheit von X und ω für alle induzierten Untergraphen gelten muss. Ein ungerichteter Graph G mit Eckenmenge E heißt *perfekt*, falls $\omega(G_A) = X(G_A)$

für jeden induzierten Untergraphen G_A mit $A \subseteq E$ gilt. Man beachte, dass sich die Bedingung nur auf induzierte und nicht auf normale Untergraphen bezieht.

Die Klasse der perfekten Graphen ist sehr umfangreich, einige Unterklassen lassen sich sehr einfach charakterisieren. Man sieht sofort, dass bipartite Graphen und zyklische Graphen C_n mit geradem n perfekt sind. Die zyklischen Graphen C_n sind für ungerades n mit $n \geq 5$ nicht perfekt, für sie gilt $X = 3$ und $\omega = 2$. Beliebige Untergraphen von perfekten Graphen sind im Allgemeinen nicht perfekt. Die vollständigen Graphen belegen diese Aussage nachdrücklich.

Abbildung 7.1 zeigt links einen perfekten Graphen (für jeden induzierten Untergraph gilt $X = \omega \in \{1, 2, 3\}$) und rechts einen nicht perfekten Graph. Für ihn gilt zwar $X = \omega = 3$, aber für den durch die äußeren Ecken induzierten Untergraph gilt $X = 3$ und $\omega = 2$.

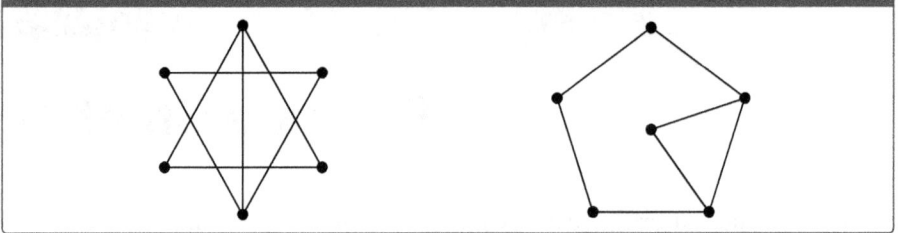

Abb. 7.1: Ein perfekter und ein nicht perfekter Graph

Perfekte Graphen wurden innerhalb der Graphentheorie intensiv untersucht, und es existieren mehrere Charakterisierungen. Die bekannteste davon ist als *Starker Satz über perfekte Graphen* bekannt.

Satz. *Ein Graph ist genau dann perfekt, wenn weder er noch sein Komplement den zyklischen Graphen C_{2n+1} mit $n \geq 2$ als induzierten Untergraphen enthält.*

Die Korrektheit dieses Satzes wurde bereits 1961 von C. Berge vermutet, ein Beweis wurde aber erstmals 2002 von M. Chudnovsky et al. gefunden. Der Beweis ist nicht nur wegen seiner Länge sehr schwer zugänglich. Eine weitere hier nicht bewiesene Charakterisierung perfekter Graphen stammt von L. Lovász.

Satz. *Ein Graph ist genau dann perfekt wenn sein Komplement perfekt ist.*

Aus algorithmischer Sicht sind perfekte Graphen interessant, da für sie in polynomialer Zeit minimale Färbungen, maximale unabhängige Mengen und maximale Cliquen bestimmt werden können. Diese Algorithmen auf Basis der linearen Programmierung sind relativ komplex und haben deshalb keine wirkliche praktische Bedeutung. Im Folgenden werden vier Klassen von perfekten Graphen betrachtet, für die einfache Algorithmen zur Berechnung dieser Kenngrößen vorliegen. Für jede dieser Klassen wird zunächst eine graphentheoretische Charakterisierung angegeben. Danach werden effiziente Algorithmen zur Bestimmung einer minimalen Färbung vorgestellt. Im nächsten Abschnitt werden als Vorbereitung kreisfreie Orientierungen eingeführt.

7.2 Kreisfreie Orientierungen

Eine *Orientierung* eines ungerichteten Graphen G ist ein gerichteter Graph, welcher aus G hervorgeht, in dem jede Kante von G gerichtet wird. Eine Orientierung heißt *kreisfrei*, wenn der gerichtete Graph kreisfrei ist. Jeder ungerichtete Graph besitzt mindestens eine kreisfreie Orientierung. Man erhält z. B. eine kreisfreie Orientierung, indem man die Ecken mit 1, ..., n nummeriert und die Kanten in Richtung höherer Eckennummern orientiert. Abbildung 7.2 zeigt einen ungerichteten Graphen und eine so entstandene Orientierung des Graphen.

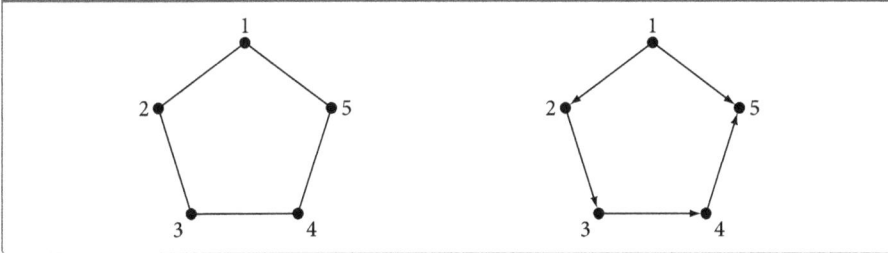

Abb. 7.2: Ein ungerichteter Graph und eine kreisfreie Orientierung

Mit Hilfe einer kreisfreien Orientierung eines ungerichteten Graphen kann leicht eine Färbung konstruiert werden. Hierzu wird der Begriff der Höhe einer Ecke benötigt. Es sei G ein kreisfreier gerichteter Graph. Für jede Ecke e von G wird die *Höhe* $h(e)$ wie folgt definiert:

$$h(e) = \begin{cases} 0, & \text{falls } g^+(e) = 0; \\ \text{Länge des längsten Weges in } G \text{ mit Startecke } e, & \text{sonst.} \end{cases}$$

Lemma. *Die Höhen der Ecken einer kreisfreien Orientierung eines ungerichteten Graphen definieren eine Färbung.*

Beweis. Es sei $k = (e_i, e_j)$ eine Kante von G. Je nach der Orientierung der Kante k gilt $h(e_i) \geq h(e_j)+1$ oder $h(e_j) \geq h(e_i)+1$. Somit gilt $h(e_i) \neq h(e_j)$, und die Höhen definieren eine Färbung. ∎

Der Graph in Abbildung 7.2 zeigt, dass die so entstehenden Färbungen nicht notwendigerweise minimal sind. Ecke e_1 hat die Höhe 4, d. h., es werden fünf Farben verwendet, die chromatische Zahl ist aber gleich 3.

Lemma. *Jeder ungerichtete Graph G besitzt mindestens eine kreisfreie Orientierung, so dass die resultierende Färbung minimal ist.*

Beweis. Man nummeriere die Ecken mit $1, \ldots, X(G)$ entsprechend einer minimalen Färbung und orientiert die Kanten wieder in Richtung höherer Nummern. ∎

Dieses Lemma ist bei der Suche nach einer geeigneten kreisfreien Orientierung nicht hilfreich, wird doch das eigentliche Ziel der Suche – eine minimale Färbung – vorausgesetzt. Im Folgenden werden Unterklassen der kreisfrei orientierbaren Graphen betrachtet, bei denen jede kreisfreie Orientierung zu einer minimalen Färbung führt.

7.3 Transitiv orientierbare Graphen

Ein gerichteter Graph G heißt *transitiv*, falls er mit seinem transitiven Abschluss übereinstimmt, d. h., sind (e_i, e_j) und (e_j, e_k) Kanten von G, dann ist auch (e_i, e_k) eine Kante von G. Ein ungerichteter Graph G heißt *transitiv orientierbar*, falls er eine kreisfreie transitive Orientierung besitzt. Abbildung 7.3 zeigt ganz links den Oktaeder Graph und daneben eine transitive Orientierung dieses Graphen. Induzierte Untergraphen von transitiv orientierbaren Graphen sind trivialerweise ebenfalls transitiv orientierbar.

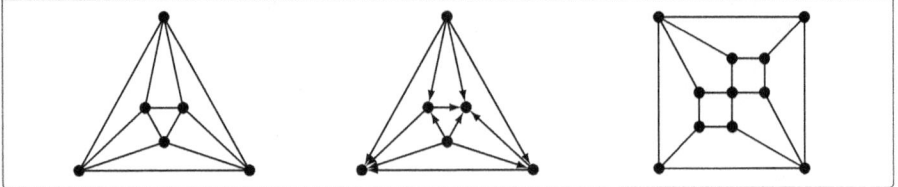

Abb. 7.3: Der Oktaeder und der Herschel Graph sind transitiv orientierbar

Vollständige und bipartite Graphen sind weitere Beispiele für transitiv orientierbare Graphen. Für bipartite Graphen ergibt sich eine transitive Orientierung dadurch, dass man alle Kanten von der einen Teilmenge der Ecken zur anderen orientiert. Der in Abbildung 7.3 rechts abgebildete Herschel Graph ist bipartit und somit transitiv orientierbar. Es lassen sich leicht Beispiele für nicht transitiv orientierbare Graphen angeben. Man zeigt sofort, dass die Graphen C_{2n+1} mit $n \geq 2$ nicht transitiv orientierbar sind. Der in Abbildung 7.4 dargestellte Graph besteht aus dem Graphen C_5 mit einer zusätzlichen Kante (rot dargestellt), welche zwei Ecken mit Abstand 2 verbindet. Eine solche Kante nennt man *Dreieckssehne*. Dieser Graph ist transitiv orientierbar.

Abb. 7.4: Ein transitiv orientierbarer Graph mit einer Dreieckssehne

7.3.1 Charakterisierung von transitiv orientierbaren Graphen

Das letzte Beispiel haben P. Gilmore und A. Hoffmann bereits 1964 zu folgender Charakterisierung von transitiv orientierbaren Graphen verallgemeinert.

Satz. *Ein ungerichteter Graph ist genau dann transitiv orientierbar, wenn alle geschlossenen Kantenzüge mit ungerader Kantenzahl eine Dreieckssehne besitzen.*

Da dieses Resultat im Folgenden nicht verwendet wird, wird auf die Wiedergabe des Beweises verzichtet. Es gibt einen Algorithmus, der in $O(n\,m)$ Zeit eine transitive Orientierung bestimmt, bzw. entscheidet, ob eine solche Orientierung existiert. Auf eine Darstellung dieses Algorithmus wird ebenfalls verzichtet, da er für die Bestimmung einer minimalen Färbung nicht erforderlich ist.

Zunächst wird bewiesen, dass transitiv orientierbare Graphen perfekt sind.

Satz. *Transitiv orientierbare Graphen sind perfekt und die Höhen der Ecken einer transitiven Orientierung definieren eine minimale Färbung.*

Beweis. Es sei G ein transitiv orientierbarer Graph mit Eckenmenge E, G^T eine kreisfreie transitive Orientierung und e_1 eine Ecke von G mit maximaler Höhe c. Dann gilt $\mathcal{X}(G) \le c + 1$, und es gibt einen Weg $<e_1, \ldots, e_{c+1}>$ in G^T. Da G^T transitiv ist, gibt es in G^T für $1 \le i < j \le c + 1$ eine Kante von e_i nach e_j. Somit bilden die Ecken $\{e_1, \ldots, e_{c+1}\}$ eine Clique in G. Daraus folgt

$$c + 1 \le \omega(G) \le \mathcal{X}(G) \le c + 1,$$

und damit $\omega(G) = \mathcal{X}(G)$. Die Höhen der Ecken definieren somit eine minimale Färbung. Es sei $A \subseteq E$. Da der induzierte Graph G_A ebenfalls transitiv orientierbar ist, gilt nach dem ersten Teil $\omega(G_A) = \mathcal{X}(G_A)$, d. h., G ist perfekt. ∎

Die Menge der transitiv orientierbaren Graphen ist eine echte Untermenge der perfekten Graphen. Dazu betrachte man den in Abbildung 7.5 dargestellten Hajós Graph. Man sieht leicht, dass der Graph perfekt ist, für alle induzierten Untergraphen ist $\mathcal{X} = \omega \in \{1, 2, 3\}$. Der oben angegebene Satz von Gilmore und Hofmann zeigt, dass der Graph nicht transitiv orientierbar ist. Der Kantenzug $<e_2, e_1, e_2, e_4, e_2, e_3, e_6, e_3, e_1, e_3, e_5, e_4, e_5, e_6, e_5, e_2>$ mit 15 Kanten besitzt keine Dreieckssehne.

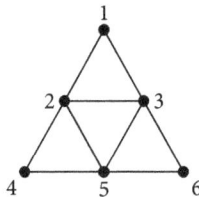

Abb. 7.5: Der Hajós Graph ist perfekt, aber nicht transitiv orientierbar

Abbildung 7.6 zeigt links einen transitiv orientierbaren Graphen und rechts einen entsprechend gerichteten Graphen. Die Ecken sind mit den von den Höhen implizierten Farbnummern markiert. Es ergibt sich $X(G) = 4$.

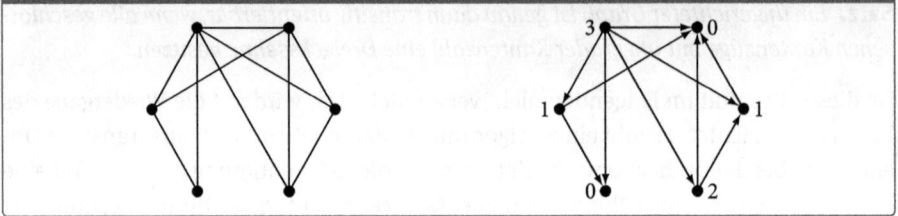

Abb. 7.6: Ein transitiv orientierbarer Graph

Transitiv orientierbare Graphen treten in vielen Situationen auf. Es sei M eine Menge, auf der eine partielle Ordnung „$\preceq$" definiert ist. Es sei G der Graph mit Eckenmenge M und Kantenmenge

$$K = \{(x, y) \mid x \neq y \in M \text{ mit } x \preceq y \text{ oder } y \preceq x\}.$$

Dann kann G transitiv orientiert werden, indem jede Kante in Richtung des größeren Elements ausgerichtet wird. Ist die partielle Ordnung eine totale Ordnung, so ist G der vollständige Graph.

7.3.2 Färbungen von transitiv orientierbaren Graphen

Zur Bestimmung einer minimalen Färbung werden also die Höhen benötigt. Diese lassen sich für kreisfreie Graphen effizient bestimmen.

Lemma. *Für jede Ecke e_i eines kreisfrei gerichteten Graphen G gilt:*

$$h(e_i) = \begin{cases} 0, & \text{falls } g^+(e_i) = 0; \\ \max\{h(e_j) \mid e_j \in N^+(e_i)\} + 1, & \text{sonst.} \end{cases}$$

Beweis. Es sei e_i eine Ecke von G mit $g^+(e_i) > 0$ und W ein Weg mit Startecke e_i, welcher aus $h(e_i)$ Kanten besteht. W verwende die Kante $k = (e_i, e_j)$, und W_1 sei der Teil des Weges W, welcher bei e_j startet. Dann besteht W_1 aus $h(e_i) - 1$ Kanten, und somit ist $h(e_j) \geq h(e_i) - 1$. Wäre $h(e_j) > h(e_i) - 1$, so gäbe es einen Weg $\overline{W}$ mit Startecke e_j, welcher aus mindestens $h(e_i)$ Kanten besteht. Da G kreisfrei ist, kann $\overline{W}$ mit Hilfe von k zu einem Weg mit Startecke e_i verlängert werden. Dieser neue Weg besteht aus mindestens $h(e_i) + 1$ Kanten. Dieser Widerspruch zeigt, dass $h(e_i) = h(e_j) + 1$ ist. ∎

Aus diesem Lemma ergibt sich ein effizienter Algorithmus zur Bestimmung der Höhen der Ecken eines kreisfreien Graphen. Man bestimme zunächst eine topologische Sortierung des Graphen, betrachte die Ecken dann in der Reihenfolge absteigender topologischer Sortierungsnummern und berechne die Höhen mittels des Lemmas. Dazu beachte man, dass zu dem Zeitpunkt der Berechnung von $h(e_i)$ die Werte $h(e_j)$ für alle Nachfolger e_j von e_i schon berechnet wurden. Somit gilt:

Satz. *Für einen transitiv orientierbaren Graphen kann eine minimale Färbung mit Aufwand $O(n + m)$ bestimmt werden.*

Abbildung 7.7 zeigt eine Realisierung eines entsprechenden Algorithmus. Die Funktion transitiveFärbungGraph hat als Eingabeparameter einen kreisfrei transitiv orientierten Graphen, bestimmt eine minimale Färbung und gibt die chromatische Zahl zurück. Sie verwendet die rekursive Prozedur transitiveFärbung, welche eine topologische Sortierung bestimmt und dabei gleichzeitig die Höhen der Ecken bestimmt. Sowohl transitiveFärbungGraph als auch transitiveFärbung gehen aus den Prozeduren topoSortGraph bzw. topoSort aus Kapitel 4 hervor. Man beachte, dass die angegebene Funktion nur auf transitiv orientierbare Graphen anwendbar ist.

Abb. 7.7: Die Funktion transitiveFärbungGraph

```
var farbe : Array[1..n] von Integer;
var besucht : Array[1..n] von Boolean;

function transitiveFärbungGraph(G : G-Graph) : Integer
    var e_i : Ecke;
    var X : Integer

    Initialisiere farbe und X mit 1 und besucht mit false;
    foreach e_i in G.E do
        if not besucht[i] then
            transitiveFärbung(e_i);
            X := max{X, farbe[i]};
    return X;

procedure transitiveFärbung(e_i : Ecke)
    var e_j : Ecke;

    besucht[i] := true;
    foreach e_j in N⁺(e_i) do
        if not besucht[j] then
            transitiveFärbung(e_j);
        farbe[i] := max{farbe[i], farbe[j] + 1};
```

7.4 Permutationsgraphen

In diesem Abschnitt wird eine Unterklasse der transitiv orientierbaren Graphen vorgestellt, deren Graphen sogar mit Aufwand $O(n \log n)$ optimal gefärbt werden können. Es sei π eine Permutation der Menge $\{1, \dots, n\}$ und π^{-1} die zu π inverse Permutation. Der zu π gehörende *Permutationsgraph* G_π ist ein Graph mit n Ecken. Die Ecken e_i, e_j sind benachbart, falls die Reihenfolge von i und j durch π^{-1} vertauscht wird; d. h., entweder gilt $i < j$ und $\pi^{-1}(i) > \pi^{-1}(j)$ oder $i > j$ und $\pi^{-1}(i) < \pi^{-1}(j)$. Die Definition von G_π lässt sich gut durch das so genannte *Permutationsdiagramm* veranschaulichen. Dazu werden die Zahlen $1, \ldots, n$ auf zwei parallelen Geraden angeordnet: Auf der oberen Gerade in der Reihenfolge $1, 2, \ldots, n$ und auf der unteren in der Reihenfolge $\pi(1), \pi(2), \ldots, \pi(n)$. Anschließend werden gleiche Zahlen durch Liniensegmente verbunden. Zwei Ecken sind in G_π genau dann benachbart, wenn sich die dazugehörigen Liniensegmente schneiden. Dies ist nämlich genau dann der Fall, wenn die Positionen der Zahlen durch die Permutation vertauscht werden. Die Positionen werden durch die inverse Permutation dargestellt. In Abbildung 7.8 sind das Permutationsdiagramm und der Permutationsgraph für die Permutation $\pi = [5, 3, 1, 6, 7, 4, 9, 10, 8, 2]$ abgebildet, es gilt $\pi^{-1} = [3, 10, 2, 6, 1, 4, 5, 9, 7, 8]$. Beispielsweise sind die Ecken e_4 und e_5 benachbart, da $\pi^{-1}(4) = 6 > 1 = \pi^{-1}(5)$.

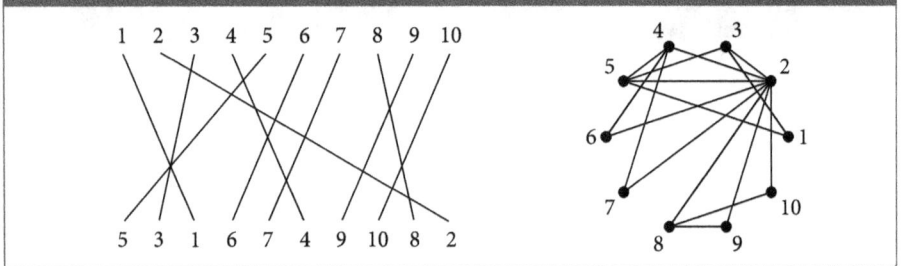

Abb. 7.8: Das Permutationsdiagramm und der Permutationsgraph für π

In einigen Arbeiten werden Permutationsgraphen dadurch definiert, dass zwei Ecken e_i und e_j genau dann benachbart sind, falls die Reihenfolge von i und j durch π vertauscht wird. In diesem Fall kann die Definition nicht mehr durch das Permutationsdiagramm von π visualisiert werden. Hierfür muss das Permutationsdiagramm von π^{-1} genutzt werden. Somit ist der Permutationsgraph von π in der einen Definition gleich dem Permutationsgraph von π^{-1} in der anderen Definition.

7.4.1 Charakterisierung von Permutationsgraphen

Satz. *Permutationsgraphen sind transitiv orientierbar.*

Beweis. Es sei G_π ein Permutationsgraph. Jede Kante von G_π wird in Richtung der höheren Zahl gerichtet. Dadurch können keine geschlossenen Wege entstehen. Es bleibt noch zu zeigen, dass die Transitivität erfüllt ist. Es seien (e_i, e_j) und (e_j, e_k) Kanten von G_π mit $i < j < k$. Es genügt, zu zeigen, dass (e_i, e_k) eine Kante von G_π ist. Da (e_i, e_j) und (e_j, e_k) Kanten in G_π sind, gilt: $\pi^{-1}(i) > \pi^{-1}(j)$ und $\pi^{-1}(j) > \pi^{-1}(k)$. Somit gilt auch $\pi^{-1}(i) > \pi^{-1}(k)$. ∎

Folgende Charakterisierung von Permutationsgraphen stammt von Pnueli, Lempel und Even. Auf die Angabe eines Beweises wird verzichtet.

Satz. *Ein ungerichteter Graph G ist genau dann ein Permutationsgraph, wenn sowohl G als auch das Komplement von G transitiv orientierbar sind.*

Die Menge der Permutationsgraphen ist eine echte Teilmenge der transitiv orientierbaren Graphen.

7.4.2 Färbungen von Permutationsgraphen

Da Permutationsgraphen transitiv orientierbar sind, kann eine optimale Färbung auf Basis der Höhen der Ecken mit Aufwand $O(n + m)$ bestimmt werden. Für das obige Beispiel ergibt sich folgende Färbung mit drei Farben (d. h. $X(G_\pi) = 3$):

Ecke	1	2	3	4	5	6	7	8	9	10
Farbe	2	2	1	1	0	0	0	1	0	0

Für Permutationsgraphen lässt sich ein weiterer Algorithmus zur Bestimmung der chromatischen Zahl angeben, welcher für dichte Graphen effizienter ist. Dazu wird direkt mit der Permutation π gearbeitet. Es sei $C = \{n_1, \ldots, n_s\}$ eine Clique von G_π. Die Elemente von C seien absteigend geordnet, d. h. $n_1 > n_2 > \ldots > n_s$. Da C eine Clique ist gilt: $\pi^{-1}(n_1) < \pi^{-1}(n_2) < \ldots < \pi^{-1}(n_s)$; d. h., die Zahlen $n_1, n_2, \ldots, n_s$ treten auch in dieser Reihenfolge in der Darstellung von π auf (eventuell liegen andere Zahlen dazwischen). Umgekehrt entspricht jede absteigende Teilsequenz von π genau einer Clique von G_π. Für die oben angegebene Permutation π sind z. B. $\{5, 3, 1\}$ oder $\{5, 4, 2\}$ absteigende Teilsequenzen bzw. Cliquen von G_π. Auf die gleiche Weise zeigt man, dass die aufsteigenden Teilsequenzen von π den unabhängigen Mengen von G_π entsprechen.

Lemma. *Es sei π eine Permutation der Menge $\{1, \ldots, n\}$. Die absteigenden Teilsequenzen von π entsprechen genau den Cliquen von G_π. Die Länge der längsten absteigenden Teilsequenz von π ist gleich $X(G)$. Die aufsteigenden Teilsequenzen von π entsprechen genau den unabhängigen Mengen von G_π. Die minimale Anzahl einer Partition von π in aufsteigenden Teilsequenzen ist gleich $X(G)$.*

Beweis. Es sei C die längste absteigende Teilsequenz von π. Dann ist C eine Clique von G_π, und es gilt $|C| = \omega(G_\pi)$. Da G_π transitiv orientierbar ist, besteht C aus $X(G_\pi)$ Ecken. Die Partition der Eckenmenge in unabhängige Teilmengen entspricht genau einer Färbung des Graphen. Damit ist das Lemma bewiesen. ∎

Mit Hilfe dieses Ergebnisses kann ein Algorithmus zur Bestimmung einer minimalen Färbung angegeben werden. Dazu wird die Permutation in eine minimale Anzahl von aufsteigenden Teilfolgen zerlegt. Die Ecken jeder Teilfolge bekommen die gleiche Farbe. Die einzelnen Teilfolgen werden dabei parallel aufgebaut. Die Permutation wird von links nach rechts abgearbeitet, und die $\pi(j)$ werden auf die Teilfolgen aufgeteilt. Die Bearbeitung von $\pi(j)$ sieht folgendermaßen aus: Unter den schon bestehenden Teilfolgen wird die erste ausgewählt, deren größtes Element noch kleiner ist als $\pi(j)$. An diese Teilfolge wird $\pi(j)$ angehängt. Gibt es keine solche Teilfolge, so bildet $\pi(j)$ eine neue Teilfolge. Abbildung 7.9 zeigt den Graphen G_π für die Permutation $\pi = [5, 4, 1, 3, 2]$. Die entsprechende Zerlegung in aufsteigende Teilfolgen lautet $\{5\}$, $\{4\}$, $\{1, 3\}$, $\{2\}$. Hieraus folgt $\mathcal{X}(G_\pi) = 4$.

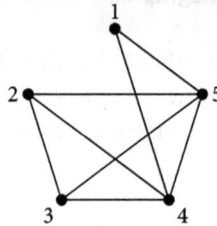

Abb. 7.9: Ein Permutationsgraph G_π

Es bleibt noch zu beweisen, dass die so erstellte Zerlegung $\{U_1, \ldots, U_s\}$ von π minimal ist. Nach dem letzten Lemma genügt es, eine absteigende Teilfolge C von π anzugeben, welche aus s Elementen besteht. Sei $\pi(i_s)$ das erste Element von U_s. Ferner sei $\pi(i_{s-1})$ das Element aus U_{s-1}, welches in dem Moment, als $\pi(i_s)$ in U_s eingefügt wurde, an letzter Stelle von U_{s-1} stand. Wählt man auf diese Art rückwärtsschreitend Elemente $\pi(i_{s-j})$ aus U_{s-j} für $j = 1, \ldots, s-1$, dann gilt für $j = 0, \ldots, s-1$:

$$\pi(i_{s-j}) < \pi(i_{s-j+1}).$$

Ferner wurden die Elemente auch in dieser Reihenfolge eingefügt. Somit ist

$$\{\pi(i_s), \pi(i_{s-1}), \ldots, \pi(i_1)\}$$

eine absteigende Folge der Länge s aus π und $s = \mathcal{X}(G_\pi)$.

Abbildung 7.10 zeigt eine Realisierung dieses Algorithmus. Die einzelnen Teilfolgen werden dabei nicht vollständig abgespeichert, sondern jeweils nur der letzte Eintrag. Wird ein $\pi(j)$ in die i-te Teilsequenz eingefügt, so wird Ecke e_j mit Farbe i gefärbt. Die Funktion `permutationsFärbung` liefert die chromatische Zahl zurück.

Die Komplexitätsanalyse von `permutationsFärbung` ist einfach. Der aufwendigste Teil ist die Bestimmung von i als Minimum aller l mit `ende[l]` $< \pi$`[j]`. Eine naive Suche ergibt den Aufwand $O(\mathcal{X}(G_\pi))$ und insgesamt $O(n\,\mathcal{X}(G_\pi))$. Dies kann noch verbessert werden. Dazu beachte man, dass das Feld zu jedem Zeitpunkt absteigend sortiert ist. Dies beweist man leicht durch Induktion nach j. Für j = 0 ist dies trivialerweise erfüllt. Am Anfang des j-ten Durchlaufes der **for**-Schleife gilt nach Induktionsannahme

$$\text{ende}[1] > \text{ende}[2] > \ldots > \text{ende}[\mathcal{X}] > 0.$$

Nach der Bestimmung von i gilt:

$$\text{ende}[1] > \ldots > \text{ende}[i-1] > \pi[j] > \text{ende}[i] > \ldots > \text{ende}[\mathcal{X}] > 0.$$

Abb. 7.10: Die Funktion permutationsFärbung

```
var farbe : Array[1..n] von Integer;

function permutationsFärbung(π : Array[1..n] von Integer) : Integer
    var ende : Array[1..n] von Integer;
    var X, i, j : Integer;

    Initialisiere ende und X mit 0;
    for j := 1 to n do
        i := min{1 | ende[1] < π[j]};
        farbe[π[j]] := i;
        ende[i] := π[j];
        X := max{X, i};
    return X;
```

Hieraus folgt die Behauptung, denn nach dem j-ten Durchlauf gilt ende[i] = π[j]. Die Bestimmung von i kann also durch eine binäre Suche erfolgen. Dazu wird der in Abbildung 7.11 dargestellte Code in die in Abbildung 7.10 dargestellte Funktion integriert. Dadurch reduziert sich der Aufwand auf $O(n \log n)$.

Abb. 7.11: Bestimmung der nächsten Farbe durch eine binäre Suche

```
var unten, mitte, oben : Integer;

Initialisiere unten mit 1 und oben mit X;
while unten ≠ oben do
    mitte := (unten + oben)/2;
    if π[j] > ende[mitte] then
        oben := mitte;
    else
        unten := mitte + 1;
i := unten;
```

Satz. *Eine minimale Färbung eines Permutationsgraphen kann mit Aufwand $O(n \log n)$ bestimmt werden.*

Mit Hilfe spezieller Datenstrukturen kann der Aufwand noch auf $O(n \log \log n)$ reduziert werden. Für eine Anwendung der Funktion permutationsFärbung muss die Permutation π explizit vorliegen. Für einen gegebenen Graphen kann mit Aufwand $O(n^2)$ entschieden werden, ob es sich um einen Permutationsgraph handelt und seine Permutation bestimmt werden.

7.5 Chordale Graphen

Eine weitere Unterklasse der perfekten Graphen sind die *chordalen* Graphen, auch *Dreiecksgraphen* genannt. Diese sind dadurch gekennzeichnet, dass jeder einfache geschlossene Weg der Länge $l \geq 4$ mindestens eine Sehne besitzt, d. h. eine Kante, welche zwei nicht aufeinanderfolgende Ecken des Kreises verbindet. Abbildung 7.12 zeigt links einen chordalen und rechts einen nicht chordalen Graphen. Der in Abbildung 7.5 dargestellte Hajós Graph ist ebenfalls chordal. Da einfache geschlossene Wege von induzierten Untergraphen auch einfache geschlossene Wege im Ursprungsgraph sind, sind induzierte Untergraphen von chordalen Graphen ebenfalls chordal.

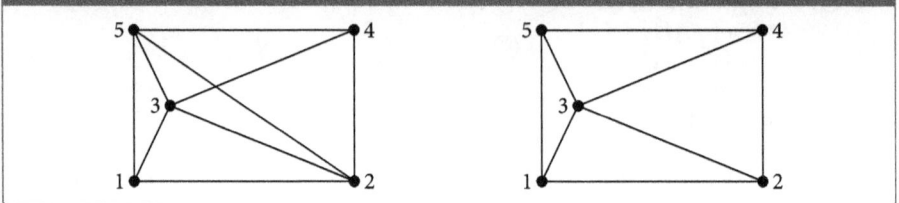

Abb. 7.12: Links ein chordaler und rechts ein nicht chordaler Graph

7.5.1 Charakterisierung von chordalen Graphen

Um die Perfektheit von chordalen Graphen zu zeigen, wird folgende Definition benötigt. Eine Ecke e eines ungerichteten Graphen heißt *simplizial*, wenn der von e und den Nachbarn von e induzierte Untergraph $G_{N[e]}$ eine Clique bildet. Die Ecken e_1 und e_4 des in Abbildung 7.12 links dargestellten Graphen sind simplizial, die restlichen drei Ecken haben nicht diese Eigenschaft. Es gilt folgendes Lemma.

Lemma. *Jeder chordale Graph G enthält eine simpliziale Ecke.*

Beweis. Angenommen die Aussage ist falsch. G ist nicht der vollständige Graph, denn in diesem ist jede Ecke simplizial. Unter allen Gegenbeispielen wähle man einen Graph G mit minimaler Eckenmenge E. Es sei

$$\mathcal{M} = \{U \subset E \mid U \cup N(U) \neq E \text{ und } G_U \text{ ist zusammenhängend}\}.$$

Hierbei ist $N(U) = \{e \in E \backslash U \mid U \cap N(e) \neq \varnothing\}$. Es sei e_i eine Ecke von G, welche nicht zu allen Ecken von G benachbart ist. Dann ist $\{e_i\} \in \mathcal{M}$, d. h. $\mathcal{M} \neq \varnothing$. Wähle $U \in \mathcal{M}$, so dass U maximal ist. Es sei $\overline{U} = E \backslash (U \cup N(U))$. Wegen der Maximalität von U ist jede Ecke aus $N(U)$ zu jeder Ecke aus $\overline{U}$ benachbart. Da $G_{\overline{U}}$ chordal ist, muss es nach Wahl des Gegenbeispiels in $\overline{U}$ eine simpliziale Ecke e_s geben. Hätte e_s einen Nachbarn in U, dann wäre e_s in $N(U)$ und nicht in $\overline{U}$ enthalten. Somit gilt $N(e_s) \subseteq \overline{U} \cup N(U)$. Da e_s nicht simplizial in G ist, muss es in $N(U)$ zwei nicht benachbarte Ecken e_i und e_j geben. Abbildung 7.13 illustriert diese Situation.

Es sei $e' \in \overline{U}$. Dann ist sowohl e_i als auch e_j mit e' benachbart. Da G_U zusammenhängend ist, existiert ein Weg von e_i nach e_j welche nur Ecken aus U verwenden. Es sei W ein kürzester solcher Weg. Zusammen mit den Kanten (e_i, e') und (e', e_j) entsteht aus W ein geschlossener Weg W' mit mindestens 4 Kanten. Da W ein kürzester

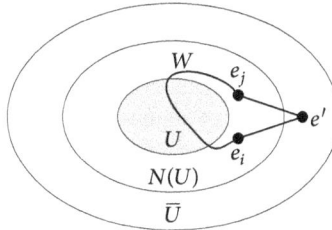

Abb. 7.13: Die Kanten (e_i, e') und (e', e_j) bilden zusammen mit W einen geschlossenen Weg ohne Sehne

Weg und e' zu keiner Ecke aus U benachbart ist, enthält W' keine Sehne. Dies ist ein Widerspruch da G chordal ist. ∎

Da der Herschel Graph aus Abbildung 7.3 keine simpliziale Ecke hat, ist er nach dem letzten Lemma nicht chordal.

Satz. *Chordale Graphen sind perfekt.*

Beweis. Da induzierte Untergraphen von chordalen Graphen wieder chordal sind, genügt es zu zeigen, dass $X(G) = \omega(G)$ für jeden chordalen Graphen G gilt. Diese Aussage wird mit Induktion bewiesen. Für $n = 1$ ist die Aussage wahr. Sei nun $n > 1$. Nach dem letzten Lemma existiert eine simpliziale Ecke $e \in E$, d. h., e hat in G maximal $\omega(G) - 1$ Nachbarn. Es sei $E' = E \setminus \{e\}$. Nach Induktionsvoraussetzung gilt $X(G_{E'}) = \omega(G_{E'}) \leq \omega(G) \leq X(G)$. Da eine minimale Färbung von $G_{E'}$ maximal $\omega(G) - 1$ Farben für die Nachbarn von e verwendet, kann diese zu einer Färbung von G mit $\omega(G)$ Farben ergänzt werden. Somit gilt $X(G) = \omega(G)$. ∎

Die Klasse der transitiv orientierbaren Graphen stimmt nicht mit der Klasse der chordalen Graphen überein. Dies zeigt der in Abbildung 7.5 dargestellte Hajós Graph, er ist chordal aber nicht transitiv orientierbar.

Der Beweis des letzten Satzes bildet die Motivation für folgende Definition. Ein *perfektes Eliminationsschema* eines ungerichteten Graphen G ist eine Permutation $(e_1, \ldots, e_n)$ der Ecken von G, so dass e_i simplizial in $G_{\{e_i, \ldots, e_n\}}$ für alle $i \in \{1, \ldots, n\}$ ist. Für den in Abbildung 7.12 links dargestellten Graphen ist die Reihenfolge e_1, e_2, e_3, e_4, e_5 ein perfektes Eliminationsschema. Der rechts dargestellte Graph besitzt kein perfektes Eliminationsschema.

Diese Definition führt zu folgender Charakterisierung von chordalen Graphen.

Satz. *Ein Graph ist genau dann chordal, wenn er ein perfektes Eliminationsschema besitzt.*

Beweis. Ist G chordal mit Eckenmenge E, so existiert nach dem letzten Lemma eine simpliziale Ecke e. Da $G_{E \setminus \{e\}}$ ebenfalls chordal ist, folgt daraus per Induktion, dass $G_{E \setminus \{e\}}$ ein perfektes Eliminationsschema besitzt. Somit gilt dies auch für G.

Für die umgekehrte Beweisrichtung sei G ein Graph mit einem perfekten Eliminationsschema und $W = <e_1, e_2, \ldots, e_l, e_1>$ ein einfach geschlossener Weg mit $l \geq 4$. Hierbei sei e_1 die erste Ecke von W, welche in dem perfekten Eliminationsschema auftritt. Hieraus folgt, dass die beiden Nachbarn e_2 und e_l von e_1 benachbart sein müssen, d. h., in W gibt es eine Sehne. Somit ist G chordal. ∎

Eine algorithmische Umsetzung dieses Satzes erfolgt im nächsten Abschnitt.

7.5.2 Färbungen von chordalen Graphen

Perfekte Eliminationsschemata sind der Schlüssel für die effiziente Bestimmung minimaler Färbungen und maximaler Cliquen von chordalen Graphen.

Lemma. *Es sei $R = (e_1, \ldots, e_n)$ ein perfektes Eliminationsschema eines Graphen G und $C_i = \{e_j \mid e_j \in N(e_i)$ und $j > i\}$. Für jede maximale Clique C von G gibt es einen Index i so dass $C = \{e_i\} \cup C_i$ gilt.*

Beweis. Es sei i der kleinste Index mit $e_i \in C$. Gemäß der Definition eines perfekten Eliminationsschemas ist $\{e_i\} \cup C_i$ eine Clique. Da $C \subseteq \{e_i\} \cup C_i$ gilt, folgt die Behauptung. ∎

Aus diesem Lemma folgt, dass ein chordaler Graph höchstens n verschiedene maximale Cliquen hat.

Satz. *Für chordale Graphen kann eine minimale Färbung und eine maximale Clique mit Aufwand $O(n + m)$ bestimmt werden.*

Beweis. Es sei $R = (e_1, \ldots, e_n)$ ein perfektes Eliminationsschema eines chordalen Graphen G. Eine minimale Färbung kann mit dem Greedy-Algorithmus aus Abbildung 6.9 bestimmt werden. Die Ecken von G werden dabei in der umgekehrten Reihenfolge von R betrachtet. Beim Färben einer Ecke e_i bilden die schon gefärbten Nachbarn von e_i eine Clique, d. h., e_i hat maximal $\omega(G) - 1 = \mathcal{X}(G) - 1$ gefärbte Nachbarn. Somit vergibt der Greedy-Algorithmus maximal $\mathcal{X}(G)$ Farben.

Es sei C eine maximale Clique von G und $i = \min\{j \mid e_j \in C\}$. Nach dem letzten Lemma gilt

$$C = N[e_i] \cap \{e_i, \ldots, e_n\}.$$

Für jede Ecke e_i bestimmt man die Anzahl A_i der Nachbarn e_j mit $j > i$, dies kann bei gegebener Adjazenzliste in der Zeit $O(g(e_i))$ durchgeführt werden. Dann gilt $\omega(G) - 1 = \max\{A_i \mid i = 1, \ldots, n\}$. Ist A_j maximal, dann ist $N[e_j] \cap \{e_j, \ldots, e_n\}$ eine maximale Clique. Der Gesamtaufwand beträgt $O(n + m)$. ∎

Der letzte Satz setzt die Kenntnis eines perfekten Eliminationsschemas vorraus. Wie kann ein solches Schema bestimmt werden? Eine einfache Variante besteht darin, sukzessiv simpliziale Ecken zu suchen. Zunächst wird eine simpliziale Ecke e_1 in G gesucht, dann eine simpliziale Ecke e_2 in $G\backslash e_1$ etc. Eine einfache Implementierung dieser Vorgehensweise hat eine Laufzeit von $O(n^2 m)$. Der folgende Satz zeigt, dass mit der in Abschnitt 4.9 vorgestellten lexikographische Breitensuche für chordale Graphen ein perfektes Eliminationsschema in linearer Zeit bestimmt werden kann.

Satz. *Für einen chordalen Graph ist die von einer lexikographischen Breitensuche erzeugte Nummerierung der Ecken ein perfektes Eliminationsschema.*

Beweis. Der Beweis erfolgt durch vollständige Induktion nach der Anzahl n der Ecken des Graphen G. Die Aussage ist trivialerweise für $n \le 3$ erfüllt. Sei nun $n > 3$. Es sei e die Ecke mit `lexOrdnung(e) = 1` und $G' = G_{E\backslash\{e\}}$. Nach dem Induktionsprinzip ist die durch `lexOrdnung` gegebene Nummerierung der Ecken ein perfektes Eliminationsschema von G'. Somit muss nur noch gezeigt werden, dass e in G eine simpliziale Ecke ist. Angenommen e ist nicht simplizial in G. Diese Annahme wird nun widerlegt. Dazu wird eine unendliche Folge $e_1, e_2, \ldots$ von Ecken mit folgenden Eigenschaften konstruiert:

(a) $e_i \in N(e)$ genau dann wenn $i = 1$ oder $i = 2$.
(b) e_i ist genau dann zu e_j benachbart, wenn $|i - j| = 2$ gilt.
(c) Für $i < j$ gilt dass e_i nach e_j besucht wurde.

Zunächst wird eine Folge der Länge $j = 2$ konstruiert. Da e nicht simplizial ist, existieren zwei zu e benachbarte Ecken e_1 und e_2, welche selbst nicht benachbart sind. Gibt es mehrere solcher Paare, dann wähle e_2 mit der höchsten Nummer, d. h., e_2 ist die am frühesten besuchte Ecke mit der genannten Eigenschaft. Nun wird gezeigt, wie eine Folge der Länge $j \ge 2$ um eine Ecke verlängert werden kann. Zur Vereinfachung der Beschreibung setze $e_0 = e$. Dann sind e_{j-2} und e_j benachbart und e_{j-1} und e_j nicht benachbart. Ferner wurde e_j vor e_{j-1} und e_{j-1} vor e_{j-2} besucht. Damit liegen die Voraussetzungen von Punkt (c) des Lemmas aus Abschnitt 4.9 vor. Somit existiert eine Ecke e_{j+1} welche zu e_{j-1} aber nicht zu e_{j-2} benachbart ist, und die vor e_j besucht wurde. Gibt es mehrere solche Ecken, so wähle man e_{j+1} mit der höchsten Nummer, d. h., e_{j+1} ist die am frühesten besuchte Ecke mit der genannten Eigenschaft. Nun werden noch die Eigenschaften (a) bis (c) für Ecke e_{j+1} nachgewiesen. Eigenschaft (c) ist durch die Konstruktion erfüllt. Ecke e_{j+1} kann nicht zu einer Ecke e_i mit $i \in \{0, 1, \ldots, j-2\}$ benachbart sein, dies würde der Wahl von e_{i+1} widersprechen. Somit gilt Eigenschaft (b). Bleibt noch zu zeigen, dass e_{j+1} nicht zu e_j benachbart ist. Wären diese beiden Ecken benachbart, dann würde G den sehnenlosen Kreis bestehend aus den Ecken e_0 bis e_{j+1} enthalten (siehe Abbildung 7.14). Daraus folgt, dass auch Eigenschaften (a) erfüllt ist. Damit wurde der Beweis erbracht, dass beliebig lange Folgen von Ecken mit den Eigenschaften (a) - (c) konstruiert werden können. Dies steht im Widerspruch zur Endlichkeit des Graphen. ∎

Abb. 7.14: Konstruktion einer unendlichen Folge von Ecken

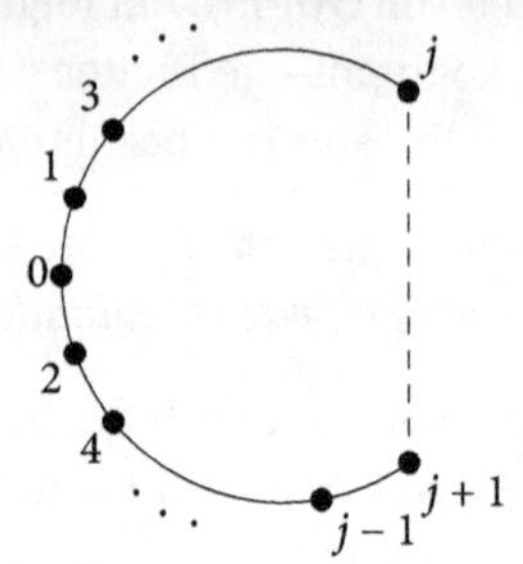

Im Folgenden wird eine zweite Möglichkeit zur Konstruktion eines perfekten Eliminationsschemas für chordale Graphen vorgestellt. Dieser Algorithmus wird *Maximum Cardinality Search* genannt. Der Algorithmus erstellt eine Reihenfolge der Ecken, so dass zu jedem Zeitpunkt, die als nächstes besuchte Ecke die höchste Anzahl von schon besuchten Nachbarn hat. Abbildung 7.15 zeigt eine Implementierung dieses Algorithmus. Man beachte die Ähnlichkeit zur lexikographische Breitensuche (siehe auch Abbildung 4.26). Dieser nach der Greedy-Methode arbeitende Algorithmus besitzt ebenfalls eine Implementierung mit Laufzeit $O(n + m)$.

Abb. 7.15: Die Prozedur maximumCardinalitySearch

```
var ordnung : Array[1..n] von Integer;

procedure maximumCardinalitySearch(G : Graph)
    var priorität : Array[1..n] von Integer;
    var e_i, e_j : Ecke;

    Initialisiere ordnung mit -1 und priorität mit 0;
    for l := n downto 1 do
        Wähle e_i ∈ E mit ordnung[i] = -1, so dass priorität[i] maximal ist;
        ordnung[i] := l;
        foreach e_j in N(e_i) do
            if ordnung[j] = -1 then
                priorität[j] := priorität[j] + 1;
```

Der Beweis des folgenden Satzes erfolgt analog zum Beweis des letzten Satzes.

Satz. *Für einen chordalen Graph ist die von der Maximum Cardinality Search erzeugte Nummerierung der Ecken ein perfektes Eliminationsschema.*

Die beiden Verfahren erzeugen nicht notwendigerweise die gleichen Nummerierungen. Es gibt auch Beispiele für perfekte Eliminationsschemata von chordalen Graphen, welche mit keinem der beiden Algorithmen erzeugt werden können.

Für den Nachweis, dass ein gegebener Graph ein chordaler Graph ist, fehlt nur noch ein Baustein. Im ersten Schritt wird entweder mit der lexikographischen Breitensuche oder mit der Maximum Cardinality Search eine Reihenfolge der Ecken be-

stimmt. Im zweiten Schritt wird überprüft, ob diese Reihenfolge ein perfektes Eliminationsschema ist. Dies kann leicht mit Aufwand $O(n^3)$ implementiert werden. Eine
effizientere Implementierung stützt sich auf folgendes Lemma.

Lemma. *Es sei $R = (e_1, \ldots, e_n)$ eine Permutation der Ecken eines ungerichteten Graphen
G. Für alle i sei $C_i = \{e_j \in N(e_i) \mid j > i\}$ und $e_{m(i)}$ die Ecke in C_i mit dem kleinsten Index.
Genau dann ist R ein perfektes Eliminationsschema, wenn $C_i \subseteq N(e_{m(i)})$ für $i = 1, \ldots, n$
gilt.*

Beweis. Ist R ein perfektes Eliminationsschema, dann sind die Mengen C_i Cliquen
und es gilt $C_i \subseteq N(e_{m(i)})$. Die umgekehrte Richtung wird per Induktion bewiesen. Es
ist zu zeigen, dass die Mengen C_i Cliquen sind. Für $i = n$ stimmt die Aussage trivialerweise. Die Aussage sei für $i + 1, \ldots, n$ bewiesen. Nach Voraussetzung ist $C_i \subseteq N(e_{m(i)})$.
Somit gilt $C_i \backslash \{e_{m(i)}\} \subseteq C_{m(i)}$. Wegen $m(i) > i$ folgt aus der Induktionsvoraussetzung
dass $C_{m(i)}$ eine Clique ist, also gilt dies auch für C_i.   ∎

Mit Hilfe dieses Ergebnisses kann ein Test, ob eine Permutation $R = (e_1, \ldots, e_n)$ der
Ecken ein perfektes Eliminationsschema darstellt in linearer Zeit durchgeführt werden. Abbildung 7.16 zeigt eine entsprechende Implementierung. Damit wurde gezeigt,
dass chordale Graphen mit Aufwand $O(n + m)$ erkannt werden können.

Abb. 7.16: Die Funktion `eliminationsSchema`

```
function eliminationsSchema(G : Graph) : Boolean
    var min, i : Integer;
    var clique : Array[1..n] of Liste von Ecke;
    var e_i, e_j : Ecke;

    Initialisiere clique mit leeren Listen;
    for i := 1 to n-1 do
        min := ∞;
        foreach e_j in N(e_i) do
            if j > i and j < min then
                min := j;
        foreach e_j in N(e_i) do
            if j > i then
                if e_j ∉ N(e_min) then
                    return false;
                clique[i].anhängen(e_j);
    return true;
```

7.6 Intervallgraphen

In Abschnitt 2.4.5 wurde die Klasse der Intervallgraphen eingeführt. Der folgende Satz
zeigt, dass Intervallgraphen chordalen Graphen sind.

Satz. *Intervallgraphen sind chordale Graphen.*

Beweis. Angenommen es gibt einen einfachen geschlossenen Weg $<e_1, \ldots, e_l, e_1>$ der Länge $l \geq 4$ ohne Sehne. Es sei I_j das zu e_j gehörende Intervall. Für $j = 1, \ldots, l-1$ wähle einen Punkt $p_j \in I_j \cap I_{j+1}$. Da der Weg keine Sehen besitzt gilt $I_j \cap I_{j+2} = \varnothing$ für $j = 1, \ldots, l-2$. Somit ist $p_1, \ldots, p_{l-1}$ eine streng monoton fallende oder steigende Folge. Daraus folgt, dass I_1 und I_l eine leere Schnittmenge haben. Somit sind e_1 und e_l nicht benachbart. Dieser Widerspruch zeigt, dass Intervallgraphen chordal sind. ∎

Die Klasse der Intervallgraphen ist eine echte Unterklasse der chordalen Graphen, d. h., es gibt chordale Graphen, welche keine Intervallgraphen sind. Dies zeigt der in Abbildung 7.17 dargestellte Baum T, sicherlich ein chordaler Graph. Angenommen T ist ein Intervallgraph. Man beachte, dass die Intervalle I_2, I_3 und I_4 paarweise disjunkt sind, aber alle eine Überschneidung mit I_1 haben. Somit muss I_1 eines der drei Intervalle I_2, I_3 oder I_4 echt enthalten. Damit muss auch eines der drei Intervalle I_5, I_6 oder I_7 eine Überschneidung mit I_1 haben. Dieser Widerspruch zeigt, dass T kein Intervallgraph ist.

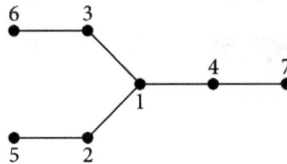

Abb. 7.17: Ein chordaler Graph, welcher kein Intervallgraph ist

Folgende Charakterisierung von Intervallgraphen stammt von P. Gilmore und A. Hoffmann. Auf einen Beweis wird an dieser Stelle verzichtet.

Satz. *Ein ungerichteter Graph ist genau dann ein Intervallgraph, wenn er chordal ist und sein Komplement transitiv orientierbar ist.*

Aus den Intervallen eines Intervallgraphen lässt sich leicht ein perfektes Eliminationsschema konstruieren. Es sei I_1, I_2, $\ldots$, I_n eine aufsteigende Sortierung der Intervalle aus $\mathfrak{I}$ nach der Intervallobergrenze. Es genügt zu zeigen, dass für alle $j = 1, \ldots, n$ die zu I_j gehörende Ecke in dem von den Intervallen I_j, I_{j+1}, $\ldots$, I_n definierten Intervallgraph simplizial ist. Es sei $I_j = [a_j, b_j]$ mit $a_j, b_j \in \mathbb{R}$. Dann ist $b_j \in I_k \cap I_l$ für alle $k, l \geq j$ sofern $I_j \cap I_k \neq \varnothing$ und $I_j \cap I_l \neq \varnothing$. Somit ist die zu I_j gehörende Ecke simplizial.

Durch die Sortierung der Intervalle ergibt sich ein Aufwand von $O(n \log n)$ für die Bestimmung eines perfekten Eliminationsschemas. Das Verfahren auf Basis der lexikographischen Breitensuche hat dagegen einen Aufwand von $O(n+m)$. Aus den Ergebnissen aus Abschnitt 7.5 folgt somit, dass für Intervallgraphen mit Aufwand $O(n + m)$ eine minimale Färbung bestimmt werden kann.

7.6.1 Gewichtete unabhängige Mengen in Intervallgraphen

Zum Abschluss betrachten wir das Problem der Bestimmung einer maximalen gewichteten unabhängigen Menge in Intervallgraphen. Dieses Problem ist wie folgt definiert. Gegeben ist eine Menge von n reellen Intervallen $I_i = [a_i, b_i]$. Jedem Intervall I_i ist ein Gewicht g_i zugeordnet. Gesucht ist eine unabhängige Menge M des von den Intervallen I_i definierten Intervallgraphen, so dass

$$\sum_{I_i \in M} g_i$$

maximal ist. Dieses Problem wird in der Literatur als *gewichtetes Intervallplanungsproblem* (weighted interval scheduling) bezeichnet. Folgende Anwendung führte zu dieser Namensgebung. Die Intervalle beschreiben Start- und Endzeiten von Arbeitsaufträgen. Zwei Arbeitsaufträge werden *kompatibel* genannt, falls ihre Intervalle sich nicht überschneiden. Das Gewicht eines Intervalls bezeichnet den Gewinn, der durch den Arbeitsauftrag erzielt wird. Das gewichtete Intervallplanungsproblem besteht darin, eine Menge von kompatiblen Arbeitsaufträgen mit maximalem Gewinn zu finden. Abbildung 7.18 zeigt ein Beispiel mit sechs Intervallen. Die Intervalle I_4 und I_6 sind kompatibel und haben zusammen das Gewicht 7. Diese beiden Intervalle bilden aber keine maximale Lösung. Die Menge $\{I_1, I_3, I_5\}$ von kompatiblen Intervallen mit einem Gewicht von 8 löst das Problem.

Abb. 7.18: Intervalle mit Gewichten

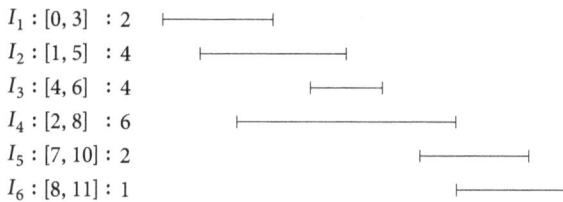

$I_1 : [0, 3] \ : 2$
$I_2 : [1, 5] \ : 4$
$I_3 : [4, 6] \ : 4$
$I_4 : [2, 8] \ : 6$
$I_5 : [7, 10] : 2$
$I_6 : [8, 11] : 1$

Die hier vorgestellte Lösung des gewichteteten Intervallplanungsproblems basiert auf der dynamischen Programmierung. Die Herausforderung besteht wie immer darin, die Anzahl der zu betrachtenden Teilprobleme so klein wie möglich zu halten. Zu diesem Zweck werden die Intervalle wie schon bei der Konstruktion eines perfekten Eliminationsschemas aufsteigend nach ihrer Endzeit sortiert. Dies kann mit Aufwand $O(n \log n)$ durchgeführt werden. Zur Vereinfachung der Darstellung nehmen wir im Folgenden an, dass die Intervalle bereits gemäß dieser Ordnung nummeriert sind. Somit gilt $b_i \leq b_j$ für $i < j$.

Um eine geeignete Definition von Teilproblemen zu finden, wird zunächst das Intervall I_n betrachtet. Alle Intervalle, deren Endzeit vor der Startzeit von I_n liegt, sind kompatibel zu I_n. Da die Intervalle gemäß ihrer Endzeit aufsteigend nummeriert sind, gibt es einen Index j, so dass $I_1, \ldots, I_j$ zu I_n kompatibel und $I_{j+1}, \ldots, I_{n-1}$ zu I_n inkompatibel sind. Der Fall, dass alle Intervalle zu I_n inkompatibel sind wird durch $j = 0$ ausgedrückt. Es sei OPT der Wert einer optimalen Lösung des Maximierungsproblems. Gehört I_n zu den Intervallen von OPT, dann bilden die Intervalle von OPT ohne I_n eine optimale Lösung für die Menge der Intervalle $I_1, \ldots, I_j$. Gehört I_n nicht zu OPT, dann ist OPT der Wert einer optimalen Lösung für $I_1, \ldots, I_{n-1}$.

Aus dieser Betrachtung ergibt sich sofort ein rekursiver Ausdruck auf Basis der Lösungen für die Intervallmengen $I_1, \ldots, I_j$ mit $j = 1, \ldots, n$. Dazu werden noch zwei Definitionen benötigt. Für $i \geq 1$ sei $kp(i)$ der größte Index j, so dass das Intervall I_j mit dem Intervall I_i kompatibel ist. Sind alle Intervalle I_j mit $i < j$ zu I_i inkompatibel so ist $kp(i) = 0$. Für das oben dargestellte Beispiel gilt

$$kp(6) = 4, \quad kp(5) = 3, \quad kp(4) = 0, \quad kp(3) = 1 \text{ und } kp(2) = kp(1) = 0.$$

Bezeichne mit OPT_j den Wert einer optimalen Lösung für die Intervalle $I_1, \ldots, I_j$, d. h., es gilt $\text{OPT} = \text{OPT}_n$. Mit diesen Bezeichnungen kann die oben beschriebene Rekursion in kompakter Form dargestellt werden. Für $j = 1, \ldots, n$ gilt:

$$\text{OPT}_j = \max\{g_j + \text{OPT}_{kp(j)}, \text{OPT}_{j-1}\}.$$

Hierbei ist $\text{OPT}_0 = 0$. Somit müssen nur die Lösungen von n Teilproblemen gespeichert werden. Angewendet auf das obige Beispiel ergibt sich

$$\text{OPT}_1 = \max\{\mathbf{2} + \mathbf{OPT_0}, \text{OPT}_0\} = 2$$
$$\text{OPT}_2 = \max\{\mathbf{4} + \mathbf{OPT_0}, \text{OPT}_1\} = 4$$
$$\text{OPT}_3 = \max\{\mathbf{4} + \mathbf{OPT_1}, \text{OPT}_2\} = 6$$
$$\text{OPT}_4 = \max\{\mathbf{6} + \text{OPT}_0, \text{OPT}_3\} = 6$$
$$\text{OPT}_5 = \max\{\mathbf{2} + \mathbf{OPT_3}, \text{OPT}_4\} = 8$$
$$\text{OPT}_6 = \max\{1 + \text{OPT}_4, \mathbf{OPT_5}\} = 8.$$

Der größere der beiden Werte ist jeweils fett dargestellt. Somit hat die Lösung des gewichteten Intervallplanungsproblems für das Beispiel aus Abbildung 7.18 den Wert 8. Die oben beschriebene rekursive Lösung lässt sich leicht in ein iteratives Programm umwandeln. Abbildung 7.19 zeigt eine entsprechende Implementierung.

Wie kann die zu dem optimalen Wert gehörende Menge von Intervallen bestimmt werden? Aus den im letzten Abschnitt dargelegten Überlegungen ergibt sich folgender Zusammenhang. Genau dann gehört das Intervall I_j zu einer Lösung für das Problem der Intervalle $I_1, \ldots, I_j$, wenn $g_j + \text{OPT}_{kp(j)} \geq \text{OPT}_{j-1}$ gilt. Aus dieser Erkenntnis lässt sich leicht ein Algorithmus angeben, welcher aus den gespeicherten Lösungen der Teilprobleme explizit eine Menge von kompatiblen Intervallen mit maximalem Gewicht bestimmt. Eine entsprechende rekursive Funktion `intervalle` ist ebenfalls in Abbildung 7.19 dargestellt.

Bei der vorgestellten Lösung fehlt noch die Bestimmung der Werte $kp(i)$. Dieser Ausdruck bezeichnet den größten Index j, so dass das Intervall I_j mit dem Intervall I_i kompatibel ist. Der Wert kann in linearer Zeit bestimmt werden, sofern eine entsprechende Vorverarbeitung durchgeführt wird. Der in Abbildung 7.20 dargestellte Code

---

Abb. 7.19: Die Funktion `intervallPlanung`

```
OPT : Array[1..n] von Liste;

function intervallPlanung(I : Menge von Intervall) : Menge von Intervall
    var i : Integer;

    OPT[1] := g₁;
    for i := 2 to n do
        OPT[i] := max(gᵢ + OPT[kp[i]], OPT[i-1]);
    return intervalle(n);

function intervalle(i : Integer) : Menge von Intervall;
    if i = 1 then
        return {I₁};
    else
        if gᵢ + OPT[kp[i]] ≥ OPT[i-1] then
            return {Iᵢ} ∪ intervalle(kp[i]);
        else
            return intervalle(i-1);
```

---

verwendet drei Felder. Das Feld `start` enthält in aufsteigender Reihenfolge die Startzeiten der n Intervalle. Analog dazu enthält das Feld `ende` die Endzeiten der Intervalle in aufsteigender Reihenfolge. Das dritte Feld `reihenfolgeStart` enthält die Indizes der Intervalle gemäß aufsteigender Startzeiten. Man beachte, dass die Intervalle gemäß ihrer Endzeit aufsteigend nummeriert sind. Diese Felder können mit Aufwand $O(n \log n)$ erzeugt werden. Zur Bestimmung von $kp(i)$ werden die Intervalle in aufsteigender Reihenfolge ihrer Startzeiten betrachtet. Für jedes Intervall I_j wird das Intervall mit dem höchsten Index bestimmt, dessen Endzeit noch vor der Startzeit von I_j liegt. Durch die vorgenommene Sortierungen kann die Funktion in einer Schleife umgesetzt werden. Somit können die Werte für kp mit Aufwand $O(n)$ bestimmt werden.

Abb. 7.20: Bestimmung der Werte $kp[i]$

```
var start, ende, reihenfolgeStart, kp : Array[1..n] von Integer

i := 1; j := 1;
while i ≤ n and j ≤ n do
    if ende[i] ≤ start[j] then
        i := i+1;
    else
        kp[reihenfolgeStart[j]] = i-1;
        j := j+1;
```

Aus diesen Ausführungen ergibt sich folgender Satz.

Satz. *Das gewichtete Intervallplanungsproblem für n Intervalle lässt sich mit Aufwand $O(n \log n)$ lösen.*

7.7 Literatur

Das Standardwerk für perfekte Graphen stammt von M. Golumbic [45]. Das schon etwas ältere Buch von K. Simon legt den Fokus auf Algorithmen für perfekte Graphen [113]. Eine aktuelle Übersicht zu Intervallplanungsproblemen findet man in [70]. Für die Bestimmung von minimalen Färbungen für Permutationsgraphen mit Aufwand $O(n \log \log n)$ vergleiche man [103].

7.8 Aufgaben

1. Es sei G ein Permutationsgraph. Beweisen Sie, dass G oder das Komplement $\overline{G}$ eine Clique C mit $|C| \geq \sqrt{n}$ enthält.

2. Liefert der Greedy-Algorithmus für Permutationsgraphen immer eine minimale Färbung?

3. Es sei G_π ein Permutationsgraph. Beweisen Sie, dass auch das Komplement von G_π ein Permutationsgraph ist, und geben Sie eine entsprechende Permutation an.

4. Bestimmen Sie für den Permutationsgraphen G_π mit $\pi = [5, 3, 1, 6, 4, 2]$ eine minimale Färbung.

5. Es sei π eine Permutation. Beweisen Sie folgende Aussagen über die Eckengrade von $\pi(1)$ und $\pi(n)$ in G_π: $g(\pi(1)) = \pi(1) - 1$ und $g(\pi(n)) = n - \pi(n)$.

6. Beweisen Sie, dass das Komplement eines Intervallgraphen transitiv orientierbar ist.

⋆7. Gegeben sind n Zeitintervalle $I_i = [a_i, b_i]$. Die Zeitintervalle sind Start- und Endzeitpunkte von Arbeitsaufträgen. Ein Arbeiter kann nicht gleichzeitig an verschiedenen Arbeitsaufträgen arbeiten. Das Problem besteht darin, die minimale Anzahl von Arbeitern zu finden, welche man benötigt, um alle Aufträge auszuführen. Zur Lösung bildet man den *Schnittgraphen* G der Intervalle I_i. Die Intervalle I_i bilden die Ecken, und zwischen zwei Ecken gibt es eine Kante, falls die beiden Intervalle sich überschneiden.

   Beweisen Sie, dass $\mathcal{X}(G)$ Arbeiter alle Aufträge ausführen können. Zeigen Sie weiterhin, dass der folgende Algorithmus mit Aufwand $O(n \log n)$ eine minimale Färbung des Schnittgraphen bestimmt.

   (a) Es sei $I_i = [a_i, b_i]$ das Intervall, für welches a_i minimal ist. Die entsprechende Ecke wird mit Farbe 1 gefärbt. Unter den verbleibenden Intervallen wird das Intervall $I_j = [a_j, b_j]$ gewählt, für welches $a_j > b_i$ und a_j minimal ist. Die entsprechende Ecke bekommt wieder die Farbe 1. Dieser Vorgang wird wiederholt, bis kein Intervall mehr diese Bedingung erfüllt.

   (b) Das obige Verfahren wird nun mit den noch ungefärbten Ecken wiederholt. Dabei werden die Farben 2, 3, ... verwendet.

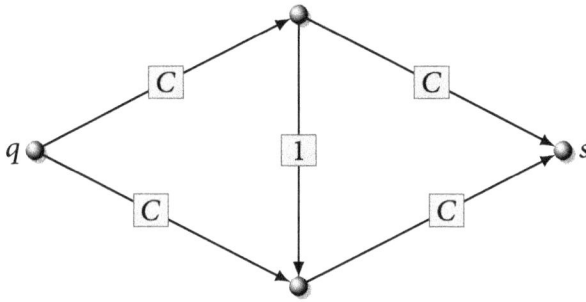

KAPITEL 8

Flüsse in Netzwerken

Dieses Kapitel behandelt Verfahren zur Bestimmung von maximalen Flüssen in Netzwerken mit oberen Kapazitätsbeschränkungen. Zunächst werden die grundlegenden Resultate von Ford und Fulkerson bewiesen. Danach werden zwei Algorithmen zur Bestimmung von maximalen Flüssen vorgestellt. Der erste basiert auf Erweiterungswegen minimaler Länge, der zweite verwendet die Technik der blockierenden Flüsse. Für den Fall, dass die Kapazitäten 0 oder 1 sind, werden schärfere Komplexitätsabschätzungen angegeben. Im letzten Abschnitt werden kostenminimale Flüsse betrachtet. Anwendungen von Netzwerkalgorithmen werden im nächsten Kapitel behandelt.

8.1 Einleitung

In diesem Kapitel werden kantenbewertete gerichtete Graphen betrachtet. Die Bewertungen der Kanten sind nichtnegative reelle Zahlen und werden im Folgenden *Kapazitäten* genannt. Es seien q und s zwei ausgezeichnete Ecken des Graphen; q heißt *Quelle* und s heißt *Senke*. Einen solchen Graphen nennt man ein *q-s-Netzwerk* oder kurz *Netzwerk*. Mit ihnen können Anwendungen aus sehr unterschiedlichen Gebieten modelliert werden. Abbildung 8.1 zeigt ein q-s-Netzwerk. Es repräsentiert ein System von Pipelines, welches Rohöl von einem Ort q zu einem anderen Ort s transportieren soll. Die Bewertungen der Kanten sind die maximalen Transportkapazitäten pro Zeiteinheit der einzelnen Pipelines. Die von q und s verschiedenen Ecken sind Zwischenstationen. Aus einer solchen Zwischenstation muss pro Zeiteinheit die gleiche

Menge abfließen wie hineinfließen. Die Aufgabe besteht nun in der Bestimmung der maximal von q nach s transportierbaren Menge von Rohöl pro Zeiteinheit. Ferner ist die entsprechende Auslastung der einzelnen Teilstücke zu bestimmen.

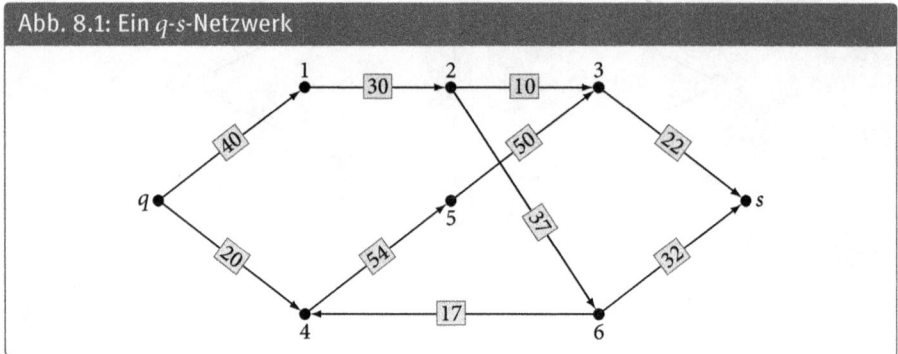

Abb. 8.1: Ein q-s-Netzwerk

Ein kantenbewerteter gerichteter Graph G heißt q-s-Netzwerk, falls folgendes gilt:

(1) Die Bewertungen $\kappa(k)$ der Kanten sind nichtnegative reelle Zahlen.
(2) q und s sind Ecken von G mit $g^-(q) = g^+(s) = 0$.

In den folgenden Programmen wird die Quelle eines q-s-Netzwerkes G mit `G.q` und die Senke mit `G.s` bezeichnet. Zur besseren Lesbarkeit werden die Indizes dieser Ecken mit q und s bezeichnet, d. h., es gilt q = `G.index(G.q)`. Die Kapazität $\kappa(k)$ einer Kante $k = (e_i, e_j)$ wird durch den Eintrag `G.κ[i, j]` in der Matrix `G.κ` dargestellt.

Um das obige Transportproblem vollständig zu beschreiben, wird noch der Begriff des q-s-*Flusses* benötigt. Eine Funktion f, welche jeder Kante eines q-s-Netzwerkes G eine nichtnegative reelle Zahl zuordnet, heißt q-s-Fluss, falls folgendes gilt:

(1) Für jede Kante k von G gilt: $0 \leq f(k) \leq \kappa(k)$.
(2) Für jede Ecke $e \neq q, s$ von G gilt:

$$\sum_{k=(e',e)\in K} f(k) = \sum_{k=(e,e')\in K} f(k).$$

Die erste Bedingung garantiert, dass der Fluss durch eine Kante die Kapazität nicht übersteigt. Die zweite Bedingung kann als Erhaltungsbedingung interpretiert werden: Der Fluss in eine Ecke e muss gleich dem Fluss aus dieser Ecke sein. Dies gilt für alle Ecken e außer der Quelle und der Senke. Falls klar ist, welche Ecken Quelle und Senke sind, wird im Folgenden nur noch von einem *Netzwerk* bzw. einem *Fluss* gesprochen. Der *Wert* $|f|$ eines Flusses f ist gleich dem Gesamtfluss aus der Quelle:

$$|f| = \sum_{k=(q,e)\in K} f(k).$$

Aus den Eigenschaften eines Flusses ergibt sich direkt folgende Gleichung:

$$|f| = \sum_{k=(e,s)\in K} f(k).$$

D. h., was aus der Quelle hinausfließt, fließt in die Senke hinein. Ein Fluss f heißt *maximal*, wenn $|f| \geq |f'|$ für alle Flüsse f' gilt. Ein Fluss f heißt *trivial*, falls $f(k) = 0$ für jede Kante k. Gibt es keinen Weg von q nach s, so ist der triviale Fluss maximal.

Das zentrale Problem der Netzwerktheorie ist die Bestimmung maximaler Flüsse. Die Beschreibung des Flussproblems erfüllt alle Kriterien eines LP-Problems. Somit können entsprechende Algorithmen zur Bestimmung von maximalen Flüssen genutzt werden. Die in diesem Kapitel vorgestellten Algorithmen zeichnen sich jedoch durch eine wesentlich geringere Laufzeit aus.

In der Literatur findet man leicht unterschiedliche Definitionen für q-s-Netzwerke. Gelegentlich wird die zweite Bedingung weggelassen; d. h., Kanten mit Anfangsecke s oder Endecke q sind erlaubt. Dies ist keine wesentliche Erweiterung, denn diese Kanten tragen nichts zum Gesamtfluss eines Netzwerkes bei (vergleichen Sie Aufgabe 1). Die in diesem Kapitel angegebenen Algorithmen arbeiten auch unter dieser Voraussetzung. In diesem Fall ist der Wert eines Flusses f wie folgt definiert:

$$|f| = \sum_{k=(q,e)\in K} f(k) - \sum_{k=(e,q)\in K} f(k).$$

Im Folgenden ist ein Fluss f für das Netzwerk aus Abbildung 8.1 angegeben:

$f(q,e_1) = 30$ $\quad f(q,e_4) = 0$ $\quad f(e_1,e_2) = 30$ $\quad f(e_2,e_3) = 10$

$f(e_2,e_6) = 20$ $\quad f(e_3,s) = 10$ $\quad f(e_4,e_5) = 0$ $\quad f(e_5,e_3) = 0$

$f(e_6,e_4) = 0$ $\quad f(e_6,s) = 20$

Der Wert des Flusses f ist 30. In Abbildung 8.2 sind die Kanten mit einem positiven Fluss rot dargestellt. Jede Kante trägt dabei zwei durch das Zeichen „/" getrennte Bewertungen: Zuerst wird der Fluss und dann die Kapazität angegeben.

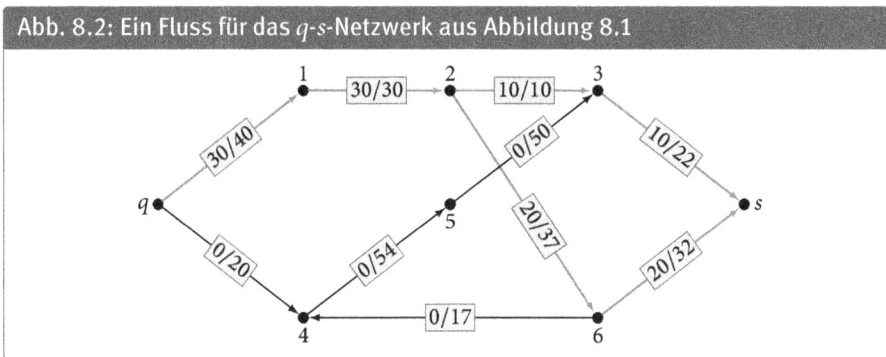

Abb. 8.2: Ein Fluss für das q-s-Netzwerk aus Abbildung 8.1

Da die Anzahl der verschiedenen Flüsse auf einem Netzwerk im Allgemeinen unendlich ist, ist die Existenz eines maximalen Flusses nicht direkt ersichtlich (vergleichen Sie hierzu Aufgabe 2).

8.2 Schnitte und Erweiterungswege

Um eine obere Schranke für den Wert eines Flusses anzugeben, wird der Begriff des q-s-Schnittes benötigt. Es sei G ein q-s-Netzwerk. Ein q-s-*Schnitt* (oder kurz *Schnitt*) von G ist eine Partition von E in die Mengen X und $\overline{X}$, so dass $q \in X$ und $s \in \overline{X}$. Jedem Schnitt $(X, \overline{X})$ wird die Menge $\{k \in K \mid k = (e, e')$ mit $e \in X, e' \in \overline{X}\}$ von Kanten zugeordnet. Manchmal wird auch diese Menge als Schnitt bezeichnet. Die Kapazität eines Schnittes $(X, \overline{X})$ ist gleich der Summe der Kapazitäten aller Kanten mit Anfangsecke in X und Endecke in $\overline{X}$. Sie wird mit $\kappa(X, \overline{X})$ bezeichnet:

$$\kappa(X, \overline{X}) = \sum_{\substack{k=(e,e')\in K \\ e\in X, e'\in \overline{X}}} \kappa(k).$$

Ist ein Fluss f auf dem Netzwerk gegeben, so definiert man analog dazu den Fluss eines Schnittes:

$$f(X, \overline{X}) = \sum_{\substack{k=(e,e')\in K \\ e\in X, e'\in \overline{X}}} f(k).$$

Auf die gleiche Art kann auch $f(\overline{X}, X)$ definiert werden. Für das Netzwerk aus Abbildung 8.1 ist mit $X = \{q, e_1, e_2, e_4\}$ und $\overline{X} = \{e_3, e_5, e_6, s\}$ ein Schnitt mit Kapazität 101 gegeben. In Abbildung 8.3 sind die zu dem Schnitt gehörenden Kanten rot dargestellt. Für den oben angegebenen Fluss f ist $f(\overline{X}, X) = 30$.

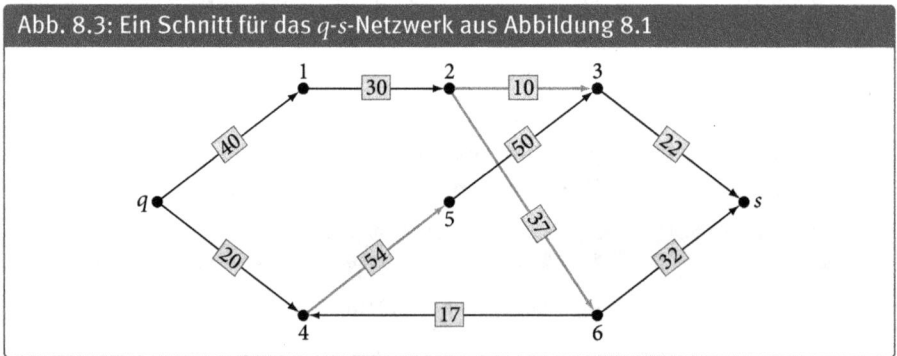

Abb. 8.3: Ein Schnitt für das q-s-Netzwerk aus Abbildung 8.1

Eine obere Schranke für den Wert eines maximalen Flusses wird im folgenden Lemma angegeben.

Lemma. *Es sei f ein Fluss eines Netzwerkes G. Dann gilt für jeden Schnitt $(X, \overline{X})$ von G*

$$|f| = f(X, \overline{X}) - f(\overline{X}, X)$$

und

$$|f| \le \min\{\kappa(X, \overline{X}) \mid (X, \overline{X}) \text{ ist ein Schnitt von } G\}.$$

Beweis. Nach der Erhaltungsbedingung gilt:

$$|f| = \sum_{e \in X} \left(\sum_{k=(e,e') \in K} f(k) \;-\; \sum_{k=(e',e) \in K} f(k) \right)$$

$$= \sum_{\substack{k=(e,e') \in K \\ e \in X, e' \in \overline{X}}} f(k) \;+\; \sum_{\substack{k=(e,e') \in K \\ e,e' \in X}} f(k) \;-\; \sum_{\substack{k=(e',e) \in K \\ e,e' \in X}} f(k) \;-\; \sum_{\substack{k=(e',e) \in K \\ e \in X, e' \in \overline{X}}} f(k).$$

Da sich die beiden mittleren Summen wegheben, gilt

$$|f| = f(X, \overline{X}) - f(\overline{X}, X).$$

Weil $0 \le f(k) \le \kappa(k)$ für alle Kanten k von G gilt, folgt

$$|f| = f(X, \overline{X}) - f(\overline{X}, X) \le f(X, \overline{X}) \le \kappa(X, \overline{X}).$$

Hieraus ergibt sich die Aussage des Lemmas. ∎

Als Folgerung ergibt sich sofort, dass der Wert eines maximalen Flusses durch ein Netzwerk G kleiner oder gleich der minimalen Kapazität eines Schnittes von G ist. Mit anderen Worten: Durch ein Netzwerk kann höchstens so viel hindurchfließen, wie dessen „engste Stelle" durchlässt. Im Folgenden wird sogar bewiesen, dass diese beiden Größen übereinstimmen. Daraus folgt dann auch die Existenz eines Flusses mit maximalem Wert in einem beliebigen Netzwerk. Um diese Aussage zu beweisen, wird der Begriff des Erweiterungsweges benötigt.

Es sei G ein Netzwerk mit Fluss f. Mit G^u wird der G zugrundeliegende ungerichtete Graph bezeichnet. Ist k eine Kante von G, so bezeichnet k^u die k entsprechende ungerichtete Kante von G^u. Eine Folge W von Kanten $k_1, k_2, \ldots, k_s$ von G heißt *Erweiterungsweg* bezüglich f, falls die Folge $k_1^u, k_2^u, \ldots, k_s^u$ ein Weg W^u in G^u ist, und falls für jede Kante k_i folgende Bedingung erfüllt ist:

(1) Stimmt die Richtung, in der k_i^u auf W^u durchlaufen wird, mit der von k_i überein, so ist $f(k) < \kappa(k)$.
(2) Stimmt die Richtung, in der k_i^u auf W^u durchlaufen wird, nicht mit der von k_i überein, so ist $f(k) > 0$.

Gibt es in G zwei Ecken, die durch zwei Kanten unterschiedlicher Richtung verbunden sind, so gibt es in dem ungerichteten Graphen G^u zwischen diesen Ecken zwei Kanten; d. h., auch wenn G schlicht ist, muss G^u nicht schlicht sein.

Ein Erweiterungsweg ist streng genommen kein Weg in G. Kanten eines Erweiterungsweges nennt man dabei *Vorwärtskanten*, falls ihre Richtung mit der des Wegs W^u übereinstimmen, und andernfalls *Rückwärtskanten*.

Von besonderem Interesse sind Erweiterungswege mit Startecke q und Endecke s. Sofern Start- und Endecke eines Erweiterungsweges nicht explizit angegeben sind, ist q die Startecke und s die Endecke. Für den oben angegebenen Fluss f für das Netzwerk aus Abbildung 8.1 ist $<q, e_4, e_5, e_3, s>$ ein Erweiterungsweg, welcher nur aus Vorwärtskanten besteht; $<q, e_4, e_5, e_3, e_2, e_6, s>$ hingegen ist ein Erweiterungsweg, welcher auch eine Rückwärtskante enthält (siehe Abbildung 8.4). Dagegen ist $<q, e_1, e_2, e_3, s>$ kein Erweiterungsweg, denn die Kanten (e_1, e_2) und (e_2, e_3) erfüllen nicht die angegebenen Bedingungen. Man beachte, dass die erste Kante in einem Erweiterungsweg stets eine Vorwärtskante ist.

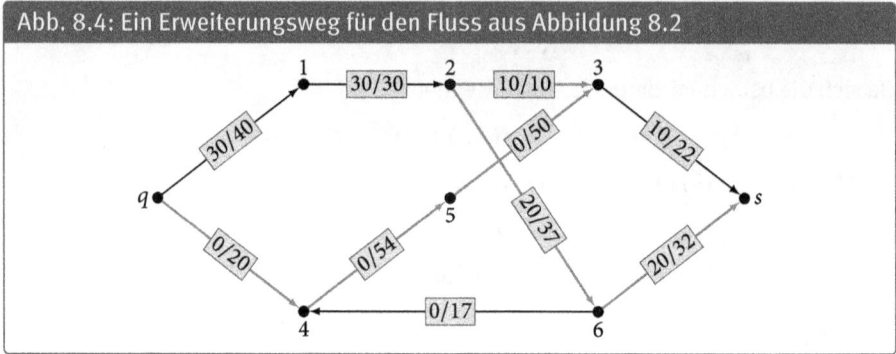

Abb. 8.4: Ein Erweiterungsweg für den Fluss aus Abbildung 8.2

Mit Hilfe eines Erweiterungsweges eines Flusses kann ein neuer Fluss mit einem höheren Wert konstruiert werden. Die Grundidee ist, dass die Vorwärtskanten eines Erweiterungsweges noch nicht voll ausgenutzt sind, während der Fluss der Rückwärtskanten noch vermindert werden kann. Letzteres ist notwendig, um der Flusserhaltungsbedingung zu genügen. Um wieviel kann der Wert des Flusses auf diese Art erhöht werden? Dies hängt von der „engsten Stelle" des Erweiterungsweges ab. Dazu werden folgende Größen definiert:

$$f_v = \min\{\kappa(k) - f(k) \mid k \text{ ist Vorwärtskante auf dem Erweiterungsweg}\},$$
$$f_r = \min\{f(k) \mid k \text{ ist Rückwärtskante auf dem Erweiterungsweg}\}.$$

f_v ist der größte Wert, um den man den Fluss durch alle Vorwärtskanten des Erweiterungsweges erhöhen kann. Analog ist f_r der größte Wert, um den man den Fluss durch alle Rückwärtskanten vermindern kann. Enthält der Erweiterungsweg keine Rückwärtskante, so setzt man $f_r = \infty$. Der Fluss f kann nun um

$$f_\Delta = \min\{f_v, f_r\}$$

erhöht werden. Man beachte, dass stets $f_\Delta > 0$ ist. Es wird nun ein neuer Fluss f' konstruiert. Dieser entsteht aus f, indem der Fluss durch jede Vorwärtskante um f_Δ erhöht und durch jede Rückwärtskante um f_Δ erniedrigt wird. f' ist wieder ein Fluss, und es gilt $|f'| = |f| + f_\Delta$. Da $f_\Delta > 0$ ist, hat der neue Fluss f' einen höheren Wert.

Für den Erweiterungsweg $<q, e_4, e_5, e_3, e_2, e_6, s>$ aus Abbildung 8.4 und dem angegebenen Fluss ergibt sich:

$$f_v = 12 \qquad f_r = 10 \qquad f_\Delta = 10.$$

Der neue Fluss f' ist in Abbildung 8.5 dargestellt. Der Wert des Flusses f' ist 40.

Das Konzept der Erweiterungswege bildet die Grundlage vieler Algorithmen zur Bestimmung maximaler Flüsse. Hierbei geht man von einem existierenden Fluss f_0

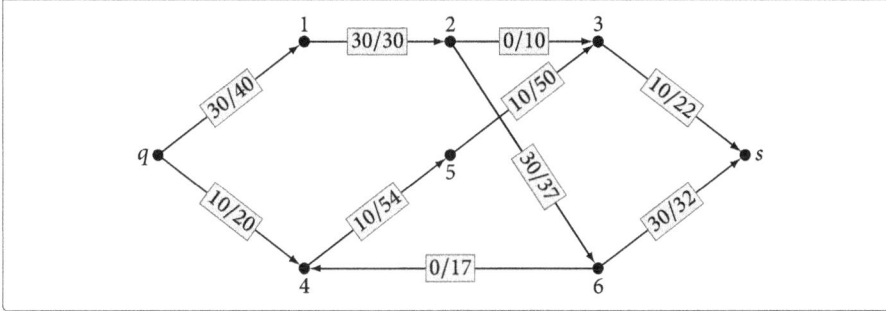

Abb. 8.5: Der Fluss f' für den Fluss aus Abbildung 8.2

aus (z. B. von dem trivialen Fluss). Mit Hilfe eines Erweiterungsweges für f_0 wird ein Fluss f_1 mit $|f_1| > |f_0|$ konstruiert. Auf diese Weise wird eine Folge $f_0, f_1, f_2, \dots$ von Flüssen mit $|f_0| < |f_1| < |f_2| < \dots$ erzeugt. Es ergeben sich zwei Probleme: Wie findet man Erweiterungswege, und warum bricht dieses Verfahren irgendwann mit einem Fluss mit maximalem Wert ab? Die grundlegenden Ergebnisse über Erweiterungswege werden im nächsten Abschnitt vorgestellt.

8.3 Der Satz von Ford-Fulkerson

Im letzten Abschnitt wurde gezeigt, dass der Wert eines maximalen Flusses durch das Minimum der Kapazitäten aller Schnitte begrenzt ist. Da es nur endlich viele Schnitte gibt, existiert daher ein Schnitt, dessen Kapazität κ_0 minimal ist. Im Folgenden wird nun gezeigt, dass es einen Fluss f mit $|f| = \kappa_0$ gibt. Daraus folgt die Existenz eines Flusses mit maximalem Wert. Ferner wird auch gezeigt, dass ein Fluss, für den es keinen Erweiterungsweg gibt, maximal ist.

Satz (FORD-FULKERSON).

(a) *Es sei f ein Fluss eines Netzwerkes. Genau dann ist f ein maximaler Fluss, wenn es keinen Erweiterungsweg bezüglich f gibt.*

(b) *Der Wert eines maximalen Flusses in einem Netzwerk ist gleich der minimalen Kapazität eines Schnittes.*

Beweis. Zu (a): Aus dem letzten Abschnitt folgt, dass ein maximaler Fluss keinen Erweiterungsweg von q nach s besitzen kann. Es sei nun f ein Fluss, für welchen es keinen solchen Erweiterungsweg gibt. Man bezeichne die Menge aller Ecken e des Netzwerkes, für welche es einen Erweiterungsweg mit Startecke q und Endecke e gibt, mit X. Da es einen Erweiterungsweg von q nach q gibt, ist auch $q \in X$. Dann ist $(X, \overline{X})$ ein Schnitt. Es sei k eine Kante mit Anfangsecke in X und Endecke in $\overline{X}$. Aus der Definition von X folgt, dass $f(k) = \kappa(k)$ ist. Somit ist $f(X, \overline{X}) = \kappa(X, \overline{X})$. Ist umgekehrt k eine Kante mit Anfangsecke in $\overline{X}$ und Endecke in X, so ist aus dem gleichen Grund

$f(k) = 0$. Somit ist $f(\overline{X}, X) = 0$. Aus dem obigen Lemma folgt nun

$$|f| = f(X, \overline{X}) = \kappa(X, \overline{X}).$$

Da $\kappa(X, \overline{X})$ eine obere Schranke für den Wert eines Flusses ist, ist f ein maximaler Fluss.

Zu (b): Es sei f ein maximaler Fluss. Definiere X wie in Teil (a). Da der Wert von f maximal ist, ist $s \notin X$. Analog zu (a) zeigt man, dass $|f| = \kappa(X, \overline{X})$. Da für jeden Schnitt $(Y, \overline{Y})$ des Netzwerkes $|f| \leq \kappa(Y, \overline{Y})$ gilt, ist $(X, \overline{X})$ ein Schnitt mit minimaler Kapazität. ∎

Aus diesem Satz folgt noch nicht, dass der im letzten Abschnitt beschriebene Algorithmus zur Bestimmung eines Flusses mit maximalem Wert terminiert. Zwar existiert zu jedem Fluss, dessen Wert noch nicht maximal ist, ein Erweiterungsweg, welcher zu einem Fluss mit höherem Wert führt. Dies bedeutet aber noch nicht, dass nach endlich vielen Schritten ein Fluss mit maximalem Wert gefunden wird. Ford und Fulkerson haben ein Netzwerk gefunden, für welches die Erhöhungen f_Δ der Flüsse gegen 0 konvergieren, ohne jedoch 0 zu erreichen. Somit terminiert der Algorithmus für dieses Beispiel nicht. Es gilt sogar, dass die Werte der Flüsse nicht gegen den Wert des maximalen Flusses konvergieren, sondern gegen einen kleineren Wert. In diesem Beispiel sind die Kapazitäten natürlich nicht ganzzahlig (vergleichen Sie Aufgabe 2).

Sind alle Kapazitäten ganzzahlig, so ist f_Δ ganzzahlig und mindestens gleich 1 (unter der Voraussetzung, dass auch f ganzzahlig ist). In diesem Fall terminiert der Algorithmus nach endlich vielen Schritten. Ferner folgt, dass der Wert eines maximalen Flusses ganzzahlig ist. Startet man mit dem trivialen Fluss, so erhält man einen maximalen Fluss f mit der Eigenschaft, dass $f(k)$ für jede Kante k ganzzahlig ist.

Die Anzahl der Schritte, die der Algorithmus benötigt, hängt bei diesem Verfahren nicht nur von der Anzahl der Ecken und Kanten des Netzwerkes ab, sondern auch von den Kapazitäten. Dazu betrachte man das Netzwerk in Abbildung 8.6 mit $C \in \mathbb{N}$. Der Wert eines maximalen Flusses ist $2C$.

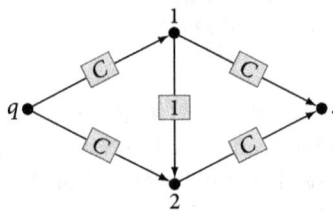

Abb. 8.6: Ein Netzwerk mit ganzzahligen Kapazitäten

Falls der Algorithmus mit dem trivialen Fluss startet und abwechselnd die beiden Erweiterungswege $\langle q, e_1, e_2, s \rangle$ und $\langle q, e_2, e_1, s \rangle$ verwendet, wird der Wert des Flusses jeweils um 1 erhöht. Es sind somit insgesamt $2C$ Schritte notwendig, um zu dem maximalen Fluss zu gelangen. Dieses Beispiel zeigt, dass man die Erweiterungswege in jedem Schritt sorgfältig auswählen muss. Wählt man im obigen Beispiel direkt die Erweiterungswege $<q, e_1, s>$ und $<q, e_2, s>$, so wird in zwei Schritten ein maximaler Fluss gefunden. Im nächsten Abschnitt werden mehrere Verfahren zur Auswahl von Erweiterungswegen vorgestellt.

8.4 Bestimmung von Erweiterungswegen

Es sei G ein Netzwerk mit Kantenmenge K und einem Fluss f. Setze

$$\overleftarrow{K} = \left\{ (e', e) \mid (e, e') \in K \right\}.$$

Somit geht $\overleftarrow{K}$ aus K hervor, indem die Richtungen der Kanten geändert werden. Ist $k = (e, e') \in K$, so ist $\overleftarrow{k} = (e', e)$. Es sei G_f der gerichtete kantenbewertete Graph mit gleicher Eckenmenge wie G und folgenden Kanten:

(1) $k \in K$, falls $f(k) < \kappa(k)$. In diesem Fall trägt k die Bewertung $\kappa(k) - f(k)$.
(2) $\overleftarrow{k} \in \overleftarrow{K}$, falls $f(k) > 0$. In diesem Fall trägt $\overleftarrow{k}$ die Bewertung $f(k)$.

Existieren in G Kanten mit entgegengesetzten Richtungen, so kann dies dazu führen, dass es in G_f Ecken gibt, zwischen denen es zwei Kanten mit der gleichen Richtung gibt. Diese kann man zu einer Kante zusammenfassen und die Bewertungen addieren. Dadurch wird G_f ein schlichter Graph. Im Folgenden wird dies nicht vorgenommen. In den dargestellten Algorithmen wird der Graph G_f nie explizit erzeugt, sondern er dient nur zum besseren Verständnis der Vorgehensweise. Im Rest dieses Kapitels wird folgende Bezeichnungsweise verwendet: Ist k eine Kante eines Netzwerkes G, so bezeichnet $\overleftarrow{k}$ die zu k entgegengesetzt gerichtete Kante, die nicht in G liegt.

Die Erweiterungswege von G bezüglich f entsprechen Wegen in G_f und umgekehrt. Abbildung 8.7 zeigt den Graphen G_f zu dem in Abbildung 8.2 dargestellten Fluss f. Hierbei sind Rückwärtskanten rot dargestellt.

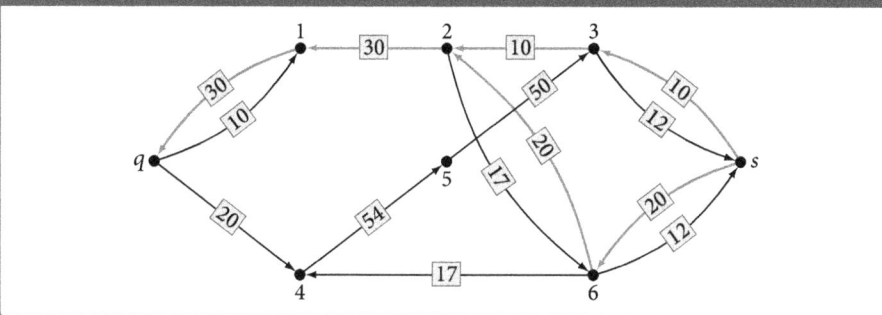

Abb. 8.7: Der Graph G_f zu dem Fluss aus Abbildung 8.2

Die Bestimmung der Erweiterungswege kann nun mit Hilfe von G_f durchgeführt werden. Jeder Weg in G_f von q nach s ist ein Erweiterungsweg, welcher zur Konstruktion eines Flusses mit höherem Wert verwendet werden kann. Solche Wege lassen sich mit den in Kapitel 4 dargestellten Verfahren wie Tiefen- oder Breitensuche leicht finden. Das im letzten Abschnitt erwähnte Beispiel zeigt, dass nicht jede Folge von Erweiterungswegen in endlich vielen Schritten zu einem maximalen Fluss führt. Zwar führt dieses Verfahren bei Netzwerken mit ganzzahligen Kapazitäten zu einem maximalen Fluss, aber die Anzahl der Schritte ist dabei von den Kapazitäten der Kanten abhängig. Das gleiche Argument gilt natürlich auch, wenn die Kapazitäten mit Gleitkommadarstellung und fester Genauigkeit repräsentiert werden, wie dies in Programmiersprachen üblich ist. Es ist aber wünschenswert, ein Verfahren zu haben, dessen Laufzeit unabhängig von den Kapazitäten der Kanten ist.

Für die Auswahl der Erweiterungswege bieten sich zwei Möglichkeiten an:

(1) Unter allen Erweiterungswegen bezüglich f wird immer derjenige gewählt, für den f_Δ maximal ist.
(2) Unter allen Erweiterungswegen bezüglich f wird immer derjenige gewählt, welcher aus den wenigsten Kanten besteht.

Man kann zeigen, dass Algorithmen, welche die Erweiterungswege immer nach dem ersten Kriterium auswählen, eine Folge von Flüssen erzeugen, deren Werte gegen den Wert eines maximalen Flusses konvergieren. Die Anzahl der Schritte ist aber weiterhin abhängig von den Kapazitäten der Kanten (vergleichen Sie Aufgabe 11). Verfahren, mit denen Erweiterungswege mit maximalem f_Δ bestimmt werden können, sind in Kapitel 10 beschrieben. Im Folgenden wird die zweite Alternative ausführlich betrachtet. Sie führt zu einem effizienten Algorithmus, dessen Laufzeit unabhängig von den Werten der Kapazitäten der Kanten ist.

Die Bestimmung von Wegen mit einer minimalen Anzahl von Kanten erfolgt mit Hilfe der Breitensuche. Diese wird auf den Graphen G_f mit Startecke q angewendet. Sobald die Ecke s erreicht ist, hat man einen geeigneten Erweiterungsweg gefunden. Endet die Breitensuche, bevor die Ecke s erreicht wurde, so ist der vorliegende Fluss bereits maximal. Die Anpassung der Breitensuche an die vorliegende Situation ist einfach. Für jede Ecke e, welche die Breitensuche erreicht, wird der Wert, um den der Fluss entlang des Erweiterungsweges von q nach e maximal vergrößert werden kann, abgespeichert; dazu wird das Feld F_Δ verwaltet.

Um den Erweiterungsweg explizit zur Verfügung zu haben, wird der Breitensuchebaum mit dem in Abschnitt 3.3 vorgestellten Vorgängerfeld abgespeichert. Dies geschieht mit Hilfe des Feldes `vorgänger`. Der Graph G_f wird nicht explizit aufgebaut, sondern die Breitensuche untersucht nicht nur die Nachfolger jeder Ecke im Netzwerk G, sondern auch die Vorgänger.

Abbildung 8.8 zeigt die Funktion `erweiterungsweg`. Sie konstruiert für ein Netzwerk G mit einem Fluss f einen Erweiterungsweg von q nach s mit einer minimalen

```
Abb. 8.8: Die Funktion erweiterungsweg

    var vorgänger : Array[1..n] von Ecke;
    var vorwärtskante : Array[1..n] von Boolean;

    function erweiterungsweg(G : Netzwerk, f : Fluss) : Real
        var F_Δ : Array[1..n] von Real;
        var besucht : Array[1..n] von Boolean;
        var e_i, e_j : Ecke;
        var W : Warteschlange von Ecke;

        Initialisiere besucht mit 0;
        vorgänger[q] := ⊥;
        besucht[q] := true;
        F_Δ[q] := ∞;
        F_Δ[s] := 0;
        W.einfügen(G.q);
        repeat
            e_i := W.entfernen();
            foreach e_j in N⁺(e_i) do
                if not besucht[j] and f[i, j] < G.κ[i, j] then
                    besucht[j] := true;
                    W.einfügen(e_j);
                    F_Δ[j] := min(G.κ[i, j] - f[i, j], F_Δ[i]);
                    vorgänger[j] := e_i; vorwärtskante[j] := true;
            foreach e_j in N⁻(e_i) do
                if not besucht[j] and f[j, i] > 0 then
                    besucht[j] := true;
                    W.einfügen(e_j);
                    F_Δ[j] := min(f[j, i], F_Δ[i]);
                    vorgänger[j] := e_i; vorwärtskante[j] := false;
        until F_Δ[s] > 0 or W = ∅;
        return F_Δ[s];
```

Anzahl von Kanten. Ihr Rückgabewert ist f_Δ, falls ein Erweiterungsweg von q nach s gefunden wurde, und sonst 0. Mit ihrer Hilfe lässt sich das in Abschnitt 8.1 skizzierte Verfahren zur Bestimmung eines maximalen Flusses leicht realisieren.

Mit Hilfe der in Abbildung 8.9 dargestellten Funktion flussErhöhung kann aus einem gegebenen Fluss f eines Netzwerkes G, einem Erweiterungsweg und dem Wert f_Δ ein neuer Fluss mit dem Wert $|f| + f_\Delta$ konstruiert werden. Das Feld vorwärtskante wird dazu verwendet, die Richtung einer Kante im Breitensuchebaum zu vermerken: true bedeutet Vorwärtskante und false Rückwärtskante.

Das vollständige Verfahren lässt sich nun leicht angeben. Ausgehend von dem trivialen Fluss werden sukzessiv Flüsse mit einem höheren Wert konstruiert. Ein maximaler Fluss ist gefunden, sobald kein Erweiterungsweg mehr existiert. Dies führt zu der in Abbildung 8.10 dargestellten Funktion maxFluss. Die Umsetzung der Addition der beiden Flüsse erfolgt innerhalb einer Iteration über alle Kanten.

Abb. 8.9: Die Funktion `flussErhöhung`

```
function flussErhöhung(G : Netzwerk, f_Δ : Real) : Fluss
    var h : Fluss;
    var e_i, e_j : Ecke;

    e_i := G.s;
    Initialisiere h mit 0;
    while (e_j := vorgänger[i]) ≠ ⊥ do
        if vorwärtskante[i] then
            h[j, i] := f_Δ;
        else
            h[i, j] := -f_Δ;
        e_i := e_j;
    return h;
```

Abb. 8.10: Die Prozedur `maxFluss`

```
function maxFluss(G : Netzwerk) : Fluss
    var f : Fluss;
    var f_Δ : Real

    Initialisiere f mit 0;
    while (f_Δ := erweiterungsweg(G, f)) ≠ 0 do
        f := f + flussErhöhung(G, f_Δ);
    return f;
```

Bevor dieser Algorithmus, welcher von J. Edmonds und R. Karp stammt, näher analysiert wird, wird er auf das in Abbildung 8.1 dargestellte Netzwerk angewendet. Startend mit dem trivialen Fluss f_0 wird in vier Schritten der maximale Fluss f_4 gefunden. Abbildungen 8.11 und 8.12 zeigen für jeden einzelnen Schritt das Netzwerk, den Fluss f_i, den gefundenen Erweiterungsweg und den Wert f_{i_Δ}. Die gefundenen Erweiterungswege sind jeweils rot gezeichnet. Für den Fluss f_4 wird kein Erweiterungsweg mehr gefunden; d. h., f_4 ist maximal. Die Breitensuche erreicht in G_{f_4} nur die Ecke e_1. Somit ist $X = \{q, e_1\}$, $\overline{X} = \{e_2, e_3, e_4, e_5, e_6, s\}$ ein Schnitt mit minimaler Kapazität; d. h. $\kappa(X, \overline{X}) = |f_4| = 50$. Dieser Schnitt ist in Abbildung 8.12 (b) rot eingezeichnet.

Eine Kante k eines Netzwerkes G heißt bezüglich eines Flusses f *kritisch*, falls der Fluss durch k gleich 0 oder gleich der Kapazität $\kappa(k)$ der Kante ist. Ist der Fluss durch eine kritische Kante k gleich 0, so kann k nicht als Rückwärtskante in einem Erweiterungsweg auftreten; und ist der Fluss gleich $\kappa(k)$, so kann k nicht als Vorwärtskante in einem Erweiterungsweg auftreten.

Zur Bestimmung der Komplexität der Funktion `maxFluss` ist es notwendig, die Anzahl der konstruierten Erweiterungswege abzuschätzen. Dies wird in dem folgenden Satz getan.

Satz. *Der Algorithmus von Edmonds und Karp bestimmt in maximal $m\,n/2$ Schritten einen maximalen Fluss.*

Abb. 8.11: Eine Anwendung des Algorithmus von Edmonds und Karp

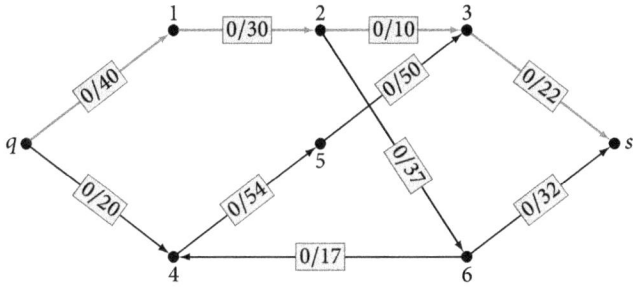

(a) $|f_0| = 0$; Erweiterungsweg: $<q, e_1, e_2, e_3, s>$; $f_{0_\Delta} = 10$

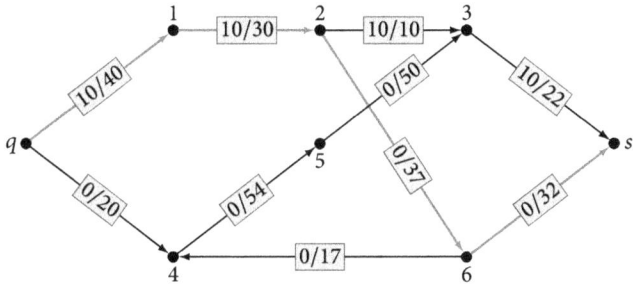

(b) $|f_1| = 10$; Erweiterungsweg: $<q, e_1, e_2, e_6, s>$; $f_{1_\Delta} = 20$

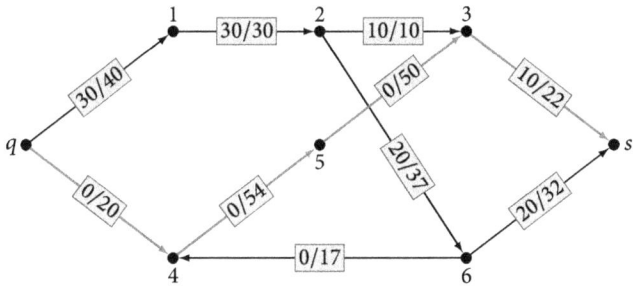

(c) $|f_2| = 30$; Erweiterungsweg: $<q, e_4, e_5, e_3, s>$; $f_{2_\Delta} = 12$

Beweis. Es seien $f_1, f_2, \dots$ die durch die Funktion `flussErhöhung` konstruierten Flüsse und $W_1, W_2, \dots$ die Erweiterungswege, welche zu diesen Flüssen führten. Die Anzahl der Kanten von W_i wird mit l_i bezeichnet. Ferner sei $d_i(u, v)$ die Anzahl der Kanten des kürzesten Weges zwischen zwei Ecken u und v des Graphen G_{f_i} (f_0 ist der triviale Fluss). Gibt es in G_{f_i} keinen Weg von u nach v, so ist $d_i(u, v) = \infty$. Somit gilt $d_{i-1}(q, s) = l_i$ für alle i. Zunächst wird folgende Aussage bewiesen:

(1) $d_{i+1}(q, e) \geq d_i(q, e)$ für alle Ecken e und alle $i \in \mathbb{N}$

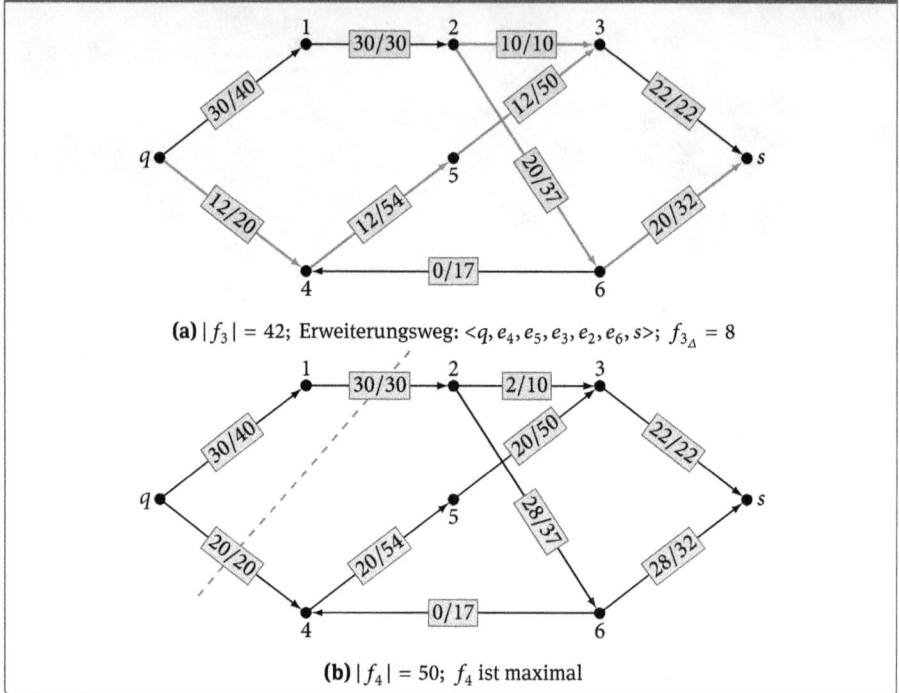

Abb. 8.12: Eine Anwendung des Algorithmus von Edmonds und Karp

(a) $|f_3| = 42$; Erweiterungsweg: $\langle q, e_4, e_5, e_3, e_2, e_6, s \rangle$; $f_{3_\Delta} = 8$

(b) $|f_4| = 50$; f_4 ist maximal

Die Behauptung ist offensichtlich, falls $d_{i+1}(q, e) = \infty$. Der kürzeste Weg von q nach e in $G_{f_{i+1}}$ verwende die Ecken $q = e_0, e_1, \ldots, e_h = e$. Somit ist $d_{i+1}(q, e_j) = j$. Zunächst wird gezeigt, dass für $j = 0, \ldots, h - 1$ folgende Ungleichung gilt:

$$d_i(q, e_{j+1}) \leq d_i(q, e_j) + 1.$$

Dazu werden zwei Fälle betrachtet:

Fall I: *Die Kante* $k = (e_j, e_{j+1})$ *ist in* G_{f_i} *enthalten.* Aus der Eigenschaft der Breitensuche folgt dann sofort $d_i(q, e_{j+1}) \leq d_i(q, e_j) + 1$.

Fall II: *Die Kante* $k = (e_j, e_{j+1})$ *ist nicht in* G_{f_i} *enthalten.* Ist k in $G_{f_{i+1}}$ eine Vorwärtskante, so ist deshalb $f_i(k) = \kappa(k)$, und ist k in $G_{f_{i+1}}$ eine Rückwärtskante, so muss $f_i(k) = 0$ sein. Dies bedeutet, dass der Fluss durch diese Kante im $(i + 1)$-ten Schritt geändert wurde. Somit ist (e_{j+1}, e_j) eine Kante auf W_{i+1}. Da W_{i+1} ein Weg in dem Breitensuchebaum ist, gilt $d_i(q, e_{j+1}) = d_i(q, e_j) - 1$. Somit gilt $d_i(q, e_{j+1}) \leq d_i(q, e_j) + 1$.

Es gilt nun folgende Ungleichung:

$$\begin{aligned}
d_i(q, e) &= d_i(q, e_h) \\
&\leq d_i(q, e_{h-1}) + 1 \\
&\leq d_i(q, e_{h-2}) + 2 \leq \ldots \leq \\
&\leq d_i(q, q) + h \\
&= d_{i+1}(q, e).
\end{aligned}$$

Auf die gleiche Weise wird auch die folgende Aussage bewiesen:

(2) $d_{i+1}(e, s) \geq d_i(e, s)$ für alle Ecken e und alle $i \in \mathbb{N}$.

Es sei $k = (e', e'')$ eine Kante von G, und W_i, W_j seien Erweiterungswege mit $i < j$, so dass k auf W_i und $\overleftarrow{k}$ auf W_j liegt. Dann gilt:

$$
\begin{aligned}
l_j &= d_{j-1}(q, s) \\
&= d_{j-1}(q, e'') + 1 + d_{j-1}(e', s) \\
&\geq d_{i-1}(q, e'') + 1 + d_{i-1}(e', s) \\
&= d_{i-1}(q, e') + 1 + 1 + d_{i-1}(e'', s) + 1 \\
&= d_{i-1}(q, s) + 2 \\
&= l_i + 2.
\end{aligned}
$$

Die erste Ungleichung folgt aus (1) und (2), und die darauffolgende Gleichung ist erfüllt, da (e', e'') eine Kante in W_i ist. Somit besitzt W_j mindestens zwei Kanten mehr als W_i.

Jede Erhöhung des Flusses durch einen Erweiterungsweg macht mindestens eine Kante k von G bezüglich des neuen Flusses kritisch. Damit diese Kante k in der gleichen Richtung wieder in einem Erweiterungsweg auftreten kann, muss sie vorher in der entgegengesetzten Richtung in einem Erweiterungsweg vorkommen. Aus dem oben Bewiesenen folgt, dass dieser Erweiterungsweg dann aus mindestens zwei Kanten mehr bestehen muss. Da ein Erweiterungsweg aus maximal $n - 1$ Kanten bestehen kann, kann jede Kante maximal $n/2$-mal kritisch sein. Somit folgt, dass der Algorithmus maximal $m\,n/2$ Erweiterungswege konstruiert. Der Algorithmus bestimmt also auch im Fall von irrationalen Kapazitäten in endlich vielen Schritten einen maximalen Fluss. ∎

Die Suche nach Erweiterungswegen ist im wesentlichen mit der Breitensuche identisch und hat somit einen Aufwand $O(m)$. Daraus ergibt sich folgender Satz.

Satz. *Der Algorithmus von Edmonds und Karp zur Bestimmung eines maximalen Flusses hat eine Komplexität von $O(n\,m^2)$.*

8.5 Der Algorithmus von Dinic

Für dichte Netzwerke (d. h. $m = \Omega(n^2)$) hat der Algorithmus von Edmonds und Karp eine Komplexität von $O(n^5)$. Für solche Graphen arbeitet ein von E. A. Dinic entwickelter Algorithmus viel effizienter. Durch eine andere Art der Vergrößerung von Flüssen und durch die Betrachtung geeigneter Hilfsnetzwerke gelingt es, einen Algorithmus mit einer Komplexität von $O(n^3)$ zu entwickeln. Die Flusserhöhungen erfolgen nicht mehr nur entlang einzelner Wege, sondern auf dem gesamten Netzwerk.

Der ursprünglich von Dinic angegebene Algorithmus hatte eine Laufzeit von $O(n^2 m)$. In diesem Abschnitt wird eine Weiterentwicklung dieses Algorithmus vorgestellt, welche eine Laufzeit von $O(n^3)$ hat. Diese Weiterentwicklung stammt von V. M. Malhotra, M. Pramodh Kumar und S. N. Maheswari.

Ausgangspunkt für den Algorithmus von Dinic ist die Beobachtung, dass bei der Konstruktion eines Erweiterungsweges für ein Netzwerk G mit Fluss f viele der betrachteten Kanten nicht in Frage kommen. Die Erweiterungswege erhält man mit Hilfe der Breitensuche und dem Graphen G_f. Der Graph G_f wurde nicht explizit konstruiert, da er nur für einen Breitensuchedurchgang verwendet wurde. Im schlimmsten Fall mussten $m\,n/2$ Erweiterungswege gesucht werden. Der Algorithmus von Dinic kommt mit maximal n Durchgängen aus. Diese Reduktion wird dadurch erzielt, dass man in jedem Durchgang ein Hilfsnetzwerk aufbaut und in diesem einen Fluss bestimmt. Mit diesem wird dann der Fluss auf dem eigentlichen Netzwerk erhöht.

Das Hilfsnetzwerk entsteht aus G_f, indem dort „überflüssige" Kanten und Ecken entfernt werden. Auf dem Hilfsnetzwerk wird ein Fluss konstruiert, der zwar nicht maximal sein muss, für den es aber keinen Erweiterungsweg gibt, der nur aus Vorwärtskanten besteht. Einen solchen Fluss nennt man einen *blockierenden Fluss*. Der Fluss f_3 auf dem Netzwerk G aus Abbildung 8.12 (a) ist ein blockierender Fluss. Dieses Beispiel zeigt auch, dass ein blockierender Fluss nicht notwendigerweise ein Fluss mit maximalem Wert ist. Umgekehrt ist natürlich jeder Fluss mit einem maximalen Wert ein blockierender Fluss. Die Grundidee des Algorithmus ist, mittels Hilfsnetzwerken eine Folge von blockierenden Flüssen zu finden, um so zu einem Fluss mit maximalem Wert zu gelangen. Im Folgenden wird zunächst die Konstruktion der Hilfsnetzwerke diskutiert.

Im Algorithmus von Edmonds und Karp wurde ein Erweiterungsweg mittels der Breitensuche mit Startecke q auf dem Graphen G_f gefunden. Der Weg von q nach s in dem Breitensuchebaum von G_f ist ein Erweiterungsweg. Kanten, die nicht im Breitensuchebaum enthalten sind, können somit nicht in einem Erweiterungsweg vorkommen. Allerdings ist der Breitensuchebaum mit Startecke q nicht eindeutig bestimmt. In Abhängigkeit der Auswahl der Reihenfolge der Nachfolgeecken ergeben sich verschiedene Breitensuchebäume. Unabhängig von der Reihenfolge der Nachfolger ist die Einteilung der Ecken in die verschiedenen Niveaus. Ist $k = (e_i, e_j)$ eine Kante aus irgendeinem Breitensuchebaum, so gilt $\mathrm{niv}(e_i) + 1 = \mathrm{niv}(e_j)$. Dies führt zur Definition des *geschichteten Hilfsnetzwerkes* G'_f eines Netzwerkes G mit einem Fluss f. Die Eckenmenge E' von G'_f besteht neben der Senke s aus allen Ecken e_i von G_f mit $\mathrm{niv}(e_i) < \mathrm{niv}(s)$. G'_f enthält genau die Kanten $k = (e_i, e_j)$ von G_f, für die $e_i, e_j \in E'$ und $\mathrm{niv}(e_i) + 1 = \mathrm{niv}(e_j)$ gilt. Die Breitensuchniveaus bilden also die *Schichten* des Hilfsnetzwerkes. Somit besteht G'_f aus allen kürzesten Wegen in G_f von der Quelle q zur Senke s. Die Kapazitäten der Kanten von G'_f entsprechen den Bewertungen der

Kanten in G_f. G'_f ist somit ein Netzwerk mit gleicher Quelle und Senke wie G. Man beachte, dass es in G_f Kanten mit Endecke q oder Startecke s geben kann, in G'_f aber gilt $g^-(q) = g^+(s) = 0$.

Abb. 8.13: Die geschichteten Hilfsnetzwerke

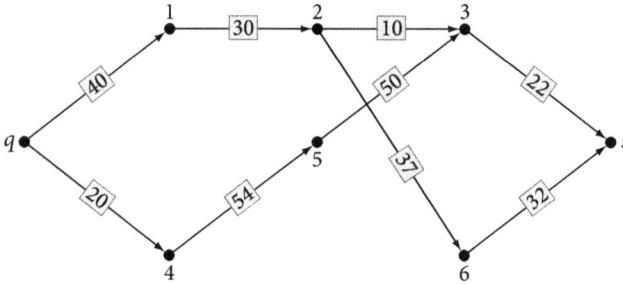

(a) Hilfsnetzwerke bezüglich f_0 aus Abbildung 8.11 (a)

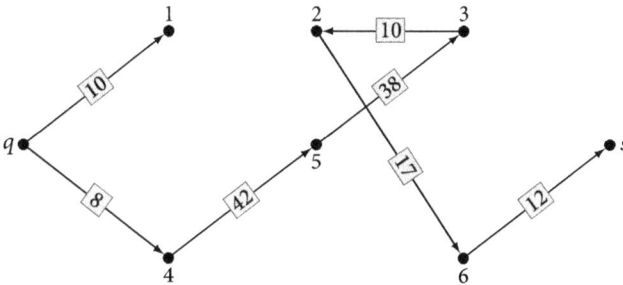

(b) Hilfsnetzwerke bezüglich f_3 aus Abbildung 8.12 (a)

Abbildung 8.13 zeigt die geschichteten Hilfsnetzwerke für die Netzwerke aus den Abbildungen 8.11 (a) und 8.12 (a), bezüglich der dort angegebenen Flüsse f_0 und f_3. Angegeben sind jeweils die Kapazitäten der Kanten. Bezüglich f_0 liegt s in Niveau 4 und bezüglich f_3 in Niveau 6. Dies deutet schon die Grundidee des Verfahrens an. Man kann beweisen, dass das Niveau der Senke s in jedem der im Algorithmus von Dinic konstruierten geschichteten Hilfsnetzwerke mindestens um 1 ansteigt. Da s mindestens das Niveau 1 und höchstens das Niveau $n - 1$ hat, folgt daraus, dass man mit maximal $n - 2$ geschichteten Hilfsnetzwerken zu einem maximalen Fluss gelangt. Die Anhebung des Niveaus der Senke beruht darauf, dass zur Konstruktion der geschichteten Hilfsnetzwerke blockierende Flüsse verwendet werden. Mit ihrer Hilfe wird zunächst der Fluss auf dem eigentlichen Netzwerk vergrößert. Dies führt dann zu einem neuen geschichteten Hilfsnetzwerk. Wie kann man nun mit einem Fluss auf dem geschichteten Hilfsnetzwerk den Fluss auf dem eigentlichen Netzwerk erhöhen? Dazu das folgende Lemma.

Lemma. *Es sei G ein Netzwerk mit Fluss f und G'_f das zugehörige geschichtete Hilfs-netzwerk. Ist f' ein Fluss auf G'_f, so gibt es einen Fluss f'' auf G mit $|f''| = |f| + |f'|$.*

Beweis. Es sei k eine Kante aus G. Ist k bzw. $\overleftarrow{k}$ keine Kante in G'_f, so sei

$$f'(k) = 0 \text{ bzw. } f'(\overleftarrow{k}) = 0.$$

Somit ist f' für jede Kante von G definiert. Für jede Kante k von G setze man

$$f''(k) = f(k) + f'(k) - f'(\overleftarrow{k}).$$

Existieren in G Kanten mit entgegengesetzten Richtungen, so muss beachtet werden, welche davon eine Kante in G'_f induzierte. Für die andere Kante k gilt dann

$$f'(k) = f'(\overleftarrow{k}) = 0.$$

Man zeigt nun leicht, dass f'' ein Fluss auf G mit dem angegebenen Wert ist. ∎

Abgesehen von der Bestimmung von geschichteten Hilfsnetzwerken und den entspre-chenden blockierenden Flüssen, kann der Algorithmus von Dinic jetzt schon angege-ben werden. Abbildung 8.14 zeigt die Grobstruktur. Die Erhöhung eines Flusses mittels eines blockierenden Flusses erfolgt gemäß den Angaben im letzten Lemma.

Abb. 8.14: Die Grobstruktur des Algorithmus von Dinic

```
Initialisiere f mit 0;
Konstruiere G'f;
while in G'f ist G.s von G.q aus erreichbar do
    Finde einen blockierenden Fluss h auf G'f;
    Erhöhe den Fluss f mittels h;
    Konstruiere G'f;
```

Im Folgenden werden die beiden noch offenen Teilprobleme gelöst. Die Bestimmung eines geschichteten Hilfsnetzwerkes erfolgt analog zur Funktion erweiterungsweg. Die dort verwendete Version der Breitensuche muss allerdings leicht abgeändert wer-den. Eine Ecke wird besucht, falls sie noch nicht besucht wurde oder falls sie in dem im Aufbau befindlichen Niveau liegt. Eine Ecke kann also somit mehrmals besucht wer-den. Sie wird aber nur einmal in die Warteschlange eingefügt. Das geschichtete Hilfs-netzwerk wird schichtenweise aufgebaut. Der Algorithmus startet mit einem Hilfsnetz-werk, welches nur aus der Quelle q besteht. Im Verlauf werden dann die Ecken der einzelnen Niveaus und die Kanten zwischen ihnen eingefügt. Der Algorithmus endet, falls die Senke s in G_f nicht von q aus erreicht werden kann, oder falls das Niveau, welches die Senke enthält, bearbeitet wurde.

Abbildung 8.15 zeigt eine Realisierung der Funktion hilfsnetzwerk, welche das geschichtete Hilfsnetzwerk G'_f für ein Netzwerk G mit Fluss f bestimmt. Um alle Kan-ten zwischen den Niveaus zu finden, wird das Feld besucht nicht mit 0, sondern mit n initialisiert. Ist besucht[j] > besucht[i] für eine untersuchte Kante (e_i, e_j), so be-deutet dies, dass die Ecke e_j sich in dem aktuellen Niveau befindet, oder dass e_j noch

---

Abb. 8.15: Die Funktion `hilfsnetzwerk`

```
function hilfsnetzwerk(G : Netzwerk, f : Fluss, var G'_f : Netzwerk) : Boolean
    var besucht : Array[1..n] von Integer;
    var W : Warteschlange von Ecke;
    var e_i, e_j : Ecke;

    Initialisiere besucht mit n;
    besucht[q] := 0;
    Füge G.q in G'_f ein;
    W.einfügen(G.q);
    repeat
        e_i := W.entfernen();
        foreach e_j in N⁺(e_i) do
            if besucht[j] > besucht[i] and f[i, j] < G.κ[i, j] then
                if besucht[j] = n then
                    W.einfügen(e_j);
                besucht[j] := besucht[i] + 1;
                Füge e_j in G'_f ein;
                Füge Kante (e_i, e_j) mit Kapazität G.κ[i, j] - f[i, j] in G'_f ein;
        foreach e_j in N⁻(e_i) do
            if besucht[e_j] > besucht[i] and f[j, i] > 0 then
                if besucht[j] = n then
                    W.einfügen(e_j);
                besucht[j] := besucht[i] + 1;
                Füge e_j in G'_f ein;
                Füge Kante (e_i, e_j) mit Kapazität f[j, i] in G'_f ein;
    until W = ∅ or besucht[s] ≤ besucht[W.kopf()];
    if besucht[s] < n then
        foreach e_i in G.E\{G.s} do
            Entferne e_i aus G'_f wenn besucht[i] = besucht[s];
            Entferne alle Kanten aus G'_f, welche zu den gerade entfernten Ecken führen;
        G'_f.q := G.q;
        G'_f.s := G.s;
        return true;
    return false;
```

nicht besucht wurde. Der Rückgabewert ist **true**, falls s in G_f von q aus erreichbar ist; sonst ist der Rückgabewert **false**. Im ersten Fall ist G'_f das geschichtete Netzwerk.

Wendet man die Funktion `hilfsnetzwerk` auf das Netzwerk aus Abbildung 8.1 an, so entsteht das in Abbildung 8.13 (a) dargestellte geschichtete Hilfsnetzwerk. Die Funktion `hilfsnetzwerk` stimmt im wesentlichen noch mit der Breitensuche überein und hat somit eine Komplexität von $O(n + m)$. Aus dem letzten Niveau werden alle Ecken bis auf die Senke entfernt. Dies wird später bei der Konstruktion von blockierenden Flüssen benötigt. Der folgende Satz zeigt, dass der in Abbildung 8.14 angegebene Algorithmus von Dinic maximal $n - 1$ geschichtete Hilfsnetzwerke aufbauen muss. Im letzten ist dann die Senke nicht mehr von der Quelle aus erreichbar, und der Fluss hat somit einen maximalen Wert.

Satz. *Nach maximal n − 2 Erhöhungen durch blockierende Flüsse liegt ein maximaler Fluss vor.*

Beweis. Die Grundidee des Beweises besteht darin, zu zeigen, dass die kürzesten Wege von der Quelle q zur Senke s in den geschichteten Hilfsnetzwerken aus immer mehr Kanten bestehen. Dazu wird gezeigt, dass diese Wege in jedem Schritt mindestens eine Kante mehr enthalten. Da ein kürzester Weg mindestens eine Kante und maximal $n-1$ Kanten enthält, wird ein Fluss mit maximalem Wert nach spätestens $n − 2$ Schritten erreicht.

Es sei nun G ein Netzwerk mit Fluss f, G'_f das zugehörige geschichtete Hilfsnetzwerk und h ein blockierender Fluss auf G'_f. Für jede Ecke e von G'_f bezeichne man mit $d(e)$ die Anzahl der Kanten des kürzesten Weges von der Quelle q zu e. Ferner sei g der durch die Erhöhung von f durch h entstandene Fluss. Die Anzahl der Kanten des kürzesten Weges von q nach e in G'_g wird mit $d'(e)$ bezeichnet. Falls e nicht in G'_g ist, so sei $d'(e) = \infty$. Zu zeigen ist also $d'(s) > d(s)$. Ist $d'(s) = \infty$, so ist f bereits ein maximaler Fluss. Andernfalls liegt s in G'_g; d. h., es gibt einen Weg W von q nach s in G'_g. Dieser Weg verwende die Ecken

$$q = e_1, \ldots, e_l = s.$$

Somit gilt $d'(e_i) = i$ für $i = 0, \ldots, l$. Es werden nun zwei Fälle betrachtet:

Fall I: *Alle Ecken e_i existieren in G'_f.* Mittels vollständiger Induktion nach i wird gezeigt, dass $d'(e_i) \geq d(e_i)$ für $i = 1, \ldots, l$. Für $i = 1$ ist die Aussage wahr. Angenommen, es gilt $d'(e_i) \geq d(e_i)$. Es wird nun e_{i+1} betrachtet. Falls $d(e_{i+1}) \leq d'(e_i) + 1$ gilt, so folgt die Behauptung wegen $d'(e_{i+1}) = d'(e_i) + 1$. Es bleibt der Fall $d(e_{i+1}) > d'(e_i) + 1$. Aus der Induktionsannahme folgt dann $d(e_{i+1}) > d(e_i) + 1$. Somit liegen e_i und e_{i+1} nicht in benachbarten Niveaus von G_f. Also kann es in G_f keine Kante von e_i nach e_{i+1} bzw. von e_{i+1} nach e_i geben. Daraus folgt, dass der blockierende Fluss h auch keine solche Kante enthalten kann. Aus der im letzten Lemma beschriebenen Konstruktion zur Bildung von g folgt, dass der Fluss zwischen e_i und e_{i+1} in f und g identisch ist. Somit kann es in G'_g keine Kante von e_i nach e_{i+1} geben. Dieser Widerspruch beendet den Induktionsbeweis. Nun gilt $d'(s) \geq d(s)$. Die Gleichheit würde bedeuten, dass W bezüglich h ein Erweiterungsweg von G'_f ist. Wäre eine der Kanten $k = (e_i, e_{i+1})$ dabei eine Rückwärtskante, so wäre $h(k) = \kappa(k)$. Da aber k auch eine Kante in G'_g ist, kann dies nicht sein. Somit besteht W nur aus Vorwärtskanten. Dies ist aber unmöglich, da h ein blockierender Fluss ist. Hieraus folgt, dass $d'(s) > d(s)$ gilt.

Fall II: *Es gibt eine Ecke e_j, die nicht in G'_f ist.* Dann ist $e_j \neq s$. Es sei e_j die erste Ecke auf W, welche nicht in G'_f ist. Es gilt $j \geq 2$. Analog zu Fall I zeigt man, dass $d'(e_i) \geq d(e_i)$ für $i = 1, \ldots, j-1$ gilt. Da $k = (e_{j-1}, e_j)$ eine Kante in G'_g ist, muss k auch eine Kante von G_f sein, denn der Fluss durch k wurde durch g nicht geändert. Da e_j

nicht G'_f ist, muss somit e_j im gleichen Niveau wie s liegen (in G'_f sind alle Ecken von q aus erreichbar). Somit gilt $d(e_j) = d(s)$. Daraus folgt

$$d'(s) > d'(e_j) = d'(e_{j-1}) + 1 \geq d(e_{j-1}) + 1 \geq d(e_j) = d(s).$$

In jedem Fall gilt $d'(s) > d(s)$, und der Beweis ist vollständig. ∎

Um den Algorithmus von Dinic zu vervollständigen, müssen noch die blockierenden Flüsse bestimmt werden. Das ursprünglich von Dinic angegebene Verfahren hatte eine Komplexität von $O(nm)$. Daraus ergab sich für die Bestimmung eines maximalen Flusses ein Algorithmus mit Komplexität $O(n^2 m)$. In diesem Abschnitt wird eine Konstruktion von blockierenden Flüssen mit Komplexität $O(n^2)$ vorgestellt. Damit ergibt sich eine Gesamtkomplexität von $O(n^3)$. Das Verfahren verzichtet auf die Bestimmung von Erweiterungswegen. Zunächst wird der *Durchsatz* einer Ecke definiert.

Es sei G'_f ein geschichtetes Hilfsnetzwerk mit Eckenmenge E' und Kantenmenge K'. Für jede Ecke $e \in E'$ mit $e \neq q, s$ bezeichnet

$$D(e) = \min\left\{ \sum_{k=(e,e')\in K'} \kappa(k), \sum_{k=(e',e)\in K'} \kappa(k) \right\}$$

den Durchsatz der Ecke e. Den Durchsatz der Quelle bzw. Senke definiert man als die Summe der Kapazitäten der Kanten, die in der Quelle starten bzw. in der Senke enden. $D(e)$ ist die maximale Flussmenge, die durch die Ecke e fließen kann. Für das in Abbildung 8.13 (a) dargestellte geschichtete Hilfsnetzwerk ergibt sich folgender Durchsatz:

Ecke	q	e_1	e_2	e_3	e_4	e_5	e_6	s
Durchsatz	60	30	30	22	20	50	32	54

Die Idee des Verfahrens besteht darin, in jedem Schritt den Fluss auf dem geschichteten Hilfsnetzwerk derart zu erhöhen, dass der Fluss durch die Ecke e mit minimalem Durchsatz gerade $D(e)$ ist. Danach können e und die mit e inzidenten Kanten aus dem Netzwerk entfernt werden. Der Durchsatz aller Ecken muss ebenfalls neu bestimmt werden. Er kann sich auf zwei verschiedene Arten geändert haben. Die Kapazitäten der Kanten werden um den entsprechenden Fluss vermindert. Dadurch kann der Durchsatz sinken. Ferner können Ecken mit Durchsatz 0 entstehen (z. B. die Ecke mit minimalem Durchsatz). Diese werden mit ihren Kanten entfernt und der Durchsatz der Nachbarn abgeändert. Dieser Vorgang wird solange wiederholt, bis der Durchsatz jeder Ecke positiv ist. Die Änderung des Durchsatzes erfolgt mittels der beiden Felder D^+ und D^-. Hierbei ist

$$D^+[e] = \sum_{k=(e,e')\in K} \kappa(k) \quad \text{und} \quad D^-[e] = \sum_{k=(e',e)\in K} \kappa(k).$$

Die Erhöhung des Flusses bis zu dem Punkt, an dem die Ecke mit minimalem Durchfluss gesättigt ist, erfolgt mit den beiden Prozeduren `erweitereRückwärts` und `erweitereVorwärts`. Diese verteilen den Fluss $D[e]$, von e aus startend, rückwärts bis zur Quelle bzw. vorwärts bis zur Senke. Dabei werden die beiden Felder

D^- und D^+ abgeändert. Kanten, deren Kapazitäten voll ausgenutzt werden, werden entfernt. Die Ecken, deren Durchsatz auf 0 absinkt, werden gesammelt und in der Funktion blockFluss rekursiv entfernt. Abbildung 8.16 zeigt zunächst die Funktion blockFluss.

Abb. 8.16: Die Funktion blockFluss

```
var D, D⁺, D⁻ : Array[1..n] von Real;
var S, E′ : Menge von Ecke;
var K′ : Menge von Kante;

function blockFluss(G : Netzwerk) : Fluss
    var h : Fluss;
    var eᵢ, eⱼ : Ecke;

    Initialisiere h mit 0;
    Initialisiere E′ mit G.E und K′ mit G.K;
    foreach eᵢ in G.E do
        Bestimme D⁺[i] und D⁻[i] wobei D⁻[q] = D⁺[s] = ∞;
    repeat
        foreach eᵢ in E′ do
            D[e] := min(D⁺[i], D⁻[i]);
        Wähle eᵢ ∈ E′ so, dass D[i] minimal ist;
        erweettereRückwärts(G, eᵢ, h);
        erweitereVorwärts(G, eᵢ, h);
        S := {eᵢ};
        while S ≠ ∅ do
            eᵢ := S.entferne();
            E′.entfernen(eᵢ);
            foreach k = (eᵢ, eⱼ) in K′ do
                D⁻[j] := D⁻[j] - G.κ[i, j];
                if D⁻[j] = 0 then
                    S.einfügen(eⱼ);
                K′.entfernen(k);
            foreach k = (eⱼ, eᵢ) in K′ do
                D⁺[j] := D⁺[j] - G.κ[i, j];
                if D⁺[j] = 0 then
                    S.einfügen(eⱼ);
                K′.entfernen(k);
    until G.s ∉ E′ or G.q ∉ E′;
    return h;
```

Wendet man die Funktion blockFluss auf das in Abbildung 8.13 (a) dargestellte Hilfsnetzwerk an, so sind die Ecken e_4, e_3, e_1 in dieser Reihenfolge die Ecken mit minimalem Durchsatz 20, 2, 28. Der bestimmte blockierende Fluss ist maximal und ist gleich dem in Abbildung 8.12 (b) angegebenen Fluss f_4.

Die Prozeduren erweitereRückwärts und erweitereVorwärts arbeiten nach dem gleichen Prinzip. Sie starten bei der Ecke mit minimalem Durchsatz und verteilen diesen Fluss rückwärts zur Quelle bzw. vorwärts zur Senke unter Beibehaltung der Flusserhaltungsbedingung für alle besuchten Ecken. Dies ist möglich, da der Durchsatz der anderen Ecken mindestens genauso hoch ist. Eine Verteilung dieses Flusses rückwärts von der Senke startend würde nicht das gleiche Ziel erreichen. In diesem Fall wäre nicht gesichert, dass die Ecke mit minimalem Durchsatz gesättigt wäre und deshalb entfernt werden könnte. Abbildung 8.17 zeigt die Prozedur erweitereRückwärts. Analog ist die Prozedur erweitereVorwärts zu realisieren.

Abb. 8.17: Die Prozedur erweitereRückwärts

```
procedure erweitereRückwärts(var G : Netzwerk, e : Ecke, var h : Fluss)
    var durchfluss : Array[1..n] von Real;
    var W : Warteschlange von Ecke;
    var m : Real;
    var e_i, e_j : Ecke;

    Initialisiere durchfluss mit 0;
    durchfluss[G.index(e)] := D[G.index(e)];
    W.einfügen(e);
    repeat
        e_i := W.entfernen();
        while durchfluss[i] ≠ 0 and es gibt eine Kante k = (e_j, e_i) ∈ K' do
            m := min(G.κ[j, i], durchfluss[i]);
            h[j, i] := h[j, i] + m;
            G.κ[j, i] := G.κ[j, i] - m;
            if G.κ[j, i] = 0 then
                K'.entferne(k);
            D⁻[i] := D⁻[i] - m;
            if D⁻[i] = 0 then
                S.einfügen(e_i);
            D⁺[j] := D⁺[j] - m;
            if D⁺[j] = 0 then
                S.einfügen(e_j);
            W.einfügen(e_j);
            durchfluss[j] := durchfluss[j] + m;
            durchfluss[i] := durchfluss[i] - m;
    until W = ∅;
```

Im Folgenden Satz wird die Korrektheit der Funktion blockFluss bewiesen.

Satz. *Die Funktion* blockFluss *bestimmt einen blockierenden Fluss h auf G.*

Beweis. Zunächst wird gezeigt, dass h ein Fluss ist. Die Funktion blockFluss startet mit dem trivialen Fluss. Der Fluss wird nun bei jedem Durchlauf der **repeat**-Schleife geändert. Dies geschieht in den beiden Prozeduren erweitereVorwärts und erweitereRückwärts. Die erste startet einen Breitensuchelauf in der Ecke mit dem geringsten Durchsatz. Das Feld durchfluss verwaltet den Fluss, der in eine Ecke hineinfließen muss. Wird der Fluss durch eine Kante $k = (e, e')$ erhöht, so wird durchfluss[e'] entsprechend vermindert und durchfluss[e] erhöht. Nachdem eine Ecke e_i der Warteschlange abgearbeitet wurde, ist durchfluss[i] = 0. Die einzige Ausnahme bildet die Senke s, da in einem Netzwerk $g^+(s) = 0$ gilt.

Die Abarbeitung bewirkt, dass der vorhandene Fluss auf die verschiedenen eingehenden Kanten verteilt wird. Am Ende ist somit für jede besuchte Ecke außer der Senke und der Ecke e_j mit dem minimalen Durchsatz die Flusserhaltungsbedingung erfüllt. Ferner sind die Flüsse durch die Kanten immer kleiner oder gleich den entsprechenden Kapazitäten. Analoges gilt für die Prozedur erweitereVorwärts. Somit erfüllen am Ende alle Ecken bis auf Quelle und Senke die Flusserhaltungsbedingung, und dadurch ist h ein Fluss auf G.

Es bleibt zu zeigen, dass h ein blockierender Fluss ist. Innerhalb der Funktion blockFluss werden an zwei Stellen Kanten entfernt. Zuerst werden Kanten mit maximalem Fluss in den Prozeduren erweitereVorwärts und erweitereRückwärts entfernt. Diese können somit nicht mehr in einem Erweiterungsweg für h vorkommen. In der Funktion blockFluss selber werden Kanten entfernt, falls sie zu Ecken inzident sind, deren Durchsatz schon erschöpft ist. Auch diese Kanten können nicht mehr in einem Erweiterungsweg für h vorkommen. Da es am Ende keinen Weg mehr von der Quelle zur Senke gibt, muss h somit ein blockierender Fluss sein. ∎

Abbildung 8.18 zeigt die konkrete Umsetzung der in Abbildung 8.14 skizzierten Grobstruktur des Algorithmus von Dinic. Man beachte die Analogie zum Code in Abbildung 8.10.

Abb. 8.18: Algorithmus von Dinic

```
function maxFluss(G : Netzwerk) : Fluss
    var G'_f : Netzwerk;
    var f : Fluss;

    Initialisiere f mit 0;
    while hilfsnetzwerk(G, f, G'_f) do
        f := f + blockFluss(G'_f);
    return f;
```

Es fehlt noch eine Analyse der Laufzeit des Algorithmus von Dinic .

Satz. *Der Algorithmus von Dinic bestimmt einen maximalen Fluss mit Aufwand $O(n^3)$.*

Beweis. Wie früher schon bewiesen wurde, wird die Funktion blockFluss maximal $(n-1)$-mal aufgerufen. Es genügt also, zu zeigen, dass die Funktion blockFluss eine Laufzeit von $O(n^2)$ hat. Da in jeder Iteration der repeat-Schleife mindestens eine Ecke entfernt wird, sind maximal $n-1$ Iterationen notwendig. Zunächst wird die while-Schleife für jeden Aufruf der Prozedur erweitereRückwärts betrachtet. In jedem Durchlauf wird dabei eine Kante entfernt, oder der Durchfluss der Ecke sinkt auf 0; d. h., alle while-Schleifen zusammen haben eine Komplexität von $O(n+m)$. Der Rest der Prozedur erweitereRückwärts hat eine Komplexität von $O(n)$. Die gleiche

Analyse kann für die Prozedur `erweitereVorwärts` vorgenommen werden. Da die beiden Prozeduren maximal n-mal aufgerufen werden, ergibt sich ein Aufwand von $O(n^2 + m)$. Die gleiche Argumentation gilt für die `while`-Schleife in `blockFluss`. Somit ergibt sich für die Funktion `blockFluss` ein Gesamtaufwand von $O(n^2)$. ∎

8.6 0-1-Netzwerke

In diesem Abschnitt wird ein wichtiger Spezialfall von allgemeinen Netzwerken betrachtet: Netzwerke, in denen jede Kante die Kapazität 0 oder 1 hat. Solche Netzwerke nennt man 0-1-*Netzwerke*. Sie treten in vielen Anwendungen auf. Auf 0-1-Netzwerken existieren maximale Flüsse mit speziellen Eigenschaften.

Ein Fluss heißt *binär*, wenn er auf jeder Kante den Wert 0 oder 1 hat. Ein maximaler Fluss auf einem 0-1-Netzwerk ist nicht immer ein binärer Fluss.

Satz. *Es sei G ein 0-1-Netzwerk. Dann existiert ein maximaler Fluss f, welcher binär ist. Ferner gibt es $|f|$ Wege von q nach s, welche paarweise keine Kante gemeinsam haben. Die Kanten dieser Wege haben alle den Fluss 1.*

Beweis. Die in diesem Kapitel beschriebenen inkrementellen Algorithmen liefern für Netzwerke mit ganzzahligen Kapazitäten maximale Flüsse, welche nur ganzzahlige Werte annehmen, sofern mit einem ganzzahligen Fluss gestartet wird (z. B. mit dem trivialen Fluss). Somit sind auf 0-1-Netzwerken diese maximalen Flüsse binäre Flüsse. Es sei nun f ein binärer maximaler Fluss von G. Dann gibt es einen Weg von q nach s, welcher nur Kanten mit Fluss 1 verwendet. Ändert man den Fluss auf diesen Kanten auf 0, so wird der Wert von f um 1 erniedrigt. Nun muss es wieder einen Weg von q nach s geben, welcher nur Kanten mit Fluss 1 verwendet. Die beiden Wege haben keine Kante gemeinsam. Fährt man auf diese Weise fort, so erhält man $|f|$ kantendisjunkte Wege, auf denen f den Wert 1 hat. ∎

Die in den letzten Abschnitten entwickelten Algorithmen lassen sich für 0-1-Netzwerke noch verbessern, so dass man zu effizienteren Verfahren gelangt. Die Grundlage für diesen Abschnitt bildet der Algorithmus von Dinic. In beliebigen Netzwerken können die dazugehörigen geschichteten Hilfsnetzwerke aus bis zu $n-1$ Niveaus bestehen. Für die Anzahl der Niveaus in einem geschichteten Hilfsnetzwerk eines 0-1-Netzwerkes kann eine bessere obere Schranke angegeben werden. Das folgende Lemma gilt auch für Netzwerke, die nicht schlicht sind.

Lemma. *Es sei N ein 0-1-Netzwerk mit der Eigenschaft, dass es zwischen je zwei Ecken maximal zwei parallele Kanten gibt. Ist f_0 der triviale Fluss auf N und f_{max} ein maximaler Fluss, so besteht das geschichtete Hilfsnetzwerk G'_{f_0} aus maximal $2^{3/2}n/\sqrt{|f_{max}|}$ Niveaus.*

Beweis. Es sei d die Anzahl der Niveaus in G'_{f_0}. Für $i = 0, \ldots, d-1$ sei X_i die Menge der Ecken e aus G'_{f_0} mit niv$(e) \le i$ und $\overline{X_i}$ die Menge der Ecken e aus G'_{f_0} mit niv$(e) > i$. Für alle i ist $(X_i, \overline{X_i})$ ein Schnitt. Da alle Kapazitäten gleich 0 oder 1 sind, ist die Kapazität von $(X_i, \overline{X_i})$ gleich der Anzahl k_i der Kanten zwischen den Niveaus i und $i + 1$. Da der Wert jedes Flusses kleiner gleich der Kapazität jedes Schnittes ist, gilt

$$|f_{max}| \le k_i.$$

Somit liegen in einem der beiden Niveaus i bzw. $i + 1$ mindestens $\sqrt{|f_{max}|/2}$ Ecken. Daraus ergibt sich eine untere Grenze für die Anzahl der Ecken in G'_{f_0}, indem man über alle Niveaus summiert:

$$\sqrt{\frac{|f_{max}|}{2}} \, \frac{d}{2} \le \text{Anzahl der Ecken in } G'_{f_0} \le n.$$

Daraus folgt sofort $d \le 2^{3/2} n / \sqrt{|f_{max}|}$. ∎

Mit Hilfe dieses Ergebnisses kann man nun zeigen, dass die Komplexität des Algorithmus von Dinic für 0-1-Netzwerke geringer als die für allgemeine Netzwerke ist. Eine weitere Verbesserung wird dadurch erreicht, dass das Verfahren zum Auffinden von blockierenden Flüssen auf die speziellen Eigenschaften von 0-1-Netzwerken abgestimmt wird.

Ein Fluss ist ein blockierender Fluss, falls es keinen Erweiterungsweg gibt, der nur aus Vorwärtskanten besteht. Für 0-1-Netzwerke bedeutet dies, dass ein binärer Fluss blockierend ist, falls es keinen Weg von der Quelle zur Senke gibt, der ausschließlich aus Kanten mit Fluss 0 besteht. Dazu werden Wege von der Quelle zur Senke bestimmt und deren Kanten dann aus dem Netzwerk entfernt, diese tragen den Fluss 1. Das folgende Verfahren basiert auf der Tiefensuche. Hierbei wird jede Kante nur einmal betrachtet und anschließend entfernt. Abbildung 8.19 zeigt die rekursive Funktion `finde`, welche Wege von der Quelle zur Senke sucht und betrachtete Kanten entfernt.

Jeder Aufruf von `finde` erweitert den Fluss h, soweit h noch nicht blockierend ist, und entfernt die besuchten Kanten aus G. Abbildung 8.20 zeigt die Funktion `blockFluss`. Sie ruft solange `finde` auf, bis kein Weg mehr von der Quelle zur Senke existiert. Am Ende ist h ein binärer blockierender Fluss. Diese Funktion wird von der Funktion `maxFluss` aus Abbildung 8.18 aufgerufen.

Die Komplexität der Funktion `blockFluss` lässt sich leicht bestimmen. Jede Kante wird maximal einmal betrachtet; somit ergibt sich $O(m)$ als Komplexität. Das im letzten Abschnitt vorgestellte Verfahren zur Bestimmung eines blockierenden Flusses in einem beliebigen Netzwerk hatte dagegen eine Komplexität von $O(n^2)$. Mit Hilfe dieser Vorbereitungen kann nun folgender Satz bewiesen werden.

Satz. *Ein binärer maximaler Fluss für 0-1-Netzwerke kann mit dem Algorithmus von Dinic mit Komplexität $O(n^{2/3} m)$ bestimmt werden.*

Abb. 8.19: Die Prozedur `finde`

```
function finde(var G : 0-1-Netzwerk, e_i : Ecke, var h : Fluss) : Boolean
    var e_j : Ecke;

    if N⁺(e_i) = ∅ then
        return false;
    else
        if G.s ∈ N⁺(e_i) then
            h[i, s] := 1;
            Entferne die Kante (e_i, G.s) aus G;
            return true;
        else
            while es gibt noch einen Nachfolger e_j von e_i do
                Entferne die Kante (e_i, e_j) aus G;
                if finde(G, e_j, h) then
                    h[i, j] := 1;
                    return true;
            return false;
```

Abb. 8.20: Die Funktion `blockFluss`

```
function blockFluss(G : 0-1-Netzwerk) : Fluss
    var h : Fluss;

    Initialisiere h mit 0;
    while finde(G, G.q, h) do
        ;
    return h;
```

Beweis. Da die Funktion `blockFluss` die Komplexität $O(m)$ hat, genügt es, zu zeigen, dass maximal $O(n^{2/3})$ blockierende Flüsse bestimmt werden müssen. Dazu wird das oben bewiesene Resultat über die Anzahl der Niveaus in geschichteten Hilfsnetzwerken verwendet. Es sei L die Anzahl der notwendigen Flusserhöhungen und f_{max} ein maximaler Fluss. Da der Fluss jeweils um mindestens 1 erhöht wird, ist $L \leq |f_{max}|$. Ist $|f_{max}| \leq n^{2/3}$, so ist die Behauptung bewiesen. Ist $|f_{max}| > n^{2/3}$, so betrachtet man den Fluss h, dessen Wert nach der Erhöhung mittels eines blockierenden Flusses erstmals $|f_{max}| - n^{2/3}$ übersteigt (d. h. $|h| \leq |f_{max}| - n^{2/3}$). Das geschichtete Hilfsnetzwerk G_h' hat die Eigenschaft, dass es zwischen je zwei Ecken höchstens zwei parallele Kanten gibt. Aus dem obigen Lemma folgt, dass G_h' aus maximal $2^{3/2} n / \sqrt{|f_{max}'|}$ Niveaus besteht. Hierbei ist f_{max}' ein maximaler Fluss auf G_h'. Nach Wahl von h ist $|f_{max}'| \geq n^{2/3}$. Somit sind zur Konstruktion von h maximal $2^{3/2} n / \sqrt{|f_{max}'|} \leq 2^{3/2} n / n^{1/3} = 2^{3/2} n^{2/3}$ Flusserhöhungen notwendig. Da bei jeder weiteren Flusserhöhung der Wert des Flusses um mindestens 1 erhöht wird, sind somit maximal $n^{2/3}$ weitere Erhöhungen notwendig. Somit gilt:

$$L \leq 2^{3/2} n^{2/3} + n^{2/3} \leq 4 n^{2/3}.$$

Damit ist der Beweis vollständig. ∎

Für eine wichtige Klasse von Anwendungen kann man zeigen, dass die Laufzeit sogar durch $O(\sqrt{n}\,m)$ beschränkt ist. Dies wird in dem folgenden Satz bewiesen.

Satz. *Es sei G ein 0-1-Netzwerk, so dass $g^-(e) \leq 1$ oder $g^+(e) \leq 1$ für jede Ecke e von G gilt. Dann lässt sich ein binärer maximaler Fluss mit der Komplexität $O(\sqrt{n}\,m)$ bestimmen.*

Beweis. Es sei d die Anzahl der Niveaus in G'_{f_0} für den trivialen Fluss f_0 und E_i die Menge der Ecken in niv(i) mit $1 \leq i < d$. Ferner sei f_{max} ein maximaler Fluss auf G. Der in die Ecken von E_i eintretende und wieder austretende Fluss ist gleich $|f_{max}|$. Da nach Voraussetzung $g^-(e) \leq 1$ oder $g^+(e) \geq 1$ für alle Ecken e aus E_i gilt, muss E_i mindestens $|f_{max}|$ Ecken enthalten. Summiert man über alle Niveaus, so erhält man

$$n > (d-1)|f_{max}|.$$

Somit gilt $d < n/|f_{max}| + 1$. Man beachte, dass alle geschichteten Hilfsnetzwerke, die im Verlauf des Algorithmus von Dinic gebildet werden, die Voraussetzungen des Satzes ebenfalls erfüllen. Analog zum Beweis des letzten Satzes zeigt man nun, dass maximal $2\sqrt{n} + 1$ Flusserhöhungen notwendig sind. Damit ergibt sich insgesamt eine Komplexität von $O(\sqrt{n}\,m)$. ∎

8.7 Kostenminimale Flüsse

In praktischen Anwendungen treten Netzwerke häufig in einer Variante auf, bei der den Kanten neben Kapazitäten auch noch Kosten zugeordnet sind. Es sei G ein Netzwerk mit oberen Kapazitätsbeschränkungen. Jeder Kante k in G sind Kosten kosten(k) ≥ 0 zugeordnet. Hierbei sind kosten(k) die Kosten, die beim Transport einer Flusseinheit durch die Kante k entstehen. Die Kosten eines Flusses f von G sind gleich

$$\sum_{k \in E} f(k)\, \text{kosten}(k).$$

In der Praxis interessiert man sich für folgende Fragestellung: Unter den Flüssen mit Wert w ist derjenige mit minimalen Kosten gesucht. Einen solchen Fluss nennt man *kostenminimal*. Insbesondere sucht man nach einem maximalen Fluss mit minimalen Kosten. Es sei nun f ein Fluss und W ein Erweiterungsweg für f. Die Kosten von W sind gleich der Summe der Kosten der Vorwärtskanten minus der Summe der Kosten der Rückwärtskanten bezüglich f. Ein geschlossener Weg in G_f heißt *Erweiterungskreis*. Die Kosten eines Erweiterungskreises berechnen sich genauso wie für einen Erweiterungsweg. Die wichtigsten Eigenschaften von kostenminimalen Flüssen sind in folgendem Satz zusammengefasst.

Satz. *Es sei G ein Netzwerk mit oberen Kapazitätsbeschränkungen und einer Bewertung der Kanten mit nicht negativen Kosten. Dann gelten folgende Aussagen:*

(a) *Ein Fluss f mit Wert w hat genau dann minimale Kosten, wenn der Graph G_f keinen Erweiterungskreis mit negativen Kosten besitzt.*

(b) *Es sei f ein kostenminimaler Fluss mit Wert w und W ein Erweiterungsweg mit den kleinsten Kosten für f. Der aus f und W gebildete neue Fluss f' ist wieder ein kostenminimaler Fluss und hat den Wert $|f| + f_\Delta$.*

(c) *Sind alle Kapazitäten ganze Zahlen, so gibt es einen kostenminimalen maximalen Fluss, dessen Werte ganzzahlig sind.*

Beweis. Zu (a): Erhöht man den Fluss durch die Kanten eines Erweiterungskreises wie in Abschnitt 8.1 beschrieben, so bleibt die Flusserhaltungsbedingung für alle Ecken erfüllt und der Wert des Flusses ändert sich nicht. Mit Hilfe eines Erweiterungskreises mit negativen Kosten können die Kosten eines Flusses gesenkt werden, ohne dass sich der Wert des Flusses ändert. Somit besitzt ein Fluss mit minimalen Kosten keinen Erweiterungskreis mit negativen Kosten.

Es sei f ein Fluss ohne Erweiterungskreis mit negativen Kosten. Angenommen es gibt einen Fluss f' mit $|f| = |f'|$, dessen Kosten niedriger sind als die von f. Bilde nun ein neues Netzwerk $G_{f'-f}$: Ist k eine Kante in G mit $f'(k) \geq f(k)$, so ist auch k eine Kante in $G_{f'-f}$ mit Bewertung $f'(k) - f(k)$ und Kosten kosten(k), ist $f'(k) < f(k)$, so ist auch k eine Kante in $G_{f'-f}$ mit Bewertung $f(k) - f'(k)$ und Kosten $-$ kosten(k). Jede Kante von $G_{f'-f}$ ist auch eine Kante von G_f und für jede Ecke von G gilt in $G_{f'-f}$ die Flusserhaltungsbedingung. Da die Kosten von f' niedriger als die von f sind, muss es in $G_{f'-f}$ einen geschlossenen Weg mit negativen Kosten geben. Somit gibt es in G_f einen Erweiterungskreis mit negativen Kosten. Dieser Widerspruch zeigt, dass die Kosten von f minimal sind.

Zu (b): Angenommen der neue Fluss f' ist nicht kostenminimal. Nach dem ersten Teil existiert in $G_{f'}$ ein Erweiterungskreis C mit negativen Kosten. Mit Hilfe von C und W wird ein neuer Erweiterungsweg für f konstruiert, dessen Kosten geringer als die von W sind. Dieser Widerspruch zeigt, dass f' kostenminimal ist. Kanten von C, die es in G_f noch nicht gab, sind durch die Flusserhöhung mittels W erst entstanden, d. h., sie müssen in umgekehrter Richtung auf W vorkommen. Für eine solche Kante k gilt: kosten$(k) <$ kosten$(C\backslash\{k\})$. Im Folgenden wird nun die Menge M bestehend aus den Kanten aus C, die nicht mit gegensätzlicher Richtung in W vorkommen und den Kanten aus W, die nicht mit gegensätzlicher Richtung in C vorkommen, betrachtet. Diese Kanten liegen in G_f und die Gesamtkosten der Kanten aus C sind echt kleiner als die Gesamtkosten der Kanten aus W. In G_f muss es nach Konstruktion einen Weg W' von der Quelle zur Senke geben, der aus Kanten aus M besteht (C ist ein geschlossener Weg). Nach Konstruktion von M gilt kosten$(W') <$ kosten(W).

Zu (c): Startend mit dem trivialen Fluss wird mit Erweiterungswegen von minimalen Kosten eine Folge von kostenminimalen Flüssen konstruiert (dies folgt aus Teil (b)). Da die Kapazitäten ganzzahlig sind, sind auch die einzelnen Erhöhungen ganzzahlig und mindestens gleich 1. Somit erreicht man nach endlich vielen Schritten einen kostenminimalen maximalen Fluss mit ganzzahligen Werten. ∎

Einen Algorithmus mit Laufzeit $O(|f_{max}|\,n\,m)$ zur Bestimmung eines maximalen kostenminimalen Flusses wird in Aufgabe 33 in Kapitel 10 auf Seite 344 behandelt.

Zum Abschluss dieses Kapitels wird noch das so genannte *Transportproblem* behandelt. Gegeben sind w Warenlager, die je $a_1, \ldots, a_w$ Exemplare ein und derselben Ware lagern. Weiterhin gibt es k Kunden, welche je $n_1, \ldots, n_k$ Exemplare dieser Ware benötigen. Es wird angenommen, dass das Angebot die Nachfrage übersteigt, d. h.

$$\sum_{i=1}^{w} a_i \geq \sum_{j=1}^{k} n_j.$$

Die Kosten für den Transport eines Exemplares der Ware von Warenlager i zu Kunde j betragen $c_{ij} \geq 0$. Unter allen Zuordnungen von Waren zu Kunden, die die Nachfragen aller Kunden erfüllen, ist die kostengünstigste Zuordnung gesucht. Eine Warenzuordnung wird durch eine Matrix $Z = (z_{ij})$ beschrieben. Hierbei ist $z_{ij} \geq 0$ die Anzahl der Waren, welche aus Warenlager i zu Kunde j geliefert wird. D. h., unter den Nebenbedingungen

$$\sum_{j=1}^{w} z_{ij} \leq a_i,\ 1 \leq i \leq k \quad \text{und} \quad \sum_{i=1}^{k} z_{ij} = n_j,\ 1 \leq j \leq w$$

ist die Summe

$$\sum_{i=1}^{k} \sum_{j=1}^{w} c_{ij} z_{ij}$$

mit $z_{ij} \geq 0$ für $1 \leq i \leq k$, $1 \leq j \leq w$ zu minimieren. Das Transportproblem kann auf die Bestimmung eines kostenminimalen Flusses reduziert werden. Hierzu wird ein Graph G mit $w + k + 2$ Ecken definiert: Neben der Quelle q und der Senke s gibt es pro Warenlager und pro Kunden eine Ecke. Es gibt folgende Kanten in G:

- Eine Kante mit Kapazität a_i und Kosten 0 von q zum i-ten Warenlager.
- Eine Kante k_{ij} von Warenlager i zu Kunde j ohne Kapazitätsbeschränkung und Kosten c_{ij}.
- Eine Kante mit Kapazität n_j und Kosten 0 vom j-ten Kunden zu s.

Es ist sofort ersichtlich, dass die kostenminimalen maximalen Flüsse von G den kostengünstigsten Zuordnungen des Transportproblems entsprechen. Es sei f ein kostenminimaler maximaler Fluss von G. Aus der Konstruktion des Graphen folgt

$$|f| = \sum_{j=1}^{k} n_j.$$

Dann ist $z_{ij} = f(k_{ij})$ eine kostengünstigste Zuordnung, umgekehrt lässt sich aus einer kostengünstigsten Zuordnung ein kostenminimaler maximaler Fluss herleiten. Interessanterweise kann auch die Bestimmung eines kostenminimalen Flusses auf ein Transportproblem reduziert werden.

8.8 Literatur

Das Standardwerk zu Netzwerken und Flüssen ist das Buch von Ahuja, Magnanti und Orlin [1]. Dort findet man viele Algorithmen für alle Varianten von Flussproblemen. Das Konzept der Erweiterungswege stammt von Ford und Fulkerson. Edmonds und Karp haben bewiesen, dass bei Verwendung von kürzesten Erweiterungswegen maximal $nm/2$ Iterationen notwendig sind [30]. Das Konzept der blockierenden Flüsse und ein darauf aufbauender Algorithmus mit Laufzeit $O(n^2m)$ stammt von Dinic [27]. Den Algorithmus zur Bestimmung von blockierenden Flüssen mit Aufwand $O(n^2)$ findet man in [83]. Ein Verfahren zur Bestimmung von maximalen Flüssen, welches vollkommen unabhängig von dem Konzept des Erweiterungsweges ist, wurde von Goldberg entwickelt. Der so genannte *Push-Relabel-Algorithmus* hat eine Laufzeit von $O(nm\log(n^2/m))$ [42]. Im Jahr 2013 präsentierte Orlin den ersten Algorithmus mit Laufzeit $O(nm)$ für das allgemeine Flussproblem [96]. Dies ist zurzeit der asymptotisch schnellste Algorithmus zur Bestimmung von maximalen Flüssen. Dieser Algorithmus ist sehr ausgeklügelt und verwendet Techniken von kostenminimalen Flüssen und von binären blockierenden Flüssen. Eine sehr gute Übersicht über die Entwicklung von Netzwerkalgorithmen bis zum Jahr 2014 findet man in [43]. Aufgabe 2 stammt aus [74].

8.9 Aufgaben

1. Es sei G ein gerichteter kantenbewerteter Graph und q, s Ecken von G. Ferner sei H die Menge der Kanten von G mit Anfangsecke s oder Endecke q. Entfernen Sie aus G die Kanten, welche in H liegen, und bezeichnen Sie diesen Graphen mit G'. Beweisen Sie, dass die Werte von maximalen q-s-Flüssen auf G und G' übereinstimmen.

★2. Es sei $\lambda > 0$ die reelle Zahl, für die $\lambda^2 + \lambda - 1 = 0$ gilt. Betrachten Sie das folgende Netzwerk G. Alle unmarkierten Kanten haben die Kapazität $\lambda + 2$. Zeigen Sie, dass es einen Fluss mit Wert 2 gibt und dass dieser Wert maximal ist. Geben Sie ferner eine Folge von Erweiterungswegen W_i von G an, so dass die durch W_i gewonnenen Flüsse gegen einen Fluss mit Wert 2 konvergieren, ohne diesen Wert jedoch zu erreichen.

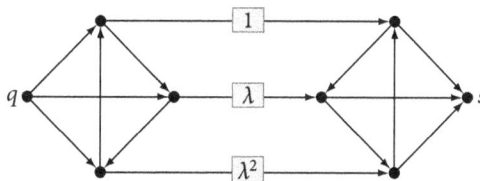

Was passiert, wenn noch eine zusätzliche Kante von q nach s mit Kapazität 1 eingefügt und die gleiche Folge von Erweiterungswegen verwendet wird? Hinweis: Beweisen Sie zunächst folgende Gleichungen:

$$\lambda + 2 = \frac{1}{1 - \lambda} = \sum_{i=0}^{\infty} \lambda^i \quad \text{und} \quad \lambda^{i+2} = \lambda^i - \lambda^{i+1} \text{ für alle } i \geq 0.$$

Wählen Sie W_0 so, dass von den drei mittleren waagrechten Kanten nur die obere verwendet wird. Die übrigen Erweiterungswege W_i werden nun so gewählt, dass sie jeweils alle drei mittleren waagrechten Kanten enthalten und den Fluss um jeweils λ^{i+1} erhöhen.

3. Betrachten Sie das folgende Netzwerk G mit dem Fluss f. Die Bewertungen der Kanten geben den Fluss und die Kapazität an.

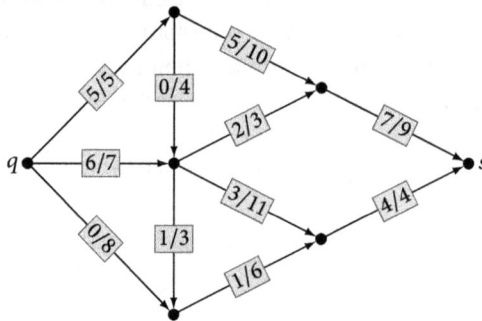

(a) Bestimmen Sie den Wert von f.

(b) Finden Sie einen Erweiterungsweg für f, und bestimmen Sie den erhöhten Fluss.

(c) Bestimmen Sie einen Schnitt mit minimaler Kapazität.

(d) Geben Sie einen maximalen Fluss an.

4. Ändern Sie in dem Netzwerk G aus Abbildung 8.1 die Kapazität der Kante $k = (e_3, s)$ auf 20. Wenden Sie den Algorithmus von Dinic auf dieses Netzwerk an, und bestimmen Sie einen maximalen Fluss. Wie oft muss die Funktion `blockFluss` aufgerufen werden? Vergleichen Sie das Ergebnis mit der Anwendung des gleichen Algorithmus auf das ursprüngliche Netzwerk.

5. Die in Abschnitt 8.1 angegebene Definition eines q-s-Netzwerkes kann leicht verallgemeinert werden, indem mehrere Quellen $q_1, \ldots, q_r$ und mehrere Senken $s_1, \ldots, s_t$ zugelassen werden. Für diese Ecken gilt $g^-(q_i) = g^+(s_j) = 0$. Die Flusserhaltungsbedingung gilt in diesem Fall nur für Ecken, die weder Quellen noch Senken sind. Der Wert eines Flusses f auf einem solchen Netzwerk mit Kantenmenge K ist

$$|f| = \sum_{\substack{k=(q_i, e) \in K \\ 1 \leq i \leq r}} f(k).$$

Die Bestimmung eines maximalen Flusses auf einem solchen Netzwerk lässt sich leicht auf q-s-Netzwerke zurückführen. Dazu wird das Netzwerk um eine Ecke e_Q (die fiktive Quelle) sowie um Kanten (e_Q, q_i) für $1 \leq i \leq r$ erweitert. Ferner wird noch eine Ecke e_S (die fiktive Senke) mit den entsprechenden Kanten hinzugefügt. Welche Kapazitäten müssen die neuen Kanten tragen? Betrachten Sie das folgende Netzwerk mit den Quellen q_1, q_2 und den Senken s_1, s_2, und bestimmen Sie einen maximalen Fluss.

*6. Es sei G ein q-s-Netzwerk und $(X_1, \overline{X_1})$, $(X_2, \overline{X_2})$ q-s-Schnitte von G mit minimalen Kapazitäten. Beweisen Sie, dass dann auch $(X_1 \cap X_2, \overline{X_1 \cap X_2})$ und $(X_1 \cup X_2, \overline{X_1 \cup X_2})$ q-s-Schnitte mit minimalen Kapazitäten sind.

7. Finden Sie mit Hilfe des Algorithmus von Dinic einen maximalen Fluss für das folgende Netzwerk. Wie viele Erhöhungen durch blockierende Flüsse sind dabei notwendig?

8. Beweisen Sie, dass es in jedem Netzwerk eine Folge von höchstens m Erweiterungswegen gibt, welche zu einem maximalen Fluss führen. Führt diese Erkenntnis zu einem neuen Algorithmus?

Hinweis: Gehen Sie von einem maximalen Fluss aus und erniedrigen Sie diesen so lange durch Erweiterungswege, bis der triviale Fluss vorliegt.

9. Finden Sie in dem folgenden Netzwerk einen blockierenden Fluss mit Hilfe der Funktion blockFluss in Abhängigkeit des Wertes von b. Für welche Werte von b ist der Fluss maximal?

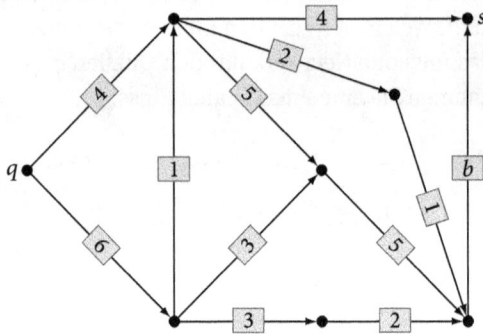

10. Kann es in einem Netzwerk mit maximalem Fluss f eine Kante k geben, so dass $f(k) > |f|$ ist?

*11. Es sei G ein Netzwerk mit ganzzahlig Kapazitäten. Ein Algorithmus zur Bestimmung eines maximalen Flusses verfährt folgendermaßen: Startend mit dem trivialen Fluss f wird jeweils unter allen Erweiterungswegen derjenige mit maximalem f_Δ ausgewählt. Beweisen Sie, dass nach $O(m \log |f_{max}|)$ Schritten ein maximaler Fluss f_{max} gefunden wird.

   Hinweis: Zeigen Sie zunächst, dass es für jeden Fluss f einen Erweiterungsweg mit $f_\Delta \geq (|f_{max}| - |f|)/m$ gibt. Daraus folgt dann, dass nach l Schritten ein Fluss vorliegt, dessen Wert mindestens $|f_{max}|((m-1)/m)^l$ ist. Die Aussage kann nun unter Verwendung der Ungleichung $m(\log m - \log(m-1)) \geq 1$ bewiesen werden.

12. In einem Netzwerk wird die Kapazität jeder Kante um einen konstanten Wert c erhöht.
   (*a*) Um wieviel erhöht sich dann der Wert eines maximalen Flusses?
   (*b*) Wie erhöht sich der maximale Fluss, wenn die Kapazität jeder Kante um einen konstanten Faktor c erhöht wird?

13. Beweisen Sie, dass der am Ende von Abschnitt 8.2 diskutierte Algorithmus zur Bestimmung eines maximalen Flusses terminiert, sofern die Kapazitäten der Kanten rationale Zahlen sind.

14. Aus einem q-s-Netzwerk G wird ein neues Netzwerk gebildet, indem die Richtungen aller Kanten umgedreht und die Kapazitäten beibehalten werden. Das neue Netzwerk hat s als Quelle und q als Senke. Beweisen Sie, dass der Wert eines maximalen Flusses auf beiden Netzwerken gleich ist.

15. Betrachten Sie das folgende Netzwerk mit Fluss f.
   (*a*) Zeigen Sie, dass f ein blockierender Fluss ist.
   (*b*) Konstruieren Sie G_f und G'_f.

(c) Finden Sie einen blockierenden Fluss h auf G'_f und erhöhen Sie f damit. Ist der entstehende Fluss maximal?

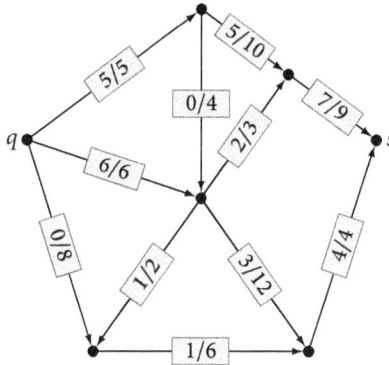

16. Es sei G ein Netzwerk und f_1, f_2 Flüsse auf G. Für jede Kante k von G definiere $f(k) = f_1(k) + f_2(k)$. Unter welcher Voraussetzung ist f ein Fluss auf G?

17. Es sei G ein Netzwerk, dessen Kapazitäten ganzzahlig sind, und es sei f ein maximaler Fluss auf G. Die Kapazität einer Kante wird um 1 erhöht. Entwerfen Sie einen Algorithmus, welcher in linearer Zeit $O(n + m)$ einen neuen maximalen Fluss bestimmt. Lösen Sie das gleiche Problem für den Fall, dass die Kapazität einer Kante um 1 erniedrigt wird.

⋆18. Es sei G ein Netzwerk und f ein maximaler Fluss. Es sei e eine Ecke von $G\backslash\{q, s\}$ und f_e der Fluss durch die Ecke e. Geben Sie einen Algorithmus an, welcher einen Fluss f' für das Netzwerk $G\backslash\{e\}$ bestimmt, dessen Wert mindestens $|f| - f_e$ ist. Können die Prozeduren erweitereVorwärts und erweitereRückwärts dazu verwendet werden?

19. Bestimmen Sie einen maximalen Fluss mit Hilfe des Algorithmus von Dinic für das folgende 0-1-Netzwerk, in dem alle Kanten die Kapazität 1 haben.

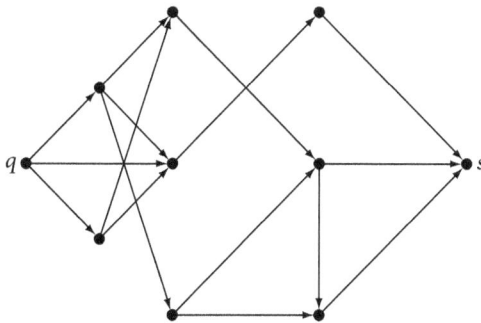

20. Es sei G ein Netzwerk und f_1, f_2 Flüsse auf G. Für $\alpha \in [0, 1]$ setze

$$f_\alpha(k) = \alpha f_1(k) + (1 - \alpha) f_2(k)$$

für alle Kanten k von G. Zeigen Sie, dass f_α ein Fluss auf G ist, und bestimmen Sie den Wert von f_α.

21. Es sei G ein Netzwerk und f ein maximaler Fluss mit $|f| > 0$. Beweisen Sie, dass es in G eine Kante k gibt, so dass der Wert jedes Flusses auf dem Netzwerk $G' = G \backslash \{k\}$ echt kleiner als $|f|$ ist.

22. Es sei G ein 0-1-Netzwerk mit m Kanten. Beweisen Sie folgende Aussagen:

    (a) Ist f_{max} ein maximaler Fluss und f_0 der triviale Fluss auf G, so besteht das geschichtete Hilfsnetzwerk G'_{f_0} aus maximal $m/|f_{max}|$ Niveaus.

    (b) Der Algorithmus von Dinic bestimmt mit Komplexität $O(m^{3/2})$ einen binären maximalen Fluss für G.

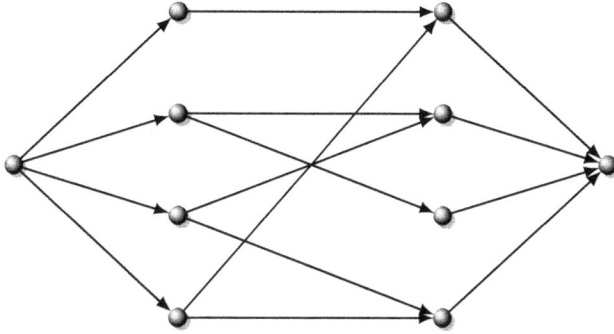

KAPITEL 9

Anwendungen von Netzwerkalgorithmen

Viele kombinatorische Probleme lassen sich auf die Bestimmung eines maximalen Flusses auf einem geeigneten Netzwerk zurückführen. Die in diesem Kapitel behandelten Anwendungen zeigen, dass die Netzwerktheorie ein mächtiges Werkzeug zur Lösung von Problemen ist, welche auf den ersten Blick nichts mit Netzwerken zu tun haben. Der erste Schritt besteht aus der Definition eines äquivalenten Netzwerkproblems. Danach können die im letzten Kapitel diskutierten Algorithmen verwendet werden. Mittels einer Rücktransformation kommt man dann zur Lösung des Ausgangsproblems. Zu Beginn dieses Kapitels wird die Bestimmung von maximalen Zuordnungen in bipartiten Graphen diskutiert. Im zweiten Abschnitt werden Netzwerke mit unteren und oberen Kapazitätsgrenzen betrachtet. Danach stehen Algorithmen zur Bestimmung der Kanten- und Eckenzusammenhangszahl eines ungerichteten Graphen im Mittelpunkt. Im Anschluss wird ein Algorithmus zur Bestimmung eines minimalen Schnittes vorgestellt. Der letzte Abschnitt behandelt Eckenüberdeckungen.

9.1 Maximale Zuordnungen

Zur Motivation der in diesem Abschnitt behandelten Probleme wird zunächst ein Beispiel aus dem Bereich *Operations Research* vorgestellt. In einer Produktionsanlage gibt es n Maschinen $M_1, \ldots, M_n$, welche von m Arbeitern $A_1, \ldots, A_m$ bedient werden können. Ein Arbeiter kann nicht gleichzeitig mehrere Maschinen bedienen, und nicht jeder Arbeiter ist ausgebildet, jede der n Maschinen zu bedienen. Um die Maschinen optimal auszunutzen, ist eine Zuordnung von Maschinen und Arbeitern gesucht, bei der möglichst viele Maschinen bedient werden. Dieses Problem kann durch einen ungerichteten bipartiten Graphen mit $n+m$ Ecken dargestellt werden: Die Ecken sind mit $M_1, \ldots, M_n$ und $A_1, \ldots, A_m$ markiert, und zwischen A_i und M_j gibt es eine Kante, falls der Arbeiter A_i für die Bedienung der Maschine M_j ausgebildet wurde. Abbildung 9.1 zeigt ein Beispiel für einen solchen Graphen.

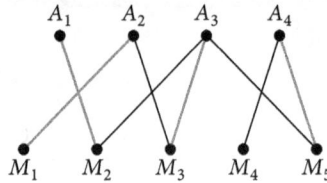

Abb. 9.1: Ein Graph für das Arbeiter-Maschinen-Zuordnungsproblem

Die rot markierten Kanten zeigen eine Zuordnung, bei der die maximale Anzahl von Maschinen bedient wird. In diesem Abschnitt wird gezeigt, wie sich solche Zuordnungsprobleme mit Hilfe von Netzwerkalgorithmen lösen lassen.

Zunächst werden einige Begriffe eingeführt. Es sei G ein ungerichteter Graph. Eine Teilmenge Z der Kantenmenge K heißt *Zuordnung* (*Paarung*, *Matching*) von G, falls die Kanten in Z paarweise keine gemeinsamen Ecken haben. Eine Zuordnung heißt *maximal*, wenn es keine Zuordnung mit mehr Kanten gibt. Die Maximalität von Zuordnungen stützt sich nicht auf die Maximalität von Mengen bezüglich Mengeninklusion, sondern auf die Maximalität der Anzahl der Elemente von Mengen. Eine Zuordnung Z eines Graphen G heißt *nicht erweiterbar*, wenn sie durch keine weitere Kante vergrößert werden kann. In diesem Fall gibt es zu jeder Kante von G eine Kante aus Z, so dass beide Kanten mindestens eine Ecke gemeinsam haben. Nicht erweiterbare Zuordnungen können mit Hilfe eines Greedy-Algorithmus in linearer Zeit bestimmt werden. Die Bestimmung von maximalen Zuordnungen ist dagegen aufwendiger. Abbildung 9.2 zeigt eine nicht erweiterbare Zuordnung (rot markierte Kanten). Diese Zuordnung ist nicht maximal, denn es gibt eine Zuordnung mit drei Kanten (schwarze Kanten).

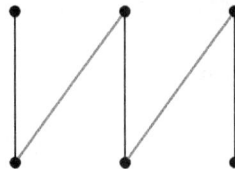

Abb. 9.2: Eine nicht erweiterbare Zuordnung

Eine Zuordnung Z heißt *vollständig* (*perfekt*), falls jede Ecke des Graphen mit einer Kante aus Z inzident ist. Jede vollständige Zuordnung ist maximal, aber die Umkehrung gilt nicht. Abbildung 9.3 zeigt einen Graphen mit einer maximalen Zuordnung, die nicht vollständig ist.

Abb. 9.3: Eine nicht vollständige maximale Zuordnung

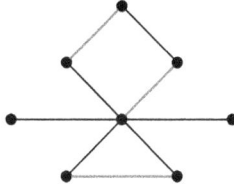

Im Weiteren beschränken wir uns auf den für viele Anwendungen wichtigen Fall von bipartiten Graphen. Die Eckenmenge E ist dabei immer in die disjunkten Mengen E_1 und E_2 aufgeteilt, so dass Anfangs- und Endecke jeder Kante in verschiedenen Mengen liegen. Die Bestimmung einer maximalen Zuordnung ist äquivalent zur Bestimmung eines maximalen Flusses auf einem speziellen Netzwerk.

Es sei G ein bipartiter Graph und N_G folgendes 0-1-Netzwerk: Die Eckenmenge E_G von N_G ist gleich $E \cup \{q, s\}$, d. h., es werden zwei neue Ecken eingeführt. Für jede Ecke $e_i \in E_1$ gibt es in N_G eine Kante von q nach e_i mit Kapazität 1 und für jede Ecke $e_j \in E_2$ eine Kante von e_j nach s mit Kapazität 1. Ferner gibt es für jede Kante (e_i, e_j) von G eine gerichtete Kante von $e_i \in E_1$ nach $e_j \in E_2$ mit Kapazität 1. Abbildung 9.4 zeigt einen bipartiten Graphen G und das dazugehörige Netzwerk N_G, auf die Angabe der Kapazitäten wurde verzichtet.

Abb. 9.4: Ein bipartiter Graph G und das zugehörige Netzwerk N_G

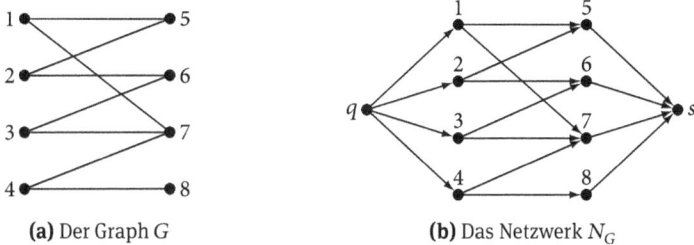

(a) Der Graph G **(b)** Das Netzwerk N_G

Der Zusammenhang zwischen einer maximalen Zuordnung eines bipartiten Graphen G und einem maximalen binären Fluss auf N_G wird in folgendem Lemma bewiesen.

Lemma. *Die Anzahl der Kanten in einer maximalen Zuordnung eines bipartiten Graphen G ist gleich dem Wert eines maximalen Flusses auf N_G. Ist f ein maximaler binärer Fluss, so bilden die Kanten aus G mit Fluss 1 eine maximale Zuordnung von G.*

Beweis. Es sei f ein maximaler binärer Fluss auf dem 0-1-Netzwerk N_G. Ferner sei Z die Menge aller Kanten aus G, für die der Fluss durch die entsprechende Kante in N_G gerade 1 ist. Da jede Ecke aus E_1 in N_G den Eingrad 1 und jede Ecke aus E_2 in N_G den Ausgrad 1 hat, folgt aus der Flusserhaltungsbedingung, dass Z eine Zuordnung ist. Ferner enthält Z genau $|f|$ Kanten.

Sei nun umgekehrt Z eine maximale Zuordnung von G mit z Kanten. Dann lässt sich leicht ein Fluss f mit Wert z auf N_G konstruieren. Für jede Kante $(e_i, e_j) \in Z$ definiert man

$$f(q, e_i) = f(e_i, e_j) = f(e_j, s) = 1$$

und $f(k) = 0$ für alle anderen Kanten k von N_G. Die Flusserhaltungsbedingung ist für f erfüllt, und es gilt $|f| = z$. Damit ist das Lemma bewiesen. ∎

Die Ergebnisse aus Kapitel 8 über 0-1-Netzwerke führen zu einem Algorithmus zur Bestimmung einer maximalen Zuordnung eines bipartiten Graphen mit der Laufzeit $O(\sqrt{n}\, m)$. Unter Ausnutzung der speziellen Struktur des Netzwerkes N_G ergibt sich sogar folgender Satz.

Satz. *Für einen bipartiten Graphen kann eine maximale Zuordnung in der Zeit $O(\sqrt{z}\, m)$ mittels des Algorithmus von Dinic bestimmt werden. Hierbei bezeichnet z die Anzahl der Kanten in einer maximalen Zuordnung.*

Beweis. Es genügt, die Aussage für einen zusammenhängenden bipartiten Graphen zu beweisen. Es sei N_G das zu G gehörende 0-1-Netzwerk und f ein maximaler binärer Fluss auf N_G. Nach dem letzten Lemma gilt $|f| = z$. Zunächst wird ein beliebiger binärer Fluss h auf N_G betrachtet. Es sei N_G' das zu N_G und h gehörende geschichtete Hilfsnetzwerk. Ferner sei W ein Weg von q nach s in N_G'. Die Konstruktion von N_G bedingt, dass die Anzahl der Kanten in W ungerade und mindestens drei ist, somit ist die Anzahl der Niveaus in N_G' gerade. Ferner sind die Kanten von W bis auf die erste und letzte Kante abwechselnd Vorwärts- bzw. Rückwärtskanten. In N_G' gibt es nach den Ergebnissen aus Abschnitt 8.6 genau $z - |h|$ Wege von q nach s, welche paarweise keine gemeinsame Kante haben. Da es maximal $|h|$ Rückwärtskanten gibt, muss es einen Weg von q nach s geben, der maximal $\lfloor |h|/(z - |h|) \rfloor$ Rückwärtskanten enthält. Für die Anzahl der Niveaus d in N_G' ergibt sich folgende Abschätzung

$$d \leq 2 \left\lfloor \frac{|h|}{z - |h|} \right\rfloor + 3.$$

Im Rest des Beweises wird gezeigt, dass der Algorithmus von Dinic maximal $2\lfloor \sqrt{z} \rfloor + 2$ blockierende Flüsse bestimmt. Hieraus ergibt sich dann direkt die Aussage des Satzes.

Es sei h der Fluss, dessen Wert nach der Erhöhung mittels eines blockierenden Flusses erstmals über $r = \lfloor z - \sqrt{z} \rfloor$ liegt. Das zugehörige geschichtete Hilfsnetzwerk besteht aus maximal $2\lfloor r/(z - r) \rfloor + 3$ Niveaus. Aus dem ersten Teil des Beweises folgt, dass bis zur Konstruktion von h maximal $\lfloor r/(z - r) \rfloor + 1$ Flusserhöhungen notwendig waren. Man beachte dazu, dass die Niveaus der geschichteten Hilfsnetzwerke sich in jedem Schritt erhöhen und immer gerade sind. Da bei jeder weiteren Flusserhöhung der Wert des Flusses um mindestens 1 erhöht wird, sind somit maximal $\lfloor \sqrt{z} \rfloor + 1$ weitere Erhöhungen notwendig. Wegen

$$\lfloor r/(z-r) \rfloor + 1 = \left\lfloor \frac{\lfloor z - \sqrt{z} \rfloor}{\lfloor \sqrt{z} \rfloor} \right\rfloor + 1 \leq \lfloor \sqrt{z} \rfloor + 1$$

sind insgesamt $2(\lfloor \sqrt{z} \rfloor + 1)$ Flusserhöhungen notwendig. $\blacksquare$

Maximale Zuordnungen für Bäume können in linearer Zeit bestimmt werden (vergleichen Sie Aufgabe 36). Verfahren zur Bestimmung von maximalen Zuordnungen in nicht bipartiten Graphen sind komplizierter. Die besten Algorithmen haben erstaunlicherweise die gleiche Komplexität wie im bipartiten Fall. Dabei wird das Konzept der Erweiterungswege auf dem Netzwerk N_G in ein entsprechendes Konzept für G übertragen (vergleichen Sie hierzu Aufgabe 2). Das größte Problem dabei ist die Bestimmung von Erweiterungswegen in nicht bipartiten Graphen.

Mit Hilfe der Sätze von Ford und Fulkerson lässt sich ein Kriterium für die Existenz von vollständigen Zuordnungen in bipartiten Graphen angeben.

Satz (HALL). *Es sei G ein bipartiter Graph mit Eckenmenge $E_1 \cup E_2$. G hat genau dann eine Zuordnung Z mit $|Z| = |E_1|$, wenn für jede Teilmenge T von E_1 gilt: $|N(T)| \geq |T|$.*

Beweis. Es sei Z eine Zuordnung von G mit $|Z| = |E_1|$ und $T \subseteq E_1$. Dann ist jede Ecke $e \in T$ zu genau einer Kante $(e, e') \in Z$ inzident. Somit ist $e' \in N(T)$, und es folgt sofort $|N(T)| \geq |T|$.

Sei nun umgekehrt $|N(T)| \geq |T|$ für jede Teilmenge T von E_1. Man betrachte das zugehörige Netzwerk N_G und einen maximalen binären Fluss f. Es sei X die Menge aller Ecken aus N_G, welche bezüglich f durch Erweiterungswege von q aus erreichbar sind. Dann gilt $|f| = \kappa(X, \overline{X})$. Es sei $e \in X \cap E_1$ und $k = (e, e')$ eine Kante in N_G. Angenommen $e' \notin X$. Dann ist $f(k) = 1$, sonst wäre $e' \in X$. Da $g^-(e) = 1$ ist, ist der Fluss durch die Kante von q nach e gleich 1. Somit wurde e über eine Rückwärtskante erreicht. Das bedeutet aber, dass es zwei Kanten mit Anfangsecke e gibt, deren Fluss jeweils 1 ist. Dies widerspricht der Flusserhaltungsbedingung. Somit ist $e' \in X$, und es gilt $N(X \cap E_1) \subseteq X$. Ist $k = (e_1, e_2)$ eine Kante mit $e_1 \in X$ und $e_2 \in \overline{X}$, so ist entweder $e_1 = q$ oder $e_2 = s$. Ferner gilt $X \cap E_2 = N(X \cap E_1)$. Daraus ergibt sich

$$|f| = \kappa(X, \overline{X}) = |E_1 \backslash X| + |N(X \cap E_1)| \geq |E_1 \backslash X| + |X \cap E_1| = |E_1| \geq |f|,$$

da $|N(X \cap E_1)| \geq |X \cap E_1|$ nach Voraussetzung gilt. Aus dem letzten Lemma ergibt sich nun, dass G eine Zuordnung mit $|E_1|$ Kanten hat. $\blacksquare$

In Aufgabe 39 wird eine Verallgemeinerung des Satzes von Hall bewiesen. Der Satz von Hall führt zu keinem effizienten Algorithmus, der feststellt, ob ein bipartiter Graph eine vollständige Zuordnung besitzt. Der Grund hierfür ist die große Anzahl der Teilmengen von E_1, welche man betrachten müsste. Ist die Anzahl der Ecken von E_1 gleich l, so hat E_1 genau 2^l verschiedene Teilmengen. Für reguläre bipartite Graphen gilt folgender Satz.

Satz. *Ein regulärer bipartiter Graph G besitzt eine vollständige Zuordnung.*

Beweis. Es sei $E = E_1 \cup E_2$ die Eckenmenge von G und $T \subseteq E_1$. Jede Ecke von G habe den Eckengrad d. Sei K_1 die Menge der Kanten von G, welche zu einer Ecke aus T inzident sind, und K_2 die Menge der Kanten von G, welche zu einer Ecke aus $N(T)$ inzident sind. Es gilt $K_1 \subseteq K_2$ und somit

$$d \cdot |T| = |K_1| \leq |K_2| = d \cdot |N(T)|.$$

Also gilt $|N(T)| \geq |T|$. Auf die gleiche Art zeigt man, dass auch für alle Teilmengen T von E_2 diese Ungleichung gilt. Die Behauptung folgt nun aus dem Satz von Hall. ∎

Die Aussage dieses Satzes gilt nicht für nicht-bipartite Graphen. Abbildung 9.5 zeigt einen 3-regulären Graphen, der keine vollständige Zuordnung besitzt. Der Graph wird *Sylvester-Graph* genannt. Er ist der kleinste r-reguläre Graph mit ungeradem r der keine vollständige Zuordnung besitzt.

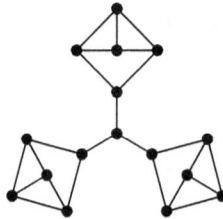

Abb. 9.5: Der Sylvester-Graph

Der letzte Satz kann für bipartite Graphen noch verallgemeinert werden.

Satz. *Jeder bipartite Graph G enthält eine Zuordnung, welche alle Ecken mit maximalem Grad zuordnet.*

Beweis. Es sei $E = E_1 \cup E_2$ die Eckenmenge von G und U_i die Menge der Ecken aus E_i mit maximalem Grad für $i = 1, 2$. Ferner sei G_i der von U_i induzierte Untergraph. Nach dem Satz von Hall gibt es in G_i eine Zuordnung Z_i, welche alle Ecken von U_i zuordnet. Es sei $Z = Z_1 \cap Z_2$. Der von $(Z_1 \cup Z_2) \setminus Z$ induzierte Untergraph Z^* besteht aus disjunkten Kreisen und Pfaden auf denen sich die Kanten von Z_1 und Z_2 abwechseln. Jeder Kreis C aus Z^* besteht aus einer geraden Zahl von Kanten. Für jeden solchen Kreis füge die Kanten aus $C \cap Z_1$ in Z ein. Genau eine Endecke jedes Pfades P aus Z^* hat den maximalen Eckengrad. Liegt diese Ecke in E_1 so füge die Kanten aus $P \cap Z_1$ in Z, andernfalls füge die Kanten aus $P \cap Z_2$ in Z ein. Nun ist Z eine Zuordnung von G, welche alle Ecken mit maximalem Grad zuordnet. ∎

Satz. *Die Kanten eines bipartiten Graphen G sind die Vereinigung von $\Delta(G)$ Zuordnungen von G.*

Beweis. Nach dem letzten Satz gibt es eine Zuordnung Z von G, welche alle Ecken mit maximalem Grad zuordnet. Entfernt man aus G die in Z liegenden Kanten, so erhält man einen Graphen G' mit $\Delta(G') = \Delta(G) - 1$. Der Beweis des Satzes wird mittels vollständiger Induktion nach dem maximalen Eckengrad geführt. ∎

Zum Abschluss dieses Abschnittes wird noch einmal das zu Beginn betrachtete Beispiel aus dem Gebiet des Operations Research aufgegriffen und leicht verändert. Eine Kante zwischen einem Arbeiter und einer Maschine bedeutet, dass der Arbeiter die damit verbundene Arbeit ausführen muss. Ferner muss jeder Arbeiter alle ihm zugewiesenen Arbeiten in einer beliebigen Reihenfolge durchführen. Ein Arbeiter kann nicht mehrere Maschinen parallel bedienen, und eine Maschine kann nicht gleichzeitig von mehreren Arbeitern bedient werden. Es wird angenommen, dass alle Arbeiten in der gleichen Zeit T zu bewältigen sind. Die Aussage des letzten Satzes lässt sich dann so interpretieren: Alle Arbeiten zusammen können in der Zeit $\Delta(G)\,T$ durchgeführt werden, hierbei ist G der zugehörige bipartite Graph.

9.2 Netzwerke mit oberen und unteren Kapazitäten

Bisher wurden nur Netzwerke betrachtet, in denen der Fluss durch jede Kante nur nach oben beschränkt war. Eine explizite untere Grenze wurde nicht angegeben. Es wurde lediglich verlangt, dass der Fluss nicht negativ ist, d. h., 0 war die untere Grenze für alle Kanten. In vielen Anwendungen sind aber von 0 verschiedene Untergrenzen von Bedeutung. In diesem Abschnitt werden Netzwerke mit oberen und unteren Grenzen für den Fluss durch die Kanten betrachtet. Dazu werden zwei Kapazitätsfunktionen κ_u und κ_o für ein Netzwerk angegeben. Für alle Kanten k des Netzwerkes gilt $0 \le \kappa_u(k) \le \kappa_o(k)$. Der erste Teil der Definition eines q-s-Flusses (in Abschnitt 8.1 auf Seite 220) wird folgendermaßen abgeändert:

(1) Für jede Kante k von G gilt $\kappa_u(k) \le f(k) \le \kappa_o(k)$.

Der zweite Teil der Definition bleibt unverändert. Ziel dieses Abschnitts ist die Entwicklung eines Algorithmus zur Bestimmung eines maximalen Flusses in Netzwerken mit oberen und unteren Grenzen. Betrachtet man noch einmal die im letzten Kapitel diskutierten Algorithmen, so haben diese eine Gemeinsamkeit: Ein gegebener Fluss wird schrittweise erhöht, bis er maximal ist. Ausgangspunkt war dabei meist der triviale Fluss. Auf einem Netzwerk mit von 0 verschiedenen Untergrenzen ist der triviale Fluss aber kein zulässiger Fluss. Das erste Problem ist also die Bestimmung eines zulässigen Flusses. Die Anpassung der Algorithmen, um aus einem zulässigen einen maximalen Fluss zu erzeugen, sind leicht vorzunehmen.

Abbildung 9.6 zeigt ein Netzwerk mit unteren und oberen Kapazitätsgrenzen. Die Werte sind dabei durch das Zeichen „/" getrennt. Man stellt leicht fest, dass es für dieses Netzwerk überhaupt keinen zulässigen Fluss gibt (aus der Quelle können maximal fünf Einheiten hinausfließen, und in die Senke müssen mindestens sechs Einheiten hineinfließen); d. h., es ist im Allgemeinen nicht sicher, dass ein zulässiger Fluss überhaupt existiert.

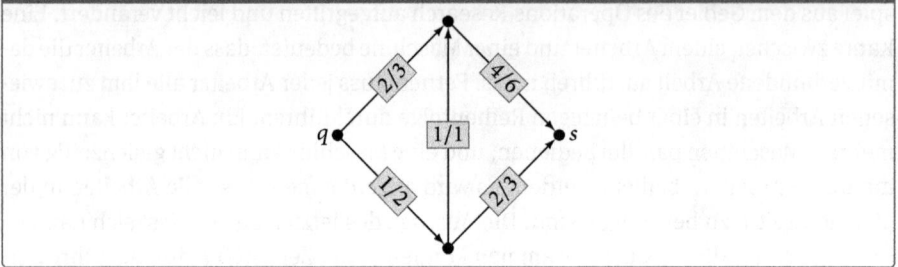

Abb. 9.6: Ein Netzwerk ohne zulässigen Fluss

Die Bestimmung eines maximalen Flusses auf Netzwerken mit unteren und oberen Grenzen erfolgt in zwei Phasen:

(1) Überprüfung, ob ein zulässiger Fluss existiert und desselben Bestimmung
(2) Erhöhung dieses Flusses zu einem maximalen Fluss

L. R. Ford und D. R. Fulkerson haben eine Methode entwickelt, mit der das Problem der ersten Phase auf ein Netzwerkproblem ohne untere Kapazitätsgrenzen zurückgeführt werden kann. Dazu wird ein Hilfsnetzwerk $\overline{G}$ konstruiert.

Es sei G ein Netzwerk mit Eckenmenge E, Kantenmenge K und den Kapazitätsfunktionen κ_u und κ_o. Dann ist $\overline{G}$ ein Netzwerk mit Eckenmenge $\overline{E} = E \cup \{\overline{q}, \overline{s}\}$, $\overline{q}$ ist die Quelle und $\overline{s}$ die Senke von $\overline{G}$. $\overline{G}$ hat die folgenden Kanten mit Kapazität $\overline{\kappa}$:

(1) Für jede Ecke e von G eine Kante $k_e = (e, \overline{s})$ mit Kapazität

$$\overline{\kappa}(k_e) = \sum_{k=(e,e')\in K} \kappa_u(k),$$

d. h., die Kapazität der neuen Kante k_e ist gleich der Summe der unteren Kapazitäten κ_u der Kanten aus G mit Anfangsecke e. Dies ist genau die Menge, die mindestens aus e hinausfließen muss.

(2) Für jede Ecke e von G eine Kante $k^e = (\overline{q}, e)$ mit Kapazität

$$\overline{\kappa}(k^e) = \sum_{k=(e',e)\in K} \kappa_u(k),$$

d. h., die Kapazität der neuen Kante k^e ist gleich der Summe der unteren Kapazitäten κ_u der Kanten aus G mit Endecke e. Dies ist genau die Menge, die mindestens in e hineinfließen muss.

(3) Für jede Kante $k \in K$ gibt es auch eine Kante in $\overline{G}$ mit der Kapazität

$$\overline{\kappa}(k) = \kappa_o(k) - \kappa_u(k).$$

(4) Die Kanten (q, s) und (s, q) mit der Kapazität ∞ (d. h. sehr große Werte).

Damit ist $\overline{G}$ ein $\overline{q}$-$\overline{s}$-Netzwerk, d. h., die Ecken q und s sind normale Ecken in $\overline{G}$. Abbildung 9.7 zeigt links ein Netzwerk G mit oberen und unteren Kapazitätsgrenzen und rechts das zugehörige Netzwerk $\overline{G}$. Das Netzwerk $\overline{G}$ hat nur obere Kapazitätsgrenzen, d. h., mit den Algorithmen aus dem letzten Kapitel kann ein maximaler Fluss für $\overline{G}$ bestimmt werden.

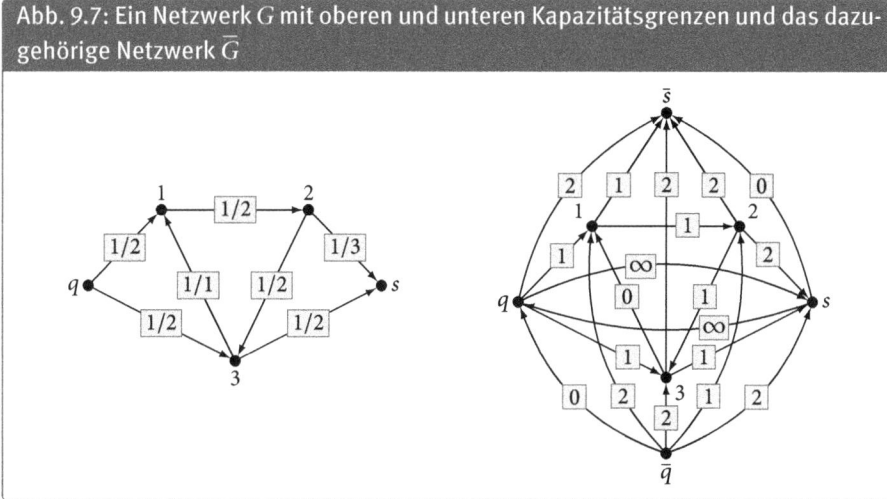

Abb. 9.7: Ein Netzwerk G mit oberen und unteren Kapazitätsgrenzen und das dazugehörige Netzwerk $\overline{G}$

Die Konstruktion von $\overline{G}$ bedingt, dass folgende Gleichung gilt:

$$\sum_{e \in E} \overline{\kappa}(k_e) = \sum_{e \in E} \overline{\kappa}(k^e).$$

Diese Größe wird im Folgenden mit σ bezeichnet. σ ist eine obere Grenze für den Wert eines Flusses auf $\overline{G}$. Für das Beispiel aus Abbildung 9.7 gilt $\sigma = 7$. Der Wert eines maximalen Flusses auf $\overline{G}$ zeigt an, ob es einen zulässigen Fluss auf G gibt. Das wird in dem folgenden Lemma bewiesen.

Lemma. *Genau dann gibt es einen zulässigen Fluss auf dem Netzwerk G, wenn der maximale Fluss auf dem Netzwerk $\overline{G}$ den Wert σ hat.*

Beweis. Es sei zunächst $\overline{f}$ ein maximaler Fluss auf dem Netzwerk $\overline{G}$ mit Wert σ. Für jede Kante k von G setze

$$f(k) = \overline{f}(k) + \kappa_u(k).$$

Im Folgenden wird nun gezeigt, dass f ein zulässiger Fluss auf G ist. Da

$$\overline{\kappa}(k) = \kappa_o(k) - \kappa_u(k)$$

ist, gilt

$$0 \leq \overline{f}(k) \leq \overline{\kappa}(k)$$
$$\kappa_u(k) \leq \overline{f}(k) + \kappa_u(k) \leq \overline{\kappa}(k) + \kappa_u(k)$$
$$\kappa_u(k) \leq f(k) \leq \kappa_o(k).$$

Somit ist nur noch die Flusserhaltungsbedingung für alle Ecken $e \neq q, s$ von G nach-zuweisen.

Es sei K die Kantenmenge und E die Eckenmenge von G. Nach Voraussetzung ist

$$\sum_{e \in E} \overline{f}(k^e) = |\overline{f}| = \sigma = \sum_{e \in E} \overline{\kappa}(k^e).$$

Da $0 \leq \overline{f}(k^e) \leq \overline{\kappa}(k^e)$ für alle Kanten k^e gilt, ist $\overline{f}(k^e) = \overline{\kappa}(k^e)$. Analog zeigt man $\overline{f}(k_e) = \overline{\kappa}(k_e)$. Da $\overline{f}$ ein Fluss auf $\overline{G}$ ist, muss $\overline{f}$ die Flusserhaltungsbedingung für die Ecke e erfüllen. Somit gilt:

$$\overline{f}(k_e) + \sum_{k=(e,w)\in K} \overline{f}(k) = \overline{f}(k^e) + \sum_{k=(w,e)\in K} \overline{f}(k)$$

$$\overline{\kappa}(k_e) + \sum_{k=(e,w)\in K} \overline{f}(k) = \overline{\kappa}(k^e) + \sum_{k=(w,e)\in K} \overline{f}(k)$$

$$\sum_{k=(e,w)\in K} \kappa_u(k) + \sum_{k=(e,w)\in K} \overline{f}(k) = \sum_{k=(w,e)\in K} \kappa_u(k) + \sum_{k=(w,e)\in K} \overline{f}(k)$$

$$\sum_{k=(e,w)\in K} f(k) = \sum_{k=(w,e)\in K} f(k)$$

Daraus folgt, dass f ein zulässiger Fluss für G ist.

Sei nun f ein zulässiger Fluss für G. Im Folgenden wird nun ein Fluss $\overline{f}$ auf $\overline{G}$ mit Wert σ konstruiert. Für alle $k \in K$ setze

$$\overline{f}(k) = f(k) - \kappa_u(k),$$

und für alle $e \in E$ setze

$$\overline{f}(k_e) = \overline{\kappa}(k_e) \quad \text{und} \quad \overline{f}(k^e) = \overline{\kappa}(k^e).$$

Analog zum ersten Teil zeigt man nun, dass $\overline{f}$ für alle Ecken aus $E \setminus \{q, s\}$ die Flusser-haltungsbedingung erfüllt. Ferner ist $|\overline{f}| = \sigma$. Den Wert von $\overline{f}$ für die Kanten von q nach s und s nach q definiert man so, dass für die Ecken q, s ebenfalls die Flusserhal-tungsbedingung erfüllt ist. Da f ein zulässiger Fluss für G ist, gilt auch $0 \leq \overline{f}(k)$ für alle Kanten k von $\overline{G}$. ∎

Für das Netzwerk $\overline{G}$ aus Abbildung 9.7 hat ein maximaler Fluss $\overline{f}$ folgende Werte:

$$\overline{f}(\overline{q}, e_1) = 2 \qquad \overline{f}(\overline{q}, e_2) = 1 \qquad \overline{f}(\overline{q}, e_3) = 2 \qquad \overline{f}(\overline{q}, s) = 2$$

$$\overline{f}(\overline{q}, \overline{s}) = 2 \qquad \overline{f}(e_1, \overline{s}) = 1 \qquad \overline{f}(e_1, e_2) = 1 \qquad \overline{f}(e_2, \overline{s}) = 2$$

$$\overline{f}(e_3, \overline{s}) = 2 \qquad \overline{f}(s, q) = 2$$

Auf allen anderen Kanten hat $\overline{f}$ den Wert 0. Somit hat $\overline{f}$ den Wert 7. Da auch σ gleich 7 ist, gibt es einen zulässigen Fluss f auf G. Dieser hat folgende Werte:

$$f(q, e_1) = 1 \qquad f(q, e_3) = 1 \qquad f(e_1, e_2) = 2 \qquad f(e_2, e_3) = 1$$

$$f(e_2, s) = 1 \qquad f(e_3, e_1) = 1 \qquad f(e_3, s) = 1$$

Nachdem ein zulässiger Fluss gefunden wurde, kann dieser zu einem maximalen Fluss erhöht werden. Dazu muss die Definition eines Erweiterungsweges geändert werden. Für eine *Vorwärtskante* k muss nun

$$f(k) < \kappa_o(k)$$

und für eine *Rückwärtskante*

$$f(k) > \kappa_u(k)$$

gelten. Ferner ist

$$f_v = \min\{\kappa_o(k) - f(k) \mid k \text{ Vorwärtskante auf dem Erweiterungsweg}\},$$
$$f_r = \min\{f(k) - \kappa_u(k) \mid k \text{ Rückwärtskante auf dem Erweiterungsweg}\}.$$

Nimmt man diese Änderungen in dem im Abschnitt 8.4 beschriebenen Algorithmus von Edmonds und Karp vor, so bestimmt dieser ausgehend von einem zulässigen Fluss einen maximalen Fluss. Auch der Satz von Ford-Fulkerson aus Abschnitt 8.3 ist mit diesen Änderungen für Netzwerke mit oberen und unteren Kapazitätsgrenzen korrekt. Die Kapazität eines Schnittes $(X, \overline{X})$ ist in diesem Falle wie folgt definiert:

$$\kappa(X, \overline{X}) = \sum_{\substack{k=(e_i,e_j)\in K \\ e_i\in X, e_j\in\overline{X}}} \kappa_o(k) - \sum_{\substack{k=(e_i,e_j)\in K \\ e_i\in\overline{X}, e_j\in X}} \kappa_u(k).$$

Für Netzwerke mit oberen und unteren Kapazitätsgrenzen gilt der folgende Satz.

Satz (FORD-FULKERSON). *Es sei N ein Netzwerk mit oberen und unteren Kapazitätsgrenzen, welches einen zulässigen Fluss besitzt. Der Wert eines maximalen Flusses auf N ist gleich der minimalen Kapazität eines Schnittes von N.*

Der Algorithmus von Dinic lässt sich leicht ändern, so dass auch für Netzwerke mit oberen und unteren Kapazitätsgrenzen mit Aufwand $O(n^3)$ entschieden werden kann, ob ein zulässiger Fluss existiert, und wenn ja, dass dieser auch bestimmt werden kann. Dazu beachte man, dass das Netzwerk G genau $n + 2$ Ecken und $2n + m + 2$ Kanten hat.

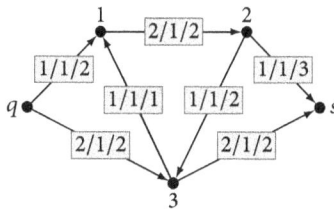

Abb. 9.8: Maximaler Fluss für das Netzwerk aus Abbildung 9.7

Abbildung 9.8 zeigt einen maximalen Fluss f für das Netzwerk aus Abbildung 9.7. Jede Kante k ist mit drei Zahlen markiert: $f(k), \kappa_u(k), \kappa_o(k)$. Der Wert von f ist 3. Lässt man die unteren Grenzen weg, so hat ein maximaler Fluss den Wert 4; d. h., die unteren Kapazitätsgrenzen können bewirken, dass der Wert eines maximalen Flusses geringer ist als der Wert im gleichen Netzwerk ohne untere Kapazitätsgrenzen.

9.3 Eckenzusammenhang in ungerichteten Graphen

In diesem Abschnitt werden Algorithmen diskutiert, mit denen die in Abschnitt 1.1 beschriebenen Fragen über *Verletzlichkeit* von Kommunikationsnetzen gelöst werden können. Ein Problem in diesem Zusammenhang ist die Bestimmung der minimalen Anzahl von Stationen, deren Ausfall die Kommunikation der verbleibenden Stationen unmöglich machen würde. Dieses Problem führt zu dem Begriff *trennende Eckenmenge*. Eine Menge T^e von Ecken eines ungerichteten Graphen heißt trennende Eckenmenge für zwei Ecken a und b, falls jeder Weg von a nach b mindestens eine Ecke aus T^e verwendet. Für Ecken a und b, welche durch eine Kante verbunden sind, gibt es keine trennende Eckenmenge. Für die Ecken e_2 und e_9 des Graphen aus Abbildung 9.9 ist $\{e_1, e_3, e_4, e_{10}\}$ eine trennende Eckenmenge.

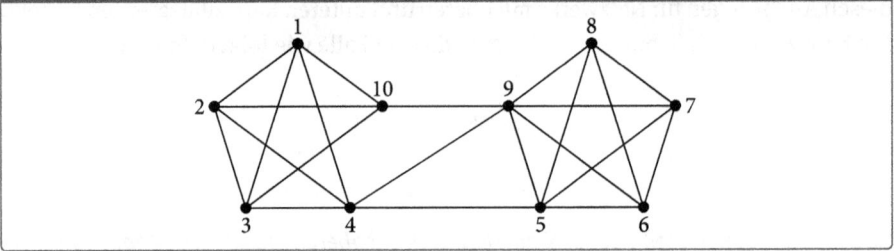

Abb. 9.9: Ein ungerichteter Graph

Die beiden Mengen $N(a)$ und $N(b)$ sind immer trennende Eckenmengen für a und b. In den Anwendungen interessiert man sich meistens für trennende Eckenmengen mit möglichst wenig Ecken. Dazu dient folgende Definition: Es seien a, b nicht benachbarte Ecken (im Folgenden mit $a \not\sim b$ abgekürzt) eines ungerichteten Graphen. Dann ist

$$Z^e(a, b) = \min\{|T^e| \mid T^e \text{ ist trennende Eckenmenge für } a, b\}$$

die minimale Anzahl von Ecken einer trennenden Eckenmenge für a, b. Eine trennende Eckenmenge T^e mit $|T^e| = Z^e(a, b)$ heißt *minimale trennende Eckenmenge* für a, b. Für den Graphen aus Abbildung 9.9 ist $\{e_4, e_{10}\}$ eine minimale trennende Eckenmenge für die Ecken e_2 und e_9, somit ist $Z^e(e_2, e_9) = 2$. Weiterhin ist $Z^e(e_4, e_{10}) = 4$.

Zur Bestimmung von $Z^e(a, b)$ wird eine weitere Definition benötigt. Sind a, b Ecken eines ungerichteten Graphen, so bezeichnet $W^e(a, b)$ die maximale Anzahl von paarweise eckendisjunkten Wegen von a nach b. Dabei sind zwei Wege *eckendisjunkt*, falls sie bis auf Anfangs- und Endecke keine gemeinsamen Ecken verwenden. Es sei T^e eine minimale trennende Eckenmenge für a, b mit $a \not\sim b$. Dann verwendet jeder Weg von a nach b mindestens eine Ecke aus T^e. Somit gibt es maximal $|T^e|$ paarweise eckendisjunkte Wege von a nach b; d. h.

$$Z^e(a, b) \geq W^e(a, b),$$

falls $a \not\sim b$. Allgemein gilt folgender Satz.

Satz (MENGER). *Es seien a, b Ecken eines ungerichteten Graphen mit $a \neq b$. Dann gilt $Z^e(a, b) = W^e(a, b)$.*

Beweis. Es genügt, zu zeigen, dass $W^e(a, b) \geq Z^e(a, b)$ ist. Dazu wird ein 0-1-Netzwerk N konstruiert. Der maximale Fluss auf diesem Netzwerk hat den Wert $W^e(a, b)$ und ist mindestens $Z^e(a, b)$. Daraus folgt dann die Behauptung. Zunächst beschreiben wir die Konstruktion des Netzwerkes N.

Für jede Ecke e von G enthält N zwei Ecken e' und e'' und eine Kante von e' nach e''. Für jede Kante (e_i, e_j) von G enthält N die gerichteten Kanten (e_i'', e_j') und (e_j'', e_i'). Alle Kanten haben die Kapazität 1. In N gibt es $2n$ Ecken und $2m+n$ Kanten. Die Quelle von N ist a'', und b' ist die Senke. Die Kanten mit Endecke a'' oder Anfangsecke b' müssten noch entfernt werden. Da sie für das Folgende nicht von Bedeutung sind, werden sie nicht explizit entfernt. Abbildung 9.10 zeigt einen ungerichteten Graphen G und das dazugehörige Netzwerk N, für $a = e_1$ und $b = e_3$.

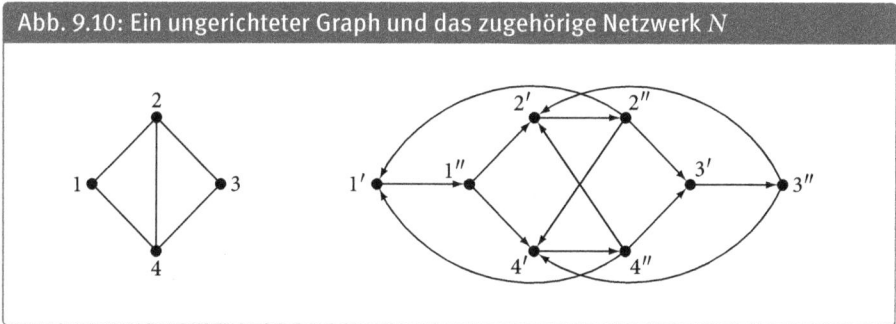

Abb. 9.10: Ein ungerichteter Graph und das zugehörige Netzwerk N

Zunächst wird gezeigt, dass der Wert eines maximalen Flusses gleich $W^e(a, b)$ ist. Ein Weg W von a nach b in G verwende die Ecken a, e_1, e_2, ..., e_s, b. Zu diesem Weg W gibt es einen entsprechenden Weg W_N von a'' nach b' in N, welcher folgende Ecken verwendet:

$$a'', \ e_1', \ e_1'', \ e_2', \ e_2'', \ \ldots, \ e_s', \ e_s'', \ b'.$$

Sind zwei Wege von a nach b in G eckendisjunkt, so sind auch die entsprechenden Wege von a'' nach b' in N eckendisjunkt. Somit gibt es mindestens $W^e(a, b)$ eckendisjunkte Wege von a'' nach b' in N. Jeder dieser Wege kann eine Flusseinheit von a'' nach b' transportieren. Damit hat ein maximaler Fluss auf N mindestens den Wert $W^e(a, b)$.

Nach den Ergebnissen aus Abschnitt 8.6 gibt es einen maximalen binären Fluss f auf N. Ferner gibt es $|f|$ kantendisjunkte Wege von a'' nach b', deren sämtliche Kanten den Fluss 1 tragen. Wegen $g^+(e') = g^-(e'') = 1$ für alle Ecken e von G kann keine Ecke auf zwei verschiedenen solchen Wegen liegen. Somit ist $W^e(a, b) \geq |f|$ und daraus folgt $W^e(a, b) = |f|$.

Um den Beweis zu vervollständigen, genügt es, zu zeigen, dass $|f| \geq Z^e(a, b)$ gilt. Es sei X die Menge aller Ecken aus N, welche bezüglich f durch Erweiterungswege von q aus erreichbar sind. Dann ist $|f| = \kappa(X, \overline{X})$. Sei nun K_X die Menge aller Kanten von N mit Anfangsecke in X und Endecke in $\overline{X}$ und T^e die Menge der Ecken in G, welche den Endecken der Kanten in K_X entsprechen. Ist $k \in K_X$, so gilt $f(k) = 1$. Nach Konstruktion gibt es Ecken $e_i \neq e_j$ von G, so dass $k = (e_i', e_j'')$ oder $k = (e_i'', e_j')$ gilt. Ist $k = (e_i'', e_j')$ und $e_i \neq a$, so trägt wegen $g^-(e_i'') = 1$ die Kante (e_i', e_i'') ebenfalls den Fluss 1. Aus der Flusserhaltungsbedingung folgt, dass der Fluss durch die Kante (e_i'', e_j') gleich 0 sein muss. Dies zeigt, dass e_i'' nicht in X liegt. Somit ist $k = (e_j', e_i'')$ oder $k = (a'', e_j')$ für eine Ecke $e_j \neq a$. Die Endecken zweier Kanten in K_X entsprechen somit unterschiedlichen Ecken in T^e. Also ist $|T^e| = |K_X| = |f|$.

Jeder Weg W von b nach b in G induziert einen Weg W_N von a' nach b' in N. Hierzu ersetzt man jede Kante (e_i, e_j) in W durch die Kanten $(e_i', e_i''), (e_i'', e_j')$. W_N muss eine Kante aus K_X verwenden und somit muss auch W eine Ecke aus T^e verwenden, d. h., T^e ist eine trennende Eckenmenge für a, b. Dies zeigt $|T^e| \geq Z^e(a, b)$. Daraus folgt

$$W^e(a, b) = |f| = |K_X| = |T^e| \geq Z^e(a, b). \qquad \blacksquare$$

Aus dem Beweis des Mengerschen Satzes ergibt sich direkt ein Algorithmus zur Bestimmung von $Z^e(a, b)$. Dazu beachte man, dass N aus insgesamt $2n$ Ecken und $n + 2m$ Kanten besteht. Somit kann $Z^e(a, b)$ mittels des Algorithmus von Dinic mit Aufwand $O(\sqrt{n}\, m)$ bestimmt werden. Mit dem gleichen Aufwand kann auch eine minimale trennende Eckenmenge für a, b gefunden werden.

Die *Eckenzusammenhangszahl* (oder kurz *Zusammenhangszahl*) $Z^e(G)$ eines ungerichteten Graphen G ist wie folgt definiert:

$$Z^e(G) = \begin{cases} n - 1, & \text{falls } G \text{ vollständig ist;} \\ \min\{Z^e(a, b) \mid a, b \text{ Ecken von } G \text{ mit } a \nsim b\}, & \text{sonst.} \end{cases}$$

Für den Graphen aus Abbildung 9.9 ist $Z^e(G) = 2$. Für $n \geq 3$ ist $Z^e(C_n) = 2$ und $Z^e(C_2) = 1$. Ferner ist $Z^e(K_{n,n}) = n$. Genau dann ist $Z^e(G) = 0$, wenn G nicht zusammenhängend ist.

Sind a, b Ecken von G mit $a \nsim b$, so ist $Z^e(a, b) \leq n - 2$. Also gilt $Z^e(G) = n - 1$ genau dann, wenn G vollständig ist. Ist G nicht vollständig, so ist

$$Z^e(G) = \min\{|T^e| \mid T^e \subseteq E, G_{E \setminus T^e} \text{ ist nicht zusammenhängend}\}.$$

Hierbei bezeichnet $G_{E \setminus T^e}$ den von $E \setminus T^e$ induzierten Untergraphen von G.

Ein Graph G heißt *z-fach zusammenhängend*, falls $Z^e(G) \geq z$ ist. Diese Definition besagt, dass ein Graph genau dann z-fach zusammenhängend ist, wenn er nach dem Entfernen von $z - 1$ beliebigen Ecken immer noch zusammenhängend ist. Für einen ungerichteten Graphen G gilt $Z^e(G) \geq 1$ genau dann, wenn G zusammenhängend ist; d. h., die Begriffe 1-fach zusammenhängend und zusammenhängend sind äquivalent. Somit kann mit Hilfe der Tiefensuche mit Aufwand $O(n + m)$ festgestellt werden, ob $Z^e(G) \geq 1$ ist.

Von allgemeinem Interesse ist die Frage, ob ein Graph z-fach zusammenhängend für ein gegebenes z ist. Für $z = 2$ sind dies die im Kapitel 4 eingeführten 2-fach zusammenhängenden Graphen. In Abschnitt 4.7.4 wurde ein Algorithmus beschrieben, mit dem man mit Aufwand $O(n+m)$ feststellen kann, ob G 2-fach zusammenhängend ist. Am Ende dieses Abschnitts wird ein Algorithmus diskutiert, welcher mit Aufwand $O(z^3 m + z\, n\, m)$ feststellt, ob G z-fach zusammenhängend ist.

Ist G nicht vollständig, so gilt nach dem Satz von Menger:

$$Z^e(G) = \min\{W^e(a,b) \mid a,b \text{ Ecken von } G \text{ mit } a \not\sim b\}.$$

In diesem Fall gilt sogar die folgende Aussage.

Lemma. *Für einen nicht vollständigen ungerichteten Graphen G gilt:*

$$Z^e(G) = \min\{W^e(a,b) \mid a,b \text{ Ecken von } G\}.$$

Beweis. Angenommen, die Aussage ist falsch. Dann gibt es eine Kante $k = (e_i, e_j)$ von G, so dass

$$W^e(e_i, e_j) < Z^e(G) = \min\{W^e(a,b) \mid a,b \text{ Ecken von } G \text{ mit } a \not\sim b\}.$$

Es sei G' der Graph, der aus G entsteht, wenn man k entfernt. In G' ist dann $e_i \not\sim e_j$. Es sei T^e eine minimale trennende Eckenmenge für e_i, e_j in G'. Nach dem Satz von Menger gibt es dann genau $|T^e|$ eckendisjunkte Wege von e_i nach e_j in G'. Somit gibt es in G genau $|T^e| + 1$ solcher Wege. Daraus folgt:

$$W^e(e_i, e_j) = |T^e| + 1.$$

Da G nicht vollständig ist, gilt $Z^e(G) < n - 1$ und somit $|T^e| \leq n - 3$. Folglich gibt es eine Ecke e mit $e \notin T^e \cup \{e_i, e_j\}$. Angenommen, es gibt einen Weg von e_i nach e, der weder die Kante k noch eine Ecke aus T^e verwendet. Dann folgt, dass $T^e \cup \{e_i\}$ eine trennende Eckenmenge für e, e_j ist, und $e \not\sim e_j$. Nach dem Mengerschen Satz gilt dann

$$Z^e(G) \leq W^e(e, e_j) = Z^e(e, e_j) \leq |T^e| + 1 = W^e(e_i, e_j).$$

Dieser Widerspruch zeigt, dass $T^e \cup \{e_j\}$ eine trennende Eckenmenge für e, e_i ist, und $e \not\sim e_i$. Dies führt zu dem gleichen Widerspruch. Damit ist das Lemma bewiesen. ∎

Für vollständige Graphen gilt $W^e(a,b) = n - 1$ für alle Ecken a, b. Somit folgt, dass $Z^e(G) = \min\{W^e(a,b) \mid a,b \text{ Ecken von } G\}$ für beliebige Graphen gilt. Hieraus ergibt sich ein Kriterium für den z-fachen Zusammenhang eines Graphen. Der folgende Satz wurde 1932 von H. Whitney bewiesen.

Satz (WHITNEY). *Ein Graph ist genau dann z-fach zusammenhängend, wenn je zwei Ecken durch mindestens z eckendisjunkte Wege verbunden sind.*

Aus dem Beweis des Satzes von Menger folgt, dass für alle Ecken a, b der Wert von $W^e(a,b)$ gleich dem Wert eines maximalen Flusses auf einem entsprechenden Netzwerk ist. Setzt man dies in einen Algorithmus um, so kann $Z^e(G)$ mit Aufwand $O(n^{5/2} m)$ bestimmt werden, der Algorithmus von Dinic aus Abschnitt 8.5 wird für jedes Paar von nicht benachbarten Ecken aufgerufen, d. h. maximal $n(n-1)/2$-mal.

Dieser Algorithmus kann aber noch verbessert werden. Es ist nämlich nicht in jedem Fall notwendig, für alle nichtbenachbarten Ecken a, b den Wert von $W^e(a, b)$ zu bestimmen. Abbildung 9.11 zeigt die Funktion zusammenhangszahl, welche die Zusammenhangszahl eines ungerichteten Graphen G bestimmt. Dabei bestimmt die Funktion netzwerk(G) das zu G gehörende Netzwerk gemäß dem Beweis des Satzes von Menger. Die Funktion maxFluss(N) aus Abbildung 8.18 bestimmt den Wert eines maximalen Flusses auf N mit Quelle e_i'' und Senke e_j'.

Abb. 9.11: Die Funktion zusammenhangszahl

```
function zusammenhangszahl(G : Graph) : Integer
    var N : 0-1-Netzwerk;
    var z, i, j : Integer;

    N := netzwerk(G);
    z := n-1;  i := 0;
    while i ≤ z do
        i := i+1;
        for j := i+1 to n do
            if es existiert keine Kante von e_i nach e_j then
                N.q := e_i'';
                N.s := e_j';
                z := min(z, maxFluss(N));
    return z;
```

Zunächst wird die Korrektheit der Funktion zusammenhangszahl bewiesen. Die Funktion betrachtet die Ecken in einer festen Reihenfolge und bestimmt für jede Ecke e_i die Werte von $Z^e(e_i, e_j)$ für alle Ecken e_j mit $e_j \geq e_i$, die nicht zu e_i benachbart sind. Zu jedem Zeitpunkt gilt $z \geq Z^e(G)$, denn z enthält den bisher kleinsten Wert von $Z^e(e_i, e_j)$. Es seien a, b Ecken mit $a \not\sim b$ und $Z^e(a, b) = Z^e(G)$. Außerdem sei T^e eine minimale trennende Eckenmenge für a, b und G' der von $E \backslash T^e$ induzierte Untergraph von G. Dann ist G' nicht zusammenhängend. Nach dem Verlassen der **while**-Schleife ist

$$i > z \geq Z^e(G) = |T^e|.$$

Somit wurde schon eine Ecke x bearbeitet, welche nicht in T^e liegt. Es sei y eine Ecke von G', welche in G' nicht in der gleichen Zusammenhangskomponente wie x liegt. Dann ist T^e ebenfalls eine trennende Eckenmenge für x, y in G. Somit gilt:

$$Z^e(G) \leq z \leq Z^e(x, y) \leq |T^e| = Z^e(G).$$

Also ist $z = Z^e(G)$. Damit wurde gezeigt, dass die Funktion zusammenhangszahl den Wert $Z^e(G)$ zurückliefert. Falls G ein vollständiger Graph ist, wird die Funktion maxFluss nicht aufgerufen.

Zur Bestimmung des Zeitaufwandes der Funktion zusammenhangszahl wird noch folgendes Lemma benötigt.

Lemma. *Für einen ungerichteten Graphen G gilt $Z^e(G) \leq 2m/n$.*

Beweis. Es seien a, b Ecken von G mit $a \not\sim b$. Dann gilt:

$$Z^e(a, b) \leq \min\{g(a), g(b)\}.$$

Daraus folgt, dass $Z^e(G) \leq \delta(G)$ ist. Hierbei bezeichnet $\delta(G)$ den kleinsten Eckengrad von G. Da die Summe der Eckengrade aller Ecken gleich $2m$ ist, folgt $n\,\delta(G) \leq 2m$. Hieraus folgt die Behauptung. ∎

Die Funktion `netzwerk` hat einen Aufwand von $O(n+m)$. Die Funktion `maxFluss` hat einen Aufwand von $O(\sqrt{n}\,m)$, da für die betrachteten 0-1-Netzwerke entweder $g^+(e)$ oder $g^-(e)$ für jede Ecke e gleich 1 ist. In jedem Durchlauf der `while`-Schleife wird die Funktion `maxFluss` maximal $(n-1)$-mal aufgerufen. Insgesamt erfolgen maximal $(n-1)Z^e(G)$ Aufrufe. Nach dem letzten Lemma ist diese Zahl maximal $2m$. Somit gilt folgender Satz.

Satz. *In einem ungerichteten Graphen kann die Zusammenhangszahl mit Aufwand $O(\sqrt{n}\,m^2)$ bestimmt werden.*

Durch eine kleine Ergänzung kann mit dem gleichen Verfahren eine Menge T^e mit einer minimalen Anzahl von Ecken bestimmt werden, so dass der von $E\backslash T^e$ induzierte Untergraph nicht zusammenhängend ist.

Wendet man die Funktion `zusammenhangszahl` auf den Graphen aus Abbildung 9.9 an, so wird zunächst $Z^e(e_1, e_j)$ für $j = 5, \ldots, 9$ bestimmt. Da alle Werte gleich 2 sind, ist anschließend z gleich 2. Danach wird $Z^e(e_2, e_j)$ für $j = 5, \ldots, 9$ bestimmt, der Wert von z ist immer noch 2. Schließlich wird auch $Z^e(e_3, e_j)$ für $j = 5, \ldots, 9$ bestimmt. Da jetzt i = 3 und z = 2 ist wird die `while`-Schleife verlassen. Somit ist $Z^e(G) = 2$. Insgesamt wurde die Funktion `maxFluss` 15 Mal aufgerufen.

In vielen Fällen ist man nicht an der genauen Zusammenhangszahl eines Graphen interessiert, sondern man möchte nur wissen, ob die Zusammenhangszahl nicht unter einem gegebenen Wert liegt. Ist der Graph vollständig, so gibt es nichts zu berechnen. Im Folgenden gehen wir davon aus, dass die betrachteten Graphen nicht vollständig sind. Zunächst führen wir zu einem gegebenen Graphen einen Hilfsgraphen ein.

Es sei G ein ungerichteter Graph mit Eckenmenge $\{e_1, \ldots, e_n\}$. Für $\ell = 1, \ldots, n$ sei G_ℓ der ungerichtete Graph, der entsteht, wenn man in G eine zusätzliche Ecke s einfügt und mit $e_1, \ldots, e_\ell$ durch Kanten verbindet. Abbildung 9.12 zeigt links einen ungerichteten Graphen G und rechts den zugehörigen Graphen G_3, die Ecke s und die zusätzlichen Kanten sind rot eingezeichnet.

Mit dieser Bezeichnungsweise gelten folgende zwei Lemmata.

Lemma. *Es seien ℓ, z ganze Zahlen mit $\ell \geq z \geq 1$ und $e \in E\backslash\{e_1, \ldots, e_\ell\}$, so dass $W^e(e_i, e) \geq z$ in G für $i = 1, \ldots, \ell$. Dann ist auch $W^e(s, e) \geq z$ in G_ℓ.*

Beweis. Angenommen, es ist $W^e(s, e) < z$ in G_ℓ. Da $s \not\sim e$ ist, gibt es nach dem Mengerschen Satz eine trennende Eckenmenge T^e für s, e in G_ℓ, so dass $|T^e| < z$ ist. Wegen $\ell \geq z > |T^e|$ gibt es ein $i \in \{1, \ldots, \ell\}$ mit $e_i \notin T^e$. Also ist $e_i \not\sim e$. Es sei W ein Weg von

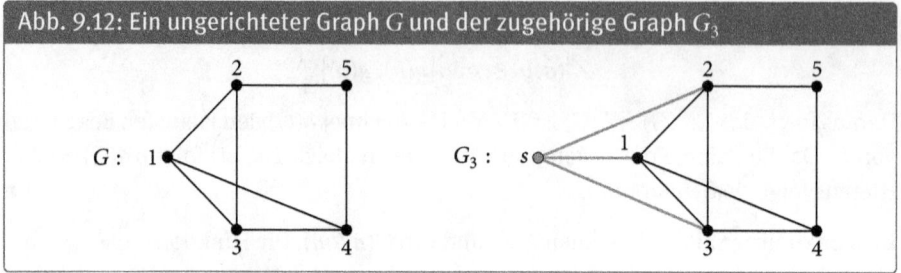

Abb. 9.12: Ein ungerichteter Graph G und der zugehörige Graph G_3

e nach e_i in G. Dieser Weg kann zu einem Weg in G_e von e nach s verlängert werden. Somit muss W eine Ecke aus T^e verwenden. Also ist T^e eine trennende Eckenmenge für e, e_i in G. Somit gilt $W^e(e_i, e) = Z^e(e_i, e) \leq |T^e| < z$. Dieser Widerspruch beendet den Beweis. ∎

Lemma. *Es sei $j \in \{1, \ldots, n\}$ die kleinste Zahl, für die es ein $i < j$ gibt, so dass $Z^e(e_i, e_j) < z$ in G für eine ganze Zahl z ist. Dann gilt $Z^e(s, e_j) < z$ in G_{j-1}.*

Beweis. Es sei T^e eine minimale trennende Eckenmenge für e_i, e_j in G. Nach Voraussetzung ist $|T^e| < z$. Es sei

$$F = \{e \in E \mid T^e \text{ ist trennende Eckenmenge für } e_i, e \text{ in } G\}.$$

Angenommen es gibt eine ganze Zahl $h < j$, so dass $e_h \in F$ ist. Dann ist $Z^e(e_i, e_h) \leq |T^e| < z$. Dies steht aber im Widerspruch zur Wahl von j: Ist $h < i$, so hätte i und nicht j die im Lemma angegebene Eigenschaft, und ist $i < h$, so wäre es h gewesen. Somit gilt $\{e_1, \ldots, e_{j-1}\} \cap F = \emptyset$. Sei nun W ein Weg von s nach e_j in G_{j-1}. Dann verwendet W eine Ecke $e_t \in \{e_1, \ldots, e_{j-1}\}$, da dies die einzigen Nachbarn von s sind. Da $e_t \notin F$, gibt es einen Weg von e_i nach e_t, welcher keine Ecke aus T^e verwendet. Aus diesen beiden Wegen kann ein Weg von e_i nach e_j gebildet werden. Dieser muss eine Ecke aus T^e verwenden, welche auf W liegt. Somit ist T^e eine trennende Eckenmenge für s, e_j in G_{j-1}. Hieraus ergibt sich $Z^e(s, e_j) \leq |T^e| < z$. ∎

Mit Hilfe der Ergebnisse dieser beiden Lemmata lässt sich die Korrektheit der in Abbildung 9.13 dargestellten Funktion zusammenhangMin beweisen. Diese Funktion stellt fest, ob $Z^e(G) \geq z$ ist. Dabei wird $W^e(a, b)$ wie oben beschrieben durch den maximalen Fluss (siehe Funktion maxFluss(N) in Abbildung 8.18) auf dem aus G konstruierten Netzwerk N mit Quelle a'' und Senke b' bestimmt.

Satz. *Für einen ungerichteten Graphen G kann man mit Aufwand $O(z^3 m + z n m)$ entscheiden, ob $Z^e(G) \geq z$ ist.*

Beweis. Zuerst wird die Korrektheit der Funktion zusammenhangMin bewiesen. Es sei G ein ungerichteter Graph mit $Z^e(G) \geq z$. Dann ist $W^e(e_i, e_j) \geq z$ für alle Ecken e_i, e_j von G. Die Korrektheit folgt nun aus dem ersten Lemma. Ist $Z^e(G) < z$, so wähle man die kleinste Zahl j, für die es ein $i < j$ gibt, so dass $Z^e(e_i, e_j) < z$ ist. Dann ist auch $W^e(e_i, e_j) < z$. Gilt $j \leq z$, so wird die Funktion durch die erste **return**-Anweisung

Abb. 9.13: Die Funktion `zusammenhangMin`

```
function zusammenhangMin(G : Graph, s : Ecke, z : Integer) : Boolean
    var i, j : Integer;

    for i := 1 to z-1 do
        for j := i+1 to z do
            if Wᵉ(eᵢ, eⱼ) < z in G then
                return false;
    for j := z+1 to n do
        if Wᵉ(s, eⱼ) < z in Gⱼ₋₁ then
            return false;
    return true;
```

verlassen. Andernfalls gilt nach dem letzten Lemma

$$Z^e(s, e_j) = W^e(s, e_j) < z$$

in G_{j-1}. Somit wird die Funktion durch die zweite `return`-Anweisung verlassen.

Um den Aufwand der Funktion `zusammenhangMin` zu bestimmen, beachte man, dass die Ungleichung $W^e(s, e_j) \geq z$ gleichbedeutend ist mit: Es gibt einen Fluss f auf dem zu dem Graphen gehörenden Netzwerk mit $|f| \geq z$. Da die Kapazitäten ganzzahlig sind, müssen also maximal z Erweiterungswege bestimmt werden. Dies erfordert einen Aufwand von $O(z\,m)$. Dadurch ergibt sich leicht, dass der Gesamtaufwand gleich $O(z^3 m + z\,n\,m)$ ist. ∎

Für $z = 1, 2$ sind die in Kapitel 4 angegebenen Algorithmen natürlich effizienter. Auch für $z = 3$ und 4 sind effizientere Algorithmen bekannt, leider sind diese aber sehr kompliziert.

Wendet man die Funktion `zusammenhangMin` mit $z = 3$ auf den Graphen G aus Abbildung 9.12 an, so stellt man fest, dass $Z^e(G) < 3$ ist. Die einzelnen Zwischenschritte sind:

$$W^e(e_1, e_2) \geq 3 \text{ in } G$$
$$W^e(e_1, e_3) \geq 3 \text{ in } G$$
$$W^e(e_2, e_3) \geq 3 \text{ in } G$$
$$W^e(s, e_4) \geq 3 \text{ in } G_3$$
$$W^e(s, e_5) < 3 \text{ in } G_4$$

9.4 Kantenzusammenhang in ungerichteten Graphen

Die Fragen über *Verletzlichkeit* von Kommunikationsnetzen führten im letzten Abschnitt zu dem Begriff der trennenden Eckenmenge. Die Betrachtung der minimalen Anzahl von Leitungen, deren Ausfall die Funktion des Netzwerkes beeinträchtigt, führt zu dem analogen Begriff der trennenden Kantenmenge. Eine Menge T^k von Kanten eines ungerichteten Graphen heißt *trennende Kantenmenge* für zwei Ecken a und b, falls jeder Weg von a nach b mindestens eine Kante aus T^k verwendet. Für die Ecken e_1 und e_4 des Graphen aus Abbildung 9.14 ist $\{(e_3,e_4),(e_1,e_4),(e_1,e_6)\}$ eine trennende Kantenmenge. Ähnlich wie bei trennenden Eckenmengen interessiert man sich meistens für trennende Kantenmengen mit möglichst wenig Kanten. Man definiert daher für zwei Ecken a, b eines ungerichteten Graphen G

$$Z^k(a,b) = \min\{|T^k| \mid T^k \text{ ist trennende Kantenmenge für } a,b\}.$$

Eine trennende Kantenmenge T^k mit $|T^k| = Z^k(a,b)$ heißt *minimale trennende Kantenmenge* für a, b. Für den Graphen aus Abbildung 9.14 ist $\{(e_5,e_4),(e_5,e_6)\}$ eine minimale trennende Kantenmenge für die Ecken e_6 und e_5; somit ist $Z^k(e_6,e_5) = 2$.

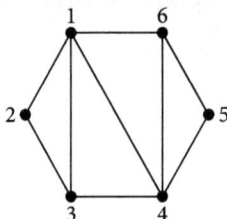
Abb. 9.14: Ein ungerichteter Graph mit $Z^k(G) = 2$

Die *Kantenzusammenhangszahl* $Z^k(G)$ eines ungerichteten Graphen G ist wie folgt definiert

$$Z^k(G) = \min\{Z^k(a,b) \mid a,b \text{ Ecken von } G\}.$$

Für den Graphen G aus Abbildung 9.14 gilt $Z^k(G) = 2$. Genau dann gilt $Z^k(G) = 0$, wenn G nicht zusammenhängend ist. Es gilt $Z^k(C_n) = 2$ für $n \geq 3$ und $Z^k(K_n) = n-1$. Zwischen den Größen $Z^e(G), Z^k(G)$ und dem kleinsten Eckengrad $\delta(G)$ eines ungerichteten Graphen G besteht folgende Beziehung.

Satz. *Für einen ungerichteten Graphen G gilt*

$$Z^e(G) \leq Z^k(G) \leq \delta(G).$$

Beweis. Ist a eine beliebige Ecke von G, so ist die Menge aller zu a inzidenten Kanten eine trennende Kantenmenge für a und jede andere Ecke. Somit ist

$$Z^k(G) \leq \delta(G).$$

Ist $Z^k(G) = 0$ oder 1, so ist auch $Z^e(G) = 0$ oder 1. Es sei nun $Z^k(G) \geq 2$ und a, b Ecken mit $Z^k(a,b) = Z^k(G)$. Es sei $T^k = \{k_1,\dots,k_s\}$ eine minimale trennende Kantenmenge für a, b. Es sei $k_s = (e,w)$. Zu jeder Kante k_1, ..., k_{s-1} wähle man eine von e, w verschiedene, mit ihr inzidente Ecke. Mit G' bezeichne man den von den restlichen Ecken induzierten Untergraphen von G. Da die Kanten k_1, ..., k_{s-1} nicht in G' liegen, ist G' nicht zusammenhängend oder $Z^k(G') = 1$. Im ersten Fall folgt sofort

$Z^e(G) < Z^k(G)$. Im zweiten Fall erreicht man durch Entfernen von e oder w, dass der Graph nur noch aus einer Ecke besteht oder nicht zusammenhängend ist. Somit gilt $Z^e(G) \leq Z^k(G)$. $\blacksquare$

Man beachte, dass die im letzten Satz angegebenen Größen alle verschieden sein können. Für den Graphen aus Abbildung 9.9 gilt: $Z^e(G) = 2$, $Z^k(G) = 3$ und $\delta(G) = 4$.

Zur Bestimmung von $Z^k(a,b)$ wird eine weitere Definition benötigt. Sind a, b Ecken eines ungerichteten Graphen, so bezeichnet $W^k(a,b)$ die maximale Anzahl kantendisjunkter Wege von a nach b. Die Verfahren zur Bestimmung von $Z^k(G)$ und $Z^e(G)$ sind sehr ähnlich und verwenden beide Netzwerkalgorithmen.

Das zu einem ungerichteten zusammenhängenden Graphen G gehörende *symmetrische Netzwerk* G_s ist wie folgt definiert:

(1) G_s hat die gleiche Eckenmenge wie G.
(2) Zu jeder Kante (e, e') von G gibt es in G_s die gerichteten Kanten (e, e') und (e', e).
(3) Alle Kanten haben die Kapazität 1.

Sind a, b beliebige Ecken von G, so ist G_s ein 0-1-Netzwerk mit Quelle a und Senke b. Im Folgenden werden die Kanten mit Endecke a und Anfangsecke b nicht explizit entfernt, da sie keine Auswirkung auf die betrachteten Flüsse haben. Abbildung 9.15 zeigt links einen ungerichteten Graphen G und rechts das zugehörige symmetrische Netzwerk G_s.

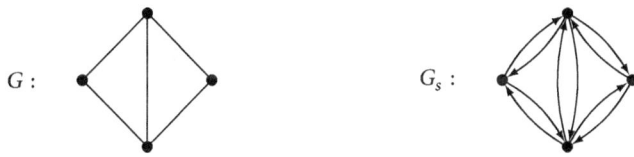

Abb. 9.15: Ein Graph G und das zugehörige symmetrische Netzwerk G_s

Es gilt folgende Beziehung zwischen $W^k(a,b)$ und einem maximalen Fluss auf G_s.

Lemma. *Es seien a, b Ecken eines zusammenhängenden ungerichteten Graphen G und f ein maximaler Fluss von a nach b auf G_s. Dann gilt*

$$|f| = W^k(a,b).$$

Beweis. Jeder der $W^k(a,b)$ kantendisjunkten Wege erlaubt den Fluss von einer Einheit von a nach b. Somit ist $|f| \geq W^k(a,b)$. Da G_s ein 0-1-Netzwerk ist, gibt es nach Abschnitt 8.6 einen maximalen binären Fluss f. Existiert in G_s eine Kante (e, e'), so dass $f(e, e') = f(e', e) = 1$ ist, so wird der Fluss auf diesen beiden Kanten auf 0 gesetzt. Dann ist f immer noch ein maximaler Fluss. Analog zu Abschnitt 8.6 zeigt man nun, dass dieser Fluss f durch genau $|f|$ Erhöhungen mittels Erweiterungswegen gebildet werden kann. Die entsprechenden Wege in G haben keine Kante gemeinsam. Somit ist $|f| = W^k(a,b)$. $\blacksquare$

Mit Hilfe dieses Satzes können wir nun eine zum Satz von Menger analoge Aussage für Kanten beweisen.

Satz. *Es seien a, b Ecken eines ungerichteten Graphen. Dann gilt*

$$W^k(a, b) = Z^k(a, b).$$

Beweis. Liegen a und b in verschiedenen Zusammenhangskomponenten von G, so ist die Aussage trivialerweise erfüllt. Somit kann man annehmen, dass G zusammenhängend ist. Nach dem Satz von Ford-Fulkerson und dem obigen Lemma gibt es einen a-b-Schnitt $(X, \overline{X})$ von G_s mit $W^k(a, b) = \kappa(X, \overline{X})$. Es sei $T^k = \{(e, e') \mid e \in X, e' \in \overline{X}\}$. Da alle Kanten die Kapazität 1 haben, ist $|T^k| = W^k(a, b)$. T^k ist eine trennende Kantenmenge für a, b. Somit gilt $Z^k(a, b) \leq W^k(a, b)$. Es sei nun S eine minimale trennende Kantenmenge für a, b in G. Da jeder Weg von a nach b mindestens eine Kante aus S verwenden muss, gilt

$$Z^k(a, b) = |S| \geq W^k(a, b).$$

Damit ist der Satz bewiesen. ∎

Der folgende Satz entspricht dem Satz von Whitney für kantendisjunkte Wege. Der Beweis ergibt sich sofort aus dem letzten Lemma.

Satz. *Es sei G ein ungerichteter Graph. Genau dann ist $Z^k(G) \geq \ell$, wenn je zwei Ecken durch mindestens ℓ kantendisjunkte Wege verbunden sind.*

Ein Algorithmus zur Bestimmung von $Z^k(G)$ ergibt sich leicht aus dem obigen Lemma. Für alle Paare a, b von Ecken bestimmt man $W^k(a, b)$ mit Hilfe des symmetrischen Netzwerkes. Mit Hilfe des Algorithmus von Dinic kann $W^k(a, b)$ mit Aufwand $O(n^{2/3}m)$ bestimmt werden. Das folgende Lemma zeigt, dass man dabei mit $n - 1$ Flussbestimmungen auskommt.

Lemma. *Es sei G ein ungerichteter zusammenhängender Graph mit Eckenmenge E. Ist a eine beliebige Ecke von G, so gilt*

$$Z^k(G) = \min \left\{ Z^k(a, b) \mid b \in E, b \neq a \right\}.$$

Beweis. Es seien e, w Ecken von G mit $Z^k(e, w) = Z^k(G)$ und T^k eine trennende Kantenmenge für G. Aus G entferne man die Kanten, die in T^k sind. Der resultierende Graph G' ist nicht mehr zusammenhängend. Man wähle nun eine Ecke b, so dass a und b in verschiedenen Zusammenhangskomponenten von G' liegen. Dann ist auch T^k eine trennende Kantenmenge für G, und es gilt $Z^k(G) = |T^k| = Z^k(a, b)$. ∎

Aus dem letzten Lemma folgt, dass die Kantenzusammenhangszahl eines ungerichteten Graphen mit Aufwand $O(n^{5/3}m)$ bestimmt werden kann. Im nächsten Abschnitt wird ein Algorithmus mit Laufzeit $O(nm)$ für dieses Problem vorgestellt.

9.5 Minimale Schnitte

Das im letzten Abschnitt eingeführte Konzept der trennenden Kantenmenge kann auf kantenbewertete Graphen erweitert werden. Die Summe der Bewertungen der Kanten einer trennenden Kantenmenge T^k nennt man die Kosten von T^k. Eine trennende Kantenmenge eines kantenbewerteten, zusammenhängenden, ungerichteten Graphen G mit minimalen Kosten nennt man einen *minimalen Schnitt* von G. Diese Definition erfolgt in Anlehnung an die Definition der Kapazität eines Schnittes aus Kapitel 8. Ein Schnitt wurde dort als eine Partition $(X, \overline{X})$ der Ecken des Netzwerkes definiert. Die Kapazität von $(X, \overline{X})$ ist die Summe der Kapazitäten der Kanten mit Anfangsecke in X und Endecke in $\overline{X}$. Diese Kanten bilden eine trennende Kantenmenge des Netzwerkes. Abbildung 9.16 zeigt einen kantenbewerteten ungerichteten Graphen. Die drei rot gezeichneten Kanten bilden dabei einen minimalen Schnitt mit Kosten 4.

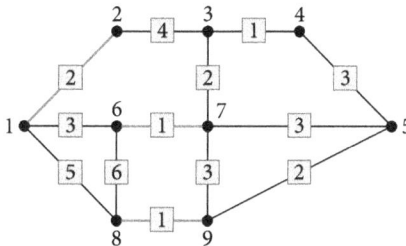

Abb. 9.16: Ein ungerichteter Graph mit einem minimalen Schnitt

Die Bestimmung von minimalen Schnitten kann mittels des Satzes von Ford-Fulkerson aus Abschnitt 8.3 auf die Bestimmung von maximalen Flüssen zurückgeführt werden. Dazu wird wie im letzten Abschnitt zu einem ungerichteten, kantenbewerteten Graphen G das symmetrische Netzwerk G_s definiert. Im Gegensatz zum letzten Abschnitt haben die Kanten nicht die Kapazität 1, sondern die Kapazität einer Kante in G_s ist gleich der Bewertung der entsprechenden ungerichteten Kante in G. Für jedes Paar von Ecken a, b von G kann G_s wieder als ein 0-1-Netzwerk mit Quelle a und Senke b betrachtet werden. Nach dem Satz von Ford-Fulkerson ist die Kapazität eines minimalen Schnittes gleich dem Wert eines maximalen Flusses. Somit ist der Wert eines minimalen Schnittes gleich

$$\min \left\{ |f_{ab}| \,\middle|\, f_{ab} \text{ maximaler Fluss auf } G_s \text{ und } a, b \text{ Ecken von } G \right\}.$$

Somit kann man mit $n(n-1)/2$ Flussbestimmungen den Wert eines minimalen Schnittes bestimmen. Es genügen sogar $n-1$ Flussbestimmungen. Dazu beachte man, dass G_s ein symmetrisches Netzwerk ist. Sind a, b beliebige Ecken von G, so haben maximale Flüsse von a nach b und von b nach a den gleichen Wert. Sei nun a eine feste Ecke von G und $(X, \overline{X})$ ein minimaler Schnitt von G. Dann gibt es eine Ecke b von G, so dass a und b durch den Schnitt $(X, \overline{X})$ getrennt werden. Nach dem Satz von Ford-Fulkerson ist der Wert eines maximalen Flusses von a nach b gleich der Kapazität von

$(X, \overline{X})$. Somit ist der Wert eines minimalen Schnittes von G gleich

$$\min \left\{ \lVert f_{ab} \rVert \;\middle|\; f_{ab} \text{ maximaler Fluss auf } G_s \text{ und } b \text{ Ecke von } G \right\}.$$

Unter Verwendung des Algorithmus von Dinic ergibt sich ein Algorithmus mit Aufwand $O(n^4)$ zur Bestimmung eines minimalen Schnittes.

Im Folgenden wird ein Algorithmus vorgestellt, welcher nicht nur effizienter arbeitet, sondern auch mit geringem Aufwand zu implementieren ist. Dieser Algorithmus stammt von M. Stoer und F. Wagner. Er hat eine starke Ähnlichkeit zu dem im Kapitel 3 vorgestellten Algorithmus von Prim zur Bestimmung minimal aufspannender Bäume. Der aufspannende Baum wurde dabei schrittweise erzeugt. In jedem Schritt wurde eine Ecke und eine Kante in den Baum eingefügt. Ist U die Menge der Ecken des aktuellen Baumes und E die Menge der Ecken des Graphen, so wählt man unter den Kanten (e', e) mit $e' \in U$ und $e \in E \backslash U$ diejenige mit der kleinsten Bewertung aus und fügt sie in den Baum ein. Dies wiederholt man so lange, bis der Baum ein aufspannender Baum ist, d. h. $U = E$.

Die Bestimmung eines minimalen Schnittes eines kantenbewerteten Graphen erfolgt in $n - 1$ Phasen. Jede einzelne Phase ist ähnlich dem Algorithmus von Prim. Der wesentliche Unterschied liegt dabei in der Auswahl der Ecke e. Es sei $U \subseteq E$ und e eine beliebige Ecke aus E. Dann setzt man

$$\text{kosten}(U, e) = \sum_{e' \in U} \text{kosten}(e', e).$$

In jedem Schritt wird die Ecke $e \in E \backslash U$ ausgewählt, für die $\text{kosten}(U, e)$ maximal ist. In jeder Phase wird auf diese Art eine Menge U, die anfangs eine beliebige Ecke enthält, so lange erweitert, bis sie alle Ecken enthält. Der minimale Schnitt dieser Phase besteht aus der Menge der Kanten, welche die zuletzt eingefügte Ecke von dem Rest des Graphen trennt. Die Summe der Bewertungen dieser Kanten nennt man die Kosten der Phase. Am Ende jeder Phase werden die beiden zuletzt ausgewählten Ecken e_i, e_j zu einer Ecke verschmolzen. Die zu den Ecken e_i und e_j inzidenten Kanten sind danach zu der neuen Ecke inzident. Entsteht dabei zwischen zwei Ecken eine Doppelkante, so wird diese zu einer Kante zusammengefasst, deren Bewertung gleich der Summe der ursprünglichen Bewertungen ist. Der Schnitt mit den geringsten Kosten aus allen $n - 1$ Phasen bildet einen minimalen Schnitt des Graphen.

Abbildung 9.17 zeigt die Funktion `minSchnittPhase`, welche die Kosten einer Phase bestimmt und den Graphen entsprechend reduziert. Alle Phasen beginnen mit der gleichen Ecke, in diesem Fall die Ecke e_1. Nach dem Verlassen der `while`-Schleife ist e_j die zuletzt und e_i die zu vorletzt betrachtete Ecke. Die Kosten der Phase sind gleich der Summe der Kosten der Kanten von e_j zu den restlichen Ecken des Graphen. Die Prozedur `verschmelze` nimmt die oben beschriebene Reduktion des Graphen vor und wird hier nicht näher beschrieben.

Die Funktion `minSchnitt`, welche die Kosten eines minimalen Schnittes bestimmt, ist in Abbildung 9.18 dargestellt. Um die Kanten des minimalen Schnittes explizit zu bestimmen, müssen die Reduktionen der Ecken abgespeichert werden. Es

---

Abb. 9.17: Die Funktion `minSchnittPhase`

```
function minSchnittPhase (var G : Graph) : Integer
    var U : Menge von Ecke;
    var e, e_i, e_j : Ecke;
    var wert : Integer;

    Initialisiere wert mit 0 und e_j mit Ecke e_1;
    U := {e_1}
    while U ≠ E do
        e_i := e_j;
        Wähle e_j ∈ E\U, so dass kosten(U, e_j) = max{kosten(U, e) | e ∈ E\U};
        U.einfügen(e_j);
    for jede Kante (e_j, e) do
        wert := wert + kosten(e_j, e);
    verschmelze(G, e_i, e_j);
    return wert;
```

---

sei e_j die zuletzt betrachtete Ecke in der Phase, in der die geringsten Kosten entstanden. Ferner sei X die Menge der Ecken, die bis dahin zu e_j reduziert wurden. Dann bilden die Kanten mit Anfangsecke in X und Endecke in $\overline{X}$ einen minimalen Schnitt.

Abb. 9.18: Die Funktion `minSchnitt`

```
function minSchnitt(G : Graph) : Integer
    var minWert, i : Integer;

    Initialisiere minWert mit ∞;
    for i := 1 to n-1 do
        minWert := min(minWert, minSchnittPhase(G));
    return minWert;
```

Bevor die Korrektheit des Algorithmus bewiesen und die Laufzeit untersucht wird, soll zunächst ein Beispiel betrachtet werden. Abbildung 9.19 zeigt oben einen kantenbewerteten Graphen mit acht Ecken. In den Abbildung 9.19 sind die Ergebnisse der einzelnen Phasen dargestellt. Die fünfte Phase liefert einen Schnitt mit den geringsten Kosten. Hierbei ist e_2 die zuletzt betrachtete Ecke und somit ist $X = \{e_2, e_3, e_4, e_5\}$. Die Kosten des minimalen Schnittes sind 4.

Die Korrektheit des Algorithmus basiert auf folgendem Lemma. Es sei E_i die Menge der Ecken des Graphen G_i in der i-ten Phase. Man bezeichne mit s_i die letzte und mit q_i die vorletzte Ecke der i-ten Phase.

Lemma. *Für $i = 1, \ldots, n - 1$ ist $(E_i \backslash \{s_i\}, \{s_i\})$ ein minimaler q_i-s_i-Schnitt in dem zu dem Graphen G_i gehörenden symmetrischen Netzwerk G_{i_s}.*

Beweis. Es sei $(Y, \overline{Y})$ ein beliebiger q_i-s_i-Schnitt von G_{i_s} mit Kapazität κ_Y. Eine Ecke $e \neq e_1$ aus G_i heißt bezüglich $(Y, \overline{Y})$ *aktiv*, wenn die Ecke, welche unmittelbar vor e betrachtet wurde, durch $(Y, \overline{Y})$ von e getrennt wird. Mit U_e wird die Menge der vor e

Abb. 9.19: Eine Anwendung des Algorithmus von Stoer und Wagner

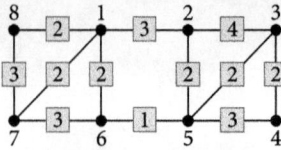

Reihenfolge der Ecken: $e_1, e_2, e_3, e_5, e_4, e_6, e_7, e_8$
minSchnittPhase = 5

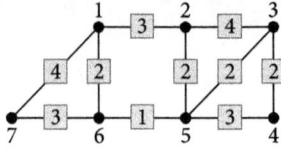

Reihenfolge der Ecken: $e_1, e_7, e_6, e_2, e_3, e_5, e_4$
minSchnittPhase = 5

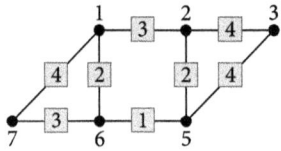

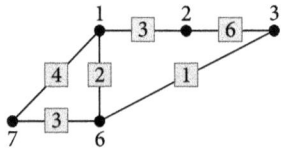

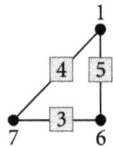

Reihenfolge der Ecken: $e_1, e_7, e_6, e_2, e_3, e_5$
minSchnittPhase = 7

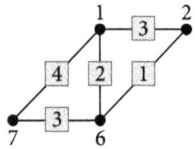

Reihenfolge der Ecken: e_1, e_7, e_6, e_2, e_3
minSchnittPhase = 7

Reihenfolge der Ecken: e_1, e_7, e_6, e_2
minSchnittPhase = 4

Reihenfolge der Ecken: e_1, e_6, e_7
minSchnittPhase = 7

Reihenfolge der Ecken: e_1, e_6
minSchnittPhase = 9

betrachteten Ecken bezeichnet. Für $e \in E_i$ sei κ_e die Summe der Kosten der Kanten (u_1, u_2) mit $u_1 \in Y \cap (U_e \cup \{e\})$ und $u_2 \in \overline{Y} \cap (U_e \cup \{e\})$. Nun wird mittels vollständiger Induktion nach der Anzahl der aktiven Ecken gezeigt, dass

$$\text{kosten}(U_e, e) \leq \kappa_e$$

für alle aktiven e Ecken gilt. Für die erste aktive Ecke e gilt

$$\kappa_e = \sum_{e' \in U_e} \text{kosten}(e', e) = \text{kosten}(U_e, e).$$

Sei nun e eine beliebige aktive Ecke und e'' die darauffolgende aktive Ecke. Da e vor e'' ausgewählt wurde, gilt $\text{kosten}(U_e, e'') \leq \text{kosten}(U_e, e)$. Nach Induktionsvoraussetzung gilt $\text{kosten}(U_e, e) \leq \kappa_e$. Somit gilt

$$\text{kosten}(U_{e''}, e'') = \text{kosten}(U_e, e'') + \sum_{e' \in U_{e''} \setminus U_e} \text{kosten}(e', e'')$$

$$\leq \kappa_e + \sum_{e' \in U_{e''} \setminus U_e} \text{kosten}(e', e'')$$

$$\leq \kappa_{e''}.$$

Die letzte Ungleichung gilt, da die Endecken der Kanten (e', e'') mit $e' \in U_{e''} \setminus U_e$ durch $(Y, \overline{Y})$ getrennt werden.

Da die letzte Ecke s_i immer aktiv ist, gilt

$$\texttt{minSchnittPhase} = \text{kosten}(U_{s_i}, s_i) \leq \kappa_{s_i} \leq \kappa_Y.$$

Daraus folgt die Behauptung. ∎

Satz. *Die Funktion* `minSchnitt` *bestimmt mit Aufwand* $O(n\,m\log n)$ *die Kosten eines minimalen Schnittes eines ungerichteten Graphen G.*

Beweis. Der Beweis der Korrektheit wird durch vollständige Induktion nach der Anzahl n der Ecken geführt. Die Aussage ist für $n = 2$ richtig. Sei nun $n > 2$. Es seien e_i und e_j die zuletzt betrachteten Ecken der ersten Phase. Ist die Kapazität eines minimalen e_i-e_j-Schnittes von G_s gleich den Kosten eines minimalen Schnittes von G, so folgt die Aussage aus dem Lemma. Andernfalls gibt es einen minimalen Schnitt $(X, \overline{X})$ von G, so dass $e_i, e_j \in X$ gilt. Es sei G' der Graph zu Beginn der zweiten Phase. Da e_i und e_j in G' zu einer Ecke reduziert wurden, sind die Kosten von minimalen Schnitten von G und G' gleich. Beachtet man nun, dass eine Anwendung der Phasen 2 bis $n - 1$ auf G' die gleiche Wirkung hat wie die Anwendung der Funktion `minSchnitt` auf G', so folgt die Behauptung aus der Induktionsvoraussetzung.

Die Laufzeit der Funktion `minSchnitt` ist gleich der Summe der Laufzeiten der $n-1$ Aufrufe der Funktion `minSchnittPhase`. Die entscheidende Stelle in dieser Funktion ist die Auswahl der Ecke e_j, so dass $\text{kosten}(U, e_j)$ maximal ist. Dazu werden alle Ecken, die nicht in U liegen, in einer Vorrangwarteschlange gehalten. Jede Ecke e bekommt dabei den Wert $\text{kosten}(U, e)$ zugewiesen. Das Initialisieren der Vorrangwarteschlange hat den Aufwand $O(n)$. Immer, wenn eine Ecke e aus dieser Warteschlange entfernt und in U eingefügt wird, müssen die Bewertungen der Ecken in der Warteschlange angepasst werden. Dazu müssen nur die Nachbarn der Ecken betrachtet werden. Somit sind insgesamt $O(m)$ Änderungen von Prioritäten und $O(n)$ Löschungen aus der Warteschlange notwendig. Unter Verwendung der in Kapitel 3 beschriebenen Realisierung von Warteschlangen ergibt sich ein Aufwand von $O((n + m) \log n)$ für einen Aufruf von `minSchnittPhase`. Insgesamt ergibt dies somit den Aufwand $O(n m \log n)$. ∎

Unter Verwendung von Fibonacci-Heaps besitzt `minSchnittPhase` sogar nur einen Aufwand von $O(m + n \log n)$, da diese das Ändern von Prioritäten effizienter unterstützen. Dadurch sinkt der Aufwand für die Funktion `minSchnitt` auf $O(n m + n^2 \log n)$. Bis heute ist kein effizienterer Algorithmus für dieses Problem bekannt.

Mit diesem Algorithmus kann auch die Kantenzusammenhangszahl eines ungerichteten Graphen G bestimmt werden. Dazu wird jede Kante von G mit 1 bewertet. Dann sind die Kosten eines minimalen Schnittes von G gleich $Z^k(G)$. Der Aufwand für die Auswahl der Ecken mit maximalen Kosten innerhalb einer Phase kann hierbei sogar noch gesenkt werden. Zwar können die Bewertungen der Kanten in den einzelnen Phasen ansteigen, aber die Summe der Bewertungen aller Kanten des Graphen in jeder Phase ist maximal m. Hierbei ist m die Anzahl der Kanten von G. Die Steigerung der Effizienz beruht auf der Verwendung spezieller Datenstrukturen.

Die verschiedenen Kosten der Ecken aus $E\backslash U$ werden in einer doppelt verketteten Liste `kostenListe` in aufsteigender Reihenfolge gesammelt. Die Anzahl der Einträge dieser Liste ist somit maximal gleich der Anzahl der Ecken in $E\backslash U$. Ein Zeiger `kopf` zeigt jeweils auf den letzten Eintrag von `kostenListe`. Er zeigt auf das Listenelement, welches die zur Zeit höchsten Kosten enthält.

Die Ecken von $E\backslash U$ werden nach Kosten getrennt in einem Feld `kostenFeld` von doppelt verketteten Listen gesammelt; d. h., `kostenFeld[i]` ist eine doppelt verkettete Liste mit den Ecken aus $E\backslash U$, welche Kosten i haben. Ferner gibt es noch zwei Felder `kostenListeZeiger` und `kostenFeldZeiger`. Sofern es eine Ecke in $E\backslash U$ mit Kosten i gibt, enthält `kostenListeZeiger[i]` einen Zeiger auf das entsprechende Element in der Liste `kostenListe`. Somit hat `kostenListeZeiger` $m + 1$ Komponenten. Das zweite Feld enthält für jede Ecke, die in $E\backslash U$ ist, einen Zeiger auf das entsprechende Element in einer der Listen von `kostenFeld`. Des Weiteren gibt es noch ein Feld `kosten`, welches für jede Ecke, die in $E\backslash U$ ist, die momentanen Kosten enthält.

Zu Beginn jeder Phase werden alle Ecken in einer doppelt verketteten Liste in `kostenFeld[0]` abgelegt. Hierbei ist die Ecke e_1 an erster Stelle. Für jede Ecke e_j enthält `kostenFeldZeiger[j]` einen Zeiger zu dem entsprechenden Element in `kostenFeld[0]`. Die Liste `kostenListe` enthält nur ein Element für die Kosten 0. Auf dieses zeigen die Zeiger `kopf` und `kostenListeZeiger[0]`. Das Feld `kosten` enthält den Eintrag 0 für jede Ecke. Abbildung 9.20 zeigt einen Teil dieser Datenstruktur zu Beginn der ersten Phase.

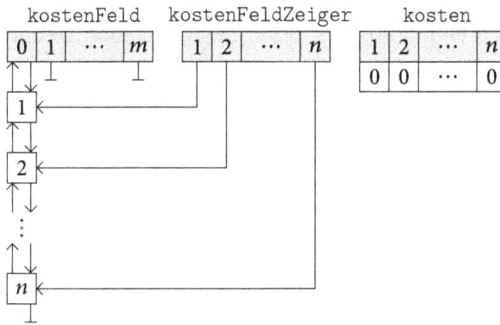

Abb. 9.20: Die Datenstruktur nach der Initialisierung

Die Auswahl der Ecke aus $E \setminus U$ mit maximalen Kosten kann nun in konstanter Zeit erfolgen. Mit Hilfe des Zeigers `kopf` bekommt man die maximalen Kosten `i`. Eine zugehörige Ecke e steht an erster Stelle der Liste `kostenFeld[i]`. Das Einfügen dieser Ecke in U kann ebenfalls in konstanter Zeit durchgeführt werden: Die Ecke wird aus `kostenFeld[i]` entfernt; ist diese Liste nun leer, so wird das letzte Element aus der Liste `kostenListe` entfernt und der Zeiger `kopf` entsprechend geändert. Anschließend müssen noch die Kosten der Nachbarn von e in $E \setminus U$ geändert werden. Für jeden solchen Nachbarn e_j ergeben sich die neuen Kosten aus der Bewertung der Kante von e nach e_j und den bisherigen Kosten `kosten[j]` von e_j. Die neuen Kosten werden in `kosten[j]` eingetragen. Mit Hilfe von `kostenFeldZeiger[j]` wird nun der entsprechende Eintrag in `kostenFeld` gefunden und entsprechend angehoben. Danach zeigt `kostenFeldZeiger[j]` wieder an die korrekte Stelle.

Nun muss noch die Liste `kostenListe` auf den neuen Stand gebracht werden. Zum einen kann es sein, dass die Ecke e_j die einzige Ecke in der Liste in `kostenFeld` war. In diesem Fall muss das entsprechende Element aus der Liste `kostenListe` entfernt werden. Mit Hilfe des Feldes `kostenListeZeiger` erfolgt dies in konstanter Zeit. Zum anderen kann es sein, dass es noch keine Ecke mit den neuen Kosten der Ecke e_j gibt. In diesem Fall muss die entsprechende Stelle in der Liste `kosten` gefunden werden. Dies erfolgt mittels einer sequentiellen Suche, startend an der alten Stelle in Richtung höherer Kosten. Dabei ist die Anzahl der Schritte durch die Bewertung der Kante e nach e_j beschränkt. Eventuell muss auch der Zeiger `kopf` abgeändert werden. Eine solche sequentielle Suche muss im ungünstigsten Fall für jede Kante des Graphen durchgeführt werden. Da aber die Summe der Bewertungen aller Kanten in jeder Phase maximal m ist, ist der Aufwand aller sequentiellen Suchen in einer Phase $O(m)$. Der Gesamtaufwand jeder Phase ist somit $O(n + m)$. Daraus ergibt sich folgender Satz.

Satz. *Die Kantenzusammenhangszahl eines ungerichteten Graphen kann mit Aufwand* $O(nm)$ *bestimmt werden.*

9.6 Eckenüberdeckungen

Es sei G ein ungerichteter Graph mit Eckenmenge E. Eine Teilmenge U von E heißt *Eckenüberdeckung* von G, falls jede Kante von G zu mindestens einer Ecke aus U inzident ist. Die *Eckenüberdeckungzahl* $\tau(G)$ eines Graphen G ist wie folgt definiert:

$$\tau(G) = \min\{|U| \mid U \text{ Eckenüberdeckung von } G\},$$

d. h., es ist die kleinste Zahl t, so dass G eine Eckenüberdeckung bestehend aus t Ecken besitzt. Eine Eckenüberdeckung U heißt *minimal*, falls $|U| = \tau(G)$. Abbildung 9.21 zeigt links eine minimale Eckenüberdeckung eines Graphen G mit sechs Ecken, es gilt $\tau(G) = 4$.

Abb. 9.21: Eine minimale Eckenüberdeckung mit vier Ecken und eine maximale Zuordnung mit drei Kanten

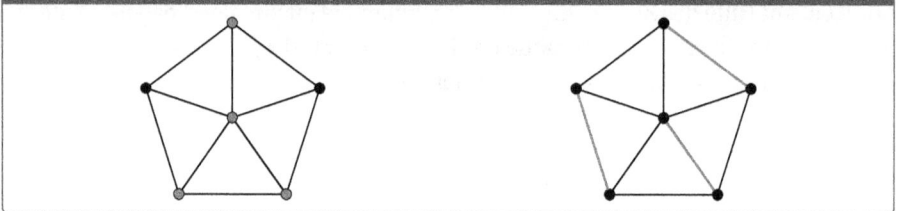

Eine Ecke überdeckt maximal $\Delta(G)$ Kanten. Somit gilt für einen Graphen G ohne isolierte Ecken

$$\frac{m}{\Delta(G)} \leq \tau(G).$$

Es sei M eine maximale Zuordnung und U eine minimale Überdeckung eines ungerichteten Graphen G. Da M maximal ist muss zu jeder Kante von M eine Ecke aus U inzident sein. Da M eine Zuordnung ist, sind diese Ecken alle verschieden. Somit gilt $|M| \leq |U|$. Abbildung 9.21 zeigt rechts eine maximale Zuordnung des Graphen. Die daraus gebildete Eckenüberdeckungen enthält sechs Ecken und ist somit nicht minimal. Für bipartite Graphen gilt folgender Satz.

Satz (KÖNIG-EGERVÁRY). *In einem bipartiten Graphen G ist die Anzahl der Kanten in einer maximalen Zuordnung gleich der Anzahl der Ecken in einer minimalen Eckenüberdeckung.*

Beweis. Der Graph G wird zu einem ungerichteten Graphen G' mit zwei zusätzlichen Ecken a und b erweitert. Hierbei ist a zu jeder Ecke aus E_1 und b zu jeder Ecke aus E_2 inzident. Nach dem Satz von Menger gilt $Z^e(a,b) = W^e(a,b)$ für G'. Die Ecken aus einer minimalen trennenden Eckenmenge für a, b bilden eine Eckenüberdeckung. Des Weiteren ist $|W^e(a,b)|$ gleich der Anzahl der Kanten in einer maximalen Zuordnung von G, d. h. $|U| \leq |M|$. Da immer $|U| \geq |M|$ gilt, ist der Beweis beendet. ∎

Aus diesem Satz und den Ergebnissen aus Abschnitt 9.1 folgt, dass für einen bipartiten Graphen eine minimale Eckenüberdeckung mit Aufwand $O(\sqrt{\tau(G)}\,m)$ bestimmt werden kann. Für Bäume existiert ein Algorithmus mit linearem Aufwand (vergleichen Sie Aufgabe 36). Mit Hilfe des Satzes von König-Egerváry kann folgende Eigenschaft von Komplementen von bipartiten Graphen bewiesen werden.

Satz. *Für einen bipartiten Graph G gilt* $\omega(\overline{G}) = \mathcal{X}(\overline{G})$.

Beweis. Es gilt $\theta(G) = \mathcal{X}(\overline{G})$, wobei $\theta(G)$ die *Cliquenpartitionszahl* bezeichnet. Wegen $\omega(\overline{G}) = \alpha(G)$ genügt es zu zeigen, dass für bipartite Graphen $\theta(G) = \alpha(G)$ ist. Ist e eine isolierte Ecke von G, so gehört e zu jeder maximalen unabhängigen Menge und $\{e\}$ ist in jeder Cliquenüberdeckung enthalten. Somit kann angenommen werden, dass G keine isolierten Ecken besitzt. Nach dem Satz von König-Egerváry ist die Anzahl u der Ecken in einer minimalen Eckenüberdeckung gleich der Anzahl s der Kanten in einer maximalen Zuordnung. Da $n - \alpha(G) = u$ ist, muss nur $n - \theta(G) = s$ bewiesen werden.

Es sei zunächst M eine maximale Zuordnung mit s Kanten. Dann erhält man leicht eine Cliquenüberdeckung mit $s + n - 2s = n - s$ Cliquen. Somit gilt $\theta(G) \leq n - s$. Es sei nun M' die von den zwei-elementigen Mengen einer minimalen Cliquenüberdeckung gebildete Zuordnung. Ferner wähle man zu jeder ein-elementigen Menge eine zu dieser Ecke inzidente Kante. Die so entstandene Kantenmenge W bildet einen Wald mit $\theta(G)$ Kanten und n Ecken. Nach den Ergebnissen aus Abschnitt 3.1 besteht W aus $n - \theta(G)$ Zusammenhangskomponenten. Da die Anzahl der Zusammenhangskomponenten durch s beschränkt ist, gilt $n - \theta(G) \leq s$. Hieraus folgt $n - \theta(G) = s$. ∎

Algorithmen zur Bestimmung von Eckenüberdeckungen werden in Abschnitt 11.5.2 vorgestellt.

9.7 Literatur

Die Bestimmung von maximalen Zuordnungen in bipartiten Graphen mit Aufwand $O(\sqrt{n}\,m)$ wurde zuerst von J. E. Hopcroft und R. M. Karp beschrieben [58]. H. Alt et al. haben eine Realisierung dieses Algorithmus mit Aufwand $O(n^{3/2}\sqrt{m/\log n})$ entwickelt [4]. Für dichte Graphen ist dies eine Verbesserung um den Faktor $\sqrt{\log n}$. Der Zusammenhang von maximalen Zuordnungen und maximalen Flüssen auf Netzwerken wurde von S. Even und R. E. Tarjan erkannt [32]. Die Bestimmung von maximalen Zuordnungen auf beliebigen Graphen ist algorithmisch aufwendiger, aber die Komplexität ist ebenfalls $O(\sqrt{n}\,m)$ [87]. Den Satz von Hall findet man in [48] und den von Menger in [86]. Der dort angegebene Beweis basiert aber nicht auf maximalen Flüssen; der hier angegebene Beweis stammt von G. B. Dantzig und D. R. Fulkerson [23]. Den Satz von Whitney findet man in [125]. Der Algorithmus, welcher entscheidet, ob für einen gegebenen Graphen $Z^e(G) \geq z$ ist, stammt von S. Even [31]. J. Hopcroft und R. E. Tarjan haben einen Algorithmus entwickelt, welcher in linearer Zeit feststellt, ob $Z^e(G) \geq 3$ ist [59]. Die Ergebnisse über kantendisjunkte Wege und der Zusammenhang zu maximalen Flüssen stammen von L. R. Ford und D. R. Fulkerson [37]. Der Algorithmus von Stoer und Wagner zur Bestimmung eines minimalen Schnittes ist in [116] beschrieben. Aufgabe 11 ist [47] entnommen. Weitere Anwendungen von Netzwerkalgorithmen sind in [1] beschrieben. Aufgabe 47 wurde [110] entnommen.

9.8 Aufgaben

1. Formulieren Sie das Problem der Bestimmung einer maximalen Zuordnung eines Graphen als ILP-Problem.

⋆2. Es sei G ein bipartiter Graph mit Zuordnung Z und f der zu Z gehörende Fluss auf N_G. Welche Eigenschaft haben die Erweiterungswege bezüglich f auf N_G? Folgern Sie daraus, dass eine Zuordnung Z eines bipartiten Graphen genau dann maximal ist, wenn es keinen Weg W gibt, dessen Kanten abwechselnd aus Z bzw. nicht aus Z sind, und dessen erste und letzte Ecke auf keiner Kante von Z liegt. Solche Wege nennt man *Erweiterungswege* bezüglich Z. Verallgemeinern Sie die Aussage auf beliebige ungerichtete Graphen (vergleichen Sie Aufgabe 4 aus Kapitel 11).

⋆3. Es sei G ein ungerichteter Graph mit einer geraden Anzahl von Ecken, so dass der Eckengrad jeder Ecke mindestens $n/2$ ist. Beweisen Sie, dass G eine vollständige Zuordnung besitzt. Geben Sie einen Algorithmus mit Laufzeit $O(m)$ zur Bestimmung einer vollständigen Zuordnung an.

4. Bestimmen Sie für die folgenden beiden bipartiten Graphen maximale Zuordnungen. Die rot markierten Kanten bilden jeweils schon Zuordnungen und können als Ausgangspunkt verwendet werden.

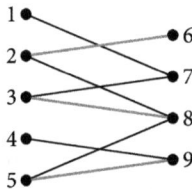

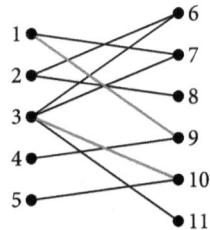

5. Bestimmen Sie eine maximale Zuordnung für den Petersen-Graph.

6. Es sei G ein Graph mit $\alpha(G) = 2$ und $\overline{G}$ besitze eine maximale Zuordnung mit z Kanten. Beweisen Sie, dass $X(G) = n - z$ ist.

7. Beweisen Sie, dass jeder Baum höchstens eine vollständige Zuordnung besitzt.

8. Es sei G ein kantenbewerteter, bipartiter Graph mit Eckenmenge $E = E_1 \cup E_2$ und $k \in \mathbb{N}$, so dass für alle Ecken $e_i \in E_1$ und $e_j \in E_2$ folgendes gilt:

$$g(e_i) \geq k \geq g(e_j)$$

Beweisen Sie, dass G eine Zuordnung Z mit $|Z| = |E_1|$ besitzt.

9. Es sei G ein ungerichteter Graph und Z eine maximale Zuordnung von G. Beweisen Sie, dass $2|Z'| \geq |Z|$ für jede nicht erweiterbare Zuordnung Z' gilt.

10. Es sei G ein kantenbewerteter bipartiter Graph mit Eckenmenge $E = E_1 \cup E_2$. Entwerfen Sie einen effizienten Algorithmus, der feststellt, ob es eine Teilmenge D von E_1 mit $|D| > |N(D)|$ gibt, und gegebenenfalls eine solche Menge D bestimmt.

⋆11. Es sei G ein kantenbewerteter, vollständig bipartiter Graph mit Eckenmenge

$$E = E_1 \cup E_2 \text{ und } |E_1| = |E_2|.$$

Entwerfen Sie einen Algorithmus zur Bestimmung einer vollständigen Zuordnung mit minimalen Kosten von G.

Beweisen Sie zunächst folgende Aussage: Addiert man eine beliebige reelle Zahl b zu den Bewertungen der Kanten, welche zu einer Ecke inzident sind, so ändern sich auch die Kosten jeder vollständigen Zuordnung um b. Auf diese Art erreicht man, dass für jede Ecke $e \in E_1$ gilt: Die kleinste Bewertung unter den zu e inzidenten Kanten ist 0. Es sei nun G_0 der Teilgraph von G mit Eckenmenge E, der aus allen Kanten von G mit Bewertung 0 besteht. Mit Hilfe des in Abschnitt 9.1 angegebenen Algorithmus kann nun eine maximale Zuordnung von G_0 bestimmt werden. Ist diese Zuordnung für G vollständig, erübrigt sich eine weitere Berechnung. Andernfalls bestimmt man eine Teilmenge X von E_1, so dass $|N_{G_0}(X)| < |X|$ gilt. Hierbei ist $N_{G_0}(X)$ die Menge der Nachbarn von X bezüglich des Graphen G_0 (vergleichen Sie Aufgabe 10). Es sei b_{min} die kleinste Bewertung aller Kanten in G mit Anfangsecke in X und Endecke in $E_2 \setminus N_{G_0}(X)$. Nun addiert man b_{min} zu jeder Kante, die zu einer Ecke aus $N_{G_0}(X)$ inzident ist, und $-b_{min}$ zu jeder Kante, die zu einer Ecke aus X inzident ist. Auf diese Art werden die Bewertungen der Kanten zwischen X und $N_{G_0}(X)$ nicht verändert, und eine neue Ecke wird durch eine Kante mit Bewertung 0 mit X verbunden. Nun wird wieder der Graph G_0 untersucht.

Beweisen Sie, dass man auf diese Art nach endlich vielen Schritten eine vollständige Zuordnung von G mit minimalen Kosten bekommt und dass die Anzahl der Durchgänge $O(n^2)$ ist.

⋆12. Geben Sie einen Algorithmus zur Bestimmung einer maximalen Zuordnung mit minimalen Kosten in einem kantenbewerteten bipartiten Graphen an. Ist jede nicht erweiterbare Zuordnung mit minimalen Kosten auch eine maximale Zuordnung? Kann der Algorithmus so erweitert werden, dass auch eine nicht erweiterbare Zuordnung mit minimalen Kosten bestimmt werden kann?

13. Es sei G ein Netzwerk mit unteren und oberen Kapazitätsgrenzen κ_u bzw. κ_o. Geben Sie einen Algorithmus an, der prüft, ob G einen zulässigen Fluss besitzt und gegebenenfalls einen zulässigen Fluss mit minimalem Wert bestimmt. Hinweis: Konstruieren Sie aus G ein neues Netzwerk, in dem die Richtungen aller Kanten umgedreht sind; die untere Kapazitätsgrenze ist $-\kappa_o$ und die obere Kapazitätsgrenze ist $-\kappa_u$. Betrachten Sie einen maximalen s-q-Fluss.

14. Bestimmen Sie einen zulässigen Fluss mit minimalem Wert für das Netzwerk aus Abbildung 9.7.

15. Bestimmen Sie für das folgende Netzwerk mit oberen und unteren Kapazitätsgrenzen einen maximalen und einen minimalen zulässigen Fluss.

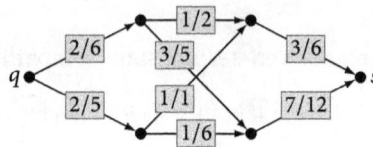

16. Es sei G ein Netzwerk mit unteren, aber ohne oberen Grenzen für den Fluss durch die Kanten. Unter welchen Voraussetzungen gibt es einen zulässigen Fluss auf G?

17. Es sei G ein q-s-Netzwerk mit oberen und unteren Kapazitätsgrenzen, welches einen zulässigen Fluss besitzt. Die Kapazität eines Schnittes $(X, \overline{X})$ ist in diesem Fall wie folgt definiert:

$$\kappa(X, \overline{X}) = \sum_{\substack{k=(e_i,e_j)\in K \\ e_i\in X, e_j\in \overline{X}}} \kappa_o(k) - \sum_{\substack{k=(e_i,e_j)\in K \\ e_i\in \overline{X}, e_j\in X}} \kappa_u(k)$$

Beweisen Sie, dass der minimale Wert eines zulässigen Flusses auf G gleich

$$- \min\{\kappa(\overline{X}, X) \mid (X, \overline{X}) \ q\text{-}s\text{-Schnitt von } G\}$$

ist.

18. Es sei G ein ungerichteter zusammenhängender Graph mit Eckenmenge E. Es sei e eine beliebige Ecke von G. Dann gilt:

$$Z^k(G) = \min\{Z^k(e, e') \mid e' \in E \text{ und } e' \neq e\}.$$

Wieso gilt eine analoge Aussage für $Z^e(G)$ nicht?

19. Es sei G ein ungerichteter zusammenhängender Graph. Beweisen Sie, dass für alle Ecken e, e' und e'' von G folgende Ungleichung gilt:

$$Z^k(e, e') \geq \min\{(Z^k(e, e''), Z^k(e'', e')\}.$$

20. Es sei G ein ungerichteter zusammenhängender Graph. Für jedes Paar a, b von Ecken sei f_{ab} ein maximaler Fluss auf dem symmetrischen 0-1-Netzwerk G_s mit Quelle a und Senke b. Beweisen Sie, dass es mindestens $n/2$ Eckenpaare gibt, so dass die Werte der entsprechenden maximalen Flüsse alle gleich sind.

*21. Es sei Z eine Zuordnung eines bipartiten Graphen G. Beweisen Sie, dass es auch eine maximale Zuordnung Z' gibt, so dass jede Ecke von G, welche zu einer Kante von Z inzident ist, auch zu einer Kante von Z' inzident ist.

22. Beweisen Sie, dass der Hypercube Q_s s-fach zusammenhängend ist.

23. Bestimmen Sie die Ecken- und Kantenzusammenhangszahl des Petersen-Graphen.

24. Überprüfen Sie, ob für die folgenden Graphen die Eckenzusammenhangszahl mindestens 4 ist.

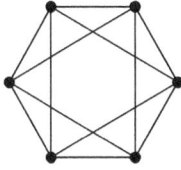

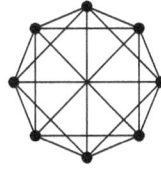

25. Bestimmen Sie die Ecken- und Kantenzusammenhangszahl des folgenden Graphen.

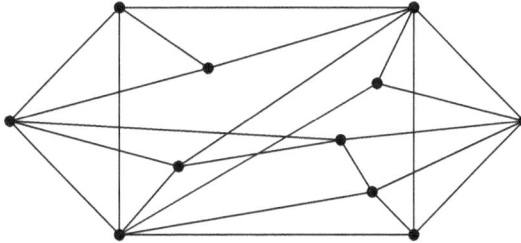

*26. Geben Sie einen Algorithmus an, welcher in linearer Zeit $O(m)$ feststellt, ob ein ungerichteter Graph G mindestens die Kantenzusammenhangszahl 2 hat. Hinweis: Verwenden Sie die Tiefensuche, um aus G einen gerichteten Graphen G' zu machen. Die Richtung der Baumkanten ist von der hohen zur niedrigeren Tiefensuchenummer und die Richtung der anderen Kanten ist umgekehrt. Beweisen Sie: Genau dann ist $Z^k(G) \geq 2$, wenn in G' die Startecke von jeder anderen Ecke aus erreichbar ist.

27. Aus einem Schachbrett wird ein weißes und ein schwarzes Feld entfernt. Kann man die übriggebliebene Fläche mit Rechtecken der Größe 1×2 vollständig abdecken, wenn die Größe eines Feldes auf dem Schachbrett 1×1 ist? Wie lautet die Antwort, wenn man aus dem Schachbrett zwei diagonal gegenüberliegende Eckfelder entfernt?

28. Es sei G ein bipartiter Graph mit Eckenmenge $E = E_1 \cup E_2$. Beweisen Sie: G besitzt genau dann eine vollständige Zuordnung, falls jede Eckenüberdeckung mindestens $(|E_1| + |E_2|)/2$ Ecken enthält.

29. Beweisen Sie, dass ein Untergraph G des vollständig bipartiten Graphen $K_{n,n}$ eine Zuordnung mit mindestens s Kanten hat, sofern er mehr als $(s-1)n$ Kanten enthält.

*30. Die Kantenzusammenhangszahl eines c-kantenkritischen Graphen ist mindestens $c - 1$.

31. Beweisen Sie, dass $Z^e(G) \leq 5$ für jeden planaren Graphen G gilt.

32. Bestimmen Sie die Zusammenhangszahlen der Graphen I_n für $n \geq 5$ aus Aufgabe 15 aus Kapitel 6.

33. Es sei G ein regulärer Graph mit $Z^e(G) = 1$. Beweisen Sie, dass $Z^k(G) \leq \Delta(G)/2$ ist.

34. In einem vom Verteidigungsministerium der USA organisierten Forschungsprojekt wurde das ARPA-Kommunikationsnetz aufgebaut. Die experimentelle Phase begann 1969 mit einem Netz aus vier Knoten; 1988 bestand es bereits aus mehr als 20.000 Knoten und umspannte unter dem Namen *Internet* die USA, Westeuropa und Teile des Pazifiks. Die folgende Abbildung zeigt eine frühe Ausbaustufe. Bestimmen Sie die Ecken- und Kantenzusammenhangszahl.

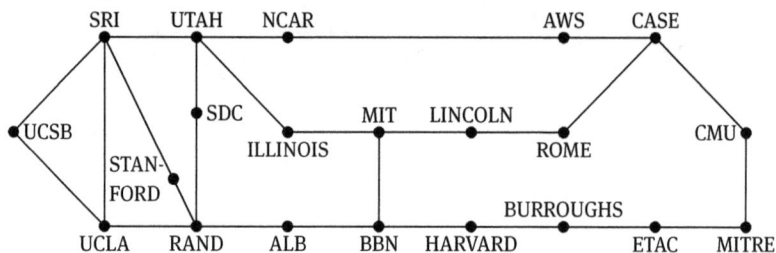

35. Es sei G ein ungerichteter Graph und Z eine maximale Zuordnung von G. Beweisen Sie, dass es in G einen Tiefensuchebaum B gibt, welcher jede Kante aus Z enthält.

36. Es sei B ein Baum. Wenden Sie die Tiefensuche auf B an und erzeugen Sie dabei auf folgende Art eine Zuordnung Z von B. Immer, wenn die Tiefensuche eine Ecke e verlässt, wird geprüft, ob e und der Vorgänger e' von e noch nicht markiert sind. Ist dies der Fall, so werden die beiden Ecken markiert und die Kante $k = (e', e)$ in Z eingefügt. Beweisen Sie, dass Z eine maximale Zuordnung von B ist; d. h., maximale Zuordnungen von Bäumen können in linearer Zeit bestimmt werden. Zeigen Sie, dass die so erzeugte Zuordnung Z folgende Eigenschaft hat: Ist e_i eine Ecke von B, welche zu keiner Kante aus Z inzident ist, und e_j der Vorgänger von e_i im Tiefensuchebaum, so existiert ein Nachfolger e_s von e_j, so dass (e_j, e_s) in Z ist.

⋆37. Es sei G ein ungerichteter Graph und $\mathcal{U}$ die Menge aller Untergraphen von G ohne isolierte Ecken. Für jeden Untergraphen $U \in \mathcal{U}$ mit Eckenmenge E_U und Kantenmenge K_U definiere $f(U) = (|E_U| - 1)/|K_U|$. Es sei $U_{max} \in \mathcal{U}$ mit $f(U_{max}) = \max\{f(U) \mid U \in \mathcal{U}\}$. Beweisen Sie, dass eine der beiden folgenden Bedingungen gültig ist.

(a) Die Kanten von U_{max} bilden eine maximale Zuordnung von G.

(b) G ist bis auf isolierte Ecken ein Sterngraph.

38. Ein Graph heißt *eindeutig färbbar*, wenn jede minimale Färbung die gleiche Zerlegung der Eckenmenge bewirkt. Es sei G ein eindeutig färbbarer Graph mit $X(G) = c$. Beweisen Sie folgende Aussagen:

    (a) Jede Ecke von G hat mindestens den Grad $c - 1$.

    (b) Der von den Ecken zweier beliebiger Farbklassen induzierte Untergraph ist zusammenhängend.

    (c) G ist $(c - 1)$-fach zusammenhängend.

⋆39. Es sei G ein bipartiter Graph mit Eckenmenge $E = E_1 \cup E_2$ und t eine natürliche Zahl mit $t \leq |E_1|$. Beweisen Sie, dass G genau dann eine Zuordnung mit t Kanten hat, falls für jede Teilmenge T von E_1 folgende Ungleichung gilt: $|N(T)| \geq |T| + t - |E_1|$.

40. Es sei G ein ungerichteter Graph mit einer maximalen Zuordnung M. Beweisen Sie, dass $X'(G) > \Delta(G)$ gilt, falls G mehr als $\Delta(G)|M|$ Kanten besitzt.

⋆41. Es sei G ein ungerichteter Graph, dann nennt man

$$\rho(G) = \max\{m_H/n_H \mid H \text{ Untergraph von } G\}$$

die *maximale Dichte* von G. Hierbei bezeichnet m_H bzw. n_H die Anzahl der Kanten bzw. Ecken von H.

    (a) Bestimmen Sie $\rho(C_n)$ und $\rho(K_n)$ für alle natürlichen Zahlen $n > 2$.

    (b) Entwerfen Sie einen Algorithmus, der für eine gegebene natürliche Zahl $r > 0$ und einen ungerichteten Graphen G feststellt, ob $\rho(G) \leq r$ ist. Bestimmen Sie die Laufzeit des Algorithmus.

    (c) Entwerfen Sie einen effizienten Algorithmus zur Bestimmung von $\rho(G)$ für einen Graphen G. Bestimmen Sie die Laufzeit des Algorithmus.

42. In Abschnitt 7.2 wurden Orientierungen von ungerichteten Graphen eingeführt.

    (a) Beweisen Sie folgende Aussage: Ein ungerichteter Graph G hat genau dann eine Orientierung bei der der Ausgrad jeder Ecke kleiner gleich d ist, wenn $\rho(G) \leq d$.

    (b) Entwerfen Sie einen Algorithmus, welcher unter allen Orientierungen eines ungerichteten Graphen diejenige bestimmt, bei der der maximale Ausgrad einer Ecke minimal ist.

43. Es sei G ein ungerichteter Graph und θ eine Funktion, welche jeder Ecke eine nicht negative ganze Zahl zuordnet. Gesucht ist eine Orientierung von G an, so dass $g^+(e) = \theta(e)$ für jede Ecke e gilt.

    (a) Geben Sie notwendige Kriterien für die Existenz einer solchen Orientierung an.

    (b) Zeigen Sie an Hand von Beispielen, dass die angegebenen Kriterien nicht hinreichend sind.

    (c) Entwerfen Sie einen Algorithmus, der entscheidet, ob G eine solche Orientierung besitzt.

44. Es sei G ein gerichteter Graph mit einer positiven, ganzzahligen Kantenbewertung c. Entwerfen Sie einen Algorithmus zur Bestimmung eines minimalen Schnittes von G mit der minimalen Anzahl von Kanten.
    Hinweis: Bilden Sie eine neue Kantenbewertung c' mit $c'(k) = m\,c(k) + 1$ für jede Kante k. Zeigen Sie, dass ein bezüglich c' minimaler Schnitt die gewünschte Eigenschaft hat.
45. Es sei G ein ungerichteter Graph. Beweisen Sie $\omega(G) = \tau(\bar{G})$.
46. Es sei U eine Eckenüberdeckung eines ungerichteten Graphen G. Beweisen Sie, dass U alle Ecken enthält, deren Grad größer als $|U|$ ist.
47. Es sei U die Menge aller Ecken eines Tiefensuchebaumes eines ungerichteten Graphen G, die keine Blätter sind. Beweisen Sie: U ist eine Eckenüberdeckung von G mit $2\tau(G) \geq |U|$.

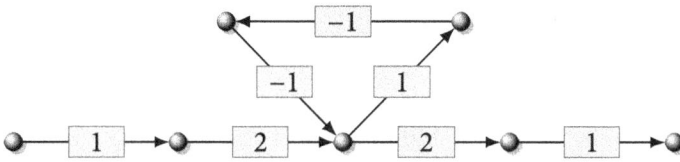

KAPITEL 10

Kürzeste Wege

Ein wichtiges Anwendungsgebiet der Graphentheorie ist die Darstellung von Verkehrs- und Kommunikationsnetzen sowie die Bestimmung optimaler Wege in diesen. Dabei wird ein Weg als optimal betrachtet, wenn er der kürzeste, der billigste oder der sicherste ist. Die dargestellten Algorithmen bestimmen Wege, für welche die Summe der Bewertungen der Kanten minimal ist. Die Interpretation der Bewertungen bleibt der eigentlichen Anwendung überlassen. Es werden drei Varianten betrachtet: der kürzeste Weg zwischen zwei vorgegebenen Ecken, kürzeste Wege zwischen einer und allen anderen Ecken und kürzeste Wege zwischen allen Paaren von Ecken. Die Verfahren lassen sich sowohl auf gerichtete als auch auf ungerichtete Graphen anwenden. Dieses Kapitel stützt sich wesentlich auf die Entwurfsmethode der dynamischen Programmierung. Neben allgemeinen Verfahren werden im vierten Abschnitt auch solche diskutiert, welche nur auf Graphen mit speziellen Eigenschaften anwendbar sind. Der fünfte Abschnitt stellt Algorithmen zur Analyse sozialer Netzwerke vor. Danach werden Algorithmen zur Bestimmung von kürzesten Wegen diskutiert, wie sie in der künstlichen Intelligenz angewendet werden. Im Mittelpunkt des letzten Abschnitts dieses Kapitels steht ein Algorithmus zur Bestimmung eines minimalen Steinerbaumes.

10.1 Einleitung

In diesem Kapitel werden kantenbewertete, gerichtete und ungerichtete Graphen betrachtet. Die Bewertungen der Kanten sind dabei immer reelle Zahlen. Sie können in verschiedenen Anwendungen verschiedene Bedeutungen tragen: Kosten, Zeitspannen, Wahrscheinlichkeiten oder Längen. Für das Verständnis der vorgestellten Algorithmen ist es vorteilhaft, die Bewertungen als Längen zu interpretieren. Die Wegeplanung für Roboter aus Abschnitt 1.2 ist ein Beispiel hierfür. Es sind aber auch negative Bewertungen zugelassen. Deshalb liegt es nahe, die *Länge eines Kantenzuges* eines bewerteten gerichteten oder ungerichteten Graph als die Summe der Längen der Kanten des Kantenzuges zu definieren. Hierbei wird der Begriff der Länge einer Kante für deren Bewertung verwendet. Ist $k_1, \ldots, k_s$ ein Kantenzug Z, so ist die Länge $L(Z)$ von Z durch

$$L(Z) = \sum_{i=1}^{s} L(k_i)$$

definiert, wobei $L(k_i)$ die Länge der Kante k_i ist. In Kapitel 2 wurde für zwei Ecken e, e' eines unbewerteten Graphen der Abstand $d(e, e')$ definiert. Hierbei ist $d(e, e')$ die minimale Anzahl von Kanten eines Weges mit Anfangsecke e und Endecke e'. Gibt es keinen solchen Weg, so ist $d(e, e') = \infty$, und es ist $d(e, e) = 0$ für jede Ecke e. Diese Definition lässt sich auf kantenbewertete Graphen übertragen: Der *Abstand $d(e, e')$* zweier Ecken e, e' ist gleich der minimalen Länge eines Weges mit Anfangsecke e und Endecke e'. Diese Definition ist eindeutig, denn auf jeden Fall gibt es nur endlich viele Wege zwischen zwei Ecken, und somit existiert das Minimum. Es kann aber sein, dass es mehrere verschiedene *kürzeste Wege* zwischen zwei Ecken gibt. Ordnet man jeder Kante eines unbewerteten Graphen die Länge 1 zu, so stimmen die beiden Definitionen überein.

Bei negativen Kantenbewertungen kann es zu der Situation kommen, dass zwischen zwei Ecken e und e' Kantenzüge existieren, deren Längen echt kleiner sind als die des kürzesten Weges von e nach e'. Abbildung 10.1 zeigt eine solche Situation. Zwischen den Ecken e und e' gibt es nur einen Weg, und dieser hat die Länge -2; somit ist $d(e, e') = -2$. Zwischen diesen beiden Ecken gibt es aber unendlich viele Kantenzüge, diese haben die Längen $-2, -4, -6, \ldots$, d. h., es gibt keinen kürzesten Kantenzug. Die Ursache hierfür liegt darin, dass es einen geschlossenen Kantenzug gibt.

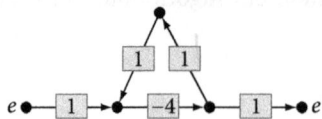

Abb. 10.1: Ein Graph mit einem geschlossenen Kantenzug mit negativer Länge

Negative Kantenbewertungen kommen z. B. in Anwendungen vor, in denen die Bewertungen Gewinne und Verluste darstellen. In einem Graphen, in dem die Länge jedes geschlossenen Kantenzuges größer oder gleich 0 ist, kann diese Situation nicht auftreten. Für negative Kantenbewertungen gilt folgendes Lemma.

Lemma. *Es sei G ein kantenbewerteter Graph, bei dem die Länge jedes geschlossenen Kantenzuges größer oder gleich 0 ist. Es seien e und e′ Ecken von G und W ein kürzester Weg von e nach e′. Dann gilt $L(Z) \geq L(W)$ für jeden Kantenzug Z von e nach e′; d.h., es gibt einen kürzesten Kantenzug von e nach e′, und dieser kann zu einem einfachen Weg zusammengezogen werden.*

Beweis. Es sei Z ein Kantenzug von e nach $e′$. Angenommen, Z ist kein Weg. Dann gibt es eine Ecke, welche mehrmals auf W vorkommt. Es sei $\overline{Z}$ der geschlossene Kantenzug aus Z vom ersten bis zum zweiten Besuch dieser Ecke. Nach Voraussetzung ist $L(\overline{Z}) \geq 0$. Entfernt man $\overline{Z}$ aus Z, so entsteht ein Kantenzug $Z′$ von e nach $e′$ mit $L(Z′) \leq L(Z)$. Auf diese Weise zeigt man, dass es zu jedem Kantenzug Z von e nach $e′$ einen einfachen Weg $W′$ von e nach $e′$ gibt, so dass $L(W′) \leq L(Z)$. Somit gilt $L(W) \leq L(Z)$. Da es einen kürzesten Weg von e nach $e′$ gibt, gibt es auch einen kürzesten Kantenzug, und dieser kann zu einem einfachen Weg zusammengezogen werden. ∎

Im Rest des Kapitels wird folgende Bezeichnung verwendet.

Eigenschaft (∗)

Ein kantenbewerteter Graph hat die *Eigenschaft (∗)*, falls die Länge jedes geschlossenen Kantenzuges größer oder gleich 0 ist.

Man beachte, dass ein ungerichteter, kantenbewerteter Graph genau dann die Eigenschaft (∗) hat, wenn alle Bewertungen größer oder gleich 0 sind. Gibt es eine Kante mit negativer Bewertung, so entsteht ein geschlossener Kantenzug, wenn man diese Kante hin- und zurückläuft; die Gesamtlänge dieses Kantenzuges ist negativ. Nach dem letzten Lemma stimmen für Graphen mit der Eigenschaft (∗) die Begriffe kürzester Kantenzug, kürzester Weg und kürzester einfacher Weg überein. Dies wird im Folgenden verwendet.

Für die Bestimmung kürzester einfacher Wege in Graphen mit beliebigen reellen Bewertungen sind bis heute keine effizienten Algorithmen bekannt (vergleichen Sie Kapitel 11). In diesem Kapitel werden deshalb nur Graphen betrachtet, welche die Eigenschaft (∗) haben. Ein Algorithmus, welcher testet, ob die Eigenschaft (∗) erfüllt ist, wird in Aufgabe 28 beschrieben.

Im Mittelpunkt dieses Kapitels steht die Bestimmung kürzester Wege. Dieses Problem tritt in mehreren Variationen auf:

Problem: Bestimmung kürzester Wege

KW_{ee}	Kürzeste Wege zwischen zwei Ecken
KW_{eE}	Kürzeste Wege zwischen einer Ecke und allen anderen Ecken
KW_{EE}	Kürzeste Wege zwischen allen Paaren von Ecken

Bis heute ist kein Algorithmus für Problem KW_{ee} bekannt, dessen Komplexität geringer ist als die von den effizientesten Algorithmen für Problem KW_{eE}. Deshalb betrachten wir nur Algorithmen für Problem KW_{eE}; diese lösen auch Problem KW_{ee}. Problem KW_{EE} kann dadurch gelöst werden, dass man einen der Algorithmen für Problem KW_{eE} auf alle Ecken anwendet. Es gibt aber auch Algorithmen, welche unabhängig von Problem KW_{eE} arbeiten.

Mit den in diesem Kapitel vorgestellten Algorithmen können auch *längste Wege* bestimmt werden. Dazu muss nur das Vorzeichen der Bewertung von jeder Kante umgedreht werden. Voraussetzung für die Existenz eines längsten Weges ist, dass es keine geschlossenen Kantenzüge mit positiver Länge gibt. Bevor konkrete Algorithmen diskutiert werden, werden zunächst Eigenschaften von kürzesten Wegen untersucht.

10.2 Das Optimalitätsprinzip

Im Folgenden sei G immer ein kantenbewerteter Graph mit der Eigenschaft $(*)$. Die Bewertung der Kante von e_i nach e_j wird mit $B[e_i, e_j]$ bezeichnet. Gibt es keine Kante von e_i nach e_j, so ist $B[e_i, e_j] = \infty$. Ferner ist $B[e_i, e_i] = 0$ für jede Ecke e_i. Analog zum Breitensuchebaum definiert man einen *kürzeste-Wege-Baum (kW-Baum)*. Ein kW-Baum eines kantenbewerteten Graphen G für eine *Startecke s* ist ein gerichteter Baum B mit folgenden Eigenschaften:

(1) Die Eckenmenge E' von B ist gleich der Menge der Ecken von G, welche von s aus erreichbar sind.
(2) Ist G ein gerichteter Graph, so ist B ein Untergraph von G. Ist G ein ungerichteter Graph, so ist der zu B gehörende ungerichtete Baum ein Untergraph von G.
(3) s ist eine Wurzel von B. Die Kanten von B sind in Richtung weg von der Wurzel orientiert.
(4) Für jede Ecke $e \in E'$ ist der eindeutige Weg von s nach e in B ein kürzester Weg von s nach e in G.

Abbildung 10.2 zeigt einen kantenbewerteten ungerichteten Graphen und einen zugehörigen kW-Baum mit Startecke e_1. Man beachte, dass kW-Bäume genauso wie kürzeste Wege nicht eindeutig bestimmt sind. Später werden wir beweisen, dass jeder Graph mit Eigenschaft $(*)$ für jede Ecke einen kW-Baum besitzt.

Die meisten Algorithmen für Problem KW_{eE} bauen einen kW-Baum auf. Als Datenstruktur für kW-Bäume eignen sich die in Abschnitt 3.3 für Wurzelbäume vorgestellten Vorgängerfelder. Für den kW-Baum aus Abbildung 10.2 sieht diese wie folgt aus:

vorgänger:

1	2	3	4	5	6	7
⊥	1	7	5	6	7	1

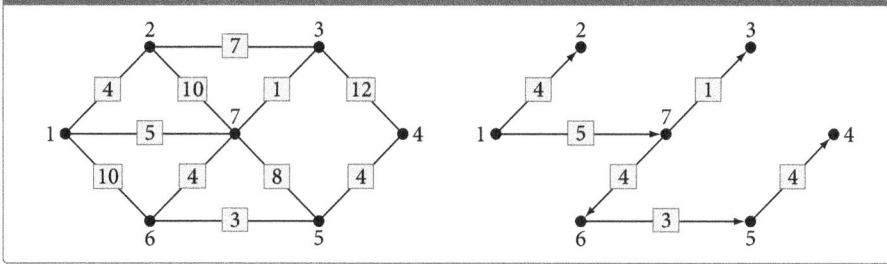

Abb. 10.2: Ein ungerichteter Graph und ein kW-Baum

Sind für eine Startecke s die Entfernungen $d(s,e)$ für alle erreichbaren Ecken e bekannt, so kann ein kW-Baum mit Aufwand $O(m)$ aufgebaut werden (vergleichen Sie Aufgabe 12). Somit genügt es, die Längen der kürzesten Wege zu bestimmen.

Grundlegend für die weiteren Betrachtungen ist das im nächsten Satz bewiesene *Optimalitätsprinzip*.

Satz (OPTIMALITÄTSPRINZIP). *Es sei G ein kantenbewerteter Graph mit der Eigenschaft $(*)$ und s, z Ecken von G. Ist e eine beliebige Ecke auf einem kürzesten Weg W von s nach z, so gilt:*

$$d(s,z) = d(s,e) + d(e,z).$$

Beweis. Für $e = s$ oder $e = z$ ist der Beweis des Optimalitätsprinzips trivial. Sei also $s \neq e \neq z$. Es sei W_1 der Teilweg von W von s nach e und W_2 der von e nach z. Dann gilt $L(W_1) \geq d(s,e), L(W_2) \geq d(e,z)$ und $L(W_1) + L(W_2) = L(W)$. Angenommen, es gilt $L(W_1) > d(s,e)$. Es sei $\overline{W}_1$ ein kürzester Weg von s nach e. Dann bilden $\overline{W}_1$ und W_2 zusammen einen Kantenzug von s nach z mit der Länge $L(\overline{W}_1) + L(W_2)$. Nun gilt

$$L(\overline{W}_1) + L(W_2) < L(W_1) + L(W_2) = L(W).$$

Dies steht im Widerspruch zum letzten Lemma. Somit ist $L(W_1) = d(s,e)$. Analog zeigt man $L(W_2) = d(e,z)$. Somit gilt:

$$d(s,z) = L(W) = L(W_1) + L(W_2) = d(s,e) + d(e,z). \qquad \blacksquare$$

Man beachte, dass das Optimalitätsprinzip nur für Graphen mit der Eigenschaft $(*)$ gilt. Abbildung 10.3 zeigt einen Graphen, welcher die Eigenschaft $(*)$ nicht erfüllt. Der kürzeste Weg von e_1 nach e_5 hat die Länge 5. Betrachtet man die Ecke e_3, so gilt $d(e_1, e_3) = 2$ und $d(e_3, e_5) = 2$. Somit ist das Optimalitätsprinzip für diesen Graph nicht erfüllt.

Es sei W ein kürzester Weg von s nach z und e die Vorgängerecke von z auf diesem Weg. Dann besagt das Optimalitätsprinzip

$$d(s,z) = d(s,e) + B[e,z].$$

Hieraus folgt sofort, dass für alle Kanten (e, e')

$$d(s,e') \leq d(s,e) + B[e,e']$$

Abb. 10.3: Ein Graph, der das Optimalitätsprinzip nicht erfüllt

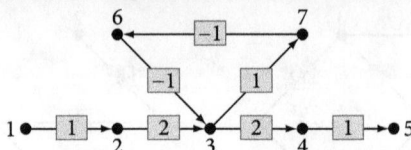

---

gilt. Diese beiden Aussagen können auch wie folgt zusammengefasst werden:

$$d(s, e') = \min\{d(s, e) + B[e, e'] \mid e \text{ Vorgänger von } e' \text{ in } G\}.$$

Dieses Ergebnis erlaubt es, die Bestimmung kürzester Wege auf ein System von Gleichungen mit n Unbekannten zu reduzieren. Diese nennt man *Bellmansche Gleichungen*. Mit der Bezeichnung $d_{e_i} = d(s, e_i)$ für alle Ecken e_i und Startecke s gilt:

$$d_s = 0$$

$$d_{e_j} = \min\{d_{e_i} + B[e_i, e_j] \mid i = 1, \dots, n \text{ und } i \neq j\} \text{ für } j = 1, \dots, n \text{ und } e_j \neq s.$$

Die Gültigkeit der Bellmanschen Gleichungen folgt sofort aus dem Optimalitätsprinzip. Hierzu beachte man, dass $B[e_i, e_j] = \infty$ falls es keine Kante von e_i nach e_j gibt. Später wird gezeigt, dass die Lösung der Bellmanschen Gleichungen eindeutig ist.

Mit den Bellmanschen Gleichungen ist die Voraussetzung gegeben, das Problem KW$_{eE}$ mittels dynamischer Programmierung zu lösen. Der vorgestellte Algorithmus bestimmt die Längen der kürzesten Wege von einer Startecke s zu allen anderen Ecken und den entsprechenden kW-Baum. Dazu wird ein Feld D der Länge n verwaltet. Für jede Ecke e_i enthält $D[e_i]$ eine obere Grenze für $d(s, e_i)$. Der kW-Baum wird in dem Feld vorgänger der Länge n abgespeichert. In der Initialisierungsphase werden die Komponenten von D auf ∞ und die von vorgänger auf $\bot$ gesetzt. Das Symbol $\bot$ zeigt an, dass die Ecke noch keinen Vorgänger hat. Ferner wird noch $D[s] = 0$ gesetzt.

Die Ecken werden in einer beliebigen Reihenfolge betrachtet. Eine Ecke e_i heißt dabei *verwendbar*, wenn sie dazu genutzt werden kann, den Wert $D[e_j]$ eines Nachfolgers e_j zu erniedrigen; d. h., Ecke e_i ist verwendbar, falls es einen Nachfolger e_j mit

$$D[e_i] + B[e_i, e_j] < D[e_j]$$

gibt. In diesem Fall kann die obere Grenze für $d(s, e_j)$ von dem aktuellen Wert von $D[e_j]$ auf $D[e_i] + B[e_i, e_j]$ abgesenkt werden. Ferner wird der Vorgänger von e_j auf e_i gesetzt. Hierbei beachte man, dass $a + \infty = \infty + a = \infty + \infty = \infty$ ist. Diese Schritte werden durch die Funktion verkürze aus Abbildung 10.4 ausgeführt.

Die allgemeine Vorgehensweise aller Algorithmen zur Lösung von Problem KW$_{eE}$ ist die, dass man die Funktion verkürze so lange anwendet, bis es keine verwendbaren Ecken mehr gibt. Die Algorithmen unterscheiden sich wesentlich darin, in welcher Reihenfolge die Verkürzungen erfolgen.

Abbildung 10.5 zeigt die Prozedur bellman, welche sich auf Graphen mit der Eigenschaft (∗) anwenden lässt.

Abb. 10.4: Die Funktion verkürze

```
function verkürze(eᵢ : Ecke, eⱼ : Ecke) : Boolean
    if D[i]+B[i, j]<D[j] then
        D[j] := D[i]+B[i, j];
        vorgänger[j] := eᵢ;
        return true;
    return false;
```

Abb. 10.5: Die Prozedur bellman

```
var D : Array[1..n] von Real;
var vorgänger : Array[1..n] von Ecke;

procedure bellman(G : B-Graph, s : Ecke);
    var eᵢ, eⱼ : Ecke;

    Initialisiere D mit ∞ und vorgänger mit ⊥;
    D[G.index(s)] := 0;
    while es gibt eine verwendbare Ecke eᵢ do
        foreach eⱼ in N(eᵢ) do
            verkürze(eᵢ, eⱼ);
```

Eigenschaft (∗) bewirkt, dass die Prozedur bellman nach endlich vielen Schritten endet. Dazu wird das folgende Lemma benötigt.

Lemma. *Wird zu irgendeinem Zeitpunkt der Wert $D[e_j]$ für eine Ecke e_j geändert, so führt der durch das Feld* vorgänger *beschriebene Kantenzug von s nach e_j, und dieser Kantenzug ist ein einfacher Weg der Länge $D[e_j]$.*

Beweis. Der Beweis erfolgt durch vollständige Induktion. Die erste Ecke e_j, für die $D[e_j]$ geändert wird, ist ein Nachfolger von s. In diesem Fall ist die Aussage trivialerweise erfüllt. Nun sei e_j eine Ecke, deren Wert $D[e_j]$ später geändert wird. Der neue Vorgänger von e_j sei e_i. Nach Induktionsvoraussetzung führt somit der Kantenzug von s nach e_j, und der Kantenzug von s nach e_i ist ein einfacher Weg der Länge $D[e_i]$. Angenommen, e_j kommt auf diesem Weg schon vor. Dann galt vor der letzten Änderung von $D[e_j]$:

$$D[e_i] + B[e_i, e_j] < D[e_j]$$

Somit ist $D[e_i] - D[e_j] + B[e_i, e_j] < 0$. Dies ist aber die Länge des geschlossenen Kantenzuges durch e_j. Das steht aber im Widerspruch zur Eigenschaft (∗). Somit ist der Kantenzug von s nach e_j ein einfacher Weg der Länge $D[e_j]$. ∎

Mit diesem Lemma kann nun der folgende Satz bewiesen werden.

Satz. *Für einen kantenbewerteten Graphen mit der Eigenschaft (∗) terminiert die Prozedur* bellmann *nach endlich vielen Schritten. Für jede von s erreichbare Ecke e_i gilt $D[e_i] = d(s, e_i)$. Das Feld* vorgänger *beschreibt einen kW-Baum mit Wurzel s.*

Beweis. Nach dem obigen Lemma beschreibt das Feld vorgänger zu jedem Zeitpunkt einen Wurzelbaum mit Wurzel s. Da die Werte des Feldes D nur erniedrigt werden, sind diese Wurzelbäume alle verschieden. Da die Anzahl dieser Wurzelbäume beschränkt ist, terminiert die Prozedur nach endlich vielen Schritten.

Es sei e_i eine von s erreichbare Ecke. Nach Aufruf der Prozedur bellman gilt somit $D[e_i] \geq d(s, e_i)$. Es sei $W = <t_1, t_2, \ldots, t_l>$ ein kürzester Weg von s nach e_i, d. h. $t_1 = s$ und $t_l = e_i$. Da es keine verwendbaren Ecken mehr gibt, gilt:

$$
\begin{aligned}
D[t_2] \quad - \quad D[s] \quad &\leq \quad B[s, t_2] \\
D[t_3] \quad - \quad D[t_2] \quad &\leq \quad B[t_2, t_3] \\
\vdots \qquad\qquad &\qquad \vdots \\
D[e_i] \quad - \quad D[t_{l-1}] \quad &\leq \quad B[t_{l-1}, e_i]
\end{aligned}
$$

Summiert man diese Ungleichungen auf, so folgt wegen $D[s] = 0$:

$$
D[e_i] \leq B[s, t_2] + B[t_2, t_3] + \ldots + B[t_{l-1}, e_i] = L(W) = d(s, e_i) \leq D[e_i].
$$

Hieraus folgt $D[e_i] = d(s, e_i)$. Somit enthält das Feld D die Längen der kürzesten Wege, und vorgänger beschreibt einen kW-Baum. ∎

10.3 Der Algorithmus von Moore und Ford

Bisher wurde noch keine Aussage über die Effizienz der Prozedur bellmann gemacht. Diese hängt von zwei Aspekten ab: Wie werden verwendbare Ecken gefunden und in welcher Reihenfolge werden diese betrachtet. Es kann nicht ausgeschlossen werden, dass die Laufzeit sogar exponentiell wächst. Das im Folgenden beschriebene Verfahren von E. F. Moore und L. R. Ford enthält eine elegante Lösung für diese Problematik. Dabei wird die Bearbeitung der Ecken auf mehrere Durchgänge aufgeteilt. In jedem Durchgang werden nur die Ecken betrachtet, welche im vorhergehenden Durchgang markiert wurden. Dabei wird eine Ecke e_i markiert, falls der Wert von $D[e_i]$ geändert wurde. Vor Beginn des ersten Durchgangs wird die Startecke markiert. Für jede markierte Ecke e_i, die verwendbar ist, wird für alle Nachfolger e_j die Funktion verkürze aufgerufen. Wird dabei der Wert von $D[e_j]$ geändert, so wird die Ecke e_j markiert. Am Ende des l-ten Durchgangs sind die neu markierten Ecken Nachfolger der Ecken, welche im $(l - 1)$-ten Durchgang markiert wurden.

Die Verwaltung der gerade markierten Ecken kann z. B. mittels einer Warteschlange erfolgen. In der Warteschlange befinden sich die noch zu bearbeitenden Ecken. Es wird immer die erste Ecke aus der Warteschlange entfernt und bearbeitet. Es muss noch beachtet werden, dass eine Ecke nicht in die Warteschlange eingefügt werden muss, falls sie schon enthalten ist. Es kann aber sein, dass eine Ecke mehrmals, also in verschiedenen Durchgängen, in die Warteschlange eingefügt wird. Abbildung 10.6 zeigt eine Realisierung dieses Verfahrens. Nach dem Aufruf von verkürze(e_i, e_j)

wird e_j in die Warteschlange W eingefügt, sofern sich der Wert von $D[e_j]$ geändert hat und e_j noch nicht in W enthalten ist.

```
Abb. 10.6: Die Prozedur kürzesteWege

    var D : Array[1..n] von Real;
    var vorgänger : Array[1..n] von Ecke;

    procedure kürzesteWege(G : B-Graph, s : Ecke)
        var eᵢ, eⱼ : Ecke;
        var W : Warteschlange von Ecke;

        Initialisiere D mit ∞ und vorgänger mit ⊥;
        D[G.index(s)] := 0;
        W.einfügen(s);
        while W ≠ ∅ do
            eᵢ := W.entfernen();
            foreach eⱼ in N(eᵢ) do
                if verkürze(eᵢ, eⱼ) then
                    if not W.enthalten(eⱼ) then
                        W.einfügen(eⱼ);
```

Für den Beweis der Korrektheit der Prozedur kürzesteWege genügt es zu zeigen, dass es am Ende keine verwendbare Ecke mehr gibt. Dazu beachte man, dass jede von s aus erreichbare Ecke mindestens einmal in W auftaucht. Ist eine Ecke e_i durch einen Weg, bestehend aus l Kanten, von s aus erreichbar, so wird sie spätestens im l-ten Durchgang in W eingefügt. Gibt es am Ende von kürzesteWege eine verwendbare Ecke e_i, so besitzt e_i einen Nachfolger e_j mit $D[e_i] + B[e_i, e_j] < D[e_j]$. Als sich die Ecke e_i zum letzten Mal in der Schlange befand, war der Wert von $D[e_j]$ eventuell sogar noch größer. Somit wurde beim Entfernen von e_i aus dem Weg W der Wert von $D[e_j]$ auf $D[e_i] + B[e_i, e_j]$ gesetzt. Dieser Widerspruch zeigt die Korrektheit.

Bevor die Laufzeit untersucht wird, wird zuerst ein Beispiel diskutiert. Abbildung 10.7 zeigt links einen gerichteten Graphen und die einzelnen Schritte bei der Bestimmung der kürzesten Wege mit Startecke e_3. Jede Zeile der Tabelle zeigt den Zustand des Programms beim Erreichen der while-Schleife. Oben rechts ist der resultierende kW-Baum dargestellt.

Es muss noch die Komplexität des Algorithmus bestimmt werden. Ein Durchgang der while-Schleife untersucht alle Nachfolger einer Ecke, d. h., das erstmalige Abarbeiten aller Ecken hat zusammen die Komplexität $O(m)$. Im Folgenden Lemma wird gezeigt, dass jede Ecke maximal n-mal in die Warteschlange eingefügt wird. Somit ergibt sich die Gesamtkomplexität von $O(nm)$.

Lemma. *Kommt eine Ecke zum l-ten Mal in die Warteschlange W, so haben alle Ecken, deren kürzester Weg aus maximal $l - 1$ Kanten besteht, schon ihren endgültigen Wert in dem Feld D.*

Abb. 10.7: Bestimmung der kürzesten Wege mittels kürzesteWege

D					vorgänger					W
1	2	3	4	5	1	2	3	4	5	
∞	∞	0	∞	∞	$\bot$	$\bot$	$\bot$	$\bot$	$\bot$	3
2	3	0	4	2	3	3	$\bot$	3	3	$1 \to 2 \to 4 \to 5$
2	3	0	4	2	3	3	$\bot$	3	3	$2 \to 4 \to 5$
0	3	0	4	2	2	3	$\bot$	3	3	$4 \to 5 \to 1$
0	3	0	4	2	2	3	$\bot$	3	3	$5 \to 1$
0	3	0	4	2	2	3	$\bot$	3	3	1
0	3	0	3	2	2	3	$\bot$	1	3	4
0	3	0	3	1	2	3	$\bot$	1	4	5
0	3	0	3	1	2	3	$\bot$	1	4	$\emptyset$

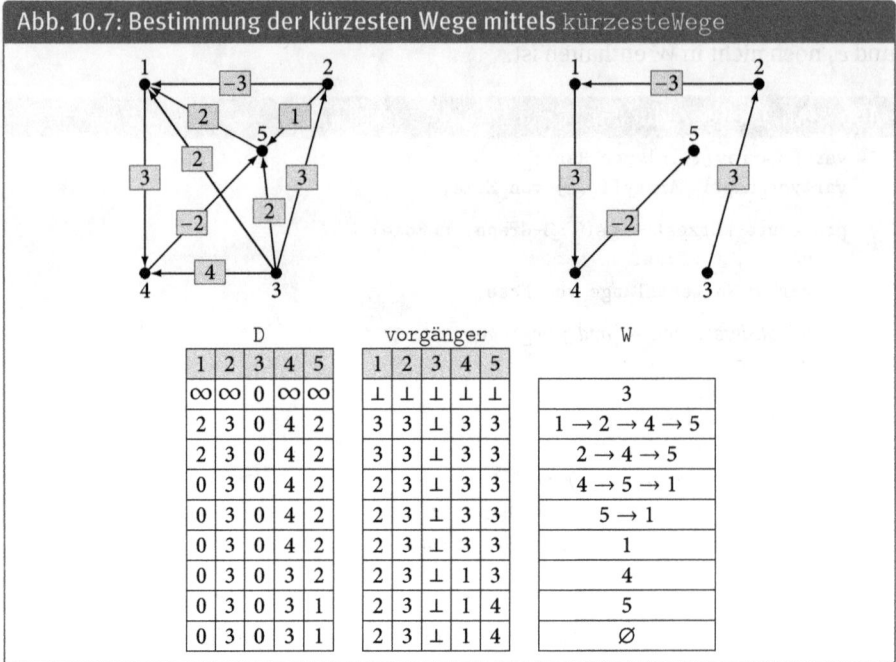

Beweis. Der Beweis wird mittels vollständiger Induktion geführt. Da nur die Startecke einen kürzesten Weg aus 0 Kanten besitzt, ist der Fall $l = 1$ trivial. Sei nun $l > 1$ und e eine Ecke, deren kürzester Weg aus $l - 1$ Kanten besteht. Sei e' ein Vorgänger von e auf einem solchen kürzesten Weg. Nach dem Optimalitätsprinzip und Induktionsvoraussetzung hat $D[e']$ schon den endgültigen Wert, als eine Ecke zum $(l - 1)$-ten Mal in W eingefügt wird. Zu diesem Zeitpunkt ist e' schon zum letzten Mal in W eingefügt worden. Kommt e' nochmals an die Reihe, so erhält $D[e]$ seinen endgültigen Wert. ∎

Bezeichnet man mit h die Tiefe des kW-Baumes, welchen die Prozedur kürzesteWege erzeugt, so ergibt sich aus dem letzten Lemma, dass der Aufwand der Prozedur $O(h\,m)$ ist. Wegen $h < n$ gilt folgender Satz.

Satz. *Für einen kantenbewerteten Graphen mit Eigenschaft ($*$) lassen sich die kürzesten Wege und deren Längen von einer Startecke zu allen erreichbaren Ecken mit Aufwand $O(n\,m)$ bestimmen.*

Zum besseren Verständnis des Aufwandes der vorgestellten Implementierung wird eine Folge von Beispielen betrachtet. Abbildung 10.8 zeigt die Adjazenzmatrix eines gerichteten kantenbewerteten Graphen mit n Ecken. Man sieht leicht, dass der Graph die Eigenschaft ($*$) hat, denn jeder geschlossene Weg hat mindestens eine Kante mit Bewertung 2^n, da alle Kanten (e_i, e_j) mit $i < j$ die Bewertung 2^n haben. Die while-Schleife wird $1 + (n-1)n/2$ mal durchlaufen (vergleichen Sie hierzu auch Aufgabe 24).

Abb. 10.8: Die Adjazenzmatrix M_n

$$M_n = \begin{pmatrix} 0 & 2^n & 2^n & \cdots & 2^n \\ -(2^0+1) & 0 & 2^n & \cdots & 2^n \\ -(2^1+2) & -(2^1+1) & 0 & \cdots & 2^n \\ -(2^2+3) & -(2^2+2) & -(2^2+1) & \cdots & 2^n \\ \cdots & \cdots & \cdots & \cdots & \cdots \\ -(2^{n-2}+n-1) & -(2^{n-2}+n-2) & -(2^{n-2}+n-3) & \cdots & 0 \end{pmatrix}$$

Der Algorithmus von Moore und Ford kann leicht erweitert werden, so dass er auch auf Graphen angewendet werden kann, welche nicht die Eigenschaft (∗) haben. Dabei führt ein geschlossener Kantenzug mit negativer Länge zum Abbruch. Dieser Fall kann beispielsweise dadurch erkannt werden, dass eine Ecke zum n-ten Mal in S eingefügt werden soll. Zur Vorbereitung dieser Erweiterung wird folgendes Lemma benötigt.

Lemma. *Wird eine von der Startecke verschiedene Ecke zum l-ten Mal aus der Warteschlange W entfernt, so haben alle Ecken, deren kürzester Weg aus maximal l Kanten besteht, schon ihren endgültigen Wert in dem Feld D.*

Beweis. Der Beweis wird mittels vollständiger Induktion nach l geführt. Nachdem die Startecke bearbeitet wurde, haben alle Ecken, deren kürzester Weg aus genau einer Kante besteht, schon ihren endgültigen Wert in D. Dies ist der Induktionsanfang. Sei nun $l > 1$ und e eine Ecke, deren kürzester Weg aus l Kanten besteht. Sei e' ein Vorgänger von e auf einem solchen kürzesten Weg. Nach dem Optimalitätsprinzip und Induktionsvoraussetzung hat $D[e']$ schon den endgültigen Wert, als eine Ecke zum $(l-1)$-ten Mal aus W entfernt wird. Entweder hat auch $D[e]$ schon seinen endgültigen Wert oder e' ist in der Warteschlange. Die Ecken in der Warteschlange sind alle maximal $l-2$ Mal entfernt worden. Wenn die erste Ecke zum l-ten Mal entfernt wird, sind diese Ecken alle schon entfernt und bearbeitet worden. Somit wurde auch e' bearbeitet und $D[e]$ hat seinen endgültigen Wert. ∎

Wendet man dieses Lemma für $l = n-1$ an, so folgt daraus, dass keine Ecke n Mal in die Warteschlange eingefügt wird, sofern der Graph die Eigenschaft (∗) erfüllt. Wendet man den Algorithmus von Moore und Ford auf Graphen an, welche nicht die Eigenschaft (∗) haben, so muss mitgezählt werden, wie oft jede Ecke in die Warteschlange eingefügt wird. Wird eine Ecke zum n-ten Mal eingefügt, so muss ein geschlossener Weg negativer Länge vorliegen. Diesen Weg findet man leicht aus dem bisher aufgebauten Teil des kW-Baumes. Die in Abbildung 10.8 angegebenen Graphen M_n zeigen, dass eine Ecke wirklich $n-1$ Mal in die Warteschlange eingefügt werden kann.

Im Folgenden wird gezeigt, dass die Komplexität des vorgestellten Algorithmus verbessert werden kann, wenn die zu untersuchenden Graphen spezielle Eigenschaften aufweisen.

10.4 Anwendungen auf spezielle Graphen

In diesem Abschnitt wird der Algorithmus von Moore und Ford auf Graphen mit speziellen Eigenschaften angewendet. Es wird sich zeigen, dass die Komplexität in diesen Fällen niedriger ist. Wesentlich ist dabei, dass die Reihenfolge, in der die Ecken bearbeitet werden, problembezogen erfolgt. Auch in diesem Abschnitt wird vorausgesetzt, dass alle Graphen die Eigenschaft (∗) haben.

10.4.1 Graphen mit konstanter Kantenbewertung

Tragen alle Kanten die gleiche positive Bewertung b, so sind die Wege mit minimalen Kantenzahlen auch die kürzesten Wege. Die Länge eines Weges ist gleich dem Produkt von b und der Anzahl der Kanten des Weges. Somit kann ein Verfahren aus Kapitel 4 herangezogen werden: die Breitensuche. Der Breitensuchebaum ist ein kW-Baum; die Komplexität ist $O(m)$. Die Breitensuche ist somit ein Spezialfall des Algorithmus von Moore und Ford. Jede Ecke kommt genau einmal in die Warteschlange.

10.4.2 Graphen ohne geschlossene Wege

Ein ungerichteter Graph ohne geschlossene Wege ist ein Wald. Von jeder Ecke gibt es genau einen Weg zu jeder erreichbaren Ecke. Somit ist jeder Weg gleichzeitig ein kürzester Weg. Die Zusammenhangskomponente, welche die Startecke enthält, bildet den kW-Baum. Ein gerichteter Graph ohne geschlossene Wege besitzt eine topologische Sortierung, die in linearer Zeit bestimmt werden kann (siehe Abschnitt 4.4.2). Betrachtet man die Ecken in der Reihenfolge aufsteigender topologischer Sortierungsnummern, so muss jede Ecke nur einmal bearbeitet werden. Somit können auch in diesem Fall die kürzesten Wege mit Komplexität $O(m)$ bestimmt werden (vergleichen Sie Aufgabe 9). Dieser Algorithmus ist hinsichtlich der Komplexität optimal, denn jede der m Kanten muss betrachtet werden. Würde eine Kante nicht betrachtet werden, so könnte man die Bewertung dieser Kante ändern, und dadurch würde der Algorithmus ein falsches Ergebnis liefern.

10.4.3 Graphen mit nichtnegativen Kantenbewertungen

Für nichtnegative Kantenbewertungen ist die Eigenschaft (∗) trivialerweise erfüllt. Durch eine geschickte Auswahl der Ecken erreicht man, dass auch in diesem Fall jede Ecke nur einmal betrachtet werden muss. Die Auswahl der als nächstes zu bearbeitenden Ecke kann aber nicht in konstanter Zeit erfolgen, so dass die Komplexität $O(m)$ nicht erreicht wird. Der folgende Algorithmus stammt von E. W. Dijkstra und arbeitet ähnlich wie der Algorithmus von Prim (siehe Abschnitt 3.6.2), d. h., es ist ein Greedy-Algorithmus. Zur Auswahl der Ecken wird dabei eine Menge F von Ecken verwaltet, für welche schon ein Weg von der Startecke aus bekannt ist. Diese Wege sind aber noch nicht unbedingt die kürzesten Wege. Ein kW-Baum wird schrittweise aufgebaut. In jedem Schritt wird eine Ecke aus F entfernt und bearbeitet. Eine Ecke e_i ist in F, falls $D[e_i] \neq \infty$, und falls noch nicht sicher ist, ob $D[e_i] = d(s, e_i)$. Die Menge F bildet die Front des Suchvorgangs, d. h., sie enthält die noch nicht betrachteten Blätter des aktuellen kW-Baums. Zu jedem Zeitpunkt gilt für jede Ecke $e_i \in F$ mit $e_i \neq s$

$$D[e_i] = \min\{D[e_j] + B[e_j, e_i] \mid e_j \in E \setminus F\}$$

und für jede Ecke $e_j \in E \setminus F$

$$D[e_j] = \infty \ \text{oder} \ D[e_j] = d(s, e_j).$$

Die Ecke $e_i \in F$ mit dem minimalen Wert $D[e_i]$ wird jeweils als nächstes bearbeitet und aus F entfernt. Die Nachbarn e_j von e_i mit $D[e_j] = \infty$ werden in F eingefügt. Für alle Nachbarn e_j von e_i wird dann verkürze(e_i, e_j) aufgerufen. Abbildung 10.9 zeigt eine Realisierung dieses Algorithmus. Die beiden Felder D und vorgänger haben die gleiche Bedeutung wie bisher.

Abb. 10.9: Die Prozedur dijkstra

```
var D : Array[1..n] von Real;
var vorgänger : Array[1..n] von Ecke;

procedure dijkstra(G : B-Graph, s : Ecke)
    var e_i, e_j : Ecke;
    var F : Menge von Ecke;

    Initialisiere D mit ∞ und vorgänger mit ⊥;
    D[G.index(s)] := 0;
    F := {s};
    while F ≠ ∅ do
        Wähle e_i ∈ F mit D[i] minimal;
        F.entfernen(e_i);
        foreach e_j in N(e_i) do
            if D[j] = ∞ then
                F.einfügen(e_j);
            verkürze(e_i, e_j);
```

Wird der minimale Wert im Feld D von mehreren Ecken aus F gleichzeitig angenommen, so wähle man von diesen eine beliebige Ecke aus. Vor dem Korrektheitsbeweis wird zunächst ein Beispiel diskutiert. Abbildung 10.10 zeigt den ungerichteten Graphen, welcher schon in Abschnitt 10.2 betrachtet wurde. Die Tabelle zeigt die Werte von F, D und vorgänger in jedem Schritt. Die Startecke ist Ecke e_1. Ferner sind auch jeweils die Ecken aus F angegeben, welche den minimalen Wert in dem Feld D haben. Die letzte Zeile gibt die Längen der kürzesten Wege an, und das Feld vorgänger beschreibt einen kW-Baum. Vergleichen Sie dazu nochmals Abbildung 10.2.

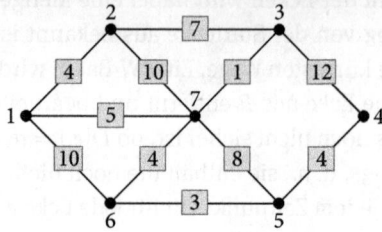

Abb. 10.10: Eine Anwendung der Prozedur `dijkstra`

F	min	D							vorgänger						
		1	2	3	4	5	6	7	1	2	3	4	5	6	7
1		0	∞	∞	∞	∞	∞	∞	⊥	⊥	⊥	⊥	⊥	⊥	⊥
2, 6, 7	1	0	4	∞	∞	∞	10	5	⊥	1	⊥	⊥	⊥	1	1
6, 7, 3	2	0	4	11	∞	∞	10	5	⊥	1	2	⊥	⊥	1	1
6, 3, 5	7	0	4	6	∞	13	9	5	⊥	1	7	⊥	7	7	1
6, 5, 4	3	0	4	6	18	13	9	5	⊥	1	7	3	7	7	1
5, 4	6	0	4	6	18	12	9	5	⊥	1	7	3	6	7	1
4	5	0	4	6	16	12	9	5	⊥	1	7	5	6	7	1
∅	4	0	4	6	16	12	9	5	⊥	1	7	5	6	7	1

Die Korrektheit der Prozedur `dijkstra` ergibt sich sofort aus folgendem Lemma.

Lemma. *Sei $e_i \in F$, so dass $D[e_i] \leq D[e_j]$ für alle $e_j \in F$. Dann gilt $D[e_i] = d(s, e_i)$.*

Beweis. Zum Beweis werden die Ecken in der Reihenfolge betrachtet, in der sie aus F entfernt werden. Die erste Ecke, die aus F entfernt wird, ist die Startecke, und für diese gilt das Lemma trivialerweise. Es sei nun e_i eine Ecke aus F mit $D[e_i] \leq D[e_j]$ für alle Ecken e_j aus F. Der durch das Feld `vorgänger` beschriebene Weg von s nach e_i hat die Länge $D[e_i]$. Dies wurde bereits im letzten Abschnitt bewiesen.

Angenommen, es gibt einen Weg W von s nach e_i mit $L(W) < D[e_i]$. Dann muss es eine Ecke auf W geben, welche noch nicht aus F entfernt wurde, denn für die aus F schon entfernten Ecken enthält D die Längen der kürzesten Wege von der Startecke. Sei nun e die erste Ecke auf W mit dieser Eigenschaft. Bezeichnet man mit W_1, den Teil von s bis zu e und mit W_2 den Rest. Sei e' der Vorgänger von e auf W. Dann ist $D[e'] = d(s, e')$ und somit $D[e'] + B[e', e] \geq D[e]$. Die letzte Ungleichung gilt, da e' schon aus F entfernt wurde. Somit gilt

$$L(W) = L(W_1) + L(W_2) = D[e'] + B[e', e] + L(W_2) \geq D[e] + L(W_2) \geq D[e].$$

Die Gültigkeit der letzten Ungleichung folgt aus der Voraussetzung, dass alle Kanten eine nichtnegative Bewertung tragen. Da $e \in F$ ist, gilt $D[e] \geq D[e_i]$. Daraus folgt

$$L(W) \geq D[e] \geq D[e_i] > L(W).$$

Dieser Widerspruch zeigt die Behauptung. ∎

Das Lemma sagt aus, dass, nachdem eine Ecke e_i aus F ausgewählt und anschließend bearbeitet wurde, sie nicht wieder in F eingefügt wird. Somit wird jede Ecke nur einmal bearbeitet. Aus diesem Grund muss der Funktionsaufruf `verkürze`(e_i, e_j) nur für Ecken e_j mit $e_j \in F$ oder $D[e_j] = \infty$ erfolgen. Die Prozedur `dijkstra` kann entsprechend optimiert werden. Wird der kürzeste Weg von der Startecke zu einer bestimmten Ecke z gesucht (d. h. Problem KW_{ee}), so kann der Algorithmus abgebrochen werden, sobald z aus F entfernt wird.

Die Laufzeit der Prozedur `dijkstra` hängt vor allem davon ab, wie die Speicherung der Menge F und die Suche der Ecke e_i aus F mit minimalem $D[e_i]$ gelöst werden. Bei der einfachsten Lösung erfolgt die Speicherung der Menge F mittels eines Feldes der Länge n. Die Suche erfolgt sequentiell. Somit kann dieser Teil mit einem Aufwand von $O(n)$ realisiert werden. Einfügen und Entfernen von Ecken aus F erfordert den gleichen Aufwand. Da jede Ecke maximal einmal in F eingefügt wird, d. h. auch maximal einmal bearbeitet wird, ergibt sich ein Gesamtaufwand von $O(n^2)$.

Betrachtet man die Operationen, welche auf F angewendet werden, so bietet sich ein Heap an. Die Datenstruktur Heap, wie sie in Abschnitt 3.5 vorgestellt wurde, unterstützt die notwendigen Operationen: Einfügen von Elementen, kleinstes Element entfernen und Werte ändern. Man beachte, dass die letzte Operation notwendig ist, wenn ein Wert $D[e_i]$ einer Ecke e_i, die sich gerade im Heap befindet, geändert wird. Alle diese Operationen haben den Aufwand $O(\log n)$. Welcher Gesamtaufwand ergibt sich nun? Da jede Ecke maximal einmal eingefügt und entfernt wird, ergibt dies einen Aufwand von $O(n \log n)$. Da jede Ecke nur einmal betrachtet wird, ist die Anzahl der Änderungen von $D[e_i]$ durch die Anzahl der Vorgänger (bzw. Nachbarn im ungerichteten Fall) beschränkt; d. h., insgesamt sind maximal m Änderungen notwendig. Dies ergibt einen Aufwand von $O(m \log n)$. Der Gesamtaufwand ist also ebenfalls $O(m \log n)$. Ist $m = O(n^2)$, so ist die erste Variante vorzuziehen. Aber für Graphen mit „wenigen" Kanten ist die Realisierung mittels eines Heaps effizienter. Eine weitere Alternative für die Darstellung von F wird in Aufgabe 18 diskutiert. Somit ergibt sich folgender Satz.

Satz. *Für einen Graphen mit nichtnegativen Kantenbewertungen lassen sich die kürzesten Wege und deren Längen von einer Startecke zu allen erreichbaren Ecken mit Aufwand $O(n^2)$ bzw. $O(m \log n)$ bestimmen.*

Um die Komplexität der auf einem Heap basierenden Realisierung weiter zu senken, ist es notwendig, die Änderungen des Wertes eines Elementes im Heap effizienter zu machen. Diese Operation wird im ungünstigsten Fall $O(m)$-mal aufgerufen und hat die Komplexität $O(\log n)$. Verwendet man *Fibonacci-Heaps*, so können alle Änderungen zusammen mit Aufwand $O(m)$ durchgeführt werden. Die Realisierung dieser Datenstruktur ist recht aufwendig und wird deshalb hier nicht behandelt. Unter Verwendung von Fibonacci-Heaps hat der Algorithmus von Dijkstra eine Komplexität von $O(m + n \log n)$.

Zum Abschluss dieses Abschnitts soll anhand eines Beispiels demonstriert werden, dass der Algorithmus von Dijkstra bei negativen Kantenbewertungen nicht mehr korrekt arbeitet. Abbildung 10.11 zeigt einen gerichteten Graphen, bei dem einige Kanten eine negative Bewertung tragen. Der Graph hat die Eigenschaft (∗). Der kürzeste

Weg von Ecke e_1 nach Ecke e_4 besteht aus den Kanten (e_1, e_2), (e_2, e_3) und (e_3, e_4) und hat die Länge 4. Wendet man den Algorithmus von Dijkstra auf diesen Graph an, so hätte der kürzeste Weg von e_1 nach e_4 die Länge 6 und bestünde aus der Kante (e_1, e_4).

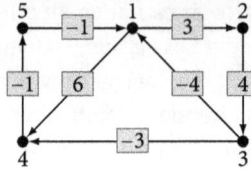

Abb. 10.11: Ein gerichteter Graph mit negativen Kantenbewertungen

10.4.4 Graphen mit ganzzahligen nichtnegativen Kantenbewertungen

In diesem Abschnitt werden Graphen mit ganzzahligen nichtnegativen Kantenbewertungen betrachtet. Diese Eigenschaft kann für eine effizientere Implementierung des Algorithmus von Dijkstra genutzt werden. Im Folgenden sei G ein Graph, dessen Kanten mit Werten aus der Menge $\{1, 2, 3, \ldots, c\}$ bewertet sind. Während der Ausführung des Algorithmus von Dijkstra erfüllen die Werte $D[e_i]$ folgende Beziehung:

$$M = \{D[e_i] \mid e_i \in F\} \subseteq \{a, a + 1, a + 2, \ldots, a + c\}.$$

Hierbei ist a der kleinste Wert aus M. Die Beziehung ist zu Beginn des Algorithmus erfüllt und bleibt auch erhalten, wenn eine Ecke e_i mit minimalen Wert entfernt wird. Danach werden die Nachbarn e_j von e_i bearbeitet und es gilt $D[e_j] \leq D[e_i] + B[e_i, e_j]$ bzw. $a \leq D[e_j] \leq a + c$. Also bleibt die obige Beziehung stets erhalten. Hieraus kann sofort folgende Eigenschaft abgeleitet werden: Gilt

$$D[e_i] \text{ modulo } (c + 1) = D[e_j] \text{ modulo } (c + 1)$$

für zwei Ecken $e_i, e_j \in F$, dann ist auch $D[e_i] = D[e_j]$.

Dies macht man sich bei der Speicherung der Menge F zunutze. Es werden $c + 1$ Fächer vorgesehen. Im l-ten Fach werden die Ecken abgespeichert, deren Werte modulo $c + 1$ gleich l sind. Ein einzelnes Fach wird durch eine doppelt verkettete Liste implementiert. In einem Feld `fächer` der Länge $c + 1$ werden die Zeiger auf die Fächer verwaltet. Damit das Ändern des Wertes einer Ecke in konstanter Zeit erfolgen kann, wird für jede Ecke ein Zeiger zu dem zugehörigen Element im entsprechenden Fach abgespeichert. Hierzu dient das Feld `fachzeiger` der Länge n. Folgende Datenstrukturen werden verwendet.

```
type Fach = Struktur
    vorgänger : Zeiger Fach;
    nachfolger : Zeiger Fach;
    ecke : Ecke;
```

```
fächer : Array[0..c] von Zeiger Fach;
fachzeiger : Array[1..n] von Zeiger Fach;
```

Mit Hilfe dieser Datenstrukturen kann das Einfügen einer neuen Ecke in konstanter Zeit realisiert werden. Jede Ecke wird genau einmal betrachtet. Da die Bearbeitung eines Nachbarn in konstanter Zeit erfolgt, ist der Gesamtaufwand für alle Änderungsoperationen $O(m)$. Es bleibt noch zu zeigen, wie die Ecken mit minimalem Wert gefunden werden.

Die einfachste Variante verwaltet den Index min des Faches mit dem kleinsten Wert. Da die minimalen Werte im Laufe des Algorithmus immer größer werden, kann dieser Index leicht aktualisiert werden:

```
while fächer[min] = null do
    min := (min+1) mod (c+1);
```

Der Aufwand hierfür ist $O(L)$, wobei L die Länge des längsten aller kürzesten Wege ist. Wegen $L \leq (n-1)c$ ist der Gesamtaufwand für den Algorithmus von Dijkstra $O(m+nc)$. Man beachte, dass der Speicheraufwand jetzt auch von c abhängt.

Eine effizientere Variante besteht darin, die Indices des Feldes fächer, welche nichtleere Listen enthalten, in einem Heap zu verwalten. Zu jedem Zeitpunkt sind maximal $c+1$ Elemente im Heap. Jede einzelne Heap-Operation hat den Aufwand $O(\log c)$. Der Gesamtaufwand für den Algorithmus von Dijkstra ist dann $O((m + n) \log c)$. Die zurzeit effizienteste Implementierung stammt von M. Thorup und hat eine Laufzeit von $O(m \log \log c)$.

10.5 Bestimmung von Zentralitätsmaßen

In Abschnitt 1.6 wurden mehrere Zentralitätsmaße für soziale Netzwerke eingeführt. Solche Netze werden durch ungerichtete Graphen dargestellt. Die konkrete Berechnung dieser Maße für sehr große Graphen erfordert effiziente Algorithmen. In diesem Abschnitt wird beispielhaft ein Verfahren für die effiziente Bestimmung der *Betweenness-Centrality* vorgestellt. Dieses Maß ist wie folgt definiert:

$$C_B(e) = \frac{2}{(n-1)(n-2)} \sum_{s \neq e \neq z, s \neq z} \frac{\sigma_{sz}(e)}{\sigma_{sz}}.$$

Hierbei bezeichnet σ_{sz} die Anzahl der kürzesten Wege von s nach z und $\sigma_{sz}(e)$ die Anzahl dieser Wege, die e als innere Ecke enthalten. Es gilt $\sigma_{sz} = \sigma_{zs}$ und $\sigma_{ss} = 1$. Summiert wird über alle ungeordneten Paare s, z von Akteuren mit $s \neq e \neq z$ und $s \neq z$. Ist $\sigma_{sz} = 0$, so wird auch $\sigma_{sz}(e)/\sigma_{sz} = 0$ gesetzt. Der Faktor $2/(n-1)(n-2)$ dient der Normierung des Wertes auf das Intervall $[0, 1]$.

Ein einfaches Verfahren zur Berechnung der Werte $C_B(e)$ für alle Ecken eines ungerichteten Graphen G arbeitet wie folgt. In einem ersten Schritt werden für alle Paare s, z von Ecken alle kürzesten Wege zwischen s und z bestimmt. In einem zweiten

Schritt werden für jede Ecke e, die Paare s, z bestimmt, für die es kürzeste Wege gibt, welche durch e führen. Dann wird der Anteil dieser kürzesten Wege an der Gesamtzahl der kürzesten Wege zwischen s und z bestimmt und der Quotient $\sigma_{sz}(e)/\sigma_{sz}$ wird berechnet. Zum Schluss werden diese Quotienten zur Betweenness-Centrality $C_B(e)$ aufaddiert.

Der erste Schritt kann mit Hilfe der Breitensuche durchgeführt werden. Hierzu wird für jede Ecke s der gerichtete Breitensuchebaum B_s bestimmt. In diesem Baum werden nun die Kanten aus G hinzugefügt, welche Ecken in benachbarten Niveaus verbinden. Der so entstandene Graph $G_{kw(s)}$ hat folgende Eigenschaft: Jeder Weg in $G_{kw(s)}$ von s zu einer anderen Ecke, bei dem die Niveaus der Ecken ansteigen, ist ein kürzester Weg in G. Weiterhin sind alle kürzesten Wege zwischen s und allen anderen Ecken in $G_{kw(s)}$ enthalten. Bezeichne mit $N_s^-(e)$ die Menge der Vorgänger von e in $G_{kw(s)}$. Alle Ecken von $N_s^-(e)$ liegen in dem Niveau unmittelbar vor e. Es gilt nun folgender einfacher rekursiver Ausdruck für σ_{se}:

$$\sigma_{se} = \sum_{e' \in N_s^-(e)} \sigma_{se'}.$$

Ist die Anzahl der kürzesten Wege von s zu den Vorgängern von e bekannt, so kann daraus σ_{se} bestimmt werden. Da $\sigma_{ss} = 0$ ist, lässt sich dieser Schritt leicht in den Algorithmus der Breitensuche integrieren. Somit lassen sich die Werte σ_{sz} für alle Paare s, z mit Aufwand $O(n\,m)$ berechnen.

Für den zweiten Schritt, die Bestimmung der Werte $\sigma_{sz}(e)$, beachte man, dass das Optimalitätsprinzip gilt: Eine Ecke e liegt genau dann auf einem kürzesten Weg zwischen s und z, wenn

$$d(s, z) = d(s, e) + d(e, z)$$

ist. In diesem Fall gilt

$$\sigma_{sz}(e) = \sigma_{se}\sigma_{ez}$$

andernfalls ist $\sigma_{sz}(e) = 0$. Somit lassen sich die $\sigma_{sz}(e)$ aus den Werten berechnen, welche im ersten Schritt bestimmt wurden. Daraus ergibt sich insgesamt ein Aufwand von mindestens $O(n^2 m)$ für die Bestimmung der Betweenness-Centrality Werte für alle Ecken von $\overset{*}{G}$.

Im Folgenden wird ein Verfahren von U. Brandes vorgestellt, welches die gleiche Aufgabe mit Aufwand $O(n\,m)$ erledigt. Hierzu werden zunächst einige Definitionen eingeführt. Für alle Ecken s, z, e sei:

$$\delta_{sz}(e) = \frac{\sigma_{sz}(e)}{\sigma_{sz}}.$$

Falls $\sigma_{sz} = 0$ ist, dann ist auch $\delta_{sz}(e) = 0$. Somit ist $\delta_{se}(e) = \delta_{ez}(e) = \delta_{ss}(e) = 0$. Der Einfluss einer Ecke e aus der Eckenmenge E auf die Betweenness-Centrality von s wird durch folgenden Term bestimmt:

$$\delta_s(e) = \sum_{z \in E} \delta_{sz}(e).$$

Es gilt $\delta_s(s) = 0$. Mit den Werten $\delta_s(e)$ für alle ungeordneten Paare s, e lässt sich die Betweenness-Centrality wie folgt berechnen:

$$C_B(e) = \frac{2}{(n-1)(n-2)} \sum_{s, e \in E} \delta_s(e).$$

Der Algorithmus von Brandes zur Reduktion der Laufzeit basiert auf der dynamischen Programmierung. Die Werte $\delta_s(e)$ werden rekursiv berechnet. Die einzelnen Teilausdrücke können dann bei der Berechnung der individuellen C_B-Werte wiederverwendet werden. Dies wird in folgendem Lemma beschrieben.

Lemma. *Es seien s, e Ecken eines ungerichteten Graphen und $N_s^+(e)$ sei die Menge der Nachfolger von e in dem oben beschriebenen Graph $G_{kw(s)}$. Dann gilt für $e \neq s$:*

$$\delta_s(e) = \sum_{e' \in N_s^+(e)} \frac{\sigma_{se}}{\sigma_{se'}} (1 + \delta_s(e')).$$

Beweis. Für den Beweis werden die Definitionen von $\delta_{sz}(e)$ und $\sigma_{sz}(e)$ erweitert. Für benachbarte Ecken e, e' bezeichne $\sigma_{sz}(e, e')$ die Anzahl der kürzesten Wege von s nach z, die von s über die Kante (e, e') nach z führen. Weiterhin sei:

$$\delta_{sz}(e, e') = \frac{\sigma_{sz}(e, e')}{\sigma_{sz}}.$$

Es besteht folgender Zusammenhang:

$$\delta_s(e) = \sum_{z \in E} \delta_{sz}(e) = \sum_{z \in E} \sum_{e' \in N_s^+(e)} \delta_{s,z}(e, e') = \sum_{e' \in N_s^+(e)} \sum_{z \in E} \delta_{s,z}(e, e').$$

Es sei $e \neq s$ und $e' \in N_s^+(e)$. Für $z \neq e'$ gilt $\sigma_{sz}(e') = \sigma_{se'}\sigma_{e'z}$. Somit gilt für $z \neq e'$:

$$\delta_{sz}(e, e') = \frac{\sigma_{se}\sigma_{e'z}}{\sigma_{sz}} = \frac{\sigma_{se}}{\sigma_{se'}} \frac{\sigma_{sz}(e')}{\sigma_{sz}}$$

und für $z = e'$:

$$\delta_{sz}(e, e') = \frac{\sigma_{se}}{\sigma_{se'}}.$$

Setzt man dies in die oben angegebene Formel für $\delta_s(e)$ ein, so erhält man:

$$\delta_s(e) = \sum_{e' \in N_s^+(e)} \sum_{z \in E} \delta_{s,z}(e, e')$$

$$= \sum_{e' \in N_s^+(e)} \left(\frac{\sigma_{se}}{\sigma_{se'}} + \sum_{z \in E \setminus \{e'\}} \frac{\sigma_{se}}{\sigma_{se'}} \frac{\sigma_{sz}(e')}{\sigma_{sz}} \right)$$

$$= \sum_{e' \in N_s^+(e)} \frac{\sigma_{se}}{\sigma_{se'}} (1 + \delta_s(e')).$$ ∎

Liegt der Graph $G_{kw(s)}$ vor, so lassen sich mittels dieses Lemmas die Werte von $\delta_s(e)$ einfach berechnen. Die Berechnung erfolgt ausgehend von den Ecken im letzten Niveau hin zur Startecke. Da eine Ecke e auf dem letzten Niveau keine Nachfolger hat

(d. h. $N_s^+(e) = \emptyset$), ist nach dem obigen Lemma $\delta_s(e) = 0$. Für Ecken auf den anderen Niveaus wird die rekursive Formel angewendet. Diese Berechnungen können erst dann durchgeführt werden, wenn der Graph $G_{kw(s)}$ und die Werte σ_{sz} für alle Ecken z vorliegen. Deshalb wird in der ersten Phase des Algorithmus der Graph $G_{kw(s)}$ mittels der Breitensuche bestimmt. Parallel dazu werden die Werte von σ_{sz} für jede Ecke z mit der oben angegebenen rekursiven Formel berechnet. Dazu beachte man, dass beim Besuch einer Ecke die σ-Werte der Vorgänger bereits vorliegen.

Die Umsetzung dieses Verfahrens erfolgt durch die in Abbildung 10.12 und 10.13 dargestellten Prozeduren. Die Prozedur betweenness bestimmt die Werte $\delta(s)$ für eine vorgegebene Startecke s. Diese Werte werden für jede Ecke e in dem globalen Feld C_B akkumuliert. Dazu wird eine Breitensuche ausgehend von dieser Ecke durchgeführt.

Abb. 10.12: Die Prozedur betweenness

```
procedure betweenness(G : Graph, s : Ecke)
    var δ : Array[1..n] von Real;
    var σ, niveau : Array[1..n] von Integer;
    var eᵢ, eⱼ : Ecke;
    var W : Warteschlange von Ecke;
    var S : Stapel von Ecke;
    var N : Array[1..n] von Liste von Ecke;

    Initialisiere niveau mit -1, δ mit 0 und σ mit 0.0;
    niveau[G.index(s)] := 0;
    σ[G.index(s)] := 1;
    W.einfügen(s);
    Initialisiere N mit leeren Listen;
    while W ≠ ø do
        eᵢ := W.entfernen();
        if eᵢ ≠ s then
            S.einfügen(eᵢ);
        foreach eⱼ in N(eᵢ) do
            if niveau[j] = -1 then
                niveau[j] := niveau[i] + 1;
                W.einfügen(eⱼ);
            if niveau[j] = niveau[i] + 1 then
                σ[j] := σ[j] + σ[i];
                N[i].anhängen(eⱼ);
    while S ≠ ø do
        eᵢ := S.entfernen();
        foreach eⱼ in N[eᵢ] do
            δ[i] := δ[i] + σ[i](1 + δ[j])/σ[j];
        C_B[i] := C_B[i] + δ[i];
```

Ausgangspunkt ist die in Abbildung 4.25 dargestellte Realisierung der Breitensuche basierend auf einer Warteschlange. Der Code muss dahingehend erweitert werden, dass bei jedem Besuch einer Ecke der σ-Wert des Vorgängers zu dem aktuellen σ-Wert addiert wird. Für die zweite Phase des Algorithmus müssen noch für jede Ecke die Nachfolger in $G_{kw(s)}$ gespeichert werden. Dies geschieht mit dem Feld N, welches für jede Ecke e eine Liste mit den Nachfolgern von e verwaltet.

Nach dem Ende der Breitensuche beginnt die zweite Phase. Diese arbeitet in der entgegengesetzten Richtung zur Breitensuche, d. h., es wird mit den Ecken begonnen, deren Distanz zur Startecke am größten ist. Dieser Schritt wird schon während der Breitensuche vorbereitet, dort werden die Ecken in der Reihenfolge ihres Besuchs in einem Stapel S abgelegt. In der zweiten Phase werden die Ecken vom Stapel entfernt und gemäß der rekursiven Formel die δ-Werte mit Hilfe der in N gespeicherten Nachfolger bestimmt. Nachdem der δ-Wert für eine Ecke e berechnet ist, wird er noch zu dem C_B-Wert der Ecke e addiert.

Der Code des Hauptprogramms ist in Abbildung 10.13 dargestellt. Die Prozedur betweennessGraph ruft die Prozedur betweenness für jede Ecke auf. Am Ende erfolgt noch die Normierung der C_B-Werte. Da über alle geordneten Paare von Ecken summiert wird, muss hierbei der Faktor 2 weggelassen werden.

Abb. 10.13: Die Prozedur betweennessGraph

```
var C_B : Array[1..n] von Real;

procedure betweennessGraph(G : Graph)
    var e_i : Ecke;

    Initialisiere C_B mit 0;
    foreach e_i in G.E do
        betweennessProz(G, e_i);
    foreach e_i in G.E do
        C_B[i] := C_B[i]/((n-1)(n-2));
```

Die Definition der Betweenness-Centrality kann auf Graphen mit beliebigen nichtnegativen Kantenbewertungen ausgeweitet werden. Zur Bestimmung der kürzesten Wege kann die Breitensuche nicht mehr verwendet werden. Sie wird durch den Algorithmus von Dijkstra ersetzt. Unter Verwendung von Fibonacci-Heaps wird dann eine Laufzeit von $O(n\,m + n^2 \log n)$ erreicht. Die effiziente Bestimmung der Closeness-Centrality wird in Aufgabe 36 behandelt.

10.6 Routingverfahren in Kommunikationsnetzen

In Kommunikationsnetzen, wie z. B. einem Fernsprechnetz, sind zwei Stationen während des Datenaustausches ununterbrochen direkt miteinander verbunden. Computernetzwerke verwenden dagegen so genannte Datenpaketdienste. Dabei steht der Sender einer Nachricht nicht unmittelbar mit dem Empfänger in Verbindung. Er übergibt vielmehr seine mit der Adresse des Empfängers versehene Nachricht dem Netzwerk, welches diese selbständig an den Empfänger übermittelt. Dabei wird die

Nachricht in kleine Einheiten, so genannte Pakete, aufgeteilt, und diese werden unabhängig voneinander übertragen. Die Aufgabe, Datenpakete in einem Netzwerk zuzustellen, nennt man *Routing*. Dabei kommt es darauf an, die Wege der Pakete so zu wählen, dass sich diese möglichst wenig überschneiden. Treffen zwei Pakete gleichzeitig in einer Station des Netzwerkes ein, so muss zunächst eines warten, bevor es weitergeleitet werden kann. Dadurch kann es zu unerwünschten Verzögerungen kommen.

Routingverfahren können in zwei Gruppen aufgeteilt werden: statische und dynamische Verfahren. Ein statisches Routingverfahren verwendet Informationen über die einzelnen Teilstücke, um daraus die günstigsten Verbindungen zwischen den verschiedenen Stationen zu bestimmen. Dazu wird das Netzwerk als gerichteter bewerteter Graph modelliert. Hierbei bilden die Kapazitäten die Bewertungen der Kanten. Die günstigsten Wege können dann mit den in diesem Kapitel vorgestellten Verfahren bestimmt werden. Der Nachteil der statischen Verfahren ist, dass sie anfällig gegenüber dem Ausfall von Stationen und Verbindungen sind. Ferner werden unterschiedliche Netzbelastungen nicht berücksichtigt. Nachrichten können unnötig verzögert werden, da sie stark ausgelastete Verbindungen verwenden, obwohl Alternativen zur Verfügung stehen. Aus diesem Grund sind dynamische Routingverfahren vorzuziehen. Diese bestimmen periodisch die günstigsten Verbindungen und passen sich dadurch an veränderte Netzwerkzustände und Belastungen an.

Ein dynamisches Routingverfahren misst periodisch die Netzbelastung, indem für jede direkte Verbindung die durchschnittliche Verzögerung der Pakete gemessen wird. Die Verzögerung eines Paketes ist dabei die Zeitspanne, welche ein Paket in einer Station verweilen muss. Das Netzwerk wird wiederum als gerichteter bewerteter Graph modelliert, wobei die durchschnittlichen Verzögerungen (d. h. die Transferzeiten) die Bewertungen bilden. Jede Station verwaltet eine Version dieses Graphen und sendet in periodischen Abständen die Werte der durchschnittlichen Verzögerungen der Verbindungen zu den direkten Nachbarn über das Netzwerk zu allen anderen Stationen. Diese bringen dann ihren Graphen auf den neuesten Stand. Dabei muss dafür gesorgt werden, dass dieser Datenaustausch im Vergleich zur Netzwerkkapazität gering bleibt.

Die Bestimmung der besten Verbindung erfolgt nun dezentral: Jede Station wendet einen entsprechenden Algorithmus auf ihren Graphen an. Dadurch entfällt auch die Abhängigkeit von einem zentralen Rechner. Die Bestimmung der günstigsten Verbindungen kann z. B. mittels des Algorithmus von Dijkstra erfolgen. Dabei wird ein kW-Baum für jede Station bestimmt. Jede Station speichert ihren kW-Baum nicht vollständig ab, sondern es wird nur eine so genannte *Routingtabelle* verwaltet. In dieser Tabelle ist für jedes Ziel die Nachbarstation eingetragen, über die der günstigste Weg verläuft. Mittels der Routingtabellen leitet jede Station ein Paket immer an die richtige Nachbarstation weiter. Abbildung 10.14 zeigt ein Netzwerk mit sieben Stationen, die entsprechenden durchschnittlichen Verzögerungen und einen kW-Baum für die Station 1.

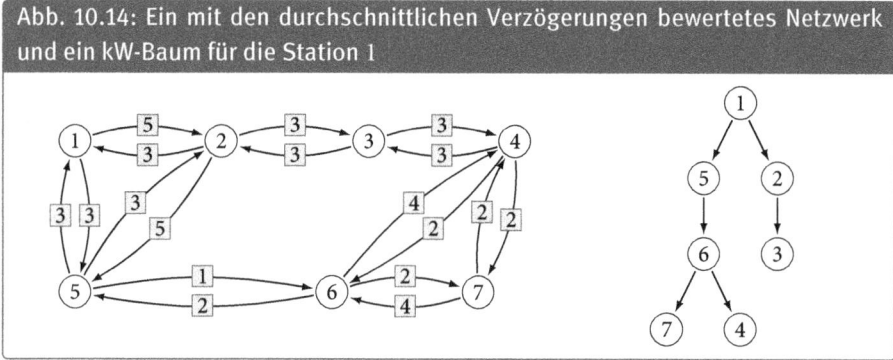

Abb. 10.14: Ein mit den durchschnittlichen Verzögerungen bewertetes Netzwerk und ein kW-Baum für die Station 1

Die Routingtabelle für Station 1 sieht dann wie folgt aus:

Ziel	2	3	4	5	6	7
Nachbar	2	2	5	5	5	5

Soll ein Paket von Station 1 zu Station 4 transportiert werden, so leitet Station 1 das Paket an Station 5 weiter, die anhand ihrer eigenen Routingtabelle das Paket weiterleitet. Erhält eine Station die Information über eine geänderte durchschnittliche Verzögerung oder den Ausfall einer Station, so muss diese Station eine neue Routingtabelle bestimmen.

10.7 Kürzeste-Wege-Probleme in der künstlichen Intelligenz

Viele Probleme der künstlichen Intelligenz lassen sich als Suchprobleme formulieren. Der Suchraum kann dabei häufig durch einen Graphen dargestellt werden. In vielen Fällen ist das Ziel die Bestimmung eines kürzesten Weges von einer Startecke s zu einer Ecke aus einer vorgegebenen Menge von Zielecken. Beispiele hierfür sind Strategiespiele wie *Schach* oder *Dame*. Um bei einer Schachstellung einen Zug zu finden, der zu einer möglichst guten Stellung führt, müssen alle Züge, die der Gegner als nächstes machen kann, bedacht werden. Für jeden dieser Züge muss ein Antwortzug überlegt werden. Dieses Beispiel demonstriert sehr gut, wo die Schwierigkeiten bei vielen Problemen der künstlichen Intelligenz liegen: Die Anzahl der Ecken im Suchgraphen ist sehr groß. Nimmt man an, dass man in einer gegebenen Stellung etwa 25 verschiedene Züge ziehen kann und dass man fünf eigene und fünf gegnerische Züge vorausplanen will, so muss man $25^{10} \approx 9{,}5 \cdot 10^{13}$ Stellungen überschauen. Ein weiteres Problem ist, dass die Suchgraphen in der Regel nur implizit vorliegen. Im Beispiel des Schachspiels sind die Nachfolger einer Ecke gerade die Stellungen, die durch einen legalen Zug erreicht werden können. Die Bestimmung dieser Stellungen führt zu zusätzlichem Aufwand bei den Suchverfahren. Ziel ist es, möglichst schnell zu einem Zielknoten zu kommen, ohne dabei zu viele Stellungen zu bestimmen. Suchverfahren wie Breiten- oder Tiefensuche sind dafür zu aufwendig.

10.7.1 Der A*-Algorithmus

Der *A*-Algorithmus* ist eine Verallgemeinerung des Algorithmus von Dijkstra und gehört zu den Greedy-Algorithmen. Das erste Mal wurde er 1968 von P. Hart, N. Nilsson und B. Raphael beschrieben. Der A*-Algorithmus bestimmt den kürzesten Weg von einer Startecke s zu einer Ecke aus einer Menge Z von Zielecken. Dabei wird versucht, möglichst schnell zu einer Zielecke zu gelangen, d. h., die Anzahl der besuchten Ecken wird möglichst gering gehalten.

Das Hauptmerkmal des A*-Algorithmus ist eine *Schätzfunktion* f. Für jede Ecke e_i ist $f(e_i)$ eine Abschätzung der Länge des kürzesten Weges von e_i zu einer Ecke aus Z. Mit Hilfe der Schätzfunktion f wird entschieden, welche Ecke als nächstes betrachtet wird. Es wird wieder schrittweise ein kW-Baum aufgebaut. Wie im Algorithmus von Dijkstra wird ein Feld D verwaltet: Für jede Ecke e_i enthält $D[e_i]$ eine obere Grenze für $d(s, e_i)$. Es wird eine Menge F von Ecken verwaltet, diese bilden die Front des Suchvorgangs, d. h., F enthält die Ecken, welche als nächstes betrachtet werden. In jedem Schritt wird eine Ecke aus F ausgewählt und in den kW-Baum eingefügt. Danach wird das Feld $D[e_i]$ entsprechend abgeändert. Die beiden Algorithmen unterscheiden sich nur in der Auswahl der Ecke e_i aus F. Der A*-Algorithmus wählt $e_i \in F$ mit

$$D[e_i] + f(e_i) \le \min\{D[e_j] + f(e_j) \mid e_j \in F\}.$$

aus. Für jede Ecke e_i ist $D[e_i] + f(e_i)$ eine Abschätzung der Länge des Weges von s zu einer Ecke aus Z. Die Auswahl von e_i berücksichtigt also nicht nur den bisher zurückgelegten Weg, sondern auch die geschätzte Länge des Restweges. In vielen Fällen wird dadurch die Anzahl der zu betrachtenden Ecken gesenkt. Der erzielte Vorteil hängt stark von der Güte der verwendeten Schätzfunktion f ab.

Im Folgenden wird davon ausgegangen, dass die Menge Z aus genau einer Ecke z besteht. Eine Erweiterung auf beliebige Mengen Z ist einfach. Ferner wird vorausgesetzt, dass die Kantenbewertungen positive reelle Zahlen sind. Der A*-Algorithmus wird beendet, falls die Ecke z ausgewählt wird. Es muss zunächst gezeigt werden, dass der A*-Algorithmus korrekt ist. Dazu ist es notwendig, eine Bedingung an die Schätzfunktion f zu stellen. Eine Schätzfunktion f heißt *zulässig*, wenn für jede Ecke e folgende Ungleichung gilt:

$$0 \le f(e) \le d(e, z).$$

Zulässige Schätzfunktionen unterschätzen immer die Länge eines kürzesten Weges zur Zielecke z. Somit gilt $f(z) = 0$.

Der A*-Algorithmus bestimmt bei der Verwendung einer zulässigen Schätzfunktion einen kürzesten Weg von der Start- zur Zielecke. Allerdings kann es vorkommen, dass Ecken, nachdem sie aus F entfernt wurden, später wieder in F eingefügt werden. Aus diesem Grund muss die innere Schleife in der Prozedur dijkstra wie folgt verändert werden: Bei jeder Änderung von $D[e_j]$ wird e_j in die Menge F eingefügt, sofern e_j noch nicht in F ist. Abbildung 10.15 zeigt eine Realisierung des A*-Algorithmus durch die Funktion A*-Suche.

Abb. 10.15: Die Prozedur A^* – Suche

```
var D : Array[1..n] von Real;
var vorgänger : array[1..n] von Ecke;

function A*-Suche(G : B-Graph, s : Ecke, z : Ecke) : Boolean
    var e_i, e_j : Ecke;
    var F : Menge von Ecke;

    Initialisiere D mit ∞ und vorgänger mit ⊥;
    D[G.index(s)] := 0;
    F := {s};
    while F ≠ ∅ do
        Wähle e_i ∈ F mit D[i]+f(e_i) minimal;
        if e_i = z then
            return true;
        F.entfernen(e_i);
        foreach e_j in N(e_i) do
            if verkürze(e_i, e_j) then
                if not F.enthalten(e_j) then
                    F.einfügen(e_j);
    return false;
```

Die Korrektheit des A^*-Algorithmus ergibt sich aus dem nachfolgenden Lemma.

Lemma. *Es sei f eine zulässige Schätzfunktion, s die Startecke und z die Zielecke. Ist $z \in F$ und $D[z] \leq \min\{D[e_j] + f(e_j) \mid e_j \in F\}$, dann gilt $D[z] = d(s, z)$.*

Beweis. Es sei $W = <e_1, \ldots, e_l>$ ein kürzester Weg von s nach z, d. h. $e_1 = s$ und $e_l = z$. Nach dem Optimalitätsprinzip gilt für $i = 1, \ldots, l-1$

$$d(e_i, z) = \sum_{j=i}^{l-1} B[e_j, e_{j+1}].$$

Nachdem s aus F entfernt wurde, gilt $D[e_2] = d(e_2, z)$. Es sei e_j die erste Ecke auf W, welche noch nicht aus F entfernt wurde. Dann gilt $D[e_i] = d(s, e_i)$ für $i = 1, \ldots, j$. Es sei W_1 der Teilweg von W von s nach e_j und W_2 der Restweg. Dann gilt:

$$
\begin{aligned}
L(W) &= L(W_1) + L(W_2) \\
&= d(s, e_{j-1}) + B[e_{j-1}, e_j] + L(W_2) \\
&= D[e_{j-1}] + B[e_{j-1}, e_j] + d(e_j, z) \\
&\geq D[e_j] + d(e_j, z) \\
&\geq D[e_j] + f(e_j) \\
&\geq D[z]
\end{aligned}
$$

Die erste Ungleichung gilt, seitdem e_{j-1} aus F entfernt wurde, und die zweite folgt aus der Zulässigkeit der Schätzfunktion f. Die letzte Ungleichung folgt aus der Voraussetzung. ∎

Es gilt somit folgender Satz.

Satz. *Es sei G ein Graph mit nichtnegativen Kantenbewertungen und f eine zulässige Schätzfunktion für G. Dann bestimmt der A^*-Algorithmus einen kürzesten Weg von der Start- zur Zielecke.*

Abbildung 10.16 zeigt einen kantenbewerteten Graphen und die Werte einer zulässigen Schätzfunktion f. Wendet man den A^*-Algorithmus auf diesen Graphen an (Startecke e_1, Zielecke e_4), so stellt man fest, dass Ecke e_3, nachdem sie aus F entfernt wurde, später wieder in F eingefügt wird. Wird eine Ecke e_i aus F entfernt, so gilt in diesem Moment nicht notwendigerweise $D[e_i] = d(s, e_i)$, dies gilt nur für die Zielecke.

Abb. 10.16: Ein kantenbewerteter Graph und eine zulässige Schätzfunktion

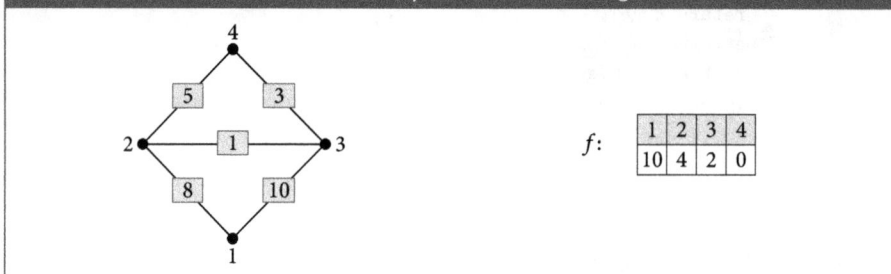

f:

1	2	3	4
10	4	2	0

Eine Schätzfunktion f mit $f(z) = 0$ heißt *konsistent*, wenn für jede Kante (e_i, e_j) folgende Ungleichung gilt:

$$0 \leq f(e_i) \leq B[e_i, e_j] + f(e_j).$$

Diese Ungleichung hat die Form einer Dreiecksungleichung. Ist f konsistent, so folgt, dass für alle Ecken e_i, e_j gilt:

$$f(e_i) \leq d(e_i, e_j) + f(e_j).$$

Lemma. *Eine konsistente Schätzfunktion f ist zulässig.*

Beweis. Es sei e eine beliebige Ecke und $<e_1, \ldots, e_l>$ mit $e_1 = e$ und $e_l = z$ ein kürzester Weg von e nach z. Da f konsistent ist gilt

$$f(e) \leq d(e_1, e_2) + f(e_2) \leq d(e_1, e_2) + d(e_2, e_3) + f(e_3) \leq \ldots \leq d(e, z) + f(z) = d(e, z). \blacksquare$$

Die in Abbildung 10.16 angegebene Schätzfunktion ist nicht konsistent. Bei der Verwendung einer konsistenten Schätzfunktion verhält sich der A^*-Algorithmus genau wie der Algorithmus von Dijkstra. Dies wird in dem folgenden Lemma gezeigt.

Lemma. *Es sei f eine konsistente Schätzfunktion. Ist e_i in F enthalten und $D[e_i] + f(e_i) \leq \min\{D[e_j] + f(e_j) \mid j \in F\}$, so gilt $D[e_i] = d(s, e_i)$.*

Beweis. Der Beweis verläuft analog zu dem Beweis des entsprechenden Lemmas für den Algorithmus von Dijkstra auf Seite 306. Es seien e_i, e, e' und W wie oben gewählt,

d. h. $L(W) < D[e_i]$ und $D[e'] + B[e', e] \geq D[e]$. Dann gilt:

$$
\begin{aligned}
L(W) &= L(W_1) + L(W_2) \\
&= D[e'] + B[e', e] + L(W_2) \\
&\geq D[e] + L(W_2) \\
&\geq D[e] + d(e, e_i) \\
&\geq D[e] + f(e) - f(e_i) \\
&\geq D[e_i] \\
&> L(W)
\end{aligned}
$$

Die erste Ungleichung gilt, da e' schon aus F entfernt wurde. Die dritte Ungleichung folgt aus der Konsistenz von f, und die vorletzte gilt nach Voraussetzung. Dieser Widerspruch zeigt die Behauptung. ∎

Das in Abbildung 10.15 dargestellte Programm kann bei Verwendung einer konsistenten Schätzfunktion vereinfacht werden. Bei der Iteration über die Nachbarn der ausgewählten Ecke wird eine Ecke e_j nur dann in F eingefügt, wenn $D[e_j] = \infty$.

Die Schwierigkeit bei der Anwendung des A^*-Algorithmus ist die Bestimmung einer guten zulässigen oder konsistenten Schätzfunktion. In Abschnitt 1.2 wurde das Problem der Wegeplanung für Roboter diskutiert. Dabei wurde ein Graph in der Euklidischen Ebene betrachtet. Die Bewertungen der Kanten waren dabei die Längen der Kanten. Für jede Ecke e_i sei $f(e_i)$ der Abstand der Ecke e_i von der Zielecke z. Sind die Koordinaten von e_i und z bekannt, so lässt sich $f(e_i)$ leicht bestimmen. Die Konsistenz dieser Schätzfunktion folgt aus der Gültigkeit der Dreiecksungleichung. Abbildung 10.17 zeigt eine Anwendung des A^*-Algorithmus und des Dijkstra-Algorithmus auf das Wegeplanungsproblem aus Abbildung 1.3. Die rot gezeichneten Kanten bilden jeweils den konstruierten kW-Baum. Man sieht, dass der A^*-Algorithmus schneller das Ziel z erreicht und dabei weniger Ecken besucht.

Wählt man als Schätzfunktion die Nullfunktion (d. h. $f(e_i) = 0$ für jede Ecke e_i), so sieht man, dass der Algorithmus von Dijkstra ein Spezialfall des A^*-Algorithmus ist. Hat die Schätzfunktion immer den genauen Wert (d. h. $f(e_i) = d(e_i, z)$ für jede Ecke e_i), so betrachtet der A^*-Algorithmus nur solche Ecken, welche auf einem kürzesten Weg zwischen s und z liegen.

10.7.2 Der iterative A^*-Algorithmus

Unglücklicherweise ist die Anwendung des A^*-Algorithmus auf sehr große Graphen, wie sie oft bei Problemen der künstlichen Intelligenz vorkommen, durch den verfügbaren Speicherplatz stark eingeschränkt. Eine explizite Speicherung der Vorgänger aller Ecken und die Verwaltung der Menge F erfordert in diesen Anwendungen sehr viel Speicherplatz, oft mehr, als die meisten Computer bereitstellen können. Die Brei-

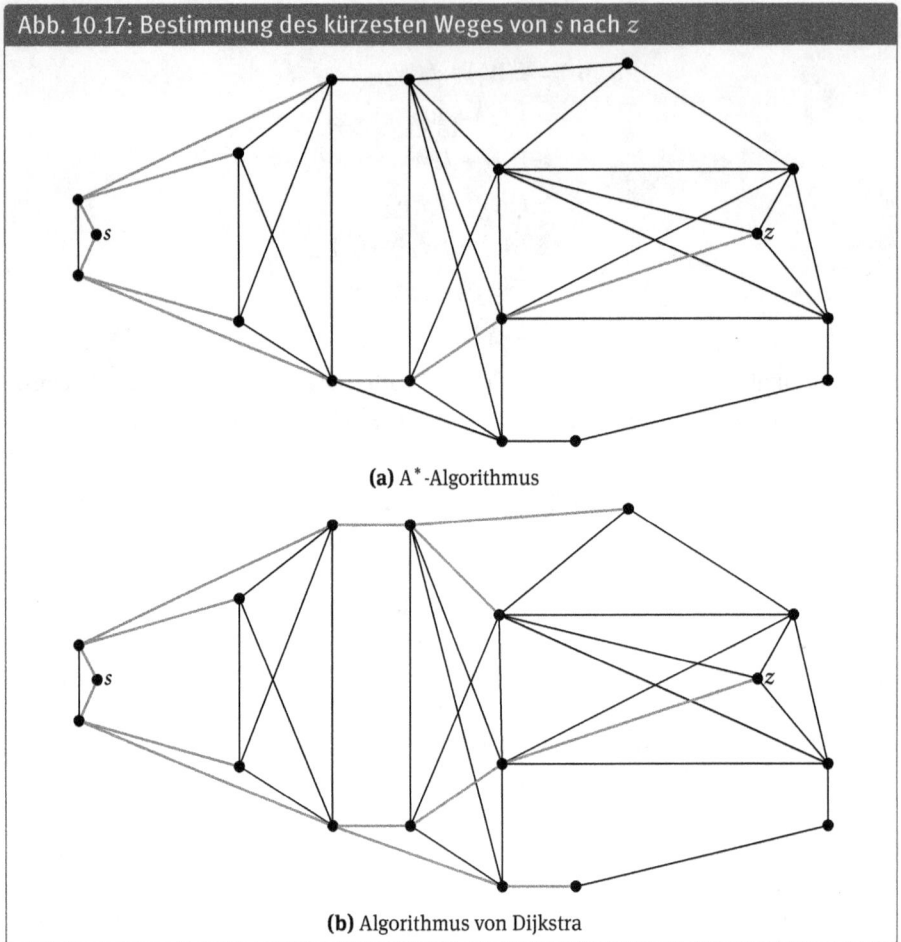

Abb. 10.17: Bestimmung des kürzesten Weges von s nach z

(a) A^*-Algorithmus

(b) Algorithmus von Dijkstra

tensuche ist aus demselben Grund nicht anwendbar. In Abschnitt 4.10 wurde mit der iterativen Tiefensuche ein zur Breitensuche äquivalentes Suchverfahren vorgestellt, welches nicht unter dieser Einschränkung leidet. Eine ähnliche Vorgehensweise kann auch für den A^*-Algorithmus angewendet werden. Verschiedene Durchgänge entsprechen hierbei nicht steigenden Suchtiefen, sondern steigenden Längen der Wege.

Der iterative A^*-Algorithmus arbeitet wie folgt: In jedem Durchgang wird eine Tiefensuche durchgeführt, welche nur solche Ecken e betrachtet, für die die Summe

$$D[e] + f(e)$$

eine vorgegebene Schranke R nicht überschreitet. Am Anfang ist $R = f(s)$. Falls ein Durchgang nicht zum Ziel führt, wird ein neuer Durchgang mit einer höheren Schranke R gestartet. Der neue Wert für R ist gleich dem Minimum aller Summen $D[e_i] + f(e_i)$, welche im letzten Durchgang die Schranke überschritten. Die Suche kann beendet werden, sobald in einem Durchgang die Zielecke gefunden wurde. Man beachte, dass in jedem Durchgang mehr Ecken besucht werden. Für eine besuchte Ecke e gilt, dass die Länge des Weges von s nach e zusammen mit der geschätzten Länge des kürzesten Weges von e zur Zielecke maximal R ist. Es gilt folgender Satz.

Satz. *Für eine zulässige Schätzfunktion f findet der iterative A*-Algorithmus immer einen kürzesten Weg von der Start- zur Zielecke.*

Dieser Satz ist gültig, da der Wert der Schranke R nie die Länge des kürzesten Weges überschreitet. Irgendwann ist R gleich der Länge des kürzesten Weges. In diesem Durchgang wird die Zielecke gefunden.

Der iterative A*-Algorithmus kann ähnlich zur iterativen Tiefensuche mittels eines Stapels realisiert werden. Man beachte, dass der iterative A*-Algorithmus keine Ecken untersucht, welche der normale A*-Algorithmus nicht untersuchen würde. Um die Speicheranforderungen möglichst gering zu halten, werden einige Änderungen am A*-Algorithmus vorgenommen. Zum einen werden nicht alle Nachfolger einer Ecke auf einmal betrachtet, sondern diese werden einzeln bearbeitet und eventuell auf den Stapel abgelegt. Dazu wird wie bei der beschränkten Tiefensuche in Abschnitt 4.10 die Funktion `nächsterNachbar` verwendet. Sie liefert bei jedem Aufruf einen weiteren Nachbarn zurück. Nachdem alle Nachbarn einer Ecke zurückgeliefert wurden, wird die Ecke vom Stapel entfernt. Der benötigte Speicherplatz hängt somit nur von der Anzahl der Kanten des kürzesten Weges ab. Der Vorteil dieser Vorgehensweise ist neben der Speicherplatzeinsparung der, dass zu jedem Zeitpunkt die Ecken im Stapel von unten nach oben den Kantenzug von der Startecke zur aktuellen Ecke bilden, somit kann auf das Feld `vorgänger` verzichtet werden.

Eine weitere Änderung besteht darin, dass die Längen der Wege von der Startecke zur i-ten Ecke im Stapel nicht wie beim Algorithmus von Dijkstra in einem separaten Feld `D` verwaltet werden, sie werden zusammen mit den Ecken direkt im Stapel abgelegt. Dadurch ist die Größe des benötigten Speicherplatzes nicht mehr von n abhängig, sondern nur noch von der Anzahl der Kanten des kürzesten Weges. Hierzu wird folgende einfache Datenstruktur verwendet:

```
type Eintrag = Struktur
    ecke : Ecke;
    länge : Real;
```

Abbildung 10.18 zeigt eine Realisierung des iterativen A*-Algorithmus. Hierbei ist f eine zulässige Schätzfunktion. Die Funktion `iterativer-A`* besteht aus zwei ineinander geschachtelten `while`-Schleifen. In jedem Durchgang der äußeren Schleife wird der Wert der Schranke R erhöht. Jeder Durchgang der inneren Schleife entspricht einer beschränkten Tiefensuche, wobei nur Ecken e besucht werden, für die die Summe aus der Länge des Weges von s nach e und dem Schätzwert des Restweges $f(e)$ nicht die Schranke R übersteigt. Die Funktion `iterativer-A`* gibt den gefunden Weg von s nach z als Liste von Ecken zurück. Existiert kein solcher Weg, dann wird eine leere Liste zurückgegeben.

Abb. 10.18: Eine Realisierung des iterativen A*-Algorithmus

```
function iterativer-A*(G : B-Graph, s : Ecke, z : Ecke) : Liste von Ecke
    var e_j : Ecke;
    var R, R_neu, r, distanz : Real;
    var e : Eintrag;
    var S : Stapel von Eintrag;
    var W : Liste von Ecke;
    var gefunden : Boolean;

    Initialisiere gefunden mit false und R mit f(s);
    if s = z then
        gefunden := true;
        W.einfügen(s);
    while not gefunden and R < ∞ do
        S.einfügen(new Eintrag(s, 0));
        R_neu := ∞;
        while not gefunden and S ≠ ∅ do
            e := S.kopf();
            if e.ecke hat weiteren Nachbarn then
                e_j := nächsterNachbar(e.ecke);
                distanz := e.länge + B[G.index(e.ecke), j];
                if e_j = z and distanz ≤ R then
                    gefunden := true;
                    W.einfügen(e_j);
                    while S ≠ ∅ do
                        W.einfügen(S.entfernen().ecke);
                else
                    r := distanz + f(e_j);
                    if r > R then
                        R_neu := min{r, R_neu}
                    else if not S.enthalten(e_j) then
                        S.einfügen(new Eintrag(e_j, distanz));
            else
                S.entfernen();
        R := R_neu;
    return W;
```

In jedem Durchgang der inneren `while`-Schleife wird der neue Wert für die Schranke R bestimmt. Dazu wird eine Variable R_{neu} eingeführt, welche zu Beginn jedes Durchgangs auf ∞ gesetzt wird. Wird eine Ecke e_j nicht auf den Stapel abgelegt, weil ihr Wert die Schranke R übersteigt, so wird dieser mit R_{neu} verglichen. Ist der Wert echt kleiner als R_{neu}, so wird R_{neu} aktualisiert.

Bei ungerichteten Graphen muss verhindert werden, dass von einer Ecke aus direkt wieder der Vorgänger besucht wird. Dies lässt sich leicht realisieren, da der Vorgänger jeder Ecke im Stapel genau unter der Ecke liegt. Die Suche kann nicht in geschlossene Wege geraten, da nur Ecken auf den Stapel gelegt werden, welche noch nicht im Stapel sind.

Eine Variante des Algorithmus besteht darin, die Ecke e_j in S einzufügen, ohne vorher zu prüfen ob $e_j \notin S$ gilt. Dadurch kann die Suche allerdings in geschlossene Wege geraten. Jedoch terminiert jeder Durchgang der inneren `while`-Schleife, denn für jede Ecke e eines geschlossenen Weges steigt die Länge des Weges ständig an. Sofern die Zielecke von der Startecke aus erreichbar ist, terminiert der Algorithmus. Ist die Zielecke jedoch nicht erreichbar, so terminiert der Algorithmus nur, wenn keine geschlossenen Wege existieren. In einem solchen Fall wird irgendwann in der inneren `while`-Schleife keine neue Ecke mehr gefunden und dann wird R_{neu} der Wert ∞ zugewiesen. Damit der Algorithmus auch dann terminiert, wenn das Ziel nicht erreichbar ist, kann zum Beispiel eine obere Grenze für R vorgegeben werden. Übersteigt die Schranke diese Grenze, so wird die Suche abgebrochen. Ein sinnvoller Wert für diese Grenze ist eine obere Abschätzung für die Länge des Weges von s nach z. Welche der beiden Varianten schneller einen kürzesten Weg findet hängt sehr stark von der Struktur des Graphen ab.

Abbildung 10.19 zeigt links oben einen Raum, in dem ein Roboter sich von einem Startpunkt s zu einem Zielpunkt z bewegen soll, ohne dabei ein Hindernis zu berühren. Der Raum ist in quadratische Zellen aufgeteilt, und die schwarzen Zellen bilden die Hindernisse. Der Roboter kann sich nur horizontal oder vertikal von Zelle zu Zelle bewegen. Um den kürzesten Weg zu finden, wird der iterative A^*-Algorithmus verwendet. Die Entfernung zwischen zwei benachbarten Zellen ist gleich 1. Die verwendete Schätzfunktion ordnet jeder Zelle die Anzahl der Zellen auf dem kürzesten Weg zum Ziel zu, ohne dabei die Hindernisse zu beachten. Dieser Wert lässt sich direkt aus den Koordinaten der Zielzelle und der aktuellen Zelle bestimmen. Die Bewertung der Startzelle ist in dem dargestellten Beispiel gleich 10. Die Nachbarzellen werden in der Reihenfolge Osten, Norden, Westen und Süden betrachtet.

In Abbildung 10.19 ist auch die Anwendung des iterativen A^*-Algorithmus dargestellt. Der Algorithmus benötigt für das dargestellte Beispiel drei Durchgänge. Die Werte der Schranke R sind dabei 10, 12 und 14. Für jeden Durchgang wurde der Raum dargestellt. Die Zellen, die im Verlauf der drei Durchgänge auf dem Stapel abgelegt werden, sind durch einen Punkt gekennzeichnet. Viele Zellen werden dabei im Verlauf eines Durchgangs mehrmals auf dem Stapel abgelegt. Man beachte, dass im ersten und zweiten Durchgang insgesamt jeweils mehr Ecken auf dem Stapel abgelegt werden als im letzten Durchgang (unten rechts dargestellt). Hierzu beachte man, dass in einem Durchgang Ecken mehrmals auf dem Stapel abgelegt werden können.

10.7.3 Umkreissuche

Die Laufzeit des A^*-Algorithmus wird wesentlich durch die Auswertungen der Schätzfunktion bestimmt. Aus diesem Grund sollte die Anzahl der Auswertungen möglichst niedrig sein und ein einzelner Aufruf der Schätzfunktion sollte geringen Aufwand haben. Häufig beeinflussen sich die beiden Größen gegenseitig: Qualitativ gute Schätz-

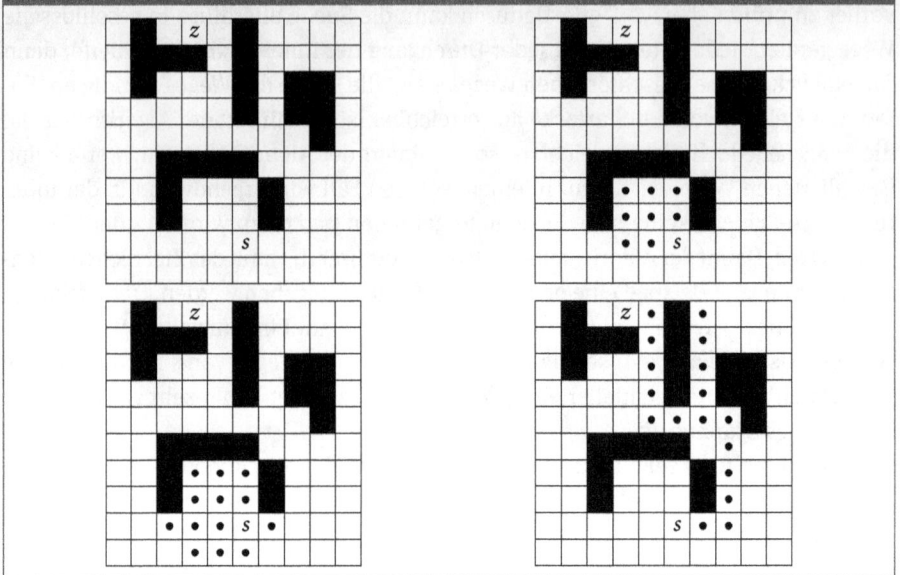

Abb. 10.19: Eine Anwendung des iterativen A^*-Algorithmus

funktionen führen schneller zum Ziel und ziehen deshalb weniger Auswertungen nach sich. Gleichzeitig steigt der Aufwand für die Auswertung einer Schätzfunktionen oft mit der Qualität der Schätzung an. Bei der in diesem Abschnitt vorgestellten Umkreissuche ist es möglich, die Qualität der Schätzfunktion einzustellen (mit entsprechenden Auswirkungen auf die Laufzeit). Der Vorteil besteht darin, dass in Abhängigkeit des Problems ein guter Mittelweg zwischen Aufwand und Qualität gefunden werden kann. Die Umkreissuche ist mit jeder konsistenten Schätzfunktion anwendbar.

Abbildung 10.20 verdeutlicht das Prinzip der Umkreissuche. In einem ersten Schritt wird der so genannte Umkreis U_γ gebildet. Es handelt sich dabei um alle Ecken e des Graphen für die $d(z,e) \leq \gamma$ für eine vorgegebene Schranke $\gamma \geq 0$ gilt. Für jede Ecke aus U_γ wird in diesem Schritt auch der kürzeste Weg zum Ziel bestimmt. In einem zweiten Schritt wird dann der kürzeste Weg von der Startecke zu einer Ecke in U_γ bestimmt. Aus diesen beiden Teillösungen wird dann die Lösung für das eigentliche Suchproblem zusammengesetzt.

Für das Verfahren wird die Menge U_γ noch ausgedünnt. Hierzu werden alle Ecken entfernt, deren sämtliche Nachbarn in U_γ liegen. Diese Menge wird im Folgenden ebenfalls mit U_γ bezeichnet. Sie hat eine wichtige Eigenschaft: Jeder Weg von der Startecke zur Zielecke enthält mindestens eine Ecke aus U_γ. Es gilt $U_0 = \{z\}$. In Abbildung 10.20 sind die zu U_γ gehörenden Ecken rot dargestellt.

Die bisher verwendeten Schätzfunktionen schätzen die Länge des Weges zur Zielecke ab. Die Umkreissuche basiert auf einer Schätzfunktion $f(e_i, e_j)$, welche die Länge des kürzesten Weges zwischen jedem Paar e_i, e_j von Ecken abschätzt. Aus f wird eine

Abb. 10.20: Das Prinzip der Umkreissuche

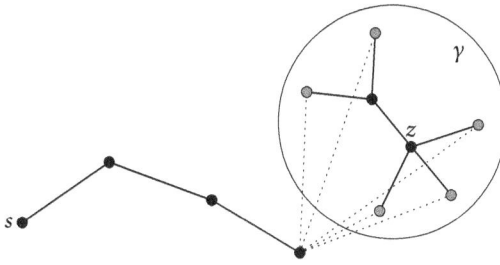

neue Schätzfunktion $f_\gamma(e)$ im ursprünglichen Sinn gebildet. Für jede Ecke e sei:

$$f_\gamma(e) = \begin{cases} d(e,z), & \text{falls } d(e,z) \le \gamma; \\ \min\{f(e,u) + d(u,z) \mid u \in U_\gamma\}, & \text{sonst.} \end{cases}$$

Für $\gamma = 0$ entspricht f_γ der ursprünglichen Schätzfunktion f, d. h. $f_0(e) = f(e,z)$. Damit f_γ in den beschriebenen Suchverfahren verwendet werden kann, muss f die Eigenschaft der Monotonie erfüllen. Eine Funktion $f(e_i, e_j)$ heißt *monoton*, falls $f(e,e) = 0$ für jede Ecke e gilt und für jedes Paar e_i, e_j von Ecken folgende zwei Eigenschaften gelten:

(1) $0 \le f(e_i, e_j) \le B[e_i, e] + f(e, e_j)$ für alle Nachbarn e von e_i,
(2) $0 \le f(e_i, e_j) \le f(e_i, e) + B[e_j, e]$ für alle Nachbarn e von e_j.

Das nächste Lemma beweist eine wichtige Eigenschaften von f_γ.

Lemma. *Es sei f eine monotone Schätzfunktion und $\gamma \ge 0$. Dann ist f_γ für die Menge $\{e \mid d(e,z) > \gamma\}$ eine konsistente Schätzfunktion.*

Beweis. Es sei $d(e_i, z) > \gamma$ und (e_i, e_j) eine beliebige Kante. Dann gibt es eine Ecke $u \in U_\gamma$ mit

$$f_\gamma(e_j) = f(e_j, u) + d(u,z),$$

falls $d(e_j, z) \le \gamma$ dann ist $u = e_j$. Nun folgt aus der Monotonie von f

$$0 \le f_\gamma(e_i) \le f(e_i, u) + d(u,z) \le B[e_i, e_j] + f(e_j, u) + d(u,z) = B[e_i, e_j] + f_\gamma(e_j). \quad \blacksquare$$

Aus dem letzten Lemma und den Ergebnissen der letzten beiden Unterabschnitte ergibt sich folgender Satz.

Satz. *Für eine monotone Schätzfunktion f und $\gamma \ge 0$ findet der A^*-Algorithmus und der iterative A^*-Algorithmus mit der Schätzfunktion f_γ immer einen kürzesten Weg von der Start- zur Zielecke.*

Die Umkreissuche ist eine Kombination von f_γ mit dem iterativen A^*-Algorithmus. Die Darstellung dieses Suchverfahrens folgt dem in Abbildung 10.18 dargestellten Programm. Die Funktion `iterativer-A`* muss nur an wenigen Stellen angepasst werden. Abbildung 10.22 zeigt die vollständige Implementierung. Es werden folgende Datenstrukturen verwendet.

```
type Eintrag = Struktur
    ecke : Ecke;
    länge : Real;
    anfang : Integer;

var umkreis : Array[1..n] of Ecke;
var ende : Integer;
var distanzenUmkreis : Array[1..n] of Real;
var vorgänger : Array[1..n] of Ecke;
```

Als erstes wird in der Funktion iterativer-A* der initiale Wert für die Schranke R bestimmt. Für die Umkreissuche gilt $R = f_\gamma(s)$. Deshalb wird zunächst die Menge U_γ für einen gegebenen Radius γ bestimmt. Hierfür wird die Funktion bestimmeUmkreis verwendet. Sie kann auf Basis des Algorithmus von Dijkstra realisiert werden. Dazu wird dieser Algorithmus auf den invertierten Graph (d. h., die Ausrichtung jeder Kante wird umgedreht) mit Startecke z angewendet. Die in Abbildung 10.9 vorgestellte Implementierung dieses Algorithmus kann abgebrochen werden, wenn eine Ecke e_i aus F entfernt wird, für die $D[e_i] > \gamma$ gilt. Im Anschluss daran werden die Ecken aus U_γ entfernt, welche keinen Nachbarn außerhalb von U_γ haben. Die in U_γ enthaltenen Ecken werden im Feld umkreis abgelegt. Der Index der letzten Ecke im Umkreis wird in der Variablen ende gespeichert. Weiterhin berechnet diese Funktion für jede Ecke aus U_γ den kürzesten Weg zu z und speichert diese Wege in Form einer Vorgängermatrix im Feld vorgänger. Darüberhinaus werden die Längen dieser Wege im Feld distanzenUmkreis abgelegt.

Ist die Startecke s bereits im Umkreis enthalten, so kann die Umkreissuche direkt beendet werden. In diesem Fall gibt die Funktion bestimmeUmkreis den Wert 0 zurück, andernfalls die Anzahl der Ecken im Umkreis. Nach diesen Vorarbeiten kann $f_\gamma(s)$ leicht berechnet werden.

Die Funktion umkreisSuche besteht wie die Funktion iterativer-A* aus zwei ineinander geschachtelten **while**-Schleifen. Die äußere Schleife erhöht sukzessive die Schranke R, d. h., der Horizont des Suchbereiches wird erweitert. Die innere Schleife führt die beschränkte Tiefensuche durch und bestimmt den nächsten Wert für R. Innerhalb dieser Schleife wird für einen Nachbarn e_j der zuletzt betrachteten Ecke folgender Test durchgeführt:

```
if e_j = z and distanz ≤ R then
```

Bei der Umkreissuche ist die erste Bedingung dieses Ausdrucks genau dann erfüllt, wenn $e_j \in U_\gamma$ gilt. Da die Ecken der Menge U_γ im Feld umkreis gespeichert sind, ist e_j genau dann in U_γ enthalten, wenn es einen Index i mit umkreis[i] = e_j gibt. Zur Überprüfung der zweiten Bedingung wird der Wert der Variablen distanz benötigt, sie enthält die Länge des gefundenen Weges von s nach z. In der Funktion iterativer-A* entspricht dies dem Wert

```
e.länge+B[G.index(e.ecke), j]
```

Bei der Umkreissuche muss hierzu noch die Länge des kürzesten Weges von e_j zu z addiert werden. Damit ist die zweite Bedingung äquivalent zu

```
e.länge+B[G.index(e.ecke), j]+distanzenUmkreis[i] ≤ R
```

Ist der untersuchte Nachbar e_j von `e.ecke` nicht im Umkreis enthalten oder ist die Distanz größer als R so wird ein neuer Eintrag mit e_j auf den Stapel gelegt oder der Kandidat R_{neu} wird neu bestimmt. Der zweite Fall liegt genau dann vor wenn

```
e.länge+B[G.index(e.ecke), j]+f_γ(e_j) > R
```

gilt. Zur Überprüfung dieses Ausdrucks muss der Wert $f_\gamma(e_j)$ bestimmt werden. Wird dieser Wert gemäß der Definition von $f_\gamma(e_j)$ berechnet so sind dazu $|U_\gamma|$ Auswertungen von der Schätzfunktion f notwendig. Im Folgenden wird gezeigt, wie die Anzahl der Auswertung von f reduziert werden kann. Hierzu sei

$$U_\gamma(e_j, R) = \{u \in U_\gamma \mid e.länge + B[e.ecke, e_j] + f(e_j, u) + d(u, z) \leq R\}.$$

Ist e_j nicht in U_γ enthalten, dann gilt $e.länge + B[e.ecke, e_j] + f_\gamma(e_j) > R$ genau dann, wenn $U_\gamma(e_j, R) = \emptyset$. Diese Äquivalenz wird im Folgenden ausgenutzt.

Es sei $s = e_1, \ldots, e_i$ die Ecken, welche bei einer Iteration der inneren `while`-Schleife auf dem Stapel liegen. Ist e_j ein Nachbar von e_i und $u \in U_\gamma$, so folgt aus der Monotonie der Schätzfunktion f:

$$e_{i-1}.länge + B[e_{i-1}, e_i] + f(e_i, u) + d(u, z) =$$
$$e_i.länge + f(e_i, u) + d(u, z) \leq$$
$$e_i.länge + B[e_i, e_j] + f(e_j, u) + d(u, z).$$

Somit gilt:

$$U_\gamma(e_j, R) \subseteq U_\gamma(e_i, R).$$

Zur Bestimmung der Menge $U_\gamma(e_j, R)$ müssen also nur die Ecken in $U_\gamma(e_i, R)$ betrachtet werden. Dieses Ergebnis wird zur Überprüfung der Bedingung $U_\gamma(e_j, R) = \emptyset$ genutzt. Für jede Ecke e_i im Stapel wird die Menge $U_\gamma(e_i, R)$ abgespeichert. Da die Mengen $U_\gamma(e_i, R)$ für $i = 1, 2, \ldots$ eine absteigende Kette von Mengen bilden, kann die Speicherung effizient durch eine Sortierung der Ecken im Feld umkreis durchgeführt werden. Hierzu wird für jede Ecke e_j lediglich der Index vermerkt, bei dem die erste Ecke der Menge abgelegt ist. Alle Ecken mit einem höheren Index gehören dann zu $U_\gamma(e_j, R)$. Dieser Index wird für jede Ecke im Stapel abgespeichert. Dazu wird die Struktur Eintrag der Funktion `iterativer-A*` um die Komponente anfang erweitert. Bei der Bestimmung der Menge $U_\gamma(e_j, R)$ müssen lediglich die Ecken des Vorgängers e_i umgeordnet werden. Dies erfolgt mit der in Abbildung 10.21 dargestellten Funktion reduziereUmkreis. Diese Funktion bestimmt auch den Wert für die Schranke R für den nächsten Durchlauf der äußeren `while`-Schleife.

Man beachte, dass die Funktion umkreisSuche nur den Weg von der Startecke s bis zu einer Ecke e_j im Umkreis zurück gibt. Den kürzesten Weg von s nach z erhält man, indem der zurückgegebene Weg mittels der Vorgängermatrix vorgänger vervollständigt wird.

Abb. 10.21: Reduktion des sichtbaren Umkreises

```
function reduziereUmkreis(e : Ecke, distanz : Real, anfang : Integer, R : Real,
            var R_neu : Real) : Integer
  var anfang_neu, i : Integer;
  var r : Real;

  i := anfang;
  anfang_neu := ende;
  while i ≤ anfang_neu do
    r := distanz+f(e, umkreis[i])+distanzenUmkreis[i];
    if r ≤ R then
      vertausche(umkreis[i], umkreis[anfang_neu]));
      vertausche(distanzenUmkreis[i], distanzenUmkreis[anfang_neu]));
      anfang_neu := anfang_neu - 1;
    else
      i := i+1;
      R_neu := min{r, R_neu};
  return anfang_neu + 1;
```

Das nächste Lemma zeigt den Einfluss von γ auf die Qualität der Schätzfunktion f_γ.

Lemma. *Für eine monotone Schätzfunktion f und $\gamma' \geq \gamma \geq 0$ gilt $f_{\gamma'}(e) \geq f_\gamma(e)$.*

Beweis. Es sei $<e_1, \ldots, e_l>$ mit $e_1 = e$ und $e_l = z$ ein kürzester Weg von e zur Zielecke. Ferner sei j minimal mit $e_j \in U_\gamma$ und i minimal mit $e_i \in U_{\gamma'}$. Ist $i = j$ so ist $e_i \in U_\gamma$ und es gilt $f_{\gamma'}(e) = f_\gamma(e)$. Ist $i < j$ so ist $e_i \notin U_\gamma$. Dann folgt mit Hilfe der zweiten Bedingung der Monotonie von f

$$
\begin{aligned}
f_{\gamma'}(e) &= f(e, e_i) + d(e_i, z) \\
&\geq f(e, e_{i+1}) - B[e_i, e_{i+1}] + d(e_i, z) \\
&= f(e, e_{i+1}) + d(e_{i+1}, z) \\
&\geq \ldots \\
&\geq f(e, e_j) + d(e_j, z) \\
&= f_\gamma(e).
\end{aligned}
$$
∎

Das Lemma besagt, dass mit steigendem γ auch die Qualität der Schätzfunktion f_γ steigt. Praktische Untersuchungen haben gezeigt, dass der Wert von γ sorgfältig gewählt werden muss. Zwar sinkt mit steigendem γ die Anzahl der Auswertungen der Schätzfunktion, gleichzeitig steigt aber auch der Speicheraufwand für U_γ an.

Die Umkreissuche ist eine spezielle Ausprägung der bidirektionalen Suche. Dabei werden gleichzeitig zwei Suchläufe durchgeführt: Von der Startecke zur Zielecke und umgekehrt. Die Suche ist beendet, wenn sich die beiden Suchbäume treffen.

Abb. 10.22: Realisierung der Umkreissuche mittels des iterativen A*-Algorithmus

```
function umkreisSuche(G : B-Graph, s : Ecke, z : Ecke, γ : Real) : Liste von Ecke
    var eⱼ : Ecke;
    var R, Rₙₑᵤ, r, distanz : Real;
    var e : Eintrag;
    var S : Stapel von Eintrag;
    var W : Liste von Ecke;
    var gefunden : Boolean;
    var anfang, i : Integer;

    ende := bestimmeUmkreis(G, s, z, γ);
    if (ende = 0) then
        gefunden := true;
        W.einfügen(s);
    else
        gefunden := false;
        R := f_γ(s);
    while not gefunden and R < ∞ do
        Rₙₑᵤ := ∞;
        anfang := reduziereUmkreis(s, 0, 1, R, Rₙₑᵤ);
        S.einfügen(new Eintrag(s, 0, anfang));
        while not gefunden and S ≠ ∅ do
            e := S.kopf();
            if e.ecke hat weiteren Nachbarn then
                eⱼ := nächsterNachbar(e.ecke);
                distanz := e.länge + B[G.index(e.ecke), j];
                i := Index von eⱼ.ecke in umkreis oder 0 sonst;
                if i > 0 and distanz + distanzenUmkreis[i] ≤ R then
                    gefunden := true;
                    W.einfügen(eⱼ.ecke);
                    while S ≠ ∅ do
                        W.einfügen(S.entfernen().ecke);
                else
                    anfang := reduziereUmkreis(eⱼ.ecke, distanz, anfang, R, Rₙₑᵤ);
                    if anfang ≤ ende and not S.enthalten(eⱼ) then
                        S.einfügen(new Eintrag(eⱼ, distanz, anfang));
            else
                S.entfernen();
        R := Rₙₑᵤ;
    return W;
```

10.8 Kürzeste Wege zwischen allen Paaren von Ecken

In diesem Abschnitt werden Algorithmen für Problem KW_{EE} vorgestellt. Gegeben ist ein kantenbewerteter Graph, und gesucht sind die kürzesten Wege und deren Längen zwischen allen Paaren von Ecken. Es wird vorausgesetzt, dass alle Graphen die Eigenschaft (∗) haben. Bei den Problemen KW_{ee} und KW_{eE} wurden zur Darstellung der kürzesten Wege kW-Bäume verwendet. Diese wurden mittels Vorgängerfeldern abgespeichert. Für das Problem KW_{EE} ergeben sich n verschiedene kW-Bäume. Diese lassen sich in einer $n \times n$ Matrix abspeichern. Dabei ist die i-te Zeile das Vorgängerfeld des kW-Baumes mit Wurzel e_i. Eine solche Matrix nennt man *Vorgängermatrix*. Die Längen der kürzesten Wege werden ebenfalls in einer $n \times n$ Matrix abgespeichert, der Eintrag in der i-ten Zeile und j-ten Spalte ist gleich $d(e_i, e_j)$. Diese Matrix nennt man *Distanzmatrix*. Abbildung 10.23 zeigt einen kantenbewerteten Graphen, seine Distanz- und seine Vorgängermatrix.

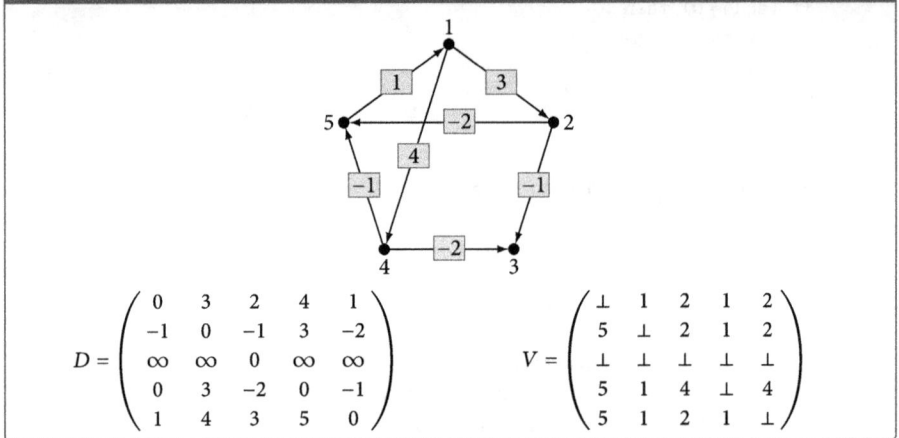

Abb. 10.23: Ein Graph und die zugehörige Distanz- und Vorgängermatrix

$$D = \begin{pmatrix} 0 & 3 & 2 & 4 & 1 \\ -1 & 0 & -1 & 3 & -2 \\ \infty & \infty & 0 & \infty & \infty \\ 0 & 3 & -2 & 0 & -1 \\ 1 & 4 & 3 & 5 & 0 \end{pmatrix} \qquad V = \begin{pmatrix} \perp & 1 & 2 & 1 & 2 \\ 5 & \perp & 2 & 1 & 2 \\ \perp & \perp & \perp & \perp & \perp \\ 5 & 1 & 4 & \perp & 4 \\ 5 & 1 & 2 & 1 & \perp \end{pmatrix}$$

Eine Möglichkeit zur Lösung des Problems KW_{EE}, ist die n-fache Anwendung eines der in Abschnitt 10.4 vorgestellten Algorithmen. Für Graphen mit nichtnegativen Bewertungen erhält man so einen Algorithmus der Komplexität $O(n\,m \log n)$ bzw. unter Verwendung des Algorithmus von Dijkstra basierend auf Heaps bzw. Fibonacci-Heaps $O(n\,m + n^2 \log n)$. Tragen alle Kanten die gleiche positive Bewertung, so kann mit Hilfe der Breitensuche die Distanzmatrix mit Aufwand $O(n\,m)$ bestimmt werden. Für allgemeine Graphen mit der Eigenschaft (∗) ergibt eine n-fache Anwendung des Algorithmus von Moore und Ford einen Aufwand von $O(n^2 m)$.

Durch einen kleinen Kunstgriff lässt sich der allgemeine Fall auf den Fall nichtnegativer Kantenbewertungen zurückführen. Dadurch erzielt man in beiden Fällen die gleiche Komplexität. Die Grundidee ist eine Transformation der Kantenbewertung B in eine Kantenbewertung B' mit ausschließlich nichtnegativen Werten, so dass die kürzesten Wege bezüglich B' auch kürzeste Wege bezüglich B und umgekehrt sind. Die Konstruktion der neuen Bewertung stützt sich auf eine Funktion h, die jeder Ecke eine reelle Zahl zuordnet. Diese Funktion h muss die Eigenschaft haben, dass

$$h(e) + B[e, e'] - h(e') \geq 0$$

für alle Kanten (e, e') gilt. Die Bestimmung einer solchen Funktion wird später gezeigt. Die neue Bewertung B' wird folgendermaßen gebildet: Für alle Kanten (e, e') setzt man

$$B'[e, e'] = h(e) + B[e, e'] - h(e').$$

Die Eigenschaft der Funktion h garantiert nun, dass $B'[e, e'] \geq 0$ für alle Kanten (e, e') gilt. Das folgende Lemma zeigt die enge Beziehung der beiden Bewertungen:

Lemma. *Es sei G ein kantenbewerteter Graph mit Bewertung B und Eckenmenge E. Ferner sei h eine Funktion von E nach $\mathbb{R}$ mit der Eigenschaft, dass $h(e) + B[e, e'] - h(e') \geq 0$ für alle Kanten (e, e') von G ist. Für jede Kante (e, e') setze $B'[e, e'] = h(e) + B[e, e'] - h(e')$. Genau dann hat ein Weg W minimale Länge bezüglich B, wenn er minimale Länge bezüglich B' hat.*

Beweis. Es sei W irgendein Weg von G. W besuche die Ecken $e_1, e_2, \ldots, e_s$ in dieser Reihenfolge. Dann gilt:

$$
\begin{aligned}
L_{B'}(W) &= \sum_{i=1}^{s-1} B'[e_i, e_{i+1}] = \sum_{i=1}^{s-1} (h(e_i) + B[e_i, e_{i+1}] - h(e_{i+1})) \\
&= \left(\sum_{i=1}^{s-1} B[e_i, e_{i+1}] \right) + h(e_1) - h(e_2) + h(e_2) - h(e_3) + \ldots + h(e_{s-1}) - h(e_s) \\
&= L_B(W) + h(e_1) - h(e_s)
\end{aligned}
$$

Es sei nun W ein Weg von e_1 nach e_s, welcher bezüglich der Bewertung B minimale Länge hat. Angenommen, W ist bezüglich B' nicht minimal. Dann gibt es einen Weg $\overline{W}$ von e_1 nach e_s mit $L_{B'}(\overline{W}) < L_{B'}(W)$. Nach der Vorbetrachtung gilt nun

$$L_B(\overline{W}) + h(e_1) - h(e_s) < L_B(W) + h(e_1) - h(e_s).$$

Hieraus folgt $L_B(\overline{W}) < L_B(W)$. Dies ist ein Widerspruch, da W bezüglich B minimal ist. Somit ist auch W bezüglich B' minimal. Analog zeigt man, dass auch jeder bezüglich B' minimale Weg bezüglich B minimal ist. ∎

Somit genügt es, die kürzesten Wege bezüglich B' zu bestimmen. Diese sind dann auch bezüglich B kürzeste Wege. Die Längen lassen sich dann wie im obigen Beweis bestimmen. Es bleibt noch zu zeigen, wie eine Funktion h mit der angegebenen Eigenschaft gefunden wird. Dazu wird der Graph G um eine Ecke s erweitert. Von dieser neuen Ecke s führt eine Kante zu jeder Ecke von G, und diese neuen Kanten haben alle die Bewertung 0. Der neue Graph wird mit G' bezeichnet. Man beachte, dass diese Konstruktion nur für gerichtete Graphen durchgeführt wird, denn ungerichtete Graphen mit negativen Kantenbewertungen haben nicht die Eigenschaft (∗).

Ist Z ein geschlossener Kantenzug von G', so liegt s nicht auf Z, da $g^-(s) = 0$. Somit ist Z ein geschlossener Kantenzug in G; d. h., G' hat die Eigenschaft (∗), falls G diese besitzt. Für jede Ecke e von G definiert man nun

$$h(e) = d(s, e),$$

wobei $d(s, e)$ die Länge des kürzesten Weges von s nach e in G' ist. Sei nun (e, e') eine Kante von G. Dann ist auch (e, e') eine Kante von G' und nach dem Optimalitätsprinzip gilt:

$$h(e') \leq h(e) + B[e, e'].$$

Somit hat man eine Funktion h mit der gewünschten Eigenschaft gefunden.

Abbildung 10.24 zeigt einen gerichteten Graphen mit Bewertung B und den um s erweiterten Graph ohne die Kantenbewertungen. Die zu dem kW-Baum mit Startecke s gehörenden Kanten sind rot dargestellt. Des Weiteren zeigt diese Abbildung auch die Werte der zugehörenden Funktion h und den Graphen mit der neuen Bewertung B'.

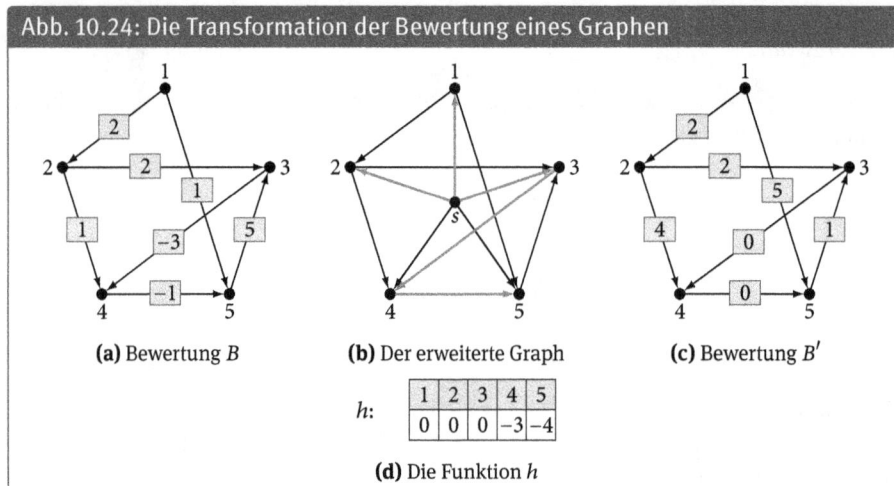

Abb. 10.24: Die Transformation der Bewertung eines Graphen

(a) Bewertung B **(b)** Der erweiterte Graph   **(c)** Bewertung B'

h:

	1	2	3	4	5
	0	0	0	-3	-4

(d) Die Funktion h

Die Funktion h kann mit Hilfe des Algorithmus von Moore und Ford mit der Komplexität $O(n\,m)$ bestimmt werden. Da die n-fache Anwendung des Algorithmus von Dijkstra einen höheren Aufwand hat, gilt folgender Satz.

Satz. *Es sei G ein kantenbewerteter Graph mit der Eigenschaft ($*$). Die Bestimmung der kürzesten Wege und deren Längen zwischen allen Paaren von Ecken kann in der Zeit $O(n\,m \log n)$ (bzw. $O(n\,m + n^2 \log n)$ unter Verwendung von Fibonacci-Heaps) erfolgen.*

Für Graphen mit vielen Kanten (d. h. $O(m) = n^2$) gibt es ein effizientes Verfahren, welches den zusätzlichen Vorteil hat, dass es sehr einfach zu implementieren ist. Dieses Verfahren stammt von R. Floyd und wird im nächsten Abschnitt besprochen.

10.9 Der Algorithmus von Floyd

In Abschnitt 2.5 wurde ein Algorithmus zur Bestimmung des transitiven Abschlusses eines Graphen diskutiert. Warshalls Algorithmus lässt sich leicht erweitern, so dass Problem $\mathrm{KW_{EE}}$ mit Aufwand $O(n^3)$ gelöst werden kann. Der Algorithmus arbeitet auf der Adjazenzmatrix A und wandelt diese in n Schritten in die Erreichbarkeitsmatrix um. Die dabei entstehenden Matrizen $A_1, \ldots, A_n$ haben eine wichtige Eigenschaft: Der Eintrag (i, k) der Matrix A_j zeigt an, ob es einen Weg von der Ecke e_i zu der Ecke e_k gibt, der nur Ecken aus der Menge $\{e_1, \ldots, e_j\}$ verwendet (außer Anfangs- und Endecke). Durch eine kleine Änderung kann man erreichen, dass der Eintrag (i, k) der Matrix A_j die Länge des kürzesten Weges von e_i nach e_k enthält, der nur Ecken aus der Menge $\{e_1, \ldots, e_j\}$ verwendet.

Die Änderung des Algorithmus von Warshall stammt von R. Floyd. Das Ziel ist die Bestimmung der Distanzmatrix D. Diese entsteht in n Schritten; die dabei auftretenden Matrizen werden mit $D_0, D_1, \ldots, D_n$ bezeichnet und haben die oben angegebene Eigenschaft. Die Einträge der Matrix D_0 sind dabei wie folgt definiert:

$$(D_0)_{ij} = \begin{cases} B[e_i, e_j], & \text{falls eine Kante zwischen } e_i \text{ und } e_j \text{ existiert;} \\ 0, & e_i = e_j; \\ \infty, & \text{sonst.} \end{cases}$$

Wie erfolgt nun der Übergang von D_{j-1} nach D_j? Der Eintrag (i, k) von D_j soll die Länge des kürzesten Weges von e_i nach e_k enthalten, welcher nur Ecken aus $\{e_1, \ldots, e_j\}$ verwendet. Wie sieht ein solcher Weg W aus? Dazu betrachten wir zwei Fälle:

Fall I: *W verwendet nicht die Ecke e_j.* Dann sind alle Ecken von W in $\{e_1, \ldots, e_{j-1}\}$ enthalten, und somit ist der Eintrag (i, k) von D_{j-1} gleich der Länge von W.

Fall II: *W verwendet die Ecke e_j.* Da der Graph die Eigenschaft (∗) hat, kommt e_j nur einmal auf W vor. Der Weg W wird nun in die beiden Teile W_1 und W_2 aufgeteilt, so dass e_j die Endecke von W_1 und die Anfangsecke von W_2 ist. Dann gilt

$$L(W) = L(W_1) + L(W_2) \,.$$

Nach dem Optimalitätsprinzip sind W_1 und W_2 kürzeste Wege, sie verwenden nur Ecken aus $\{e_1, \ldots, e_{j-1}\}$. Ihre Längen kann man somit aus der Matrix D_{j-1} entnehmen.

Der Übergang von D_{j-1} nach D_j ist somit sehr einfach: Für $i, k \in \{1, \ldots, n\}$ setzt man

$$(D_j)_{ik} = \min \left\{ \left(D_{j-1}\right)_{ik}, \left(D_{j-1}\right)_{ij} + \left(D_{j-1}\right)_{jk} \right\} \,.$$

Nach der beschriebenen Initialisierung lässt sich der Algorithmus von Floyd wie in Abbildung 10.25 dargestellt realisieren. Es ist ein großer Vorteil, dass die Änderungen der Matrix an Ort und Stelle durchgeführt werden können. Der Grund hierfür ist einfach: Ob ein Eintrag beim Übergang von D_{j-1} nach D_j geändert wird, entscheiden ausschließlich die j-te Zeile und die j-te Spalte. Diese bleiben jedoch selbst unverändert. Der Speicheraufwand ist somit $O(n^2)$.

Durch eine kleine Erweiterung ist es auch möglich, die Vorgängermatrix parallel zur Distanzmatrix zu konstruieren. Dazu betrachten wir noch einmal die beiden Fälle. In Fall I war die Länge des kürzesten Weges schon bekannt, da die Ecke e_j nicht verwendet wurde; d. h., in diesem Fall bleibt der Vorgänger unverändert. In Fall II setzt sich der kürzeste Weg W aus den beiden Teilwegen W_1 und W_2 zusammen, deren Vorgänger schon bekannt sind. Somit ist der neue Vorgänger der Ecke e_k gerade

---

Abb. 10.25: Die Prozedur `floyd`

```
var D : Array[1..n, 1..n] von Real;
var V : Array[1..n, 1..n] von Ecke;

procedure floyd(G : B-Graph)
   var eᵢ, eⱼ, eₖ : Ecke;

   floydInit(G);
   for j := 1 to n do
      for i := 1 to n do
         for k := 1 to n do
            if D[i, k] > D[i, j]+D[j, k] then
               D[i, k] := D[i, j]+D[j, k];
               V[i, k] := V[j, k];
```

---

der Vorgänger von e_k auf dem Weg W_2. Bleibt noch zu klären, wie die Initialisierung der Vorgängermatrix V erfolgt. Für jede Kante (e_i, e_j) von G werden $V[e_i, e_j] = e_i$ und alle anderen Einträge auf $\bot$ gesetzt. Abbildung 10.26 zeigt den vollständigen Code zur Initialisierung von V und D.

Abb. 10.26: Die Prozedur `floydInit`

```
procedure floydInit(G : B-Graph)
   var eᵢ, eⱼ : Ecke;

   for i := 1 to n do
      for j := 1 to n do
         if Kante (eᵢ, eⱼ) existiert then
            V[i, j] := eᵢ;
            D[i, j] := B[i, j];
         else
            V[i, j] := ⊥;
            if i = j then
               D[i, j] := 0;
            else
               D[i, j] := ∞;
```

Die Korrektheit der Prozedur `floyd` wurde schon oben gezeigt. Die Komplexitätsanalyse ist sehr einfach: Die drei geschachtelten `for`-Schleifen ergeben einen Aufwand von $O(n^3)$. Die Prozedur `floyd` kann leicht dahingehend erweitert werden, dass die Eigenschaft $(*)$ überprüft wird. Wird nämlich ein Diagonaleintrag von D negativ, so bedeutet dies, dass ein geschlossener Kantenzug mit negativer Länge vorliegt. Abbildung 10.27 zeigt eine Anwendung der Prozedur `floyd` auf den Graphen aus Abbildung 10.24. Die Stellen, an denen Änderungen auftreten, sind gekennzeichnet.

Abb. 10.27: Eine Anwendung des Algorithmus von Floyd auf den Graphen aus Abbildung 10.23

$$D_1 = \begin{pmatrix} 0 & 3 & \infty & 4 & \infty \\ \infty & 0 & -1 & \infty & -2 \\ \infty & \infty & 0 & \infty & \infty \\ \infty & \infty & -2 & 0 & -1 \\ 1 & \infty & \infty & \infty & 0 \end{pmatrix} \quad V_1 = \begin{pmatrix} \bot & 1 & \bot & 1 & \bot \\ \bot & \bot & 2 & \bot & 2 \\ \bot & \bot & \bot & \bot & \bot \\ \bot & \bot & 4 & \bot & 4 \\ 5 & \bot & \bot & \bot & \bot \end{pmatrix}$$

$$D_1 = \begin{pmatrix} 0 & 3 & \infty & 4 & \infty \\ \infty & 0 & -1 & \infty & -2 \\ \infty & \infty & 0 & \infty & \infty \\ \infty & \infty & -2 & 0 & -1 \\ 1 & 4 & \infty & 5 & 0 \end{pmatrix} \quad V_1 = \begin{pmatrix} \bot & 1 & \bot & 1 & \bot \\ \bot & \bot & 2 & \bot & 2 \\ \bot & \bot & \bot & \bot & \bot \\ \bot & \bot & 4 & \bot & 4 \\ 5 & 1 & \bot & 1 & \bot \end{pmatrix}$$

$$D_2 = \begin{pmatrix} 0 & 3 & 2 & 4 & 1 \\ \infty & 0 & -1 & \infty & -2 \\ \infty & \infty & 0 & \infty & \infty \\ \infty & \infty & -2 & 0 & -1 \\ 1 & 4 & 3 & 5 & 0 \end{pmatrix} \quad V_2 = \begin{pmatrix} \bot & 1 & 2 & 1 & 2 \\ \bot & \bot & 2 & \bot & 2 \\ \bot & \bot & \bot & \bot & \bot \\ \bot & \bot & 4 & \bot & 4 \\ 5 & 1 & 2 & 1 & \bot \end{pmatrix}$$

$$D_3 = \begin{pmatrix} 0 & 3 & 2 & 4 & 1 \\ \infty & 0 & -1 & \infty & -2 \\ \infty & \infty & 0 & \infty & \infty \\ \infty & \infty & -2 & 0 & -1 \\ 1 & 4 & 3 & 5 & 0 \end{pmatrix} \quad V_3 = \begin{pmatrix} \bot & 1 & 2 & 1 & 2 \\ \bot & \bot & 2 & \bot & 2 \\ \bot & \bot & \bot & \bot & \bot \\ \bot & \bot & 4 & \bot & 4 \\ 5 & 1 & 2 & 1 & \bot \end{pmatrix}$$

$$D_4 = \begin{pmatrix} 0 & 3 & 2 & 4 & 1 \\ \infty & 0 & -1 & \infty & -2 \\ \infty & \infty & 0 & \infty & \infty \\ \infty & \infty & -2 & 0 & -1 \\ 1 & 4 & 3 & 5 & 0 \end{pmatrix} \quad V_4 = \begin{pmatrix} \bot & 1 & 2 & 1 & 2 \\ \bot & \bot & 2 & \bot & 2 \\ \bot & \bot & \bot & \bot & \bot \\ \bot & \bot & 4 & \bot & 4 \\ 5 & 1 & 2 & 1 & \bot \end{pmatrix}$$

$$D_5 = \begin{pmatrix} 0 & 3 & 2 & 4 & 1 \\ -1 & 0 & -1 & 3 & -2 \\ \infty & \infty & 0 & \infty & \infty \\ 0 & 3 & -2 & 0 & -1 \\ 1 & 4 & 3 & 5 & 0 \end{pmatrix} \quad V_5 = \begin{pmatrix} \bot & 1 & 2 & 1 & 2 \\ 5 & \bot & 2 & 1 & 2 \\ \bot & \bot & \bot & \bot & \bot \\ 5 & 1 & 4 & \bot & 4 \\ 5 & 1 & 2 & 1 & \bot \end{pmatrix}$$

10.10 Steinerbäume

Das in Kapitel 3 eingeführte Konzept der minimal aufspannenden Bäume lässt sich noch verallgemeinern. Es sei G ein kantenbewerteter, zusammenhängender, ungerichteter Graph und S eine Teilmenge der Ecken von G. Einen Untergraph von G, dessen Eckenmenge S enthält und ein Baum ist, nennt man *Steinerbaum* für S. Einen kostenminimalen Steinerbaum für S nennt man *minimalen Steinerbaum*. In der Regel wird ein minimaler Steinerbaum neben den Ecken aus S auch weitere Ecken verwenden, diese nennt man *Steinerecken* oder auch *Steinerpunkte*. Abbildung 10.28 zeigt links einen kantenbewerteten, ungerichteten Graph *G*, in der Mitte einen minimal aufspannenden Baum für *G* und rechts einen minimalen Steinerbaum für die drei rot dargestellten Ecken von *G*. Der minimale Steinerbaum enthält eine Steinerecke. Das Problem der Bestimmung von minimalen Steinerbäumen tritt in vielen praktischen Anwendungen auf, beispielsweise im VLSI-Chip-Design.

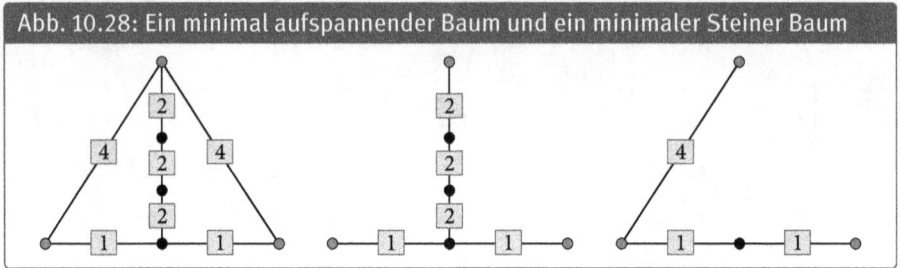

Abb. 10.28: Ein minimal aufspannender Baum und ein minimaler Steiner Baum

Zwei Spezialfälle von Steinerbäumen wurden bereits betrachtet. Ist $|S| = n$, d. h., *S* enthält alle Ecken von *G*, so ist jeder minimal aufspannende Baum ein minimaler Steinerbaum. Ist $|S| = 2$, so ist jeder kürzeste Weg zwischen den beiden Ecken von *S* ein minimaler Steinerbaum. Für diese Spezialfälle wurden effiziente Algorithmen vorgestellt. Leider ist für das allgemeine Problem bis heute kein polynomialer Algorithmus bekannt (vergleichen Sie hierzu Aufgabe 30 in Kapitel 11). Das folgende Lemma zeigt, dass man sich bei der Bestimmung minimaler Steinerbäume auf vollständige Graphen zurückziehen kann.

Lemma. *Es sei G ein ungerichteter, zusammenhängender Graph, dessen Kanten eine nichtnegative Bewertung tragen und S eine Teilmenge der Ecken von G. Ferner sei G' der vollständige Graph mit der gleichen Eckenmenge wie G. Eine Kante (e, e') von G' trägt als Bewertung die Länge des kürzesten Weges von e nach e' in G. Es sei T' ein minimaler Steinerbaum von G' für S. Ersetzt man in T' jede Kante (e, e') durch den kürzesten Weg von e nach e' in G, so erhält man einen minimalen Steinerbaum T von G für S. Insbesondere sind die Kosten eines minimalen Steinerbaumes von G für S gleich den Kosten eines minimalen Steinerbaumes von G' für S.*

Beweis. Die Bewertung einer Kante (e, e') eines beliebigen Steinerbaumes von *G* für *S* ist mindestens so hoch wie die Bewertung von (e, e') in G'. Somit sind die Kosten eines minimalen Steinerbaumes von G' für *S* höchstens gleich den minimalen Kosten eines Steinerbaumes von *G* für *S*. Der konstruierte Graph *T* ist ein zusammenhängender Graph, welcher alle Ecken aus *S* enthält, er hat die gleichen Kosten wie T'. *T* kann keine doppelten Kanten oder geschlossenen Wege enthalten, sonst gäbe es einen Steinerbaum von *G* für *S*, dessen Kosten kleiner als die Kosten von T' wären. Somit ist *T* ein minimaler Steinerbaum von *G* für *S*. ∎

Lemma. *Es sei G ein vollständiger Graph, dessen Kanten eine nichtnegative Bewertung tragen und S eine Teilmenge der Ecken.*
(a) *Erfüllen die Bewertungen der Kanten die Dreiecksungleichung, dann gibt es einen minimalen Steinerbaum von G für S mit maximal |S| − 2 Steinerecken.*
(b) *Es sei T ein minimaler Steinerbaum von G für S und S′ die Menge der Steinerecken von T. Dann ist jeder minimal aufspannende Baum des von S ∪ S′ induzierten Untergraphen U von G ebenfalls ein minimaler Steinerbaum von G für S.*

Beweis. Zu (a): Der Eckengrad einer Steinerecke in einem minimalen Steinerbaum ist mindestens gleich 2. Gibt es eine Steinerecke e mit Eckengrad 2, so konstruiere man einen neuen Steinerbaum: Die Ecke e und die zu ihr inzidenten Kanten werden entfernt, die die beiden Nachbarn von e verbindende Kante wird neu eingefügt. Da die Dreiecksungleichung gilt, steigen dadurch nicht die Kosten des Baumes. Somit gibt es einen minimalen Steinerbaum T, in dem jede Steinerecke mindestens den Eckengrad 3 hat. Es sei a die Anzahl der Steinerecken in T. Dann gilt $2(|S| + a − 1) \geq 3a + |S|$ bzw. $|S| − 2 \geq a$.

Zu (b): Ein minimal aufspannender Baum von U ist ein Steinerbaum und T ist ein aufspannender Baum von U. Somit sind die Kosten eines minimal aufspannenden Baumes von U gleich den Kosten von T. Hieraus folgt die Behauptung. ∎

Nach diesen Vorbereitungen kann ein Algorithmus zur Bestimmung eines minimalen Steinerbaumes angegeben werden. Es sei G ein ungerichteter, zusammenhängender Graph, dessen Kanten eine nichtnegative Bewertung tragen und S eine Teilmenge der Ecken von G. Mit Hilfe des Algorithmus von Floyd werden die Vorgänger- und die Distanzmatrix von G bestimmt. Damit kann der oben beschriebene vollständige Graph $G′$ konstruiert werden. Man beachte, dass $G′$ die Dreiecksungleichung erfüllt. Nach den letzten beiden Lemmata genügt es, die *richtige* Menge $S′$ von Steinerecken zu finden, dann ist ein minimal aufspannender Baum von $S \cup S′$ ein minimaler Steinerbaum. Man beachte, dass es maximal $|S| − 2$ Steinerecken geben kann. Ist E die Menge der Ecken von G, so werden nun alle Teilmengen von $E\backslash S$ mit höchstens $|S| − 2$ Elementen generiert, wegen

$$\sum_{i=0}^{|S|-2} \binom{n-|S|}{i} \leq \sum_{i=0}^{n-|S|} \binom{n-|S|}{i} = 2^{n-|S|}$$

gibt es höchstens $2^{n-|S|}$ solcher Mengen. Für jede solche Teilmenge M wird mit Hilfe des Algorithmus von Prim ein minimal aufspannender Baum T des von $S \cup M$ induzierten Untergraphen von $G′$ bestimmt. Unter all diesen Bäumen wird der mit den minimalen Kosten ausgewählt und mit Hilfe der Vorgängermatrix zurück nach G transformiert. Dies ist dann ein minimaler Steinerbaum von G für S. Der Algorithmus von Prim wird für Graphen mit $O(|S|)$ Ecken aufgerufen. Hieraus ergibt sich ein Gesamtaufwand von $O(n^3 + 2^{n-|S|}|S|^2)$. Die Laufzeit wächst exponentiell mit $n − |S|$. Verwendet man folgende Abschätzung für die Anzahl der zu erzeugenden Teilmengen

$$\sum_{i=0}^{|S|-2} \binom{n-|S|}{i} \leq (n-|S|)^{|S|-2},$$

so sieht man, dass der Algorithmus für konstantes $|S|$ polynomial in n ist. In Abschnitt 11.5.5 wird ein approximativer Algorithmus mit Laufzeit $O(|S|m\log n)$ angegeben, die Kosten des berechneten Steinerbaumes sind maximal doppelt so hoch wie die eines minimalen Steinerbaumes.

10.11 Literatur

Die Bellmanschen Gleichungen sind in [11] beschrieben. Der allgemeine Algorithmus zur Bestimmung kürzester Wege in Graphen mit Eigenschaft (∗) wurde unabhängig von L. R. Ford [36] und E. F. Moore [90] beschrieben; die angegebene Darstellung folgt [14]. Algorithmen zur Überprüfung der Eigenschaft (∗) sind in [28] und [115] beschrieben. Dijkstras Algorithmus [26] erschien 1959, enthielt aber noch keinen Hinweis auf die Verwendung von Heaps. Die Implementierung mittels Fibonacci-Heaps ist in [39] beschrieben. Unter der Voraussetzung, dass die Kantenbewertungen positive ganze Zahlen aus der Menge $\{0,\ldots,c\}$ mit $c \geq 2$ sind, haben R. K. Ahuja et al. einen Algorithmus mit Laufzeit $O(m + n\sqrt{\log c})$ angegebenen [2]. M. Thorup hat dieses Ergebnis auf $O(m\log\log c)$ verbessert [119]. Für planare Graphen mit positiven Kantenbewertungen kann Problem KW_{eE} mit Aufwand $O(n\sqrt{\log n})$ gelöst werden [38]. Goldberg und Radzik haben einen Algorithmus für Graphen mit der Eigenschaft (∗) entwickelt, der die gleiche Komplexität wie der Algorithmus von Moore und Ford hat, aber für kreisfreie Graphen in linearer Zeit $O(n + m)$ läuft [41]. Der Algorithmus zur Bestimmung der Betweenness-Centrality ist [15] entnommen. Eine Diskussion des A^*-Algorithmus ist in [51] enthalten. Eine genaue Untersuchung des iterativen A^*-Algorithmus findet man in [71]. Die Beschreibung der Umkreissuche basiert auf einer Arbeit von G. Manzini [84]. Die Transformation der Bewertung zur Lösung von Problem KW_{EE} stammt von J. Edmonds und R. M. Karp [30]. Floyds Algorithmus zur Lösung von Problem KW_{EE} findet man in [34]. Die Ähnlichkeit des Floyd Algorithmus mit dem Algorithmus von Warshall zur Bestimmung des transitiven Abschlusses führte zur Untersuchung von Graphen, deren Bewertungen zu einem *Semiring* gehören. Dadurch wurden auf elegante Weise verschiedene Verfahren zusammengefasst [89]. Aufgabe 17 findet man in [29], Aufgabe 18 in [24] und Aufgabe 28 in [33]. Einen guten Überblick über den Stand der Forschung für verschiedene Varianten des Problems der Bestimmung kürzester Wege geben die Übersichtsartikel von Zwick und Sommer [129, 114]. Anwendungen von Steinerbäumen in Netzwerken beschreibt Winter in [128].

10.12 Aufgaben

1. Der Algorithmus von Moore und Ford bestimmt für kantenbewertete Graphen mit der Eigenschaft ($*$) die kürzesten Wege und deren Längen von einer Startecke zu allen erreichbaren Ecken. Zeigen Sie, dass der Algorithmus auch dann korrekt arbeitet, wenn die Graphen nicht die Eigenschaft ($*$), sondern folgende Eigenschaft haben: Alle von der Startecke aus erreichbaren geschlossenen Kantenzüge haben eine nichtnegative Länge.

2. Geben Sie für den folgenden gerichteten Graphen zwei verschiedene kW-Bäume mit Startecke e_1 an.

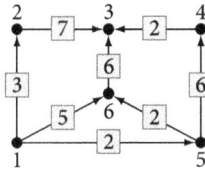

3. Welches Verfahren wendet man am besten für die Bestimmung der kürzesten Wege und deren Längen des Graphen aus Aufgabe 2 an?

4. Wie kann man in einem kantenbewerteten Graphen mit der Eigenschaft ($*$) folgende Probleme lösen?

   (a) Bestimmung des kürzesten Kantenzuges zwischen zwei Ecken e und e', der durch eine vorgegebene Ecke führt.

   (b) Bestimmung des kürzesten Kantenzuges zwischen zwei Ecken e und e', der durch ℓ vorgegebene Ecken $e_1, \ldots, e_\ell$ geht.

5. Es sei G ein kantenbewerteter, zusammenhängender, ungerichteter Graph. Beweisen Sie: Es gibt mindestens $n-1$ Paare (e, e') von Ecken, so dass der kürzeste Weg von e nach e' aus genau einer Kante besteht.

6. Bestimmen Sie in dem folgenden Graphen die kürzesten Wege und deren Längen von Ecke e_1 zu allen anderen Ecken. Verwenden Sie den Algorithmus von Moore und Ford.

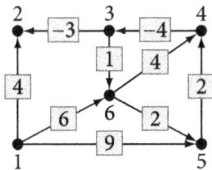

7. Zur Bestimmung eines geschlossenen Weges mit minimalen Kosten in einem kantenbewerteten, ungerichteten Graph wird folgender Algorithmus angewendet. Die Kanten werden gemäß ihrem Gewicht in aufsteigender Reihenfolge in einen neuen Graph eingefügt. Beweisen oder widerlegen Sie folgende

Behauptung: Der erste geschlossene Weg, der in diesem neuen Graph entsteht, ist der gesuchte Weg.

⋆8. Der Algorithmus von Moore und Ford verwaltet die markierten Ecken in einer Warteschlange. Die jeweils erste Ecke e_i wird entfernt und bearbeitet. Es sei e_j der momentane Vorgänger von e_i im kW-Baum. Warum ist es nicht sinnvoll, die Ecke e_i zu bearbeiten, falls sich e_j ebenfalls in der Warteschlange befindet? Ändern Sie die Prozedur kürzesteWege aus Abbildung 10.6 dahingehend, dass solche Ecken zwar aus der Warteschlange entfernt, aber nicht bearbeitet werden. Beweisen Sie die Korrektheit dieses Verfahrens und bestimmen Sie die Laufzeit.

⋆9. Entwerfen Sie einen Algorithmus mit linearer Laufzeit zur Bestimmung der kürzesten Wege in einem gerichteten kreisfreien Graphen. Verwenden Sie dabei die Prozedur topoSortGraph aus Kapitel 4.

⋆10. Hat der Algorithmus von Moore und Ford für kreisfreie gerichtete Graphen eine worst case Laufzeit von $O(n + m)$?

11. Bestimmen Sie in dem folgenden Graphen die kürzesten Wege und deren Längen von Ecke e_3 zu allen anderen Ecken. Verwenden Sie den Algorithmus von Dijkstra.

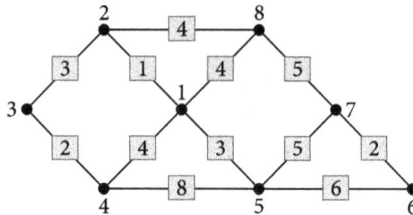

12. Es sei G ein kantenbewerteter Graph mit der Eigenschaft (∗). Für eine Ecke e seien die Abstände zu allen von e erreichbaren Ecken bekannt. Geben Sie einen Algorithmus an, der einen kW-Baum für G mit Wurzel e bestimmt. Der Algorithmus soll eine worst case Komplexität von $O(m)$ haben.

13. Es sei G ein kantenbewerteter Graph mit Eigenschaft (∗), e_i und e_j Ecken von G und W ein kürzester Weg von e_i nach e_j. Ferner seien e_i' und e_j' Ecken von G, welche nacheinander auf W liegen. Beweisen Sie: Das Teilstück $\overline{W}$ von W, welches e_i' und e_j' verbindet, ist ebenfalls ein kürzester Weg.

⋆14. Der unten abgebildete Graph repräsentiert ein *Datenübertragungsnetzwerk*. Die Ecken sind die Datenempfänger bzw. die Datensender, und die Kanten sind die Übertragungsleitungen. Die Bewertungen der Kanten geben die Wahrscheinlichkeit dafür an, dass eine Nachricht über diese Leitung korrekt übertragen wird. Man interessiert sich nun für Übertragungswege zwischen Ecken mit der größten Wahrscheinlichkeit einer korrekten Übertragung. Die Wahrscheinlichkeit, dass eine Nachricht auf einem Weg korrekt übertragen wird, ergibt sich aus dem Produkt der Kantenwahrscheinlichkeiten. Die in diesem Kapitel diskutierten Algorithmen lassen sich nicht direkt auf dieses Problem anwenden, denn die „Länge" eines Weges ist hier das Produkt und nicht die Summe der Kantenbewertungen. Dieses Problem kann man umgehen, indem man die Bewertung b_{ij} der Kante von e_i nach e_j durch $-\log b_{ij}$ ersetzt. Warum? Bestimmen Sie den Übertragungsweg von Sender 1 zum Empfänger 5 mit der größten Wahrscheinlichkeit einer korrekten Übertragung.

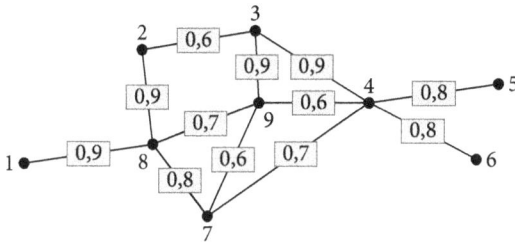

15. Es sei G ein Graph, dessen Kanten alle die gleiche Bewertung tragen. Beweisen Sie, dass der von dem Dijkstra-Algorithmus erzeugte kW-Baum ein Breitensuchebaum ist.

16. Bestimmen Sie die kürzesten Wege von Ecke e_1 zu allen erreichbaren Ecken für den Graphen aus Abbildung 10.11.

17. Verändern Sie den Algorithmus von Moore und Ford derart, dass eine Ecke e_i nur dann am Ende der Warteschlange eingefügt wird, wenn der Wert $D[e_i]$ zum ersten Mal geändert wurde. Andernfalls wird die Ecke e_i am Anfang der Warteschlange eingefügt. Vergleichen Sie die beiden Implementierungen anhand konkreter Beispiele.

18. Die Laufzeit der Prozedur `dijkstra` hängt wesentlich davon ab, wie die Speicherung der Menge B und die Suche der Ecke e_i aus B mit minimalem $D[e_i]$ gelöst wird. Eine Möglichkeit dazu ist *Bucket-Sort*, d. h. Sortieren mit Fächern. Bei dieser Methode werden die Ecken aus B teilweise sortiert gespeichert. Es sei B_{max} die größte Kantenbewertung. Beweisen Sie folgende Ungleichung:

$$\max\{D[e_i] \mid e_i \in B\} - \min\{D[e_i] \mid e_i \in B\} \le B_{\max}.$$

Dies macht man sich zu Nutzen, indem man B in „Fächern" abspeichert. Diese Fächer bilden eine Aufteilung des Bereichs $[0, B_{\max}]$. Eine Ecke i wird in dem Fach mit der Nummer $D[e_i] \bmod (B_{\max} + 1)$ abgelegt. Realisieren Sie diese Version des Algorithmus von Dijkstra und bestimmen Sie die Laufzeit.

19. Gegeben sei ein Graph, in dem sowohl die Kanten als auch die Ecken Bewertungen tragen. Die Länge eines Kantenzuges ist gleich der Summe der Bewertungen der verwendeten Ecken und Kanten. Wie kann die Bestimmung kürzester Wege in solchen Graphen mit einem der in diesem Kapitel beschriebenen Algorithmen gelöst werden?

20. Geben Sie ein Beispiel für einen ungerichteten zusammenhängenden Graphen mit nichtnegativen Kantenbewertungen an, der einen kW-Baum besitzt, welcher kein minimal aufspannender Baum ist.

21. Bestimmen Sie für den gerichteten Graphen aus Aufgabe 6 die kürzesten Wege und deren Längen für alle Paare von Ecken. Verwenden Sie dabei zwei verschiedene Algorithmen:

    (a) den Algorithmus von Floyd,

    (b) den Algorithmus von Dijkstra mit einer entsprechenden Transformation.

22. Der unten stehende Graph repräsentiert das Netz von Filialen einer Kaufhauskette. Die Ecken sind die Filialen und die Kanten die Straßen. Die Bewertung einer Kante gibt die Länge der Straße an. In welcher Filiale soll die Kaufhauskette ihr Zentrallager anlegen? Der Ort soll so gewählt werden, dass die weiteste Wegstrecke möglichst kurz ist.

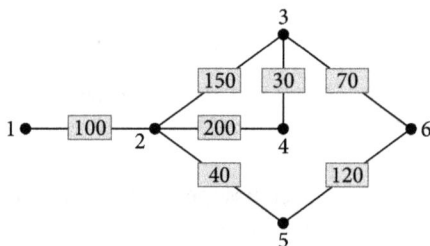

23. In einem kantenbewerteten Graphen werden die Bewertungen aller Kanten

    (a) um einen konstanten positiven Betrag erhöht,

    (b) mit einer positiven Konstanten multipliziert.

    In welchem der beiden Fälle bleiben die kürzesten Wege die gleichen? Wie verhalten sich die Längen der kürzesten Wege?

24. Ein gerichteter kantenbewerteter Graph ist durch seine bewertete Adjazenzmatrix gegeben:

$$\begin{pmatrix} 0 & 64 & 64 & 64 & 64 & 64 \\ -2 & 0 & 64 & 64 & 64 & 64 \\ -4 & -3 & 0 & 64 & 64 & 64 \\ -7 & -6 & -5 & 0 & 64 & 64 \\ -12 & -11 & -10 & -9 & 0 & 64 \\ -21 & -20 & -19 & -18 & -17 & 0 \end{pmatrix}$$

Zeigen Sie, dass der Graph die Eigenschaft (∗) hat. Bestimmen Sie die kürzesten Wege und deren Längen für die Startecke 1 mit Hilfe des Algorithmus von Moore und Ford. Wie sieht der kW-Baum aus und wie oft wird die `while`-Schleife ausgeführt?

25. Bestimmen Sie für den Graphen aus Abbildung 10.11 die positive Kantenbewertung B' gemäß Abschnitt 10.8.

26. Wenden Sie den Algorithmus von Floyd auf den folgenden kantenbewerteten Graphen an. Was stellen Sie fest?

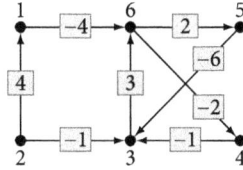

27. Es sei G ein kantenbewerteter, zusammenhängender, ungerichteter Graph und B ein minimal aufspannender Baum von G. Die Bewertungen der Kanten sind nichtnegativ. Geben Sie einen Algorithmus an, welcher in linearer Zeit $O(m)$ feststellt, ob B für eine gegebene Ecke e ein kW-Baum ist oder nicht.

⋆⋆28. Entwerfen Sie einen auf der Tiefensuche basierenden Algorithmus, welcher feststellt, ob ein gerichteter kantenbewerteter Graph die Eigenschaft (∗) hat. Die Tiefensuche wird dabei auf jede Ecke angewendet, und es werden nur solche Kanten verfolgt, für die die Gesamtlänge von der Startecke aus betrachtet negativ ist. Trifft man dabei wieder auf die Startecke, so liegt ein geschlossener Weg mit negativer Länge vor. Ist diese Suche für alle Ecken erfolglos, so hat der Graph die Eigenschaft (∗).

Die Korrektheit des Algorithmus stützt sich auf folgenden Satz: Es sei Z ein geschlossener Weg mit negativer Länge in einem gerichteten kantenbewerteten Graphen. Dann gibt es eine Ecke e auf Z mit der Eigenschaft, dass alle bei e startenden Teilwege von Z eine negative Länge haben.

Hinweis: Führen Sie einen indirekten Beweis durch. Von einer beliebigen Ecke von Z aus startend bilde man fortlaufend Teilwege $Z_1, Z_2, \ldots$ von Z, indem immer dann ein neuer Weg begonnen wird, sobald der vorhergehende eine positive Länge hat. Irgendwann tritt ein Weg Z_i zum zweiten Mal auf. Die dazwischenliegenden Wege haben alle positive Länge. Dies steht im Widerspruch zur negativen Gesamtlänge von Z.

29. Bestimmen Sie für folgenden gerichteten Graphen die längsten Wege von Ecke e_1 zu allen anderen Ecken.

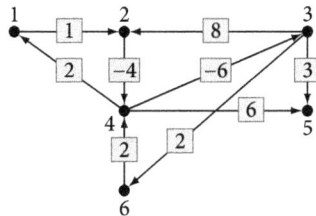

30. Die Länge eines Kantenzuges $Z = k_1, \ldots, k_s$ in einem kantenbewerteten Graphen kann abweichend von Abschnitt 10.1 folgendermaßen definiert werden:

$$L'(Z) = \min\{L(k_i) \mid i = 1, \ldots, s\}.$$

Damit ist die Länge L' eines Weges gleich der Länge der kürzesten Kante des Weges. Ändern Sie den Algorithmus von Floyd derart, dass die so definierten kürzesten Wege zwischen allen Paaren von Ecken bestimmt werden.

31. Es seien a, b positive reelle Zahlen und f_1, f_2 konsistente Schätzfunktionen für einen Graphen. Beweisen Sie, dass auch $(af_1 + bf_2)/(a + b)$ eine konsistente Schätzfunktion ist.

∗∗32. Betrachten Sie noch einmal das 8-Puzzle aus Abschnitt 4.10 in Kapitel 4 auf Seite 123. Geben Sie zwei verschiedene zulässige Schätzfunktionen an, und wenden Sie den A^*-*Algorithmus* auf die angegebene Stellung an. Sind die Schätzfunktionen konsistent?

∗33. Betrachten Sie noch einmal das in Abschnitt 8.7 beschriebene Problem der kostenminimalen Flüsse. Geben Sie unter der Voraussetzung, dass die Kapazitäten ganze Zahlen sind, einen Algorithmus zur Bestimmung eines maximalen kostenminimalen Flusses an. Bestimmen Sie die Laufzeit des Algorithmus.

∗34. Ändern Sie den Algorithmus von Dijkstra derart ab, dass er unter allen kürzesten Wegen zwischen zwei Ecken denjenigen findet, welcher aus den wenigsten Kanten besteht.

35. Beschreiben Sie einen Algorithmus, welcher in linearer Zeit Nachrichten auf kürzesten Wegen zwischen beliebigen Ecken des Hypercube Q_s transportiert.

36. Entwerfen Sie einen effizienten Algorithmus zur Bestimmung der Closeness-Centrality eines sozialen Netzwerks.

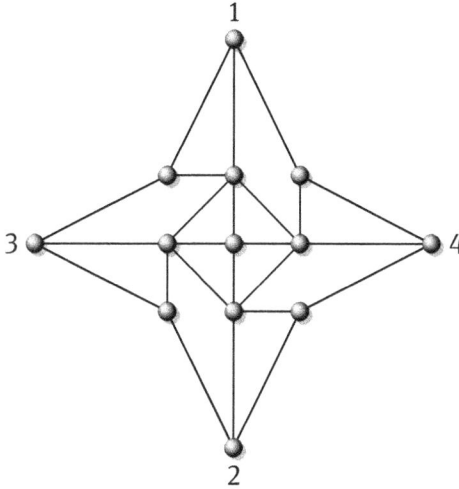

KAPITEL 11

Approximative Algorithmen

In diesem Kapitel werden Probleme behandelt, für die es höchstwahrscheinlich nur Algorithmen mit exponentieller Laufzeit gibt. Zunächst wird eine relativ informelle Einführung in die Komplexitätsklassen $\mathcal{P}$, $\mathcal{NP}$ und $\mathcal{NPC}$ gegeben. Danach werden approximative Algorithmen eingeführt, und es werden Maßzahlen definiert, mit denen die Qualität dieser Algorithmen charakterisiert werden kann. Diese Maßzahlen sind zum einen wichtig, um verschiedene approximative Algorithmen zu vergleichen und zum anderen, um eine Abschätzung der Abweichung der erzeugten Lösung von der optimalen Lösung zu haben. Unter der Voraussetzung $\mathcal{P} \neq \mathcal{NP}$ wird gezeigt werden, dass die meisten $\mathcal{NP}$-vollständigen Probleme keine approximativen Algorithmen mit beschränktem absoluten Fehler besitzen. Ferner wird gezeigt, dass sich die Probleme aus $\mathcal{NPC}$ bezüglich der Approximierbarkeit mit beschränktem relativen Fehler sehr unterschiedlich verhalten. Danach werden approximative Algorithmen für fünf klassische Probleme der algorithmischen Graphentheorie vorgestellt. Am Ende dieses Kapitels wird das Traveling-Salesman Problem ausführlich behandelt.

11.1 Die Komplexitätsklassen $\mathcal{P}$, $\mathcal{NP}$ und $\mathcal{NPC}$

Dieser Abschnitt dient der Motivation der in diesem Kapitel behandelten Approximationsalgorithmen. Die Ausführungen sind relativ informell, und neue Konzepte werden nur dann näher erläutert, wenn sie für das Verständnis des weiteren Stoffes notwendig sind. Eine streng formale Darstellung würde den Rahmen dieses Kapitels sprengen. Eine ausgezeichnete Darstellung dieses Themas findet man in dem Buch von A. R. Garey und D. S. Johnson [40].

In Kapitel 2 wurde der Begriff des effizienten Algorithmus eingeführt: Ein Algorithmus heißt effizient, wenn er polynomialen Aufwand $O(p(n))$ für ein Polynom $p(n)$ hat. Hierbei ist n ein Maß für die Länge der Eingabe. Neben polynomialer Komplexität gibt es unter anderem noch die *exponentielle* ($O(c^n)$) und die *superexponentielle* ($O(n^n)$) Komplexität. Der Unterschied zwischen polynomialen und exponentiellen Algorithmen wurde bereits in Kapitel 2 diskutiert und ist aus Abbildung 2.25 ersichtlich. Exponentielle Algorithmen sind im Allgemeinen nur auf Eingaben *kleiner* Längen anwendbar. In Bezug auf Graphalgorithmen bedeutet dies, dass sie nur für Graphen mit wenigen Ecken und Kanten in überschaubarer Zeit terminieren. Die Einteilung von Algorithmen in diese beiden Gruppen wurde erstmals in den 1960er Jahren von A. Cobham und J. Edmonds vorgenommen. Probleme, für die es keine polynomialen Algorithmen gibt, werden auch *intractable* genannt, da sie schwer zu handhaben sind.

Die getroffene Definition von exponentiellen Algorithmen schließt aber nicht aus, dass sie überhaupt nicht zu verwenden sind. Es kann durchaus sein, dass ein Algorithmus mit Aufwand $O(n^3)$ für Werte von n unter 20 schneller arbeitet als ein Algorithmus mit Aufwand $O(n^2)$ (vergleichen Sie hierzu auch Abbildung 2.25). Der Grund liegt darin, dass dies nur worst case Angaben sind. Dies bedeutet deshalb auch nur, dass es mindestens eine Eingabe gibt, für welche soviel Zeit benötigt wird. Ferner wird auch über die Größen der beteiligten Konstanten nichts ausgesagt. Einige exponentielle Algorithmen wie z. B. der *Simplex-Algorithmus* für das Problem der *linearen Programmierung* werden erfolgreich in der Praxis eingesetzt, obwohl es auch polynomiale Algorithmen gibt. Nur für speziell konstruierte Eingaben benötigt der Simplex-Algorithmus wirklich exponentiell viele Schritte. Allerdings ist die überwiegende Mehrheit exponentieller Algorithmen praktisch nicht anwendbar. Auf der anderen Seite ist natürlich auch ein polynomialer Algorithmus mit Laufzeit $O(n^{20})$ und selbst ein linearer Algorithmus mit extrem hohen Konstanten praktisch nicht brauchbar. Die in diesem Buch vorgestellten polynomialen Algorithmen fallen jedoch nicht in diese Kategorie. Die Untersuchung von Problemen, für die keine polynomialen Algorithmen bekannt sind, führte zu interessanten Einblicken in die Komplexitätstheorie von Algorithmen.

Im Folgenden wird nochmal das Problem der Bestimmung der chromatischen Zahl eines ungerichteten Graphen aus Kapitel 6 betrachtet. Das zugehörige Suchproblem lautet: Suche unter allen Färbungen diejenige, welche die wenigsten Farben verwendet. Die im Folgenden beschriebene Komplexitätstheorie beschäftigt sich ausschließlich mit *Entscheidungsproblemen*. Dies wird im wesentlichen aus technischen Gründen gemacht und stellt keine große Einschränkung dar. Jedem Optimierungsproblem kann auf einfache Art ein Entscheidungsproblem zugeordnet werden. Ist das Optimierungsproblem ein Minimierungsproblem, so kommt man durch einen zusätzlichen Parameter c zu einem Entscheidungsproblem: Gibt es eine Lösung für das Optimierungsproblem, deren Wert höchstens c ist? Analog verfährt man mit Maximierungsproblemen. Das Entscheidungsproblem der chromatischen Zahl lautet: Gibt es eine Färbung des Graphen, welche höchstens c Farben verwendet? Die auf diese Weise beschriebenen Entscheidungsprobleme sind nicht schwerer zu lösen als die zugehörenden Optimierungsprobleme: Gibt es einen polynomialen Algorithmus für das Optimierungsproblem, so auch für das Entscheidungsproblem.

Der Grund für die Beschränkung auf Entscheidungsprobleme liegt darin, dass sie mit Hilfe von *formalen Sprachen* beschrieben und die entsprechenden Algorithmen durch *Turing Maschinen* dargestellt werden können. Dadurch wird erreicht, dass die in diesem Abschnitt relativ formlos beschriebenen Konzepte auch streng formal erfasst werden können. Für die Motivation dieses Kapitels ist aber eine informelle Beschreibung ausreichend.

In der Komplexitätstheorie werden Probleme mit gleicher Komplexität zu Klassen zusammengefasst. Die Komplexitätsklasse $\mathcal{P}$ umfasst alle Entscheidungsprobleme, die sich durch polynomiale Algorithmen lösen lassen. In Kapitel 10 wurde gezeigt, dass folgendes Problem in $\mathcal{P}$ liegt.

Kürzester Weg

Es sei G ein Graph mit Kantenbewertungen aus $\mathbb{N}$, e und e' Ecken von G und c sei eine positive natürliche Zahl.

Entscheidungsproblem: Gibt es in G einen einfachen Weg von e nach e', dessen Länge höchstens c ist?

Der Algorithmus von Dijkstra löst dieses Problem mit Aufwand $O(m \log n)$. Die im Folgenden beschriebene Komplexitätsklasse $\mathcal{NP}$ *(non-deterministic polynomial)* umfasst die Klasse $\mathcal{P}$. Ein Entscheidungsproblem liegt in $\mathcal{NP}$, wenn eine positive Lösung in polynomialer Zeit überprüft werden kann. Wie man zu einer Lösung kommt, ist dabei nicht von Bedeutung. Das folgende Problem liegt in der Klasse $\mathcal{NP}$.

Längster Weg

Es sei G ein Graph mit Kantenbewertungen aus $\mathbb{N}$, e und e' Ecken von G und c sei eine positive natürliche Zahl.

Entscheidungsproblem: Gibt es in G einen einfachen Weg von e nach e', dessen Länge mindestens c ist?

Die Überprüfung einer positiven Lösung W ist in diesem Fall einfach: Es wird überprüft, ob W ein Weg ist, und die Bewertungen der Kanten von W werden addiert und mit c verglichen. Diese Überprüfung kann in linearer Zeit erfolgen, und somit liegt das Problem in $\mathcal{NP}$. Liegt es eventuell sogar in der Klasse $\mathcal{P}$? Multipliziert man die Bewertungen aller Kanten mit -1 und sucht man nun nach einem einfachen Weg, dessen Länge höchstens $-c$ ist, so hat ein so gefundener Weg bezüglich der ursprünglichen Bewertung eine Länge von mindestens c. Leider lassen sich die in Kapitel 10 entwickelten Algorithmen nicht auf das neue Problem anwenden, denn der neue Graph erfüllt nicht die Eigenschaft ($*$), d. h., es können geschlossene Wege mit negativer Länge auftreten. Dies ist genau dann der Fall, wenn es in dem ursprünglichen Graphen einen geschlossenen Weg gibt. Bis heute ist kein polynomialer Algorithmus für dieses Problem bekannt.

Man beachte, dass die Definition von $\mathcal{NP}$ keine Bedingung an die Überprüfung einer negativen Lösung stellt. Für das Beispiel der längsten Wege bedeutet eine negative Lösung, dass es keinen einfachen Weg von e nach e' gibt, dessen Länge mindestens c ist. Eine Überprüfung erfordert im Prinzip die Lösung des beschriebenen Problems des längsten Weges. Somit ist nicht bekannt, ob die negative Version des Längsten-Wege-Problems in $\mathcal{NP}$ liegt.

Obwohl die Definition der Klasse $\mathcal{NP}$ auf den ersten Blick nichts über den Aufwand zur Bestimmung von Lösungen aussagt, hat man gezeigt, dass es für jedes Problem aus $\mathcal{NP}$ einen Algorithmus mit Aufwand $O(2^{p(n)})$ gibt, der das Problem löst. Hierbei ist $p(n)$ ein Polynom. Eines der größten ungelösten Probleme der theoretischen Informatik ist die Frage, ob die Klassen $\mathcal{P}$ und $\mathcal{NP}$ übereinstimmen.

Ein wichtiges Konzept, das in diesem Zusammenhang entwickelt wurde, ist das der *polynomialen Transformation*. In Kapitel 9 wurden einige Probleme auf die Bestimmung von maximalen Flüssen auf Netzwerken zurückgeführt. Zum Beispiel können maximale Zuordnungen von bipartiten Graphen mittels maximaler Flüsse auf 0-1-Netzwerken bestimmt werden. Der so entstehende Algorithmus besteht aus drei Schritten:

(1) Transformation des bipartiten Graphen G in ein geeignetes Netzwerk N
(2) Bestimmung eines maximalen Flusses f auf N
(3) Bestimmung einer maximalen Zuordnung von G mittels f und N

Der Aufwand des Algorithmus ist gleich der Summe der Aufwände der drei Teilschritte. Ist der Aufwand der Schritte (1) und (3) zusammen polynomial, so spricht man von einer *polynomialen Transformation*.

Sind P_1 und P_2 Probleme und gibt es eine polynomiale Transformation von P_1 nach P_2, so schreibt man $P_1 \propto P_2$. Gibt es einen polynomialen Algorithmus für P_2, so folgt aus $P_1 \propto P_2$, dass es auch einen polynomialen Algorithmus für P_1 gibt.

Die Suche nach einer Antwort auf die Frage, ob $\mathcal{P} = \mathcal{NP}$ ist, führte zur Definition einer Unterklasse von $\mathcal{NP}$. Die Komplexitätsklasse $\mathcal{NPC}$ umfasst alle Entscheidungsprobleme P aus $\mathcal{NP}$, für die gilt: Für alle $P' \in \mathcal{NP}$ gilt $P' \propto P$. Diese Definition besagt, dass ein Problem in $\mathcal{NPC}$ ist, wenn es für jedes Problem aus $\mathcal{NP}$ eine polynomiale Transformation auf dieses Problem gibt. Dies ist eine starke Anforderung, und es ist nicht leicht ersichtlich, dass es überhaupt Probleme gibt, die in $\mathcal{NPC}$ liegen. Probleme aus $\mathcal{NPC}$ werden auch $\mathcal{NP}$-*vollständig* ($\mathcal{NP}$-*complete*) genannt.

Im Folgenden wird diese Bezeichnung auch für die zugehörenden Such- und Optimierungsprobleme verwendet. Man beachte allerdings, dass nicht jedes Entscheidungsproblem aus $\mathcal{NPC}$ auch ein zugehöriges Optimierungsproblem hat. Als Beispiel sei auf das weiter unten eingeführte Problem des Hamiltonschen Kreises hingewiesen.

Aus diesem Grund wird im Folgenden nicht mehr streng zwischen Such- und Optimierungsproblem unterschieden.

Aus der Definition von $\mathcal{NPC}$ ergeben sich zwei wichtige Folgerungen.

Satz. *Für alle $P \in \mathcal{NPC}$ gilt:*
(a) Ist $P \in \mathcal{P}$, so ist $\mathcal{NP} = \mathcal{P}$.
(b) Für alle $P' \in \mathcal{NP}$ mit $P \propto P'$ gilt $P' \in \mathcal{NPC}$.

Beweis. Es sei P' ein beliebiges Problem aus $\mathcal{NP}$. Dann folgt $P' \propto P$. Da $P \in \mathcal{P}$ ist, gibt es somit einen polynomialen Algorithmus für P'. Somit ist $P' \in \mathcal{P}$, und es gilt $\mathcal{NP} \subseteq \mathcal{P}$. Hieraus folgt Aussage (a). Da die Relation $\propto$ transitiv ist gilt auch Aussage (b). ∎

Die Bedeutung der Klasse $\mathcal{NPC}$ liegt in der ersten Folgerung. Gelingt es, für ein einziges Problem $P \in \mathcal{NPC}$ einen polynomialen Algorithmus anzugeben, so hat man schon $\mathcal{NP} = \mathcal{P}$ bewiesen; d. h., die Klasse $\mathcal{NPC}$ enthält die vermeintlich schwierigsten Probleme aus $\mathcal{NP}$. Zuvor muss aber erst gezeigt werden, dass es überhaupt ein Entscheidungsproblem gibt, welches in $\mathcal{NPC}$ liegt. Dies gelang S. A. Cook im Jahre 1971. Er zeigte, dass das so genannte *Satisfiability-Problem SAT* für Boolesche Ausdrücke in $\mathcal{NPC}$ liegt. Dies war der Startpunkt für viele Arbeiten, welche nachwiesen, dass bestimmte Probleme in $\mathcal{NPC}$ liegen. Dabei machte man sich meistens die zweite Folgerung zunutze. 1972 bewies R. Karp für 21 verschiedene kombinatorische und graphentheoretische Probleme ihre Zugehörigkeit zu $\mathcal{NPC}$. Dazu gehörte auch das in Abschnitt 5.7 eingeführte Problem der *ganzzahligen linearen Programmierung*. Heute sind sehr viele Probleme aus den verschiedensten Anwendungsgebieten bekannt, von denen man zeigen kann, dass sie in $\mathcal{NPC}$ liegen. Auch das oben angesprochene Problem der Bestimmung von längsten Wegen liegt in $\mathcal{NPC}$.

Im Folgenden sind sieben weitere Entscheidungsprobleme aus dem Gebiet der algorithmischen Graphentheorie aufgelistet, von denen nachgewiesen ist, dass sie in $\mathcal{NPC}$ liegen. Dabei ist c immer eine positive natürliche Zahl.

Färbbarkeit von Graphen

Es sei G ein ungerichteter Graph.
Entscheidungsproblem: Gibt es eine c-Färbung von G?

Eckenüberdeckung

Es sei G ein ungerichteter Graph.
Entscheidungsproblem: Gibt es eine Eckenüberdeckungen von G mit höchstens c Ecken?

Dominierende Menge

Es sei G ein ungerichteter Graph.
Entscheidungsproblem: Gibt es eine dominierende Menge von G mit höchstens c Ecken?

Unabhängige Menge

Es sei G ein ungerichteter Graph.

Entscheidungsproblem: Enthält G eine unabhängige Menge mit mindestens c Ecken?

Steinerbaum

Es sei G ein ungerichteter Graph mit einer positiven Kantenbewertungen und S eine Teilmenge der Ecken.

Entscheidungsproblem: Gibt es einen Steinerbaum für S, dessen Kosten höchstens c sind?

Hamiltonschen Kreis

Es sei G ein ungerichteter Graph.

Entscheidungsproblem: Gibt es in G einen *Hamiltonschen Kreis*?

Traveling-Salesman

Es sei G ein vollständiger Graph mit positiven natürlichen Kantenbewertungen, und c sei eine positive natürliche Zahl.

Entscheidungsproblem: Gibt es in G einen Hamiltonschen Kreis, dessen Länge höchstens c ist?

Bis heute ist es nicht gelungen, die Frage zu beantworten, ob $\mathcal{P} = \mathcal{NP}$ ist. Trotz intensiver Bemühungen konnte für kein Entscheidungsproblem aus $\mathcal{NPC}$ ein polynomialer Algorithmus angegeben werden. Dies spricht eher dafür, dass $\mathcal{NP} \neq P$ ist, aber das Problem bleibt weiterhin ungelöst. Da viele Probleme in $\mathcal{NPC}$ von praktischer Bedeutung sind, besteht großes Interesse an alternativen Vorgehensweisen zur Lösung dieser Probleme.

Die wichtigsten bisher betrachteten Algorithmen zur Lösung von Problemen aus $\mathcal{NPC}$ sind mehr oder weniger Variationen der in Kapitel 5 vorgestellten Verfahren wie Backtracking, Branch & Bound oder Teile & Herrsche. Diese durchsuchen möglichst effizient große Teile des Lösungsraums.

Die Beschränkung auf Entscheidungsprobleme ist in den meisten Fällen keine wesentliche Einschränkung. Dazu wird beispielhaft das Problem der Färbbarkeit betrachtet (vergleichen Sie auch Aufgabe 23). Im Folgenden wird gezeigt, dass es genau dann einen polynomialen Algorithmus für das Entscheidungsproblem gibt, wenn es einen solchen für das Suchproblem gibt. Die eine Richtung der Aussage gilt sogar für alle Optimierungsprobleme, wie oben schon gezeigt wurde.

Es sei nun A ein polynomialer Algorithmus für das Entscheidungsproblem der Färbbarkeit von Graphen. Daraus wird ein polynomialer Algorithmus für das entsprechende Suchproblem konstruiert. Zunächst wird mit Hilfe des Algorithmus A die chromatische Zahl c des Graphen G bestimmt. Dazu sind maximal $\log_2 n$ Aufrufe des Algorithmus A notwendig. Die Vorgehensweise ist dabei die gleiche wie bei der binären Suche. In einem ersten Schritt testet man, ob $c \leq n/2$ oder $c > n/2$ gilt etc. Somit kann c in polynomialer Zeit bestimmt werden.

In einem zweiten Schritt wird nun eine c-Färbung von G bestimmt. Dazu betrachtet man jedes Paar e, e' von nicht benachbarten Ecken. Mit Hilfe von Algorithmus A stellt man fest, ob durch Hinzufügen einer Kante von e nach e' sich die chromatische Zahl auf $c + 1$ erhöht. Ist dies nicht der Fall, so fügt man die Kante in G ein. Man erhält so in maximal n^2 Schritten einen Graphen G' mit folgenden Eigenschaften:

(1) $X(G') = c$.
(2) Eine minimale Färbung von G' ist auch eine minimale Färbung für G.
(3) In minimalen Färbungen von G' sind nicht benachbarte Ecken gleich gefärbt.

Eine minimale Färbung für G' lässt sich nun leicht bestimmen, indem man die letzte Eigenschaft ausnutzt (vergleichen Sie Aufgabe 11). Insgesamt kann also mit polynomialem Aufwand eine minimale Färbung für G gefunden werden.

11.2 Einführung in approximative Algorithmen

Falls $\mathcal{NP} \neq P$ ist, so bedeutet dies für ein Suchproblem aus $\mathcal{NPC}$ genaugenommen nur, dass es keinen Algorithmus gibt, der die *optimale Lösung* für *alle* Ausprägungen eines Problems in polynomialer Zeit findet. Schränkt man diese strenge Bedingung ein, so kommt man in vielen Fällen zu praktisch anwendbaren Algorithmen.

Die erste Möglichkeit besteht darin, die Forderung, dass ein Algorithmus für *alle* Ausprägungen eines Problems die optimale Lösung finden soll, fallen zu lassen. In vielen Anwendungen haben die zu untersuchenden Probleme eine stark eingeschränkte Struktur. Für diese findet man eventuell einen effizienten Algorithmus. Ein Beispiel hierfür ist das Problem der Hamiltonschen Kreise. Es gibt einen effizienten Algorithmus, welcher in *fast jedem* Graphen einen Hamiltonschen Kreis findet, sofern es einen solchen gibt. Der Beweis einer solchen Aussage beruht meistens auf einer Annahme über die Wahrscheinlichkeitsverteilung aller Eingaben. Leider ist es häufig sehr schwer zu entscheiden, ob in einer gegebenen Situation diese Annahme erfüllt ist. Solche Algorithmen werden *probabilistische Algorithmen* genannt.

Die prinzipielle Vorgehensweise eines probabilistischen Algorithmus sei an dem Algorithmus von J. Turner für das Färbungsproblem erläutert. Es sei $\mathcal{G}_n^c$ die Menge aller ungerichteten Graphen G mit n Ecken und $X(G) \leq c$. Die Wahrscheinlichkeit, dass der Algorithmus von Turner für einen beliebigen Graphen $G \in \mathcal{G}_n^c$ eine c-Färbung findet, strebt mit wachsendem n und festem c gegen 1. Dabei werden allerdings für konkrete Werte von n und c keine Angaben gemacht. Die Laufzeit dieses probabilistischen Algorithmus ist $O(n + m \log n)$.

Die zweite Möglichkeit besteht darin, die Forderung, dass ein Algorithmus immer die *optimale Lösung* findet, fallen zu lassen. In vielen praktischen Anwendungen genügt es, eine Lösung zu finden, die hinreichend nahe am Optimum liegt. Häufig werden Verfahren eingesetzt, deren Ergebnisse in vielen Fällen nahe an einer optimalen Lösung liegen. Solche Verfahren entstehen oft aus praktischen Erfahrungen und empirischen Untersuchungen. Können keine Garantien gegeben werden, wie *gut* das gewonnene Resultat ist, so nennt man solche Verfahren *Heuristiken*. Interessant sind vor allem solche Verfahren, für die es eine Garantie über die Qualität der gefundenen Resultate gibt. Sie werden *approximative Algorithmen* genannt.

Approximative Algorithmen stehen im Mittelpunkt dieses Kapitels. Zunächst werden die Begriffe Optimierungsproblem und approximativer Algorithmus exakt erfasst. Ein Optimierungsproblem P ist ein Minimierungs- oder Maximierungsproblem, das aus drei Teilen besteht:

(1) eine Menge $\mathcal{A}_P$ von Ausprägungen von P und eine Längenfunktion l, die jedem $a \in \mathcal{A}_P$ eine natürliche Zahl zuordnet; $l(a)$ ist die Länge von a.

(2) für jede Ausprägung $a \in \mathcal{A}_P$ eine Menge $\mathcal{L}_P(a)$ von zulässigen Lösungen von a.

(3) eine Funktion m_P, welche jeder Lösung $\lambda \in \mathcal{L}_P(a)$ eine positive Zahl $m_P(\lambda)$ zuordnet, den Wert der Lösung λ.

Ein Minimierungsproblem P besteht nun darin, zu einer Ausprägung $a \in \mathcal{A}_P$ eine Lösung $\lambda \in \mathcal{L}_P(a)$ zu finden, für die $m_P(\lambda)$ minimal ist.

Für das Optimierungsproblem P der Bestimmung der chromatischen Zahl ist $\mathcal{A}_P$ die Menge aller ungerichteten Graphen; die Länge $l(a)$ einer Ausprägung a entspricht in diesem Fall der Anzahl n der Ecken des Graphen, die zulässigen Lösungen $\mathcal{L}_P(a)$ sind die Färbungen des Graphen und der Wert $m_P(\lambda)$ einer Lösung ist die Anzahl der Farben, welche die Färbung vergibt.

Ein *approximativer Algorithmus* für ein Optimierungsproblem P ist ein polynomialer Algorithmus, der jeder Ausprägung $a \in \mathcal{A}_P$ eine zulässige Lösung aus $\mathcal{L}_P(a)$ zuordnet. Ist A ein approximativer Algorithmus für P und $a \in \mathcal{A}_P$, so bezeichnet man mit $A(a)$ den Wert der Lösung, die Algorithmus A für die Ausprägung a liefert. Den Wert einer optimalen Lösung aus $\mathcal{L}_P(a)$ bezeichnet man mit OPT(a). Da nur Algorithmen mit polynomialer Laufzeit für Probleme aus $\mathcal{NPC}$ interessant sind, wurde dies in die Definition eines approximativen Algorithmus aufgenommen.

Für das Färbungsproblem ist OPT$(a) = \chi(a)$ und $A(a)$ die Anzahl der Farben, die A für a vergibt. In Kapitel 6 wurde mit dem Greedy-Algorithmus (Abbildung 6.9) ein approximativer Algorithmus zur Bestimmung einer minimalen Färbung eines ungerichteten Graphen vorgestellt. Dort wurde auch schon festgestellt, dass der Greedy-Algorithmus nur in wenigen Fällen eine optimale Färbung liefert. Die Qualität der vom Greedy-Algorithmus erzeugten Lösung hängt stark von der Reihenfolge ab, in der die Ecken betrachtet werden.

Im Folgenden werden nun einige Maßzahlen eingeführt, mit denen die Qualität eines approximativen Algorithmus charakterisiert werden kann. Dies ist zum einen wichtig, um verschiedene approximative Algorithmen zu vergleichen, und zum anderen, um eine Abschätzung der Abweichung der erzeugten Lösung von der optimalen Lösung zu haben.

11.3 Absolute Qualitätsgarantien

Ein approximativer Algorithmus für das Färbungsproblem wäre sicherlich akzeptabel, wenn er immer nur ein oder zwei Farben mehr als notwendig verwenden würde. Allgemein wäre es wünschenswert, wenn der Wert der gefundenen Lösung sich nur um einen konstanten Wert von der optimalen Lösung unterscheidet. Ein Kriterium für die Güte eines approximativen Algorithmus ist der absolute Fehler

$$|\text{OPT}(a) - A(a)|.$$

Es wird sich zeigen, dass es nur wenige Beispiele gibt, für die der absolute Fehler beschränkt werden kann. Der Greedy-Algorithmus hat offensichtlich nicht diese Eigenschaft. Ist $\mathcal{P} = \mathcal{NP}$, so gibt es für jedes Optimierungsproblem aus $\mathcal{NPC}$ einen polynomialen Algorithmus zur Bestimmung der optimalen Lösung. Falls man also zeigen möchte, dass es für ein Problem keinen approximativen Algorithmus mit beschränktem absoluten Fehler gibt, so muss man dies unter der Annahme $\mathcal{P} \neq \mathcal{NP}$ tun. Das folgende Lemma ist ein Beispiel dafür, dass die Beschränktheit des absoluten Fehlers eine sehr starke Eigenschaft ist.

Lemma. *Es sei $c \in \mathbb{N}$ und A ein approximativer Algorithmus für die Bestimmung der Unabhängigkeitszahl eines ungerichteten Graphen. Gilt $|\text{OPT}(G) - A(G)| \leq c$ für alle ungerichteten Graphen G, so ist $\mathcal{P} = \mathcal{NP}$.*

Beweis. Es wird ein polynomialer Algorithmus A' konstruiert, der die Unabhängigkeitszahl exakt bestimmt. Da man gezeigt hat, dass dieses Problem in $\mathcal{NPC}$ liegt, folgt damit sofort $\mathcal{P} = \mathcal{NP}$. Es sei G ein ungerichteter Graph. Der Algorithmus A' konstruiert zunächst einen neuen Graphen G'. Dieser besteht aus $c + 1$ Kopien von G, d. h., G' hat $(c+1)$-mal so viele Kanten und Ecken wie G. Es folgt sofort, dass $\alpha(G') = (c+1)\alpha(G)$ ist. Nun wird der Algorithmus A auf G' angewendet und eine unabhängige Menge U für G' gebildet. Dann besteht U aus $A(G')$ Ecken. Da der absolute Fehler von A beschränkt ist, gilt:

$$|\text{OPT}(G') - A(G')| = |(c + 1)\,\text{OPT}(G) - A(G')| \leq c.$$

Nun bilden für jede Kopie von G die Ecken, die in U liegen, eine unabhängige Menge für diese Kopie. Auf diese Weise konstruiert A' eine unabhängige Menge für G, welche mindestens $\lceil A(G')/(c + 1) \rceil$ Ecken enthält. Somit folgt

$$|\text{OPT}(G) - A'(G)| \leq \left| \frac{\text{OPT}(G) - A(G')}{(c + 1)} \right| \leq \frac{c}{c + 1} < 1.$$

Da $A'(G)$ eine natürliche Zahl ist, bestimmt A' exakt die Unabhängigkeitszahl von G. A' ist ein polynomialer Algorithmus, da c eine von G unabhängige Konstante ist. ∎

Eine ähnliche Aussage lässt sich noch für viele andere Probleme aus $\mathcal{NPC}$ beweisen. Die Beweise sind im Aufbau alle gleich. Der entscheidende Punkt ist die Konstruktion einer neuen Ausprägung G'. Im obigen Fall bestand G' aus $c + 1$ Kopien von G. Im Folgenden Lemma wird eine analoge Aussage für das Färbungsproblem bewiesen.

Lemma. *Es sei $c \in \mathbb{N}$ und A ein approximativer Algorithmus für die Bestimmung der chromatischen Zahl eines ungerichteten Graphen. Gilt $|\mathrm{OPT}(G) - A(G)| \leq c$ für alle ungerichteten Graphen G, so ist $\mathcal{P} = \mathcal{NP}$.*

Beweis. Es wird ein polynomialer Algorithmus A' konstruiert, welcher die chromatische Zahl exakt bestimmt. Da man gezeigt hat, dass dieses Problem in $\mathcal{NPC}$ liegt, folgt damit sofort $\mathcal{P} = \mathcal{NP}$. Es sei G ein ungerichteter Graph. Der Algorithmus A' konstruiert zunächst wieder einen neuen Graphen G'. Dieser besteht aus $c + 1$ Kopien von G und zusätzlichen Kanten zwischen je zwei Ecken aus verschiedenen Kopien; d. h., G' hat $(c + 1)\, n$ Ecken und $(c + 1)(n^2 c/2 + m)$ Kanten. Die Konstruktion von G' erfolgt in polynomialer Zeit. Es folgt sofort, dass $\mathcal{X}(G') = (c + 1)\mathcal{X}(G)$ ist. Nun wird der Algorithmus A auf G' angewendet und eine Färbung für G' gebildet. Diese verwendet $A(G')$ Farben. Da der absolute Fehler von A beschränkt ist, gilt:

$$|\mathrm{OPT}(G') - A(G')| = |(c + 1)\,\mathrm{OPT}(G) - A(G')| \leq c.$$

Die Färbung für G' induziert auf jeder Kopie von G eine Färbung. Da je zwei Ecken aus verschiedenen Kopien inzident sind, kann aus dieser Färbung für G' eine Färbung für G erzeugt werden, die mindestens $\lceil A(G')/(c + 1) \rceil$ Farben verwendet. Somit folgt

$$|\mathrm{OPT}(G) - A'(G)| \leq \left| \frac{\mathrm{OPT}(G) - A(G')}{c + 1} \right| \leq \frac{c}{c + 1} < 1.$$

Da $A'(G)$ eine natürliche Zahl ist, bestimmt A' exakt die chromatische Zahl von G. A' ist ein polynomialer Algorithmus, da die Anwendung von A auf G' in polynomialer Zeit erfolgt (c ist eine von G unabhängige Konstante). ∎

Es gibt aber auch Optimierungsprobleme in $\mathcal{NPC}$, für die approximative Algorithmen mit beschränktem absoluten Fehler bekannt sind. Dazu wird noch einmal das Färbungsproblem betrachtet. Man hat gezeigt, dass das Entscheidungsproblem, ob ein planarer Graph eine 3-Färbung besitzt, in $\mathcal{NPC}$ liegt. Für das dazugehörige Optimierungsproblem lässt sich leicht ein approximativer Algorithmus mit beschränktem Wirkungsgrad angeben. Dies wurde schon in Kapitel 6 getan. Die dort angegebene Prozedur 5Färbung bestimmt für planare Graphen eine Färbung, die maximal fünf Farben verwendet. Nach dem Vier-Farben-Satz (siehe Abschnitt 6.5) lässt sich jeder planare Graph mit vier Farben färben. Da man mit Hilfe der Tiefensuche feststellen kann, ob ein Graph eine 2-Färbung besitzt, kann folgender Satz leicht bewiesen werden.

Satz. *Es gibt einen approximativen Algorithmus A zur Bestimmung von Färbungen für planare Graphen mit $|\mathrm{OPT}(G) - A(G)| \leq 2$ für alle planaren Graphen G.*

In Abschnitt 6.6 wurden Kantenfärbungen für Graphen betrachtet. Die kantenchromatische Zahl ist sehr eng mit dem größten Eckengrad Δ verbunden. Nach dem Satz von Vizing ist die kantenchromatische Zahl eines Graphen gleich Δ oder gleich $\Delta + 1$. Das Entscheidungsproblem, welcher der beiden Fälle vorliegt, ist erstaunlicherweise ein $\mathcal{NP}$-vollständiges Problem, sogar für den Fall $\Delta = 3$. Der von Vizing angegebene Beweis lässt sich aber in einen effizienten Algorithmus umsetzen, der immer eine

Kantenfärbung mit maximal $\Delta + 1$ Farben findet. In diesem Fall ist der absolute Fehler sogar höchstens gleich eins. Der auf dem Satz von Vizing basierende Algorithmus wird in diesem Buch nicht dargestellt, ein einfacher approximativer Algorithmus für die Bestimmung der kantenchromatischen Zahl wird in Aufgabe 18 behandelt.

Die letzten beiden Beispiele zeigen, dass es Optimierungsprobleme gibt, für die approximative Algorithmen mit beschränktem absoluten Fehler existieren. Die beiden betrachteten Probleme haben eine sehr spezielle Struktur: Die Werte der Lösungen liegen alle in einem sehr schmalen Intervall, das unabhängig von der eigentlichen Ausprägung ist. Bis heute sind keine Optimierungsprobleme aus $\mathcal{NPC}$ bekannt, für die es einen approximativen Algorithmus gibt, dessen absoluter Fehler beschränkt ist, und welche nicht diese Eigenschaft haben.

11.4 Relative Qualitätsgarantien

Die Ergebnisse aus dem letzten Abschnitt zeigen, dass die Forderung nach der Beschränktheit des absoluten Fehlers eines approximativen Algorithmus für Probleme aus $\mathcal{NPC}$ zu stark ist. Aus diesem Grund verwendet man den relativen Fehler zur Bewertung der Güte eines approximativen Algorithmus. Mit Hilfe des relativen Fehlers kann nun der *Wirkungsgrad* $\mathcal{W}_A$ eines approximativen Algorithmus definiert werden. Dazu sei P ein Minimierungsproblem und A ein approximativer Algorithmus für P und $n \in \mathbb{N}$. Dann bezeichnet

$$\mathcal{W}_A(n) = \sup\left\{\frac{A(a)}{\mathrm{OPT}(a)} \;\middle|\; a \in \mathcal{A}_P \text{ und } l(a) \leq n\right\}$$

den Wirkungsgrad von A für n. Hierbei bezeichnet sup das Supremum, d. h. die kleinste obere Schranke.

Je näher der Wirkungsgrad bei 1 liegt, desto besser ist die Approximation. Um einen Ausdruck zu bekommen, der unabhängig von n ist, definiert man den *asymptotischen Wirkungsgrad* $\mathcal{W}_A^\infty$. Ist die Folge $\mathcal{W}_A(n)$ unbeschränkt, so setzt man $\mathcal{W}_A^\infty = \infty$ und andernfalls

$$\mathcal{W}_A^\infty = \inf\left\{r \;\middle|\; \frac{A(a)}{\mathrm{OPT}(a)} \leq r \text{ für fast alle } a \in \mathcal{A}_P\right\},$$

falls P ein Minimierungsproblem ist. Hierbei bezeichnet inf das Infimum, d. h. die größte untere Schranke. Der Begriff *fast alle* ist gleichbedeutend zu *bis auf endlich viele Ausnahmen*. Diese Definition schließt aus, dass der Wirkungsgrad nur wegen endlicher vieler *bösartiger* Ausprägungen von P schlecht wird. Für Maximierungsprobleme ersetzt man in den obigen Definitionen jeweils

$$\frac{A(a)}{\mathrm{OPT}(a)} \quad \text{durch} \quad \frac{\mathrm{OPT}(a)}{A(a)}.$$

Für das Färbungsproblem ist

$$\mathcal{W}_A(n) = \max\left\{\frac{A(G)}{\mathcal{X}(G)} \;\middle|\; G \text{ ungerichteter Graph mit höchstens } n \text{ Ecken}\right\}.$$

Wie bestimmt man den Wirkungsgrad eines approximativen Algorithmus? Die exakte Bestimmung ist meistens sehr aufwendig, daher werden oft nur untere Schranken bestimmt. Dazu wird eine Folge von Graphen konstruiert, für die der Algorithmus schlecht arbeitet. Damit kann zumindest eine untere Schranke für $W_A(n)$ angegeben werden.

Was ist der Wirkungsgrad des Greedy-Algorithmus für das Färbungsproblem? Man beachte, dass der Greedy-Algorithmus von der Reihenfolge, in der die Ecken betrachtet werden, abhängt; d. h., zur Bestimmung des Wirkungsgrades müssen alle Nummerierungen der Ecken betrachtet werden. Mit den in Abschnitt 6.4 eingeführten Kronen-Graphen (siehe Abbildung 6.10) lässt sich eine untere Schranke für den Wirkungsgrad bestimmen. Die Graphen sind bipartit, und der Algorithmus vergibt mindestens halb so viele Farben, wie der Graph Ecken hat. Somit ist $W_A(n) \geq n/4$ und $W_A^\infty = \infty$.

Im Folgenden wird gezeigt werden, dass es einige Optimierungsprobleme in $\mathcal{NPC}$ gibt, für die es approximative Algorithmen mit beschränktem asymptotischen Wirkungsgrad gibt. Es gibt aber auch Probleme, für die man zeigen kann, dass es unter der Voraussetzung $\mathcal{P} \neq \mathcal{NP}$ einen solchen Algorithmus nicht geben kann. Für viele Probleme ist diese Frage aber noch völlig offen.

Um die Approximierbarkeit eines Problems unabhängig von speziellen Algorithmen zu charakterisieren wird der bestmögliche Wirkungsgrad $W_{min}(P)$ eines Problems P definiert:

$$W_{min}(P) = \inf\left\{r \;\middle|\; A \text{ approximativer Algorithmus für } P \text{ mit } W_A^\infty \leq r\right\}.$$

Ist $\mathcal{P} = \mathcal{NP}$, so ist $W_{min}(P) = 1$ für jedes Problem P aus $\mathcal{NP}$. Die optimale Situation für ein Problem P liegt dann vor, wenn $W_{min}(P) = 1$ ist. Man beachte, dass dies nicht bedeutet, dass es einen polynomialen Algorithmus für P gibt. Es bedeutet lediglich, dass es zu jedem $\epsilon > 1$ einen approximativen Algorithmus A_ϵ für P mit $W_{A_\epsilon}^\infty \leq \epsilon$ gibt. Die Laufzeit der Algorithmen A_ϵ hängt von ϵ ab. Unter der Voraussetzung $\mathcal{P} \neq \mathcal{NP}$ ist sie umso größer, je näher ϵ an 1 herankommt. Gibt es für ein Problem P keinen approximativen Algorithmus mit beschränktem Wirkungsgrad, so setzt man $W_{min}(P) = \infty$.

11.5 Approximative Algorithmen

In diesem Abschnitt werden approximative Algorithmen für fünf Standardprobleme der algorithmischen Graphentheorie vorgestellt und deren Wirkungsgrad hergeleitet.

11.5.1 Minimale Färbungen

Als erstes Anwendungsgebiet werden Färbungsalgorithmen betrachtet. Es wird gezeigt werden, dass der asymptotische Wirkungsgrad der beiden in Kapitel 6 vorgestellten Heuristiken nicht beschränkt ist. Um zu zeigen, dass der asymptotische Wirkungsgrad eines Färbungsalgorithmus A unbeschränkt ist, wird eine Folge von Graphen G_n konstruiert, so dass $A(G_n)/X(G_n)$ mit wachsendem n gegen Unendlich strebt. Hierbei bezeichnet $A(G_n)$ die Anzahl der Farben, welche der Algorithmus A für den Graphen G_n vergibt. Für den Greedy-Algorithmus wurde mit den Kronen-Graphen bereits eine solche Folge von Graphen vorgestellt. Für diese bipartiten Graphen vergibt der Greedy-Algorithmus $n/2$ Farben. Somit ist $W_A(n) \geq n/4$ und $W_A^\infty = \infty$.

Als nächstes Beispiel wird der Wirkungsgrad des in Abschnitt 6.4 vorgestellten Algorithmus von Johnson bestimmt. Es wurde bereits gezeigt, dass der Algorithmus maximal $3n\log(X(G))/\log n$ Farben verwendet. Daraus lässt sich noch keine Aussage über den Wirkungsgrad ableiten. Für diesen Zweck wird eine Folge B_n ($n \geq 0$) von bipartiten Graphen konstruiert. Der Graph B_n hat 2^{n+1} Ecken. Die Graphen werden rekursiv definiert. Es sei B_0 ein Graph mit zwei Ecken und einer Kante. Der Graph B_{n+1} geht aus B_n hervor, indem an jede Ecke von B_n eine zusätzliche Ecke angehängt wird. Diese neuen Ecken nummeriert man von 1 bis 2^{n+1}, die restlichen Ecken werden in der gleichen Reihenfolge wie in B_n mit $2^{n+1} + 1, \ldots, 2^{n+2}$ nummeriert. Die Graphen B_1 und B_3 sind in Abbildung 11.1 dargestellt.

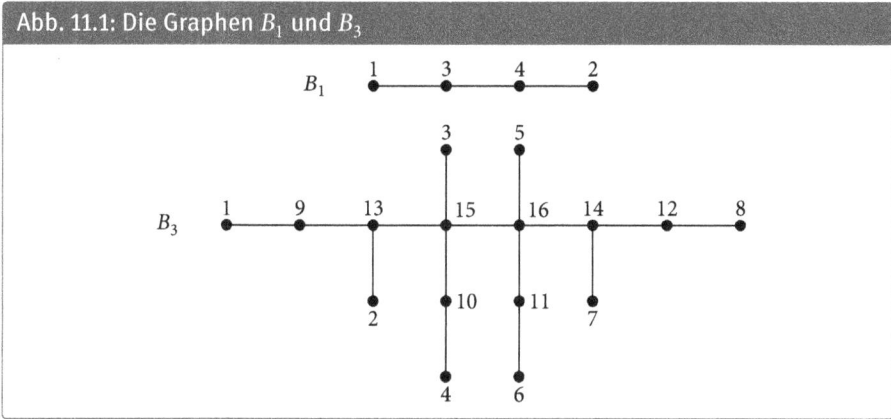

Abb. 11.1: Die Graphen B_1 und B_3

Wendet man den Algorithmus von Johnson auf den Graphen B_n an, so bekommen die Ecken mit Nummern $1, \ldots, 2^n$ die Farbe 1. Der von den nicht gefärbten Ecken induzierte Untergraph entspricht dem Graph B_{n-1}. Nun werden die Ecken mit den Nummern $2^n + 1, \ldots, 2^n + 2^{n-1}$ mit der Farbe 2 gefärbt. Der dabei entstehende Graph entspricht B_{n-2}. Die Zerlegung in Farbklassen nach dem Algorithmus von Johnson entspricht der Konstruktion von B_n in umgekehrter Reihenfolge. Es werden somit genau $n + 2$ Farben benötigt. Hieraus folgt, dass der Wirkungsgrad $W_A(n)$ des Algorithmus von Johnson mindestens $(1 + \log_2 n)/2$ ist. Also ist wiederum $W_A^\infty = \infty$.

Für die beiden dargestellten Algorithmen gilt $W_A^\infty = \infty$. Es stellt sich die Frage, ob es überhaupt einen approximativen Algorithmus für die Bestimmung der chromatischen Zahl gibt, dessen asymptotischer Wirkungsgrad durch eine Konstante beschränkt ist. Im Folgenden wird gezeigt, dass unter der Voraussetzung $\mathcal{P} \neq \mathcal{NP}$ der asymptotische Wirkungsgrad mindestens 4/3 sein muss.

Satz. *Gibt es einen approximativen Algorithmus A für die Bestimmung der chromatischen Zahl mit asymptotischem Wirkungsgrad* $W_A^\infty < 4/3$, *so ist* $\mathcal{P} = \mathcal{NP}$.

Beweis. Es wird ein polynomialer Algorithmus A' konstruiert, der entscheidet, ob ein ungerichteter Graph eine 3-Färbung besitzt. Da man gezeigt hat, dass dieses Problem in $\mathcal{NPC}$ liegt, folgt sofort $\mathcal{P} = \mathcal{NP}$. Da $W_A^\infty < 4/3$ ist, gibt es eine natürliche Zahl c, so dass $A(G) < (4/3)\,\mathrm{OPT}(G)$ für alle ungerichteten Graphen G mit $X(G) \geq c$ gilt. Wichtig ist an dieser Stelle, dass $W_A^\infty < 4/3$ ist, und nicht nur $W_A^\infty \leq 4/3$ gilt. Es sei nun G ein beliebiger ungerichteter Graph. Der neue Algorithmus A' konstruiert zunächst wieder einen neuen Graphen G'. Dieser besteht aus c Kopien von G und zusätzlichen Kanten zwischen je zwei Ecken aus verschiedenen Kopien; d. h., G' hat $c\,n$ Ecken und $c(n^2(c-1)/2+m)$ Kanten. Die Konstruktion von G' erfolgt in polynomialer Zeit. Es folgt sofort, dass $X(G') = X(G)c \geq c$ ist. Nun wird der Algorithmus A auf G' angewendet und eine Färbung für G' gebildet. Diese Färbung verwendet $A(G')$ Farben, und daher gilt $A(G') < (4/3)\,\mathrm{OPT}(G')$. Besitzt G eine 3-Färbung, so gilt

$$A(G') < (4/3)\,\mathrm{OPT}(G') = (4/3)X(G)c \leq (4/3)\,3c = 4c.$$

Besitzt G keine 3-Färbung, so gilt

$$A(G') \geq \mathrm{OPT}(G') \geq 4c.$$

Somit besitzt G genau dann eine 3-Färbung, wenn $A(G') < 4c$; d. h., der Algorithmus A' entscheidet, ob ein ungerichteter Graph eine 3-Färbung besitzt. A' ist ein polynomialer Algorithmus, da die Anwendung von A auf G' in polynomialer Zeit erfolgt (c ist eine von G unabhängige Konstante). ∎

Bis heute ist kein Algorithmus mit polynomialem Aufwand zur Bestimmung der chromatischen Zahl bekannt, dessen asymptotischer Wirkungsgrad W_A^∞ durch eine Konstante beschränkt ist. C. Lund und M. Yannakakis haben unter der Voraussetzung $\mathcal{P} \neq \mathcal{NP}$ bewiesen, dass es eine Konstante $\epsilon > 0$ gibt, so dass der Wirkungsgrad $W_A(n)$ jedes approximativen Algorithmus A für das Färbungsproblem größer als n^ϵ ist. Das heißt, aus $\mathcal{P} \neq \mathcal{NP}$ folgt $W_{min} = \infty$ für das Färbungsproblem.

11.5.2 Minimale Eckenüberdeckungen

In Abschnitt 9.6 wurden minimale Eckenüberdeckungen eingeführt. Dort wurde ein Algorithmus zur Bestimmung einer minimalen Eckenüberdeckung für bipartite Graphen mit Aufwand $O(\sqrt{\tau(G)}m)$ vorgestellt. Das Entscheidungsproblem, ob ein gegebener Graph eine Eckenüberdeckung mit höchstens c Ecken hat, ist $\mathcal{NP}$-vollständig. Das Optimierungsproblem kann mit polynomialem Aufwand auf das Entscheidungsproblem reduziert werden (vergleichen Sie Aufgabe 22).

Im Folgenden wird ein Algorithmus auf Basis von Teile & Herrsche vorgestellt, der eine minimale Eckenüberdeckung für einen ungerichteten Graphen G explizit bestimmt. Es sei (e, e') eine beliebige Kante von G. Jede Eckenüberdeckung muss e oder e' enthalten (oder beide). Dann gilt

$$\tau(G) = 1 + \max\{\tau\left(G_{E\setminus N[e]}\right), \tau\left(G_{E\setminus N[e']}\right)\}.$$

Die beiden induzierten Graphen $G_{E\setminus N[e]}$ und $G_{E\setminus N[e']}$ haben jeweils weniger Ecken und Kanten als G. Somit kann die Methode Teile & Herrsche angewendet werden. Die Rekursion endet wenn die resultierenden Graphen nur noch aus isolierten Ecken bestehen, d. h. $\tau(G_{E\setminus N[e]}) = 0$.

Der durch diese Vorgehensweise aufgebaute Suchbaum ist ein Binärbaum B. Eine Kante von B wird mit der Ecke markiert, welche bei dem entsprechenden Reduktionsschritt verwendet wurde. Jedes Blatt von B entspricht einer Eckenüberdeckung, die zugehörenden Ecken sind die Markierungen der Kanten des Weges vom Blatt zur Wurzel. D. h., die Tiefe des Blattes in B ist gleich der Anzahl der Ecken in der entsprechenden Überdeckung. Somit sind alle minimalen Eckenüberdeckungen auf Niveau $\tau(G)$ von B zu finden. Aus diesem Grund wird der Suchraum gemäß der Breitensuche durchlaufen. Die erste in B gefundene Ecke, deren Graph nur aus isolierten Ecken besteht, entspricht einer minimalen Eckenüberdeckung. Bis zum Erreichen einer solchen Ecke sind maximal $1 + 2 + 4 + \ldots + 2^{\tau(G)} = 2^{\tau(G)+1}$ Ecken von B zu erzeugen, jeweils mit Aufwand $O(n)$. Es gilt also folgender Satz.

Satz. *Eine minimale Eckenüberdeckung eines ungerichteten Graphen kann mit Aufwand $O(2^{\tau(G)}n)$ bestimmt werden.*

Das Problem der minimalen Eckenüberdeckung kann als ILP-Problem formuliert werden. Für jede Ecke e_i wird eine binäre Variable x_i eingeführt. Diese zeigt an, ob Ecke e_i zur Eckenüberdeckung gehört. Die zu minimierende Zielfunktion lautet

$$\sum_{i=1}^{n} x_i.$$

Es gibt zwei Nebenbedingungen:

$$x_i + x_j \geq 1 \text{ für alle } (e_i, e_j) \in E \text{ und } x_i \in \{0, 1\} \text{ für alle } i = 1, \ldots, n.$$

Die beiden Nebenbedingungen besagen, dass jede Kante zu mindestens einer Ecke e_i mit $x_i = 1$ inzident ist. Es lässt sich leicht zeigen, dass jede zulässige Lösung dieses ILP-Problems einer Eckenüberdeckung und umgekehrt entspricht. Für die Relaxation dieses ILP-Problems zu einem LP-Problem muss nur die zweite Nebenbedingung durch

$$x_i \geq 0 \text{ für alle } i = 1, \ldots, n$$

ersetzt werden. Für eine Lösung $x_1, \ldots, x_n$ dieses LP-Problems definiere man

$$U = \{e_i \mid x_i \geq 1/2\}.$$

Aus der Gültigkeit der ersten Nebenbedingung folgt, dass U eine Eckenüberdeckung ist. Ferner gilt

$$\tau(G) \geq \sum_{i=1}^{n} x_i \geq \sum_{e_i \in U}^{n} \frac{1}{2} = \frac{|U|}{2}.$$

Auf diese Weise erhält man einen Approximationsalgorithmus für das Problem der minimalen Eckenüberdeckung mit Wirkungsgrad 2.

Eine naheliegende Vorgehensweise für einen approximativen Algorithmus ist die Greedy-Methode. Dazu werden die Kanten in einer beliebigen Reihenfolge betrachtet. Ist keine der beiden Endecken der aktuellen Kante schon in der Eckenüberdeckung, so wird eine beliebige Endecke der Kante in die aktuelle Eckenüberdeckung eingefügt. Abbildung 11.2 zeigt die Struktur dieses Algorithmus A_{EU1}.

Abb. 11.2: Der Algorithmus A_{EU1}

```
var U : Menge von Ecke;

Initialisiere K' mit der Menge der Kanten von G;
while K' ≠ ø do
    Es sei k = (e, e') eine beliebige Kante aus K';
    Füge e in U ein;
    Entferne aus K' alle zu e inzidenten Kanten;
```

Man zeigt leicht, dass A_{EU1} eine Eckenüberdeckung U erzeugt. Um den Wirkungsgrad zu bestimmen, wird eine Folge von bipartiten Graphen G_r konstruiert mit $r \in \mathbb{N}$. Die Eckenmenge ist hierbei in die disjunkten Mengen L und R aufgeteilt, wobei L genau r Ecken enthält. Die Menge R ist wiederum in r disjunkte Mengen R_i mit je $\lfloor r/i \rfloor$ Ecken aufgeteilt. Jede Ecke aus R_i ist zu genau i Ecken in L benachbart, und je zwei Ecken aus R_i haben in L keinen gemeinsamen Nachbarn. Es kann sein, dass nicht jede Ecke aus L einen Nachbarn in jeder Menge R_i hat. Es folgt, dass jede Ecke aus R_i den Eckengrad i und jede Ecke aus L maximal den Eckengrad r hat. Abbildung 11.3 zeigt den so konstruierten Graphen G_8.

Abb. 11.3: Der Graph G_8 ohne die Ecken in R_5 bis R_8

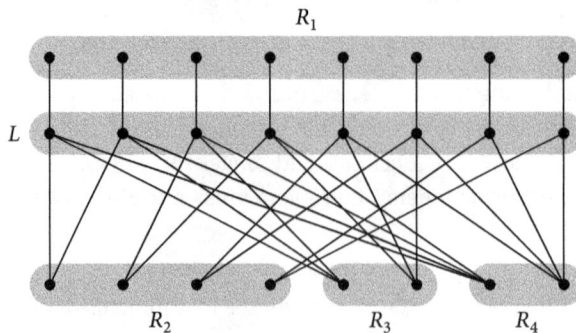

Die Mengen R_5 bis R_8 enthalten jeweils genau eine Ecke. Diese Ecken und die dazugehörenden Kanten sind hier nicht dargestellt. Der Graph G_r hat genau

$$r + \sum_{i=1}^{r} \lfloor r/i \rfloor$$

Ecken. Die Menge L ist eine minimale Eckenüberdeckung mit r Ecken, somit gilt $\text{OPT}(G_r) = r$.

Wendet man Algorithmus A_{EU1} auf die Graphen G_r an, so kann es passieren, dass die Kanten in einer Reihenfolge betrachtet werden, so dass ihre Endecken in R der Reihe nach in den Mengen R_r, R_{r-1}, ... liegen. Wird hierbei jeweils die in R liegende Ecke in U eingefügt, dann bestimmt A_{EU1} die Menge R als Eckenüberdeckung. Daraus folgt

$$A_{EU1}(G_r) = \sum_{i=1}^{r} \lfloor r/i \rfloor \approx r \log_2 r.$$

Also ist $W_{A_{EU1}}(n) = O(\log n)$ und damit nicht beschränkt. Somit ist der asymptotische Wirkungsgrad von Algorithmus A_{EU1} gleich ∞.

Durch eine kleine Veränderung von Algorithmus A_{EU1} erhält man erstaunlicherweise einen Algorithmus mit beschränktem asymptotischen Wirkungsgrad. Anstatt nur eine Ecke jeder ausgewählten Kante in U einzufügen, werden beide Endecken eingefügt. Obwohl diese Vorgehensweise auf den ersten Blick nicht sehr wirksam aussieht, ist der asymptotische Wirkungsgrad gleich 2. Abbildung 11.4 zeigt die Struktur dieses Algorithmus A_{EU2}.

Abb. 11.4: Der Algorithmus A_{EU2}

```
var U : Menge von Ecke;
```

Initialisiere K' *mit der Menge der Kanten von* G;
```
while K' ≠ ∅ do
```
   Es sei k = (e, e') *eine beliebige Kante aus* K';
   Füge e *und* e' *in* U *ein*;
   Entferne aus K' *alle zu* e *oder* e' *inzidenten Kanten*;

Lemma. *Es gilt* $W_{A_{EU2}}^{\infty} = 2$.

Beweis. U ist sicherlich eine Eckenüberdeckung. Es sei Z die Menge aller Kanten, deren Endecken in U eingefügt worden sind. Die Menge Z bildet eine Zuordnung des Graphen G. Es sei Z_{max} eine maximale Zuordnung des Graphen. Jede Eckenüberdeckung muss mindestens eine Ecke von jeder Kante aus Z_{max} enthalten. Somit gilt:

$$A_{EU2}(G)/2 = |U|/2 = |Z| \leq |Z_{max}| \leq \text{OPT}(G).$$

Es folgt $W_{A_{EU2}}(n) \leq 2$. Wendet man Algorithmus A_{EU2} auf die vollständig bipartiten Graphen $K_{n,n}$ an, so erhält man Eckenüberdeckungen mit jeweils $2n$ Ecken; eine minimale Eckenüberdeckung besteht aber aus n Ecken. Damit ist das Lemma bewiesen. ∎

Ein weiterer Approximationsalgorithmus mit linearem Aufwand und Wirkungsgrad 2 wird in Aufgabe 47 in Kapitel 9 behandelt. Zur Zeit ist kein Algorithmus mit einem besseren Wirkungsgrad bekannt und es gibt Hinweise, dass ein solcher Algorithmus auch nicht existieren kann.

11.5.3 Minimale dominierende Mengen

Eine *dominierende Menge* von Ecken eines ungerichteten Graphen G mit Eckenmenge E ist eine Menge D von Ecken, so dass jede Ecke $e \in E \setminus D$ zu einer Ecke aus D benachbart ist. Eine dominierende Menge D heißt *minimal dominierende Menge*, falls es keine dominierende Menge D' mit $|D'| < |D|$ gibt. Die Mächtigkeit einer minimal dominierenden Menge von G heißt *Dominationszahl* $\gamma(G)$. Für einen zusammenhängenden Graphen G gilt trivialerweise

$$\frac{n}{\Delta(G) + 1} \le \gamma(G) \le \frac{n}{2}.$$

Die Ecken einer Eckenüberdeckung bilden auch eine dominierende Menge, aber nicht umgekehrt. Eine minimale Eckenüberdeckung ist aber nicht notwendigerweise eine minimale dominierende Menge. Dies belegen die so genannten *Windmühlengraphen*. Ein Graph W_n mit Eckenmenge $\{e_1, \ldots, e_n\}$ und ungeradem n heißt Windmühlengraph, wenn er folgende Kantenmenge besitzt:

$$\{(e_1, e_i) \mid i = 2, \ldots, n\} \cup \{(e_i, e_{i+1}) \mid i = 2, 4, 6, \ldots, n-1\}.$$

Der Graph W_n hat $3(n-1)/2$ Kanten. Abbildung 11.5 zeigt den Windmühlengraph W_9. Die zentrale Ecke eines Windmühlengraph W_n bildet eine minimale dominierende Menge, eine minimale Eckenüberdeckung hat dagegen $(n-1)/2$ Ecken.

Abb. 11.5: Der Windmühlengraph W_9

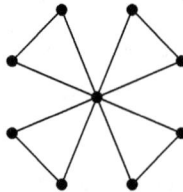

Eine nicht-erweiterbare unabhängige Menge ist eine dominierende Menge, jedoch ist nicht jede dominierende Menge eine unabhängige Menge. Somit gilt

$$\gamma(G) \le \alpha(G).$$

Das Entscheidungsproblem, ob ein ungerichteter Graph G eine dominierende Menge mit maximal c Ecken hat, ist $\mathcal{NP}$-vollständig. Die Bestimmung einer minimalen dominierenden Menge kann mit Hilfe von einem Branch & Bound Verfahren erfolgen. Mittels einer speziellen Analysetechnik wurde gezeigt, dass der Algorithmus eine Laufzeit von $O(1{,}5264^n)$ hat. Abbildung 11.6 zeigt einen Greedy-Algorithmus zur Bestimmung einer dominierenden Menge.

Abb. 11.6: Der Algorithmus A_{DM1}

```
var D : Menge von Ecke;
```

Initialisiere E' *mit der Menge der Ecken von* G;
```
while E' ≠ ∅ do
```
    Es sei e *eine Ecke mit dem höchsten Eckengrad in dem induzierten Untergraph* $G_{\mathrm{E'}}$;
    Füge e *in* D *ein*;
    Entferne N[e] *aus* E';

Man beweist leicht, dass Algorithmus A_{DM1} eine dominierende Menge D für G bestimmt. Mit Hilfe der in Abschnitt 5.2 eingeführten Datenstrukturen kann Algorithmus A_{DM1} so implementiert werden, dass er linearen Zeitaufwand hat. Das folgende Lemma zeigt, dass der asymptotische Wirkungsgrad von A_{DM1} unbeschränkt ist.

Lemma. *Es gilt* $\mathcal{W}_{A_{\mathrm{DM1}}}^{\infty} = \infty$.

Beweis. Für den Beweis wird eine Folge von Graphen G_l mit $l \in \mathbb{N}$ definiert. Es sei T eine Matrix mit $l!$ Zeilen und l Spalten. Für die Werte $i = 1, \ldots, l!$ und $j = 1, \ldots, l$ ist $T_{ij} = (j-1)l! + i$. Es sei

$$r = l! \sum_{j=1}^{l} \frac{1}{j}.$$

Nun werden $r + l!$ Mengen gebildet. Für $j = 1, \ldots, l$ unterteile man die Einträge der j-ten Spalte in $l!/j$ Mengen mit je j Elementen. Diese Mengen werden in jeder Spalte von oben nach unten gebildet und mit $S_1, \ldots, S_r$ bezeichnet. Hinzu kommen noch $l!$ Mengen $S_{r+1}, \ldots, S_{r+l!}$, wobei S_{r+i} gerade aus den Einträgen der i-ten Zeile von T besteht. Bilde nun den Graphen G_l, in dem die Mengen $S_1, \ldots, S_{r+l!}$ die Ecken repräsentieren und zwei Ecken durch eine Kante verbunden sind, wenn die zugehörigen Mengen einen nichtleeren Schnitt haben. Für $l = 3$ ergibt sich die Matrix

$$T = \begin{pmatrix} 1 & 7 & 13 \\ 2 & 8 & 14 \\ 3 & 9 & 15 \\ 4 & 10 & 16 \\ 5 & 11 & 17 \\ 6 & 12 & 18 \end{pmatrix}$$

und die folgenden 17 Mengen: $S_1 = \{1\}$, $S_2 = \{2\}$, $\ldots$, $S_6 = \{6\}$, $S_7 = \{7, 8\}$, $S_8 = \{9, 10\}$, $S_9 = \{11, 12\}$, $S_{10} = \{13, 14, 15\}$, $S_{11} = \{16, 17, 18\}$, $S_{12} = \{1, 7, 13\}$, $S_{13} = \{2, 8, 14\}$, $S_{14} = \{3, 9, 15\}$, $\ldots$, $S_{17} = \{6, 12, 18\}$. Abbildung 11.7 zeigt den Graphen G_3.

    Im Weiteren werden die Ecken $S_1, \ldots, S_r$ *Spaltenecken* und die restlichen Ecken $S_{r+1}, \ldots, S_{r+l!}$ *Zeilenecken* genannt. Sowohl die Zeilen- als auch die Spaltenecken bilden unabhängige Mengen, d. h., die Graphen G_l sind bipartit. Es sei U die Menge der

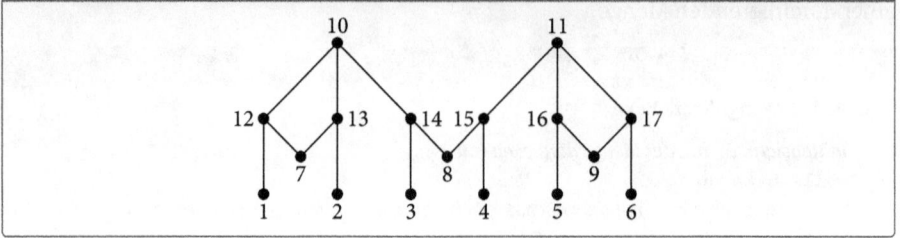

Abb. 11.7: Der Graph G_3 für die Bestimmung des Wirkungsgrades von A_{DM1}

ersten $l!$ Spaltenecken und aller Zeilenecken. Der von U induzierte Untergraph besteht aus $l!$ Zusammenhangskomponenten, jede besteht aus genau einer Kante. Hieraus folgt, dass die Menge der $l!$ Zeilenecken eine minimale dominierende Menge von Ecken für G_l bildet.

Jede Zeilenecke hat den Eckengrad l und die von der j-ten Spalte induzierten Spaltenecken haben den Eckengrad j. Algorithmus A_{DM1} wählt zunächst die von der letzten Spalte induzierten Spaltenecken. Danach verbleiben noch die restlichen Spaltenecken als isolierte Ecken. Der Algorithmus bestimmt somit die Menge der r Spaltenecken als dominierende Menge. Der Wirkungsgrad des Algorithmus ist damit mindestens

$$\frac{r}{l!} = \sum_{j=1}^{l} \frac{1}{j} \geq \ln l.$$

Da die harmonische Reihe divergiert, gilt $W_{A_{\mathrm{DM1}}}^{\infty} = \infty$. ∎

11.5.4 Maximale unabhängige Mengen

Das Problem der minimalen Eckenüberdeckung ist eng verwandt mit dem Problem der maximalen unabhängigen Menge in einem Graphen. Dies zeigt das folgende einfache Lemma.

Lemma. *Es sei G ein ungerichteter Graph mit Eckenmenge E. Eine Menge $E' \subset E$ ist genau dann eine Eckenüberdeckung von G, wenn $E \backslash E'$ eine unabhängige Menge von G ist.*

Leider kann man aus diesem Lemma und dem in Abschnitt 11.5.2 vorgestellten Algorithmus A_{EU2} nicht folgern, dass es einen approximativen Algorithmus mit beschränktem asymptotischen Wirkungsgrad zur Bestimmung einer maximalen unabhängigen Menge gibt. Dazu betrachte man einen Graphen G mit n Ecken, dessen minimale Eckenüberdeckung $n/2 - 1$ Ecken enthält. Da Algorithmus A_{EU2} den Wirkungsgrad 2 hat, findet A_{EU2} für diesen Graphen eine Eckenüberdeckung E' mit maximal $2(n/2 - 1) = n - 2$ Ecken. Dies bedeutet aber, dass die daraus gewonnene unabhängige Menge $E \backslash E'$ im schlechtesten Fall nur zwei Ecken enthält, die maximale unabhängige Menge enthält jedoch nach dem letzten Lemma $n/2 + 1$ Ecken.

Um zu untersuchen, wie sich $\mathcal{W}_{min}$ für das Problem der Bestimmung einer maximalen unabhängigen Menge verhält, muss zunächst das Produkt von zwei Graphen definiert werden. Es seien G_1 und G_2 ungerichtete Graphen mit den Eckenmengen E_1 bzw. E_2. Dann ist das Produkt $G_1 \circ G_2$ der Graphen G_1 und G_2 ein ungerichteter Graph mit der Eckenmenge $E_1 \times E_2$. Zwischen den beiden Ecken (e_1, e_2) und (e_1', e_2') gibt es genau dann eine Kante, wenn eine der folgenden beiden Bedingungen erfüllt ist: (e_1, e_1') ist eine Kante in G_1 oder $e_1 = e_1'$ und (e_2, e_2') ist eine Kante von G_2. Das Produkt von zwei Graphen ist nicht kommutativ, d. h., im Allgemeinen gilt $G_1 \circ G_2 \neq G_2 \circ G_1$. Abbildung 11.8 zeigt einen Graphen G und den Graphen $G \circ G$.

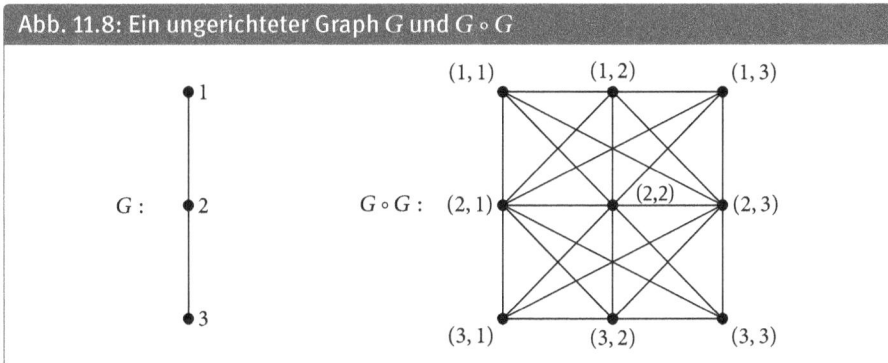

Abb. 11.8: Ein ungerichteter Graph G und $G \circ G$

Die maximalen unabhängigen Mengen eines Produkts setzen sich gerade aus den unabhängigen Mengen der beiden Faktoren zusammen.

Lemma. *Für ungerichtete Graphen G_1 und G_2 gilt: $\alpha(G_1 \circ G_2) = \alpha(G_1)\alpha(G_2)$.*

Beweis. Es seien U_1 und U_2 unabhängige Mengen von G_1 bzw. G_2. Dann ist $U_1 \times U_2$ eine unabhängige Menge von $G_1 \circ G_2$. Somit ist $\alpha(G_1 \circ G_2) \geq \alpha(G_1)\alpha(G_2)$. Sei U eine maximale unabhängige Menge von $G_1 \circ G_2$ und U_1 die Menge aller Ecken e aus G_1, für die es eine Ecke e' aus G_2 mit $(e, e') \in U$ gibt. Nach Konstruktion bildet U_1 eine unabhängige Menge in G_1. Für $e \in U_1$ sei U_2 die Menge aller Ecken e' aus G_2, so dass $(e, e') \in U$ gilt. Dann ist U_2 eine unabhängige Menge in G_2. Nun kann die Ecke e so gewählt werden, dass $|U_1||U_2| \geq |U|$ gilt. Daraus folgt $\alpha(G_1)\alpha(G_2) \geq \alpha(G_1 \circ G_2)$, und damit ist das Lemma bewiesen. ∎

Satz. *Für das Optimierungsproblem der unabhängigen Mengen in ungerichteten Graphen gilt entweder $\mathcal{W}_{min} = 1$ oder $\mathcal{W}_{min} = \infty$.*

Beweis. Angenommen, es gilt $\mathcal{W}_{min} < \infty$. Dann gibt es eine Zahl $w > 1$ und einen approximativen Algorithmus A_{UM1} mit $\mathcal{W}^{\infty}_{A_{UM1}} < w$. Mit Hilfe von A_{UM1} wird ein neuer approximativer Algorithmus A_{UM2} konstruiert, so dass

$$\mathcal{W}^{\infty}_{A_{UM2}} < \sqrt{w}$$

gilt. Der Algorithmus A_{UM2} konstruiert für einen gegebenen Graphen G den Graphen $G \circ G$. Algorithmus A_{UM1} findet in diesem Graphen eine unabhängige Menge U, so dass

$$\frac{\alpha(G \circ G)}{|U|} < w$$

gilt. Nach dem letzten Lemma kann man mit Hilfe von U eine unabhängige Menge U_1 in G finden, so dass gilt:

$$\frac{\alpha(G)}{|U_1|} < \sqrt{w}.$$

Die einzelnen Schritte können alle in polynomialer Zeit durchgeführt werden. Somit gilt $\mathcal{W}^{\infty}_{A_{UM2}} < \sqrt{w}$. Auf diese Art kann man eine Folge von approximativen Algorithmen konstruieren, deren asymptotischer Wirkungsgrad gegen 1 konvergiert. Somit folgt $\mathcal{W}_{min} = 1$. ∎

S. Arora und S. Safra haben gezeigt, dass es keinen approximativen Algorithmus mit beschränktem Wirkungsgrad für die Bestimmung von maximalen unabhängigen Mengen gibt, falls $\mathcal{NP} \neq \mathcal{P}$ gilt. Aufgabe 26 stellt einen approximativen Algorithmus für dieses Problem vor. Neben dem Problem der unabhängigen Mengen und dem Färbungsproblem gibt noch weitere Optimierungsprobleme, für die $\mathcal{W}_{min} = \infty$ nachgewiesen ist. Im letzten Abschnitt dieses Kapitels wird ein weiteres solches Problem ausführlich behandelt: das Traveling-Salesman Problem.

11.5.5 Minimale Steinerbäume

In Abschnitt 10.10 wurde das Steinerbaumproblem eingeführt und es wurde ein Algorithmus zur Bestimmung eines minimalen Steinerbaums vorgestellt. Das zugehörige Entscheidungsproblem liegt in $\mathcal{NPC}$ (vergleichen Sie hierzu Aufgabe 30). Es gehört zu den 21 Problemen, deren Zugehörigkeit zu $\mathcal{NPC}$ bereits 1972 von R. Karp nachgewiesen wurde. In diesem Abschnitt wird ein approximativer Algorithmus mit Wirkungsgrad 2 für das Steinerbaumproblem vorgestellt.

Es sei G ein kantenbewerteter, zusammenhängender, ungerichteter Graph und S eine Teilmenge der Ecken von G. Algorithmus A_{SB} bestimmt in fünf Schritten einen Steinerbaum.

(1) Konstruiere einen vollständigen, kantenbewerteten Graphen G' mit Eckenmenge S. In G' ist die Bewertung der Kante von e nach e' gleich der Länge des kürzesten Weges von e nach e' in G.

(2) Bestimme einen minimal aufspannenden Baum T' für G'.

(3) T' induziert in G einen Untergraphen G'', dazu werden alle Kanten von T' durch die entsprechenden kürzesten Wege in G ersetzt.

(4) Bestimme einen minimal aufspannenden Baum T'' für G''.

(5) Entferne rekursiv alle Blätter von T'', welche nicht in S liegen. Bezeichne den resultierenden Baum mit T^*.

Abbildung 11.9 zeigt links einen kantenbewerteten Graphen G. Die zu S gehören-den Ecken sind hervorgehoben. Daneben ist der Baum T' dargestellt. Da alle Kanten von T' auch Kanten von G sind, ist in diesem Fall $G'' = T' = T''$. Als nächstes ist der resultierende Steinerbaum T^* dargestellt. Er hat ein Gewicht von 9. Ganz rechts ist der minimale Steinerbaum abgebildet, er hat ein Gewicht von 8.

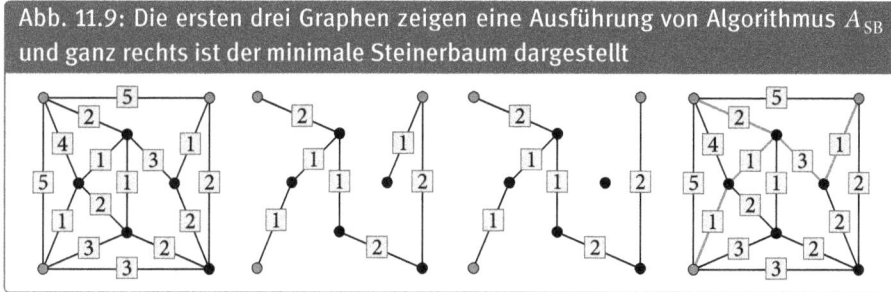

Abb. 11.9: Die ersten drei Graphen zeigen eine Ausführung von Algorithmus A_{SB} und ganz rechts ist der minimale Steinerbaum dargestellt

Als nächstes wird gezeigt, dass Algorithmus A_{SB} einen Steinerbaum berechnet.

Lemma. *T^* ist ein Steinerbaum für S. Das Gewicht von T^* ist höchstens doppelt so hoch wie das Gewicht eines minimalen Steinerbaums.*

Beweis. Der konstruierte Baum T^* ist sicherlich ein Steinerbaum für S. Es gilt:

$$\text{kosten}(T^*) \leq \text{kosten}(T'') \leq \text{kosten}(G'') \leq \text{kosten}(T')$$

Es sei T_{OPT} ein minimaler Steinerbaum für S. Mit Hilfe der Tiefensuche, angewen-det auf T_{OPT}, kann ein geschlossener Kantenzug W in G erzeugt werden, der je-de Kante von T_{OPT} genau zweimal enthält. Dazu wird sowohl beim Erreichen als auch beim Verlassen einer Ecke die entsprechende Kante in W eingefügt. Somit gilt $\text{kosten}(W) = 2 \, \text{kosten}(T_{OPT})$. Es sei $s_1 \in S$ ein Blatt von T_{OPT}. Nun durchläuft man W beginnend bei s_1. Dabei trifft man auf die restlichen Ecken von S. Bezeichne mit $s_2, \ldots, s_{|S|}$ die restlichen Ecken von S in der Reihenfolge, in der ihnen zum ersten Mal auf W begegnet wird. Da G' vollständig ist, bilden die Kanten $\{(s_i, s_{i+1}) \mid 1 \leq i \leq |S|-1\}$ einen aufspannenden Baum B für G'. Aus der Dreiecksungleichung für G' folgt $\text{kosten}(B) \leq \text{kosten}(W)$. Da T' ein minimal aufspannender Baum für G' ist, gilt $\text{kosten}(T') \leq \text{kosten}(B)$. Zusammenfassend erhält man

$$\text{kosten}(T^*) \leq \text{kosten}(T') \leq \text{kosten}(B) \leq \text{kosten}(W) = 2 \, \text{kosten}(T_{OPT}). \quad \blacksquare$$

Der in Abbildung 11.10 dargestellte Graph zeigt, dass die Abschätzung bestmöglich ist. Die Menge S enthält alle Knoten außer dem zentralen Knoten. Der minimale Stei-nerbaum ist der Sterngraph, er hat ein Gewicht von $n - 1$. Algorithmus A_{SB} bestimmt im ungünstigsten Fall den Pfad von e_2 nach e_n als Steinerbaum. Dieser Baum hat ein Gewicht von $2(n - 1)$.

Für die Berechnung des vollständigen Graphen G' muss für jede Ecke e aus S der Algorithmus von Dijkstra zur Bestimmung eines kürzesten Weges zwischen e und

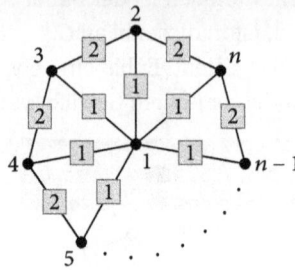

Abb. 11.10: Graph für den der Algorithmus A_{SB} nur eine 2-Approximation bestimmt

einer beliebigen Ecke aus S ausgeführt werden. Der Dijkstra-Algorithmus hat eine Laufzeit von $O(m \log n)$. Für die Berechnung eines minimal aufspannenden Baums kann der Algorithmus von Prim verwendet werden. Er hat ebenfalls eine Laufzeit von $O(m \log n)$. Daraus ergibt sich ein Gesamtaufwand von $O(|S|m \log n)$.

In den letzten 25 Jahren sind zahlreiche Algorithmen mit einem besseren Wirkungsgrad gefunden worden. Im Jahre 2013 wurde ein Algorithmus mit Wirkungsgrad 1,39 vorgeschlagen.

11.6 Das Problem des Handlungsreisenden

In diesem Abschnitt werden approximative Algorithmen für das bereits in Kapitel 5 eingeführte *Handlungsreisendenproblem* (*Traveling-Salesman Problem*) vorgestellt. Hierbei soll ein Handlungsreisender n Städte nacheinander, aber jede Stadt nur einmal besuchen. Die Fahrstrecke soll dabei möglichst gering sein. Am Ende der Reise soll er wieder in die Ausgangsstadt zurückkehren. Dieses Suchproblem besteht also darin, für einen gegeben ungerichteten, kantenbewerteten, zusammenhängenden Graphen einen *Hamiltonschen Kreis* mit minimaler Länge zu finden. Im Folgenden wird immer vorausgesetzt, dass die Kantenbewertungen positiv sind. Für den in Abbildung 11.11 (a) dargestellten Graphen ist der geschlossene Weg $<e_1, e_2, e_4, e_5, e_3, e_1>$ eine Lösung der Länge 15.

Das Problem des Handlungsreisenden ist nicht für jeden Graphen lösbar, wie der Graph aus Abbildung 11.11 (b) zeigt. In diesem Fall gibt es keinen Hamiltonschen Kreis. In Abschnitt 11.1 wurde bereits angegeben, dass das Entscheidungsproblem für Hamiltonsche Kreise in $\mathcal{NPC}$ liegt. Somit liegt auch das Entscheidungsproblem des Handlungsreisenden in $\mathcal{NPC}$.

Eine Variante des Handlungsreisendenproblems besteht darin, einen geschlossenen Kantenzug minimaler Länge zu finden, auf dem jede Ecke mindestens einmal liegt. Für den Graphen aus Abbildung 11.11 (a) ist der geschlossene Kantenzug $<e_1, e_2, e_4, e_5, e_4, e_3, e_1>$ eine Lösung der Länge 14. In dieser Form hat das Problem des Handlungsreisenden immer eine Lösung. Diese Variante lässt sich leicht auf das

Abb. 11.11: Beispiele für das Problem des Handlungsreisenden

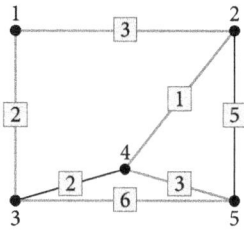

(a) Lösung des Problems des
Handlungsreisenden

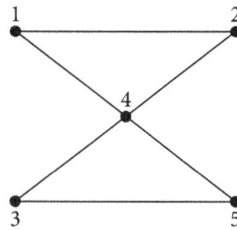

(b) Graph ohne Hamiltonschen Kreis

Ausgangsproblem zurückführen. Zu einem gegebenen Graphen G mit n Ecken wird ein vollständiger Graph G' mit der gleichen Eckenzahl konstruiert. Die Kante von e_i nach e_j in G' trägt als Bewertung die Länge des kürzesten Weges von e_i nach e_j in G. Jeder Kante von G' entspricht somit ein kürzester Weg in G. Abbildung 11.12 zeigt den Graphen G' für den Graphen aus Abbildung 11.11 (a).

Abb. 11.12: Der Graph G' für den Graphen aus Abbildung 11.11 (a)

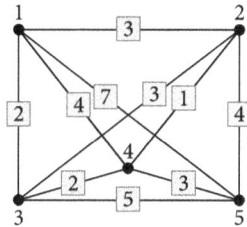

Jedem geschlossenen einfachen Weg W' in G' kann eindeutig ein geschlossener Kantenzug W in G zugeordnet werden. Jede Kante von W' wird dabei durch den entsprechenden kürzesten Weg zwischen den beiden Ecken in G ersetzt. Enthält W' alle Ecken von G', so enthält auch W alle Ecken von G. Ferner haben W' und W die gleiche Länge. Dem geschlossenen einfachen Weg $<e_1, e_2, e_4, e_5, e_3, e_1>$ des Graphen G' aus Abbildung 11.12 entspricht der geschlossene Kantenzug $<e_1, e_2, e_4, e_5, e_4, e_3, e_1>$ in G. Für die so eingeführten Größen W' und W gilt nun folgendes Lemma.

Lemma. *Es sei W' ein geschlossener einfacher Weg minimaler Länge von G', auf dem alle Ecken liegen. Dann ist W ein geschlossener Kantenzug minimaler Länge in G, auf dem alle Ecken liegen.*

Beweis. Es sei $\overline{W}$ ein geschlossener Kantenzug minimaler Länge von G, auf dem alle Ecken liegen. Bezeichne mit $\overline{W}'$ den geschlossenen Kantenzug in G', welcher die Ecken in der gleichen Reihenfolge wie $\overline{W}$ besucht. Nach Konstruktion von G' gilt $L(\overline{W}') \leq L(\overline{W})$. Mit Hilfe von $\overline{W}'$ wird ein geschlossener einfacher Weg $\widehat{W}$ in G' konstruiert, welcher alle Ecken enthält. Jede Ecke von G' liegt mindestens einmal auf $\overline{W}'$. Es sei nun e eine Ecke, die mehr als einmal auf $\overline{W}'$ vorkommt. Ersetze nun die Kanten (e_i, e) und (e, e_j) auf $\overline{W}'$ durch die Kante (e_i, e_j). Dann liegen immer noch alle Ecken auf $\overline{W}'$. Aus der Konstruktion von G' ergibt sich, dass die Länge von $\overline{W}'$ hierdurch nicht vergrößert wurde. Auf diese Art entsteht ein geschlossener einfacher Weg $\widehat{W}$ in G', welcher alle Ecken enthält. Nun gilt:

$$L(\overline{W}) \geq L(\overline{W}') \geq L(\widehat{W}) \geq L(W') = L(W).$$

Somit ist W ein geschlossener Kantenzug minimaler Länge in G. ∎

Aus diesem Lemma folgt, dass diese Variante nur ein Spezialfall des allgemeinen Problems des Handlungsreisenden ist. Dieses Ergebnis und die Tatsache, dass das Problem in der allgemeinen Form das Problem des Hamiltonschen Kreises enthält, führt zu folgender Definition des Problems des Handlungsreisenden: Gegeben sei ein vollständiger ungerichteter Graph mit positiven Kantenbewertungen. Gesucht ist ein geschlossener einfacher Weg minimaler Länge, der jede Ecke enthält. Dieses Problem wird im Folgenden mit *TSP* bezeichnet. Da nur vollständige Graphen betrachtet werden, gibt es immer eine Lösung. Da es nur endlich viele geschlossene, einfache Wege gibt, die alle Ecken enthalten, kann das TSP in endlicher Zeit gelöst werden. Die Anzahl dieser Wege wächst allerdings mit der Anzahl n der Ecken stark an. Für n Ecken gibt es $(n-1)!/2$ verschiedene Hamiltonsche Kreise in K_n. Dadurch wird ein vollständiges Durchprobieren aller Möglichkeiten für größere n unmöglich. Bis heute ist kein effizienter Algorithmus für dieses Problem bekannt. Es gilt folgender Satz.

Satz. *Das zu TSP gehörende Entscheidungsproblem ist $\mathcal{NP}$-vollständig.*

Beweis. Das Entscheidungsproblem liegt offenbar in $\mathcal{NP}$. Im Folgenden wird nun eine polynomiale Transformation des $\mathcal{NP}$-vollständigen Problems Hamiltonscher Kreise auf TSP beschrieben. Aus dem Satz aus Abschnitt 11.1 folgt dann, dass auch TSP $\mathcal{NP}$-vollständig ist. Es sei G ein ungerichteter Graph mit n Ecken. Sei nun G' ein vollständiger kantenbewerteter Graph mit n Ecken. Eine Kante von G' trägt die Bewertung 1, falls es diese Kante auch in G gibt, und andernfalls die Bewertung 2. Der Graph G' lässt sich in polynomialer Zeit konstruieren. Eine Lösung des TSP für G' hat mindestens die Länge n. Es gilt sogar, dass eine Lösung genau dann die Länge n hat, wenn der Graph G einen Hamiltonschen Kreis besitzt. Somit folgt TSP $\in \mathcal{NPC}$. ∎

Bereits in Kapitel 5 wurden Lösungen des TSP auf Basis der linearen Programmierung (siehe Abschnitt 5.7), der dynamischen Programmierung (siehe Abschnitt 5.6) und mittels Teile & Herrsche und Branch & Bound (vergleichen Sie Aufgabe 3) entwickelt. Der Algorithmus auf Basis der zweiten Technik hat eine Laufzeit von $O(n^2\, 2^n)$. Da diese Algorithmen alle eine exponentielle Laufzeit haben liegt es nahe, approximative Algorithmen für das TSP zu suchen. Der folgende Satz zeigt, dass es einen approximativen Algorithmus mit beschränktem asymptotischen Wirkungsgrad für TSP nur dann gibt, wenn $\mathcal{P} = \mathcal{NP}$ ist.

Satz. *Gibt es einen approximativen Algorithmus A für TSP mit asymptotischen Wirkungsgrad $W_A^\infty < \infty$, so ist $\mathcal{P} = \mathcal{NP}$.*

Beweis. Es wird gezeigt, dass der Algorithmus A dazu verwendet werden kann, das Entscheidungsproblem des Hamiltonschen Kreises zu lösen. Da dieses Problem in $\mathcal{NPC}$ liegt, folgt aus dem Satz aus Abschnitt 11.1, dass $\mathcal{P} = \mathcal{NP}$ ist. Da $W_A^\infty < \infty$ ist, gibt es eine Konstante $c \in \mathbb{N}$, so dass $W_A(n) < c$ für alle $n \in \mathbb{N}$ gilt. Es sei nun G ein ungerichteter Graph mit n Ecken. Ferner sei G' ein vollständiger kantenbewerteter Graph mit n Ecken. Die Kante (e_i, e_j) von G' trägt die Bewertung 1, falls e_i und e_j in G benachbart sind, und andernfalls die Bewertung nc. Der Graph G' kann in polynomialer Zeit konstruiert werden. Besitzt G einen Hamiltonschen Kreis, so ist OPT$(G') = n$. Andernfalls muss eine Lösung des TSP für G' mindestens eine Kante enthalten, welche die Bewertung nc trägt. In diesem Fall gilt:

$$A(G') \ge \text{OPT}(G') \ge n - 1 + nc > nc.$$

Nach Voraussetzung gilt $A(G') < \text{OPT}(G')c$. Somit gilt $A(G') \le nc$ genau dann, wenn G einen Hamiltonschen Kreis enthält. Somit gibt es einen polynomialen Algorithmus für das Entscheidungsproblem des Hamiltonschen Kreises. ∎

Der letzte Satz zeigt, dass es genau so schwer ist, einen effizienten approximativen Algorithmus für TSP zu finden, wie einen effizienten Algorithmus für die exakte Lösung des TSP zu finden. Das TSP tritt in vielen praktischen Problemen in einer speziellen Form auf. Die Bewertungen b_{ij} der Kanten erfüllen in diesen Fällen die so genannte *Dreiecksungleichung*: Für jedes Tripel e_i, e_j, e_k von Ecken gilt:

$$b_{ij} \le b_{ik} + b_{kj}.$$

Diese Voraussetzung ist zum Beispiel erfüllt, wenn die Bewertungen der Kanten den Abständen von n Punkten in der Euklidischen Ebene entsprechen. Auch die Bewertungen des zu Beginn dieses Abschnittes konstruierten Graphen G' erfüllen die Dreiecksungleichung; dies folgt aus den in Kapitel 10 angegebenen Bellmanschen Gleichungen. Diese spezielle Ausprägung des TSP wird im Folgenden mit *Δ-TSP* bezeichnet. Die Hoffnung, dass es für diese Variante des TSP einen effizienten Algorithmus gibt, ist verfehlt. Der Beweis, dass TSP $\in \mathcal{NPC}$ ist, lässt sich leicht auf Δ-TSP übertragen. Die Kanten des im Beweis konstruierten Graphen G' tragen die Bewertungen 1 oder 2. Der Graph G' erfüllt also die Dreiecksungleichung und somit gilt folgender Satz.

Satz. *Das zu Δ-TSP gehörende Entscheidungsproblem ist $\mathcal{NP}$-vollständig.*

Der große Unterschied zwischen TSP und Δ-TSP besteht darin, dass es für Δ-TSP approximative Algorithmen mit konstantem asymptotischen Wirkungsgrad gibt. Man beachte, dass sich der Beweis für die Nichtexistenz eines „guten" approximativen Algorithmus für TSP nicht auf Δ-TSP übertragen lässt, da der konstruierte Graph nicht die Dreiecksungleichung erfüllt.

Im Folgenden stellen wir nun drei verschiedene approximative Algorithmen für Δ-TSP vor. Der erste Algorithmus A_{TSP1} (*Nächster-Nachbar Algorithmus*) baut einen einfachen Weg schrittweise auf. Der Weg startet bei einer beliebigen Ecke e_1. Es sei $W_1 = \{e_1\}$. Der Übergang von $W_l = \{e_1, \ldots, e_l\}$ nach W_{l+1} geschieht folgendermaßen: Es sei e_{l+1} die Ecke des Graphen, die noch nicht in W_l ist und zu e_l den geringsten Abstand hat. Dann ist $W_{l+1} = \{e_1, \ldots, e_{l+1}\}$. Am Ende des Algorithmus bildet W_n einen Hamiltonschen Kreis. Für den Graphen aus Abbildung 11.12 ergibt sich für die Startecke e_1 der Hamiltonsche Kreis $<e_1, e_3, e_4, e_2, e_5, e_1>$ mit Länge 16. Dagegen hat der optimale Weg die Länge 14. Es gilt folgender Satz.

Satz. *Für alle* $n \in \mathbb{N}$ *ist* $\mathcal{W}_{A_{\mathrm{TSP1}}}(n) \leq (\lceil \log_2 n \rceil + 1)/2$.

Beweis. Es sei G ein kantenbewerteter, ungerichteter, vollständiger Graph mit n Ecken. Die Bewertungen b_{ij} der Kanten von G erfüllen die Dreiecksungleichung. Es sei W ein Hamiltonscher Kreis minimaler Länge von G, d. h. $\mathrm{OPT}(G) = L(W)$. Die Länge der von Algorithmus A_{TSP1} an die Ecke e_i angehängten Kante sei l_i. Die Ecke e_1 sei die Startecke, und die Ecken seien so nummeriert, dass $l_1 \geq l_2 \geq \ldots \geq l_n$ gilt. Aus der Dreiecksungleichung folgt $L(W) \geq 2l_1$. Für $r \in \mathbb{N}$ sei W_r der Weg, der entsteht, wenn die Ecken $e_1, e_2, \ldots, e_{2r}$ in der gleichen Reihenfolge wie auf W durchlaufen werden. Aus der Dreiecksungleichung folgt $L(W) \geq L(W_r)$.

Es sei nun (e_i, e_j) eine Kante von W_r. Falls die Ecke e_i vor der Ecke e_j von A_{TSP1} ausgewählt wurde, so gilt $b_{ij} \geq l_i$ und andernfalls $b_{ij} \geq l_j$. Somit gilt $b_{ij} \geq \min\{l_i, l_j\}$ für alle Kanten (e_i, e_j) von W_r. Die Summation über alle Kanten ergibt dann

$$L(W) \geq L(W_r) \geq l_2 + l_3 + \ldots + l_{2r} + l_{2r} \geq 2 \sum_{i=r+1}^{2r} l_i.$$

Somit gilt

$$\sum_{i=0}^{\lceil \log_2 n \rceil - 2} L(W_{2^i}) \geq 2 \sum_{i=2}^{2^{\lceil \log_2 n \rceil - 1}} l_i \geq \sum_{i=2}^{\lceil n/2 \rceil} l_i.$$

Analog zeigt man

$$L(W) \geq 2 \sum_{i=\lceil n/2 \rceil + 1}^{n} l_i.$$

Daraus ergibt sich

$$2 A_{\mathrm{TSP1}}(G) = 2 \sum_{i=1}^{n} l_i$$

$$\leq 2l_1 + \sum_{i=0}^{\lceil \log_2 n \rceil - 2} L(W_{2^i}) + 2 \sum_{i=\lceil n/2 \rceil + 1}^{n} l_i$$

$$\leq L(W) + (\lceil \log_2 n \rceil - 1) L(W) + L(W)$$

$$\leq (\lceil \log_2 n \rceil + 1) \, \mathrm{OPT}(G). \qquad \blacksquare$$

Es kann sogar gezeigt werden, dass $(\log_2(n+1) + 4/3)/3 < \mathcal{W}_{A_{\mathrm{TSP1}}}(n)$ ist. Hieraus folgt dann sofort, dass $\mathcal{W}_{A_{\mathrm{TSP1}}}^{\infty} = \infty$ ist. Der Beweis beruht auf einer Folge von Graphen, für die der Wirkungsgrad von A_{TSP1} diese untere Schranke übersteigt. Die rekursive Konstruktion dieser Graphen ist relativ kompliziert und wird hier nicht nachvollzogen. Die angegebene Ungleichung soll an dem in Abbildung 11.13 dargestellten Graphen G mit sieben Ecken demonstriert werden. Das Bild zeigt nicht alle Kanten des Graphen. Die Länge der Kante (e_i, e_j) ist, sofern sie nicht explizit angegeben ist, gleich der Länge des kürzesten Weges von e_i nach e_j unter Verwendung der dargestellten Kanten. Die Bewertungen erfüllen die Dreiecksungleichung. Der Hamiltonsche Kreis $<e_1, e_2, e_3, e_4, e_5, e_6, e_7, e_1>$ hat die Länge 7, somit ist OPT(G) = 7. Der Algorithmus A_{TSP1} wählt den Weg $<e_1, e_3, e_2, e_5, e_7, e_6, e_4, e_1>$ mit der Länge 11. Setzt man $n = 7$ in den oben angegebenen Ausdruck ein, so erhält man 13/9, für den gezeigten Graphen erhält man 11/7, d. h. einen größeren Wert.

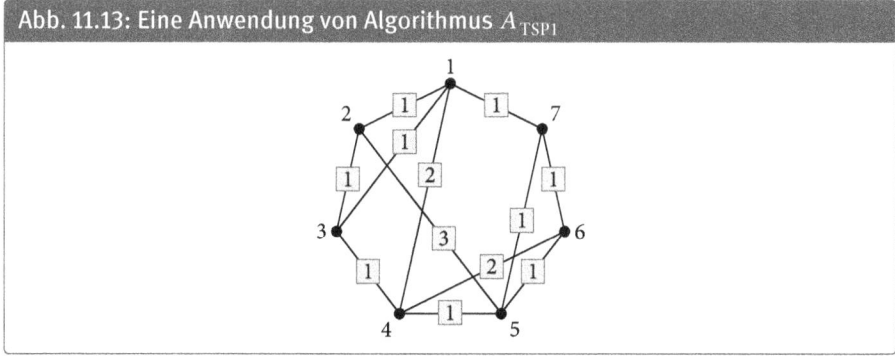

Abb. 11.13: Eine Anwendung von Algorithmus A_{TSP1}

Der Algorithmus A_{TSP1} demonstriert, dass eine sehr naheliegende Vorgehensweise zu einem approximativen Algorithmus mit unbeschränktem Wirkungsgrad führen kann. Durch eine kleine Abänderung von A_{TSP1} erhält man einen approximativen Algorithmus mit asymptotischem Wirkungsgrad 2 (vergleichen Sie Aufgabe 16). Der Aufwand von A_{TSP1} ist $O(n^2)$.

Die nächsten beiden approximativen Algorithmen für Δ-TSP basieren auf folgendem Lemma.

Lemma. *Es sei G ein kantenbewerteter, ungerichteter, vollständiger Graph. Die Bewertungen der Kanten erfüllen die Dreiecksungleichung. Ferner sei B ein minimal aufspannender Baum von G und W ein geschlossener einfacher Weg minimaler Länge, auf dem alle Ecken von G liegen. Dann gilt:*

$$\text{kosten}(B) < L(W) \leq 2\,\text{kosten}(B).$$

Beweis. Entfernt man eine Kante von W, so ergibt sich ein aufspannender Baum von G. Somit ist kosten$(B) < L(W)$. Mit Hilfe der Tiefensuche, angewendet auf B, kann ein geschlossener Kantenzug W_1 erzeugt werden, der jede Kante von B genau zweimal enthält. Dazu wird sowohl beim Erreichen als auch beim Verlassen einer Ecke die entsprechende Kante in W_1 eingefügt. Die Länge von W_1 ist gleich 2 kosten(B). Nun durchläuft man W_1 und überspringt dabei schon besuchte Ecken. Auf diese Art entsteht aus W_1

ein geschlossener einfacher Weg W_2 von G, der alle Ecken enthält. Dies ist möglich, da G vollständig ist. Aus der Dreiecksgleichung folgt, dass $L(W_2) \leq L(W_1) \leq 2 \operatorname{kosten}(B)$ ist. Somit ist auch $L(W) \leq 2 \operatorname{kosten}(B)$. ∎

Aus dem letzten Lemma kann die Vorgehensweise von Algorithmus A_{TSP2} direkt abgeleitet werden. Zunächst wird ein minimal aufspannender Baum konstruiert und anschließend mittels der Tiefensuche ein entsprechender Kantenzug erzeugt. Dieser wird dann nochmal durchlaufen, um daraus einen Hamiltonschen Kreis zu machen. Der Aufwand von A_{TSP2} wird im wesentlichen durch den Aufwand bestimmt, den aufspannenden Baum zu konstruieren. Unter Verwendung des Algorithmus von Prim hat der Algorithmus einen Aufwand von $O(n^2)$. Aus dem letzten Lemma ergibt sich folgender Satz.

Satz. *Für alle $n \in \mathbb{N}$ ist $\mathcal{W}_{A_{\mathrm{TSP2}}}(n) < 2$.*

Abbildung 11.14 zeigt eine Anwendung von A_{TSP2} auf den Graphen G' aus Abbildung 11.12. Links ist ein aufspannender Baum mit Kosten 8 und rechts der von A_{TSP2} erzeugte geschlossene einfache Weg dargestellt. Dieser hat die Länge 16. Der optimale Weg hat die Länge 14. Mit Hilfe einer Folge von Graphen kann man zeigen, dass $\mathcal{W}_{A_{\mathrm{TSP2}}}^{\infty} = 2$ ist.

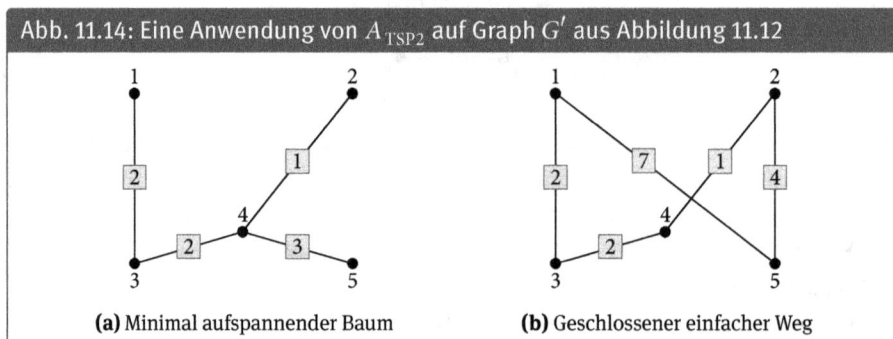

Abb. 11.14: Eine Anwendung von A_{TSP2} auf Graph G' aus Abbildung 11.12

(a) Minimal aufspannender Baum   (b) Geschlossener einfacher Weg

Zum Abschluss dieses Abschnitts wird noch der Algorithmus für Δ-TSP mit dem zur Zeit kleinsten asymptotischen Wirkungsgrad vorgestellt. Dieser Algorithmus stammt von N. Christofides und hat einen Wirkungsgrad von 3/2. Zur Darstellung von A_{TSP3} wird das in Abschnitt 4.11 eingeführte Konzept der *Eulerschen Graphen* benötigt. Obwohl die Konzepte des Eulerschen und des Hamiltonschen Graphen sehr ähnlich sind, liegen die zugehörigen Entscheidungsprobleme in verschiedenen Komplexitätsklassen. Das Problem der Hamiltonschen Kreise liegt in $\mathcal{NPC}$. Hingegen existiert ein Algorithmus, welcher mit Aufwand $O(m)$ feststellt, ob es sich um einen Eulerschen Graphen handelt und gegebenenfalls einen entsprechenden Kantenzug bestimmt.

Der Algorithmus A_{TSP3} für Δ-TSP lässt sich leicht beschreiben. Es sei G ein kantenbewerteter, ungerichteter vollständiger Graph, dessen Kantenbewertungen die Dreiecksungleichungen erfüllen. Der Algorithmus A_{TSP3} besteht aus fünf Schritten:

(1) Bestimme einen minimal aufspannenden Baum B von G.
(2) Es sei E' die Menge der Ecken von B, welche ungeraden Eckengrad haben. Es sei G' der von E' induzierte kantenbewertete Untergraph von G.
(3) Bestimme eine vollständige Zuordnung Z von G' mit minimalen Kosten.
(4) Es sei B' der Graph, der aus B entsteht, indem die Kanten aus Z eingefügt werden. Bestimme einen geschlossenen Kantenzug W von B', der jede Kante von B' genau einmal enthält.
(5) Durchlaufe W und entferne jede dabei schon besuchte Ecke.

Schritt (1) wird mit Hilfe des Algorithmus von Prim mit Aufwand $O(n^2)$ durchgeführt. Die Anzahl der Ecken in E' ist gerade. Auf die Darstellung eines Algorithmus für Schritt (3) wird an dieser Stelle verzichtet und auf entsprechende Literatur verwiesen. Bei Verwendung eines geeigneten Algorithmus kann Schritt (3) mit Aufwand $O(n^3)$ durchgeführt werden. Man beachte, dass der Graph B' aus Schritt (4) nicht mehr schlicht sein muss. Der Eckengrad jeder Ecke von B' ist nach Konstruktion gerade. Somit kann W mit Aufwand $O(n^2)$ bestimmt werden. Die Schritte (4) und (5) können in linearer Zeit durchgeführt werden. Somit ist der Aufwand von A_{TSP3} insgesamt $O(n^3)$.

Abbildung 11.15 zeigt eine Anwendung von A_{TSP3} auf den Graphen aus Abbildung 11.12. Abbildung 11.15 (a) zeigt einen minimal aufspannenden Baum. In 11.15 (b) ist der Graph G' abgebildet. Die rot gezeichneten Kanten (e_1, e_2) und (e_4, e_5) bilden eine vollständige Zuordnung von G' mit minimalen Kosten. Der Graph B' ist in 11.15 (c) abgebildet. Insgesamt ergibt sich der Hamiltonsche Kreis $<e_1, e_3, e_4, e_5, e_2, e_1>$ der Länge 14. Dies ist auch der kürzeste Hamiltonsche Kreis.

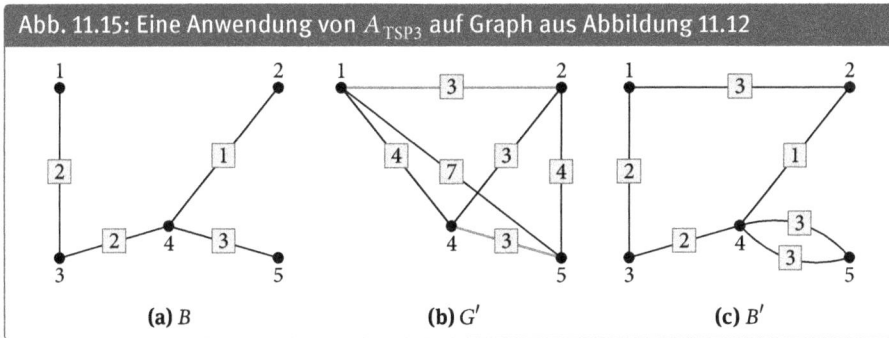

Abb. 11.15: Eine Anwendung von A_{TSP3} auf Graph aus Abbildung 11.12

(a) B (b) G' (c) B'

Es bleibt noch, den Wirkungsgrad von A_{TSP3} zu bestimmen.

Lemma. *Für alle* $n \in \mathbb{N}$ *ist* $\mathcal{W}_{A_{TSP3}}(n) < 3/2$.

Beweis. Es sei $\overline{W}$ ein Kantenzug minimaler Länge von G, so dass jede Ecke von G genau einmal auf $\overline{W}$ liegt. Es genügt nun, zu zeigen, dass die Länge des Kantenzuges W aus Schritt (4) echt kleiner als $3L(\overline{W})/2$ ist. Dazu wird gezeigt, dass die Summe der Kantenbewertungen der Kanten aus Z maximal $L(\overline{W})/2$ ist. Aus $\overline{W}$ entferne man alle Ecken, die nicht in E' liegen. Man bezeichne die verbleibenden Kanten in der entsprechenden Reihenfolge mit $k_1, \ldots, k_{2s}$. Dann sind $Z_1 = \{k_1, k_3, \ldots, k_{2s-1}\}$ und $Z_2 = \{k_2, k_4, \ldots, k_{2s}\}$ vollständige Zuordnungen von G'. Ferner ist die Summe der Kosten der beiden Zuordnungen maximal $L(\overline{W})$. Somit sind die Kosten von Z maximal $L(\overline{W})/2$. Nach dem oben bewiesenen Lemma sind die Kosten von B in Schritt (1) echt kleiner als $L(\overline{W})$. Somit gilt $W_{A_{TSP3}}(n) < 3/2$. ∎

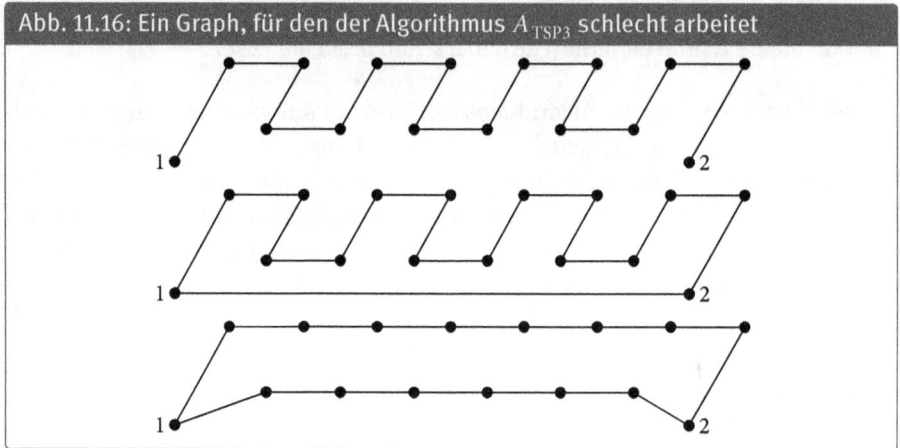

Abb. 11.16: Ein Graph, für den der Algorithmus A_{TSP3} schlecht arbeitet

Mit Hilfe von speziell konstruierten Graphen kann man zeigen, dass $W^{\infty}_{A_{TSP3}} = 3/2$ ist. Dazu betrachte man eine Folge von planaren Graphen G_n mit $2n$ Ecken. Die Ecken sind in gleichen Abständen auf zwei parallelen Geraden angeordnet, so dass jeweils drei Ecken ein gleichseitiges Dreieck bilden. Die Endpunkte der unteren Geraden sind leicht verschoben. Abbildung 11.16 zeigt den Graphen G_8 mit den verschobenen Ecken e_1, e_2. Im oberen Teil der Abbildung ist ein minimal aufspannender Baum dargestellt. Die einzigen Ecken mit ungeradem Eckengrad sind die Ecken e_1 und e_2. Im mittleren Teil ist der geschlossene Kantenzug abgebildet, den der Algorithmus A_{TSP3} erzeugt, und unten ist ein minimaler Hamiltonscher Kantenzug abgebildet. Es gilt also:

$$OPT(G_n)/A_{TSP3}(G_n) \approx \frac{3n-2}{2n}.$$

Somit ist der asymptotische Wirkungsgrad von A_{TSP3} gleich 3/2. Bis heute ist kein approximativer Algorithmus für die Variante Δ-TSP des Problems des Handlungsreisenden bekannt, dessen Wirkungsgrad echt kleiner 3/2 ist.

11.7 Literatur

Der Begriff approximativer Algorithmus wurde zuerst in einer Arbeit von Johnson eingeführt [65]. Die Definition des Wirkungsgrades eines approximativen Algorithmus stammt von Garey und Johnson [40]. Ihr Buch enthält eine umfangreiche Liste von $\mathcal{NP}$-vollständigen Problemen aus den verschiedensten Anwendungsgebieten. Dort findet man auch eine ausführliche Diskussion der Resultate über Wirkungsgrade von approximativen Algorithmen. Eine Sammlung von Aufsätzen zum aktuellen Stand der Frage $\mathcal{P} = \mathcal{NP}$ ist in [80] enthalten. Den Satz von Vizing findet man in [123]. I. Holyer hat bewiesen, dass das Problem der Kantenfärbung eines Graphen $\mathcal{NP}$-vollständig ist [57]. Der Algorithmus von Johnson wird in [64] beschrieben. Approximationsalgorithmen für das Färbungsproblem mit einem besseren Wirkungsgrad werden in [12, 49, 13] diskutiert. Der Algorithmus von Turner wird in [120] besprochen.

Einen Überblick über approximative Algorithmen geben mehrere Standardwerke [127, 122, 56]. Die Beweise für die Nichtexistenz approximativer Algorithmen für unabhängige Mengen und Cliquen in Graphen findet man in [10]. Die untere Schranke von n^{ϵ} für den Wirkungsgrad eines approximativen Färbungsalgorithmus stammt von Lund und Yannakakis [81]. Den in Abschnitt 11.5.5 vorgestellten Algorithmus findet man in [73]. Einen Approximationsalgorithmus für die Bestimmung eines Steinerbaumes mit Wirkungsgrad 1,39 ist in [18] beschrieben.

Das Problem des Handlungsreisenden ist wahrscheinlich das am häufigsten untersuchte unter allen $\mathcal{NP}$-vollständigen Problemen. Einen guten Überblick über die verschiedenen Lösungsansätze findet man in mehreren Standardwerken wie zum Beispiel [78, 9]. Der Wirkungsgrad des Nächster-Nachbar Algorithmus wurde von Rosenkrantz, Stearns und Lewis näher untersucht [106]. Der Algorithmus mit dem zur Zeit besten asymptotischen Wirkungsgrad stammt von Christofides und ist in [20] beschrieben. Das Beispiel, welches den asymptotischen Wirkungsgrad von 3/2 belegt, findet man in [22]. Die Lösung des TSP in der Praxis erfolgt zur Zeit meistens so, dass mittels eines schnellen Verfahrens ein Weg bestimmt wird, der danach mit lokalen Techniken verbessert wird. Ein approximativer Algorithmus, der so verfährt und sich in der Praxis gut bewährt hat, stammt von S. Lin und B. Kernighan [79]. G. Reinelt hat einen Vergleich hinsichtlich der Laufzeit und der Qualität der Lösung von aktuellen Verfahren durchgeführt [102]. Eine Übersicht über neuere Ansätze findet man in [109]. Die Analyse von Algorithmus A_{DM1} in Abschnitt 11.5.3 stammt von Johnson [65], und Aufgabe 26 findet man in [100].

11.8 Aufgaben

$\star$ 1. Die ersten approximativen Algorithmen wurden nicht für Graphen entwickelt. Ein Beispiel hierfür ist der Scheduling-Algorithmus von R. L. Graham. Die Aufgabe besteht darin, n Programme mit Laufzeiten $t_1, \ldots, t_n$ (ganze Zahlen) auf m Prozessoren eines Multiprozessorsystems aufzuteilen, so dass die Gesamtlaufzeit minimal ist. Es ist bekannt, dass das zugehörige Entscheidungsproblem in $\mathcal{NPC}$ liegt (sogar für $m = 2$). Der von Graham entwickelte Algorithmus betrachtet die n Programme nacheinander und ordnet jedes Programm dem Prozessor zu, der noch die geringste Last hat. Unter der Last eines Prozessors versteht man hierbei die Gesamtzeit aller Programme, die ihm zugeordnet wurden.

(a) Beweisen Sie, dass für diesen Algorithmus $W_A(n) \leq 2 - \frac{1}{m}$ gilt.

(b) Implementieren Sie den Algorithmus mit Laufzeit $O(n \log m)$.

(c) Zeigen Sie mittels eines Beispiels, dass diese obere Schranke auch angenommen werden kann.

(d) Wie ändert sich der Wirkungsgrad, wenn die Programme zunächst sortiert werden, so dass ihre Laufzeiten absteigend sind?

2. Bestimmen Sie den Wirkungsgrad der folgenden beiden approximativen Algorithmen zur Bestimmung einer maximalen Clique in einem ungerichteten Graphen G. Das zugehörige Entscheidungsproblem ist $\mathcal{NP}$-vollständig. Eine Implementierung dieser Algorithmen mit Aufwand $O(n + m)$ findet man in Abschnitt 5.2 und Aufgabe 5.

   Algorithmus A_{C1}:

   ```
   C := ∅;
   while es gibt noch eine Ecke in G do
       Füge die Ecke e mit maximalem Eckengrad in G in C ein;
       Entferne e und alle nicht zu e benachbarten Ecken aus G;
   ```

   Algorithmus A_{C2}:

   ```
   C := G;
   while C keine Clique do
       Sei e eine Ecke mit minimalem Eckengrad in C;
       Entferne e aus C;
   ```

   Hinweis: Wenden Sie A_{C1} auf einen Graphen an, der entsteht, wenn die Wurzel eines Baumes der Höhe 1 und $s + 1$ Ecken mit einer beliebigen Ecke des vollständigen Graphen K_s verbunden wird. Für A_{C2} betrachten Sie einen Graphen, der entsteht, wenn eine beliebige Ecke aus dem vollständigen Graphen K_s mit einer beliebigen Ecke aus dem vollständig bipartiten Graphen $K_{s,s}$ verbunden wird.

3. Beweisen Sie, dass für das Optimierungsproblem der maximalen Clique in einem ungerichteten Graphen $W_{min} = 1$ oder $W_{min} = \infty$ gilt.

4. Es sei G ein ungerichteter Graph und Z_1, Z_2 Zuordnungen von G, so dass $|Z_2| > |Z_1|$ ist. Es sei G' der Graph mit Eckenmenge E und den Kanten von G, die in Z_1 oder Z_2, aber nicht in beiden Zuordnungen liegen. Beweisen Sie, dass es in G' mindestens $|Z_2| - |Z_1|$ eckendisjunkte Erweiterungswege bezüglich Z_1 gibt.

   Hinweis: Zeigen Sie, dass die Zusammenhangskomponenten von G' in drei Gruppen zerfallen: in isolierte Ecken und geschlossene und offene Wege, deren Kanten abwechselnd aus $Z_2 \backslash Z_1$ bzw. $Z_1 \backslash Z_2$ sind. Beweisen Sie dann, dass die letzte Gruppe aus mindestens $|Z_2| - |Z_1|$ offenen Wegen besteht. Vergleichen Sie auch Aufgabe 2 aus Kapitel 9.

★5. Entwerfen Sie einen Algorithmus zur Bestimmung einer nicht-erweiterbaren Zuordnung eines ungerichteten Graphen G auf Basis der Greedy-Technik. Der Algorithmus startet mit der leeren Zuordnung und fügt solange Kanten hinzu, solange die Eigenschaft einer Zuordnung erhalten bleibt. Geben Sie eine Realisierung dieses Algorithmus an, die eine worst case Laufzeit von $O(n + m)$ hat. Bestimmen Sie mit Hilfe von Aufgabe 4 den Wirkungsgrad dieses Algorithmus. Beweisen Sie ferner, dass die berechneten Zuordnungen mindestens $\delta(G)$ Kanten enthalten.

⋆6. Entwerfen Sie einen Algorithmus A mit $\mathcal{W}_A(n) \leq 2$ und Aufwand $O(n + m)$, welcher für das Komplement $\overline{G}$ eines ungerichteten Graphen G eine nicht erweiterbare Zuordnung bestimmt. Hierbei ist m die Anzahl der Kanten von G und nicht die von $\overline{G}$.

⋆7. Die Zuordnung Z, die die Funktion `greedyZuordnung` aus Aufgabe 5 erzeugt, hat die Eigenschaft, dass jeder Erweiterungsweg aus mindestens drei Kanten besteht. Ändern Sie die Funktion derart, dass jeder Erweiterungsweg bezüglich Z aus mindestens fünf Kanten besteht. Achten Sie darauf, dass die Laufzeit weiterhin linear bleibt. Bestimmen Sie den Wirkungsgrad dieses Algorithmus.

8. Eine dominierende Menge M eines ungerichteten Graphen heißt *zusammenhängende dominierende Menge*, falls der von M induzierte Untergraph zusammenhängend ist. Es sei G ein ungerichteter, zusammenhängender aber nicht vollständiger Graph und M die Menge aller Ecken von G, welche zwei nicht benachbarte Nachbarn haben. Beweisen Sie folgende Aussagen:

   (a) M ist eine zusammenhängende dominierende Menge von Ecken für G.

   (b) Der kürzeste Weg zwischen zwei beliebigen Ecken verwendet nur Ecken aus M als innere Ecken.

   (c) Geben Sie einen effizienten Algorithmus zur Bestimmung von M an. Berechnen Sie die Laufzeit.

9. Betrachten Sie noch einmal die in der letzten Aufgabe gebildete Menge M. Aus M werden mit folgender Regel sukzessive Ecken entfernt: Gibt es für eine Ecke $e \in M$ eine benachbarte Ecke $e' \in M$, welche zu allen Nachbarn von e benachbart ist, so wird e aus M entfernt. Beweisen Sie die Gültigkeit der Aussagen (a) und (b) aus der letzten Aufgabe für die so gebildete Menge M'.

10. Es sei G ein ungerichteter Graph mit einem Breitensuchebaum der Höhe h. Beweisen Sie, dass eine minimale zusammenhängende dominierende Menge M von G mindestens $h - 1$ Ecken enthält.

11. Beweisen Sie, dass der Greedy-Algorithmus jeden vollständig k-partiten Graphen unabhängig von der Reihenfolge der Ecken mit der minimalen Anzahl von Farben färbt. Gilt auch die Umkehrung dieser Aussage: Ein Graph ist vollständig k-partit, falls der Greedy-Algorithmus für jede Reihenfolge der Ecken den Graphen mit der minimalen Anzahl von Farben färbt?

12. Das Färbungsproblem für Graphen mit $\Delta(G) \leq 4$ liegt in $\mathcal{NP}$. Geben Sie einen linearen Algorithmus an, welcher für zusammenhängende Graphen mit $\Delta(G) \leq 3$ eine minimale Färbung bestimmt (Hinweis: Satz von Brooks).

13. Beweisen Sie, dass ein 3-regulärer Graph G mit $\chi'(G) = 4$ kein Hamiltonscher Graph ist.

14. Es sei G ein ungerichteter kantenbewerteter zusammenhängender Graph mit Eckenmenge $\{e_1, \ldots, e_n\}$. Ein Untergraph B von G heißt 1-*Baum*, falls der Grad der Ecke e_1 in B gleich 2 ist und falls der von den Ecken $e_2, \ldots, e_n$ induzierte Untergraph von B ein aufspannender Baum des entsprechenden induzierten Untergraphen von G ist. Ein *minimaler* 1-*Baum* von G ist ein 1-Baum, für den die Summe seiner Kantenbewertungen minimal unter allen 1-Bäumen von G ist. Minimale 1-Bäume werden zur Bestimmung von unteren Schranken für die Länge von Hamiltonschen Kreisen genutzt.

    (*a*) Geben Sie einen Algorithmus zur Bestimmung eines minimalen 1-Baumes an. Bestimmen Sie den Aufwand des Algorithmus.

    (*b*) Es sei G ein kantenbewerteter vollständiger Graph und W ein geschlossener, einfacher Weg minimaler Länge von G, auf dem alle Ecken liegen. Beweisen Sie, dass die Länge von W mindestens so groß ist wie die Kosten eines minimalen 1-Baumes von G.

15. Es sei G ein kantenbewerteter vollständiger Graph, dessen Kantenbewertungen die Dreiecksungleichung erfüllen. Es sei W_1 ein geschlossener Kantenzug minimaler Länge, auf dem alle Ecken liegen, und W_2 ein geschlossener einfacher Weg minimaler Länge, auf dem alle Ecken liegen. Beweisen Sie, dass W_1 und W_2 die gleiche Länge haben.

*16. Es sei G ein kantenbewerteter vollständiger Graph, dessen Kantenbewertungen die Dreiecksungleichungen erfüllen. Beweisen Sie, dass der Wirkungsgrad des folgenden approximativen Algorithmus für Δ-TSP kleiner oder gleich 2 ist. Der Algorithmus baut einen geschlossenen einfachen Weg W schrittweise auf. In jedem Schritt wird der Weg um eine Ecke erweitert. Der Algorithmus startet mit einer beliebigen Ecke e_1 von G. Diese bildet den geschlossenen einfachen Weg W_1. Sei nun $W_i = \langle e_1, \ldots, e_i, e_1 \rangle$ der bisher konstruierte Weg. Unter allen Kanten (e, e') von G mit $e \in \{e_1, \ldots, e_i\}$ und $e' \notin \{e_1, \ldots, e_i\}$ wird diejenige mit der kleinsten Bewertung gewählt. W_{i+1} entsteht aus W_i, indem die Ecke e' vor e in W_i eingefügt wird. Am Ende setzt man $W = W_n$. Bestimmen Sie den Aufwand des Algorithmus.

17. Es sei G ein kantenbewerteter vollständiger Graph. Ferner sei e eine Ecke von G und $b_1 \leq b_2 \leq \ldots \leq b_{n-1}$ die Bewertungen der zu e inzidenten Kanten. Setze $m(e) = b_1 + b_2$. Beweisen Sie folgende Aussage: Ist W ein geschlossener, einfacher Weg, auf dem alle Ecken von G liegen, so gilt:

$$\sum_{e \in E} m(e) \leq 2L(W).$$

18. Entwerfen Sie einen approximativen Algorithmus zur Bestimmung einer minimalen Kantenfärbung eines ungerichteten Graphen, basierend auf maximalen Zuordnungen. Solange der Graph noch Kanten enthält, wird eine maximale

Zuordnung bestimmt. Die Kanten dieser Zuordnung erhalten alle die gleiche Farbe und werden danach entfernt. Welchen Aufwand hat der Algorithmus?

19. Es sei G ein ungerichteter Graph. Bestimmen Sie den asymptotischen Wirkungsgrad und Laufzeit des folgenden approximativen Algorithmus A_{EU3} zur Berechnung einer minimalen Eckenüberdeckung U.

> *Initialisiere* K' *mit* G.K *und* U *mit* ∅;
> **while** K' ≠ ∅ **do**
>   *Wähle* e *aus* $G_{K'}$ *mit maximalen Eckengrad*;
>   *Füge* e *in* U *ein*;
>   *Entferne aus* K' *alle zu* e *inzidenten Kanten*;

⋆20. Entwerfen Sie einen Algorithmus, der in linearer Zeit eine minimale Eckenüberdeckung für einen Baum bestimmt.

21. Es sei G ein ungerichteter Graph, dessen Ecken eine nichtnegative Bewertung b tragen. Die Summe $b(U)$ der Bewertungen der Ecken einer Eckenüberdeckung U nennt man die *Kosten* von U. Eine Eckenüberdeckung U von G heißt *kostenminimale Eckenüberdeckung* von G, falls keine andere Eckenüberdeckung U' von G existiert, deren Kosten niedriger sind. Mit $\rho(G)$ werden die Kosten einer kostenminimalen Eckenüberdeckung von G bezeichnet.

(a) Ist $k = (e, e')$ eine Kante von G, so setze $b(k) = \min\{b(e), b(e')\}$. Es sei $k = (e, e')$ eine Kante von G. Der Graph G_k gehe aus G hervor, in dem die Bewertungen der Ecken e und e' jeweils um den Wert $b(k)$ erniedrigt werden. Beweisen Sie, dass $\rho(G_k) \leq \rho(G) - b(k)$ gilt.

(b) Beweisen Sie: Der Wirkungsgrad des folgenden Algorithmus A_{EU4} zur Bestimmung einer kostenminimalen Eckenüberdeckung U ist kleiner oder gleich 2.

> **while** G *enthält eine Kante* k = (e, e') *mit* b(k) > 0 **do**
>   b(e) := b(e) - b(k);
>   b(e') := b(e') - b(k);
> U := {e *Ecke von* G | b(e) = 0};

(c) Zeigen Sie, dass der in Abbildung 11.4 auf Seite 361 angegebene Algorithmus A_{EU2} ein Spezialfall dieses Algorithmus ist.

(d) Implementieren Sie diesen Algorithmus mit linearem Aufwand.

⋆22. Beweisen Sie, dass es genau dann einen polynomialen Algorithmus für das Entscheidungsproblem der minimalen Eckenüberdeckung gibt, wenn es einen polynomialen Algorithmus für das zugehörige Optimierungsproblem gibt.

⋆23. Lösen Sie die gleiche Aufgabe für das Entscheidungsproblem des Handlungsreisenden.

⋆24. Es sei G ein ungerichteter Graph mit Eckenmenge E. Ein Schnitt $(X, \overline{X})$ von G mit der höchsten Anzahl von Kanten heißt *maximaler Schnitt*. Das Entscheidungsproblem, ob ein ungerichteter Graph einen Schnitt mit mindestens C Kanten hat, ist $\mathcal{NP}$-vollständig. Betrachten Sie folgenden approximativen Algorithmus für das zugehörige Optimierungsproblem. Es sei X eine beliebige nichtleere Teilmenge von E. Solange es in X (bzw. $\overline{X}$) eine Ecke e gibt, so dass weniger als die Hälfte der Nachbarn von e in $\overline{X}$ (bzw. in X) liegen, wird e von X nach $\overline{X}$ (bzw. von $\overline{X}$ nach X) verschoben. Zeigen Sie, dass maximal m Schritte notwendig sind und dass der Wirkungsgrad kleiner oder gleich 2 ist.

⋆25. Es seien X, Y, Z disjunkte Mengen mit je q Elementen und M eine Teilmenge des kartesischen Produktes $X \times Y \times Z$ mit folgender Eigenschaft: Sind (x, b, c), (a, y, c), $(a, b, z) \in M$, so liegt auch (a, b, c) in M (diese Eigenschaft wird paarweise Konsistenz genannt). Eine 3-*dimensionale Zuordnung* von M ist eine Teilmenge M' von M mit der Eigenschaft, dass die Elemente von M' paarweise in allen drei Komponenten verschieden sind. Das Entscheidungsproblem, ob M eine 3-dimensionale Zuordnung, bestehend aus q Elementen besitzt, ist $\mathcal{NP}$-vollständig. Folgern Sie daraus, dass das Färbungsproblem für ungerichtete Graphen, deren Unabhängigkeitszahl kleiner oder gleich 3 ist, ebenfalls $\mathcal{NP}$-vollständig ist.

⋆⋆26. Betrachten Sie folgenden approximativen Algorithmus A_{UM3} für zur Bestimmung einer maximalen unabhängigen Menge I.

```
var E', I₁, I : Menge von Ecke;
var K', I₂ : Menge von Kante;

Initialisiere E' und I₁ mit G.E und K' mit G.K;
while K' ≠ ∅ do
    Es sei (e, e') eine beliebige Kante aus K';
    Entferne e und e' aus I₁;
    Entferne aus K' alle zu e oder e' inzidenten Kanten;
while E' ≠ ∅ do
    Es sei e die Ecke mit kleinsten Eckengrad in dem von E'
        induzierten Untergraphen von G;
    Es sei e die Ecke mit kleinsten Eckengrad in G_E';
    Füge e in I₂ ein;
    Entferne e und alle Nachbarn von e aus E';
if |I₁| > |I₂| then
    I := I₁
else
    I := I₂
```

Zeigen Sie, dass der Wirkungsgrad $\mathcal{W}_{\text{UM3}}(n)$ für einen ungerichteten zusammenhängenden Graphen G durch folgende Größe beschränkt ist:

$$\frac{\Delta}{2}\left(1 + \frac{1}{n-1}\right) + \frac{1}{2}.$$

Hinweis: Zeigen Sie, dass $\alpha(G) \leq n/2 + |I_1|/2$ und $|I_2| \geq (n - \delta - 1)/\Delta + 1$ gilt. Hierbei bezeichnet δ den kleinsten und Δ den größten Eckengrad von G.

⋆27. Beweisen Sie, dass die Menge I_2 aus Aufgabe 26 mindestens $n/(\overline{d} + 1)$ Ecken enthält. Hierbei bezeichnet $\overline{d}$ den durchschnittlichen Eckengrad.

⋆28. Es sei $u : \mathbb{N} \longrightarrow \mathbb{N}$ eine monoton steigende Funktion mit $u(1) = 1$ und $k > 0$ eine natürliche Zahl. Die Funktion

```
function unabhängigeMenge(G : Graph) : Menge von Integer
```

bestimmt für jeden Graphen G mit $X(G) \leq k$ eine unabhängige Menge mit mindestens $u(n)$ Ecken. Beweisen Sie, dass die folgende Funktion färbung für jeden Graphen G mit $X(G) \leq k$ eine Färbung mit maximal

$$\sum_{i=1}^{n} \frac{1}{u(i)}$$

Farben erzeugt.

```
var f : Array[1..n] von Integer;

function färbung(G : Graph) : Integer
    var farbe : Integer;
    var e : Ecke;
    var U : Menge von Integer;

    Initialisiere f und farbe mit 0;
    while G ≠ ø do
        farbe := farbe + 1;
        U := unabhängigeMenge(G);
        foreach e in U do
            Entferne e aus G;
            f[e] := farbe;
    return farbe;
```

29. Gegeben ist ein ungerichteter, kantenbewerteter, zusammenhängender Graph G und B ein minimal aufspannender Baum von G mit Kosten K. Es sei L die Länge des kürzesten geschlossenen einfachen Weges, auf dem alle Ecken von G liegen. Gibt es unabhängig von G eine Konstante c, so dass $L \leq cK$ gilt?

★30. Beweisen Sie folgende Aussage: Das Entscheidungsproblem, ob ein kantenbewerteter, zusammenhängender, ungerichteter Graph für eine gegebene Teilmenge der Ecken einen minimalen Steiner Baum mit Gewicht kleiner oder gleich k besitzt, liegt in $\mathcal{NPC}$.

Hinweis: Führen Sie eine Reduktion des $\mathcal{NP}$-vollständigen Entscheidungsproblems der minimalen Eckenüberdeckung auf das Steiner Baum Problem durch. Konstruieren Sie hierzu für einen gegeben Graphen G einen neuen Graphen G', indem Sie eine neue Ecke e_n hinzufügen und diese mit allen Ecken von G verbinden und jede Kante (e, e') von G durch einen Pfad $e, x_{ee'}, e'$ ersetzen. Für den neuen Graphen gilt $n' = n+m+1$ und $m' = 2m+n$. Jede Kante von G' trage die Bewertung 1. Es sei S die Menge der in G' neu hinzugekommenen Ecken ($|S| = m + 1$). Beweisen Sie nun, dass sich die Größe einer minimalen Eckenüberdeckung von G und das Gewicht eines minimalen Steiner Baums von G' für S genau um m unterscheidet.

31. Beweisen Sie, dass der asymptotische Wirkungsgrad des in Kapitel 6 vorgestellten Greedy-Algorithmus zur Färbung von Graphen für Unit Disk Graphen maximal 6 ist.

Die Graphen an den Kapitelanfängen

Kapitel 1

Den dargestellten Graphen nennt man *Birkhoffschen Diamant*. Er tritt im Beweis des 4-Farben-Satzes auf. Ein planarer Graph G mit $X(G) = 5$ heißt *minimal*, wenn jeder echte Untergraph von G eine 4-Färbung besitzt. Wäre der 4-Farben-Satz falsch, so gäbe es einen minimalen Graphen. Eine *Konfiguration* ist ein Graph und eine Einbettung in einen anderen Graphen. Eine Konfiguration heißt *reduzibel*, wenn sie in keinen minimalen Graphen eingebettet werden kann. Der Birkhoffsche Diamant ist ein Beispiel für eine reduzibele Konfiguration. Der Beweis des 4-Farben-Satzes basiert auf der Konstruktion einer Menge M von unvermeidbaren Konfigurationen, d. h., jeder minimale Graph muss mindestens eine Konfiguration aus M enthalten.

Kapitel 2

Ein regulärer Polyeder ist ein dreidimensionaler Körper, der von regulären n-Ecken begrenzt wird. Es gibt genau fünf verschiedene reguläre Polyeder: Tetraeder, Hexaeder (Würfel), Oktaeder, Dodekaeder und Ikosaeder. Die Namen stammen aus dem Griechischen und beziehen sich auf die Anzahl der Flächen der Körper. Die regulären Polyeder werden *Platonische Körper* genannt. Den Pythagoräern waren im sechsten Jahrhundert vor Christus bereits Tetraeder, Hexaeder und Dodekaeder bekannt. Theaitetos kannte im vierten Jahrhundert vor Christus auch Oktaeder und Ikosaeder. Der griechische Philosoph Platon hat die Körper später in seinem Werk Timaios (360 vor Christus) ausführlich beschrieben. Die Kanten eines Polyeders bilden einen planaren Graphen. Der dargestellte Graph gehört zu einem Dodekaeder.

Kapitel 3

Die Anzahlbestimmung für verschiedene Klassen von Graphen ist ein schwieriges Problem. Die Lösung beruht häufig darauf, dass man eine Funktionalgleichung für die so genannte Anzahlpotenzreihe findet. Es sei t_n die Anzahl der verschiedenen Bäume mit n Ecken. Dann ist

$$t(x) = \sum_{n=1}^{\infty} t_n x^n$$

die Anzahlpotenzreihe für Bäume. Für $t(x)$ gelten folgende Gleichungen:

$$t(x) = T(x) - (T^2(x) - T(x^2))/2, \qquad T(x) = x \exp \sum_{n=1}^{\infty} \frac{T(x^n)}{n}$$

Aus den beiden Gleichungen können die Werte der t_n bestimmt werden. Es gilt $t_6 = 6$. Die dargestellten Bäume sind alle verschiedenen Bäume mit genau sechs Ecken.

Kapitel 4

Der *Kantengraph* $L(G)$ eines Graphen G mit Kantenmenge K ist ein Graph mit Ecken-menge K. Zwei Ecken in $L(G)$ sind genau dann inzident, wenn die entsprechenden Kanten in G eine gemeinsame Ecke haben. Ein Graph ist genau dann ein Kantengraph, wenn er keinen der dargestellten neun Graphen als Untergraph hat. Für einen Graph G mit n Ecken und m Kanten hat $L(G)$ genau m Ecken und $1/2 \sum_{i=1}^{n} g(e_i)^2 - m$ Kanten. Weiterhin gilt $\Delta(L(G)) \leq 2(\Delta(G) - 1)$.

Kapitel 5

Der dargestellte Graph wird *Markström Graph* genannt. Es handelt sich dabei um einen 3-regulären, planaren Graphen mit 24 Ecken. Der Graph enthält keine geschlossenen Wege der Länge 4 oder 8, jedoch einen der Länge 16. Klas Markström entdeckte die-sen Graphen beim Versuch die Erdős-Gyárfás Vermutung zu beweisen. Diese bis heute unbewiesene Vermutung besagt, dass ein Graph G mit $\delta(G) \geq 3$ einen geschlossenen Weg besitzt, dessen Länge eine Potenz von 2 ist.

Kapitel 6

Ein Graph heißt *eindeutig färbbar*, wenn jede minimale Färbung die gleiche Zerlegung der Eckenmenge bewirkt. Eindeutig färbbare Graphen sind relativ rar. Interessanter-weise haben Harary, Hedetniemi und Robinson gezeigt, dass es für jede natürliche Zahl c mit $c \geq 3$ eindeutig c-färbbare Graphen gibt, die keine Untergraphen vom Typ K_c besitzen [50]. Der dargestellte Graph ist eindeutig 3-färbbar und besitzt keinen Untergraphen vom Typ K_3.

Kapitel 7

Die *Türme von Hanoi* sind ein bekanntes Spiel, welches 1883 von dem französischen Mathematiker Edouard Lucas erfunden wurde. Zum Spiel gehören n runde, gelochte Holzscheiben verschiedener Größen und drei senkrechte Stäbe. Zu Beginn liegen alle Scheiben der Größe nach aufsteigend sortiert um den ersten Stab. Ziel des Spiels ist es, den Stapel auf den dritten Stab zu versetzen. Bei jedem Zug darf die oberste Scheibe ei-nes beliebigen Stapels auf einen der beiden anderen Stäbe gelegt werden. Zu keinem Zeitpunkt darf eine größere Scheibe über einer kleineren liegen. Das Spiel kann als

Graph modelliert werden, dieser Graph wird *Hanoi Graph* H_n genannt. Die 3^n Spielzustände entsprechen den Ecken und zwei Ecken sind benachbart, wenn die Zustände durch einen Zug ineinander überführbar sind. Jeder Spielzustand wird durch ein n-Tupel $(z_1, \ldots, z_n)$ mit $z_i \in \{1, 2, 3\}$ repräsentiert. Hierbei ist z_i die Nummer des Stabes auf dem die i-te Scheibe liegt. Hierdurch ist der Spielzustand eindeutig bestimmt. Der dargestellte Graph ist H_3. Die oberste Ecke entspricht dem Zustand $(1, 1, 1)$ und die äußeren unteren Ecken den Zuständen $(2, 2, 2)$ und $(3, 3, 3)$. Der Abstand zweier Ecken entspricht der minimalen Anzahl von Zügen, um die beiden Zustände ineinander zu überführen. Der Abstand zwischen dem Startzustand und dem Zielzustand ist $2^n - 1$. Der Graph H_n hat $3(3^n - 1)/2$ Kanten. Er besitzt genau einen Hamiltonschen Kreis, ist perfekt und $\alpha(H_n) = 3^{n-1}$.

Kapitel 8

Viele Algorithmen zur Bestimmung von maximalen Flüssen auf Netzwerken basieren auf dem Konzept des Erweiterungsweges. Durch eine geeignete Wahl von Erweiterungswegen wird in endlich vielen Schritten ein maximaler Fluss erreicht. Die Anzahl der Schritte ist dabei unabhängig von den Kapazitäten der Kanten durch eine von n und m abhängige Größe beschränkt. Der angegebene Graph zeigt, dass bei unbedachter Auswahl der Erweiterungswege die Anzahl der Schritte unabhängig von n und m wachsen kann. Bei geeigneter Wahl der Erweiterungswege ist die Anzahl der Schritte in dem dargestellten Netzwerk gleich C, der maximalen Kapazität einer Kante.

Kapitel 9

Ein wichtiges Konzept beim Lösen von Problemen ist das der Transformation. Dabei wird ein Problem auf ein anderes transformiert, für das ein Algorithmus bekannt ist. Ein Beispiel hierfür ist die Bestimmung von maximalen Zuordnungen in bipartiten Graphen. Dieses Problem kann auf die Bestimmung eines maximalen Flusses in einem 0-1-Netzwerk transformiert werden. Der abgebildete Graph ist ein Beispiel für ein solches Netzwerk.

Kapitel 10

Die meisten Algorithmen zur Bestimmung von kürzesten Wegen in Graphen basieren auf dem Optimalitätsprinzip. Dies sagt aus, dass jeder Teilweg eines kürzesten Weges für sich gesehen wieder ein kürzester Weg ist. Das Optimalitätsprinzip gilt unter der Voraussetzung, dass es keine geschlossenen Wege mit negativer Länge gibt. Der dargestellte Graph zeigt, dass dies eine notwendige Voraussetzung ist.

Kapitel 11

Der dargestellte Graph ist ein Ersetzungsgraph, mit dessen Hilfe gezeigt wird, dass das Entscheidungsproblem, ob ein planarer Graph eine 3-Färbung besitzt, in $\mathcal{NPC}$ liegt. Das Problem, ob ein allgemeiner Graph G eine 3-Färbung besitzt, wird dabei auf planare Graphen reduziert. Dazu wird G auf eine beliebige Art in die Ebene eingebettet. Dabei kann es dazu kommen, dass sich Kanten schneiden. Jeder solche Schnittpunkt wird dabei durch den dargestellten Graphen ersetzt. Der so entstehende Graph G' ist planar und besitzt genau dann eine 3-Färbung, wenn G eine 3-Färbung besitzt. Der dargestellte Ersetzungsgraph hat folgende Eigenschaften:

1. Für jede 3-Färbung f von G gilt: $f(e_1) = f(e_2)$ und $f(e_3) = f(e_4)$.
2. Es gibt 3-Färbungen f_1 und f_2 von G, so dass gilt:

$$f_1(e_1) = f_1(e_2) = f_1(e_3) = f_1(e_4) \text{ und } f_2(e_1) = f_2(e_2) \neq f_2(e_3) = f_2(e_4).$$

Literatur

[1]   AHUJA, R. K. ; MAGNANTI, T. L. ; ORLIN, J. B.: *Network Flows: Theory, Algorithms, and Applications*. Upper Saddle River, USA : Prentice Hall, 1993

[2]   AHUJA, R. K. ; MEHLHORN, K. ; ORLIN, J. ; TARJAN, R. E.: Faster Algorithms for the Shortest Path Problem. In: *Journal of the ACM* 37 (1990), Nr. 2, S. 213–223

[3]   ALON, N. : A Simple Algorithm for Edge-Coloring Bipartite Multigraphs. In: *Information Processing Letters* 85 (2003), Nr. 6, S. 301–302

[4]   ALT, H. ; BLUM, N. ; MEHLHORN, K. ; PAUL, M. : Computing a maximum cardinality matching in a bipartite graph in time $O(n^{1.5}\sqrt{m/\log n})$. In: *Information Processing Letters* 37 (1991), Nr. 4, S. 237–240

[5]   ANDRÉ, P. ; ROYER, J.-C. : Optimizing Method Search with Lookup Caches and Incremental Coloring. In: *Proceedings of the 7th Annual Conference on Object-oriented Programming Systems, Languages, and Applications (OOPSLA '92)*, 1992, S. 110–126

[6]   APPEL, K. ; HAKEN, W. : Every Planar Map is Four Colorable. In: *Bulletin of the American Mathematical Society* 82 (1976), Nr. 5, S. 711–712

[7]   APPEL, K. ; HAKEN, W. : Every Planar Map is Four Colorable. Part I: Discharging. In: *Illinois Journal of Mathematics* 21 (1977), Nr. 3, S. 429–490

[8]   APPEL, K. ; HAKEN, W. ; KOCH, J. : Every Planar Map is Four Colorable. Part II: Reducibility. In: *Illinois Journal of Mathematics* 21 (1977), Nr. 3, S. 491–567

[9]   APPLEGATE, D. L. ; BIXBY, R. E. ; CHVÁTAL, V. ; COOK, W. J.: *The Traveling Salesman Problem: A Computational Study*. Princeton, USA : Princeton University Press, 2007

[10] ARORA, S. ; SAFRA, S. : Probabilistic Checking of Proofs: A New Characterization of NP. In: *Journal of the ACM* 45 (1998), Nr. 1, S. 70–122

[11] BELLMAN, R. : On a Routing Problem. In: *Quarterly of Applied Mathematics* 16 (1958), S. 87–90

[12] BERGER, B. ; ROMPEL, J. : A Better Performance Guarantee for Approximate Graph Coloring. In: *Algorithmica* 5 (1990), Nr. 1–4, S. 459–466

[13] BLUM, A. : New Approximation Algorithms for Graph Coloring. In: *Journal of the ACM* 41 (1994), Nr. 3, S. 470–516

[14] BRAESS, D. : Die Bestimmung kürzester Pfade in Graphen und passende Datenstrukturen. In: *Computing* 8 (1971), Nr. 1–2, S. 171–181

[15] BRANDES, U. : A Faster Algorithm for Betweenness Centrality. In: *Journal of Mathematical Sociology* 25 (2001), Nr. 2, S. 163–177

[16] BRANDES, U. (Hrsg.) ; ERLEBACH, T. (Hrsg.): *Network Analysis: Methodological Foundations*. Berlin : Springer, 2005 (Theoretical Computer Science and General Issues 3418)

[17] BROOKS, R. L.: On Colouring the Nodes of a Network. In: *Mathematical Proceedings of the Cambridge Philosophical Society* 37 (1941), Nr. 2, S. 194–197

[18] BYRKA, J. ; GRANDONI, F. ; ROTHVOSS, T. ; SANITÀ, L. : Steiner Tree Approximation via Iterative Randomized Rounding. In: *Journal of the ACM* 60 (2013), Nr. 1, S. 6:1–6:33

[19] CHAITIN, G. : Register Allocation and Spilling via Graph Coloring. In: *SIGPLAN Notices* 39 (2004), Nr. 4, S. 66–74

[20] CHRISTOFIDES, N. : Worst-Case Analysis of a New Heuristic for the Travelling Salesman Problem / Graduate School of Industrial Administration, Carnegie Mellon University. 1976. – Forschungsbericht. – Management Sciences Research Report No. 388

[21] CORMEN, T. H. ; LEISERSON, C. E. ; RIVEST, R. L. ; STEIN, C. : *Introduction to Algorithms*. Cambridge, USA : MIT Press, 2014

[22] CORNUEJOLS, G. ; NEMHAUSER, G. L.: Tight Bounds for Christofides' Traveling Salesman Heuristic. In: *Mathematical Programming* 14 (1978), Nr. 1, S. 116–121

[23] DANTZIG, G. B. ; FULKERSON, D. R.: On the Max-Flow Min-Cut Theorem of Networks. In: *Linear Inequalities and Related Systems*. Princeton, USA : Princeton University Press, 1956 (Annals of Mathematics Studies 38), S. 215–221

[24] DIAL, R. B.: Algorithm 360: Shortest-Path Forest with Topological Ordering. In: *Communications of the ACM* 12 (1969), Nr. 11, S. 632–633

[25] DIESTEL, R. : *Graph Theory*. Berlin : Springer, 2012 (Graduate Texts in Mathematics 173)

[26] DIJKSTRA, E. W.: A Note on Two Problems in Connexion With Graphs. In: *Numerische Mathematik* 1 (1959), Nr. 1, S. 269–271

[27] DINIC, E. A.: Algorithm for Solution of a Problem of Maximum Flow in a Network with Power Estimation. In: *Soviet Math Doklady* 11 (1970), S. 1277–1280

[28] DOMSCHKE, W. : Zwei Verfahren zur Suche negativer Zyklen in bewerteten Digraphen. In: *Computing* 11 (1973), Nr. 2, S. 125–136

[29] DOMSCHKE, W. : *Logistik: Transport*. München : Oldenbourg Verlag, 1995

[30] EDMONDS, J. ; KARP, R. M.: Theoretical Improvements in Algorithmic Efficiency for Network Flow Problems. In: *Journal of the ACM* 19 (1972), Nr. 2, S. 248–264

[31] EVEN, S. : An Algorithm for Determining Whether the Connectivity of a Graph is at Least K. In: *SIAM Journal on Computing* 4 (1977), Nr. 3, S. 393–396

[32] EVEN, S. ; TARJAN, R. : Network Flow and Testing Graph Connectivity. In: *SIAM Journal on Computing* 4 (1975), Nr. 4, S. 507–518

[33] FLORIAN, M. ; ROBERT, P. : A Direct Search Method to Locate Negative Cycles in a Graph. In: *Management Science* 17 (1971), Nr. 5, S. 307–310

[34] FLOYD, R. W.: Algorithm 97: Shortest Path. In: *Communications of the ACM* 5 (1962), Nr. 6, S. 345

[35] FLOYD, R. W.: Algorithm 245: Treesort. In: *Communication of the ACM* 7 (1964), Nr. 12, S. 701

[36] FORD, L. R.: *Network Flow Theory*. Santa Monica, USA : RAND Corporation, 1956

[37] FORD, L. R. ; FULKERSON, D. R.: Maximal Flow Through a Network. In: *Canadian Journal of Mathematics* 8 (1956), Nr. 3, S. 399–404

[38] FREDERICKSON, G. N.: Fast Algorithms for Shortest Paths in Planar Graphs, with Applications. In: *SIAM Journal on Computing* 16 (1987), Nr. 6, S. 1004–1022

[39] FREDMAN, M. L. ; TARJAN, R. E.: Fibonacci Heaps and Their Uses in Improved Network Optimization Algorithms. In: *Journal of the ACM* 34 (1987), Nr. 3, S. 596–615

[40] GAREY, M. R. ; JOHNSON, D. S.: *Computers and Intractability: A Guide to the Theory of NP-Completeness*. New York, USA : W. H. Freeman & Co., 1979

[41] GOLDBERG, A. V. ; RADZIK, T. : A Heuristic Improvement of the Bellman-Ford Algorithm. In: *Applied Mathematics Letters* 6 (1993), Nr. 3, S. 3–6

[42] GOLDBERG, A. V. ; TARJAN, R. E.: A New Approach to the Maximum-Flow Problem. In: *Journal of the ACM* 35 (1988), Nr. 4, S. 921–940

[43] GOLDBERG, A. V. ; TARJAN, R. E.: Efficient Maximum Flow Algorithms. In: *Communications of the ACM* 57 (2014), Nr. 8, S. 82–89

[44] GOLDREICH, O. ; MICALI, S. ; WIGDERSON, A. : Proofs That Yield Nothing but Their Validity or All Languages in NP Have Zero-knowledge Proof Systems. In: *Journal of the ACM* 38 (1991), Nr. 3, S. 690–728

[45] GOLUMBIC, M. C.: *Algorithmic Graph Theory and Perfect Graphs*. 2. Auflage. Amsterdam, Niederlande : North-Holland, 2004 (Annals of Discrete Mathematics 57)

[46] GONTHIER, G. : Formal Proof–The Four-Color Theorem. In: *Notices of the AMS* 55 (2008), Nr. 11, S. 1382–1393

[47] GRÖTSCHEL, M. ; LOVÁSZ, L. : Combinatorial Optimization. In: *Handbook of Combinatorics* Bd. 2. Amsterdam, Niederlande : North Holland, 1995, S. 1541–1597

[48] HALL, P. : On Representatives of Subsets. In: *Journal of the London Mathematical Society* s1-10 (1935), Nr. 1, S. 26–30

[49] HALLDÓRSSON, M. M.: A Still Better Performance Guarantee for Approximate Graph Coloring. In: *Information Processing Letters* 45 (1993), Nr. 1, S. 19–23

[50] HARARY, F. : *Graphentheorie*. München : Oldenbourg Verlag, 1974

[51] HART, P. E. ; NILSSON, N. J. ; RAPHAEL, B. : A Formal Basis for the Heuristic Determination of Minimum Cost Paths. In: *IEEE Transactions on Systems Science and Cybernetics* 4 (1968), Nr. 2, S. 100–107

[52] HAYES, B. : Computing Science: Graph Theory in Practice: Part I. In: *American Scientist* 88 (2000), Nr. 1, S. 9–13

[53] HAYES, B. : Computing Science: Graph Theory in Practice: Part II. In: *American Scientist* 88 (2000), Nr. 2, S. 104–109

[54] HEESCH, B. : *Untersuchungen zum Vierfarbenproblem*. Mannheim : Bibliographisches Institut, 1969 (Hochschulskriptum 810/a/b)

[55] HERZBERG, A. M. ; MURTY, M. R.: Sudoku Squares and Chromatic Polynomials. In: *Notices of the AMS* 54 (2007), Nr. 6, S. 708–717

[56] HOCHBAUM, D. S.: *Approximation Algorithms for NP-Hard Problems*. Course Technology Inc., 1996

[57] HOLYER, I. : The NP-Completeness of Edge Coloring. In: *SIAM Journal on Computing* 10 (1981), S. 718–720

[58] HOPCROFT, J. ; KARP, R. : An $n^{5/2}$ Algorithm for Maximum Matchings in Bipartite Graphs. In: *SIAM Journal on Computing* 2 (1973), Nr. 4, S. 225–231

[59] HOPCROFT, J. E. ; TARJAN, R. E.: Dividing a Graph Into Triconnected Components. In: *SIAM Journal on Computing* 2 (1973), Nr. 3, S. 135–158

[60] HOPCROFT, J. ; TARJAN, R. : Efficient Planarity Testing. In: *Journal of the ACM* 21 (1974), Nr. 4, S. 549–568

[61] HUANG, S. : Improved Hardness of Approximating Chromatic Number. In: *Proceedings of the 17th International Workshop on Approximation, Randomization, and Combinatorial Optimization. Algorithms and Techniques (APPROX'13)*, Springer, 2013, S. 233–243

[62] HUFFMAN, D. A.: A Method for the Construction of Minimum-Redundancy Codes. In: *Proceedings of the IRE* 40 (1952), Nr. 9, S. 1098–1101

[63] JENSEN, T. R. ; TOFT, B. : *Graph Coloring Problems*. Bd. 39. New York, USA : John Wiley & Sons, 2011

[64] JOHNSON, D. S.: Worst-Case Behaviour of Graph-Colouring Algorithms. In: *Proceedinges of the 5th Southeastern Conference on Combinatorics, Graph Theory, and Computing (SECCGTC'74)*, 1974, S. 513–527

[65] JOHNSON, D. S.: Approximation Algorithms for Combinatorial Problems. In: *Journal of Computer and System Sciences* 9 (1974), Nr. 3, S. 256–278

[66] JOHNSON, D. S. (Hrsg.) ; MEHROTRA, A. (Hrsg.) ; TRICK, M. A. (Hrsg.): *Special Issue on Computational Methods for Graph Coloring and it's Generalizations*. Discrete Applied Mathematics 156, Nr. 2, 2008

[67] KNUTH, D. E.: *The Stanford GraphBase: A Platform for Combinatorial Computing*. Reading, USA : Addison-Wesley, 1993

[68] KNUTH, D. E.: *The Art of Computer Programming: Sorting and Searching*. Bd. 3. Reading, USA : Addison-Wesley, 1998

[69] KOHLAS, J. : *Zuverlässigkeit und Verfügbarkeit*. Stuttgart : B. G. Teubner, 1987 (Studienbücher: Mathematik)

[70] KOLEN, A. W. J. ; LENSTRA, J. K. ; PAPADIMITRIOU, C. H. ; SPIEKSMA, F. C. R.: Interval Scheduling: A Survey. In: *Naval Research Logistics* 54 (2007), Nr. 5, S. 530–543

[71] KORF, R. E.: Optimal Path-Finding Algorithms. In: *Search in Artificial Intelligence*. Berlin : Springer, 1988 (Artificial Intelligence), S. 223–267

[72] KORF, R. E.: Artificial Intelligence Search Algorithms. In: *Algorithms and Theory of Computation Handbook*. Boca Raton, USA : Chapman & Hall/CRC, 2010, S. 22.1–22.23

[73] KOU, L. ; MARKOWSKY, G. ; BERMAN, L. : A Fast Algorithm for Steiner Trees. In: *Acta Informatica* 15 (1981), Nr. 2, S. 141–145

[74] KOZEN, D. : *The Design and Analysis of Algorithms*. Berlin : Springer, 1992

[75] KRUSKAL, J. B.: On the Shortest Spanning Subtree of a Graph and the Traveling Salesman Problem. In: *Proceedings of the American Mathematical Society* 7 (1956), Nr. 1, S. 48–50

[76] LANGVILLE, A. N. ; MEYER, C. D.: *Google's PageRank and Beyond: The Science of Search Engine Rankings*. Princeton, USA : Princeton University Press, 2006

[77] LaVALLE, S. M.: *Planning Algorithms*. Cambridge, England : Cambridge University Press, 2006

[78] LAWLER, E. L. ; LENSTRA, J. K. ; RINNOY KAN, A. H. G. ; SHMOYS, D. B.: *The traveling salesman problem: a guided tour of combinatorial optimization*. Bd. 3. New York, USA : John Wiley & Sons, 1985

[79] LIN, S. ; KERNIGHAN, B. W.: An Effective Heuristic Algorithm for the Traveling-Salesman Problem. In: *Operations Research* 21 (1973), Nr. 2, S. 498–516

[80] LIPTON, R. J.: *The P=NP Question and Gödel's Lost Letter*. New York, USA : Springer, 2010

[81] LUND, C. ; YANNAKAKIS, M. : On the Hardness of Approximating Minimization Problems. In: *Journal of the ACM* 41 (1994), Nr. 5, S. 960–981

[82] MALAGUTI, E. ; TOTH, P. : A Survey on Vertex Coloring Problems. In: *International Transactions in Operational Research* 17 (2010), Nr. 1, S. 1–34

[83] MALHOTRA, V. M. ; KUMAR, M. P. ; MAHESHWARI, S. N.: An $O(|V|^3)$ Algorithm for Finding Maximum Flows in Networks. In: *Information Processing Letters* 7 (1978), Nr. 6, S. 277–278

[84] MANZINI, G. : BIDA*: An Improved Perimeter Search Algorithm. In: *Artificial Intelligence* 75 (1995), Nr. 2, S. 347–360

[85] MEHLHORN, K. ; SANDERS, P. : *Algorithms and Data Structures: The Basic Toolbox*. Berlin : Springer, 2012

[86] MENGER, V. : Zur allgemeinen Kurventheorie. In: *Fundamenta Mathematicae* 10 (1927), Nr. 1, S. 26–30

[87] MICALI, S. ; VAZIRANI, V. V.: An $O(\sqrt{n}m)$ Algorithm for Finding Maximum Matching in General Graphs. In: *Proceedings of the 21st Annual Symposium on Foundations of Computer Science (FOCS'80)*, 1980, S. 17–27

[88] MISRA, J. ; GRIES, D. : A Constructive Proof of Vizing's Theorem. In: *Information Processing Letters* 41 (1992), Nr. 3, S. 131–133

[89] MOHRI, M. : Semiring Frameworks and Algorithms for Shortest-Distance Problems. In: *Journal of Automata, Languages and Combinatorics* 7 (2002), Nr. 3, S. 321–350

[90] MOORE, E. : The Shortest Path through a Maze. In: *Proceedings of the International Symposium on the Theory of Switching* Bd. 2, 1959, S. 285–292

[91] MOTWANI, R. ; RAGHAVAN, P. : Randomized Algorithms. In: *Algorithms and Theory of Computation Handbook*. Boca Raton, USA : Chapman & Hall/CRC, 2010, S. 12.1–12.24

[92] MUNRO, I. : Efficient Determination of the Transitive Closure of a Directed Graph. In: *Information Processing Letters* 1 (1971), Nr. 2, S. 56–58

[93] MYCIELSKI, J. : Sur le Coloriage des Graphes. In: *Colloquium Mathematicae* 3 (1955), Nr. 2, S. 161–162

[94] NEBEL, M. : *Entwurf und Analyse von Algorithmen*. Berlin : Springer Vieweg, 2012 (Studienbücher: Informatik)

[95]   NUUTILA, E. ; SOISALON-SOININEN, E. : On Finding the Strongly Connected Components in a Directed Graph. In: *Information Processing Letters* 49 (1994), Nr. 1, S. 9–14

[96]   ORLIN, J. B.: Max Flows in $O(nm)$ Time, or Better. In: *Proceedings of the 45th Annual ACM Symposium on Theory of Computing (STOC'13)*, 2013, S. 765–774

[97]   ÖSTERGÅRD, P. R. J.: A Fast Algorithm for the Maximum Clique Problem. In: *Discrete Applied Mathematics* 120 (2002), Nr. 1–3, S. 197–207

[98]   OTTMANN, T. ; WIDMAYER, P. : *Algorithmen und Datenstrukturen*. Berlin : Springer Spektrum, 2012

[99]   PAPADIMITRIOU, C. H.: *Computational Complexity*. Reading, USA : Addison-Wesley, 1994

[100] PASCHOS, V. T.: A $(\Delta/2)$-Approximation Algorithm for the Maximum Independent Set Problem. In: *Information Processing Letters* 44 (1992), Nr. 1, S. 11–13

[101] PRIM, R. C.: Shortest Connection Networks And Some Generalizations. In: *Bell System Technical Journal* 36 (1957), Nr. 6, S. 1389–1401

[102] REINELT, G. : *The Traveling Salesman: Computational Solutions for TSP Applications*. Berlin : Springer, 1994

[103] RHEE, C. ; LIANG, Y. D. ; DHALL, S. K. ; LAKSHMIVARAHAN, S. : Efficient Algorithms for Finding Depth-first and Breadth-first Search Trees in Permutation Graphs. In: *Information Processing Letters* 49 (1994), Nr. 1, S. 45–50

[104] ROBERTSON, N. ; SANDERS, D. ; SEYMOUR, P. ; THOMAS, R. : The Four-Colour Theorem. In: *Journal of Combinatorial Theory, Series B* 70 (1997), Nr. 1, S. 2–44

[105] ROBERTSON, N. ; SANDERS, D. P. ; SEYMOUR, P. ; THOMAS, R. : Efficiently Four-Coloring Planar Graphs. In: *Proceedings of the 28th Annual ACM Symposium on Theory of Computing (STOC'96)*, 1996, S. 571–575

[106] ROSENKRANTZ, D. J. ; STEARNS, R. E. ; LEWIS, P. M.: An Analysis of Several Heuristics for the Traveling Salesman Problem. In: *SIAM Journal on Computing* 6 (1977), S. 563–581

[107] ROY, B. : Transitivité et Connexité. In: *Comptes Rendus de l'Académie des Sciences* 249 (1959), S. 216–218

[108] SAATY, T. L. ; KAINEN, P. C.: *The Four-Color Problem: Assaults and Conquest*. New York, USA : McGraw-Hill, 1977

[109] SAHARIDIS, G. K. D.: Review of Solution Approaches for the Symmetric Traveling Salesman Problem. In: *International Journal of Information Systems and Supply Chain Management* 7 (2014), Nr. 1, S. 73–87

[110] SAVAGE, C. : Depth-First Search and the Vertex Cover Problem. In: *Information Processing Letters* 14 (1982), Nr. 5, S. 233–235

[111] SEDGEWICK, R. : *Algorithms*. 4. Ausgabe. Reading, USA : Addison-Wesley, 2011

[112] SEDGEWICK, R. ; FLAJOLET, P. : *An Introduction to the Analysis of Algorithms*. 2. Ausgabe. Reading, USA : Addison-Wesley, 2013

[113] SIMON, K. : *Effiziente Algorithmen für perfekte Graphen*. Stuttgart : B. G. Teubner, 1992 (Leitfäden und Monographien der Informatik)

[114] SOMMER, C. : Shortest-Path Queries in Static Networks. In: *ACM Computing Surveys* 46 (2014), Nr. 4, S. 1–31

[115] SPIRAKIS, P. ; TSAKALIDIS, A. : A Very Fast, Practical Algorithm for Finding a Negative Cycle in a Digraph. In: *Proceedings of the 13th International Colloquium on Automata, Languages, and Programming (ICALP'86)*, 1986, S. 397–406

[116] STOER, M. ; WAGNER, F. : A Simple Min-Cut Algorithm. In: *Journal of the ACM* 44 (1997), Nr. 4, S. 585–591

[117] TARJAN, R. : Depth-First Search and Linear Graph Algorithms. In: *SIAM Journal on Computing* 1 (1972), Nr. 2, S. 146–160

[118] THOMAS, R. : An Update on the Four-Color Theorem. In: *Notices of the AMS* 45 (1998), Nr. 7, S. 848–859

[119] THORUP, M. : On RAM Priority Queues. In: *SIAM Journal on Computing* 30 (2000), Nr. 1, S. 86–109

[120] TURNER, J. S.: Almost All K-colorable Graphs Are Easy to Color. In: *Journal of Algorithms* 9 (1988), Nr. 1, S. 63–82

[121] ULLMAN, J. D. ; LAM, M. S. ; SETHI, R. ; AHO, A. V.: *Prinzipien, Techniken und Werkzeuge*. München : Pearson, 2008

[122] VAZIRANI, V. V.: *Approximation algorithms*. Berlin : Springer, 2004

[123] VIZING, V. G.: Eine Schätzung für die chromatische Klasse eines p-Graphen (auf Russisch). In: *Diskrete Analyse* 3 (1964), S. 25–30

[124] WARSHALL, S. : A Theorem on Boolean Matrices. In: *Journal of the ACM* 9 (1962), Nr. 1, S. 11–12

[125] WHITNEY, H. : Congruent Graphs and the Connectivity of Graphs. In: *American Journal of Mathematics* 54 (1932), Nr. 1, S. 150–168

[126] WILLIAMS, J. : Algorithm 232: Heapsort. In: *Communication of the ACM* 7 (1964), Nr. 6, S. 347–348

[127] WILLIAMSON, D. P. ; SHMOYS, D. B.: *The Design of Approximation Algorithms*. Cambridge, England : Cambridge University Press, 2011

[128] WINTER, P. : Steiner Problem in Networks: A Survey. In: *Networks* 17 (1987), Nr. 2, S. 129–167

[129] ZWICK, U. : Exact and Approximate Distances in Graphs - A Survey. In: *Proceedings of the 9th Annual European Symposium on Algorithms (ESA'01)*, 2001, S. 33–48

Index

www.ingramcontent.com/pod-product-compliance
Lightning Source LLC
Chambersburg PA
CBHW081039220326

41598CB00038B/6931